梁桐铭 著

深入浅出 ASP.NET Core

人民邮电出版社
北京

图书在版编目（CIP）数据

深入浅出 ASP.NET Core / 梁桐铭著. -- 北京 : 人民邮电出版社, 2020.9（2023.4 重印）
ISBN 978-7-115-54109-3

Ⅰ. ①深… Ⅱ. ①梁… Ⅲ. ①网页制作工具—程序设计—教材 Ⅳ. ①TP393.092.2

中国版本图书馆CIP数据核字(2020)第090788号

内 容 提 要

本书是一本系统地介绍 ASP.NET Core、Entity Framework Core 以及 ASP.NET Core Identity 框架技术的入门图书，旨在帮助读者循序渐进地了解和掌握 ASP.NET Core。本书使用 ASP.NET Core 从零开始搭建一个实际的项目。从基本的控制台应用程序开始，介绍 ASP.NET Core 基本的启动流程，涵盖 ASP.NET Core 框架中各个技术的实际应用。同时，本书也会介绍一些 ASP.NET Core 的高级概念。在本书中，我们会开发一个学校管理系统，其中包含清晰的操作步骤和大量的实际代码，以帮助读者学以致用，将 ASP.NET Core 的知识运用到实际的项目开发当中，最后我们会将开发的项目部署到生产环境中。通过阅读本书，读者将掌握使用 ASP.NET Core 开发 Web 应用程序的方法，并能够在对新项目进行技术选型时做出战略决策。

本书适合有一定 C# 编程经验和 HTML、JavaScript 基础，并对 ASP.NET Core 感兴趣的读者阅读，也可以作为高等院校相关专业的教学用书和培训学校的教材。

◆ 著　　　梁桐铭
责任编辑　陈聪聪
责任印制　王　郁　焦志炜

◆ 人民邮电出版社出版发行　　北京市丰台区成寿寺路 11 号
邮编　100164　　电子邮件　315@ptpress.com.cn
网址　https://www.ptpress.com.cn
北京盛通印刷股份有限公司印刷

◆ 开本：787×1092　1/16
印张：45.5　　　　2020 年 9 月第 1 版
字数：1036 千字　　2023 年 4 月北京第 9 次印刷

定价：139.00 元

读者服务热线：(010)81055410　印装质量热线：(010)81055316
反盗版热线：(010)81055315
广告经营许可证：京东市监广登字 20170147 号

序

在互联网技术飞速发展的今天，云计算、人工智能、大数据和云原生应用等新兴技术方向为IT时代带来了一波又一波的浪潮，也对软件开发者提出了更高的要求。尤其在Web开发领域，应运而生的新概念总是让人目不暇接。

对于Web开发者来说，软件开发已经从传统的单体架构开始逐步演进，比如单体应用架构、分布式部署、面向服务式（SOA）架构以及目前大行其道的微服务架构，都在不停地刷新开发者的技术认知。

由于与Windows平台的深度绑定，传统的ASP.NET技术极大地限制了 .NET技术的应用范围。2014年微软审时度势，推出的跨平台的ASP.NET Core技术，成为 .NET技术发展史上一次非常重要的变革，它带给数百万开发者一个进入全新领域的机会。

放眼全球，目前 .NET平台具有得天独厚的优越条件。它是市场上唯一能涵盖人工智能、物联网、桌面开发、网页开发、云原生应用、移动应用和游戏开发等细分领域的开发框架。

而随着 ASP.NET Core被越来越多的知名企业应用在商业项目中，开发者社区也推出了大量基于ASP.NET Core的周边组件，不停地丰富着ASP.NET Core的生态。

作为 .NET Framework的新一代版本，.NET Core基于.NET Framework 4.x进行了重新设计，更改了体系结构，形成了更精简的模块化框架。随着自身的不断完善，.NET Core新平台已经在软件开发领域扮演越来越重要的角色。

随着学习 ASP.NET Core的开发者越来越多，一部分开发者通过官方文档即可入门。但也有很多开发者感觉学习时有些吃力，主要的原因就是市面上缺乏能够用于系统学习ASP.NET Core的资料。

虽然微软已经针对 ASP.NET Core提供了大量的官方文档，但是对于初学者来说，这些知识难免有点晦涩，缺少便于上手的操作手册。初学者很容易将自己淹没在海量的SDK文档中，因此有一本能系统地介绍ASP.NET Core的图书是很有必要的。

这也是本书应运而生的目的和价值，同时本书是采用ASP.NET Core 3.1进行实践，它是微软要长期支持的版本，可能本书发布的时候.NET 5已经出现了，但是它并不是微软长期支持的版本，.NET 6才是LTS(长期支持）的版本。

如果项目需要长期运行和开发的话，推荐采用ASP.NET Core 3.1或者.NET 6这样的长期支持版本。

梁桐铭

推荐序

我和桐铭应该是通过ABP（ASP.NET Boilerplate）技术交流所相识，但是进一步结缘则是因为微软最有价值专家项目（MVP）。了解我的人应该知道，作为一个老MVP，我长期在成都地区组织微软技术相关的社区活动。和他认识的时候，我由于工作原因正好需要找一个“接班人”来继续组织成都的微软技术社区。虽然我们刚刚认识，但是我感觉到了梁桐铭身上对微软技术以及社区贡献的热情，也许就差那么一点点勇气。于是，在我的鼓动之下，他开始参与并组织社区活动，成功获得了MVP的称号且连任至今。

最近，我完成了公司内部一个关于技术领导力的培训课程，其中着重提到了技术领导力的六大秉性：勇气、影响、愿景、创新、赋能和连接。而这六大秉性也是MVP这个项目所看重和提倡的，尤其勇气这一秉性，我相信更是促进一个人成长并做出更大成绩的必要条件。正是在勇气的驱动之下，梁桐铭不仅通过52ABP这样的开源项目向社区推广了ABP这一优秀而强大的Web开发框架，也通过这本书的内容向大家介绍了ASP.NET Core开发的方方面面。

本书由浅入深从中间件、配置、依赖注入和TagHelper这样的基础知识开始，逐步深入到MVC、Web API等内容，从而帮助大家夯实基本的ASP.NET Core开发技能。随后，本书又结合实例项目的开发过程，进一步给大家清晰讲解了验证与授权、数据访问、部署乃至领域驱动这样的高级话题。我相信，具备一定编程基础，尤其有过.NET开发经验的读者，通过阅读本书可以很快进入全新的ASP.NET Core开发领域。我更加相信，掌握ASP.NET Core的开发是通向下一个开发时代的敲门砖和必备技能。

虽然.NET错过了所谓互联网（尤其电商）和移动互联网的开发时代，上一代.NET技术和.NET开发人员显得稍许失落。但是软件开发的世界唯一不变的东西就是不断的变化，而未来的开发技术会往微服务和无服务器等技术为代表的云原生方向发展，同时随着5G时代的到来，IoT和边缘计算开发也会越来越重要。值得庆幸的是，.NET Core和ASP.NET Core创建的初衷就是为了适应多种目标平台，.NET Core和ASP.NET Core这样的技术已经为云原生、IoT和边缘计算做好了准备。.NET技术和.NET开发人员在新的时代必将大放异彩。

微软高级技术顾问　朱永光

2020年6月7日于成都

前言

我在2018年成立了52ABP，开始尝试基于ABP做基础设施，搭建的应用框架起名为52ABP。我也接触到了各类人群，很多初学者、中高级开发工程师，甚至是跨行业的人都找到我，有让我教他们编程的，有让我开培训班的，有找我做项目的。目的各有不同，但是相似点就是，我们喜欢.NET、喜欢C#。但是目前市场上，相关的优秀学习视频和图书较少，想系统地学习比较困难。

2019年3月辞职后，同年5月一次偶然的机会，我有幸遇到了人民邮电出版社的陈聪聪编辑。她问我是否有兴趣出版一本ASP.NET Core的基础图书，我觉得这是一个机会，就答应了。其实当时我已经写了一部分内容，是配合基础视频的参考文档，但是距离一本图书还差得远。半年过去了，我也才完成了一小半，说来真是惭愧。

这本书原本的计划是描述EF Core中的知识点，带领读者完整地做一个管理系统。但是个人觉得这样写与市场上的其他图书没有什么区别，它就是一本概述知识点的图书，无非多了一个较为完整的功能系统而已。对于我而言这是有落差的。有一天和朋友吃饭，他建议把ABP中那些有效的、目前市场上流行的设计理念整合进图书，不用讲解得太明白，只是告诉读者如何用以及这么用的好处即可。

这个建议我是认同的，但是也有点担心，这样做之后，这本书会变得“不伦不类”，怕在后面涉及思想的时候会弄巧成拙。不过，我也相信人生的每一个阶段都需要不停地学习，已经30岁的我，或许确实没有那些“互联网大厂”架构师华丽的履历或头衔，但是我一直在学习，并且从未停止。学习的乐趣让我充实，而这些学习的过程也让我收获颇多。随着读的书越来越多，我也经常跟许多.NET技术社区或其他架构社区的朋友一起交流，这也让我认识到，自己已经初步具备把自己学到的一些知识传授出来的能力了。虽然我已尽力提高本书的质量，但若有考虑不周或描述不妥当的地方，还望各位读者海涵。

本书只是一个开始，如果读者在学习知识点的过程中遇到疑问，可以关注我的微信公众号**角落的白板报**，并给我留言，我会尽量为读者提供思路或者解决方案。当然，随着本书的出版，我也会考虑建立相关的社区，我相信有了社区的帮助，更多的人将有所收获。

适用对象

本书适合有一定的C# 编程经验和HTML、JavaScript基础，并对ASP.NET Core感兴趣的开发者，包括以下对象。

- .NET工程师。
- 计算机相关专业的 .NET或网页设计方向的在校大学生。
- 从其他面向对象语言转向学习 .NET编程的开发者。

本书的结构

本书分为以下5个部分。

- 第一部分（第1章～第9章）介绍ASP.NET Core的基础知识，比如中间件、环境变量和配置信息等，简单讲解完整的ASP.NET Core的项目结构。
- 第二部分（第10章～第20章）介绍并运用MVC模型及路由中间件，结合ASP.NET Core提供的TagHelper等新特性，完成对学生信息的增删改查、图片上传；介绍简单的仓储模式与依赖注入的关系，为搭建管理系统做好基础准备。
- 第三部分（第21章～第29章）通过搭建一个基础管理系统，分析及处理实际业务场景中的常见问题，比如身份验证和授权、客户端及服务端验证、配置信息、EF Core数据访问、数据分页和统一异常处理等。
- 第四部分（第30章～第38章）介绍架构的作用以及意义，根据架构的思想应用设计模式，结合C#泛型特性优化仓储模式，建立多层体系架构，通过并发、LINQ及活用Entity Framework Core中的常用功能完成一个类似领域驱动设计的项目。
- 第五部分（第39章～第42章）介绍简单的Web API入门、部署ASP.NET Core项目以及从ASP .NET Core 2.2到ASP.NET Core 3.1的版本升级过程。

系统需求

要完成本书中的练习，读者需要配备以下的硬件和软件。

操作系统

- Windows 7或更高版本。
- macOS 10.12或更高版本。
- Linux，比如CentOS、Ubuntu等。

开发工具

- Visual Studio 2019或更高版本（如企业版、专业版和社区版）。

- Visual Studio Code。

我使用的操作系统为Windows 10，开发工具是Visual Studio 2019专业版。同时计算机需要联网，用于下载软件及项目所需的数据库文件。

关于作者

梁桐铭，微软最有价值专家（Microsoft MVP）、Microsoft AI Open Hack教练、Microsoft Tech Summit 2018讲师和52ABP开源框架作者。我从2015年开始在国内推广ASP.NET Boilerplate Project开源框架，拥有多年的项目开发与技术团队管理经验，熟悉互联网及电商行业，负责过多个大型项目的开发和管理，擅长应用系统项目规划及企业解决方案的设计。读者可以通过关注微信公众号（**角落的白板报**）联系我。

致谢

创作本书的过程充满了曲折，如果没有其他人的帮助，也就不会有本书的存在了。

感谢参与本书审校的李志强、邹锭、朱国栋、王冠，他们参与审校没有获取报酬，对待本书就像对待自己的孩子一样，提出了详细的反馈和经过深思熟虑的见解，正因为有他们的反复阅读、勘误，以及给予的建议，才让本书的内容更加完善，谢谢他们。

感谢本书的编辑陈聪聪，没有她的帮助，本书肯定是无法完成的，再多的言语也无法表达我的感激之情。

感谢微软最有价值专家项目组Christina Liang对我的支持。

最后，感谢家人对我的支持。

关于本书

虽然我尽量夯实本书的内容，但是由于自身水平有限，书中难免出现不太准确的地方，恳请读者批评指正。读者可提出宝贵意见，让我们在学习ASP.NET Core的道路上共同进步。

我希望本书能够启发读者，给读者的工作带来帮助！如果需要额外的支持，可以给作者发送邮件，邮件地址是ltm@ddxc.org。

在本书的写作过程中，我得到了很多人的鼓励和支持，在此表示感谢。除此之外，在写作和编码的过程中，我还参考了很多图书和资料，在此也向其作者表示感谢。

本书中的网址仅供学习使用。

梁桐铭

资源与支持

本书由异步社区出品，社区（https://www.epubit.com/）为读者提供相关资源和后续服务。

配套资源

本书提供如下资源：

- 本书配套资源请到异步社区本书购买页处下载。

要获得以上配套资源，请在异步社区本书页面中单击 配套资源 ，跳转到下载界面，按提示进行操作即可。注意：为保证购书读者的权益，该操作会给出相关提示，要求输入提取码进行验证。

提交勘误

作者和编辑尽最大努力来确保书中内容的准确性，但难免会存在疏漏。欢迎读者将发现的问题反馈给我们，帮助我们提升图书的质量。

当读者发现错误时，请登录异步社区，按书名搜索，进入本书页面，单击“提交勘误”，输入勘误信息，单击“提交”按钮即可，如下图所示。本书的作者和编辑会对读者提交的勘误进行审核，确认并接受后，读者将获赠异步社区的100积分。积分可用于在异步社区兑换优惠券、样书或奖品。

扫码关注本书

扫描下方二维码，读者将会在异步社区微信服务号中看到本书信息及相关的服务提示。

与我们联系

我们的联系邮箱是contact@epubit.com.cn。

如果读者对本书有任何疑问或建议，请读者发邮件给我们，并请在邮件标题中注明本书书名，以便我们更高效地做出反馈。

如果读者有兴趣出版图书、录制教学视频，或者参与图书翻译、技术审校等工作，可以发邮件给我们；有意出版图书的作者也可以到异步社区在线投稿（直接访问www.epubit.com/selfpublish/submission即可）。

如果读者所在的学校、培训机构或企业想批量购买本书或异步社区出版的其他图书，也可以发邮件给我们。

如果读者在网上发现有针对异步社区出品图书的各种形式的盗版行为，包括对图书全部或部分内容的非授权传播，请读者将怀疑有侵权行为的链接发邮件给我们。读者的这一举动是对作者权益的保护，也是我们持续为读者提供有价值的内容的动力之源。

关于异步社区和异步图书

"异步社区"是人民邮电出版社旗下IT专业图书社区，致力于出版精品IT技术图书和相关学习产品，为作译者提供优质出版服务。异步社区创办于2015年8月，提供大量精品IT技术图书和电子书，以及高品质技术文章和视频课程。更多详情请访问异步社区官网https://www.epubit.com。

"异步图书"是由异步社区编辑团队策划出版的精品IT专业图书的品牌，依托于人民邮电出版社近30年的计算机图书出版积累和专业编辑团队，相关图书在封面上印有异步图书的LOGO。异步图书的出版领域包括软件开发、大数据、AI、测试、前端、网络技术等。

异步社区

微信服务号

目录

第一部分

第二部分

第三部分

第四部分

第五部分

第一部分

第1章

编程语言和 .NET的关系

在跟随本书的思路开始我们的ASP.NET Core学习之旅前，我们来讨论一个初学者很容易产生的疑惑：C# 和 .NET是什么关系。

很多初学者不清楚C# 和 .NET之间的关系。在开发过程中遇到程序异常或错误时，容易对哪些技术是关于C# 的、哪些内容是关于 .NET的产生混淆，无法准确定位和解决问题。

在本章，我将带领读者厘清其中的关系。

本章主要向读者介绍如下内容。

- 编程语言和 .NET的关系。
- C# 和 .NET的关系。

1.1 编程语言

根据维基百科的解释，编程语言（Programming Language）是用来定义计算机程序的形式语言，是一种被标准化的交流技巧，用来向计算机发出指令。计算机语言让程序员能够准确地定义计算机所需要使用的数据，并精确地定义在不同情况下应当采取的行动。

我们接触到的C#、F#、VB、Java、C、C++、Python、Ruby和JavaScript等都是编程语言。而 .NET则是一个通用的开发平台，它包含了.NET Framework、Mono和.NET Core等技术框架，旨在为开发者提供一个具有一致性的编程环境，让代码、部署、版本控制以及基于标准API进行的开发工作都有统一的封装和构建方式，帮助开发者提升开发效率，为用户带来良好的体验。

1.2 编程语言中的C#、F#和VB.NET

微软积极开发和支持3种面向 .NET的编程语言：**C#**、**F#**和**VB.NET**。

- C#是一种高级、强大、类型安全且面向对象的语言，同时保留了C语言的表达力和简洁性。任何熟悉C和类似语言的人在适应C# 的过程中几乎不会遇到什么问题。

- F#是一种跨平台、函数优先的编程语言，它也支持传统的面向对象编程和命令式编程。
- VB.NET是一种简单易学的语言，用于构建基于 .NET运行的各种应用。在各种 .NET编程语言之中，VB.NET的语法接近于人类的自然语言，通常让软件开发新手感到更容易上手。

1.3 C#与.NET

C# 是一种编程语言，它运行在 .NET Framework/Core CLR上，是用于创建应用程序的高级语言。

.NET是一个通用开发平台，其中包含 .NET Framework、.NET Core和Mono等框架。

.NET Framework中有一套名为**公共语言运行时（Common Language Runtime，CLR）**的虚拟执行系统和一组统一的**.NET框架类库（.NET Framework Class Library，.NET FCL）**。

.NET拥有公共语言基础结构（Common Language Infrastructure，CLI），其中包括与语言无关的运行时和语言互操作性。这意味着读者可以选择任何 .NET平台上的编程语言构建应用程序和服务。

因为 .NET支持多种编程语言，所以读者可以使用**C#**、**F#** 或**VB.NET**编写 .NET应用程序。

1.4 小结

本章主要介绍什么是编程语言以及什么是C#和.NET，目的是让读者明白C#是编程语言，而.NET是一个支持多种开发语言的通用平台。

我们通过C#编写的代码可运行在.NET这个平台上，这就是二者之间的关系。

本书中的大多数代码所使用的编程语言都为C#，部分内容使用的是JavaScript、HTML或CSS。

第2章

.NET平台

本章介绍.NET从诞生之初到今日的发展历史。.NET是与时俱进、快速发展的开发平台，它不断更新、持续不断地推出新特性，目的是让开发者在使用.NET平台的时候，既能充分享受摩尔定律所描述的硬件性能提升，又能让开发过程更加高效和方便。

本章主要向读者介绍如下内容。

- .NET的相关知识。
- 引入ASP.NET。

2.1 回顾.NET发展历史

在过去的认知中，.NET往往是指 **.NET Framework**。但是时至今日，随着.NET技术的发展，广义的.NET应包含 **.NET Framework**、**.NET Core**和**Mono**，泛指基于.NET技术的整个产品系列，而不是指单一的.NET Framework。

.NET在今日已经发展成了一个平台，并且是一个通用开发平台。它具有几项关键功能，比如支持多种编程语言，异步、并发编程模型以及本机互操作性，可以支持跨多个系统平台（Windows、macOS或Linux）等。

.NET的所有实现都基于名为 **.NET Standard**的通用API规范。.NET拥有惊人的性能和开发效率，已经成为数百万开发者的首选技术。

请谨记，.NET不仅指.NET Framework，而是一个通用的平台。

在开始学习ASP.NET Core之前，我们先来了解一下.NET的发展历史。

2.1.1 .NET Framework

.NET第一次正式对外公布是2000年。但是在1999年秋天，微软“红衣教主”Scott Guthrie在伦敦就已经向一群Web开发者展示过它了，只不过它当时叫ASP+，目的是取代ASP(Active Server Page)。直到2002年.NET 1.0才正式发布。

传统的.NET Framework是以一种采用系统虚拟机运行的编程平台，以公共语言运行库（Common Language Runtime，CLR）为基础，支持多种语言（C#、F#、VB、C++和Python等）的开发。

这也是我们目前用得较多且读者较为熟悉的 .NET，它目前在市场中的占比是很大的，性能已经很稳定，但是其弱点在于不能跨平台。.NET Framework本身并不支持跨平台（如果要让它支持跨平台，需要通过配合**Mono**来使用）。它更多地运行在Windows服务器上，并使用互联网信息服务（Internet Information Services，IIS）作为托管服务器。

提到.NET Framework就不得不提到Java了。

2.1.2 .NET Framework与Java

Oracle公司的Java和J2EE技术是 .NET平台的竞争对手。

众所周知，Java是一个主打敏捷开发、跨平台的编程语言。而.NET的诞生，与Java有着千丝万缕的联系。

Java的历史可以追溯到20世纪90年代，它最初是由Sun公司为了实现电子产品智能化而开发的程序语言，核心设计思想是敏捷开发和跨平台。1995年Java正式推出之后，受到了包括IBM、Apple、Adobe、HP和微软在内的各大公司的追捧。随后几年Java的发展势头迅猛，作为一款收费产品，Java给Sun公司带来了非常可观的盈利（Java已于2006年底开源）。

而微软作为实力强劲的软件公司，也意识到了敏捷开发的巨大前景，由此诞生了**Microsoft .NET**。

最开始 .NET框架只是作为Visual Studio的组件之一分发，自2002年全新Visual Studio.NET搭载.NET 1.0起，.NET至今已更新4个主版本，.NET 4.0于2010年随Visual Studio 2010发布，目前.NET Framework版本为4.8，如果读者是在2020年11月之后看到本书，相信已经发布 .NET 5了。

.NET与Java有非常多的相似之处，二者都是即时编译（JIT）的动态语言。这类语言中，项目编译生成的目标文件并不是机器码，而是需要由运行时环境进行即时编译的特殊代码。在Java中这种特殊代码叫作字节码（bytecode），而在.NET中则称其为公共中间语言（Common Intermediate Language，**CIL**）。Java官方的运行时环境叫作JRE(Java Runtime Environment)，而 .NET官方的运行时环境叫作**CLR**。

2.1.3 .NET的跨平台之路

在与Java的博弈和对战中，.NET Framework因为无法跨平台而一直是处于被压制的状态。

2014年11月12日，ASP.NET之父Scott Guthrie在Connect全球开发者在线会议上宣布，微软将开源全部的 .NET Core运行时，并将 .NET扩展为可在Linux和macOS平台上运行，从而让.NET应用实现跨平台。

在此之后我们终于等到了 .NET跨平台。但其实在很早的时候就有一个 .NET跨平台的解决方案，那就是具有传奇色彩的Mono了。

2.2 Mono神奇的跨平台解决方案

在 .NET Core之前如果有人问.NET Framework如何做到跨平台，那么可以告诉他这是有解决方案的，那就是Mono。

.NET Framework是由微软独立开发、闭源且具有专利的独家技术，并且微软只提供了针对Windows系统的支持。而作为同类竞争对手的Java，却能支持包括x86、ARM在内的主流硬件平台，软件方面也支持包括Windows、Linux和Android在内的各种桌面、移动和嵌入式系统。

Mono是由一家叫作**Xamarin**的公司（先前是Novell，最早为Ximian）所主持的自由开放源代码项目。

该项目的目标是创建一系列符合ECMA标准（Ecma-334和Ecma-335）的 .NET工具，包括C# 编译器和通用语言架构。

与微软的 .NET Framework(共通语言运行平台）不同，Mono项目不仅可以运行于Windows操作系统，还可以运行于Linux、FreeBSD、UNIX、macOS和Solaris等，甚至一些游戏平台，比如Playstation 4、Wii或XBox等。

在.NET发展之初，为了提升.NET的平台适应性，微软就建立了一套关于.NET公共中间语言的实现规范，这相当于一套关于.NET公共中间语言的语法手册，微软希望通过这种方式让第三方和开源社区来参与.NET的平台移植。

Ximian公司是最早参与这项工作的成员，并于2004年6月发布了第一代.NET跨平台产品——Mono 1.0。

Mono与微软官方的CLR一样，都是对 **.NET CLI**的实现，它们都能对.NET的公共中间语言提供实时编译。不同的是，CLR只支持Windows操作系统，而Mono如今已支持包括Windows、Linux、macOS、iOS和Android在内的各种主流平台和操作系统。

著名的游戏引擎Unity3D就包含了Mono，我们所熟知的《王者荣耀》《神庙逃亡》《炉石传说》《Deemo》等游戏都是基于Unity3D开发的（包含 .NET和Mono的技术）。

终于在2016年2月，微软正式收购Xamarin，从此Mono加入微软大家庭，微软也同时宣布Mono面向社区免费。

.NET Core开源的两年后，在2016年11月的全球Connect开发者大会中，微软还发布了基于Xamarin Studio改造的Visual Studio for Mac。

2.3 .NET Standard

在2.1节中我们介绍过，.NET的实现基于一个名为 .NET Standard的通用API规范，而这个规范是 .NET的核心。

.NET Standard是一套正式的 .NET API规范，推出 .NET Standard的目的是提高 .NET生态系统中的一致性，让所有的 .NET实现都基于这套标准的API。

这样做带来了许多便利，.NET Framework和 .NET Core等基于.NET平台实现的代码移植非常方便，也有利于实现代码跨平台跨设备的运行。

.NET Standard也是一个目标框架。如果代码基于 .NET Standard版本，则它可在支持

该 .NET Standard版本的任何 .NET平台上运行。

2.4 .NET Core

.NET Framework发布至今已有十余年，.NET一直是Windows平台的封闭产品。虽然有Mono项目对.NET实现了平台移植，但毕竟不是微软“亲生”，Mono在一些功能实现上仍然不够完美。

随着2014年Xamarin和微软发起.NET基金会，微软在2014年11月开放.NET Core框架源代码。随后在.NET基金会的统一规划下诞生了.NET Core。

.NET Core早期被称为 .NET vNext或 .NET 5，直到2016年1月才正式命名为 .NET Core 1.0。2019年5月6日，微软再次介绍了.NET 5。我们会在后文中详细说明。

需要注意的是，虽然微软把 .NET Core作为.NET未来的发展方向，但 .NET Core和.NET Framework仍然是两个独立的产品。.NET Framework也会继续被更新和维护。

2019年微软发布了 .NET技术的下一步发展规划，2020年微软会将.NET Core和.NET Framework整合为.NET 5。

.NET Core与 .NET Framework的一大区别是，.NET Core是完全开源的，它托管在GitHub上，支持任何开发者向项目贡献代码，.NET Core不再仅支持Windows，还支持Linux、macOS等多种平台。

可以说 .NET Core是.NET Framework的新一代版本，或者说是其进化版本，是微软官方开发的第一个跨平台（Windows、macOS和Linux）的应用程序开发框架（Application Framework）。

.NET Core的开发目标是成为跨平台的.NET平台，为此 .NET Core会包含 .NET Framework的类库。但与 .NET Framework不同的是，.NET Core采用包（Package）的管理方式，应用程序只需要获取需要的组件即可（不像 .NET Framework使用打包安装的方式），同时各个包亦有独立的版本线（Version Line），不再硬性要求应用程序跟随主线版本的更新而更新。

2.4.1 .NET Core的特点

.NET Core的核心是创新、开源和跨平台，可以说.NET Core就是一个用更少的时间做更多有趣的事情的跨平台开发框架。

.NET Core具有以下特点。

- 跨平台。读者可以创建一个.NET Core应用程序，可分别在Windows、Linux和macOS上运行。
- 统一性和兼容性。利用统一的.NET标准库，使用相同的代码兼容所有平台，并使用相同的语言和工具复用读者的技能，降低学习成本。
- 命令行工具。它包括可用于本地开发和持续集成方案中的易于使用的命令行工具。

- 现代化。多语言支持（C#、VB、F#）和现代化的设计结构，如泛型、语言集成查询（LINQ）和异步支持等。
- 开源。.NET Core平台是开源的，它的运行库、库、编译器、语言和工具的源代码都在GitHub上开源，接受代码贡献，并且使用宽泛的MIT和Apache 2开源许可证。
- .NET基金会官方支持。.NET Core由微软的.NET基金会创立后交付给社区独立运营，由基金会提供对.NET Core的支持。

2.4.2　.NET Core 3.1

2016年6月27日，RedHat DevNation峰会宣布了.NET Core & ASP .NET Core 1.0 RTM的发行。

截至本书截稿，.NET Core最新的版本为3.1.0，更新时间为2019年10月15日。

2.5　.NET Core与其他平台

.NET Core经常被拿来与其他平台做类比，尤其是它的源头.NET Framework以及另一个相似性质的开源平台Mono。

2.5.1　.NET Core与.NET Framework

据微软的帮助文档说明，.NET Core和.NET Framework是子集（Subset）与超集（Superset）的关系，.NET Core将会实现部分的.NET Framework功能（基本上是不含用户界面的部分），比如JIT(.NET Core采用RyuJIT)、垃圾收集器（GC）以及类型（包含基本类型以及泛型类型等）。未来.NET Framework和.NET Core也会各自发展，但它们同时也使用彼此的功能，比如.NET Compiler Platform与RyuJIT等技术，最终会在2020年合并。

2.5.2　.NET Core与Mono

Mono是另一个历史悠久的.NET跨平台开源版本，基本上并不隶属微软官方，而是由社区的力量所主导，自成一个生态系统，也开发出了像Xamarin这样的跨平台.NET移动应用。.NET Core与Mono未来会是合作的关系，Mono仍会维持由社区力量主导的维护与发展，而.NET Core则会以官方角度来发展，两者也会一起进行彼此功能上的补充。

2.5.3　.NET Core与ASP .NET Core

其实一开始.NET Core与ASP .NET Core并不是主从关系，在ASP.NET Core的开发初期（ASP.NET Next），.NET Core还没有“起跑”。ASP.NET Core当时有自己的运行器与工具，被称为**Project K**，后来改为.NET运行环境（**.NET Execution Environment，DNX**）。DNX本身就具有可独立运行的能力，不需要依赖.NET Core运行，但是这样会形成.NET Core和ASP.NET Core成为“双头马车”的现象。在.NET Core逐渐成熟之后，微软也决定要将这两个各自独立发展的产品线集成在一起，因此DNX也改用.NET Core运行器而终止开发，DNX的功能也由.NET Core以及旗下的.NET命令行界面（Command-Line Interface，CLI）接替提供，集成后的版本在1.0 RC2的时候就发布了。

2.6 ASP .NET的发展历程

严谨来说，ASP.NET本不应该放在此处与以上3个框架平行，但是因为ASP.NET太出名了，因此我觉得有必要厘清它们的关系。

ASP.NET最初是.NET Framework框架中的一个组件，用于开发Web应用程序，它是ASP技术的改进版本。需要注意的是，ASP与ASP.NET是完全不同的两个产品。同理，VB和VB.NET也是完全不同的两个产品。ASP和VB都是20世纪的技术，有些“古老”，在此不再赘述，但请务必注意区分它们。

早期的ASP.NET提供一种叫作**WebForm**的方式用于呈现网页，它可以让网页开发变得像WinForm开发一样简单且可视化。但随着Web技术的飞速发展，**WebForm**由于其低效、封闭和难以定制的缺陷已经逐渐淡出历史舞台。

随着2009年.NET Framework 3.5的发布，微软提供了全新的ASP.NET网页呈现方式，称为**ASP.NET MVC Framework**。这套框架遵循MVC设计模式思想，将视图和业务逻辑进行了很好的分离，并且大幅提升了性能和可定制性。

经过多年发展，目前已经更新到了ASP.NET MVC 6，完全采用.NET Core的项目结构，支持.NET Framework、.NET Core和Mono多种运行时。在ASP.NET MVC的未来演进路上，ASP.NET MVC 6将不再存在，而是被称为ASP.NET Core MVC 1.0。

图2.1所示为MVC版本演进的历程。

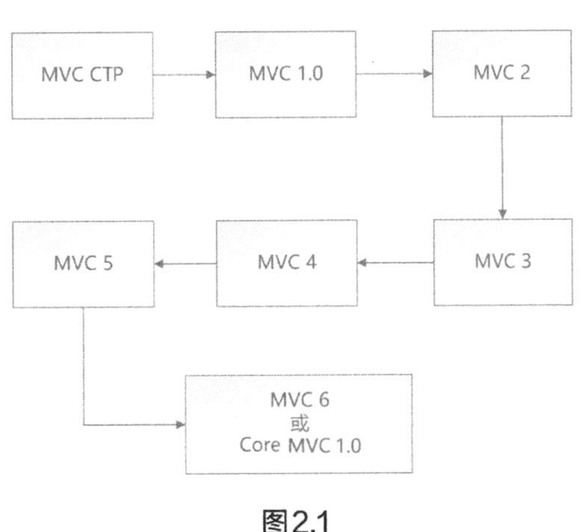

图2.1

2.7 ASP.NET Core的未来发展

ASP.NET Core是新一代的ASP.NET，早期称为ASP.NET vNext，并且在推出初期命名为ASP.NET 5。但随着.NET Core的成熟，ASP.NET 5的命名会使外界将它视为ASP.NET的升级版。其实它是新一代从头开始打造的ASP.NET功能，因此微软宣布将它改为

与 .NET Core同步的名称，即ASP.NET Core。

ASP.NET Core可运行于Windows平台以及非Windows平台，如macOS以及Ubuntu Linux操作系统，是Microsoft第一个具有跨平台能力的Web开发框架。

微软在开发时就将ASP.NET Core开源，因此它也是开源项目的一员，由 .NET基金会管理。

而本书的内容基于ASP.NET Core开发。

2.8 小结

通过阅读本章，读者已经对.NET有了详细的了解。经过这么多年的发展，.NET已经成为目前市场上唯一一个能涵盖人工智能、物联网、桌面开发、网页开发、云原生应用、移动应用和游戏等领域的开发框架。

第3章

.NET 5的统一整合方案

2019年5月6日，微软在官方博客上宣布了.NET Core vNext的下一个版本.NET 5的到来，它是.NET系列的下一个重要版本。

很多初学者可能会纳闷，我现在学的技术是不是“报废”了？并非如此。作为一家软件研发实力位于全球前列的优秀软件公司，微软一贯重视技术的兼容性和统一性。

本章让我们来了解.NET 5是一个什么样的平台。

本章主要向读者介绍如下内容。

- .NET 5。
- .NET Core如何实现真正的统一开发平台。

3.1 进化中的.NET

在2.1节中我们可以看到，微软为了让.NET实现跨平台做了很多的努力。首先推出了统一的API标准库.NET Standard，并不断完善标准库，截至本书完稿时已发布3.1版本；开源.NET Core并成立了.NET基金会，将.NET Core交给基金会管理，而随后Google、Red Hat等公司都加入社区，使.NET的发展速度进一步加快；收购了Xamarin公司，使Mono进入微软大家庭，填补了微软技术栈在App开发领域的空白。

从图3.1中可以发现.NET平台下包含.NET Core、.NET Framework和Xamarin三大框架，对应不同的场景。

- 针对传统桌面端（Windows桌面）：使用.NET Framework来应对传统的桌面端解决方案，采用的技术为WPF和WinForm。
- 针对跨平台（Windows、Linux和macOS）：针对物联网、人工智能、AR和MR等行业的方案，可以使用.NET Core框架来开发。
- 针对移动端场景（iOS、Android、tvOS和watchOS）：采用Xamarin技术。

而完成以上功能的方式都基于标准通用的API标准库**.NET Standard**。当然，由于标准库实现以上功能采用的是兼容模式，因此还存在一点瑕疵，但并不影响使用。

目前技术方案间差别比较大，开发者有时候会觉得开发体验还不够好，比如存在以下几个问题。

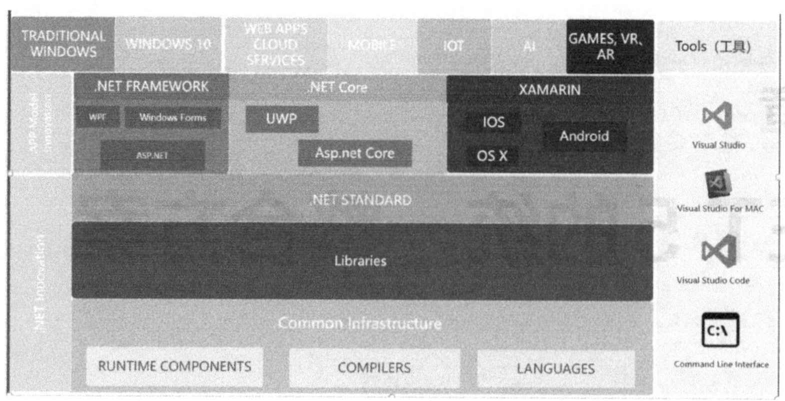

图3.1

- 功能无法做到通用，如WinForm目前无法在.NET Core中使用，必须寻找其他替代性的解决方案。
- 基于.NET Framework的传统项目只能在Windows上运行，无法做到跨平台。
- ASP.NET Core和ASP.NET在开发上也有一些不同。

3.2 .NET 5（.NET Core vNext）

微软打算在2020年11月发布.NET 5，并在2020年上半年推出第一个预览版，以及在Visual Studio 2019、Visual Studio for Mac和Visual Studio Code的未来更新中实现对.NET 5的支持。

图3.2所示的内容意味着以后只会有一个.NET，.NET Framework、.NET Core、Xamarin和Mono将可能退出舞台，它们之间的API和功能特性将被整合。

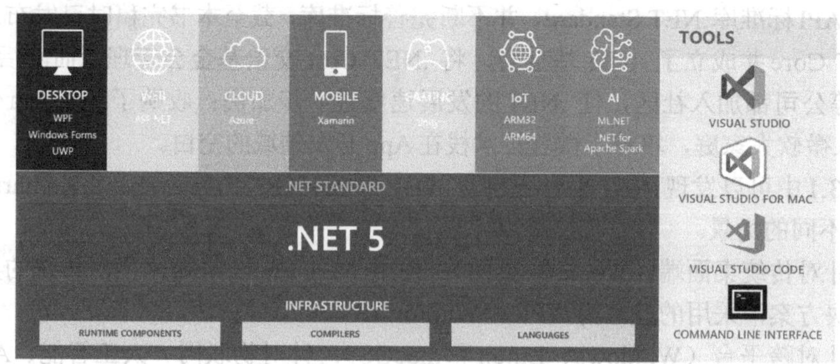

图3.2

我们将能够使用.NET来开发Windows、Linux、macOS、iOS、Android、tvOS、watchOS和WebAssembly等平台的应用。.NET 5中还引入了新的.NET API、运行时和语言功能。

.NET 5是下一代.NET Core，该项目旨在通过以下几个关键方式改进.NET。

- 创建一个可在任何环境使用的.NET运行时和框架，并具有统一的运行时行为和开发者体验。

- 通过充分利用.NET Core、.NET Framework、Xamarin和Mono来扩展.NET的功能。
- .NET 5会由许多单个代码库组成，开发者（无论是微软员工还是社区志愿者）可以一起工作并扩展功能，从而改进方案。
- 这个新项目和方向是.NET的一个重要转折。无论读者正在构建哪种类型的应用程序，通过.NET 5编写的代码和项目文件都将是相同的。每个应用都可以访问相同的运行时、API和语言功能，并受益于几乎每天都在运行的CoreFx的性能改进。

因此，.NET 5的到来会让目前独立的.NET Core、.NET Framework和Mono实现真正的统一化。

3.3 .NET Core实现真正的统一开发平台

.NET Core的全称应该是.NET Core Framework，它和.NET Framework的区别在于它比.NET Framework更加精简且模块化程度更高。当然，目前的.NET Core只能让控制台应用和ASP.NET Web应用实现跨平台。在3.0版本发布后，它已经将WPF、WinForm等内容包含进来，虽然还不是很完善，但是等到.NET 5发布的时候，我相信它对WPF和WinForm的支持会变得完善。

因此，.NET Core的升级版本支持之前所有的.NET Framework功能，并改名为.NET 5。

对于开发者来说，在今后我们可以使用同一套代码面向各种类型的应用程序，.NET会成为一个无论在哪里（无论操作系统是什么，无论采用的是什么芯片架构）都能运行的强大平台。

我们只需要使用Visual Studio、Visual Studio Code甚至命令行，就可以轻松地创建不同的应用程序，实现开发一次多处运行，从而用更少的时间做更多的事情。

图3.3所示是从2001年开始的.NET开源之路（2002年第一个版本发布后到.NET 5走向统一的时间线）。

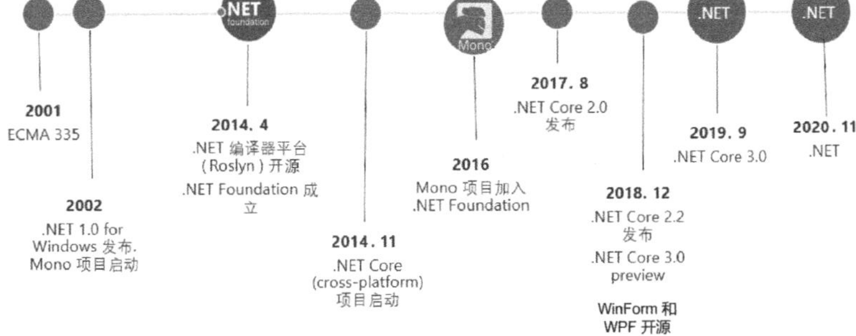

图3.3

3.4 小结

如果读者不是刚接触.NET的开发者，可能知道因为在过去的20多年中微软没有将.NET开源并选择绑定Windows平台为发展核心，导致C#和.NET平台错过了太多机会。而现在微软决定弥补这些错误，通过建立标准协议、收购Mono母公司、开源并建立基金会等形式挽回开发者。同时，开源的.NET Core无法在短时间内发挥.NET Framework覆盖的CS端的优势，因此微软通过“小步快跑”的形式快速迭代，最后将.NET Core与.NET Framework合并到.NET 5上。

从第4章开始我们就要正式创建项目编写代码了。

第4章 创建ASP.NET Core项目

本书所有内容都基于ASP.NET Core，因此我们有必要了解ASP.NET Core。

本章主要向读者介绍如下内容。

- ASP.NET Core。
- ASP.NET Core的特性。
- 配置计算机的开发环境。
- 创建ASP.NET Core项目。
- ASP.NET Core的项目模板。

4.1 ASP.NET Core

ASP.NET Core是一个跨平台、高性能的开源框架，其设计之初的定位就是用于开发更加符合现代思想、互联网平台的Web应用程序。

ASP.NET Core是基于ASP.NET 4.x系列重新设计的。出于这个原因，它最初称为ASP.NET 5，但后来被重命名为ASP.NET Core 1.0。

ASP.NET Core完全由现有的ASP.NET 4.x重写，架构的更改使其成为更具模块化、可扩展、开源、轻量级、高性能和跨平台的Web框架。

4.2 ASP.NET Core的特性

ASP.NET Core框架变得越来越流行，是因为它具有以下特性。

- 跨平台。
- Web API和MVC技术的统一。
- 原生依赖注入支持。
- 更强的可测试性。
- 轻量、高性能的模块。
- 开源，有社区支持。

1．跨平台

从底层设计ASP.NET Core框架就是为了跨平台。ASP.NET 4.x应用程序只能在IIS上托管，而ASP.NET Core应用程序可以托管在IIS、Apache、Docker、HTTP.sys和Nginx上，配合自带的Kestrel甚至可以把自己托管在进程中（自托管）。从开发方式上来看，读者可以使用Visual Studio或Visual Studio Code来构建ASP.NET Core应用程序，也可以使用Sublime等第三方编辑器来编写ASP.NET Core应用程序。

2．Web API和MVC技术的统一

在传统的ASP.NET中，我们要开发MVC风格的项目和Web API的项目需要引用不同的组件，实现自不同的基类。而使用ASP.NET Core开发MVC风格的Web应用程序和ASP.NET Web API，只需要继承Controller的基类并返回IActionResult，这样做可以极大地提升开发效率和加大接口复用度，如图4.1所示。

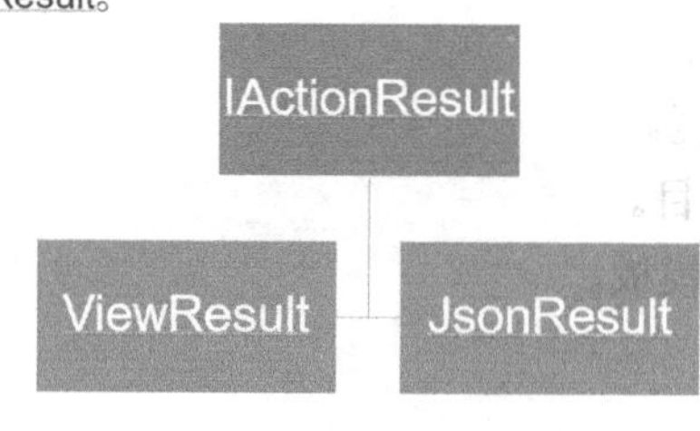

图4.1

从请求返回值IActionResult这个接口可以看出，它是一个更高层级的抽象，在ASP.NET Core中，实现了多种不同的返回类型。比如常用的两个返回类型：ViewResult和JsonResult。它们是IActionResult接口的两个不同返回结果类型的实现（体现了面向对象编程中的多态特性）。因此，对于Web API服务，控制器返回JsonResult；而对于MVC风格的Web程序，返回ViewResult。如果当前读者对它不是很理解，请不要担心，随着本书内容的展开，我们会在后面进一步解释。

3．原生依赖注入支持

ASP.NET Core内置支持开箱即用的依赖注入（DI）。如果读者对这个强大的概念不熟悉，也请不要担心，我们会在后面的使用过程中详细讨论它，目前读者只需要了解它是一种设计模式。

4．更强的可测试性

通过内置的依赖注入和用于创建Web应用程序、Web API的统一编程模型，可以轻松地对ASP.NET Core应用程序进行单元测试和集成测试。

5．轻量、高性能的模块

ASP.NET Core中提供了模块化的中间件，在请求（Request）和响应（Response）的管道中就使用了中间件。它还包含了其他丰富的内置中间件。我们还可以通过自定义中间件来实现独特的业务功能。随着本书的进一步讲解，我们也将讨论中间件是什么，并学习使用它来搭建程序的请求和响应管道。

6. 开源，有社区支持

ASP.NET Core和.NET Core一样，都是完全开源的，它现在由.NET团队与社区中众多的开源开发者共同参与维护。

因此，ASP.NET Core会不断发展，而且其背后的庞大社区会持续地改进并帮助修正错误，这意味着我们会拥有更安全、质量更好的软件。

7. 其他特性

当然，ASP.NET Core还提供了其他特性，比如Blazor支持和原生的gRPC支持等，由于涉及的技术体系可能超出了本书的范畴，因此在本书中不过多描述。

ASP.NET Core中新增的功能

为了支持其他Linux发行版，ASP.NET Core从2.x版本到3.0版本新增了大量的API。同时，综合功能包也更加轻量，这让NuGet包的管理更加简洁有效。在3.0版本中ASP.NET Core新增了一个配置系统，也对Entity Framework Core 3提供了支持。

ASP.NET Core 2.x中较受关注的新增功能是**Razor Pages**，翻译为“Razor页面”，它是一种新的尝试，是基于视图模型进行编程的（在本书中我们不会讲解它）。

ASP.NET Core Blazor是一个较大的更新，它是一个Web UI框架，可通过WebAssembly在任意浏览器中运行 .NET。也就是说，我们可以使用C# 来编写前端代码。本书不会讲解它，因为目前的Blazor还处于高速发展期，社区和组件库也在不断地完善中，可以期待它的发展。

想要了解更多的ASP.NET Core 3.0新增功能，请查看微软提供的官方文档库。在这个文档库中，还可以直接了解ASP.NET Core 3.1。

4.3 配置计算机的开发环境

在开始开发之旅前，需要先配置好开发环境。首先要具备两个条件。

- 集成开发环境（IDE）：用于编写代码和运行编译环境。
- 开发者工具包（SDK）：.NET Core SDK（Software Development Kit）用于.NET环境运行和开发的支持包。

4.3.1 下载并安装Visual Studio 2019

我使用了Windows10操作系统，并使用Visual Studio 2019作为开发.NET Core应用程序的编辑器。当然读者可以使用所选择的任何编辑器，如Visual Studio、Visual Studio Code、Sublime、Vim和Atom等，我推荐使用Windows系统下的Visual Studio。

- Visual Studio Community Edition是免费的，较新的版本为Visual Studio 2019，可从官网下载。
- 要在Visual Studio 2019中开发.NET Core应用程序，请选择**.NET Core跨平台开发**。

通过此选择，默认安装.NET Core SDK 3.1。

4.3.2 下载并安装.NET Core SDK

如果读者要单独安装.NET Core SDK，则可以导航到图4.2所示的页面下载并安装.NET Core SDK，选择**Download .NET Core SDK**。

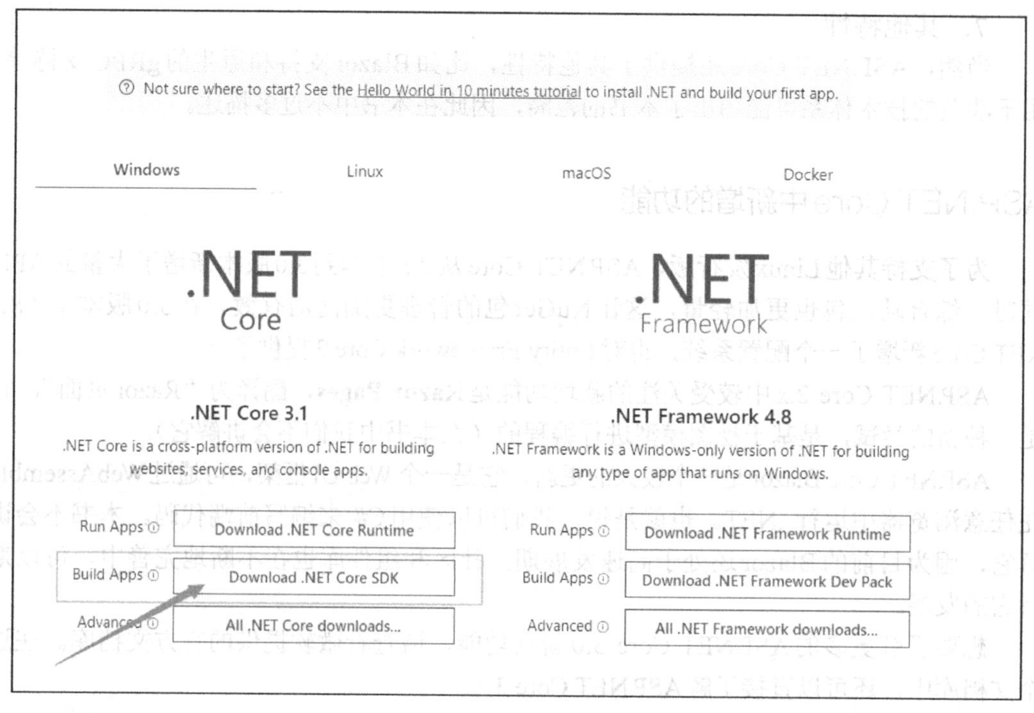

图4.2

- 根据读者拥有的操作系统和Visual Studio版本，下载并安装SDK。
- SDK包含构建和运行.NET Core应用程序所需的一切。

  在SDK中已经包含 **.NET Core Runtime**。因此，如果读者已安装SDK，则无须安装 **.NET Core Runtime**。
- .NET Core Runtime仅包含运行现有.NET Core应用程序所需的资源。
- 安装.NET Core SDK 3.1后，创建一个新的.NET Core应用程序。

请注意，如果.NET Core的版本已经升级了，则要下载对应版本的SDK。单击**ALL .NET Core downloads**，找到对应的下载链接即可。

4.4 创建ASP.NET Core Web程序

通过创建项目，我们来学习Visual Studio默认提供的不同项目模板及其功能，明确这些内置的项目模板有什么不同、哪些是可以使用的，以及它们的作用是什么。

第1步：打开Visual Studio 2019，然后单击**创建新项目**。

第2步：在Visual Studio 2019中创建新的ASP.NET Core项目。

第3步：在**创建新项目**对话框中，右侧菜单栏**语言**下选择**C#**，然后单击**ASP.NET Core Web应用程序**，如图4.3所示。

图4.3

第4步：在**配置新项目**对话框中，输入项目的名称。我将其命名为MockSchoolManagement。我们将创建一个ASP.NET Core Web应用程序，在这个程序中，我们将创建、读取、更新、删除学生信息、课程信息和教师信息等。

第5步：可自定义要创建此项目的位置。我的项目存放路径为D:文件夹。

第6步：单击**创建**，如图4.4所示。

图4.4

第7步：选择**ASP.NET Core 3.1**。

第8步：在设置身份验证的地方关闭身份验证，然后取消选中**为HTTPS配置**复选框，如图4.5所示。

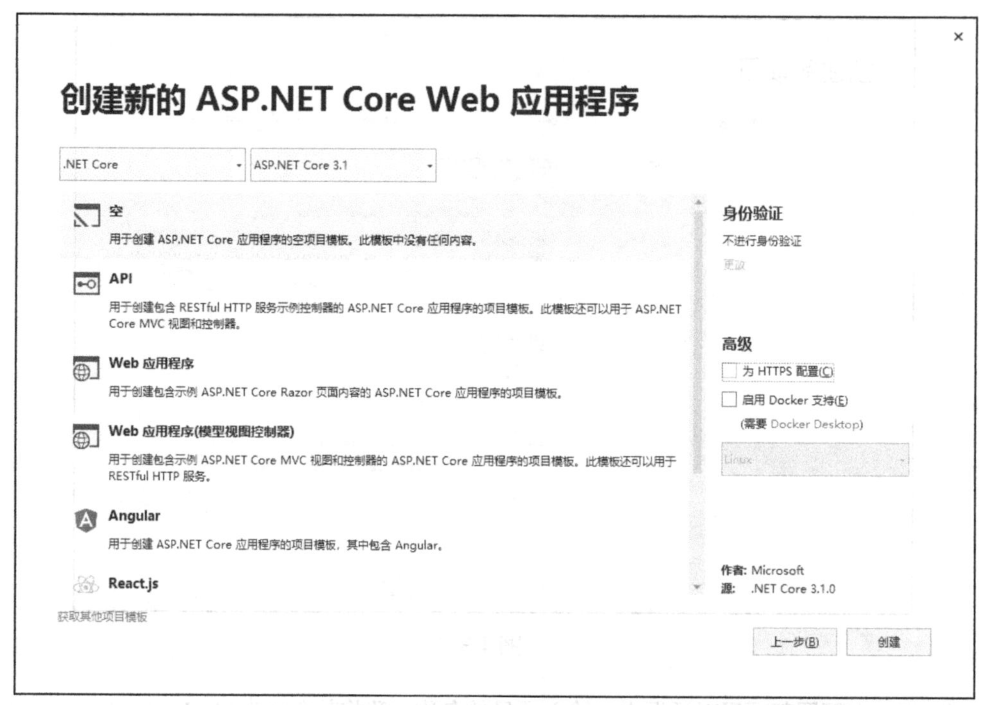

图4.5

图4.5所示的对话框显示可用于创建ASP.NET Core Web应用程序的不同项目模板。

4.5 内置的ASP.NET Core模板说明

接下来对Visual Studio 2019内置的部分ASP.NET Core模板进行简单的说明。

空：名称表示的空模板不包含任何内容。这是我们将使用的模板，并从头开始手动设置所有内容，以便我们清楚地了解不同部分如何组合在一起。

API：图4.6所示的API模板包含创建ASP.NET Core RESTful HTTP服务所需的一切，API不需要网站可视化的内容，如JavaScript文件、CSS文件、视图文件和布局文件，因为它没有用户界面。Web API公开的数据通常由其他应用程序使用，可以简单地理解为程序和程序之间“打交道”。因此，API模板只会创建**Controllers**文件夹。它不会创建**Models**和**Views**文件夹，因为它们不是API所必需的。图4.6显示了我使用API模板创建的项目。

请注意，我们只有**Controllers**文件夹。因为提供RESTful API服务，所以不需要JavaScript、CSS和布局文件。

Web应用程序：此模板是使用Razor Pages(Razor页面）构建的模板。Razor页面使编写以页面为中心的场景更容易、更高效。当被ASP.NET MVC的复杂和臃肿所困扰，而想寻求精简的解决方案时，我们通常使用这种模板。可以将其视为比MVC框架更轻量的版本。

Web应用程序（模型视图控制器）：此模板包含创建Model、Views和Controllers文件夹并添加了一些特定Web应用程序的内容，如CSS文件、JavaScript文件、布局文件和网站所需的其他资源，我们也可以基于此模板创建RESTful风格的HTTP服务。

图4.7显示了我使用Web应用程序创建的项目。请注意，我们有Controllers、Models和Views文件夹。在Views文件夹中，已经内置了示例视图文件和布局文件，它们代表Web应用程序的用户界面。在wwwroot文件夹中还有包含Web应用程序通常需要的JavaScript文件、CSS文件，以及前端网页需要依赖的组件包或资源文件。

图4.6

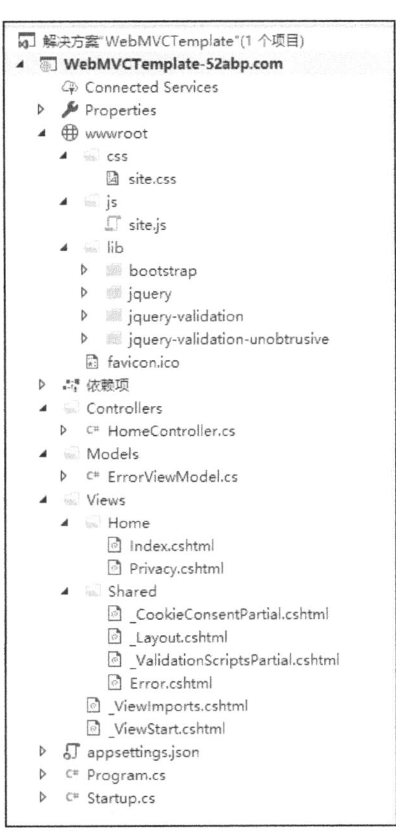

图4.7

其他模板：Angular、React.js这两个模板允许我们使用Angular、React或Redux一起创建ASP.NET Core Web应用程序，它们都基于使用单页应用程序（SPA），以后端分离的形式进行开发，后端使用基于ASP.NET Core的Web API，前端可以使用TypeScript或JavaScript来进行页面逻辑的开发。

4.6 小结

在本章中，我们了解了ASP.NET Core 3.0的新特性和如何使用Visual Studio 2019从头开始创建项目，同时也对不同类型的模板进行了简单的介绍。

随着本书内容的深入，我们会通过开发一个模拟学校管理系统，带领读者较为全面地理解和掌握基于ASP.NET Core技术栈开发项目所应该掌握的概念和技能。我们会在后续的开发中使用MVC、依赖注入等设计思想，并使用拦截器、中间件，了解HTTP传输机制，通过学习一个项目功能的开发，来掌握ASP.NET Core的使用。

第5章 ASP.NET Core项目启动流程

要学好ASP.NET Core就需要了解它的启动流程，以及它的设计由哪些组件构成。本章通过一个空ASP.NET Core项目来介绍它是由哪些部分组成的及其执行启动流程。

本章主要向读者介绍如下内容。

- 项目文件的组成部分。
- ASP.NET Core中的程序入口。
- 在ASP.NET Core中的进程内（InProcess）托管模型。
- 什么是Kestrel服务器。

5.1 ASP.NET Core项目文件

在本章中，我们将学习并了解ASP.NET Core项目文件。由于使用C#作为开发语言，因此项目文件具有.csproj扩展名。

如果读者使用过.Net Framework版本的ASP.NET，那么可能对此文件非常熟悉，但ASP.NET Core项目文件中包含的格式和内容发生了很大变化。

一个重要的变化是，项目文件不包含任何文件夹或文件引用。

简单来说，在以前的ASP.NET中，当我们使用**解决方案资源管理器**向项目添加文件或文件夹时，**项目文件**中会包含对该文件或文件夹的引用。

但是在ASP.NET Core中，**项目文件不包含任何文件夹或文件引用，改由文件系统来确定哪些文件或文件夹属于项目**。在项目的根目录中存在的所有文件或文件夹都属于项目的一部分，并将显示在**解决方案资源管理器**中。

因此当读者在添加文件或文件夹时，该文件或文件夹将自动变成项目的一部分，会立即显示在解决方案资源管理器中。同样，当在解决方案资源管理器的任何文件夹中删除文件或文件夹时，被删除的文件或文件夹不再是项目的一部分，在解决方案资源管理器中将不再显示。

另外，**项目文件**的工作方式也发生了变化。在以前版本的ASP.NET中，为了编辑项目文件，我们首先要卸载项目，然后编辑并保存项目文件，最后重新加载项目。而在

ASP.NET Core中，我们可以直接编辑项目文件而无须卸载项目。

在解决方案资源管理器中，右击项目名称并选择**编辑项目文件**，如图5.1所示。

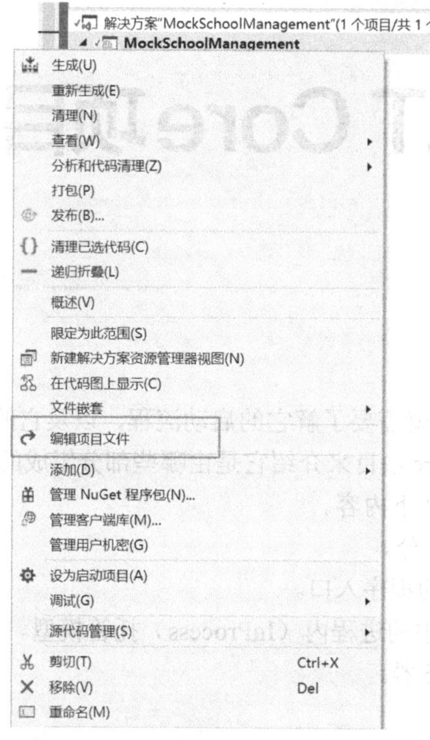

图5.1

这将在编辑器中打开MockSchoolManagement.csproj文件，以下是打开后的代码段。

```
<Project Sdk="Microsoft.NET.Sdk.Web">
  <PropertyGroup>
      <TargetFramework>netcoreapp3.1</TargetFramework>
        <AppendTargetFrameworkToOutputPath>false</AppendTargetFrameworkToOu
tputPath>
  </PropertyGroup>
</Project>
```

<TargetFramework>：顾名思义，此元素用于指定应用程序的目标框架，比如我们的应用程序中的TargetFramework的值为netcoreapp3.1。正如读者在上面的示例中所看到的，TargetFramework的值为netcoreapp3.1，也是通过TargetFramework来指定目标框架。在这里，.NET Core引入了一个Target Framework Moniker（TFM），因为netcoreapp 3.1是.NET Core 3.1的绰号（Monike）。而3.1的来源是我们创建此应用程序时，从**新建项目**中下拉列表中选择了 **.NET Core 3.1**作为目标框架。

AppendTargetFrameworkToOutputPath：是指当项目发布时，是否将框架版本号追加到指定的输出路径下。在默认情况下，这一行状态为空；在生成项目时，会在指定的目录下创建与目标框架同名的文件夹，并将项目的发布文件作为这个指定框架名称的子文件夹。

5.2 ASP.NET Core项目的入口

在项目中，我们定义了Program.cs的文件。在这个文件中有一个Main()方法，打开后我们可以看到以下代码段。

```
public class Program
{
    public static void Main(string[]args)
    {
        CreateHostBuilder(args).Build().Run();
    }

    public static IHostBuilder CreateHostBuilder(string[]args) =>
        Host.CreateDefaultBuilder(args)
            .ConfigureWebHostDefaults(webBuilder =>
            {
                webBuilder.UseStartup<Startup>();
            });
}
```

如果读者对传统的.NET Framework有使用经验，则会知道控制台应用程序具有Main()方法，它是该控制台程序的入口。事实上使用Main()方法作为方法入口是许多开发语言的惯例，比如C++和Java。

但我们正在创建一个ASP.NET Core Web应用程序而不是控制台应用程序。因此，一个显而易见的问题是，为什么这里也会有一个Main()方法呢？

请牢记这一点，**ASP.NET Core应用程序最初作为控制台应用程序启动，而Program.cs文件中的Main()方法就是入口。**

因此，当.NET运行时，执行我们的应用程序，它会查找此Main()方法，然后执行其中的代码段。

而在这个ASP.NET Core中定义了Main()方法并启动它，其内部的代码段会让程序成为一个ASP.NET Core Web应用程序。

如果读者运行并跟踪一下Main()方法，则会发现它调用CreateHostBuilder()方法并传递命令行参数。

然后读者就可以看到，CreateHostBuilder()方法返回一个实现IHostBuilder的对象。在IHostBuilder对象上，会调用Build()方法，将我们的ASP.NET Core应用程序生成并且托管到服务器上。在服务器上的程序调用Run()方法，该方法运行后，我们的**Web应用程序**会开始侦听传入的HTTP请求。

CreateHostBuilder()方法会调用静态类Host中的静态方法CreateDefaultBuilder()。

在后面的章节中将学习CreateDefaultBuilder()中的所有方法，而现在读者只需要了解CreateDefaultBuilder()方法是**为在服务器上创建程序配置的默认值而存在**。它作为Web服务器初始化过程中的关键步骤，还使用了IWebHostBuilder接口中的UseStartup()的扩展方法来配置Startup类。

按照微软的规则，ASP.NET Core中的启动类名为Startup。这个类有两种方法，我们可以打开项目中的文件看到以下代码段。

```
public class Startup
{
    public void ConfigureServices(IServiceCollection services)
    { }

   public void Configure(IApplicationBuilder app,IWebHostEnvironment env)
       {
           if(env.IsDevelopment())
           {
               app.UseDeveloperExceptionPage();
           }
           app.UseRouting();

           app.UseEndpoints(endpoints =>
           {
               endpoints.MapGet("/",async context =>
               {
                   await context.Response.WriteAsync("Hello World!");
               });
           });
       }
}
```

Startup类虽然只有两个方法，但是这两个方法做了非常重要的事情。

- ConfigureServices()方法配置应用程序所需的服务。
- Configure()方法配置应用程序的请求处理管道。

这两种方法的作用是非常重要的，是学习ASP.NET Core必须掌握的知识，在后面的内容中，我们会频繁使用这两种方法。

5.3 ASP.NET Core中的进程内与进程外托管模型

当执行一个ASP.NET Core应用程序的时候，.NET运行时会去查找Main()方法，因为它是这个应用程序的起点。

然后，Main()方法调用静态类Host中的静态方法CreateDefaultBuilder()。

这个CreateDefaultBuilder()方法执行如下几个任务。

- 将Kestrel用作Web服务器并启用IIS集成。
- 从各种配置源中加载配置信息。
- 配置日志记录。

在以后的章节中，我们将学习ASP.NET Core中可用的各种配置源、加载应用程序配置以及配置日志记录等内容。现在只要了解CreateDefaultBuilder()方法用于配置Web服务器的功能即可。

ASP.NET Core应用程序可以托管在进程内（InProcess）或进程外（OutOfProcess）中。

5.3.1 进程内托管

在本节中，我们将讨论进程内托管以及进程外托管。若要配置InProcess宿主，请将<AspNetCoreHostingModel>添加到应用的项目文件中，其中的值为InProcess。打开**项目文件**，添加以下代码段。

```
<AspNetCoreHostingModel>InProcess</AspNetCoreHostingModel>
```

<AspNetCoreHostingModel>：此元素指定如何托管ASP.NET Core应用程序，它表示程序应该托管InProcess还是OutOfProcess。

- InProcess的值指定要使用进程内托管模型，即在IIS工作进程（w3wp.exe）中托管ASP.NET Core应用程序。
- OutOfProcess的值指定要使用进程外托管模型，将Web请求转发到运行Kestrel服务器的后端ASP.NET Core应用程序。

修改项目文件后的完整代码如下。

```
<Project Sdk="Microsoft.NET.Sdk.Web">

  <PropertyGroup>
      <TargetFramework>netcoreapp3.1</TargetFramework>

    <AspNetCoreHostingModel>InProcess</AspNetCoreHostingModel>

  </PropertyGroup>

</Project>
```

当我们在Visual Studio中选择使用一个可用的项目模板，创建一个新的ASP.NET Core项目时，ASP.NET Core应用默认为进程内托管模型。

在进程内托管的情况下，CreateDefaultBuilder()方法调用UseIIS()方法并在Windows操作系统中的IIS工作进程（w3wp.exe或iisexpress.exe）内托管应用程序。

- 对于IIS，执行应用程序的进程名称是**w3wp**，对于IIS Express，它是**iisexpress**。
- 要获取执行应用程序的进程名称，请使用System.Diagnostics.Process.GetCurrentProcess().ProcessName。
- 当在Visual Studio中运行项目时，默认使用IIS Express。
- **IIS Express**是IIS的轻量级自包含版本，针对应用程序开发进行了优化。我们不会将它用于生产。在生产中我们使用IIS。
- 从性能的角度来看，进程内托管相对于OutOfProcess托管提供了更高的请求吞吐量。
- 在本书中，主要介绍如何通过IIS来部署ASP.NET Core应用程序。

如果对InProcess与OutOfProcess的性能差异表示有疑问，可以关注我的微信公众号，回复“进程内外性能对比”，得到更加详细的答案。

5.3.2 Kestrel

Kestrel是ASP.NET Core的跨平台Web服务器，.NET Core支持的所有平台和版本都支持它，它默认作为内部服务器包含在ASP.NET Core中。

Kestrel本身可以用作边缘服务器，即面向互联网的Web服务器，它可以直接处理来自客户端的传入HTTP请求。

在Kestrel中，用于托管应用程序的进程是MockSchoolManagement。当我们使用.NET Core CLI运行.NET Core应用程序时，应用程序使用Kestrel作为Web服务器。

5.3.3 CLI

.NET Core CLI是一个用于开发.NET核心应用程序的跨平台工具。使用CLI命令我们可以做到以下几点。

- 根据指定的模板创建新项目、配置文件或解决方案。
- 还原.Net Core项目所需的所有依赖项和工具包。
- 生成项目及其所有依赖项。
- 运行.Net Core项目。

CLI就是一个宝箱，我们可以用它来实现dotnet命令所能承载的一切想象力。

在IIS工作进程（w3wp.exe）内托管ASP.NET Core应用，称为进程内托管模型；将Web请求转发到运行Kestrel服务器的后端ASP.NET Core应用，称为进程外托管模型。

使用.NET Core CLI运行我们的ASP.NET Core应用程序。

- 启动Windows命令提示符。
- 将目录更改为包含ASP.NET Core项目的文件夹路径，然后执行dotnet run命令。
- D:> dotnet run。

在.NET Core CLI生成并运行项目之后，它会显示用于访问应用程序的URL，如图5.2所示。

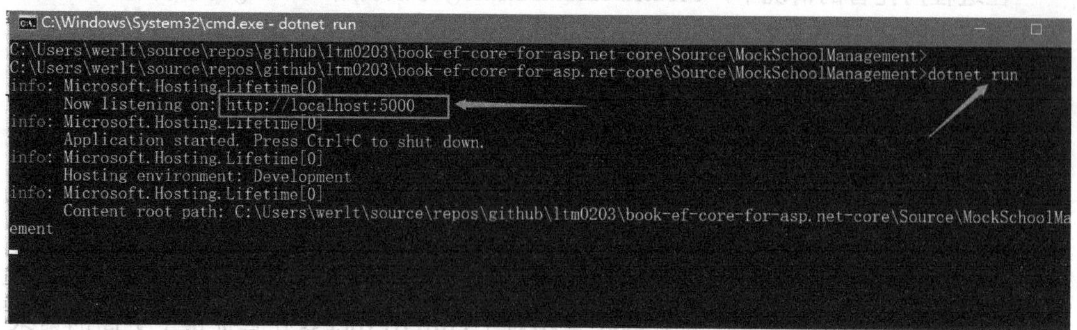

图5.2

在这个例子中，应用程序可以通过访问浏览器地址在http://localhost:5000查看内容。

由于托管在Kestrel中，因此应用程序的进程是MockSchoolManagement。

5.4 ASP.NET Core进程外托管

了解进程外托管前，我们先简单回顾一下如何在ASP.NET Core中配置进程内的服务器。

在项目文件中添加<AspNetCoreHostingModel>元素，其值为InProcess。

```
<AspNetCoreHostingModel>InProcess</AspNetCoreHostingModel >
```

使用InProcess应用程序将被托管在IIS工作进程中。使用进程内托管，只有一个Web服务器，它是承载应用程序的IIS服务器，如图5.3所示是进程内托管。

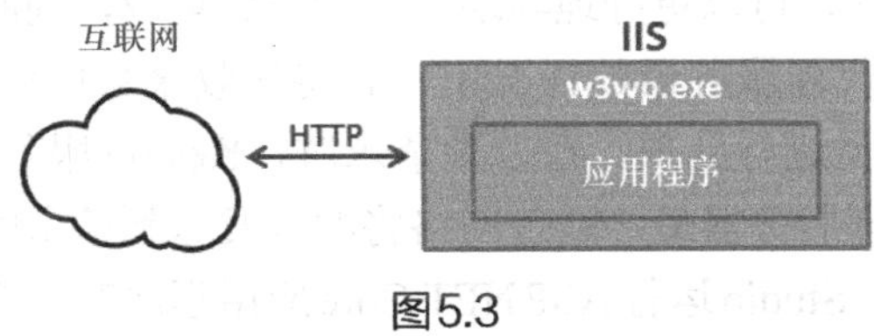

图5.3

要将ASP.NET Core设置为进程外托管，需要将<AspNetCoreHostingModel>元素添加到应用程序的项目文件中，其值为OutOfProcess。

```
<AspNetCoreHostingModel>OutOfProcess</AspNetCoreHostingModel >
```

进程外托管

- 有两台Web服务器：内部Web服务器和外部Web服务器。
- 内部Web服务器是Kestrel，外部Web服务器可以是IIS、Nginx或Apache。

读者运行ASP.NET Core应用程序方式的不同，决定是否需要使用外部Web服务器。

我们已经知道，Kestrel嵌入在ASP.NET Core应用程序的跨平台Web服务器中。Kestrel可通过以下两种方式来使用进程外托管。

Kestrel可以用作面向互联网的Web服务器，直接处理传入的HTTP请求。在此模型中，我们不使用外部Web服务器，而是只使用Kestrel，它可以作为服务器自主面向互联网，直接处理传入的HTTP请求。当我们使用.Net Core CLI运行ASP.NET Core应用程序时，Kestrel是唯一用于处理传入HTTP请求的Web服务器，如图5.4所示。

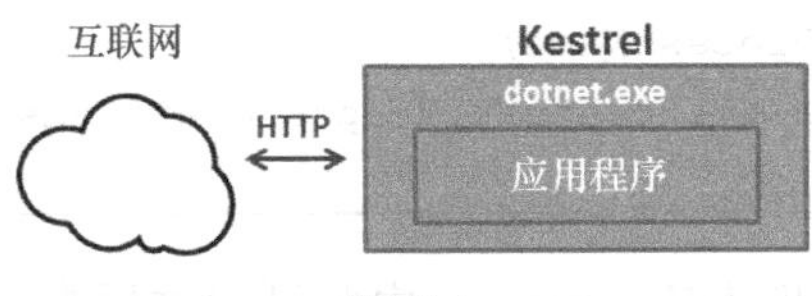

图5.4

Kestrel还可以与反向代理服务器（如IIS、Nginx或Apache）结合使用，如图5.5所示。

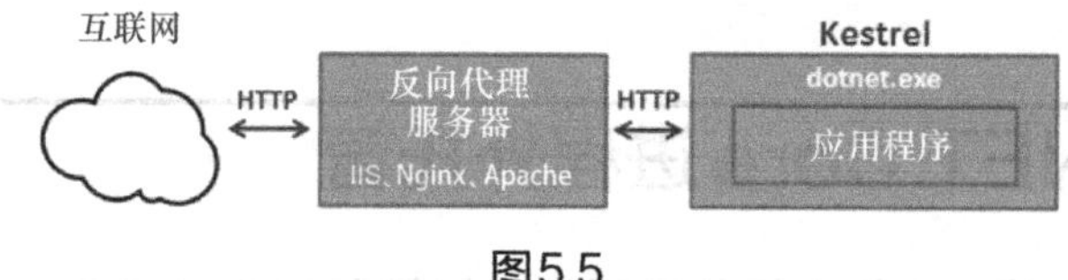

图5.5

5.5 探讨几个问题

如果Kestrel可以单独用作Web服务器，那么为什么需要反向代理服务器？

如果Kestrel使用进程外托管，则结合反向代理服务器是一个不错的选择，因为它提供了额外的配置和安全性，可以更好地与现有基础设施集成，同时它还可用于负载平衡。

因此，在使用反向代理服务器的情况下，它将接收来自网络的传入HTTP请求，并将其转发到Kestrel服务器进行处理。在处理请求时，Kestrel服务器将响应发送到反向代理服务器，然后反向代理服务器最终通过网络将响应发送到请求的客户端。

当我们直接从Visual Studio运行ASP.NET Core应用程序时，它默认使用IIS Express。

由于我们已将应用程序配置为使用进程外托管，因此当前情况下，IIS Express已经在充当反向代理服务器了。

IIS Express接收传入的HTTP请求并将其转发给Kestrel进行处理，Kestrel处理请求并将响应发送到IIS Express，IIS Express反过来将该响应发送到浏览器。

使用进程外托管时，无论读者是否使用反向代理服务器，Kestrel服务器都是作为托管应用程序的服务器同时处理请求的，也就是我们最开始说的自托管。

如何校验当前的项目是进程内还是进程外托管？首先打开项目文件，将AspNetCore HostingModel的值设置为InProcess。

然后打开Startup.cs文件，发现如下代码。

```
  endpoints.MapGet("/",async context =>
                {
                    await context.Response.WriteAsync("Hello World");
                });
```

将其修改为以下形式。

```
   endpoints.MapGet("/",async context =>
                {
                              var processName = System.Diagnostics.Process.
GetCurrentProcess().ProcessName;
                    await context.Response.WriteAsync(processName);
                });
```

运行项目后浏览器的结果为iisexpress，由此可知进程为iisexpress，如图5.6所示。

图5.6

验证为进程外托管只需要将AspNetCoreHostingModel的值设置为OutOfProcess。运行项目后浏览器的结果为MockSchoolManagement，由此可知进程为MockSchoolManagement，如图5.7所示。

图5.7

当看到运行结果是项目名称的时候，证明其为进程外托管。

请注意，如果是.NET Core 2.x，则得到的结果是**dotnet**。

当我们使用.NET Core CLI运行ASP.NET Core项目时，默认情况下它会忽略我们在.csproj文件中指定的托管设置。因此项目文件中<AspNetCoreHostingModel>标签下的值是被忽略的，无论读者指定的值（InProcess或OutOfProcess）如何，它始终由OutOfProcess托管，通过Kestrel托管应用程序处理HTTP请求。

我们可以在不使用内置的Kestrel Web服务器的情况下运行ASP.NET Core应用程序吗？

答案是肯定的，要相信.NET Core的开发团队。如果我们使用InProcess托管，则应用程序将托管在IIS工作进程中。

5.6 小结

本章涉及的均是ASP.NET Core的基础知识，属于很重要的内容，我们来总结一下它们。

ASP.NET Core项目文件的特点如下。

- .csproj是根据编程语言的文档所使用的。
- 不需要卸载项目就可以编辑项目文件。
- 项目文件不包含任何文件夹或文件引用。
- 文件系统确定哪些文件或文件夹属于项目。

关于ASP.NET Core中的Main()方法需要注意以下几点。

- 控制台应用程序通常有一个Main()方法。而为什么我们在ASP.NET Core Web应用程序中有一个Main()方法？因为Main()方法是ASP.NET Core项目以控制台形式初始化时的程序入口。

- 配置Main()方法后启动ASP.NET Core，这时就变成了一个ASP.NET Core Web应用程序。
- AspNetCoreHostingModel指定应用程序的托管形式：InProcess或OutOfProcess。
- InProcess的值指定我们想要使用进程内托管模型，即在IIS工作进程中托管ASP.NET Core应用程序。
- OutOfProcess的值指定我们要使用进程外托管模型，即将Web请求转发到后端的ASP.NET Core中，而整个应用程序运行在ASP.NET Core内置的Kestrel中。
- ASP.NET Core 3.0默认采用的是进程内托管。
- 在.NET Core 2.x中，ASP.NET Core默认是进程外托管，我们创建ASP.NET Core 2.x项目的时候，会看到显示声明为进程外的值。
- 从.NET Core 3.x开始，默认项目都修改为进程内托管，没有进行显式声明，而是采用隐式声明，这是一个比较大的差异点。
- Kestrel不与进程内托管一起使用。
- 代理服务器：泛指IIS、Nginx或Apache等。

第6章 ASP.NET Core中的配置文件

本章中，我们将学习ASP.NET Core中的配置信息以及这些配置信息的重要性。

本章主要向读者介绍如下内容。

- 启动配置信息的作用。
- 其他常用的配置信息。
- 如何读取这些配置信息以及这些配置的加载顺序。

6.1 启动配置信息

项目启动的时候，将会获取launchsettings.json设置信息。

- 我们可以在项目根目录的**Properties**文件夹中找到此文件。
- 当我们使用Visual Studio或.NET Core CLI运行此ASP.NET Core项目时，将使用此文件中的设置。
- 此文件仅用于本地开发环境，我们不需要把它发布到生产环境的ASP.NET Core程序中。
- 如果读者希望在使用ASP.NET Core发布和部署应用程序时采用某些独立的设置，请将它们存储在**appsettings.json**文件中。我们通常将应用程序的配置信息存储在此文件中，比如数据库连接字符串。
- 还可以使用不同环境的appsettings.json文件。比如，appsettings.Staging.json用于临时环境。
- 在ASP.NET Core中，除appsettings.json文件外，我们还可以采用其他的配置源，如环境变量、用户机密（User Secret）、命令行（Command Line）参数，甚至自定义配置源。
- 有关这些不同配置源的appsettings.json文件的更多用法，在后面会提到。

打开launchSettings.json，可以看到文件中的设置信息如下。

```
{
  "iisSettings":{
    "windowsAuthentication":false,
```

```
      "anonymousAuthentication":true,
      "iisExpress":{
        "applicationUrl":"http://localhost:13380",
        "sslPort":0
      }
    },
    "profiles":{
      "IIS Express":{
        "commandName":"IISExpress",
        "launchBrowser":true,
        "environmentVariables":{
          "ASPNETCORE_ENVIRONMENT":"Development"
        }
      },
      "MockSchoolManagement":{
        "commandName":"Project",
        "launchBrowser":true,
        "applicationUrl":"http://localhost:5000",
        "environmentVariables":{
          "ASPNETCORE_ENVIRONMENT":"Development"
        }
      }
    }
  }
```

请注意，我们有两个配置信息。

- IIS Express。
- MockSchoolManagement。

当我们通过按Ctrl + F5组合键或只按F5键从Visual Studio运行项目时。

- 默认情况下，调用配置文件名称“commandName”:“IIS Express”。
- 另外一种情况，如果我们使用.NET Core CLI（dotnet run）运行项目，则使用带有“commandName”:“Project”的配置文件。

我们可以通过单击Visual Studio中的下拉列表来更改要配置文件中的commandName属性，修改默认设置，如图6.1所示。

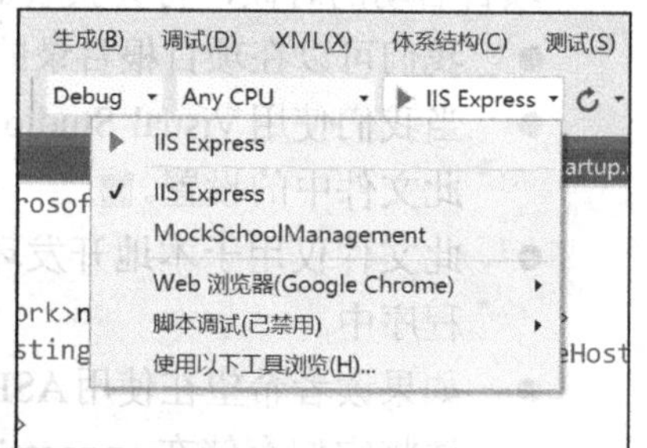

图6.1

默认值如下。

- 项目名称（现在显示的是MockSchoolManagement）。
- IIS Express。
- IIS。

图6.1所示的值与项目文件中的<AspNetCoreHostingModel>元素的值对应，当选择的值不同时，会指定要启动的是内部服务器还是外部服务器（反向代理服务器），详情如表6.1所示。

表6.1

commandName	AspNetCoreHostingModel的值	Internal Web Server（内部服务器）	External Web Server（外部服务器）
项目名称	忽略托管设置的值	Kestrel	Kestrel

续表

commandName	AspNetCoreHostingModel 的值	Internal Web Server（内部服务器）	External Web Server（外部服务器）
IIS Express	进程内托管InProcess	只使用一个Web服务器——IIS Express	只使用一个Web服务器——IIS Express
IIS Express	OutOfProcess	Kestrel	IIS Express
IIS	InProcess	只使用一个Web服务器——IIS	只使用一个Web服务器——IIS
IIS	OutOfProcess	Kestrel	IIS

读者还可以通过直接编辑launchSettings.json文件来设置commandName的值，也可以使用Visual Studio提供的图形用户界面更改设置。

6.2 通过GUI来设置launchSettings文件

- 在Visual Studio的**解决方案资源管理器中**右击项目名称，然后从快捷菜单中选择**属性**。单击项目**属性**窗口中的**调试**选项卡，如图6.2所示。

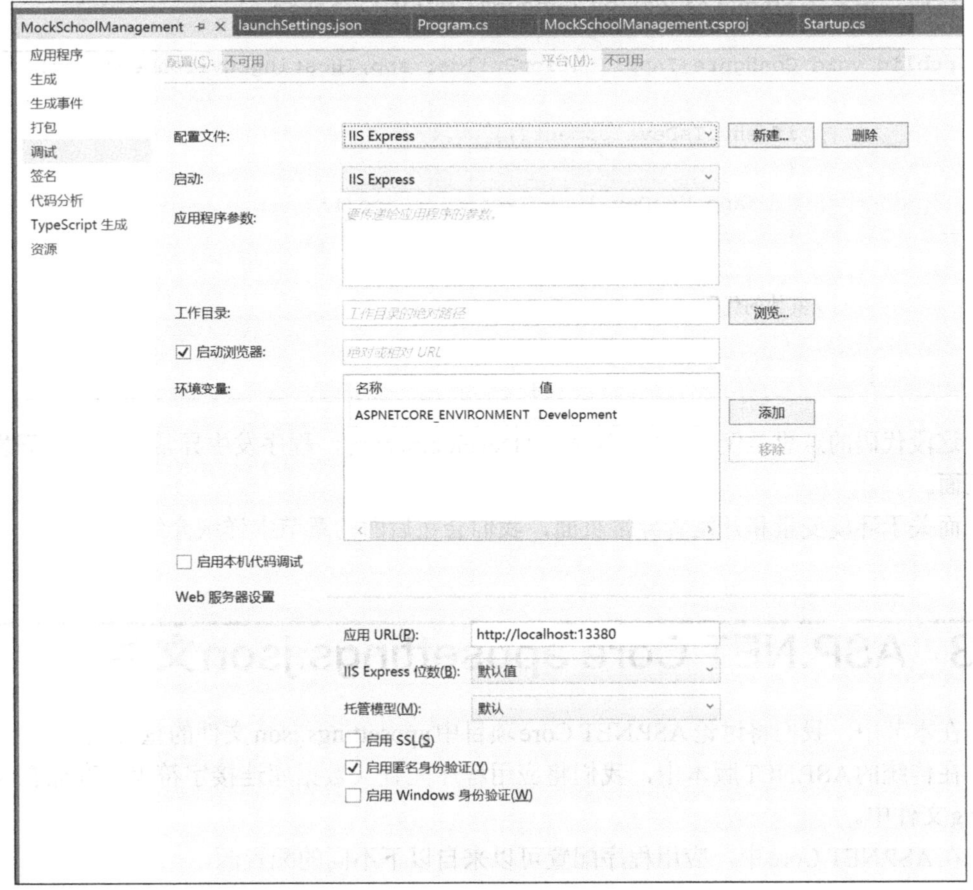

图6.2

我们可以使用GUI来更改launchSettings.json文件中的设置。

注意，环境变量ASPNETCORE_ENVIRONMENT的默认值为Development。

可以将此值更改为Staging或Production，具体取决于我们是在Staging还是Production环境中运行此项目。

我们还可以添加新的环境变量。这些环境变量在ASP.NET Core应用程序中都可用，可以根据这些环境变量的值的不同，有条件地执行代码。

在这里将环境变量**ASPNETCORE_ENVIRONMENT**设置为Production。保存后打开launchSettings.json文件，发现IIS Express中的ASPNETCORE_ENVIRONMENT值已经修改为Production。

```
    "profiles":{
      "IIS Express":{
        "commandName":"IISExpress",
        "launchBrowser":true,
        "environmentVariables":{
          "ASPNETCORE_ENVIRONMENT":"Production"
        }
    }},
```

比如，请参考Startup.cs文件下Configure()方法的以下代码。

```
public void Configure(IApplicationBuilder app,IHostingEnvironment env)
        {
            if(env.IsDevelopment())
            {
                app.UseDeveloperExceptionPage();
            }

          //其他的代码

        }
```

这段代码的意思是仅当环境变量值为Development时，程序发生异常才会显示**开发异常页面**。

而关于环境变量和开发者异常页面，我们会在后面的章节中详细介绍。

6.3 ASP.NET Core appsettings.json文件

在本节中，我们将讨论ASP.NET Core项目中appsettings.json文件的重要性。

在传统的ASP.NET版本中，我们将应用程序配置（数据库连接字符串）存储在web.config文件中。

在ASP.NET Core中，应用程序配置可以来自以下不同的配置源。

- appsettings.json和appsettings.{Environment}.json文件可以根据Environment的不

同托管在对应环境。

- User secrets(用户机密)。
- Environment variables(环境变量)。
- Command-line arguments(命令行参数)。

appsettings.json 文件：我们的项目是通过ASP.NET Core内置的“空”模板创建的，所以项目中已经有一个appsettings.json文件了。

可以对该文件做如下修改，补充一个MyKey的键值对。

```
{
  "Logging":{
    "LogLevel":{
      "Default":"Information",
      "Microsoft":"Warning",
      "Microsoft.Hosting.Lifetime":"Information"
    }
  },
  "AllowedHosts":"*",
  "MyKey":" appsettings.json中MyKey的值"
}
```

6.3.1 访问配置信息

若要访问 **Startup** 类中的配置信息，则需要在其中注入IConfiguration服务，它是由ASP.NET Core框架提供的。

```
public class Startup
{
    private IConfiguration _configuration;
//需要先添加一个构造方法，然后将IConfiguration服务注入方法中
    public Startup(IConfiguration configuration)
    {
        _configuration = configuration;
    }

    public void ConfigureServices(IServiceCollection services)
    {
    }

    public void Configure(IApplicationBuilder app,IHostingEnvironment env)
    {
        if(env.IsDevelopment())
        {
            app.UseDeveloperExceptionPage();
        }
```

```
            app.Run(async(context) =>
            {
                //防止乱码
                    context.Response.ContentType = "text/plain;charset=utf-8";
                //注入后通过_configuration访问MyKey
                await context.Response.WriteAsync(_configuration["MyKey"]);
            });

            //其他代码
        }
    }
```

此时运行项目依然出现乱码。我们还需要将appsettings.json文件的编码格式修改为UTF-8。打开文件后，单击Visual Studio标签栏上的文件，选择appsettings.json另存为，然后根据编码保存选择如图6.3所示的**UTF-8无签名**。

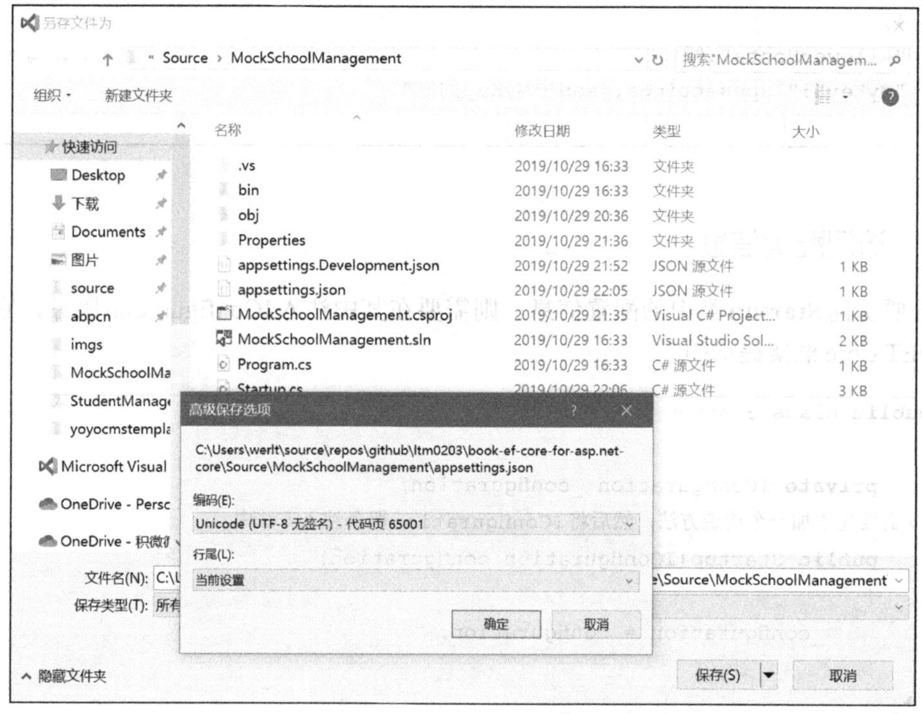

图6.3

保存完毕后，执行程序即可得到没有乱码的值，如图6.4所示。

图6.4

6.3.2 appsettings.json

在我们的项目中，appsettings.json文件旁还有一个appsettings.Development.json，现在打开它并添加一个MyKey的键值对。

```
{
  "Logging":{
    "LogLevel":{
      "Default":"Debug",
      "System":"Information",
      "Microsoft":"Information"
    }
  },
  "MyKey":" appsettings.Development.json中MyKey的值"
}
```

此时运行项目，会发现浏览器显示的值没有变化，这是因为在launchSettings.json中，将ASPNETCORE_ENVIRONMENT的值修改为了Production。这告诉项目，采用IIS Express启动的时候当前的环境变量为Production，因此appsettings.Development.json的文件没有被读取，而是去获取appsettings.json中的值。

现在只要将启动配置文件中的Production修改回Development，运行项目后就可以看到MyKey的值已经是appsettings.Development.json中MyKey的值。

当然，如果不想修改launchSettings.json中的值，则可以通过CLI命令行的形式运行项目，也可以通过在Visual Studio标签栏上选择MockSchoolManagement的方式启动项目得到相同的结果。

成功运行后的结果如图6.5所示。

图6.5

6.3.3 用户机密

在应用程序的开发过程中，有时需要在代码中保存一些机密信息，比如加密密钥、字符串、用户名或密码等。通常的做法是将其保存到一个配置文件（如appsettings.json）中。但是在涉及以下场景的时候就会发现该文件不够用了。

- 需要保存一些和第三方网站对接的密钥，比如微信、支付宝或微博站点使用的密钥。
- 在团队协同开发的过程中，开发人员在使用各自本机的数据库时，如何配置数据库地址、账号和密码。

那么此时用户机密就派上用场了，接下来我们启动它，首先右击项目名，选择**管理用户机密**，如图6.6所示。

Visual Studio会自动创建并打开一个名为secrets.json的文件，我们在文件中添加一行代码。

```
{
  "MyKey":" secrets.json中MyKey的值"
}
```

然后打开项目文件，会发现在PropertyGroup下添加了一行代码。

```
<UserSecretsId>cf9c9cff-2188-4165-941c-8a0282fdac28</UserSecretsId>
```

在这里，<UserSecretsId>元素中的值代表了用户机密在本地计算机存储的ID，它是由一串GUID的值组成的。

读者可以通过在Visual Studio标签栏上右击，选择**打开所在的文件夹**查看，如图6.7所示，会自动跳转到系统文件路径。

```
%APPDATA%\Microsoft\UserSecrets\<user_secrets_id>\secrets.json
```

在上面的文件路径中，<user_secrets_id>与在MockSchoolManagement .csproj项目文件中的UserSecrets中的值是相同的，如图6.8所示。

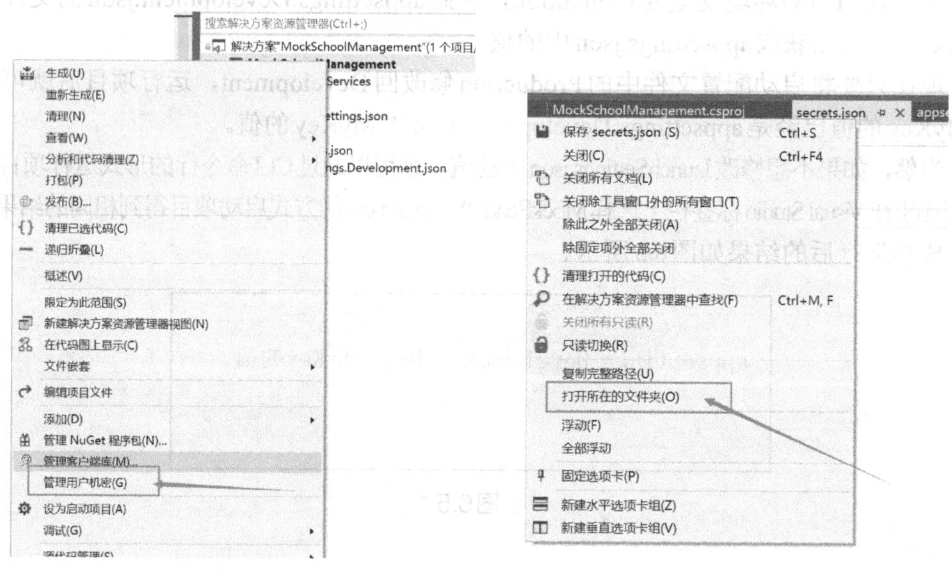

图6.6 图6.7

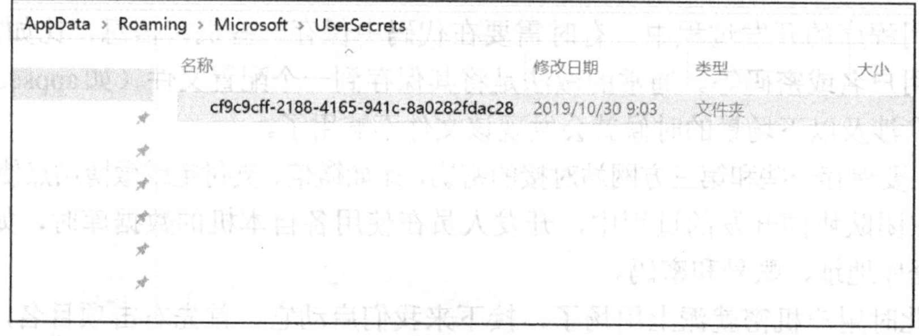

图6.8

用户机密信息保存在本地计算机，然后通过UserSecrets的值来替换配置信息，现在运行项目得到的输出结果如图6.9所示。

图6.9

6.3.4 环境变量

现在可以打开launchSettings.json文件，在IIS Express中的environmentVariables添加MyKey的键值对。

```
"profiles":{
   "IIS Express":{
     "commandName":"IISExpress",
     "launchBrowser":true,
     "environmentVariables":{
       "ASPNETCORE_ENVIRONMENT":"Development",
       "MyKey":" launchsettings.json中MyKey的值"
     }
   },
//其他代码
}
```

运行项目后得到的输出结果如图6.10所示。

图6.10

6.3.5 命令行参数

现在我们再通过使用命令行参数的方式来访问配置信息。

首先打开项目的根目录，然后在资源管理器的地址栏输入cmd，按Enter键，系统会打开命令行工具，它会自动帮我们填写路径信息，如图6.11所示。

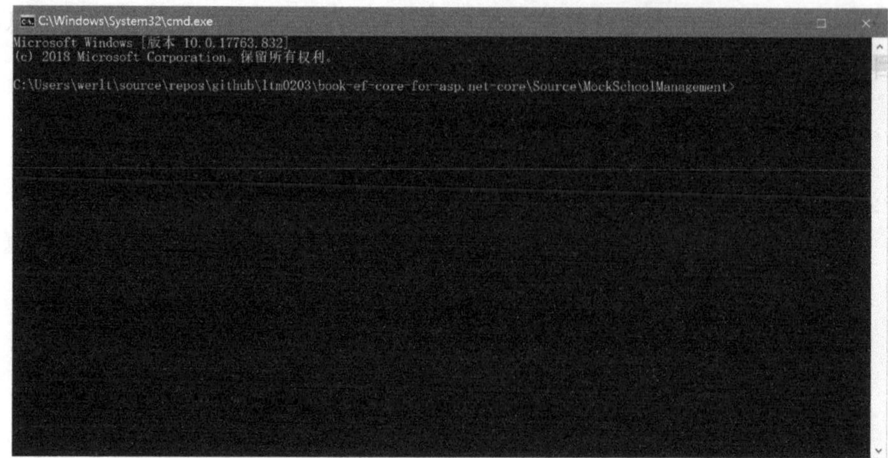

图6.11

输入命令dotnet run MyKey="Value from Command Line"，然后访问http://localhost:5000，可以得到图6.12所示的结果。

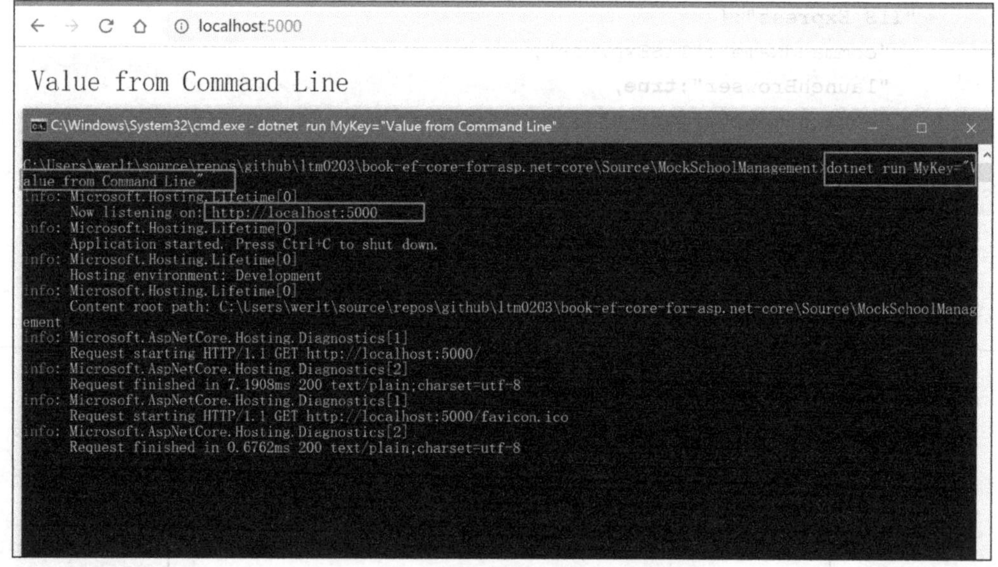

图6.12

如图6.12所示，我们通过.NET Core CLI命令行来运行项目，然后通过命令行参数的形式设置了MyKey的值。

6.4　ASP.NET Core IConfiguration服务与依赖注入

前面在Startup类构造函数中注入的IConfiguration服务采用的是依赖注入的形式，关于依赖注入，我们会在后面的章节中详细说明。

- IConfiguration服务是为从ASP.NET Core中的所有配置源读取配置信息而设计的。

- 如果**在多个配置源中**具有**密钥名称相同**的配置设置，简单来说就是重名了，则后面的配置源将覆盖先前的配置源，所以我刚刚访问了各种配置源，但是不删除之前的配置信息，原因就是我们通过配置源的读取顺序来设置MyKey的值。
- 静态类Host的CreateDefaultBuilder()方法在应用程序启动时会自动去调用，按特定顺序读取配置源。
- 要确认配置源的读取顺序，可以查看ASP.NET Core的源代码，请查看GitHub上的源代码上的ConfigureAppConfiguration()方法，代码如下。

```
    /// <summary>
        /// Initializes a new instance of the <see cref="WebHostBuilder"/>
class with pre-configured defaults using typed Startup.
        /// </summary>
        /// <remarks>
        ///    The following defaults are applied to the returned <see
cref="WebHostBuilder"/>:
        ///      use Kestrel as the web server and configure it using the
application's configuration providers,
        ///      set the <see cref="IHostEnvironment.ContentRootPath"/> to
the result of <see cref="Directory.GetCurrentDirectory()"/>,
        ///      load <see cref="IConfiguration"/> from 'appsettings.json'
and 'appsettings.[<see cref="IHostEnvironment.EnvironmentName"/>].json',
        ///      load <see cref="IConfiguration"/> from User Secrets when
<see cref="IHostEnvironment.EnvironmentName"/> is 'Development' using the
entry assembly,
        ///     load <see cref="IConfiguration"/> from environment variables,
        ///     load <see cref="IConfiguration"/> from supplied command line
args,
        ///      configure the <see cref="ILoggerFactory"/> to log to the
console and debug output,
        ///     enable IIS integration.
        /// </remarks>
        /// <typeparam name ="TStartup">The type containing the startup
methods for the application.</typeparam>
        /// <param name="args">The command line args.</param>
        /// <returns>The initialized <see cref="IWebHostBuilder"/>.</
returns>
          public static IWebHostBuilder CreateDefaultBuilder<TStartup>(stri
ng[]args)where TStartup:class =>
            CreateDefaultBuilder(args).UseStartup<TStartup>();
}
```

通过该方法上的英文注释，翻译后可以知道读取各种配置源的默认顺序如下。

- appsettings.json。
- appsettings.{Environment}.json。
- 用户机密。

- 环境变量。
- 命令行参数。

6.5 小结

本章中，我们练习了通过注入IConfiguration服务来访问各种配置源，并通过不同的读取方式明确了它们的读取顺序。在实际开发项目的过程中会遇到各种突发情况，到时候可以根据不同的情况灵活采用不同的配置源来适配自己需要的服务。知晓不同的配置源的默认读取顺序，有利于排查问题以及保证系统的安全性。

第7章 ASP.NET Core中的中间件及其工作原理

在本章中，主要向读者介绍如下内容。

- 什么是中间件（Middleware）。
- 如何在ASP.NET Core中配置中间件。
- 中间件的工作原理和流程。

中间件模式是经典的23种设计模式中的一种，也是.NET Core新引入的一种设计模式。我们在开发项目的过程中会使用大量的中间件，并且随着本书内容的加深我们也会使用各种中间件。后面我们会编写满足自己业务要求的中间件。

7.1 中间件

在ASP.NET Core中，中间件是一个可以处理HTTP请求或响应的软件管道。在ASP.NET Core中，中间件具有非常特定的用途。比如，我们可能需要一个中间件验证用户，一个中间件来处理错误，一个中间件来提供静态文件，如JavaScript文件、CSS文件和图片等。

我们在ASP.NET Core中使用这些中间件设置请求处理管道，正是这管道决定了如何处理请求。而请求处理管道是由Startup.cs文件中的Configure()方法进行配置的，它也是应用程序启动的一个重要部分。

以下是Configure()方法中的代码。

```
public void Configure(IApplicationBuilder app,IWebHostEnvironment env)
    {
        if(env.IsDevelopment())
        {
            app.UseDeveloperExceptionPage();

        }
```

```
            app.Run(async(context) =>
            {

                //防止乱码
                context.Response.ContentType = "text/plain;charset=utf-8";
                //注入后通过_configuration访问MyKey
                await context.Response.WriteAsync(_configuration["MyKey"]);
            });

            app.UseRouting();

            app.UseEndpoints(endpoints =>
            {
                endpoints.MapGet("/",async context =>
                {
                        await context.Response.WriteAsync("Hello World!");

                });
            });
        }
```

如读者所见，由空项目模板生成的Configure()方法中，有一个非常简单的请求处理管道，其中有4个中间件。

- UseDeveloperExceptionPage()。
- Run()。
- UseRouting()。
- UseEndpoints()。

它们是如何使用的，我们在后面都会讲解。

现在，为了更好地了解中间件，我们删除其他代码，以下是修改后Configure()方法中的代码，仅保留两个中间件。

```
    public void Configure(IApplicationBuilder app,IWebHostEnvironment env)
        {
            if(env.IsDevelopment())
            {
                app.UseDeveloperExceptionPage();

            }
            app.Run(async(context) =>
            {
                await context.Response.WriteAsync("Hello World!");
            });
        }
```

通过这个非常简单的请求处理管道，所有的应用程序都可以将消息写入，然后再由浏览器显示出来。

7.2 中间件在ASP.NET Core中的工作原理

现在让我们了解什么是中间件以及它在ASP.NET Core中的工作原理。图7.1显示中间件以及它们如何适应请求处理管道。

图7.1

在ASP.NET Core中，中间件可以同时处理**传入请求和传出响应**。因此，中间件可以处理**传入请求**并将该请求**传递给管道中的下一个中间件**以进行下一步处理。

如果读者有一个日志记录中间件，那么它可能只是记录请求的时间，处理完毕后将请求传递给下一个中间件以进行下一步处理。

终端中间件：该中间件可以处理请求，并决定不调用管道中的下一个中间件，从而使管道短路。微软将其命名为terminal middleware，翻译为终端中间件。短路通常是被允许的，因为它可以避免一些不必要的工作。

如果请求的是一个图片文件或一个CSS纯静态文件，那么StaticFiles中间件可以在处理该请求后，使管道中的其余部分短路。就是说，在图7.1中，如果请求是针对静态文件，则StaticFiles中间件不会调用MVC中间件，从而避免一些无用的操作。

中间件可以通过传入的HTTP请求来响应HTTP请求。比如，管道中的MVC中间件负责处理对URL/students的请求并返回学生列表信息。

在后面的内容中，我们将演示如何使用MVC中间件在管道中处理请求和响应。

中间件还可以处理传出响应。比如，日志记录中间件可以记录响应发送的时间。此外，它还可以通过计算接收请求时间和响应发送时间之间的差异来计算处理请求所花费的所有时间。

中间件是按照添加到管道的顺序执行的。我们要以正确的顺序添加中间件，否则应用程序可能无法按预期运行。有时候程序虽然会编译成功，但是依然无法正常使用。

后面我们将通过一个示例，讨论如果未按正确顺序将中间件添加到处理管道中会发生什么。

在大型团队中，**中间件应该以NuGet包的形式提供**。由NuGet处理更新，通过尽量将中间件拆得足够小，以提供每个中间件独立更新的能力。

在微服务架构中往往涉及多种中间件，大型互联网公司的架构团队可能会开发各种不同类型的中间件。

在我们的项目中，根据程序要求，可以向请求处理管道添加尽可能多的中间件。如果读者正在使用一些静态HTML页面和图像开发简单的Web应用程序，那么请求处理管道可能只包含StaticFiles中间件。这就是模块化设计带来的好处，让每个人都像玩积木一样。

另一方面，如果读者正在开发一个安全的数据驱动设计的Web应用程序，那么可能需要几个中间件，如StaticFiles中间件、身份验证中间件、授权中间件和MVC中间件等。

现在我们已经基本了解了什么是中间件以及它们如何适应请求处理管道，接下来将学习如何配置请求处理管道。

7.3 配置ASP.NET Core请求处理管道

我们将使用中间件为ASP.NET Core应用程序配置请求处理管道。

作为应用程序启动的一部分，要在Configure()方法中设置**请求处理管道**。

```
public class Startup
{
    public void ConfigureServices(IServiceCollection services)
    {
    }

    public void Configure(IApplicationBuilder app,IWebHostEnvironment env)
    {
        if(env.IsDevelopment())
        {
            app.UseDeveloperExceptionPage();
        }

        app.Run(async(context) =>
        {
            await context.Response.WriteAsync("Hello World!");
        });
    }

}
```

目前的代码中有两个中间件在管道中 ：**UseDeveloperExceptionPage()方法和Run()方法**。UseDeveloperExceptionPage()中间件：顾名思义，如果存在异常并且环境是Development，此中间件会被调用，显示**开发异常页面**。我们将在后面的章节中讨论这个**DeveloperExceptionPage()中间件和环境变量的配合使用**。

第二个中间件是注册Run()方法到管道中，它只能处理信息传入的Response对象。目前，它是一个响应每个请求的中间件，返回“Hello World”。在这种情况下，无论请求路径是什么，所有请求都会被这个中间件处理，我们得到的返回值都是这个中间件调用Response对象返回的string类型的字符串。

请注意，返回的值是纯文本而不是HTML。我们可以通过检查页面源代码来确认这一点。可以看到，源代码中没有任何HTML标签，只是纯文本。

即使读者现在创建一个为52abp.html的文件，并且在请求中包含该文件的路径:http://localhost:13380/52abp.html，应用程序也无法返回该静态文件。这是因为目前我们的请求处理管道没有可以提供静态文件的中间件，所以不支持HTML、图像、CSS和JavaScript

等文件的显示。

在后面的内容中，我们将添加所需的中间件以便能够提供静态文件。

7.4 Configure()代码解析

```
app.Run(async(context) =>
{
    await context.Response.WriteAsync("Hello World!");
});
```

关于这段代码的解析如下。

- 我们调用Run()方法添加中间件到请求处理管道中。
- 如果将鼠标指针悬停在Run()方法上，则可以从智能提示中看到Run()方法是作为IApplicationBuilder接口的扩展方法实现的。这就是我们能够在IApplicationBuilder对象应用程序上调用此Run()方法的原因，如图7.2所示。

```
}
app.Run(async (context) =>
{
    (扩展) void IApplicationBuilder.Run(RequestDelegate handler)
    Adds a terminal middleware delegate to the application's request pipeline.
});
```

图7.2

- 传递给Run()方法的参数是一个RequestDelegate，我们可以从智能提示中看到它。
- RequestDelegate是一个作为HttpContext对象的参数委托。
- 通过这个HttpContext对象，中间件可以访问传入的HTTP请求和传出的HTTP响应。
- 目前，我们使用Lambda将请求进行传递，因为Lambda通过委托内联的方式作为匿名方法传递，所以Lambda表达式是一种特殊的委托。
- 使用Run()扩展方法，只能将一个终端中间件添加到请求管道。
- 终端中间件会使管道短路，而不会去调用下一个中间件。

7.4.1 中间件掌握测试

```
app.Run(async(context) =>
{   context.Response.ContentType = "text/plain;charset=utf-8";//防止乱码
    await context.Response.WriteAsync("从第一个中间件中打印Hello World");
});

app.Run(async(context) =>
{
    await context.Response.WriteAsync("从第二个中间件中打印Hello World");
});
```

以上中间件的输出结果说明如下。

- 我们使用Run()方法注册了两个中间件。
- 运行此项目时，我们只看到第一个中间件的响应有返回值。
- 第二个中间件没有响应。
- 这是因为使用Run()方法注册的中间件无法调用管道中的下一个中间件。
- 使用Run()方法注册的中间件是终端中间件。

7.4.2 中间件传递

如果读者希望中间件能够调用管道中的下一个中间件，则应该注册Use()中间件，如下所示。

```
app.Use(async(context,next) =>
{
    await next();
});

app.Run(async(context) =>
{
    await context.Response.WriteAsync("从第二个中间件中输出Hello World");
});
```

注意，Use()方法有两个参数。第一个参数是HttpContext上下文对象；第二个参数是Func类型，即它是代表管道中下一个中间件的通用委托。

7.4.3 实践中间件的工作流程

接下来我们来看一看实践中间件的工作流程。

```
public void Configure(IApplicationBuilder app,IWebHostEnvironment env,
                ILogger<Startup> logger)
{
    app.Use(async(context,next) =>
    {
        logger.LogInformation("MW1:传入请求");
        await next();
        logger.LogInformation("MW1:传出响应");
    });

    app.Use(async(context,next) =>
    {
        logger.LogInformation("MW2:传入请求");
        await next();
        logger.LogInformation("MW2:传出响应");
    });
```

```
    app.Run(async(context) =>
    {
        await context.Response.WriteAsync("MW3:处理请求并生成响应");
        logger.LogInformation("MW3:处理请求并生成响应");
    });
}
```

代码说明如下。

- ILogger<Startup>服务被注入Configure()方法中，用于日志的记录。
- 项目启动时，Main()方法调用CreateDefaultBuilder()配置日志记录。

读者可以通过查看ASP.NET Core 3.1在GitHub的源代码来验证这一点。

- 检查文件中ConfigureLogging()方法，位于第191行，读者会发现，ILogger配置了AddConfiguration、Console、Debug和EventSource。

```
  .ConfigureLogging((hostingContext,logging) =>
          {
                  logging.AddConfiguration(hostingContext.Configuration.
GetSection("Logging"));
                  logging.AddConsole();
                  logging.AddDebug();
                  logging.AddEventSourceLogger();
          }).
```

代码说明如下。

- 我们使用依赖注入的方式将ILogger记录到系统中。
- 如果使用.NET Core CLI运行项目，则可以在控制台窗口中查看记录的信息。
- 如果直接在Visual Studio上运行项目，则可以在输出窗口中查看记录的信息。从输出窗口的下拉列表中选择ASP.NET CoreWeb Server。
- 读者将看到，信息按以下顺序记录。
  - **MW1：传入请求。**
  - **MW2：传入请求。**
  - **MW3：处理请求并生成响应。**
  - **MW2：传出响应。**
  - **MW1：传出响应。**

现在将图7.3所示的输出结果与图7.4所示的内容结合起来理解。

图7.4所示的流程图说明如下。

- 请记住，ASP.NET Core中的中间件可以处理传入请求和传出响应。
- 请求先到达Middleware1，它记录**传入请求**，因此我们首先看到此消息。
- Middleware1调用next()方法，next()方法会调用管道中的Middleware2。
- Middleware2记录**传入请求**。
- Middleware2会先调用next()方法再调用Middleware3。
- Middleware3处理请求并生成响应。因此，我们看到的下一条消息是**处理请求并生成响应**。

```
app.Use(async (context, next) =>
{
    logger.LogInformation("MW1:传入请求");
    await next();
    logger.LogInformation("MW1:传出响应");
});

app.Use(async (context, next) =>
{
    logger.LogInformation("MW2: 传入请求");
    await next();
    logger.LogInformation("MW2: 传出响应");
});

app.Run(async (context) =>
{
    await context.Response.WriteAsync("MW3: 处理请求并生成响应");
    logger.LogInformation("MW3: 处理请求并生成响应");
});
```

```
MockSchoolManagement.Startup: Information: MW1:传入请求
MockSchoolManagement.Startup: Information: MW2: 传入请求
MockSchoolManagement.Startup: Information: MW3: 处理请求并生成响应
MockSchoolManagement.Startup: Information: MW2: 传出响应
线程 0x7cc4 已退出，返回值为 0 (0x0)。
MockSchoolManagement.Startup: Information: MW1:传出响应
```

图7.3

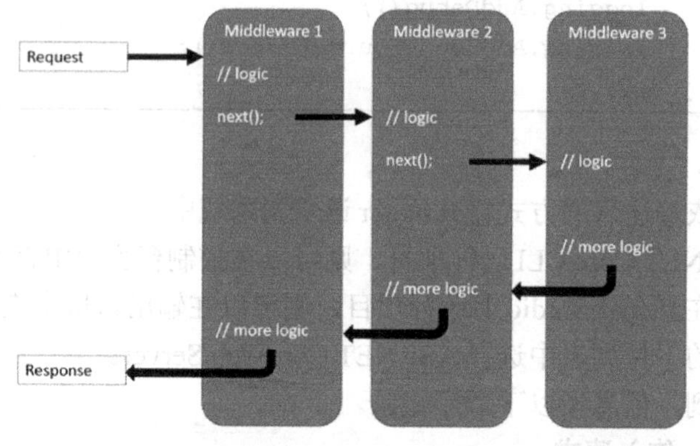

图7.4

- 此时请求处理流程在管道中开始反向传递。
- Middleware3控制权将交回到Middleware2，并将Middleware3生成的响应值（**处理请求并生成响应**）传递给它。Middleware2记录**传出响应**，这是我们接下来看到的。
- Middleware2将控制权交给Middleware1。
- Middleware1记录**传出响应**，这是我们最后看到的。

7.5　小结

ASP.NET Core的中间件特点如下。

- 可同时被访问和请求。

- 可以处理请求，然后将请求传递给下一个中间件。
- 可以处理请求，并使管道短路。
- 可以处理传出响应。
- 中间件是按照添加的顺序执行的。

中间件的工作流程如下。

- 所有的请求都会在每个中间件调用next()方法之前触发。请求按一定方向依次穿过所有管道。
- 当中间件处理请求并产生响应时，请求处理流程在管道中开始反向传递。
- 所有的响应都会在每个中间件调用next()方法之后触发。响应按一定方向依次穿过所有管道。

如果读者还是不能理解，则可以下载本章源代码，然后按照图7.3代码中的断点调试，实践可以让读者的知识掌握得更加牢靠。

第8章 ASP.NET Core中的静态文件中间件

本章主要向读者介绍如下内容。

- 静态文件中间件的作用。
- 都有哪些静态文件中间件。
- 静态文件中间件的加载顺序。

8.1 添加静态文件中间件

现在让我们实现ASP.NET Core应用程序对静态文件（HTML、图像、CSS和JavaScript等文件）的支持。

- 默认情况下，ASP.NET Core应用程序不会提供静态文件的支持。
- 静态文件的默认目录是wwwroot，此目录必须位于项目文件夹的根目录中。

手动创建一个wwwroot文件夹，然后准备图片文件，将其复制并粘贴到wwwroot文件夹中。我们假设文件的名称是image1.png。

为了从浏览器访问此文件，设置路径为http://{{serverName}}/image1.png，使其在本地计算机上运行，URL为http://localhost:13380/image1.png（读者的计算机上的端口号可能不同）。

当从浏览器导航到上面的URL的时候，我们仍然是通过Run()方法注册的中间件返回响应的结果。这里没有看到图片文件image1.png，因为目前我们的应用程序请求处理管道没有可以提供静态文件所需的中间件——UseStaticFiles()中间件。

修改Configure()方法中的代码，将UseStaticFiles()中间件添加到应用程序的请求处理管道中，如下所示。

```
public void Configure(IApplicationBuilder app,IHostingEnvironment env)
{
    if(env.IsDevelopment())
    {
```

```
            app.UseDeveloperExceptionPage();
        }
        //添加静态文件中间件
        app.UseStaticFiles();
        app.Run(async(context) =>
        {
            await context.Response.WriteAsync("Hello World!");
        });
    }
```

在wwwroot文件夹中没有像Visual Studio提供的默认模板一样把图片、CSS和JavaScript等文件进行分类，我们建议按不同的文件类型对文件夹进行区分，参考图8.1所示的文件夹层次结构。

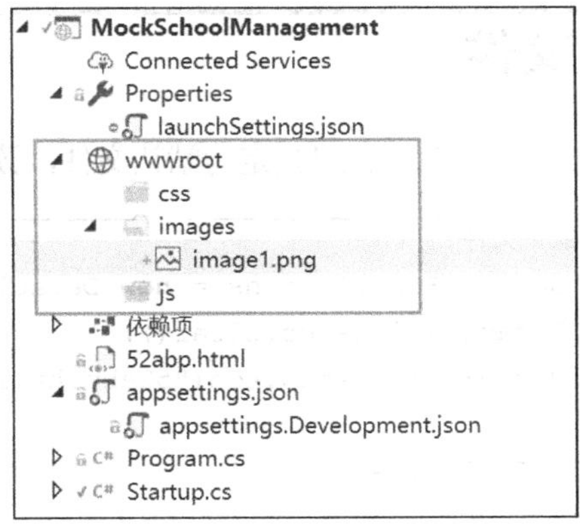

图8.1

为了在浏览器上访问image1.png，我们输入地址为http://localhost:13380/images/image1.png。

默认情况下，UseStaticFiles()中间件仅提供wwwroot文件夹中的静态文件。如果读者愿意，还可以在wwwroot文件夹之外提供静态文件。

8.2 支持默认文件

大多数Web程序都有一个默认文件，它是用户访问程序地址时显示的文件内容。比如，有一个名为default.html的默认文件，并且读者希望在用户访问应用程序根节点的URL时提供它，即http://localhost:13380。

此时，我们来访问这个地址，可以看到使用Run()方法注册的中间件产生的回调，但是没有看到默认文件default.html的内容。为了提供默认页面，我们必须在应用程序的请求处理管道中插入UseDefaultFiles()中间件。

```
//添加默认文件中间件
app.UseDefaultFiles();
//添加静态文件中间件
app.UseStaticFiles();
```

请注意，必须在UseStaticFiles之前通过注册UseDefaultFiles来提供默认文件。UseDefaultFiles是一个URL重写器，实际上并没有提供文件。它只是将URL重写定位到默认文件，然后还是由静态文件中间件提供。地址栏中显示的URL仍然是根节点的URL，而不是重写的URL。

以下是UseDefaultFiles()中间件默认会去查找的地址信息的顺序。

- Index.htm。
- Index.html。
- default.htm。
- default.html。

新增的default.html文件需要放入wwwroot文件夹的根目录中，否则无法运行。

8.3 自定义默认文件

如果要使用其他文件，比如将52abp.html指定为默认文件，读者可以使用以下代码实现。

```
//将52abp.html指定为默认文件
DefaultFilesOptions defaultFilesOptions = new DefaultFilesOptions();
defaultFilesOptions.DefaultFileNames.Clear();
defaultFilesOptions.DefaultFileNames.Add("52abp.html");
//添加默认文件中间件
app.UseDefaultFiles(defaultFilesOptions);
//添加静态文件中间件
app.UseStaticFiles();
```

需要注意的是，这些静态文件均需要放入文件夹wwwroot，52abp.html文件的代码段请前往异步社区配套的源码中获取，运行项目后的效果如图8.2所示。

图8.2

8.4 UseFileServer中间件

UseFileServer()结合了UseStaticFiles()、UseDefaultFiles()和UseDirectoryBrowser()中间件的功能。**DirectoryBrowser()**中间件支持目录浏览，并允许用户查看指定目录中的文件。我们可以用**UseFileServer()中间件**替换**UseStaticFiles()和UseDefaultFiles()**中间件。

我们可以将刚刚的代码修改为以下代码，运行项目后得到的结果是一致的。

```
//使用UseFileServer()而不是UseDefaultFiles()和UseStaticFiles()
FileServerOptions fileServerOptions = new FileServerOptions();
fileServerOptions.DefaultFilesOptions.DefaultFileNames.Clear();
fileServerOptions.DefaultFilesOptions.DefaultFileNames.Add("52abp.html");
app.UseFileServer(fileServerOptions);
```

请注意，凡是开发.NET Core的项目，我们都应该将中间件添加到应用程序的请求处理管道中进行开发。而大多数情况下，中间件都是以Use开头的扩展方法，如下所示。

```
UseDeveloperExceptionPage()
UseDefaultFiles()
UseStaticFiles()
UseFileServer()
```

如果要自定义这些中间件，对应的可配置参数对象如表8.1所示。

表8.1

中间件	可配置参数对象
UseDeveloperExceptionPage	DeveloperExceptionPageOptions
UseDefaultFiles	DefaultFilesOptions
UseStaticFiles	StaticFileOptions
UseFileServer	FileServerOptions

8.5 小结

本章我们掌握了如何在项目中使用静态文件中间件，特点如下。

- ASP.NEt Core默认不支持静态文件的服务。
- 默认的静态文件服务文件夹为wwwroot。
- 要使用静态文件，必须使用UseStaticFiles中间件。
- 要定义默认文件，必须使用UseDefaultFiles中间件。
- 默认支持的文件如下。
  - Index.htm。
  - Index.html。
  - default.htm。
  - default.html。
- 必须在UseStaticFiles()之前注册UseDefaultFiles()。
- UseFileServer()中间件结合了UseStaticFiles()、UseDefaultFiles()和UseDirectoryBrowser()中间件的功能。

第9章

ASP.NET Core开发人员异常页面

本章主要向读者介绍如下内容。

- 什么是开发人员异常页面。
- 开发人员异常中间件的使用。
- 如何配置不同的开发者环境，适应业务需求。

9.1 UseDeveloperExceptionPage中间件

打开在Startup类的Configure()方法，并修改为以下代码。

```
public void Configure(IApplicationBuilder app,IWebHostEnvironment env)
{
    if(env.IsDevelopment())
    {
        app.UseDeveloperExceptionPage();
    }

    app.UseFileServer();

    app.Run(async(context) =>
    {
     throw new Exception("读者的请求在管道中发生了一些异常，请检查。");
        await context.Response.WriteAsync("Hello World!");
    });
}
```

我们使用上面的代码运行应用程序后看不到异常，而会看到来自default.html页面的 **“读者好，我是静态网页default.html”**。

如果了解ASP.NET Core请求处理管道的工作原理，那么读者可能已经知道我们没有看到异常的原因。UseFileServer()中间件结合了UseDefaultFiles()和UseStaticFiles()中间件的功能。在之前的章节中，我们在wwwroot文件夹中包含了一个名为default.html的默认HTML文件。

因此，对应用程序根节点的URL的请求，即http://localhost:13380，由UseFileServer()中间件处理并且在管道中进行了反向传递。因此，在请求处理管道中我们注册的Run()方法作为下一个中间件也无法执行，导致我们不会看到此中间件抛出的异常。

现在，如果我们向http://localhost:13380/abc.html发出请求，则会看到异常。因为在这种情况下，UseFileServer()中间件找不到名为abc.html的文件。它会继续调用管道的下一个中间件，在这里我们使用Run()方法注册中间件。此中间件抛出异常，我们按预期看到异常详细信息，如图9.1所示。

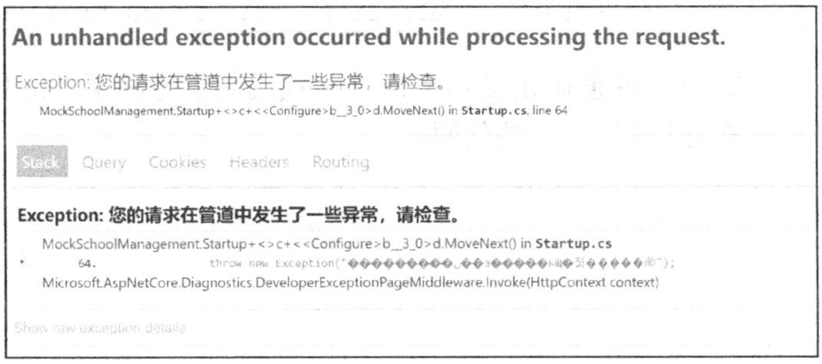

图9.1

如果读者对传统的ASP.NET开发有一定经验，那么必定对此页面非常熟悉，如图9.1所示的页面类似于传统的ASP.NET中的**黄色“死亡”屏幕**。

此页面包含了异常的详细信息。

- 堆栈跟踪，包括导致异常的文件名和行号。
- 查询字符串、Cookie、HTTP Header以及路由。

当读者点击异常页面的**Query**选项卡时，我们将发现请求URL没有任何的查询字符串参数。如果请求URL中有任何查询字符串参数，读者将在**Query**选项卡下看到它们，如图9.2所示。

图9.2

9.2 自定义UseDeveloperExceptionPage中间件

与ASP.NET Core中的其他大多数中间件一样，我们也可以自定义UseDeveloperExceptionPage()中间件。每当想要自定义中间件时，请始终记住读者可能拥有相应的Options对象。要自定义UseDeveloperExceptionPage()中间件，代码如下。

```
DeveloperExceptionPageOptions developerExceptionPageOptions = new
DeveloperExceptionPageOptions
{
    SourceCodeLineCount = 3
};
app.UseDeveloperExceptionPage(developerExceptionPageOptions);
```

SourceCodeLineCount属性值确定显示引发异常代码的上方和下方的代码行数。图9.3显示的是我们将其设置为3行后显示的代码。

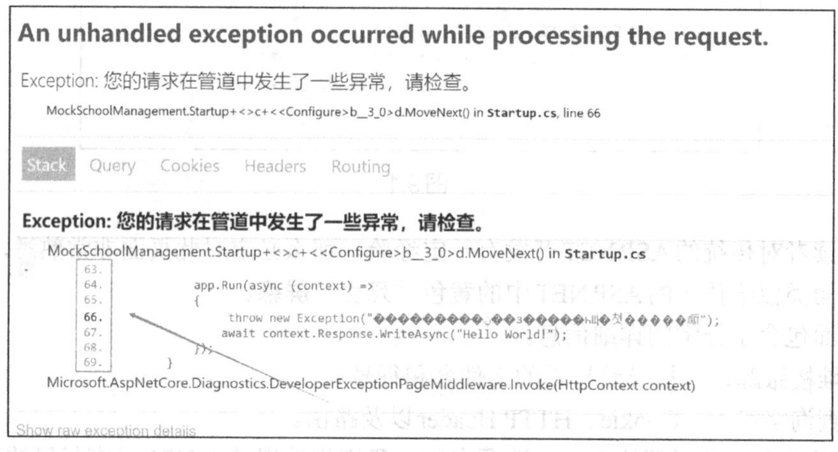

图9.3

9.3 UseDeveloperExceptionPage中间件如何工作

UseDeveloperExceptionPage()中间件的位置应尽可能地放置在其他中间件的前面，这是因为放置太后面的话，如果UseDeveloperExceptionPage()中间件之前的中间件引发异常，那么UseDeveloperExceptionPage()中间件无法捕获这些中间件的异常信息，并显示到开发者异常页面上。

请参考以下代码，在使用Run()方法注册的中间件后，再注册UseDeveloperExceptionPage()中间件。那么，在这种情况下将不会显示**开发异常页面**。这就是它必须尽早放置在请求处理管道的原因。

```
public void Configure(IApplicationBuilder app,IWebHostEnvironment env)
{
```

```
    //app.UseFileServer();

     app.Run(async(context) =>
     {
         throw new Exception("Some error processing the request");
         await context.Response.WriteAsync("Hello World!");
     });

     if(env.IsDevelopment())
     {
          DeveloperExceptionPageOptions developerExceptionPageOptions = new
DeveloperExceptionPageOptions
         {
             SourceCodeLineCount =3
         };
         app.UseDeveloperExceptionPage(developerExceptionPageOptions);
     }
}
```

9.4 ASP.NET Core中的环境变量配置

在本节中，我们将学习如何在ASP.NET Core中配置环境变量。在软件公司中会有不同的软件开发环境，通常包括以下3种。

- 开发环境（Development）。
- 演示（模拟、临时）环境（Staging）。
- 生产环境（Production）。

那么就产生一个疑问，为什么我们需要这些不同的开发环境呢？

开发环境（Development）：软件开发人员通常将此环境用于日常开发工作中。我们希望在开发环境中加载没有压缩过的JavaScript和CSS文件，以便于调试。类似地，如果存在未处理的异常，则需要开发异常页面，以便开发人员可以理解异常的根本原因并在需要时进行修复。

演示环境（Staging）：许多组织或者公司尝试使其演示环境尽可能与实际生产环境一致。此环境的主要目的是识别任何与部署相关的问题。此外，如果读者正在开发B2B（企业对企业）应用程序，则可能正在与其他服务提供商系统连接，如支付宝、微信支付和银行系统等。许多公司通常会设置其演示环境与服务提供商进行交互，以进行完整的端到端测试。

我们通常不会在演示环境中进行故障排除和调试，为了获得更好的性能，我们需要加载压缩过的JavaScript和CSS文件。如果存在未处理的异常，则显示用户友好的错误页面而不是开发异常页面。用户友好的错误页面不包含任何技术细节，它一般包含如下信息：“错误，请使用下面的联系方式发送电子邮件或者通过QQ联系我们获得应用程序支持”。

生产环境（Production）：它用于日常业务的实际环境。生产环境中会配置很多信息以获得更好的安全性和性能，因此，它会加载压缩后的JavaScript和CSS文件以优化性能。为了更好的安全性，会显示用户友好的错误页面而不是开发异常页面。开发异常页面上的技术细节对最终用户没有意义，反而可能会造成恶意用户使用它们入侵读者的应用程序。

不同公司的环境变量配置往往不尽相同，比如大型互联网公司会采用开发环境（Development）、测试环境（Testing）、预发布环境（UAT）和正式环境（Production）等方式进行定义。

9.5 配置ASPNETCORE_ENVIRONMENT变量

使用此变量为应用程序设置环境。在本地开发计算机上，通常在**launchsettings.json**文件中设置此环境变量。如果有需要，也可以在操作系统中设置。在Windows操作系统上的设置如下。

- 打开Windows控制面板，可以在运行窗口输入“Control”快速进入。
- 在**环境控制面板**窗口右上角的文本框中输入“环境”。
- 单击**编辑系统环境变量**，如图9.4所示。

图9.4

- 在弹出的**系统属性**窗口中单击**环境变量**按钮，如图9.5所示。

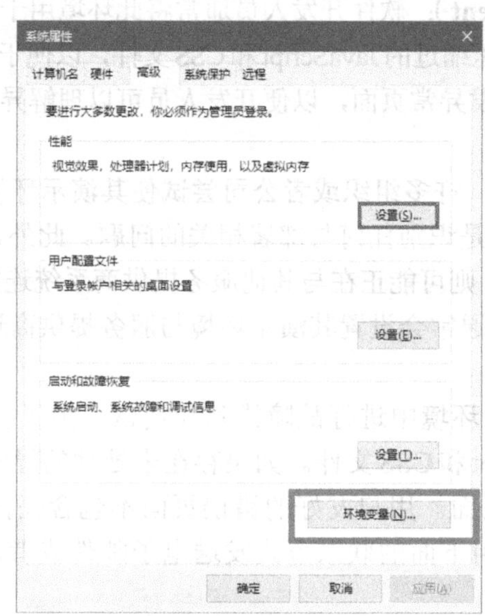

图9.5

- 在弹出的**环境变量**窗口中，单击**系统变量**部分下的**新建**按钮。
- 在弹出的**新建系统变量**对话框中，在**变量名**文本框中输入值“ASPNETCORE_ENVIRONMENT”，在**变量值**文本框中输入“Development”，如图9.6所示。

新建系统变量	
变量名(N):	ASPNETCORE_ENVIRONMENT
变量值(V):	Development
浏览目录(D)... 浏览文件(F)...	确定 取消

图9.6

- 单击**确定**按钮关闭所有弹出的窗口。

在Staging或Production环境中，我们通常在操作系统中设置此环境变量。我们通常将此变量设置为以下值之一，具体设置取决于托管和运行应用程序的环境。

- Development。
- Staging。
- Production。

现在已经将本地计算机的环境设置为Development，即开发环境。

访问ASPNETCORE_ENVIRONMENT变量值

ASP.NET Core提供了“开箱即用”的IWebHostEnvironment服务，我们可以使用它来访问ASPNETCORE_ENVIRONMENT变量值。

回到我们一直在使用的示例应用程序，注意Startup.cs文件中的Configure()方法，IWebHostEnvironment服务已经在项目创建的时候就注入此方法。现在修改Configure()方法中的代码，如下所示。（注意，我们使用**IWebHostEnvironment**服务的EnvironmentName属性来访问环境名称。）

```
    public void Configure(IApplicationBuilder app,IWebHostEnvironment env)
        {
            if(env.IsDevelopment())
            {
                app.UseDeveloperExceptionPage();
            }
            //使用纯静态文件支持的中间件，而不使用终端中间件
            app.UseStaticFiles();

            app.Run(async(context) =>
            {
                //返回当前的环境变量
                 await context.Response.WriteAsync("Hosting Environment:" +
env.EnvironmentName);
            });
        }
```

现在删除launchsettings.json文件中的ASPNETCORE_ENVIRONMENT键值对，代码如下。

```
"IIS Express":{
    "commandName":"IISExpress",
    "launchBrowser":true,
    "environmentVariables":{
      "MyKey":" launchsettings.json中Mykey的值"
    }
  },
```

运行项目，访问http://localhost:13380，返回如图9.7所示的页面。

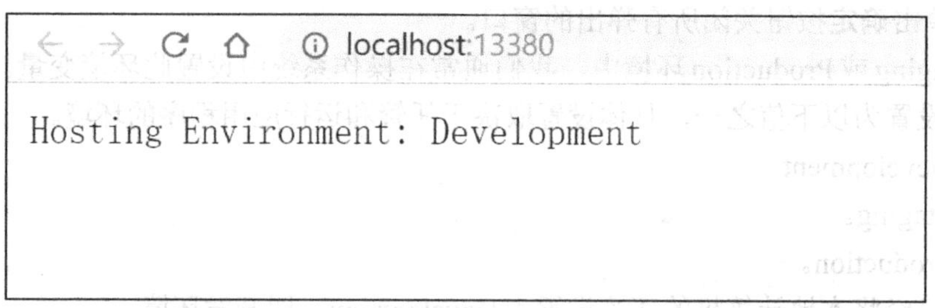

图9.7

请注意，如果读者的返回值是Production，则说明操作系统设置的环境没有生效，请重新启动Visual Studio试一试。

如果在两个位置（launchsettings.json文件和操作系统中）都设置了环境变量，则launchsettings.json文件中的值将覆盖操作系统级别指定的值；如果没有明确设置ASPNETCORE_ ENVIRONMENT变量，则其值默认为Production，这样做是为了更好的安全性和性能。

想象一下，在生产服务器上没有将ASPNETCORE_ENVIRONMENT变量值设置为Production。如果其默认值为Development，则应用程序可能会显示Developer Exception Page，并且恶意用户可能利用它来入侵应用程序。

此外，它加载未压缩的文件，而不是加载压缩过的JavaScript和CSS文件。因此，为了获得更好的性能和安全性，如果不明确设置ASPNETCORE_ENVIRONMENT变量，则其值默认为Production。

现在读者可以将本地计算机的环境变量设置删除，它的默认值即Production，记得重启Visual Studio。

9.6 IWebHostEnvironment服务中的常用方法

我们使用IWebHostEnvironment服务内置的以下方法来标识运行应用程序的环境。

- IsDevelopment()。
- IsStaging()。

- IsProduction()。

如果读者拥有用户验收测试（UAT）环境或质量保证（QA）环境等自定义环境，该怎么办？

注意，自定义环境包括开发环境（Development）、集成环境（Integration）、测试环境（Testing）、QA验证、模拟环境（Staging）和生产环境（Production）。

ASP.NET Core也支持这些自定义环境。比如，要检查环境是否为UAT，请使用IsEnvironment()方法，如下所示。

```
env.IsEnvironment("UAT")
  //如果环境是Development serve Developer Exception Page
            if(env.IsDevelopment())
            {
                app.UseDeveloperExceptionPage();
            }
            //否则显示用户友好的错误页面
                else if(env.IsStaging() || env.IsProduction() || env.
IsEnvironment("UAT"))
            {
                app.UseExceptionHandler("/Error");
            }
```

9.7 小结

关于UseDeveloperExceptionPage()中间件，需要了解以下内容。

- 在管道中通过UseDeveloperExceptionPage()启用中间件，必须尽可能地提早在管道中注入。
- 异常详情页面会展示包含Stack、Query、Cookies、Headers和Routing的内容。
- 如果需要自定义异常页面，则可以使用DeveloperExceptionPageOptions对象。

关于开发环境变量，需要了解以下内容。

- ASPNETCORE_ENVIRONMENT变量可以设置在运行时环境（Runtime Environment）。
- 在开发计算机的launchsettings.json文件中设置环境变量。
- 尽量在操作系统中设置Staging或者Production的变量。
- 可使用IHosttingEnvironment服务访问运行时环境，除内置的（Development、Staging和Production）环境之外，还支持自定义环境（UAT和QA等）。

我们在本章学习了如何将开发异常中间件和开发异常页面与环境变量配合使用，本章的目的是让读者在以后部署生产环境的时候做好开发环境的区分，养成良好的习惯。

关于环境变量，其实ASP.NET Core还提供了一个Environment TagHelper，它能根据程序中ASPNETCORE_ENVIRONMENT变量的值呈现不同的内容，在后面的内容中我们会学习如何使用TagHelper和Environment TagHelper。

第二部分

第10章

详解ASP.NET Core MVC的设计模式

本章主要向读者介绍如下内容。

- 什么是MVC。
- MVC如何工作。
- 将MVC安装到我们的项目。

10.1 什么是MVC

MVC有3个基本部分——模型（Model）、视图（View）和控制器（Controller）。如果读者现在还不能理解MVC，请不要担心，关于Model、View和Controller，我们将在后面的章节中详细介绍，它是用于实现应用程序的**用户界面层**的架构设计模式，如图10.1所示。

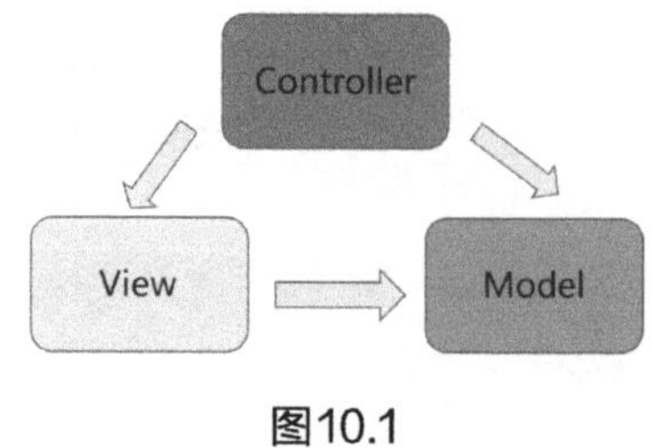

图10.1

一个典型的实际应用程序通常具有以下3层，这是很多学生在学校或者初学的时候使用的分层形式。

- 用户展现层。
- 业务逻辑处理层。
- 数据访问读取层。

我们称之为三层架构，而MVC设计模式通常位于实现应用程序的用户展现层中，如图10.2所示。

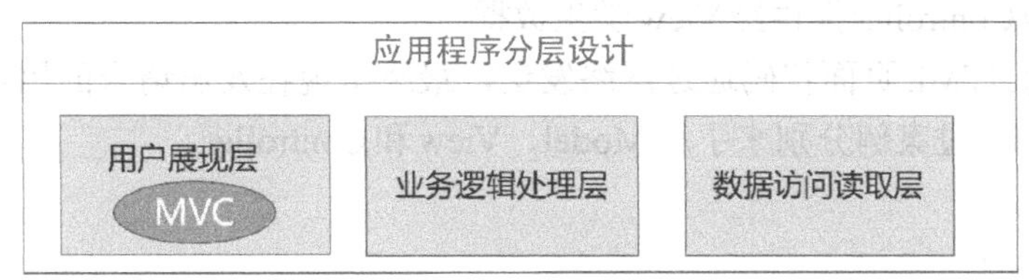

图10.2

10.1.1 MVC如何工作

让我们了解MVC设计模式是如何实现的。假设我们想要查询特定学生的详细信息（ID为1的学生信息），并在HTML网页的表格上显示这些详细信息，如图10.3所示。

Student Details	
ID	1
Name	张三
Major	计算机科学

图10.3

从Web浏览器发出请求，URL为http://52abp.com/student/details/1，从浏览器发起请求到响应的流程如图10.4所示。

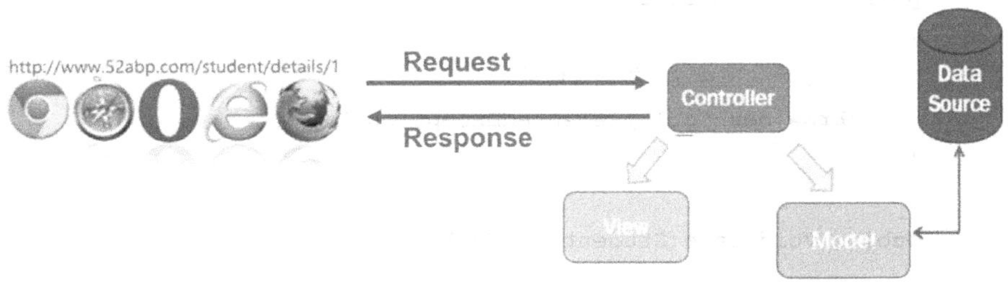

图10.4

进一步分析图10.4所示的内容。

- 当我们的请求到达服务器时，MVC设计模式下的Controller会接收请求并且处理它。
- Controller会访问Model，该模型是一个类文件，会进行数据的展示。
- 除了数据本身，Model还包含从底层数据源（如数据库）查询数据后的代码处理逻辑。
- 访问Model完成后，Controller还会继续选择View，并将Model对象传递给该View。

- View仅负责呈现Model的数据。
- View会根据Model数据生成所需的HTML页面代码以显示Model数据，简单来说就是Controller提供给View学生数据。
- 生成的HTML页面代码通过网络发送，最终呈现在发出请求的用户浏览器中。

接下来我们通过案例分别来了解Model、View和Controller。

10.1.2 Model

要实现根据学生ID显示详情的信息，其Model由Student类和管理学生数据的StudentRepository类组成，如下所示。

```
public class Student
    {
        public int Id{get;set;}
        public string Name{get;set;}
        public string Major{get;set;}
    }

 public interface IStudentRepository
    {
        Student GetStudent(int id);
        void Save(Student student);
    }

public class StudentRepository:IStudentRepository
    {
        public Student GetStudent(int id)
        {
            //写逻辑实现查询学生详情信息
             throw new NotImplementedException();
        }

        public void Save(Student student)
        {
            //写逻辑实现保存学生信息
             throw new NotImplementedException();
        }
    }
```

我们使用**Student**类来保存学生数据，而**StudentRepository**类则负责查询并将学生信息保存到数据库中。

如果要概括Model的作用，就是**包含一组数据的类和管理该数据的逻辑信息**。包含数据的是Student类，管理数据的是StudentRepository类。

如果读者对这里的代码存在疑问，比如为什么要使用IStudentRepository接口，直接使用没有接口的**StudentRepository**类不是更简单吗？

答案为是的，确实会更简单。但是这里使用接口是因为接口允许我们使用依赖注入，而依赖注入则可以帮助我们创建**低耦合且易于测试的系统**。我们将在后面的章节中详细讨论**依赖注入**。

10.1.3 View

MVC中的View大多数情况下只显示Controller提供给它的Model数据的逻辑。读者可以将View视为HTML模板。假设我们希望在HTML表格中显示**Student**数据，则可以将View和**Student**对象放在一起。**Student**对象是将学生数据传递给View的模型。View的唯一作用是将学生数据显示在HTML表格中。下面是View中的代码。

```
@model StudentManagement.Model.Student

<!DOCTYPE html>
<html>
  <head>   <title>学生页面详情</title> </head>
  <body>
    <table>
      <tr><td>Id</td><td>@model.Id</td> </tr>
      <tr><td>名字</td> <td>@model.Name</td></tr>
      <tr><td>主修科目</td><td>@model.Major</td>
      </tr>
    </table>
  </body>
</html>
```

在MVC中，View仅负责呈现模型数据，其中不应该有复杂的逻辑。View中的逻辑尽量做到简单，并且它仅用于呈现数据。如果要处理逻辑过于复杂的内容，请考虑使用**ViewModel**或**ViewComponent**。**ViewComponent**是Core版本MVC中的新增功能。

10.1.4 Controller

当来自浏览器的请求到达我们的应用程序时，MVC中的控制器处理传入的HTTP请求并响应用户的操作。

在这种情况下，用户已向URL发出请求（/student/details/1），因此该请求被映射到**StudentController**中的**Details()**方法，并向其传递**Student**的ID，在本例中为1，如图10.5所示。

这个映射操作是由应用程序中定义的路由规则帮助我们完成的。关于ASP.NET Core MVC中的路由，我们会在后面的章节中介绍。

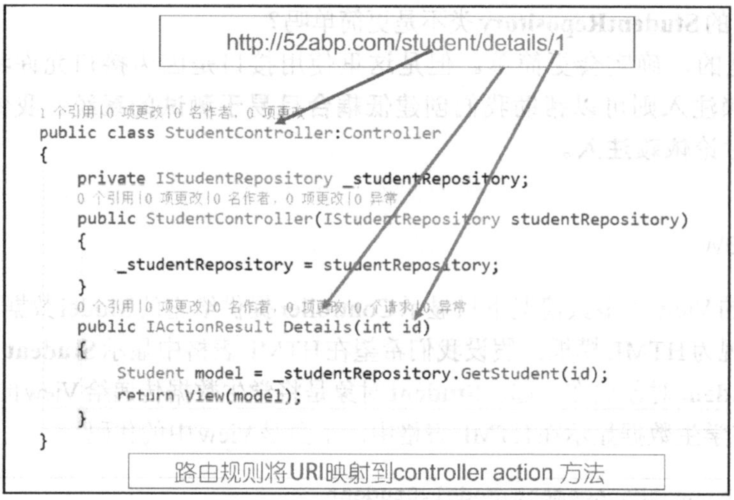

http://52abp.com/student/details/1

```
1 个引用|0 项更改|0 名作者，0 项更改
public class StudentController:Controller
{
    private IStudentRepository _studentRepository;
    0 个引用|0 项更改|0 名作者，0 项更改|0 异常
    public StudentController(IStudentRepository studentRepository)
    {
        _studentRepository = studentRepository;
    }
    0 个引用|0 项更改|0 名作者，0 项更改|0 个请求|0 异常
    public IActionResult Details(int id)
    {
        Student model = _studentRepository.GetStudent(id);
        return View(model);
    }
}
```

路由规则将URI映射到controller action 方法

图10.5

```
public class StudentController:Controller
    {
        private IStudentRepository _studentRepository;
        public StudentController(IStudentRepository studentRepository)
        {
            _studentRepository = studentRepository;
        }
        public IActionResult Details(int id)
        {
            Student model = _studentRepository.GetStudent(id);
            return View(model);
        }
    }
```

如读者所见，StudentController的**Details()**方法中的代码中声明了model，而model的类型是**Student**对象。因为要从数据源（如数据库）查询**Student**中的数据，所以在Controller的构造函数中注册了**IStudentRepository**类。

当Controller根据业务逻辑需要将数据赋值到声明的**Student**模型对象时，它就会将该**Student**模型对象传递给View。然后，View根据Model生成所需的HTML代码，并显示从Controller中传递过来的**Student**数据。然后此HTML代码通过网络发送给发出请求的用户。

如果读者现在还不是很理解，请不要担心，我们将通过MockSchool逐步创建Model、View和Controller来实现这一目标，从该程序中更加清晰和明确地理解所学习到的知识。

在MVC设计模式中，我们可以清晰地分离关注点，让每个部分各司其职。每个组件都有一个非常具体的任务要做。接下来，我们将讨论如何在ASP.NET Core应用程序中设置MVC中间件。

10.2 在ASP.NET Core中安装MVC

到目前为止，我们使用的ASP.NET Core项目是通过空项目模板生成的。这个项目还没有设置和安装MVC，现在在ASP.NET Core应用程序中设置MVC。

10.2.1 在ASP.NET Core中配置MVC

步骤1：在Startup类Startup.cs文件中的**ConfigureServices()**方法中有一行代码如下所示。这行代码将所需的MVC服务添加到ASP.NET Core的依赖注入容器中。

```
services.AddMvc(a=>a.EnableEndpointRouting=false);
```

在这里将EnableEndpointRouting的值设置为false，是因为我们要使用MVC自带的路由。关于EnableEndPointRouting的内容，我们在后面学习。

步骤2：在Configure()方法中，将**UseMvcWithDefaultRoute()**中间件添加到应用程序的请求处理管道中，代码如下所示。

```
public void Configure(IApplicationBuilder app,IHostingEnvironment env)
{
    if(env.IsDevelopment())
    {
        app.UseDeveloperExceptionPage();
    }

    app.UseStaticFiles();

    app.UseMvcWithDefaultRoute();

    app.Run(async(context) =>
    {
        await context.Response.WriteAsync("Hello World!");
    });
}
```

注意，我们在UseMvcWithDefaultRoute()中间件之前放置了UseStaticFiles()中间件。此顺序很重要，因为如果请求是针对静态文件（如图像、CSS或JavaScript文件），则UseStaticFiles()中间件将处理请求并使管道的其余部分短路。

因此，如果请求是针对静态文件，则不会执行UseMvcWithDefaultRoute()中间件，从而避免不必要的处理。

另外，如果请求是MVC请求，则UseStaticFiles()中间件将把该请求传递给UseMvcWith-DefaultRoute()中间件，它将处理请求并返回响应。

请注意，除UseMvcWithDefaultRoute()中间件以外，还有一个名为UseMvc()的中间件。现在先使用UseMvcWithDefaultRoute()中间件。在第14章学习属性路由时，我们将讨论UseMvcWithDefaultRoute()与UseMvc()中间件的区别。

现在，如果运行应用程序并导航到http://localhost:13380，我们会看到“Hello World！”消息显示在浏览器窗口中。

- 这是因为请求管道中配置了UseMvcWithDefaultRoute()中间件。当我们向URL发出请求http://localhost:13380时，由于请求内容不是访问静态文件，因此UseStaticFiles()中间件会将请求传递给UseMvcWithDefaultRoute()中间件。
- 由于我们尚未在URL中指定控制器名称和操作方法，因此UseMvcWithDefaultRoute()中间件会查询默认HomeController中的Index()方法。
- 但是由于当前应用程序中没有HomeController，UseMvcWithDefaultRoute()中间件会查询失败，因此将请求传递给使用Run()方法注册的中间件，最后我们看到的“Hello World！”就是此中间件生成的消息。

如果删除使用Run()方法注册的中间件会发生什么？修改Configure()方法中的代码如下所示。

```
public void Configure(IApplicationBuilder app,IHostingEnvironment env)
{
    if(env.IsDevelopment())
    {
        app.UseDeveloperExceptionPage();
    }

    app.UseStaticFiles();

    app.UseMvcWithDefaultRoute();
}
```

运行上面的代码，如果我们再次向URL发出请求http://localhost:49119，则会看到浏览器的404错误页面。这是因为UseMvcWithDefaultRoute()中间件没有找到HomeController和Index()方法，并且当前请求管道中也没有其他中间件。

10.2.2 添加HomeController

在项目根文件夹中添加Controllers文件夹并在其中添加一个名为`HomeController`的新类，然后复制并粘贴以下代码。

```
public class HomeController
{
    public string Index()
    {
        return "Hello from MVC";
    }
}
```

生成并运行解决方案，然后向应用程序发出请求URL——http://localhost:13380。现在，读者将看到浏览器中显示的字符串“Hello from MVC”。

10.3 AddMvc()和AddMvcCore()的源代码解析

从.NET Core 3.0开始，AddMvc()方法的API变化比较大，在.NET Core 2.x中AddMvc()会直接引用AddMvcCore()，当时AddMvcCore()方法不支持JsonResult。

以下是2.2版本的源代码，可以发现该版本中，在引入services.AddMvcCore()后又引入了其他的中间件功能。

```
public static IMvcBuilder AddMvc(this IServiceCollection services)
    {
        if(services == null)
        {
            throw new ArgumentNullException(nameof(services));
        }

        var builder = services.AddMvcCore();

        builder.AddApiExplorer();
        builder.AddAuthorization();

        AddDefaultFrameworkParts(builder.PartManager);

        // Order added affects options setup order

        // Default framework order
        builder.AddFormatterMappings();
        builder.AddViews();
        builder.AddRazorViewEngine();
        builder.AddRazor Pages();
        builder.AddCacheTagHelper();

        // +1 order
        builder.AddDataAnnotations();// +1 order

        // +10 order
        builder.AddJsonFormatters();

        builder.AddCors();

        return new MvcBuilder(builder.Services,builder.PartManager);
    }
```

而从.NET Core 3.0开始，AddMvc()方法发生了很大的变化，以下是涉及的几个关键代码段，请注意以下代码中的注释是我自行添加的。

```
public static IMvcBuilder AddMvc(this IServiceCollection services)
        {
            if(services == null)
            {
                throw new ArgumentNullException(nameof(services));
            }

            services.AddControllersWithViews();//添加了控制器与视图
                return services.AddRazor Pages();//这是.NET Core新增的Razor
                                                 //Pages功能
        }


  //用于包装控制器和视图的服务
public static IMvcBuilder AddControllersWithViews(this IServiceCollection
services)
        {
            if(services == null)
            {
                throw new ArgumentNullException(nameof(services));
            }

            var builder = AddControllersWithViewsCore(services);
            return new MvcBuilder(builder.Services,builder.PartManager);
        }

  // 控制器和视图有关的服务的整合处
  private static IMvcCoreBuilder AddControllersWithViewsCore(IServiceColle
ction services)
        {
            var builder = AddControllersCore(services)
                .AddViews()
                .AddRazorViewEngine()
                .AddCacheTagHelper();

            AddTagHelpersFrameworkParts(builder.PartManager);

            return builder;
        }

//在这里才具体引入了AddMvcCore()

private static IMvcCoreBuilder AddControllersCore(IServiceCollection
services)
        {
            // 默认情况下，此方法排除所有与视图相关的服务
            return services
                .AddMvcCore()
                .AddApiExplorer()
                .AddAuthorization()
```

```
                    .AddCors()
                    .AddDataAnnotations()
                    .AddFormatterMappings();
        }
```

以上代码具有如下几个特点。

- 与ASP.NET Core 2.x相比，ASP.NET Core 3.0的功能颗粒细度更细。
- 模块化开发思想深入其中，功能拆分很细，尽量做到一个服务一个模块。
- 在这个代码中能看到微服务开发思想实现的具体细节，是我们广大开发人员学习的榜样。
- 当我们用的模块功能较少的时候，很多服务就不必启用了。这样代码性能可以再次得到提升。

现在来修改我们的代码，在学习MVC时，涉及的内容是Model、View以及Controller。而Razor Pages在我们的项目中是不涉及的，因此将ConfigureServices()方法中调用IServiceCollection接口的AddMvc()方法修改为AddControllersWithViews()方法。

修改后的代码如下，这也是.NET Core 3.0发布后dotnet开发团队推荐使用的方法（如果只使用MVC的话）。

```
    // services.AddMvc(a => a.EnableEndpointRouting = false);
    services.AddControllersWithViews(a => a.EnableEndpointRouting = false);
```

运行项目进行测试。

当程序运行起来并且能看到如图10.6所示的页面时，说明读者的MVC已经安装完成并且创建成功了。

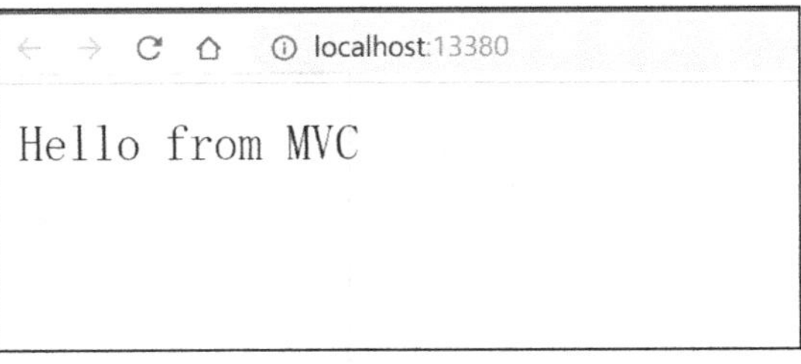

图10.6

10.4 小结

本章我们介绍了MVC设计模式以及在.NET Core程序中安装MVC的步骤，现在来总结一下MVC的特点。

- MVC：用于实现应用程序的用户界面层的架构设计模式。
- Model：包含一组数据的类和管理该数据的逻辑信息。
- View：包含显示逻辑，用于显示Controller提供给Model的数据。
- Controller：处理HTTP请求，调用模型，并选择View来呈现该模型。

第11章

依赖注入与Student模型

本章主要向读者介绍如下内容。

- 什么是依赖注入。
- 如何在ASP.NET Core中使用依赖注入。
- 依赖注入有哪些服务及它们的作用。

我们将通过ASP.NET Core MVC中Model的使用来了解依赖注入的配置和注册。

11.1 依赖注入

我们希望从Student对象数据源中查询特定的学生详细信息并将其显示在网页上，如图11.1和图11.2所示。

ID	Name	Email	Major
1	张三	[illegible]	计算机科学
2	李四	[illegible]	电子商务

图11.1

图11.2

我们已经知道MVC中的Model包含了一组数据的类和管理该数据的逻辑信息。因此，为了表示想要显示的学生数据，可以使用以下Student类。

```
public class Student
{
    public int Id{get;set;}
    public string Name{get;set;}
    /// <summary>
    /// 主修科目
    /// </summary>
    public string Major{get;set;}

    public string Email{get;set;}
}
```

我们在ASP.NET Core项目的根目录中创建一个Models文件夹。请注意，模型类并不需要强行放置在Models文件夹中，但将它们统一保存在Models文件夹中是一种很好的做法，便于以后找到它们。

除了呈现数据的Student类，模型还包含一个管理模型数据的类。为了管理数据，即查询和保存学生数据，我们将使用以下**IStudentRepository**服务。目前，我们只有一个方法**GetStudent()**通过ID查询学生。随着内容的深入，我们将添加创建、更新和删除方法。

```
public interface IStudentRepository
{
    Student GetStudent(int id);
}
```

以下**MockStudentRepository**类提供了**IStudentRepository**接口的实现。目前，**MockStudentRepository**类中的**Student**类数据都是采用的硬编码。在后文中，我们将为**IStudentRepository**接口提供另一种实现——从SQL Server数据库中查询和保存数据。

```
    public class MockStudentRepository:IStudentRepository
    {
        private List<Student> _studentList;

        public MockStudentRepository()
        {
            _studentList = new List<Student>()
            {
            new Student() {Id = 1,Name = "张三",Major = "计算机科学",Email =
"zhangsan@52abp.com" },
                new Student() {Id = 2,Name = "李四",Major = "物流",Email =
"lisi@52abp.com" },
               new Student() {Id = 3,Name = "赵六",Major = "电子商务",Email =
"zhaoliu@52abp.com" }
            };
        }
        public Student GetStudent(int id)
        {
            return _studentList.FirstOrDefault(a => a.Id == id);
        }
    }
```

为了便于项目后期的管理和规范，我们需要在项目的根目录创建一个**DataRepositories**文件夹用于存放**Student**的接口**IStudentRepository**以及接口的实现服务**MockStudent**

Repository，如图11.3所示。

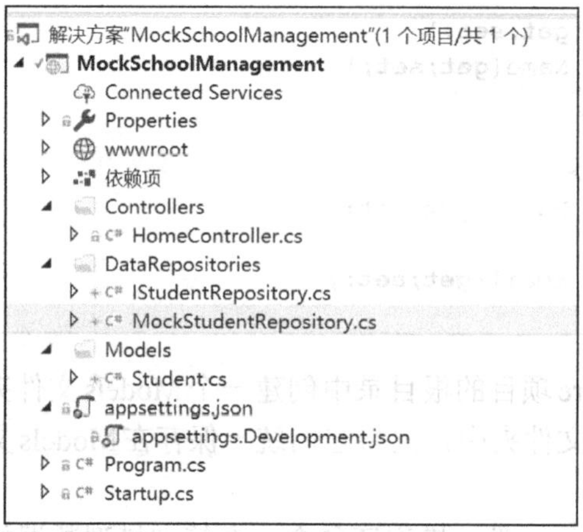

图11.3

现在我们将针对IStudentRepository接口进行编程，而不是具体实现MockStudent-Repository。这种接口抽象化允许我们使用**依赖注入**，反过来也使应用程序灵活且易于单元测试，因此我们先来了解一下依赖注入。

11.2 详细了解ASP.NET Core中的依赖注入

在维基百科中对依赖注入是这样解释的："依赖注入是一种软件设计模式，指一个或多个依赖（或服务）被注入，或通过引用传递，传入一个依赖对象（或客户端）并成为客户状态的一部分。该模式通过自身的行为分离了客户依赖的创建，这允许程序设计是松耦合的，同时遵循依赖倒置和单一职责原则。与服务定位器模式直接进行对比，它允许用户了解他们用来查找依赖的机制。"

由于依赖注入的概念难免有点晦涩，因此在本章中，我们将通过一个例子详细了解依赖注入。

以前的做法是直接实例化类，代码如下。这种方式不推荐，因为它无法将系统解耦，随着本书内容的推进，我们在后面做阐述。

```
 public string Index()
{
    // 不推荐的用法
    var _studentRepository = new MockStudentRepository();
    return _studentRepository.GetStudent(1).Name;
}
```

以下是我推荐的用法。

```
public class HomeController:Controller
{
    private readonly IStudentRepository _studentRepository;
```

```
    //使用构造函数注入的方式注入IStudentRepository
    public HomeController(IStudentRepository studentRepository)
    {
        _studentRepository = studentRepository;
    }
    //返回学生的名字
    public string Index()
    {
        return _studentRepository.GetStudent(1).Name;
    }
}
```

代码说明如下。

- **HomeController**通过**IStudentRepository**接口来查询Student数据。
- 我们使用构造函数将**IStudentRepository**实例注入**HomeController**中，而不是**HomeController**对**IStudentRepository**接口创建新的实例化。
- 这称为构造函数注入，因为我们使用构造函数来注入依赖项。
- 请注意，我们将注入的_studentRepository依赖项分配了只读字段readonly。这是一个很好的做法，因为它可以防止在方法中误操作地为其分配另一个值，比如null。
- 此时，如果我们运行项目，则会收到以下错误。

```
InvalidOperationException: Unable to resolve service for type 'MockSchool
Management.DataRepositories.IStudentRepository' while attempting to
activate 'MockSchoolManagement.Controllers.HomeController'.
```

- 这是因为如果有人请求实现**IStudentRepository**的对象，ASP .NET Core依赖注入容器不知道要提供哪个对象实例，原因如下。
  - **IStudentRepository**可能有多个实现。在我们的项目中只有一个实现，那就是**MockStudentRepository**。
  - 顾名思义，**MockStudentRepository**使用内存中的学生模型数据。
  - 在后面的内容中，我们将学习为**IStudentRepository**提供另一个实现，该实现是从SQL Server数据库中查询学生数据。
  - 现在，让我们先继续使用**MockStudentRepository**。
- 要修复InvalidOperationException错误，我们需要在ASP.NET Core中使用依赖注入组件，然后把**MockStudentRepository**类注册进去。
- 我们在Startup类的ConfigureServices() 方法中执行注册。

11.3 使用依赖注入注册服务

ASP.NET Core提供以下3种方法来使用依赖注入注册服务。我们使用的方法决定了注册服务的生命周期。

1. AddSingleton()方法

AddSingleton()方法创建一个Singleton服务。首次请求时会创建Singleton服务，然后所有后续请求都使用相同的实例。因此，通常每个应用程序只创建一次Singleton服务，并且在整个应用程序生命周期中使用该单个实例。

2．AddTransient()方法

AddTransient()方法可以称作暂时性模式，它会创建一个Transient服务。每次请求时，都会创建一个新的Transient服务实例。

3．AddScoped()方法

AddScoped()方法创建一个Scoped服务。在范围内的每个请求中创建一个新的Scoped服务实例。比如，在Web应用程序中，它为每个HTTP请求创建一个实例，但在同一HTTP请求的其他调用中使用相同的实例；在一个客户端请求中是相同的，而在多个客户端请求中是不同的。

如果看了上面的内容读者感到有点困惑，请不要担心，在后面的内容中我们会对它进行详细说明。

现在，要修复InvalidOperationException错误，让我们使用AddSingleton()向ASP.NET Core依赖注入容器注册**MockStudentRepository**类方法。

在如下代码中，如果调用**IStudentRepository**，则将调用**MockStudentRepository**的实例服务。

```
public void ConfigureServices(IServiceCollection services)
{
    services.AddControllersWithViews(a => a.EnableEndpointRouting = false);
    services.AddSingleton<IStudentRepository,MockStudentRepository>();
}
```

也可以使用new关键字在HomeController中简单地创建**MockStudentRepository**类的实例，如下所示。

```
public class HomeController:Controller
{
    private readonly IStudentRepository _studentRepository;

    //使用构造函数注入的方式注入IStudentRepository
    public HomeController(IStudentRepository studentRepository)
    {
        //在构造函数中直接实例化服务而不是接口注入
        _studentRepository = new MockStudentRepository();
    }

    //返回学生的名字
    public string Index()
    {
        return _studentRepository.GetStudent(1).Name;
    }
}
```

这使**HomeController**与**MockStudentRepository**紧密耦合。后面我们会为**IStudent Repository**提供新的实现，如**DatabaseStudentRepository**。如果想要使用新的**SqlStudentResitory**，而不是**DatabaseStudentRepository**，我们必须更改HomeController中的代码。

读者可能会想，这只是更改一行代码，因此并不难。

但是如果我们在应用程序中的其他50个Controller中使用了这个**MockStudentRepository**，那么这50个Controller中的代码都必须更改，这不仅无聊而且容易出错。

简而言之，在代码中使用new关键字创建依赖关系的实例会产生紧密耦合，使应用程序很难更改，最后导致项目无法重构和优化。而通过依赖注入，则不会有这种问题出现。通过这种方法，即使在应用程序的50个其他Controller中使用了**MockStudentRepository**，如果我们想用不同的实现替换它，则只需要在Startup.cs文件中更改以下一行代码。请注意，我们现在使用**DatabaseStudentRepository**而不是**MockStudentRepository**。

```
public void ConfigureServices(IServiceCollection services)
{
    services.AddControllersWithViews(a => a.EnableEndpointRouting = false);
    //现在使用DatabaseStudentRepository
    services.AddSingleton<IStudentRepository,DatabaseStudentRepository>();
}
```

这样带来的效果是单元测试也变得更加容易，因为我们可以通过依赖注入轻松地交换依赖项。如果这有点令人困惑，请不要担心。我们将在后面的内容中为**IStudentRepository**提供不同的实现，新的实现将从SQL Server数据库中查询数据。然后，我们将使用**DatabaseStudentRepository**实现替换**MockStudentRepository**实现，读者将进一步了解依赖注入提供的功能和具有的灵活性。

11.4 小结

MVC中的Model是包含了一组数据的类和管理该数据的逻辑信息，如图11.4所示。

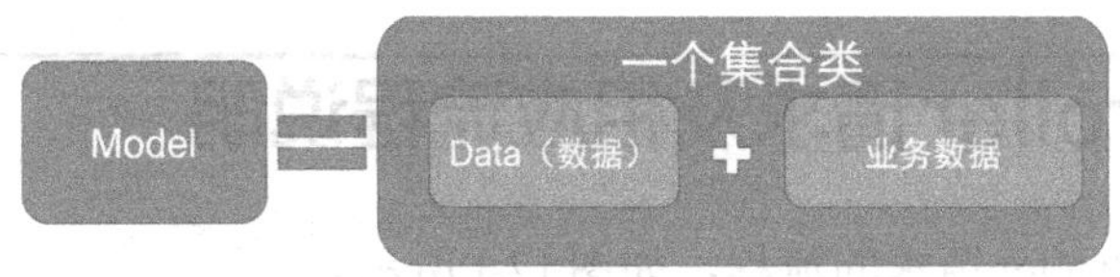

图11.4

对于依赖注入，总结如下。

- ASP.NET Core中依赖注入提供的容器服务有以下3种。
  - AddSingleton()。
  - AddTransient()。
  - AddScoped()。
- 依赖注入的亮点如下。
  - 降低耦合。
  - 让代码易于测试。
  - 提供了面向对象编程的机制。

第12章

从Controller传递内容协商数据到View

在本章中，我们将讨论Controller，并通过一个案例来解释它在ASP.NET Core MVC中的作用，我们将在内存中创建几个学生的信息，并把它们显示到View中。

本章主要向读者介绍如下内容。

- 控制器的请求流程及加载顺序。
- 什么是内容协商。
- 从控制器传递内容到视图中。
- 什么是自定义视图发现。
- **ViewData**和**ViewBag**是什么及它们的区别。
- 强类型视图的作用及意义。

12.1 Controller请求及相应流程说明

我们来介绍Controller请求的流程，如图12.1所示。

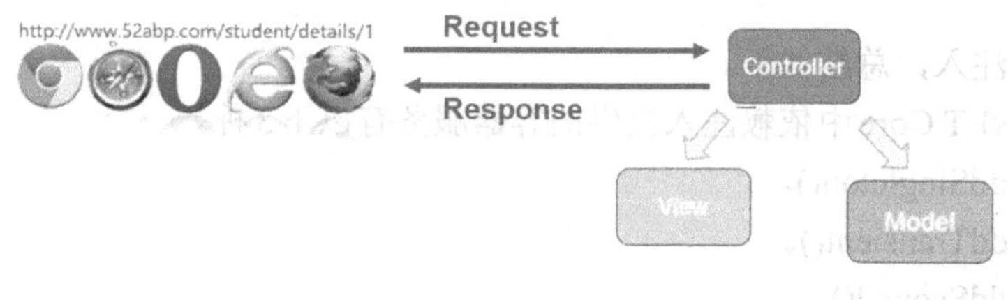

图12.1

- MVC中的Controller是一个类文件，控制器继承自Microsoft.AspNetCore.Mvc.Controller。
- Controller类名称后缀为Controller，比如HomeController、StudentController。
- 当来自浏览器的请求到达我们的应用程序时，MVC中的Controller会处理传入的

HTTP请求并响应用户操作。

- Controller类中包含一组公共方法。Controller类中的这些公共方法称为**操作方法**，通过这些操作方法可以处理传入的HTTP请求。
- 假设读者在浏览器地址栏中输入了http://localhost:13380/home/details并按Enter键。
- URL“/home/details”会映射到HomeController中的Details公共操作方法。
- 映射由应用程序中定义的**路由规则**完成。我们将在后面的内容中详细讨论ASP.NET Core MVC中的路由。
- 请求到达Controller操作方法。作为处理该请求的一部分，Controller创建Model。
- Controller通过依赖注入注册的服务来查询模型数据。比如，我们要查询学生的数据，就需要通过HomeController依赖的**IStudentRepository**服务。
- **IStudentRepository**服务使用构造函数注入的方式注册到HomeController。
- 请注意，我们将注入的依赖项分配给**readonly**字段。这是一个很好的做法，因为这可以防止在使用过程中意外地为其分配另一个值。
- 当Controller拥有所需的模型数据时，比如我们正在提供的服务或RESTful API，它就可以简单地返回该模型数据。

12.1.1　从Controller中返回JSON数据

以下代码返回JSON数据，请注意，将Details()方法的返回类型设置为**JsonResult**，因为我们显式返回JSON类型数据。在这种情况下，Details()方法始终返回JSON类型数据。

```
public class HomeController:Controller
  {
      private readonly IStudentRepository _studentRepository;
      public HomeController(IStudentRepository studentRepository)
      {
          _studentRepository = studentRepository;
      }
      public JsonResult Details()
      {
          Student model = _studentRepository.GetStudent(1);
          return Json(model);


      }
  }
```

现在运行我们的项目。Chrome浏览器从服务器端获得了JSON数据，并将其自动转义为Unicode字符集编码的文本。为了方便显示，需要额外安装一个yformater插件，格式化后的效果如图12.2所示。

因为我们指定了返回类型为JSON，所以浏览器不需要进行**内容协商**并忽略**Accept Header**。我们可以通过Fiddler测试一下。

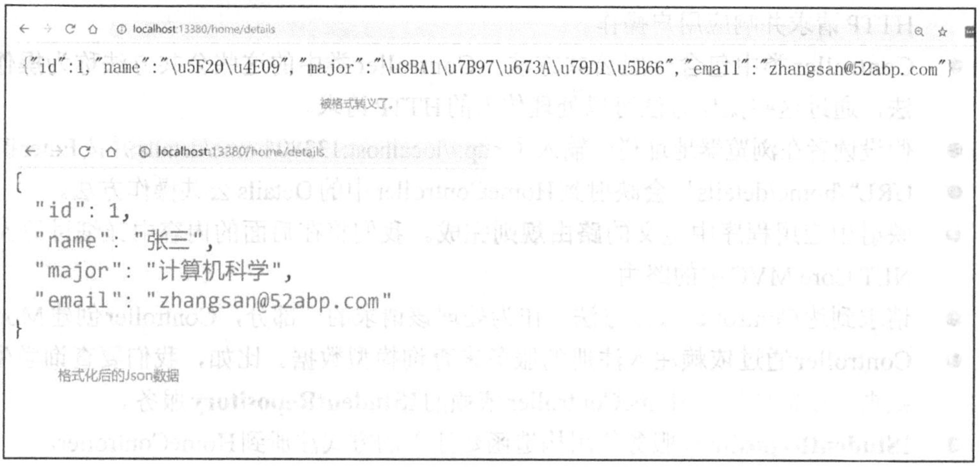

localhost:13380/home/details

{"id":1,"name":"\u5F20\u4E09","major":"\u8BA1\u7B97\u673A\u79D1\u5B66","email":"zhangsan@52abp.com"}

被格式转义了。

localhost:13380/home/details

{
  "id": 1,
  "name": "张三",
  "major": "计算机科学",
  "email": "zhangsan@52abp.com"
}

格式化后的Json数据

图12.2

12.1.2 安装Fiddler

Fiddler是一个HTTP调试代理工具，它能够记录并检查读者的计算机和互联网之间的HTTP通信，设置断点并查看所有的“进出”Fiddler的数据（Cookie、HTML、JavaScript和CSS等文件）。Fiddler比其他的网络调试器更加简单，因为它不仅仅暴露HTTP通信，还提供了一个用户友好的格式。

要验证本章的内容请提前安装Fiddler工具。

12.2 在Controller中实现内容协商

打开Fiddler，然后依次单击**File**和**Capture Traffic**，关闭自动侦听。

单击右侧的**Composer**选项卡，输入http://localhost:13380/home/details。单击**Execute**，如图12.3所示。

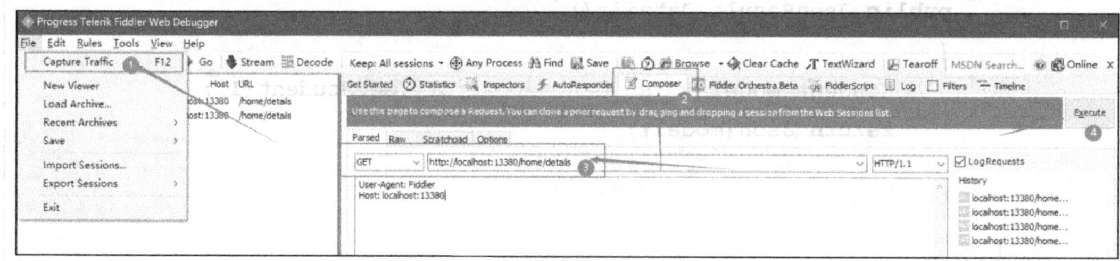

图12.3

双击左侧的http://localhost:13380/home/details请求。可以看到返回的JSON数据，如图12.4所示。

单击**Headers**选项卡，可以看到Content-Type:application/json;charset=utf-8是JSON请求头。

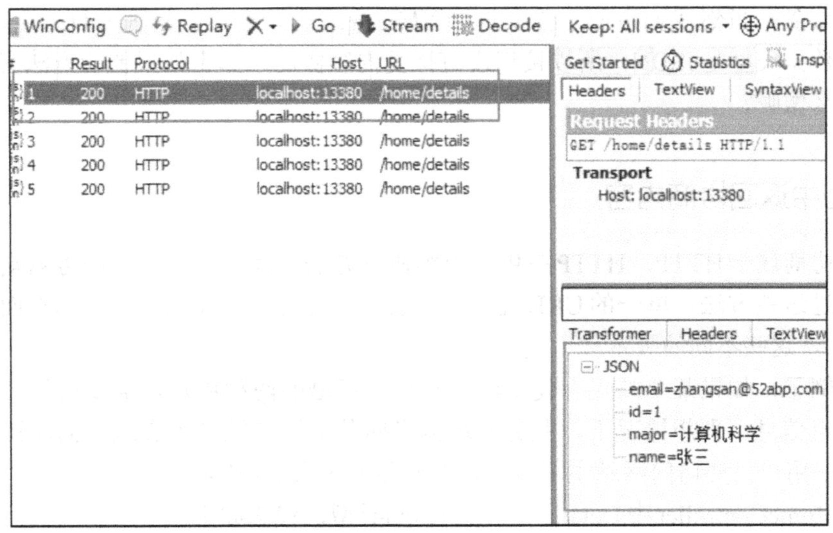

图12.4

再次回到**Composer**选项卡，输入http://localhost:13380/home/details，但是这次在下方的请求头中添加**Accept：application/xml**，我们将请求头声明为XML，按Enter键，如图12.5所示。

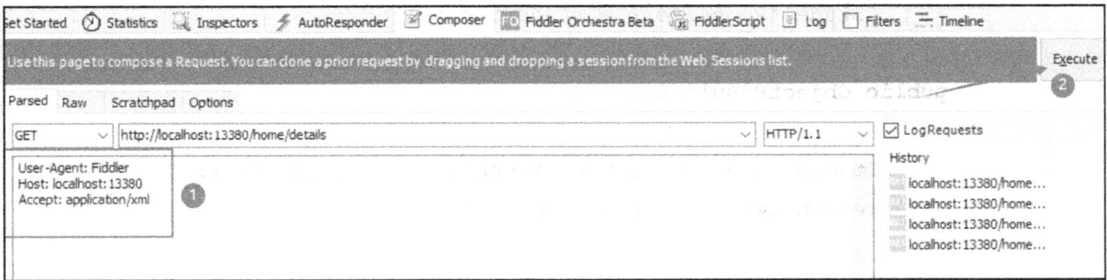

图12.5

返回的结果如图12.6所示。

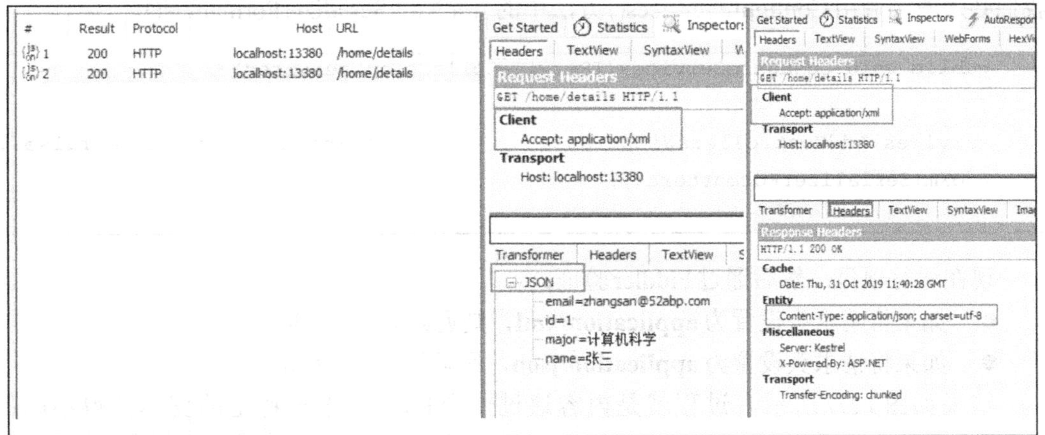

图12.6

可以看到，虽然我们声明了需要返回XML格式的数据，但是因为Detail()方法中指定了返回数据类型是JSON，所以接口没有接受内容协商。那么如果要让方法支持内容协商应该怎么做呢？

从控制器中返回协商内容

内容协商属于HTTP，HTTP提供了内容协商方法，允许客户端和服务器端有这样的协定。通过这些方法，单一的URL就可以代表不同的资源（如同一个网站页面的法语版和英语版），这些不同的版本称为变体。

举个例子，如果某个站点有使用法语和使用英语的两种用户，需要用这两种语言提供网站站点信息。理想情况下，服务器端应当向英语用户发送英文版，向法语用户发送法文版——用户只要访问网站主页就可以得到相应语言的内容。

修改HomeController中Details()方法的返回类型，代码如下。

```
public class HomeController:Controller
    {
        private readonly IStudentRepository _studentRepository;
        public HomeController(IStudentRepository studentRepository)
        {
            _studentRepository = studentRepository;
        }
       public ObjectResult Details()
        {
            Student model = _studentRepository.GetStudent(1);
            return new ObjectResult(model);

        }
    }
```

请注意，上方的示例代码遵循内容协商，但是为了让代码能够返回XML格式的数据，我们必须通过调用ConfigureServices()方法中的AddXml SerializerFormatters()。

```
public void ConfigureServices(IServiceCollection services)
{
services.AddControllersWithViews(a => a.EnableEndpointRouting = false).
AddXmlSerializerFormatters();
}
```

现在运行项目，然后通过Fiddler验证。

- 如果将请求头设置为**application/xml**，则返回XML数据。
- 如果将请求头设置为**application/json**，则返回JSON数据。

结果如图12.7所示，过程就是内容通过一个URL，根据特定的变体获得不同的结果。

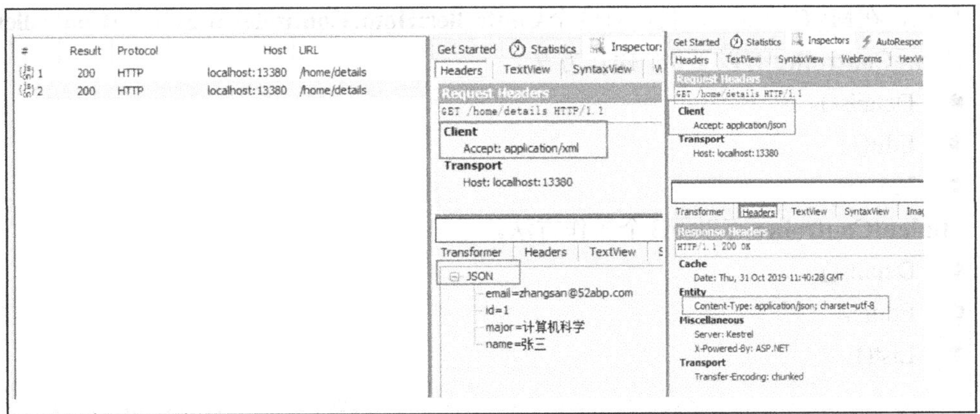

图12.7

12.3 从Controller返回View

以下示例代码返回View类型。请注意，在返回View时要将Details()方法的返回类型设置为ViewResult。

```
public class HomeController:Controller
    {
        private readonly IStudentRepository _studentRepository;
        public HomeController(IStudentRepository studentRepository)
        {
            _studentRepository = studentRepository;
        }
          public ViewResult Details()
        {
            Student model = _studentRepository.GetStudent(1);
            return   View(model);
        }
    }
```

此时如果运行应用程序并导航到http://localhost:13380/home/details，我们会收到以下错误。这是因为还没有创建所需的View文件。

```
InvalidOperationException: The view 'Details' was not found. The following
locations were searched: /Views/Home/Details.cshtml /Views/Shared/Details.cshtml
```

接下来，我们将讨论什么是View及其在MVC设计模式中的作用。

12.3.1 MVC中的View

- 用于显示**Controller**提供给它的**Model**的业务数据。
- 视图是带有嵌入Razor标记的HTML模板。
- 如果编程语言是C#，则视图文件具有.cshtml扩展名。

比如，在MVC项目中，我们有两个**Controller:HomeController**和**StudentController**。

HomeController有以下3个操作方法。

- Details()。
- Edit()。
- Index()。

StudentController有以下3个操作方法。

- Details()。
- Edit()。
- List()。

12.3.2 视图文件夹结构

我们看一下视图文件夹结构与**Controller**的关系，如图12.8所示。

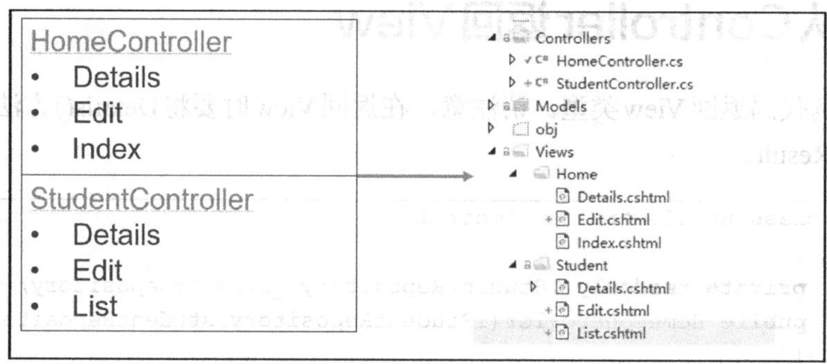

图12.8

- 所有**HomeController**的视图都位于Views文件夹中的Home文件夹中。
- 所有**StudentController**的视图都位于Views文件夹中的Student文件夹中。

12.3.3 视图发现

查看HomeController，其中只有一个操作方法**Details()**。

- **Details()** 方法会调用**View()** 方法返回一个视图。
- **View()** 方法是由基类**Controller**提供。

```
public class HomeController:Controller
{
    public ViewResult Details()
    {
        return View();
    }
}
```

Details() 操作方法会返回一个视图，因此默认情况下MVC会查找具有相同名称且扩展名为.cshtml的视图文件。在这种情况下，它会查找Details.cshtml。它按指定的顺序在以下两个位置查找此文件。

Controller的名称是HomeController，它在/Views/Home/文件夹中，如果在/Views/Shared/文件夹中找到了视图文件，则视图会生成HTML响应发出请求的客户端。

```
InvalidOperationException:The view 'Details' was not found. The following
locations were searched:
/Views/Home/Details.cshtml
/Views/Shared/Details.cshtml
```

如果找不到视图文件，则会收到以下错误，如图12.9所示。

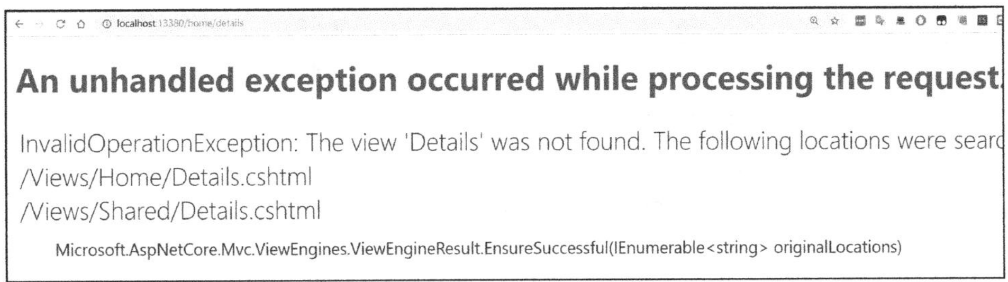

图12.9

现在可以在项目的根目录创建路径为/Views/Home/Details.cshtml的文件夹和视图文件，步骤如下。

- 创建Views文件夹以及Home文件夹。
- 右击**Home**文件夹，选择**添加→新建项**，如图12.10所示。

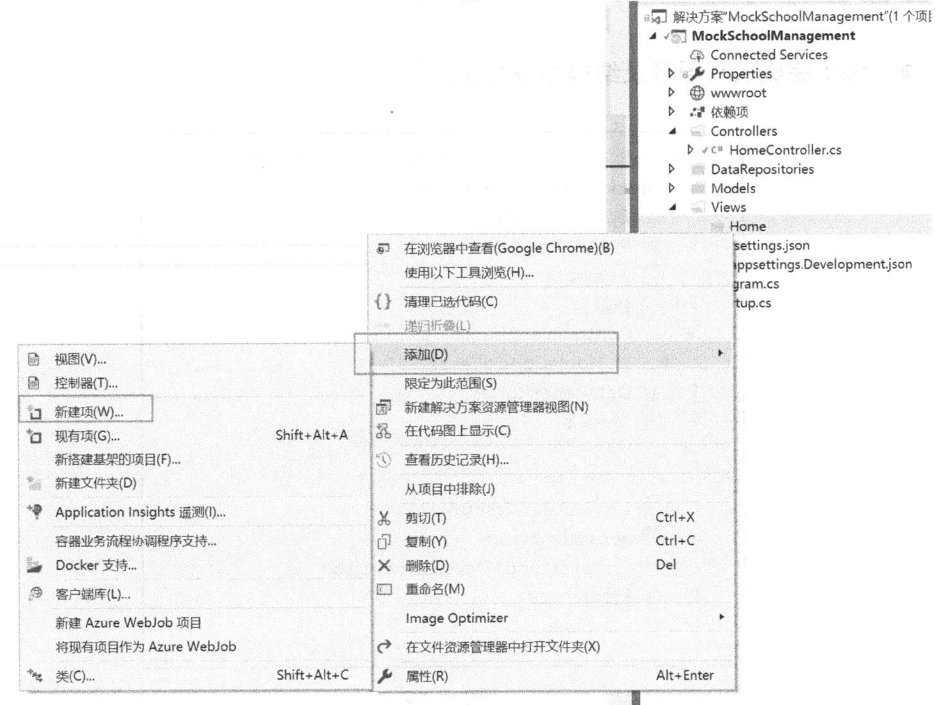

图12.10

● 在弹出的窗口中，选择**Web**，然后选择**Razor视图**，修改名称为**Details.cshtml**，如图12.11所示。

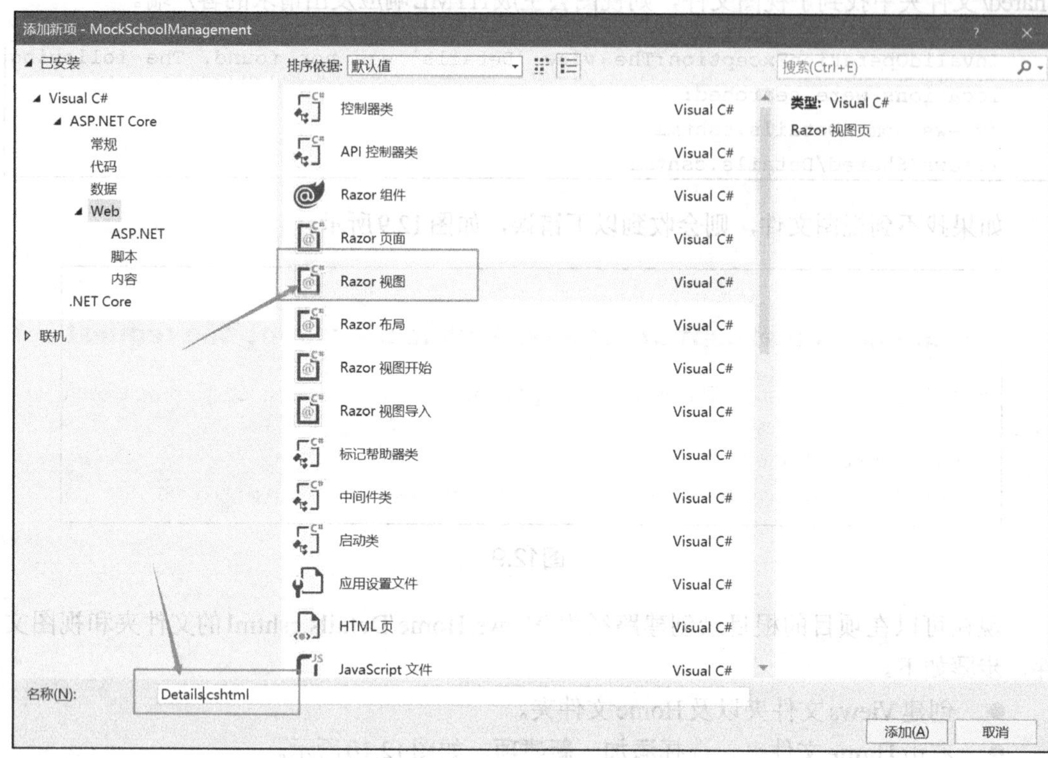

图12.11

● 添加完成的视图目录结构如图12.12所示。

图12.12

12.3.4 View()重载方法

ASP.NET Core MVC中还提供了几个View()重载方法。如果我们使用下面的View()重载方法，则它将查找与Action()方法同名的视图文件。

- View()。
- View(object model)。

比如，我们从**HomeController**的**Details()**方法返回一个View()。默认情况下，MVC在Views/Home文件夹中查找名为Details.cshtml的视图文件。

```
public class HomeController:Controller
{
    public ViewResult Details()
    {
        return View();
    }
}
```

12.4 自定义视图发现

利用12.3.4节中提到的几种重载方法，可以让我们自定义视图发现。如果读者不喜欢默认约定，则可以使用View(string viewName)方法的重载版本，该方法将viewName作为参数，以查找具有读者自定义名称的视图文件。

在以下示例中，MVC查找名为**Test.cshtml**而不是**Details.cshtml**的视图文件。如果我们没有指定视图名称，则它会查找**Details.cshtml**。

```
public class HomeController:Controller
{
    public ViewResult Details()
    {
        return View("Test");
    }
}
```

12.4.1 指定视图文件路径

我们可以指定**视图名称或视图文件路径**。在以下示例中，我们指定了**视图文件的绝对路径**。因此，在这种情况下，MVC会在MyViews文件夹中查找名为Test.cshtml的视图文件。如果我们没有指定视图文件的路径，则默认情况下，MVC会在Views/Home文件夹中查找Details.cshtml文件。

```
public class HomeController:Controller
{
    public ViewResult Details()
    {
        return View("MyViews/Test.cshtml");
    }
}
```

请注意以下几点。

- 使用绝对路径时，必须加上.cshtml扩展名。
- 如果使用绝对路径，则MVC会从项目的根目录开始搜索，推荐使用/或~/。

以下3行代码实现的功能是一样的。

```
return View("MyViews/Test.cshtml");
return View("/MyViews/Test.cshtml");
return View("~/MyViews/Test.cshtml");
```

12.4.2　相对视图文件路径

指定视图文件路径时，我们也可以使用相对路径。使用相对路径，我们不用指定文件扩展名 .cshtml。在以下示例中，MVC会在路径为Views/Test的文件夹中查找Update.cshtml文件。

```
public class HomeController:Controller
{
    public ViewResult Details()
    {
        return View("../Test/Update");
    }
}
```

如果读者需要的返回值在文件夹结构中超过了两个深度，请使用两次../，如下所示。在下面的例子中，MVC查找Details.cshtml在MyViews文件夹中的根目录。

```
public class HomeController:Controller
{
    public ViewResult Details()
    {
        return View("../../MyViews/Details");
    }
}
```

12.4.3　其他View()重载方法

其他View()重载方法如表12.1所示。

表12.1

重载方法	描述
View(object model)	使用此重载方法将模型数据从控制器传递到视图。我们将在12.5节中学习**从控制器传递数据到视图**
View(string viewName, object model)	传递视图名称和模型数据

12.5 从Controller传递数据到View

在本节中，我们将学习在ASP.NET Core MVC中将数据传递给View的不同方法。

12.5.1 数据从Controller传递到View的方法

在ASP.NET Core MVC中，有以下3种方法可以将数据从Controller传递到View。

- 使用ViewData。
- 使用ViewBag。
- 使用强类型模型对象，这也称为**强类型视图**。

通过使用ViewData或ViewBag传递数据，我们会创建一个弱类型的视图，后面会讨论弱类型视图的含义。

12.5.2 使用ViewData将数据从Controller传递到View

我们希望将**HomeController**的Details()操作方法中的**Student**模型数据和视图页面的Title传递给Details.cshtml视图。因此，修改HomeController中的Details()操作方法，如下所示。

```
public ViewResult Details()
        {
            Student model = _studentRepository.GetStudent(1);
           //使用ViewData将PageTitle和Student模型传递给View
            ViewData["PageTitle"] = "Student Details";
            ViewData["Student"] = model;

            return View();
        }
```

1. 在View中访问ViewData

要将**HomeController**的Details()操作方法中的ViewData传递到View，需要修改Details.cshtml文件中的代码，如下所示。

```
@using MockSchoolManagement.Models
<html>
```

```
    <head>
      <title></title>
    </head>
    <body>
      <h3>@ViewData["PageTitle"]</h3>

      @{var student = ViewData["Student"]as Student;}
      <div>
        姓名 :@student.Name
      </div>
      <div>
        邮箱 :@student.Email
      </div>
      <div>
        主修科目 :@student.Major
      </div>
    </body>
  </html>
```

运行项目后的结果如图12.13所示。

← → C ⌂ ⓘ localhost:13380/home/details
Student Details 姓名：张三 邮箱：zhangsan@52abp.com 主修科目：计算机科学

图12.13

2．弱类型对象ViewData说明

- ViewData是弱类型的字典（dictionary）对象。
- 我们使用string类型的键值来存储和查询ViewData字典中的数据。
  可以从ViewData字典直接访问数据，而无须将数据转换为string类型。
- 如果访问的是任何其他类型的数据，则我们需要将其显式地转换为我们期望的类型。
- 在本例中，我们声明**Student**对象可以分别访问**Student**对象的Name、Email和

Major属性。

- ViewData在运行时会进行动态解析，不提供编译时类型检查，因此我们不会获得智能提示。由于我们没有智能提示，因此会导致编写代码的速度降低，拼写错误和打错的可能性也变大。
- 我们只会在项目运行时知道这些错误。
- 出于这个原因，我们通常不使用ViewData。
- 当使用ViewData时，我们最终会创建一个弱类型的视图。

实际上，**ViewBag**是**ViewData**的包装器。通过**ViewData**，我们使用string类型的键名来存储和查询数据。而对于**ViewBag**，我们则使用的是动态属性而不是字符串键。

12.5.3 使用ViewBag将数据从Controller传递到View

同样，修改HomeController中的Details()操作方法，如下所示。请注意，我们在**ViewBag**上使用动态属性而不是字符串键。

```
    public ViewResult Details()
        {
            Student model = _studentRepository.GetStudent(1);
           //将PageTitle和Student模型对象存储在ViewBag
           //我们正在使用动态属性PageTitle和Student
            ViewBag.PageTitle = "学生详情";
            ViewBag.Student = model;

            return View();
        }
```

在View中访问ViewBag

要将ViewBag的数据从**HomeController**的Details()操作方法传递到View。

修改Details.cshtml视图文件中的代码，如下所示。

请注意，我们使用相同的动态属性PageTitle和Student来访问ViewBag数据。

```
<html>
  <head>
    <title></title>
  </head>
  <body>
    <h3>@ViewBag.PageTitle</h3>

    <div>
      姓名 :@ViewBag.Student.Name
```

```
      </div>
      <div>邮箱：@ViewBag.Student.Email</div>
      <div>
        主修科目 ：@ViewBag.Student.Major
      </div>
    </body>
</html>
```

运行项目后的结果如图12.14所示。

localhost:13380/home/details

学生详情

姓名：张三
邮箱：zhangsan@52abp.com
主修科目：计算机科学

图12.14

12.5.4　ViewData和ViewBag的对比

ViewData和ViewBag的对比如下。

- **ViewData**和**ViewBag**两者都可以从控制器传递数据到视图。
- **ViewBag**是**ViewData**的包装器。
- 它们都是创建弱类型的视图。
- 在**ViewData**中使用字符串键来存储和查询**ViewData**字典中的数据。在**ViewBag**中使用动态属性来存储和查询数据。
- **ViewData**和**ViewBag**都是在运行时动态解析。
- **ViewData**和**ViewBag**不提供编译时类型检查，因此我们不能得到智能提示。

12.5.5　在ASP.NET Core MVC中创建一个强类型视图

1．强类型视图——Controller代码

将数据从控制器传递到视图的首选方法是使用强类型视图。要创建**强类型视图**，请在控制器操作方法中将模型对象传递给View()方法。请注意，在下面的示例中，我们将

Student模型对象传递给View()方法。

```
public ViewResult Details()
    {
        Student model = _studentRepository.GetStudent(1);
        ViewBag.PageTitle = "学生详情";

        return View(model);
    }
```

2．强类型视图——View代码

要创建强类型视图，请使用@model指令在视图中指定模型类型。

在下面的示例代码中，我们告诉视图它将使用命名空间MockSchoolManagement.Models中的对象。使用@model指令将**Student**对象作为模型。

请注意，在指令（@model）中，**m**是小写的。而要访问模型对象属性，我们使用@Model。在@Model中，**M**是大写的。

在下面的示例代码中，访问Student对象属性，如我们正在使用的姓名、邮箱和主修科目，对应@Model.Name、@Model.Email和@Model.Major。

```
@model MockSchoolManagement.Models.Student
<html>
  <head>
    <title></title>
  </head>
  <body>
    <h3>@ViewBag.PageTitle</h3>
    <div>
      姓名 :@Model.Name
    </div>
    <div>
      邮箱 :@Model.Email
    </div>
    <div>
      主修科目 :@Model.Major
    </div>
  </body>
</html>
```

3．强类型视图优点

强类型视图与**ViewData**、**ViewBag**不同，强类型视图提供编译时类型检查和智能提示。通过智能提示，我们可以提高工作效率，错误拼写的概率几乎为零。如果我们确实犯了错误，则将在编译时看到错误信息，而不是在运行时才看到它们。

因此，我们建议始终使用强类型视图将数据从控制器传递到视图。

4．有关PageTitle

在示例中，我们仍然使用**ViewBag**将PageTitle从控制器传递到视图。我们为何没有使用强类型视图来传递**PageTitle**？这个问题我们可以使用一个名为ViewModel的视图特定模型来解决。

12.6 小结

本章的内容比较多，突然学习了这么多知识，读者可能一时消化不了，不要着急。我们总结一下本章的内容。

MVC的流程回顾。

- 当来自浏览器的请求到达我们的应用程序时，MVC中的控制器会处理传入的HTTP请求并响应用户操作。
- 控制器构建Model。
- 如果我们正在构建API，则将模型数据返回给调用方。
- 或者选择View并将Model数据传递到View，然后视图生成所需的HTML来显示数据。

视图文件的特点如下。

- 视图文件具有.cshtml的扩展名。
- 视图文件是带有嵌入Razor标记的HTML模板。
- 可能包含Controller提供给它的Model业务数据。

视图发现的特点如下。

- View()或View(object model)：查找与操作方法同名的视图文件。
- 关于View(string viewName)方法的内容，需要注意以下几点。
  - 可查询自定义名称的视图文件。
  - 读者可以指定视图名称或视图文件路径。
  - 视图文件路径可以是绝对路径，也可以是相对路径。
  - 绝对路径必须指定.cshtml扩展名。
  - 使用相对路径时，不用带扩展名.cshtml。

将数据从Controller传递到View的3种方法如下。

- 使用ViewData。
  - ViewData是弱类型的字典对象。
  - 使用string类型的键值，存储和查询ViewData字典中的数据。
- 使用ViewBag。
  - ViewBag是ViewData的包装器。
  - 它们都创建了一个弱类型的视图。
  - ViewData使用字符串键来存储和查询数据。
  - ViewBag使用动态属性来存储和查询数据。
  - 它们均是在运行时动态解析。均不提供编译时类型检查，没有智能提示。

- 强类型视图。
  - 首选方法是使用强类型模型对象，将数据从Controller传递到View。
  - 请在View中使用@model指令指定Model类型。
  - 使用@Model访问模型对象属性。
  - 强类型视图提供编译时类型检查和智能提示。

第13章

完善MVC框架内容

本章带领读者了解一个完善的MVC框架的组成内容，会涉及视图模型的使用及作用，通过创建布局页面来提升我们的开发效率及维护能力，通过节点（Section）来判断哪些属性和内容是无须加载的，本章主要向读者介绍如下内容。

- ViewModel的作用和意义。
- 通过ViewModel传递数据到视图中。
- 节点及其作用。
- 布局页的作用。
- Razor视图导入和Razor视图开始的使用方法及作用。

13.1 为什么需要在ASP.NET Core MVC中使用ViewModel

在某些情况下，Model对象可能无法包含View所需的所有数据。这个时候就需要使用ViewModel了，它会包含View所需的所有数据，请参考以下Details()操作方法。注意，需要将学生的详细信息和PageTitle传递给View。

```
public class HomeController:Controller
{
   //其他代码
    public ViewResult Details()
        {
            Student model = _studentRepository.GetStudent(1);
            ViewBag.PageTitle = "学生详情";
            return View(model);
        }
}
```

我们使用Student模型对象传递学生的详细信息，而使用ViewBag传递PageTitle。使用ViewBag将数据从Controller传递到View会创建一个弱类型的视图，因此我们不会得到智能提示，以及编译时类型和错误检查。

在Student类中包含PageTitle属性没有任何意义，因为Student类应该只包含与学生相关的属性。此时我们就需要创建一个能包含View所需的数据类，该类称为ViewModel。

13.1.1 ViewModel示例

ViewModel类可以存在于ASP.NET Core MVC项目的任何位置，但为了管理方便，我们通常将它们放在一个名为**ViewModels**的文件夹中。

我们将创建一个名为**HomeDetailsViewModel**的视图模型类。这个类的名称中有Home一词，这是因为Controller的名称是HomeController。因为操作方法的名称是**Details()**，所以**包含**单词Details。

此ViewModel类包含**View**所需的所有数据。通常，我们使用ViewModel在View和Controller之间传递数据。因此，ViewModel也简称为数据传输对象或DTO(Data Transfer Object，数据传输对象)。

现在可以使用此ViewModel装载Student类的数据和PageTitle，然后从Controller传递数据到View，代码如下。

```
namespace StudentManagement.ViewModels
{
    public class HomeDetailsViewModel
    {
        public Student Student{get;set;}
        public string PageTitle{get;set;}
    }
}
```

Student类位于MockSchoolManagement.Models命名空间中，因此请不要忘记包含以下using语句。

```
using MockSchoolManagement.Models;
```

13.1.2 在Controller中使用ViewModel

在Controller中使用ViewModel的代码如下。

```
public ViewResult Details()
        {
            //实例化HomeDetailsViewModel并存储Student详细信息和PageTitle
                HomeDetailsViewModel homeDetailsViewModel = new
HomeDetailsViewModel()
            {
                Student = _studentRepository.GetStudent(1),
                PageTitle = "学生详情"
            };
```

```
        //将ViewModel对象传递给View()方法
        return View(homeDetailsViewModel);
    }
```

13.1.3 在视图中使用ViewModel

- 该视图可以使用View()方法访问控制器中的ViewModel对象。
- 使用@model指令，将HomeDetailsViewModel设置为视图的Model。
- 然后就可以访问学生的详细信息和PageTitle的属性。
- 请注意，@model指令的"m"为小写字母，@Model属性的"M"为大写字母。

```
@model MockSchoolManagement.ViewModels.HomeDetailsViewModel
<html>
  <head>
    <title></title>
  </head>
  <body>
    <h3>@Model.PageTitle</h3>
    <div>
      姓名 :@Model.Student.Name
    </div>
    <div>
      邮箱 :@Model.Student.Email
    </div>
    <div>
      主修科目 :@Model.Student.Major
    </div>
  </body>
</html>
```

13.2 在ASP.NET Core MVC中实现List视图

让我们通过一个示例来理解这一点。我们想要查询所有学生信息并将其显示在网页上，如表13.1所示。目前从美观的角度来看，页面效果看起来并不那么好。

表13.1

ID	Name	Email	Major
1	张三	zhangsan@52abp.com	计算机科学
2	李四	lisi@52abp.com	物流

在后面的内容，我们将安装Bootstrap并设置页面样式以使其界面更友好，因此无须担心。

13.2.1 修改IStudentRepository中的代码

修改IStudentRepository接口以包含GetAllStudents()方法，此方法返回所有学生的列表信息。

```
public interface IStudentRepository    {
        Student GetStudent(int id);
        IEnumerable<Student> GetAllStudents();
   }
```

13.2.2 修改MockStudentRepository中的代码

目前，在我们的应用程序中，只有一个实现IStudentRepository接口的类（MockStudentRepository）。因此修改MockStudentRepository类文件，实现GetAllStudents()方法，如下所示。

注意，GetAllStudents()返回的是_studentList中的学生列表，而这些数据都是我们硬编码来的。

```
public class MockStudentRepository:IStudentRepository
  {
      private List<Student> _studentList;

      public MockStudentRepository()
      {
          _studentList = new List<Student>()
          {
   new Student() {Id = 1,Name = "张三",Major = "计算机科学",Email =
"zhangsan@52abp.com" },
             new Student() {Id = 2,Name = "李四",Major = "物流",Email =
"lisi@52abp.com" },
            new Student() {Id = 3,Name = "赵六",Major = "电子商务",Email =
"zhaoliu@52abp.com" },
          };
      }

      public IEnumerable<Student> GetAllStudents()
      {
          return _studentList;
      }

      public Student GetStudent(int id)
      {
          return _studentList.FirstOrDefault(a => a.Id == id);
      }
  }
```

在后面的内容中，我们将为IStudentRepository接口提供另一种实现。此新实现将从SQL Server数据库中查询学生信息。

13.2.3 修改HomeController中的代码

我们需要修改HomeController中的Index()方法，如下所示。

```
public class HomeController:Controller
    {
        private readonly IStudentRepository _studentRepository;

        //使用构造函数注入的方式注入IStudentRepository
        public HomeController(IStudentRepository studentRepository)
        {
            _studentRepository = new MockStudentRepository();
        }

        //返回学生的名字
        public ViewResult Index()
        {
            //查询所有的学生信息
            var model = _studentRepository.GetAllStudents();
            //将学生列表传递到视图
            return View(model);
        }

        public ViewResult Details()
        {
            //实例化HomeDetailsViewModel并存储Student详细信息和PageTitle
                HomeDetailsViewModel homeDetailsViewModel = new
HomeDetailsViewModel()
            {
                Student = _studentRepository.GetStudent(1),
                PageTitle = "Student Details"
            };

            //将ViewModel对象传递给View()方法
            return View(homeDetailsViewModel);
        }
    }
```

请注意，我们通过调用GetAllStudents()方法查询学生列表，并将该列表传递给View。

13.2.4 视图Index.cshtml中代码的变化

使用@model指令来为View指定模型**IEnumerable<StudentManagement.Models.Student>**，同时在View中使用foreach循环遍历学生列表，并动态生成表单的行和单元格以显示ID、Name和Major属性值，代码如下。

```
@model IEnumerable<MockSchoolManagement.Models.Student>
  <!DOCTYPE html>
  <html>
    <head>
      <title>学生页面详情</title>
    </head>
    <body>
      <table>
        <thead>
          <tr>
            <th>ID</th>
            <th>名字</th>
            <th>主修科目</th>
          </tr>
        </thead>
        <tbody>
          @foreach(var student in Model) {
          <tr>
            <td> @student.Id</td>
            <td> @student.Name</td>
            <td> @student.Major</td>
          </tr>
          }
        </tbody>
      </table>
    </body>
  </html>
```

现在启动项目，运行结果如图13.1所示。

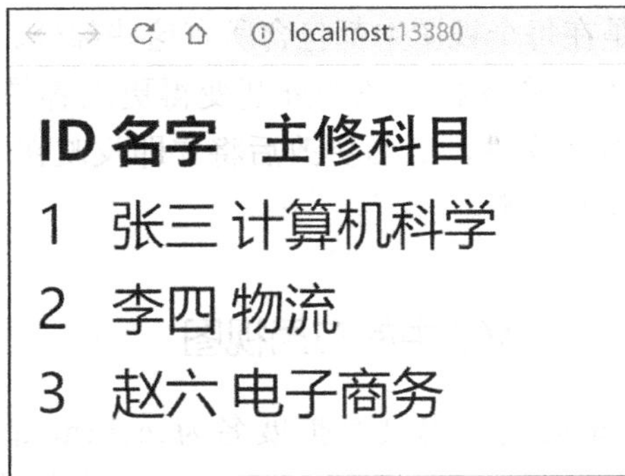

图13.1

13.3　为什么需要布局视图

如果读者平时浏览网页，会发现大多数Web应用程序网站通常由以下部分组成。

- Header——头部。
- Footer——页脚。

- Menu——导航菜单。
- View——具体内容的视图。

比如很典型的淘宝网和京东网站都是由这样的部分组成的。

为了方便理解，请看图13.2所示的内容。

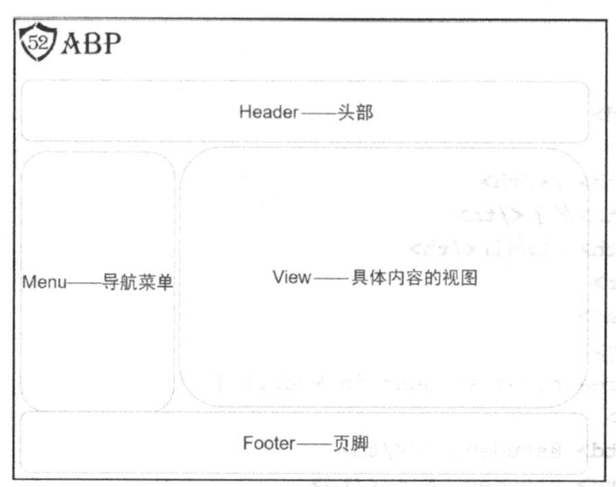

图13.2

如果没有布局视图，我们将在Web程序的每个视图中重复显示很多HTML代码，比如菜单栏、导航信息、关于我们和页脚等。在每个视图中都有这些重复的HTML，这样Web程序的维护是一场灾难。

比如，我们需要在导航菜单中添加或删除菜单项，或更改页眉或页脚。我们必须在每个视图中进行此更改，这显然单调乏味、耗时且容易出错，试想读者如果有400个视图文件需要维护会怎么样。那么我们可以在布局视图中定义它们，然后在所有视图中继承该布局视图文件，而不是在每个视图中都包含所有这些部分。

使用布局视图，让所有视图保持一致的外观变得更加容易，因为如果有任何更改，则只有一个要修改的布局视图文件，然后更改后将立即反映在整个应用程序的所有视图中，这样易于维护而且还提升效率。

13.3.1 ASP.NET Core MVC中的布局视图

就像常规视图一样，布局视图也具有扩展名为.cshtml的文件。读者如果使用过WebForm，则可以将布局视图视为ASP.NET Web Form中的母版页。

由于布局视图不特定于控制器，因此它通常放在Views文件夹的子文件夹Shared中。默认情况下，在ASP.NET Core MVC中，布局视图文件名为_Layout.cshtml。

在ASP.NET Core MVC中有一些视图文件，如_Layout.cshtml、_ViewStart.cshtml和_ViewImports.cshtml等，它们的文件名以下划线开头。这些文件名中的**下划线**表示这些文件不是直接面向浏览器的，因此用户无法直接访问它们。它们是服务于应用程序的。一个应用程序中包含多个布局视图文件。比如一个布局视图文件服务于管理员用户，另外一个不同的布局视图文件服务于普通用户。

13.3.2 创建布局视图

创建布局视图的步骤如下。

- 右击**Views**文件夹并添加Shared文件夹。
- 右击**Shared**文件夹，然后选择**添加→新建项**。
- 在**添加新项**窗口中搜索布局，一般在Web下的ASP.NET。
- 选择**Razor布局**并单击**添加**按钮。
- 名为_Layout.cshtml的文件将添加到Shared文件夹中。
- 打开_Layout.cshtml文件，其中已经自动生成HTML代码。

以下是_Layout.cshtml中默认生成的HTML代码。

```
<!DOCTYPE html>
<html>
  <head>
    <meta name="viewport" content="width=device-width" />
    <title>@ViewBag.Title</title>
  </head>
  <body>
    <div>
      @RenderBody()
    </div>
  </body>
</html>
```

请注意，此布局视图文件中已经包含了**<html>**、**<head>**、**<title>**和**<body>**元素。现在将它们放在布局视图文件中，因此我们不必在每个视图中重复所有这些HTML。

使用@ViewBag.Title指令查看特定标题。比如，当使用此布局视图文件呈现Index.cshtml视图时，Index.cshtml将在ViewBag上设置Title属性。

使用指令@ViewBag.Title通过布局视图检索它，并将其设置为<title>元素的值。

ViewBag不提供智能提示和编译时错误检查。因此，使用它将大量数据从普通Razor视图传递到布局视图并不是很好，但是传递像PageTitle这样非常小的内容，使用ViewBag就很合适了。

@RenderBody()是注入视图特定内容的位置。比如，如果使用此布局视图呈现Index.chtml视图，则会在我们调用@RenderBody()方法的位置注入Index.cshtml视图内容。

13.3.3 使用布局视图

要使用布局视图（Layout.cshtml）渲染视图，需设置Layout属性。比如，要将布局视图与Details.cshtml一起使用，需要修改Details.cshtml中的代码以包含Layout属性，如下所示。

```
@model MockSchoolManagement.ViewModels.HomeDetailsViewModel
@{
Layout ="~/Views/Shared/_Layout.cshtml";
ViewBag.Title = "Student Details";
}
<h3>@Model.PageTitle</h3>
```

```
<div>
  姓名 :@Model.Student.Name
</div>
<div>
  邮箱 :@Model.Student.Email
</div>
<div>
  主修科目 :@Model.Student.Major
</div>
```

有一种更好的方法来设置Layout属性，而不是在每个视图中设置它，我们将在后面的章节中学习此方法。

总体来说，关于布局视图，我们需要了解以下内容。

- 布局视图是让Web应用程序中所有的视图保持外观一致。
- 布局视图看起来像ASP.NET WebForm中的母版页。
- 布局视图也具有.cshtml扩展名。
- 在ASP.NET Core MVC中，默认情况下布局文件名为_Layout.cshtml。
- 布局视图文件通常放在Views/Shared文件夹中。
- 在一个应用程序中可以包含多个布局视图文件。

13.4 布局页面中的节点

在本节中，我们将讨论ASP.NET Core MVC布局页面中的节点（Section）。

ASP.NET Core MVC中的布局页面还可以包含一些节点。节点可以是必需的，也可以是可选的，它提供了一种方法让某些页面元素有组织地放置在一起。

13.4.1 布局页面示例

假设读者有一个自定义JavaScript文件，项目中只有部分视图需要这个文件。但是如果所有视图都需要这个自定义JavaScript文件，那么我们可以将它放在布局页面中，如下所示。

```
<html>
  <head>
    <meta name="viewport" content="width=device-width" />
    <title>@ViewBag.Title</title>
  </head>
  <body>
    <div>
      @RenderBody()
    </div>
    <script src="~/js/CustomScript.js"></script>
  </body>
</html>
```

在我们的例子中，不需要在每个视图中使用自定义JavaScript文件。假设我们只在Details视图中需要它，而在其他视图中不需要它，就可以使用一个节点。在<body>结束元素之前将该JavaScript文件放在页面底部是一个好习惯。

13.4.2　渲染节点

在布局页面中，在要渲染节点内容的位置调用RenderSection()方法。在本例中，我们把@RenderSection()放置在<body>结束元素之前。

RenderSection()方法有两个参数。第一个参数指定节点的名称，第二个参数指定该节点是必需的还是可选的。

```
<html>
  <head>
    <meta name="viewport" content="width=device-width" />
    <title>@ViewBag.Title</title>
  </head>
  <body>
    <div>
      @RenderBody()
    </div>

    @RenderSection("Scripts",required:false)
  </body>
</html>
```

如果将Required设置为true，而内容视图不包含该部分，则会出现以下错误。

```
invalidoperationexception:The layout page "/Views/Shared/_Layout.cshtml"
cannot
  find the section "Scripts" in the content page "/Views/Home/Index.cshtml" .;
```

13.4.3　使布局部分可选

有两个选项可将布局部分标记为可选。

- 选项1：将RenderSection()方法的必需参数设置为false。

```
@rendersection("Scripts",required:false);
```

- 选项2：使用IsSectionDefined()方法。

```
@if(IsSectionDefined("Scripts")) {
  @rendersection("Scripts",required:false);
}
```

13.4.4 节点的使用

要使用节点，那么每个视图都必须包含具有相同名称的部分。我们使用@section指令包含该部分并提供如下所示的内容。

在我们的示例中，希望Details视图在布局页面的Scripts节点中包含<script>元素。为此，我们在Details.cshtml中包含Scripts节点，如下所示。

```
@model StudentManagement.VIewModels.HomeDetailsViewModel @{Layout =
"~/Views/Shared/_Layout.cshtml";ViewBag.Title = "学生详情页";}
<h3>@Model.PageTitle</h3>

<div>姓名 :@Model.Student.Name</div>
<div>邮箱 :@Model.Student.Email</div>
<div>主修科目 :@Model.Student.Major</div>

@section Scripts{
<script src="~/js/CustomScript.js"></script>
}
```

运行项目测试节点是否生效。当导航到/Home/Details时，查看网页源代码，可以看到<script>元素位于</body>结束元素之前。

而我们导航到/Home/Index查看网页源代码，看不到<script>元素，如图13.3所示，表示节点已经正常运行。

```
view-source:localhost:13380/home/details

<!DOCTYPE html>

<html>
<head>
    <meta name="viewport" content="width=device-width" />
    <title>Student Details</title>
</head>
<body>
    <div>
        <h3>&#x5B66;&#x751F;&#x8BE6;&#x60C5;</h3>
<div>
    姓名 : &#x5F20;&#x4E09;
</div>
<div>
    邮箱 : zhangsan@52abp.com
</div>
<div>
    主修科目 : &#x8BA1;&#x7B97;&#x673A;&#x79D1;&#x5B66;
</div>

    </div>

    <script src="/js/CustomScript.js"></script>

</body>
</html>
```

```
view-source:localhost:13380
    <tbody>
        <tr>
            <td>
                1
            </td>
            <td>
                &#x5F20;&#x4E09;
            </td>
            <td>
                &#x8BA1;&#x7B97;&#x673A;&#x79D1;&#x5B66;
            </td>
        </tr>
        <tr>
            <td>
                2
            </td>
            <td>
                &#x674E;&#x56DB;
            </td>
            <td>
                &#x7269;&#x6D41;
            </td>
        </tr>
        <tr>
            <td>
                3
            </td>
            <td>
                &#x8D75;&#x516D;
            </td>
            <td>
                &#x7535;&#x5B50;&#x5546;&#x52A1;
            </td>
        </tr>
    </tbody>
</table>
</body>
</html>
```

图13.3

13.5 什么是_ViewStart.cshtml文件

在本节中，我们将讨论什么是_ViewStart.cshtml文件以及在ASP.NET Core MVC中如何使用它。

在当前Details.cshtml中，通过代码Layout = "~/Views/Shared/_Layout.cshtml"; 的形式指定布局页。Layout属性会将视图与布局视图相关联。但是这样会引发一个问题，如果要使用其他布局文件，则需要更新每个视图。这项工作不仅烦琐且耗时，而且还容易出错，试想如果项目有400个视图文件，而现在要修改其中200个文件，这简直令人崩溃。MVC为我们提供了Razor视图开始文件，也就是_ViewStart.cshtml文件。

如果没有_ViewStart.cshtml文件，那么我们需要在每个视图中设置Layout属性，这违反了DRY(Don't Repeat Yourself) 原则，并具有以下缺点。

- 冗余代码。
- 维护成本高。

13.5.1 ASP.NET Core MVC中的_ViewStart.cshtml文件

该文件是ASP.NET Core MVC中的一个特殊文件，该文件中的代码（公共代码）在调用单个视图中的代码之前执行。我们将该公共代码放到_ViewStart.cshtml文件中，而不是在每个单独的视图中设置Layout属性。

- 右击**Views**文件夹，然后依次选择**添加**和**新建项**。
- 在**添加新项**窗口中搜索布局，一般在Web下的ASP.NET。
- 选择**Razor视图开始**并单击**添加**按钮。
- 将名为_ViewStart.cshtml的文件添加到**Views**文件夹中。
- 打开_ViewStart.cshtml文件，其中已经自动生成的HTML代码如下所示。

```
@{
    Layout = "_Layout";
}
```

通过在_ViewStart.cshtml文件中设置Layout属性，维护应用程序变得更加容易。如果想要使用不同的布局文件，则只需要在_ViewStart.cshtml中的一个位置更改代码。但是好像还是没有解决400个页面中要修改300个布局页面的问题，这就要使用_ViewStart.cshtml的分层功能了。

13.5.2 _ViewStart.cshtml文件支持分层

我们通常把**_ViewStart.cshtml**文件放在**Views**文件夹中。由于此文件支持分层，因此也可以将它放在**Views**文件夹中的任何子文件夹中，如图13.4所示。

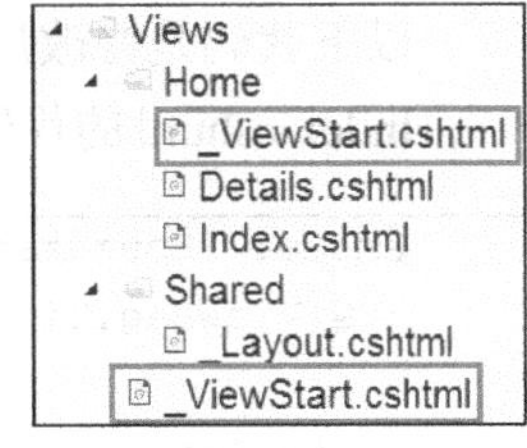

图13.4

在上面的文件夹结构中，我们在Views文件夹中放置了一个_ViewStart.cshtml文件，在Home子文件夹中放置了另一个

_ViewStart.cshtml文件。

Home子文件夹的_ViewStart.cshtml文件中指定的布局页面，将覆盖**Views**文件夹下_ViewStart.cshtml文件中指定的布局页面。

这意味着，**Views**文件夹的所有视图都将使用**Views**中_ViewStart.cshtml文件指定的布局页面，但Home文件夹的视图将使用Home文件夹中_ViewStart.cshtml文件指定的布局页面。

请注意，如果要使用_ViewStart.cshtml中指定的布局文件，可以通过在单个视图中设置Layout属性来实现。

当有特殊需求的时候，比如某视图希望在不使用布局视图的情况下渲染视图，那么我们只需要在该视图中将Layout属性设置为null，代码如下。

```
@{Layout = null;ViewBag.Title = "学生详情";}
<h3>@Model.PageTitle</h3>
```

13.5.3 逻辑判断调用布局视图

在ASP.NET Core MVC应用程序中，我们可以有多个布局视图。比如，应用程序中有以下两个布局视图。

```
_AdminLayout.cshtml
_NonAdminLayout.cshtml
```

在_ViewStart.cshtml中可以通过判断登录用户角色是否为Admin来选择对应的布局视图。

```
@{
    if(User.IsInRole("Admin"))
    {
        Layout = "_AdminLayout";
    }
    else
    {
        Layout = "_NonAdminLayout";
    }
}
```

13.5.4 修改视图

以下代码是修改后的布局页代码。

Index.cshtml的代码如下。

```
@model IEnumerable<MockSchoolManagement.Models.Student>
  @{ViewBag.Title = "学生列表";}

  <table>
```

```
    <thead>
      <tr>
        <th>ID</th>
        <th>名字</th>
        <th>主修科目</th>
      </tr>
    </thead>
    <tbody>
      @foreach(var student in Model) {
      <tr>
    <td>@student.Id</td>
    <td>@student.Name</td>
    <td>@student.Major</td>
      </tr>
      }
    </tbody>
  </table>
</MockSchoolManagement.Models.Student>
```

Details.cshtml中的代码如下。

```
@model MockSchoolManagement.ViewModels.HomeDetailsViewModel
@{

    ViewBag.Title = "学生详情";
}
<h3>@Model.PageTitle</h3>
<div>
    姓名 :@Model.Student.Name
</div>
<div>
    邮箱 :@Model.Student.Email
</div>
<div>
    主修科目 :@Model.Student.Major
</div>

@section Scripts{
    <script src="~/js/CustomScript.js"></script>
}
```

_ViewStart.cshtml中的代码如下。

```
@{
    Layout = "_Layout";
}
```

项目文件夹结构如图13.5所示。

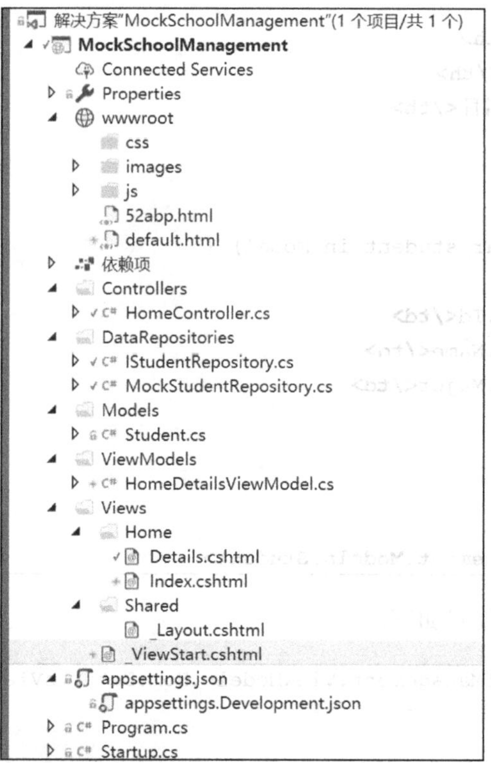

图13.5

13.6 ASP.NET Core MVC中的_ViewImports.cshtml文件

在本节，我们将学习ASP.NET Core MVC中的_ViewImports.cshtml文件。首先创建_ViewImports.cshtml，步骤如下。

- 右击**Views**文件夹，然后选择**添加→新建项**。
- 在**添加新项**窗口中搜索布局，一般在WEB下的ASP.NET。
- 选择**Razor视图导入**并单击**添加**按钮。
- 名为_ViewImports.cshtml的文件将添加到**Views**文件夹中。

_ViewImports.cshtml文件通常放在Views文件夹中，如图13.6所示。它用于包含公共命名空间，因此我们不必在每个视图中引用这些命名空间。

如果我们在_ViewImports.cshtml文件中包含以下两个命名空间，则这两个命名空间中的所有类型都可用于Home文件夹的每个视图，而无须再次引入完整的命名空间，代码如下。

```
@using MockSchoolManagement.Models
@using MockSchoolManagement.ViewModels
```

注意，@using指令用于包含公共命名空间。除 @using指令外，_ViewImports.cshtml文件还支持以下指令。

- @addTagHelper。
- @removeTagHelper。
- @tagHelperPrefix。
- @model。
- @inherits。
- @inject。

TagHelper是此版本的MVC中的新功能。我们将在后面的章节中详细讨论它们。

_ViewStart.cshtml文件和**_ViewImports.cshtml**文件均支持分层，除了把它们放在Views文件夹中，我们还可以在Views文件夹的Home子文件夹中放置另一个_ViewImports.cshtml，如图13.7所示。

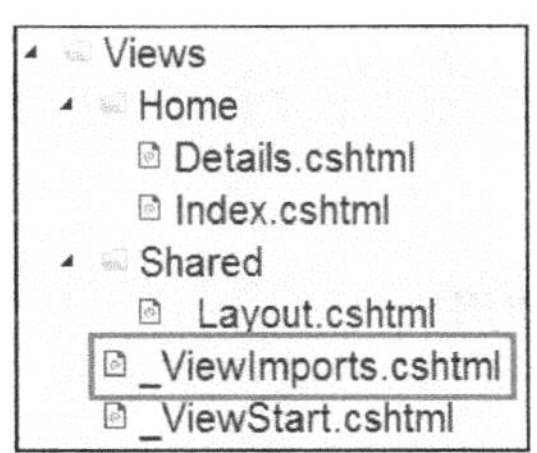

图13.6

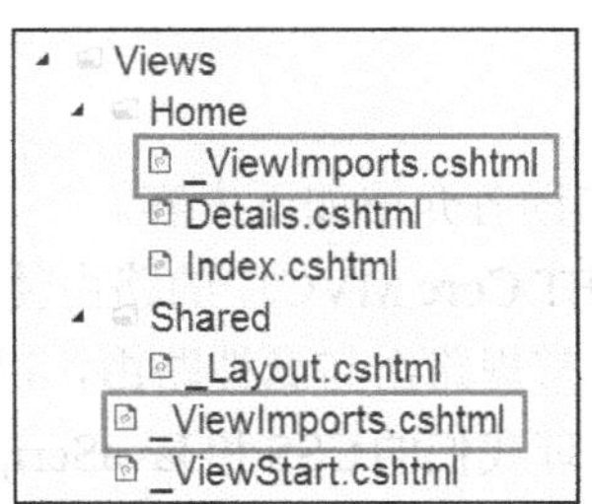

图13.7

Home文件夹中的_ViewImports.cshtml将覆盖Views文件夹中的_ViewImports.cshtml指定的设置。

请注意，如果在视图中指定了命名空间，则该设置将覆盖_ViewImports.cshtml文件中的匹配设置。

13.7 小结

本章中，我们学习了布局页的构成、Razor视图和Razor视图导入，以及不同情况下对节点的使用。到现在为止，搭建的MVC页面阶段也就完成了。在第14章中，我们将学习ASP.NET Core中的路由。

第14章

ASP.NET Core MVC中的路由

本章主要向读者介绍如下内容。

- ASP.NET Core MVC中的路由使用。
- 什么是常规路由与属性路由，以及它们的使用。
- 如何管理我们的CSS和JavaScript文件。
- LibMan轻量级包管理器的使用。

ASP.NET Core MVC中有两种路由技术，分别为**常规路由和属性路由**。

我们先了解什么是路由，当来自浏览器的请求到达应用程序时，MVC中的控制器会处理传入的HTTP请求并响应用户操作，请求**URL**会被映射到控制器的操作方法上。此映射过程由应用程序中定义的路由规则完成。

比如，当向/Home/Index发出请求时，此**URL**将映射到**HomeController**类中的Index()操作方法，如图14.1所示。

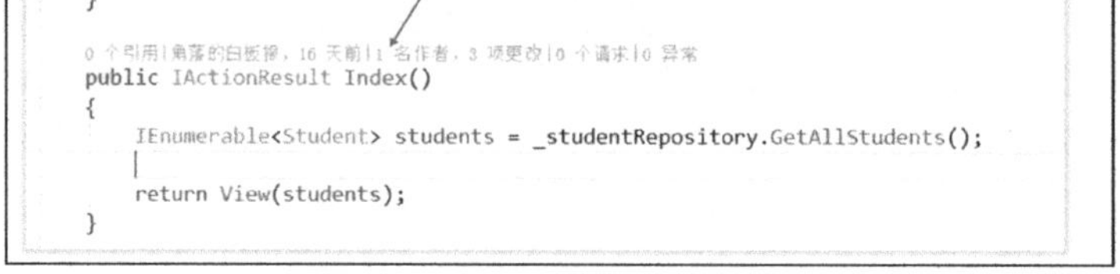

```
http://localhost:13380/Home/Index

public class HomeController : Controller
{
    private readonly IStudentRepository _studentRepository;

    //使用构造函数注入的方式注入IStudentRepository
    0 个引用|角落的白板报，16 天前|1 名作者，1 项更改|0 异常
    public HomeController(IStudentRepository studentRepository)
    {
        _studentRepository = studentRepository;
    }

    0 个引用|角落的白板报，16 天前|1 名作者，3 项更改|0 个请求|0 异常
    public IActionResult Index()
    {
        IEnumerable<Student> students = _studentRepository.GetAllStudents();

        return View(students);
    }
```

图14.1

类似地，当向/Home/Details/1发出请求时，此**URL**将映射到**HomeController**类中的**Details()**操作方法。**URL**中的值1自动映射到id，即Details(int id）的操作方法，如图14.2所示。

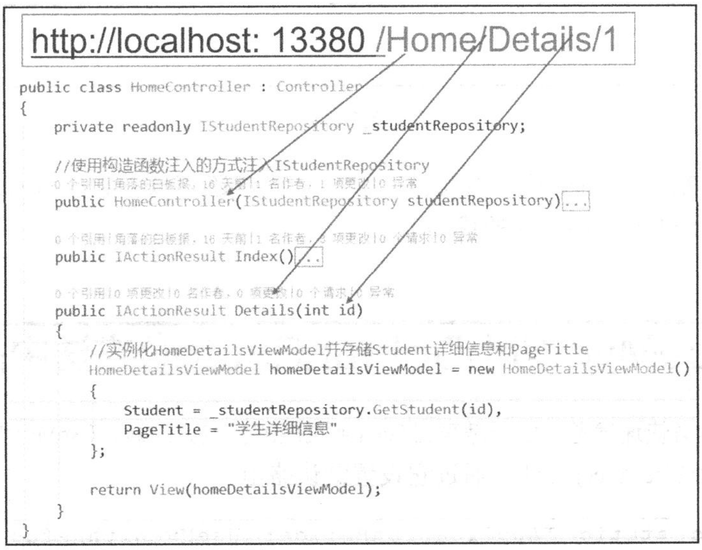

```
http://localhost: 13380 /Home/Details/1

public class HomeController : Controller
{
    private readonly IStudentRepository _studentRepository;

    //使用构造函数注入的方式注入IStudentRepository
    public HomeController(IStudentRepository studentRepository)...

    public IActionResult Index()...

    public IActionResult Details(int id)
    {
        //实例化HomeDetailsViewModel并存储Student详细信息和PageTitle
        HomeDetailsViewModel homeDetailsViewModel = new HomeDetailsViewModel()
        {
            Student = _studentRepository.GetStudent(id),
            PageTitle = "学生详细信息"
        };

        return View(homeDetailsViewModel);
    }
}
```

图14.2

目前，我们还没有在ASP.NET Core MVC应用程序中明确定义任何路由规则。由此我们想到的问题是，这个**URL**（/Home/Index）如何映射到**HomeController**中的Index()方法。

14.1 ASP.NET Core MVC 中的默认路由

以下是Startup.cs文件中Configure()方法的代码，此方法中的代码设置**HTTP请求处理管道**。这是在我们本书的第7～8章中讲述过的内容。

```
public void Configure(IApplicationBuilderapp,IHostingEnvironment env)
{
    if(env.IsDevelopment())
    {
        app.UseDeveloperExceptionPage();
    }

    app.UseStaticFiles();

    app.UseMvcWithDefaultRoute();
}
```

在这个方法中，我们调用了UseMvcWithDefaultRoute()扩展方法。正是这种方法将MVC与默认路由添加到应用程序的请求处理管道中。

```
{controller=Home}/{action=Index}/{id?}
```

只需将鼠标指针悬停在Visual Studio中的UseMvcWithDefaultRoute()上，就可以看到智能提示的默认路由，如图14.3所示。

```
app.UseMvcWithDefaultRoute();
    (扩展) IApplicationBuilder IApplicationBuilder.UseMvcWithDefaultRoute()
    Adds MVC to the IApplicationBuilder request execution pipeline with a default route named 'default' and the following template: '{controller=Home}/{action=Index}/{id?}'.
```

图14.3

另外，ASP.NET Core是开源项目。因此，读者还可以在它的GitHub页面上看到UseMvcWithDefaultRoute()方法的代码。

14.2 UseMvcWithDefaultRoute()方法中的代码

为了方便读者快速参考，以下是来自GitHub页面的代码。注意，UseMvcWithDefaultRoute()方法在内部调用UseMvc()方法，通过它设置默认路由。

```
    public static IApplicationBuilder UseMvcWithDefaultRoute(this
IApplicationBuilder app)
        {
            if(app == null)
            {
                throw new ArgumentNullException(nameof(app));
            }

            return app.UseMvc(routes =>
            {
                routes.MapRoute(
                    name:"default",
                    template:"{controller=Home}/{action=Index}/{id?}");
            });
        }
```

了解默认路由

默认路由模板规则：{controller=Home}/{action = Index}/{id？ }，大多数的URL都会按照这个规则进行映射，具体如表14.1所示。

表14.1

路径段	映射信息
/Student	StudentController类
/Details	Details(int id)方法
/1	Details(int id) 操作方法的id参数

请求流程说明如图14.4所示。

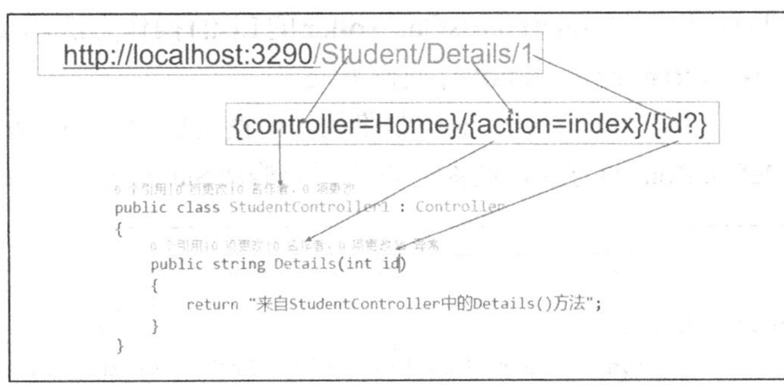

图14.4

- 第一个**URL**路径段/Student映射到StudentController。在**URL**中，我们不用添加Controller这个后缀。当MVC在第一个**URL**路径段中找到单词Student时，它会附加单词Controller并查找名为StudentController的类。
- 第二个**URL**路径段/Details映射到**StudentController**的**Details(int id)**操作方法中。
- 第三个**URL**路径段1映射到**Details(int id)**操作方法的id参数。这个步骤被称为**模型绑定**，我们将在本书后面讨论模型绑定。

请注意，在以下默认路由模板中，我们在id参数后面加一个问号，默认路由模板为{controller=Home}/{action = Index}/{id？}，问号表示**URL**中的id参数可选。这意味着通过以下**URL**，都可以通过路由映射到StudentController类的Details()操作方法中。

- /Student/Details/1。
- /Student/Details。

{controller=Home}中的值Home是Controller的默认值。类似地，{action = Index}中的值Index是操作方法的默认值。

因此，程序导航到应用程序根目录http://localhost:13380。因为URL中没有指定控制器名称和操作方法名称，所以将使用路由模板的默认值，路由会将请求映射到**HomeController**中的Index()操作方法上。

同理，以下请求**URL**也将映射到**HomeController**类的Index()操作方法。

- http://localhost:13380/Home。
- http://localhost:13380/Home/Index。

对于大多数应用程序，默认路由即可满足日常的开发工作需求，代码如下。

```
public class DepartmentsController:Controller
{
    public string List()
    {
        return "我是Departments控制器的List()操作方法 ";
    }

    public string Details()
    {
                return "我是Departments控制器的Details()操作方法 ";
    }
}
```

/Departments/list映射到**DepartmentsController**的List()操作方法，/Departments/details映射到**DepartmentsController**的**Details()**操作方法。

如果要自定义路径模板并希望更多地控制路径，请使用UseMvc()方法来配置路由，而不是UseMvcWithDefaultRoute()方法，请参考以下代码修改Startup类中的路由规则。

```
app.UseMvc(routes=> {
    routes.MapRoute(
        name:"default",
        template:"{controller=Home}/{action=Index}/{id?}");
});
```

运行项目的效果如图14.5所示。

图14.5

14.3 ASP.NET Core MVC中的属性路由

在本节中，我们将讨论ASP.NET Core MVC中的属性路由。

请参考**Startup.cs**文件的Configure()方法中，代码如下。请注意，我们使用的UseMvc()方法不包含默认路由模板，无法进行参数传递。

```
publicvoidConfigure(IApplicationBuilderapp,IHostingEnvironmentenv)
{
if(env.IsDevelopment())
{
app.UseDeveloperExceptionPage();
}

app.UseStaticFiles();

app.UseMvc();

//app.UseMvc(routes=>
//{
//routes.MapRoute("default","{controller=Home}/{action=Index}/{id?}");
//});
}
```

这意味着，目前应用程序没有配置任何的路由，当导航到以下任何URL时，我们会看到404错误。

```
http://localhost:13380
http://localhost:13380/home
http://localhost:13380/home/index
```

14.3.1 属性路由示例

使用Route()属性来定义路由，我们可以在Controller类或Controller()操作方法上应用Route()属性。

```
public class HomeController:Controller
{

[Route("")]
[Route("Home")]
[Route("Home/Index")]
public ViewResult Index()
{
return View();
}
}
```

在Index()操作方法上指定了3个不同的Route()属性。对于Route()属性的每个实例，我们指定了不同的路由模板。使用这3个路由规则，3个URL中都会访问HomeController的Index()操作方法。

使用这3个路由模板，当遇到以下3个URL访问HomeController的Index()操作方法时，都会匹配成功并进入方法内。

- /
- /Home
- /Home/Index

配置完成后运行项目，我们能正常访问项目首页。

14.3.2 属性路由参数

使用传统路由，我们可以将路由参数指定为路由模板的一部分。当然属性路由也可以做同样的事情，请看下面的例子。

```
public class HomeController:Controller
  {
      private readonly IStudentRepository _studentRepository;

     //使用构造函数注入的方式注入IStudentRepository
```

```
        public HomeController(IStudentRepository studentRepository)
        {
            _studentRepository = studentRepository;
        }

        [Route("Home/Details/{id}")]
        public IActionResult Details(int id)
        {
          //实例化HomeDetailsViewModel并存储Student详细信息和PageTitle
                HomeDetailsViewModel homeDetailsViewModel = new
HomeDetailsViewModel()
            {
                Student = _studentRepository.GetStudent(id),
                PageTitle = "学生详细信息"
            };

            return View(homeDetailsViewModel);
        }
    }
```

Details()操作方法具有id参数，此参数根据指定的id来查询学生的详细信息。

请注意，在路由模板中我们指定了id参数。因此，URL(/Home/Details）将执行Details(int id）操作方法，并将值1映射到Details(int id）的id参数。这是通过模型绑定来完成的。我们会在后面的内容来讨论模型绑定。

14.3.3　属性路由可选参数

当URL(/Home/Details/1）中具有id路由参数的值时，才执行HomeController的Details(int id）操作方法。如果URL中不存在id值，那么我们会得到404错误。

比如，/Home/Details不会执行Details(int id）操作方法，而是显示404错误。要使路由参数id可选，只需在末尾添加问号即可。

```
    public class HomeController:Controller
      {
          private readonly IStudentRepository _studentRepository;

         //使用构造函数注入的方式注入IStudentRepository
          public HomeController(IStudentRepository studentRepository)
          {
              _studentRepository = studentRepository;
          }

          //?使路由模板中的id参数为可选，如果要使它为必选，删除?即可
          [Route("Home/Details/{id?}")]
         //?使id参数可以为空
```

```
        public IActionResult Details(int?id)
        {
          //实例化HomeDetailsViewModel并存储Student详细信息和PageTitle
                HomeDetailsViewModel homeDetailsViewModel = new
HomeDetailsViewModel()
            {//如果id为null，则使用1；否则使用路由属性中传递的值
                Student = _studentRepository.GetStudent(id??1),
                PageTitle = "学生详细信息"
            };

            return View(homeDetailsViewModel);
        }
    }
```

14.3.4 控制器和操作方法名称

在属性路由中，控制器和操作方法名称不会影响属性路由名称，它们没有强关联关系。请看下面的示例。

```
public class WelcomeController:Controller
{
        [Route("WC")]
        [Route("WC/Index")]
        public string Welcome()
        {
            return "我是Welcome控制器中的welcome()操作方法";
        }
}
```

由于我们直接在操作方法上指定了路由模板，因此WelcomeController中的Welcome()操作方法对以下两个URL都会执行，效果如图14.6所示。

- /WC。
- /WC/Index。

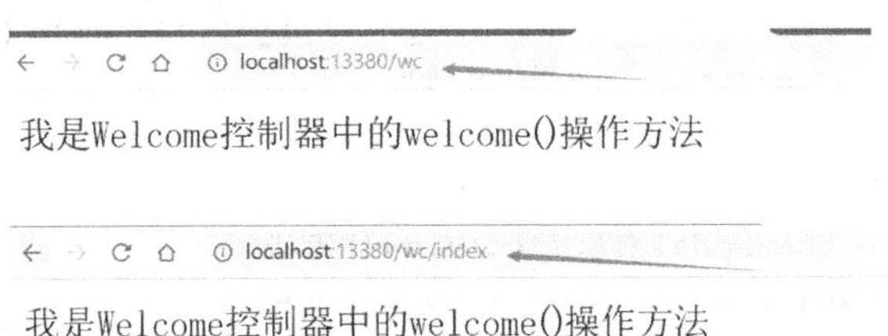

图14.6

14.3.5 属性路由支持多层

Route()属性也可以应用于Controller类以及各个操作方法中。为了使**属性路由**代码重

复性减弱并提升可维护性，我们可以将Controller上的属性路由与各个操作方法的属性路由相结合。考虑下面的例子。

```
public class HomeController:Controller
  {
      private readonly IStudentRepository _studentRepository;
     //使用构造函数注入的方式注入IStudentRepository
      public HomeController(IStudentRepository studentRepository)
      {
          _studentRepository = studentRepository;
      }


      [Route("")]
      [Route("Home")]
      [Route("Home/Index")]
      public ViewResult Index()
      {
          //查询所有的学生信息
              IEnumerable<Student> model = _studentRepository.
GetAllStudents();
          //将学生列表传递到视图
          return View(model);
      }

      //?使路由模板中的id参数为可选，如果要使它为必选，删除?即可
      [Route("Home/Details/{id?}")]
     //?使id参数可以为空
      public IActionResult Details(int?id)
      {
       //实例化HomeDetailsViewModel并存储Student详细信息和PageTitle
              HomeDetailsViewModel homeDetailsViewModel = new
HomeDetailsViewModel()
          {
              Student = _studentRepository.GetStudent(1),
              PageTitle = "学生详情"
          };

          //将ViewModel对象传递给View()方法
          return View(homeDetailsViewModel);
      }
  }
```

HomeController的Index()操作方法匹配以下3种URL路径。

- /。
- /Home。

- /Home/Index。

HomeController的Details(int? id)操作方法匹配以下两种URL路径。

- /Home/Details。
- /Home/Details/2。

正如读者所看到的，有很多重复的路由名称。我们对代码进行修改并精简，在HomeController类上应用Route()属性，如下所示。

```
    [Route("Home")]
    public class HomeController:Controller
    {
        private readonly IStudentRepository _studentRepository;

        //使用构造函数注入的方式注入IStudentRepository
        public HomeController(IStudentRepository studentRepository)
        {
            _studentRepository = studentRepository;
        }

        [Route("")]
        [Route("Index")]
        public ViewResult Index()
        {
            //查询所有的学生信息
                IEnumerable<Student> model = _studentRepository.
GetAllStudents();
            //将学生列表传递到视图
            return View(model);
        }

        //?使路由模板中的id参数为可选，如果要使它为必选，删除?即可
        [Route("Details/{id?}")]
        //?使id方法参数可以为空
        public IActionResult Details(int?id)
        {
            //实例化HomeDetailsViewModel并存储Student详细信息和PageTitle
                HomeDetailsViewModel homeDetailsViewModel = new
HomeDetailsViewModel()
            {
                Student = _studentRepository.GetStudent(1),
                PageTitle = "学生详情"
            };

            //将ViewModel对象传递给View()方法
            return View(homeDetailsViewModel);
        }
    }
```

我们将应用于控制器操作方法的路由模板用到了控制器上。但是，当我们导航到http://localhost:1234的时候，HomeController的Index()操作方法将不会被执行，反而出现404页面错误。要解决这个问题，请在Index()操作方法中包含以/开头的路径模板，如下所示。

```
[Route("/")]
[Route("")]
[Route("Index")]
public ViewResult Index()
{
    var model = _studentRepository.GetAllStudents();
    return View(model);
}
```

需要记住的是，如果操作方法上的路由规则以/或 ~/开头，则Controller路由模板不会与操作方法路由模板组合在一起。

14.3.6 在属性路由中自定义路由

属性路由通过将标记放在方括号中来支持标记替换。标记［controller］和［action］将替换为定义路径的控制器名称和操作名称的值。代码如下所示。

```
[Route("[controller]")]
public class DepartmentsController:Controller
{
    [Route("[action]")]
    public string List()
    {
      return "我是Departments控制器的List()操作方法 ";
    }

    [Route("[action]")]
    public string Details()
    {
            return "我是Departments控制器的Details()操作方法 ";
    }
}
```

使用［controller］和［action］标记，导航到URL路径中的/Departments/List将进入DepartmentsController中执行List()方法。类似地，在URL路径的/Departments/Details将进入DepartmentsController中执行Details()方法。

这是一种非常强大的功能，因为如果要重命名控制器或操作方法名称，我们就不必更改路径模板，如将Departments修改为Some。

要使List()方法成为DepartmentsController的默认路由入口，读者仍可以使用空字符串包含的Route("")属性，如下所示。

```
[Route("[controller]")]
public class DepartmentsController:Controller
{
    [Route("[action]")]
    [Route("")]//使List()成为默认路由入口
    public string List()
    {
            return "我是Departments控制器的List()操作方法 ";
    }

    [Route("[action]")]
    public string Details()
    {
            return "我是Departments控制器的Details()操作方法 ";
    }
}
```

我们最好只在控制器上设置一次，而不是在控制器的每个操作方法中包含［action］标记，如下所示。

```
[Route("[controller]/[action]")]
public class DepartmentsController:Controller
{
    public string List()
    {
            return "我是Departments控制器的List()操作方法 ";
    }

    public string Details()
    {
            return "我是Departments控制器的Details()操作方法 ";
    }
}
```

14.3.7 常规路由与属性路由对比

使用属性路由时，属性路由需要在实际使用它们的操作方法上方设置。属性路由比传统路由提供了更大的灵活性。通常情况下，常规路由用于服务HTML页面的控制器，而属性路由则用于服务RESTful API的控制器。

当然，这只是规范和建议，如果读者的应用程序需要有更多的路由灵活性，我们也可以将常规路由与属性路由混合使用。

14.4 ASP.NET Core中新增的路由中间件

虽然我们要讨论的核心是EndpointRouting（终结点路由），它是在ASP.NET Core 2.2

中引入的，但在3.0版本中它成为ASP.NET Core的“一等公民”。

首先打开在Startup.cs文件下Startup类的**ConfigureServices()**方法中，修改如下。

```
public void ConfigureServices(IServiceCollection services)
    {
        services.AddControllersWithViews().AddXmlSerializerFormatters();
        services.AddSingleton<IStudentRepository,MockStudentRepository>();
    }
```

修改后查看Startup类的Configure()方法，会发现app.UseMvc()中间件弹出了警告，如图14.7所示。

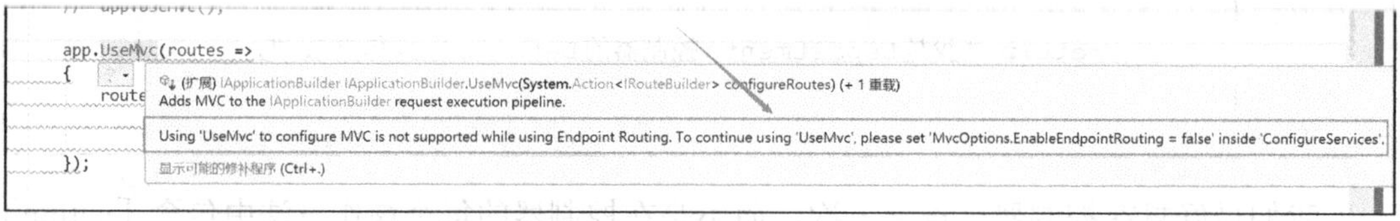

```
app.UseMvc(routes =>
{
    route
});
```

(扩展) IApplicationBuilder IApplicationBuilder.UseMvc(System.Action<IRouteBuilder> configureRoutes) (+ 1 重载)
Adds MVC to the IApplicationBuilder request execution pipeline.

Using 'UseMvc' to configure MVC is not supported while using Endpoint Routing. To continue using 'UseMvc', please set 'MvcOptions.EnableEndpointRouting = false' inside 'ConfigureServices'.

显示可能的修补程序 (Ctrl+.)

图14.7

警告告诉我们，UseMvc()中间件不支持Routing Endpoints()中间件，要继续使用UseMvc()中间件需将EnableEndpointRouting的值设置为false。这也是之前我们一直将AddControllers WithViews服务的值设置为false的原因。

那么现在产生一个问题——EndpointRouting是什么，接下来我们看一看这几个新增的路由中间件。

14.4.1 路由中间件UseRouting

在了解EndpointRouting之前，先来了解一下UseRouting() 中间件，它是ASP.NET Core 3.0后新增的路由中间件，其主要作用就是启用路由。

以下是UseRouting()的源代码。

```
public static IApplicationBuilder UseRouting(this IApplicationBuilder builder)
{
    if(builder == null)
    {
        throw new ArgumentNullException(nameof(builder));
    }

    VerifyRoutingServicesAreRegistered(builder);

    var endpointRouteBuilder = new DefaultEndpointRouteBuilder(builder);
    builder.Properties[EndpointRouteBuilder] = endpointRouteBuilder;

    return builder.UseMiddleware<EndpointRoutingMiddleware>(endpointRouteBuilder);
}
```

代码说明如下。

- UseRouting()中间件主要用于验证EndpointRoute()中间件服务是否加载进来。
- 具体实现路由的验证与模板规则由EndpointRoute()中间件来完成。

请注意，在之前的章节中我们知晓中间件是按照顺序加载的，UseRouting()中间件需要放置在UseStaticFiles()之后，原因在介绍静态中间件的章节阐述过，代码如下。

```
public void Configure(IApplicationBuilder app,IWebHostEnvironment env)
        {
           //其他代码
            app.UseStaticFiles();
            app.UseRouting();
        }
```

14.4.2 路由中间件UseEndpoints

UseEndpoints()将会替代原有的路由规则和模板，在以后的开发中，基本都会通过UseEndpoints来设置路由规则，官方将它命名为**终结点路由**。

但是还有一个显而易见的问题没有解决，为什么要用UseEndpoints()呢，原有的路由中间件不好吗？答案是原有的路由中间件功能不够丰富。

UseEndpoints是一个可以处理跨不同中间件系统（如MVC、Razor Pages、Blazor、SignalR和gRPC）的路由系统。通过终结点路由可以使端点相互协作，并使系统比没有相互对话的终端中间件更全面。

当然本书暂时不会涉及Razor Pages、Blazor、SignalR和gRPC，但是为了项目的长远规划，dotnet开发团队推荐使用终结点路由。

我们先看源代码。

```
public static IApplicationBuilder UseEndpoints(this IApplicationBuilder
builder,Action<IEndpointRouteBuilder> configure)
{
    if(builder == null)
    {
        throw new ArgumentNullException(nameof(builder));
    }

    if(configure == null)
    {
        throw new ArgumentNullException(nameof(configure));
    }

    VerifyRoutingServicesAreRegistered(builder);

      VerifyEndpointRoutingMiddlewareIsRegistered(builder,out var
endpointRouteBuilder);
```

```
        configure(endpointRouteBuilder);

        var routeOptions = builder.ApplicationServices.GetRequiredService<IOpt
    ions<RouteOptions>>();
        foreach(var dataSource in endpointRouteBuilder.DataSources)
        {
            routeOptions.Value.EndpointDataSources.Add(dataSource);
        }

        return builder.UseMiddleware<EndpointMiddleware>();
    }
```

代码说明如下。

- UseEndpoints验证路由服务和EndpointRouting()中间件是否启用和注册到管道中。
- 注册完毕后，改变中间件的配置，将路由规则运用到应用程序中。

当然它同样如UseMvcWithDefaultRoute()一样，给我们提供了不少内置的中间件服务，代码如下。

```
public void Configure(IApplicationBuilder app,IWebHostEnvironment env)
{
    //其他代码
    app.UseRouting();
    app.UseEndpoints(endpoints =>
    {
    endpoints.MapControllers();
    endpoints.MapRazorPages();
    });
}
```

可以看到新的中间件路由提供了支持Controllers和RazorPages两种方式的映射，MapControllers()服务于以控制器为主的路由规则，MapRazorPages()则服务于Razor Pages的路由规则。

接下来我们利用UseEndpoints()中间件改造项目，代码如下。

```
public void Configure(IApplicationBuilder app,IWebHostEnvironment env)
{
    //其他代码
    app.UseStaticFiles();
    app.UseRouting();
    app.UseEndpoints(endpoints =>
    {
        endpoints.MapControllerRoute(
            name:"default",
            pattern:"{controller=Home}/{action=Index}/{id?}");
    });
}
```

我们只需要把它放置在UseRouting()中间件之后，如果读者忘记启用UseRouting()的话会引发异常，提示我们引入UseRouting()中间件，如图14.8所示。

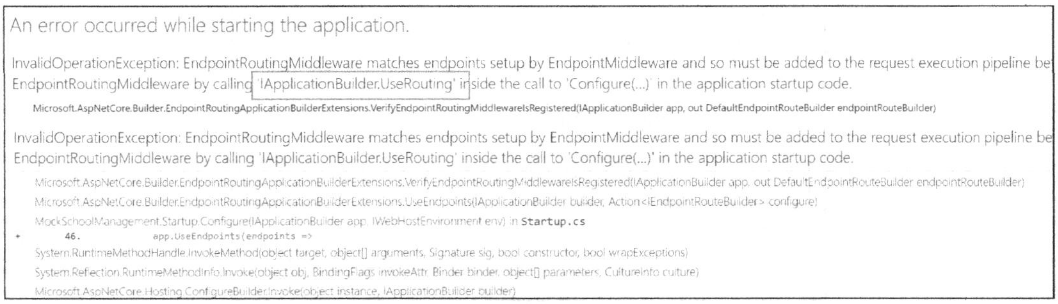

```
An error occurred while starting the application.

InvalidOperationException: EndpointRoutingMiddleware matches endpoints setup by EndpointMiddleware and so must be added to the request execution pipeline be
EndpointRoutingMiddleware by calling 'IApplicationBuilder.UseRouting' inside the call to 'Configure(...)' in the application startup code.
    Microsoft.AspNetCore.Builder.EndpointRoutingApplicationBuilderExtensions.VerifyEndpointRoutingMiddlewareIsRegistered(IApplicationBuilder app, out DefaultEndpointRouteBuilder endpointRouteBuilder)

InvalidOperationException: EndpointRoutingMiddleware matches endpoints setup by EndpointMiddleware and so must be added to the request execution pipeline be
EndpointRoutingMiddleware by calling 'IApplicationBuilder.UseRouting' inside the call to 'Configure(...)' in the application startup code.
    Microsoft.AspNetCore.Builder.EndpointRoutingApplicationBuilderExtensions.VerifyEndpointRoutingMiddlewareIsRegistered(IApplicationBuilder app, out DefaultEndpointRouteBuilder endpointRouteBuilder)
    Microsoft.AspNetCore.Builder.EndpointRoutingApplicationBuilderExtensions.UseEndpoints(IApplicationBuilder builder, Action<IEndpointRouteBuilder> configure)
    MockSchoolManagement.Startup.Configure(IApplicationBuilder app, IWebHostEnvironment env) in Startup.cs
+       46.            app.UseEndpoints(endpoints =>
    System.RuntimeMethodHandle.InvokeMethod(object target, object[] arguments, Signature sig, bool constructor, bool wrapExceptions)
    System.Reflection.RuntimeMethodInfo.Invoke(object obj, BindingFlags invokeAttr, Binder binder, object[] parameters, CultureInfo culture)
    Microsoft.AspNetCore.Hosting.ConfigureBuilder.Invoke(object instance, IApplicationBuilder builder)
```

图14.8

14.5 LibMan轻量级包管理器

在本章中，我们将学习如何通过LibMan在ASP.NET Core中安装和使用Bootstrap。

如果读者已经有一些开发经验了，可能知道有很多工具可以与Visual Studio一起安装Bootstrap和jQuery等客户端软件包，比如Bower、NPM和WebPack等。但是，现在我们不会使用这些工具，而是使用**Library Manager(LibMan)**。Library Manager是一个轻量级的客户端库管理工具，它可以从文件系统或内容分发网络（Content Delivery Networ，CDN）下载客户端库和框架，支持的CDN包括CDNJS、jsDelivr和unpkg。现在将提取所选库文件，并将其置于ASP.NET Core项目中的相应位置。

14.5.1 使用LibMan安装Bootstrap

LibMan安装有命令行CLI和图形化界面GUI两种方式，这里使用图形化界面的方式进行安装。

- 右击**解决方案资源管理器**中的项目名称（MockSchoolManagement)，然后选择**添加→客户端库**。
- 在打开的**添加客户端库**窗口中，保留默认提供程序cdnjs。
- 在**库**文本框中，输入twitter-bootstrap。选择匹配的条目后，它会尝试安装最新版本。当然，读者可以手动输入所需的版本。它也有智能提示。我们将安装新版本的Bootstrap 4.3.1。
- 读者可以选择**包含所有库文件**或**特定文件**。
- 在**目标位置**文本框中，指定要将库文件复制到的文件夹路径。默认情况下，我们存放的路径地址为wwwroot/lib。
- 单击**安装**按钮，如图14.9所示。

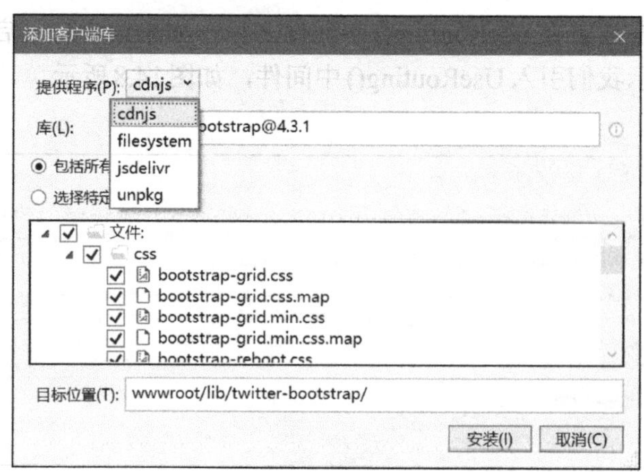

图14.9

14.5.2 libman.json文件

libman.json是库管理器清单文件。

请注意，在libman.json文件中，我们有一个刚刚安装的Bootstrap客户端库列表。我们也可以直接编辑清单文件来安装客户端软件包，而不是使用LibMan提供的图形化界面。

14.5.3 清理和还原客户端库

要清理库文件，请右击libman.json文件，然后选择**清理客户端库**，如图14.10所示。此操作将删除目标文件夹中的所有库文件，但是不会删除libman.json中已存在的内容。

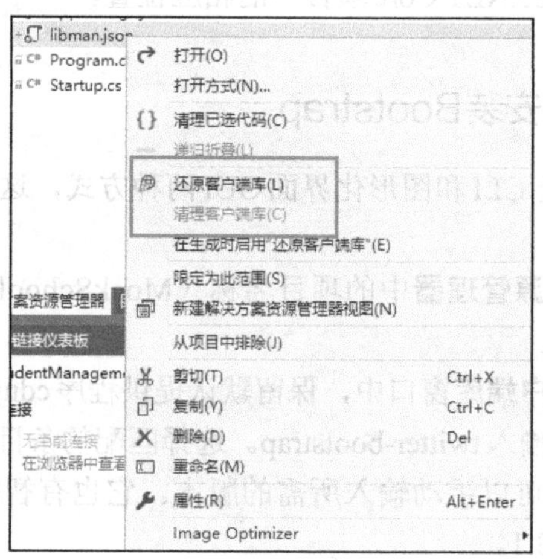

图14.10

14.5.4 卸载或更新客户端库

卸载或更新客户端库的步骤如下。

- 打开libman.json文件。
- 单击要卸载的客户端库，出现一个灯泡图标。
- 单击灯泡图标，读者可以选择卸载或更新该特定客户端库，如图14.11所示。

```
{
  "version": "1.0",
  "defaultProvider": "cdnjs",
  "libraries": [
    {
      "library": "twitter-bootstrap@4.3.1",
      n": "wwwroot/lib/twitter-bootstrap/"
}
```

对属性进行排序
卸载 twitter-bootstrap@4.3.1
检查更新

图14.11

读者也可以删除libman.json文件中的客户端库列信息并保存文件，它将卸载相应的客户端库。

同样，要升级或降级客户端库，可以直接更改libman.json文件中的版本号。保存文件后，相应的客户端库将更新为指定的版本。在Visual Studio中编辑版本号时，还具有智能提示功能，如图14.12所示。

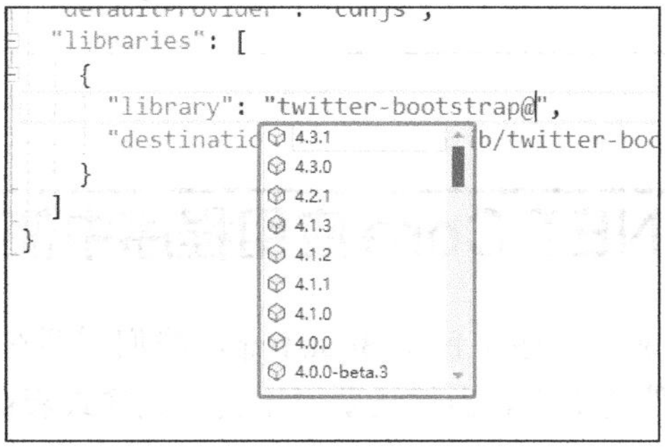

```
  "libraries": [
    {
      "library": "twitter-bootstrap@",
      "destinati                b/twitter-boo
    }
  ]
}
```

4.3.1
4.3.0
4.2.1
4.1.3
4.1.2
4.1.1
4.1.0
4.0.0
4.0.0-beta.3

图14.12

14.5.5 libman.json文件说明

```
{
  "version":"1.0",//当前的libman文件版本
  "defaultProvider":"cdnjs",//默认从哪个CDN网络下载文件
  "libraries":[
    {
      "library":"twitter-bootstrap@4.3.1",//要下载的前端包名称
      "destination":"wwwroot/lib/twitter-bootstrap/" //存放库的文件路径地址
    },
    {
      "library":"jquery@3.4.1",//要下载的前端包名称
```

```
        "destination":"wwwroot/lib/jquery/",//存放库的文件路径地址
        "provider":"jsdelivr",//针对某个独立的文件，从其他源下载
          "files":["dist/jquery.js","dist/jquery.min.js"]  //下载该库中特定的文件，
                                                           //而不是下载所有的文件
      }
    ]
}
```

以上代码包含了文件的注释，我相信已经解释得很清楚了。请注意，因为读取的CDN文件是从CDNJS、jsDelivr和unpkg这3个网站中下载的，所以可能会受到网速或其他因素的限制。

14.5.6 在网站中自定义CSS样式表

我们将所有特定于站点的CSS放在单独的CSS文件中，将名称为site.css的样式表添加到css文件夹中。我们已经在wwwroot文件夹中创建了这个CSS文件夹。

复制并粘贴以下代码到site.css文件中。

```
.btn{
  width:75px;
}
```

14.6 在ASP.NET Core应用程序中使用Bootstrap

要在ASP.NET Core应用程序中使用Bootstrap，我们需要在布局文件_Layout.cshtml中包含对Boostrap.css文件的引用。当然还要引用自定义样式表site.css，代码如下。

```
<html>
  <head>
    <meta name="viewport" content="width=device-width" />
    <link href="~/lib/bootstrap/css/bootstrap.css" rel="stylesheet" />
    <link href="~/css/site.css" rel="stylesheet" />
    <title>@ViewBag.Title</title>
  </head>
  <body>
    <div class="container">
      @*添加bootstrap的样式类container*@ @RenderBody()
    </div>

    @if(IsSectionDefined("Scripts")) { @RenderSection("Scripts",required:
    false) }
  </body>
</html>
```

请注意，我们使用Bootstrap中的container类属性来定位页面上的元素。

14.6.1 Details.cshtml视图优化

我们使用Bootstrap4中的样式来定位和设置页面上的元素，代码如下。

```
@model MockSchoolManagement.ViewModels.HomeDetailsViewModel
 @{ViewBag.Title ="学生详情";}
<h3>@Model.PageTitle</h3>

<div class="row justify-content-center m-3">
  <div class="col-sm-6">
    <div class="card">
      <div class="card-header">
        <h1>@Model.Student.Name</h1>
      </div>
      <div class="card-body text-center">
        <img class="card-img-top  " src="~/images/noimage.png" />
        <h4>学生ID:@Model.Student.Id</h4>
        <h4>邮箱 :@Model.Student.Email</h4>
        <h4>主修科目 :@Model.Student.Major</h4>
      </div>
      <div class="card-footer text-center">
        <a href="#" class="btn btn-primary">返回</a>
        <a href="#" class="btn btn-primary">编辑</a>
        <a href="#" class="btn btn-danger">删除</a>
      </div>
    </div>
  </div>
</div>

@section Scripts{
<script src="~/js/CustomScript.js"></script>
}
```

14.6.2 Index.cshtml视图优化

Index.cshtml视图优化的代码如下所示。

```
@model IEnumerable<Student>
@{ViewBag.Title = "学生列表页面";}


  <div class="card-deck">
```

```
        @foreach(var student in Model) {
        <div class="card m-3">
          <div class="card-header">
            <h3 class="card-title">@student.Name</h3>
          </div>
          <img class="card-img-top" src="~/images/noimage.png" />

          <div class="card-body text-center">
            <h5 class="card-title">主修科目:@student.Major</h5>
          </div>

          <div class="card-footer text-center">
            <a href="#" class="btn btn-primary">查看</a>
            <a href="#" class="btn btn-primary">编辑</a>
            <a href="#" class="btn btn-danger">删除</a>
          </div>
        </div>
        }
      </div></Student>
```

完整项目目录结构如图14.13所示。

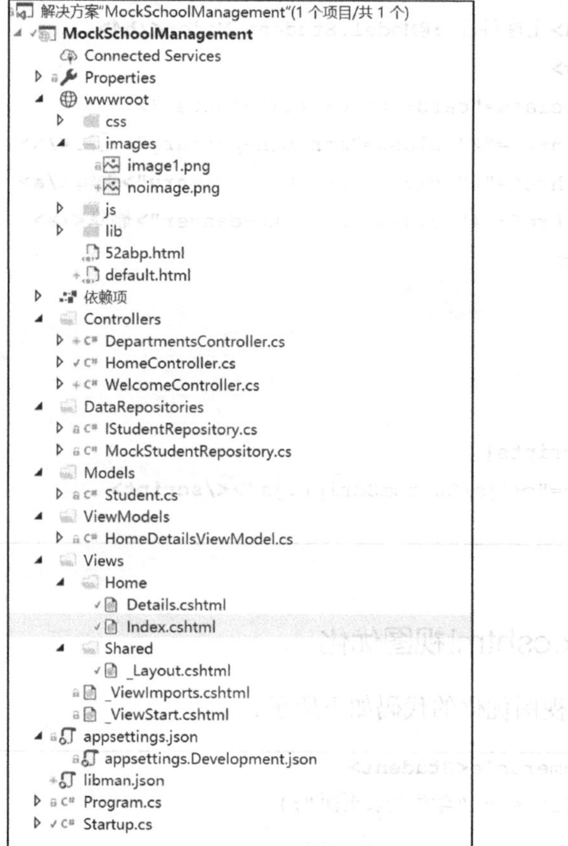

图14.13

如果上面的代码读者没有写错，则运行项目后的Index.cshtml效果如图14.14所示。

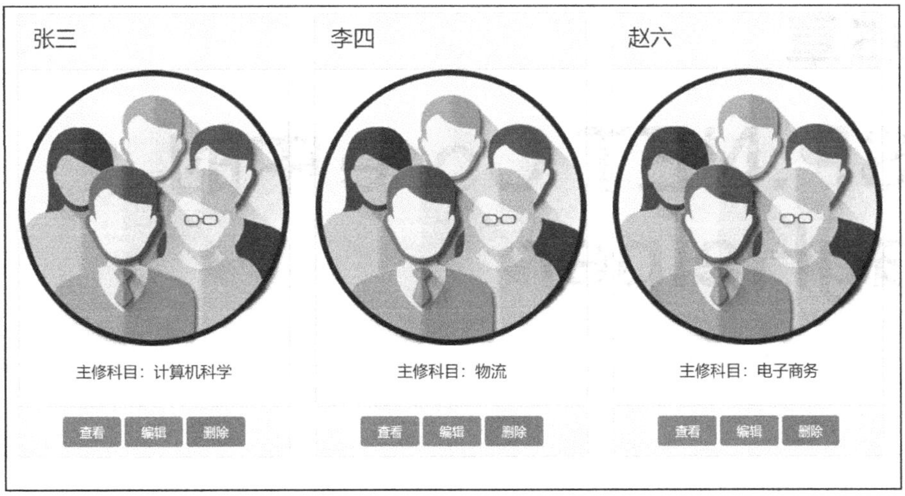

张三 李四 赵六

主修科目：计算机科学 主修科目：物流 主修科目：电子商务

查看 编辑 删除

图14.14

Details.cshtml效果如图14.15所示。

图14.15

14.7 小结

截止到本章，ASP.NET Core的基础知识已经介绍完了，在本章中了解ASP.NET Core中的路由使用，以及如何在Visual Studio中管理前端包，在接下来的内容中我们将学习MVC中的组件。

第15章 ASP.NET Core中的TagHelper

标记帮助程序（TagHelper）是ASP.NET Core中的新增功能。

本章主要向读者介绍如下内容。

- 什么是TagHelper及其用途。
- 常用的TagHelper有哪些。
- 如何使用TagHelper完成学生提交视图。

首先通过一个例子来理解TagHelper及其用途。

TagHelper是服务器端组件。它们在服务器上运行，并在Razor文件中创建和渲染HTML元素。如果对以前版本的ASP.NET Core MVC有一定了解，那么读者可能也知道HTML TagHelper。TagHelper类似于HTML TagHelper，ASP.NET Core有许多内置的Tag Helper用于常见任务，比如生成链接、创建表单和加载数据等。TagHelper的出现可帮助提高生产效率，并生成更稳定、可靠和可维护的代码。

15.1 导入内置TagHelper

要在整个应用程序中的所有视图使用内置TagHelper，需要在_ViewImports.cshtml文件导入TagHelper。要导入TagHelper，我们使用@addTagHelper指令。

```
@addTagHelper *,Microsoft.AspNetCore.Mvc.TagHelpers
```

通配符*表示我们要导入MVC中所有的TagHelper，而Microsoft.AspNetCore.Mvc.TagHelpers则是内置TagHelper的组件位置。

15.1.1 使用TagHelper生成Link链接

假设要查看指定学生的详细信息，则要生成以下超链接。数字5是我们要查看其详细信息的学生的ID。

```
/home/details/5
```

我们可以通过多种方式在Razor视图中实现该效果。

1. 手动生成链接

```
@foreach(var student in Model) {
<a href="/home/details/@student.Id">查看</a>
}
```

2. 使用HTML TagHelper

```
@Html.ActionLink("查看","details",new{id = student.Id})
生成结果Link元素<a href="/home/details/5">查看</a>或者@Url.Action("details",
"home",new{id = student.Id})
```

生成结果：/home/details/5。

3. 使用TagHelper

```
<a asp-controller="home" asp-action="details" asp-route-id="@student.Id" >
查看</a>，生成结果<a href="/Home/details/5">查看</a>。
```

15.1.2 TagHelper中的Link标签

TagHelper中的Link标签可通过添加新属性来增强标准的HTML标签，以下TagHelper均可以增强Link标签的href属性值。

```
asp-controller
asp-action
asp-route-{value}
```

正如名称所表示的那样，asp-controller指定控制器名称，而asp-action指定要包含在生成的href属性值中的**操作方法的名称**。asp-route-{value}属性用于在生成的href中包含路由数据属性值。{value}可以替换为路由参数，比如id。参考以下代码。

```
<a asp-controller="home" asp-action="details" asp-route-id="@student.Id">
查看</a>
```

生成结果：<a href="/home/details/5">查看</a>。

从下面的代码中可以看出，手动生成的链接比使用HTMLHelper或TagHelper要容易得多。

```
<a href="/home/details/@student.Id">查看</a>
```

读者可能会产生一个疑问：为什么我们要使用HTMLHelper或TagHelper来生成这些链接，而不是手动生成？我们将在下文回答这个问题。

15.2 为什么要使用TagHelper

在本节中，我们将讨论为什么要使用TagHelper而不是手写相同的HTML代码。让我们通过一个例子来理解使用TagHelper的优势。

假设我们想要查看特定的学生详细信息，则需要生成超链接，比如学生ID为5的详细信息。

```
/home/details/5
```

我们可以手动编写，如下所示。

```
<a href="/home/details/@student.Id">查看</a>
```

也可以使用Link链接的TagHelper，代码如下。

```
<a asp-controller="home" asp-action="details" asp-route-id="@student.Id">查看</a>
```

使用TagHelper的优势

TagHelper是根据应用程序的路由模板生成的链接，这意味着如果我们更改路由模板，则TagHelper生成的链接会针对路由模板所做的更改自动修改和适配，让生成的链接正常工作。

而如果我们手动硬编码了URL，则当应用程序路由模板发生变化时，就必须在很多地方更改代码，这样效率并不高。

可以通过一个例子来理解这一点。

```
app.UseEndpoints(endpoints =>
    {
        endpoints.MapControllerRoute(
            name:"default",
            pattern:"{controller=Home}/{action=Index}/{id?}");
    });
```

以下代码没有使用TagHelper，而是对URL路径进行硬编码。

```
<a href="/home/details/@student.Id">查看</a>
```

以下代码是使用<a>元素的TagHelper完成的。

```
<a asp-controller="home" asp-action="details" asp-route-id="@student.Id">
查看</a>
```

请注意，我们没有针对URL路径进行硬编码，只指定控制器和操作方法的名称，以及路由参数及其值。在服务器上执行TagHelper时，它们会查看路由模板并自动生成正确的URL。

上述两种方式都会生成正确的URL路径（/home/details/5），它适用于当前路由模板（{controller=Home}/{action=Index}/{id？}）。

现在让我们改变路由模板，代码如下。请注意，在URL中有字符串**pragim**。

```
app.UseEndpoints(endpoints =>
    {
        endpoints.MapControllerRoute(
            "default",
            pattern:"pragim/{controller=Home}/{action=Index}/{id?}");
    });
```

请注意，不要忘记删除HomeController中属性路由的属性，否则项目还是会正常进入Home/Index的路径中。当读者运行项目发生404错误的时候，记得添加pragim域信息和正确的URL访问路径http://localhost:13380/pragim。编译并运行项目，使用TagHelper生成的代码是正确的链接。

<a href="/pragim/home/details/1"**>**查看**</a>**。其中未使用TagHelper的代码则没有变化，缺少URL路径**"/pragim"**。

<a href="/home/details/1"**>**查看**</a>**

运行结果对比如图15.1与图15.2所示。

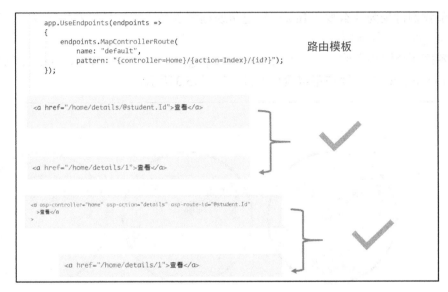

```
app.UseEndpoints(endpoints =>
{
    endpoints.MapControllerRoute(
        name: "default",
        pattern: "{controller=Home}/{action=Index}/{id?}");
});
```

路由模板

```
<a href="/home/details/@student.Id">查看</a>

<a href="/home/details/1">查看</a>

<a asp-controller="home" asp-action="details" asp-route-id="@student.Id"
  >查看</a
>

<a href="/home/details/1">查看</a>
```

图15.1

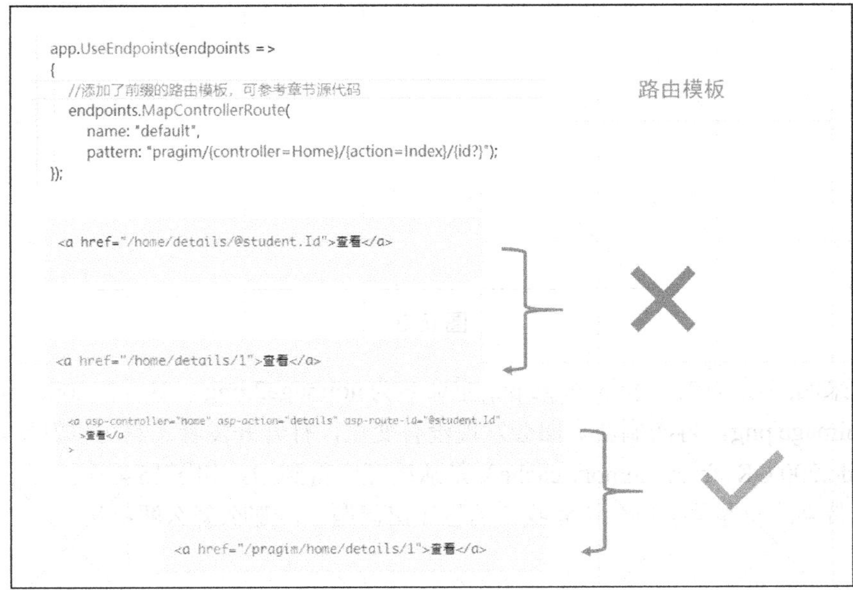

图15.2

我们还有其他TagHelper，它可以生成表单。将此表单发回服务器端时，将自动处理发布的值并显示相关的验证消息。如果没有这些TagHelper，我们将不得不编写大量自定义代码来实现相同的功能。

如果此刻读者觉得没有多大意义，请耐下心来。我们会在后面创建学生信息的时候讨论表单的TagHelper。

15.3 Image TagHelper

本节我们讨论为什么要用Image标记帮助程序以及它的好处。开始前我们先验证一下普通<img>元素的问题。

准备好两个图片文件，一个名为noimage1.png，一个名为noimage.png，把它们存放在wwwroot/images中。现在正常运行项目，如图15.3所示。

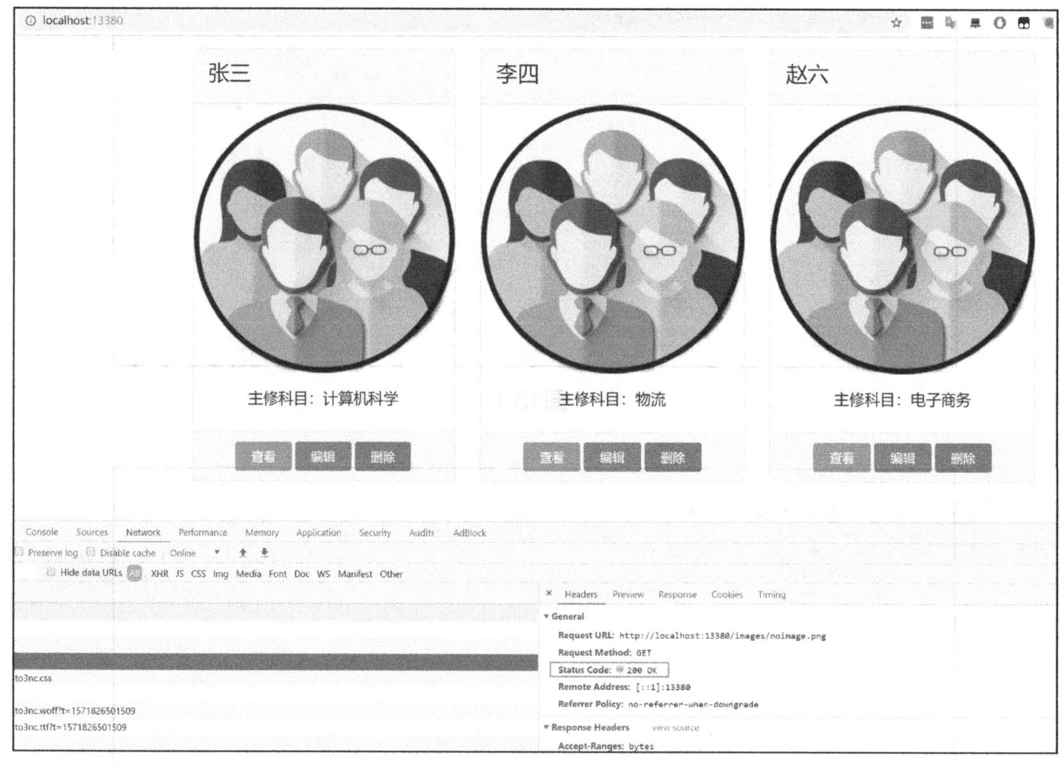

图15.3

接下来回到项目中，将noimage.png重命名为noimage2.png。然后将noimage1.png重命名为noimage.png。再次刷新页面会发现没有变化，打开**开发者工具**可以发现，返回的HTTP Code:200 OK（from memory cache）是从缓存中得到的，如图15.4所示。

这样带来的问题是用户会认为我们的程序出问题了，那么怎么解决呢？

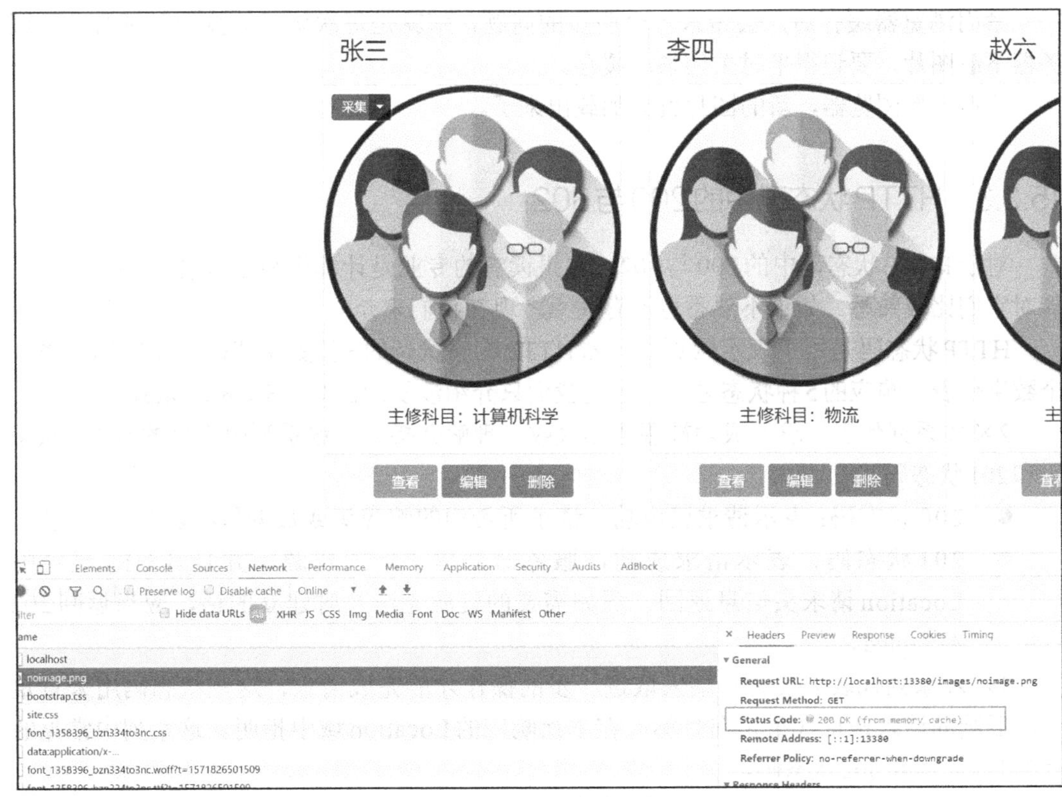

图15.4

15.3.1 浏览器缓存

当访问网页时，大多数现代浏览器会缓存该网页的图片，这样再次访问该页面时，浏览器就不再从Web服务器下载相同的图片，而是从缓存中提取。在大多数情况下，这不是问题，因为图片不会经常发生改变，但是这对于开发人员来说相当不友好。

15.3.2 禁用浏览器缓存

由于某种原因，如果读者不希望浏览器使用缓存，则可以禁用它。比如，要在Google Chrome中禁用缓存，步骤如下。

- 按F12键，启动**Browser Developer Tools**。
- 单击**Network**选项卡。
- 选中**Disable cache**复选框，如图15.5所示。

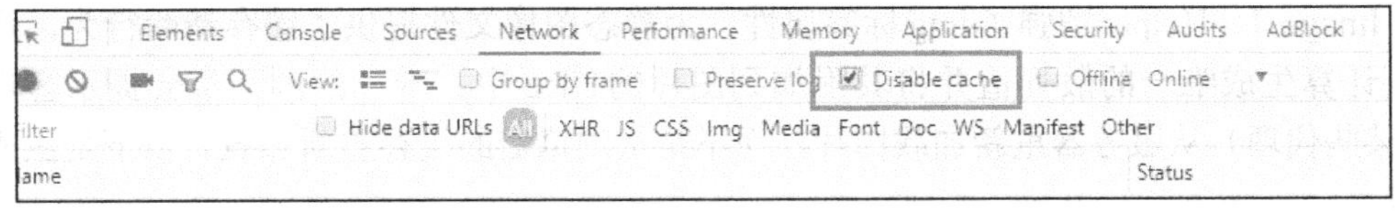

图15.5

禁用浏览器缓存后，会带来一个明显的问题，那就是每次访问该页面时都必须从服务器下载图片，要记得平时关闭禁用缓存。

现在刷新浏览器，新的图片就会加载出来了。

15.3.3 HTTP状态码中的200与302

对于HTTP状态码中的200与302，如果读者的专业是计算机科学或者网络工程，可能对它们比较熟悉。如果不熟悉也没有关系，现在我们来介绍它们。

HTTP状态码是用于表示网页服务器HTTP响应状态的3位数字代码。状态码的第一个数字代表了响应的5种状态之一，这里我们只介绍涉及的3××和2××系列。

2××系列代表请求已成功被服务器接收、理解并接受，这系列中常见的有200状态码和201状态码。

- 200状态码：表示请求已成功，请求所希望的响应头或数据体将随此响应返回。
- 201状态码：表示请求成功，服务器创建了新的资源，并且其URI已经随Location请求头信息返回。假如需要的资源无法及时建立的话，应当返回202 Accepted。

3××系列代表需要客户端采取进一步的操作才能完成请求，这些状态码用来重定向，后续的请求地址（重定向目标）在本次响应的Location域中指明。这系列中常见的有301状态码和302状态码。

- 301状态码：被请求的资源已永久移动到新位置。服务器返回此响应（对GET或HEAD请求的响应）时，会自动将请求者转到新位置。
- 302状态码：请求的资源临时从不同的URI响应请求，但请求者应继续使用原有位置来进行以后的请求。

简单来说，3××系列表示请求的是客户端，而2××系列表示请求的是服务器端。

15.3.4 ASP.NET Core中的Image TagHelper

从性能角度来看，只有在服务器上更改了图片才能对其进行下载。如果图片未更改，请使用浏览器中缓存的图片。这意味着我们将拥有两全其美的优势。

Image TagHelper可以帮助我们实现这一效果。要使用Image TagHelper，请包含asp-append-version属性并将其设置为true。

现在我们回到项目中，打开Index.cshtml和Details.cshtml并对它们进行修改，代码如下。

```
<img src="~/images/noimage.png" asp-append-version="true" />
```

Image TagHelper增强了img标签属性，为静态图像文件提供了**缓存清除行为**，通过散列计算生成唯一的散列值并将其附加到图片的URL中。唯一的散列值会提示客户端（或某些代理）从服务器重新加载图片，而不是从浏览器的缓存重新加载。以下是生成的代码。

```
<img  class="card-img-top"  src="/images/noimage.jpg?v=IqNLbsazJ7ijEbbyzWPke-xWxkOFaVcgzpQ4SsQKBqY"/>
```

只有当每次服务器上的图片更改时，才会计算并缓存新的散列值。如果图片未更改，则不会重新计算散列值。使用此散列值，浏览器会跟踪服务器上的图片内容是否已更改。

15.3.5 验证Image TagHelper

现在可以验证图像标签帮助程序（Image TagHelper）的作用了，请记得关闭禁用缓存。

编译生成项目后打开浏览器。同样准备两个图片文件，一个名为noimage1.png，一个名为noimage.png，把它们存放在wwwroot/images/中。现在正常运行项目，如图15.6所示。

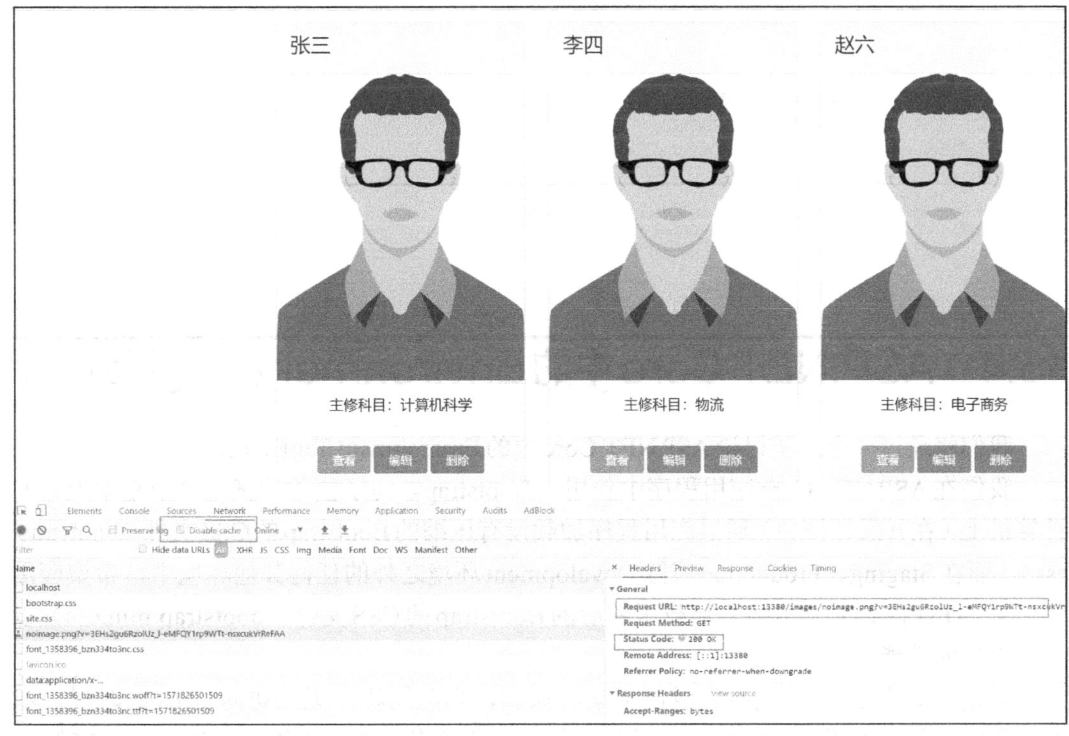

图15.6

我们可以看到返回的状态码是200，然后请求的图片URL中带了散列值。

现在回到项目中，将noimage.png重命名为noimage3.png，然后将noimage2.png重命名为noimage.png。再次刷新页面会发现图片更新了。打开**开发者工具**可以发现，返回的HTTP Code:304是从浏览器中得到的，因为我们之前已经在浏览器中访问过它了，如图15.7所示。

请注意，HTTP Code返回的是2××还是3××取决于当前浏览器的缓存，因此读者按照上面的效果实现时返回的状态不一定一致，但这不是我们要关注的重点。

使用Image TagHelper可以帮助我们解决很多由潜在因素造成的问题。

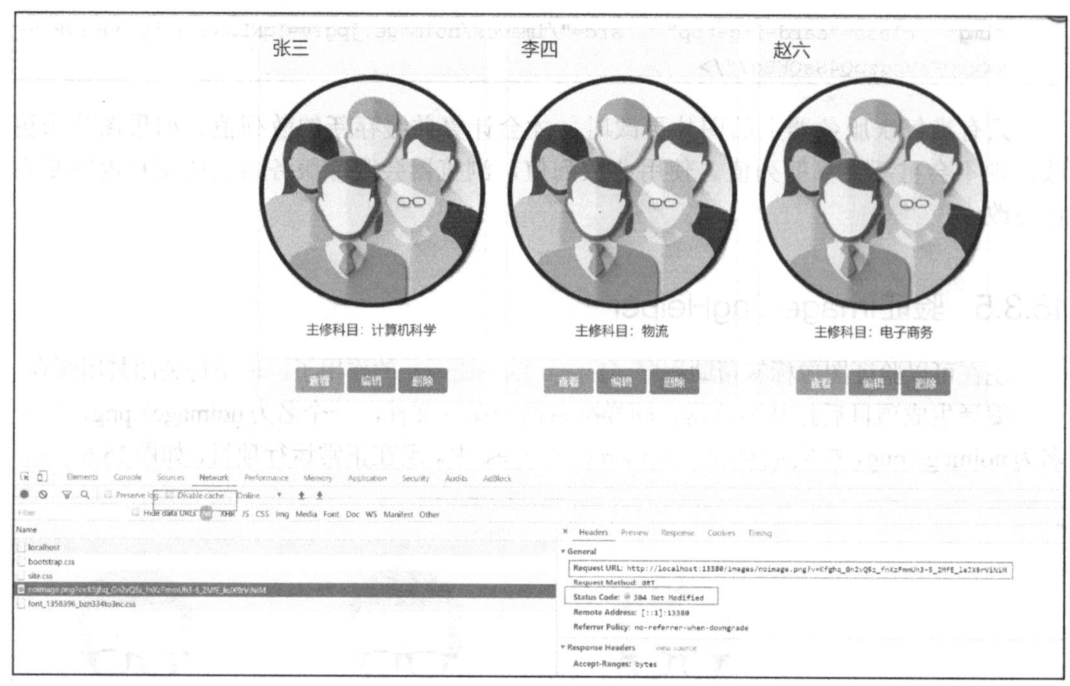

图15.7

15.4 ASP.NET Core中的Environment TagHelper

我们将通过一个例子讨论ASP.NET Core中的Environment TagHelper。

我们在ASP.NET Core应用程序中使用了Bootstrap。为了便于调试，希望在本地开发计算机上（在开发环境中）通过应用程序加载没有压缩的Bootstrap的CSS文件（bootstrap.css）。而在Staging、Production或除Development环境之外的任何其他环境中，希望应用程序从CDN（内容分发网络）加载压缩后的Bootstrap的CSS文件（bootstrap.min.css）以获得更好的性能。

但是，如果CDN出现故障或出于某种原因，当应用程序无法访问CDN的时候，我们希望应用程序不要访问CDN，并从应用程序Web服务器加载压缩后的Bootstrap文件。

很多开发框架都没有这种功能，现在我们可以使用ASP.NET Core Environment TagHelper轻松实现这一点。在我们理解Environment TagHelper之前，我们先来了解如何设置应用程序环境的名称。

15.4.1 设置应用程序环境的名称

Environment TagHelper支持根据应用程序环境呈现不同的内容，它使用ASPNETCORE_ENVIRONMENT变量的值作为环境的名称。

如果应用程序环境是Development，则此示例加载没有压缩的bootstrap.css文件，代码如下。

```
<environment include="Development">
    <link href="~/lib/bootstrap/css/bootstrap.css" rel="stylesheet"/>
</environment>
```

如果应用程序环境是Staging或者Production，则此示例从CDN加载压缩后的bootstrap.min.css文件，代码如下。

```
<environment include="Staging,Production">
    <link rel="stylesheet"
            href="https://stackpath.bootstrapcdn.com/bootstrap/4.3.1/css/
bootstrap.min.css"
              integrity="sha384-ggOyR0iXCbMQv3Xipma34MD+dH/1fQ784/j6cY/
iJTQUOhcWr7x9JvoRxT2MZw1T"
            crossorigin="anonymous">
</environment>
```

include属性接受将单个环境名称以逗号分隔的形式生成列表。在Environment TagHelper中还有exclude属性，当托管环境与exclude属性值中列出的环境名称不匹配时，将呈现标签中的内容。

如果应用程序环境不是Development，则此示例从CDN加载压缩后的bootstrap.min.css文件，代码如下。

```
<environment exclude="Development">
    <link rel="stylesheet"
            href="https://stackpath.bootstrapcdn.com/bootstrap/4.3.1/css/
bootstrap.min.css"
              integrity="sha384-ggOyR0iXCbMQv3Xipma34MD+dH/1fQ784/j6cY/
iJTQUOhcWr7x9JvoRxT2MZw1T"
            crossorigin="anonymous">
</environment>
```

<link>元素中的integrity属性用于检查子资源完整性。Subresource Integrity(SRI）是一种安全功能，允许浏览器检查被检索的文件是否被恶意更改。当浏览器下载文件时，它会重新计算散列值并将其与完整性属性散列值进行比较。如果散列值匹配，则浏览器允许下载文件，否则将被阻止。

15.4.2 如果CDN“挂了”怎么办

如果CDN出现故障或出于某种原因应用程序无法访问CDN，则希望应用程序从应用程序Web服务器加载压缩后的Bootstrap文件，代码如下。

```
<environment include="Development">
    <link href="~/lib/bootstrap/css/bootstrap.css" rel="stylesheet"/>
</environment>

<environment exclude="Development">
```

```
    <link rel="stylesheet"
              integrity="sha384-ggOyR0iXCbMQv3Xipma34MD+dH/1fQ784/j6cY/
iJTQUOhcWr7x9JvoRxT2MZw1T"
           crossorigin="anonymous"
           href="https://sstackpath.bootstrapcdn.com/bootstrap/4.3.1/css/
bootstrap.min.css"
           asp-fallback-href="~/lib/bootstrap/css/bootstrap.min.css"
                asp-fallback-test-class="sr-only" asp-fallback-test-
property="position"
           asp-fallback-test-value="absolute"
           asp-suppress-fallback-integrity="true"/>
</environment>
```

如果应用程序环境是Development，则从应用程序Web服务器加载没有压缩的bootstrap.css文件；如果应用程序环境不是Development，则从CDN加载缩小的bootstrap.css文件。

使用asp-fallback-href属性指定回退源。这意味着，如果CDN关闭，则应用程序将回退并从应用程序Web服务器加载缩小的Bootstrap文件。

以下3个属性及其相关值用于检查CDN是否已关闭。

- asp-fallback-test-class="sr-only"。
- asp-fallback-test-property="position"。
- asp-fallback-test-value="absolute"。

当然，这会涉及计算散列值，并将其与文件的完整性属性散列值进行比较。对于大多数应用程序，CDN失效的时候都是回退到它们自己的服务器，方法是将asp-suppress-fallback-integrity属性设置为true，当然读者也可以选择关闭从本地服务器下载的文件完整性检查。

15.5 使用Bootstrap给项目添加导航菜单

在本节中，我们将讨论如何使用Bootstrap 4在ASP.NET Core应用程序中创建响应式导航菜单。在大屏幕设备上导航菜单应如图15.8所示。

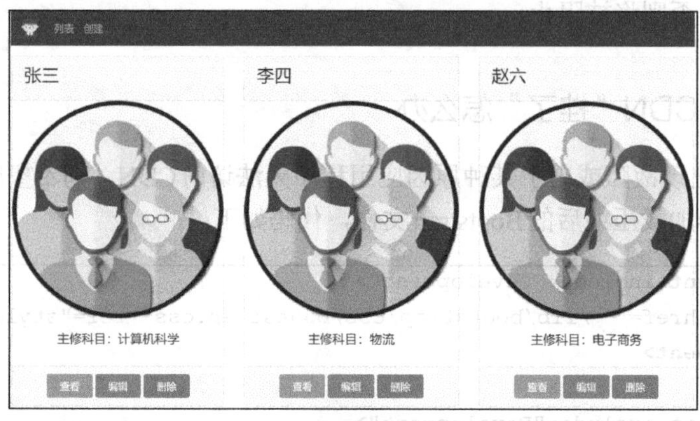

图15.8

在小屏幕设备上，导航菜单应如图15.9所示。

图15.9

请注意，因为Bootstarp 4依赖于jQuery，所以请读者在ASP.NET Core应用程序中下载并安装jQuery。读者可以使用Libman管理工具执行下载jQuery。

布局页面_Layout.cshtml的代码

```
<html>
<head>
    <meta name="viewport" content="width=device-width" />

    <environment include="Development">
            <link href="~/lib/twitter-bootstrap/css/bootstrap.css"
rel="stylesheet" />
        <script src="~/lib/jquery/jquery.js"></script>
        <script src="~/lib/twitter-bootstrap/js/bootstrap.js"></script>
    </environment>

    <environment exclude="Development">
        <link rel="stylesheet"
                  href="https://stackpath.bootstrapcdn.com/bootstrap/4.3.1/
css/bootstrap.min.css"
                  integrity="sha384-ggOyR0iXCbMQv3Xipma34MD+dH/1fQ784/j6cY/
iJTQUOhcWr7x9JvoRxT2MZw1T"
              crossorigin="anonymous"
                 asp-fallback-href="~/lib/twitter-bootstrap/css/bootstrap.
min.css"
```

```
                asp-fallback-test-class="sr-only"
                asp-fallback-test-property="position"
                asp-fallback-test-value="absolute"
                asp-suppress-fallback-integrity="true" />
    </environment>

    <link href="~/css/site.css" rel="stylesheet" />
    <title>@ViewBag.Title</title>
</head>
<body>
    <div class="container">
        <nav class="navbar navbar-expand-sm bg-dark navbar-dark">
                 <a class="navbar-brand" asp-controller="home" asp-
action="index">
                <img src="~/images/student.png" width="30" height="30" />
            </a>
            <button class="navbar-toggler"
                    type="button"
                    data-toggle="collapse"
                    data-target="#collapsibleNavbar">
                <span class="navbar-toggler-icon"></span>
            </button>
            <div class="collapse navbar-collapse" id="collapsibleNavbar">
                <ul class="navbar-nav">
                    <li class="nav-item">
                        <a class="nav-link" asp-controller="home" asp-
action="index">列表</a>
                    </li>
                    <li class="nav-item">
                        <a class="nav-link" asp-controller="home" asp-
action="create">创建</a>
                    </li>
                </ul>
            </div>
        </nav>
        @RenderBody()
    </div>

    @if(IsSectionDefined("Scripts"))
    {@RenderSection("Scripts",required:
false)}
</body>
</html>
```

在小屏幕设备上，要使导航栏切换按钮起作用，必须在Bootstrap JavaScript文件之前加载jQuery。否则，单击导航栏切换按钮是不会起作用的。

```
<environment include="Development">
    <link href="~/lib/bootstrap/css/bootstrap.css" rel="stylesheet"/>
    <script src="~/lib/jquery/jquery.js"></script>
    <script src="~/lib/bootstrap/js/bootstrap.js"></script>
</environment>
```

请注意，对于非开发环境（Staging、Production等），我没有使用所需的<link>元素来从CDN加载所需的jQuery和Bootstrap JavaScript文件。

请注意，按钮（查看、编辑和删除）是相互连接在一起的，我们要在这些按钮之间包含边距，需使用Bootstrap提供的边距类（m-1、m-2等）。在类名中，m代表边距，数字1、2等代表所需空间的大小。

在Index.chtml修改<a>元素，使其包含m-1。

```
<div class="card-footer text-center">
  <a    asp-controller="home"    asp-action="details"    asp-route-id="@
student.Id"    class="btn btn-primary m-1" >查看</a>
  <a href="#" class="btn btn-primary m-1">编辑</a>
  <a href="#" class="btn btn-danger m-1">删除</a>
</div>
```

15.6 Form TagHelpers提交学生信息

在本节中，我们将讨论ASP.NET Core中的Form TagHelpers，它们可以帮助我们创建表单。

15.6.1 场景描述

我们在ASP.NET Core中使用以下常用的TagHelpers创建表单。

- Form TagHelper。
- Label TagHelper。
- Input TagHelper。
- Select TagHelper。
- Textarea TagHelper。

其中还有Validation TagHelper，我们将在后面的内容中讨论表单验证和模型绑定。

我们希望使用Form TagHelper创建表单，并使用Bootstrap 4对其进行样式设置，完成创建学生信息，如图15.10所示。

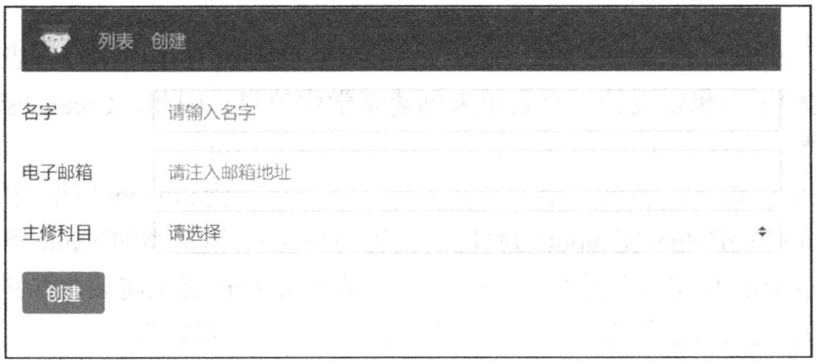

图15.10

我们在HomeController中添加如下代码。

```
public class HomeController:Controller
{
    //其他代码
    public IActionResult Create()
    {
        return View();
    }
    //其他代码
}
```

然后在路径为Views/Home/的文件夹中添加视图**Create.cshtml**。

15.6.2 Form TagHelper

要创建表单可以使用Form TagHelper。需要注意的是，我们实际是使用asp-controller和asp-action TagHelper。这两个TagHelper指定控制器并在提交表单时将表单数据发布到指定的操作方法上。我们希望在提交表单时发出POST请求，因此将method属性设置为post。

```
<form asp-controller="home" asp-action="create" method="post"></form>
```

在客户端浏览器上呈现表单时，上面的代码会生成以下HTML代码。正如读者在提交表单时从生成的HTML代码中看到的那样，它将被发布到HomeController的Index()方法中，编译后打开源代码可以看到渲染出来的HTML代码。

```
<form method="post" action="/home/create"></form>
```

请注意，默认情况下在提交表单时，它将被发布到当前页面表单的控制器的操作方法中。这意味着，即使我们没有使用asp-controller和asp-action TagHelper指定对应的控制器和操作方法，表单仍将被发布到HomeController的Index()方法中，但是我建议读者写的时候还是做到显式声明。

15.6.3 Input TagHelper

Input TagHelper将HTML中的<input>元素绑定到Razor视图中的模型表达式。

在我们的例子中想要设计一个表单来创建新学生信息。因此，Create.cshtml视图的模型是Student类，需要使用model指令，即`@model Student`。

为了获取学生姓名，我们需要一个文本框并将其绑定到Student模型类的Name属性。我们使用asp-for TagHelper将input的属性值设置为Student模型类的Name属性。

请注意，Visual Studio会提供智能提示。如果在Student类上将属性名称Name更改为FullName，但不更改分配给TagHelper的值，则会出现编译器错误。

```
<input asp-for="Name" />
```

上面的代码会生成一个带有id和name属性的<input>元素。请注意，它们的值均为Name，代码如下。

```
<input type="text" id="Name" name="Name" value="" />
```

name属性是必需的，它用于在提交表单时将输入元素的值映射到模型类的对应属性。这是通过ASP.NET Core中称为模型绑定的过程完成的。我们将在后文讨论模型绑定。

15.6.4 Label TagHelper

Label TagHelper会生成带有for属性的标签。属性链接与和它相关的输入元素的标签进行绑定，代码如下。

```
<label asp-for="Name"></label> <input asp-for="Name" />
```

上面的代码生成以下HTML。

```
<label for="Name">Name</label>
<input type="text" id="Name" name="Name" value="" />
```

label标签链接到input标签，因为这两种标签的属性和input标签的id属性具有相同的值（Name）。

同样，以下代码生成<label>和<input>元素以获取学生的电子邮件。

```
<label asp-for="Email"></label> <input asp-for="Email" />
```

15.6.5 Select TagHelper

Select TagHelper会生成select标签及其关联的<option>元素。在我们的例子中需要通过select显示主修科目列表。最后，我们需要一个select标签和一个带有主修科目选项列表的<option>元素，如下所示。

```
<label for="Major">主修科目</label>
<select id="Major" name="Major">
  <option value="0">计算机科学</option>
  <option value="1">数学</option>
  <option value="2">电子商务</option>
</select>
```

主修科目的<select>元素的选项内容可以像上面的示例中那样进行硬编码，也可以来自枚举或数据库表。我们还没有连接数据库，因此，对于我们的示例可以从**枚举**中获取选项。

我们在Models/EnumTypes的文件夹中创建一个MajorEnum.cs枚举类。

```
namespace StudentManagement.Models
{
```

```
    public enum MajorEnum
    {
        None,
        ComputerScience,
        ElectronicCommerce,
        Mathematics
    }
}
```

修改Models文件夹中Student.cs文件的Student类，将Major属性数据类型设为MajorEnum。同时需要修改MockStudentRepository.cs类中对应的Student下的枚举类型，现在打开Create.cshtml视图添加以下代码。

```
<label asp-for="Major"></label>
<select  asp-for="Major"  asp-items="Html.GetEnumSelectList<MajorEn
um>()"></select>
```

注意，我们使用asp-items属性值帮助程序和Html.GetEnumSelectList<MajorEnum>()获取<select>元素的选项。

上面的代码生成以下HTML代码。

```
<label for="Major">Major</label>
<select  data-val="true"  data-val-required="The  Major  field  is  required."
id="Major"
  name="Major">
  <option value="0">None</option>
  <option value="1">ComputerScience</option>
  <option value="2">ElectronicCommerce</option>
  <option value="3">Mathematics</option>
</select>
```

15.6.6 Create.cshtml中基本的HTML代码

Create.cshtml中基本的HTML代码如下。

```
@using MockSchoolManagement.Models.EnumTypes
@model Student
@{ViewBag.Title = "创建学生信息";}
<form asp-controller="home" asp-action="create" method="post">
  <div>
    <label asp-for="Name"></label>
    <input asp-for="Name" />
  </div>
  <div>
    <label asp-for="Email"></label>
    <input asp-for="Email" />
  </div>

  <div>
```

```
    <label asp-for="Major"></label>
     <select asp-for="Major" asp-items="Html.GetEnumSelectList(typeof(Major
Enum))"></select>
  </div>

  <button type="submit">创建</button>
</form>
```

上面的代码将会生成以下的HTML代码。

```
<form method="post" action="/home/create">
  <div>
    <label for="Name">Name</label>
    <input type="text" id="Name" name="Name" value="" />
  </div>

  <div>
    <label for="Email">Email</label>
    <input type="text" id="Email" name="Email" value="" />
  </div>

  <div>
    <label for="Major">Major</label>
      <select data-val="true"  data-val-required="The Major field is
required."  id="Major"    name="Major"  >
    <option value="0">None</option>
      <option value="1">ComputerScience</option>
      <option value="2">ElectronicCommerce</option>
      <option value="3">Mathematics</option>
    </select>
  </div>

  <button type="submit">创建</button>
  <input   name="__RequestVerificationToken"   type="hidden"
     value="CfDJ8GfOFtAB05dLjrAGSmGIgcgDMye_dXofyQ1P0tmooHki2kxU7hXd4qeft-bm_pi5
p0RMa8U_4OJe6jK0U9TINqWEgPWba29GTCaqEZHWJzQe2OxzBrq_M0RDpn6EpBD3jh21rRjlHl9L73O-
aPRXSf0"  />
</form>
```

运行后效果如图15.11所示。

图15.11

这就是基本的HTML代码生成的效果，这里功能是有了，但是美化并不好，因此要对它进行优化。我们刚刚已经安装了Bootstrap，现在使用Bootstrap的CSS文件对代码进行优化。

15.6.7 Bootstrap优化后的Create.cshtml的代码

Bootstrap优化后的Create.cshtml的代码如下。

```
@using MockSchoolManagement.Models.EnumTypes
@model Student
@{
     ViewBag.Title ="创建学生信息";
}
<form asp-controller="home" asp-action="create" method="post" class="mt-3">
  <div class="form-group row">
    <label asp-for="Name" class="col-sm-2 col-form-label"></label>
    <div class="col-sm-10">
      <input asp-for="Name" class="form-control" placeholder="Name" />
    </div>
  </div>
  <div class="form-group row">
    <label asp-for="Email" class="col-sm-2 col-form-label"></label>
    <div class="col-sm-10">
      <input asp-for="Email" class="form-control" placeholder="Email" />
    </div>
  </div>

  <div class="form-group row">
    <label asp-for="Major" class="col-sm-2 col-form-label"></label>
    <div class="col-sm-10">
      <select
        asp-for="Major"
        class="custom-select mr-sm-2"
        asp-items="Html.GetEnumSelectList<MajorEnum>()"  ></select>
    </div>
  </div>

  <div class="form-group row">
    <div class="col-sm-10">
      <button type="submit" class="btn btn-primary">创建</button>
    </div>
  </div>
</form>
```

运行项目后效果如图15.12所示。

图15.12

我们的第一个页面终于做完了，虽然只是一个简单的页面，但是我们使用的组件一点都不少，如图15.13所示。

图15.13

15.7 小结

通过本章，我们学习了TagHelper及其用途，并完成了一个简单的页面实现。

但是读者是否有一个疑问？程序中的提示文字和标题多是英文，我们是中国人，用户希望看到的也是中文。这个要怎么实现呢？在接下来的章节中将实现这个需求。

第16章

ASP.NET Core中的模型绑定与模型验证

本章主要向读者介绍如下内容。

- 什么是模型绑定与模型验证。
- 依赖注入容器中服务的区别。
- 通过案例验证依赖注入服务的不同。

首先我们来了解什么是模型绑定。

- 模型绑定是将HTTP请求中的数据映射到控制器操作方法对应的参数。
- 操作方法中的参数可以是简单类型，如整数、字符串等；也可以是复杂类型，如Customer、Employee和Order等。
- 有了模型绑定，我们会节约大量的时间；而没有它，我们必须编写大量自定义代码来将请求数据映射到操作方法参数，这不仅无聊乏味而且容易出错。

16.1 ASP.NET Core中模型绑定的简单例子

学习MVC的时候，已经知道当HTTP请求到达我们的MVC应用程序时，路由会处理传入请求的Controller操作方法。假设我们要查看ID为2的**学生详细信息**。为此，我们向URL发出GET请求http://localhost:13380/home/details/2。

应用程序默认路由模板规则为（{controller = Home}/{action = Index}/{id？}），路由会通过此规则将请求发送到HomeController的Details(int？id）操作方法上，代码如下。

```
public IActionResult Details(int?id)
        {
            //实例化HomeDetailsViewModel并存储Student详细信息和PageTitle
            HomeDetailsViewModel homeDetailsViewModel = new HomeDetailsViewModel()
            {
                Student = _studentRepository.GetStudent(id??1),
```

```
                PageTitle = "学生详细信息"
            };
            return View(homeDetailsViewModel);
        }
```

参考以上代码，我们将请求URL中的参数id值（2）映射到操作方法Details(int? id)中，这样MVC会将请求中的数据绑定到操作方法中对应的参数上。

请注意，在上面的示例中，默认路由模板的参数名称为id，而Details(int? id) 操作方法中的参数名称也为id。因此，当HTTP发出请求的URL为http://localhost:13380/home/details/2时，URL中的2会作为参数，被映射到操作方法Details(int? id) 中id的值，即id=2。

另外一个模型绑定示例

以下Details()操作方法处理http://localhost:13380/home/details/2? name=pragim，并将2映射到id参数，将pragim映射到name参数中，代码如下。

```
    public string Details(int?id,string name)
    {
        return "id = " + id.Value.ToString() + " 并且 名字 = " + name;
    }
```

我们将请求URL中的参数id值（2）和name值（pragim）映射到操作方法Details(int? id, string name）中。和第一个示例原理相同，MVC会将请求的数据绑定到操作方法对应的参数中。整个过程我们称之为模型绑定。

要将请求数据绑定到控制器操作方法对应的参数，模型绑定将按以下指定的顺序在相应位置查找HTTP请求中的数据。

- Form values(表单中的值)。
- Route values(路由中的值)。
- Query strings(查询字符串)。

我们使用修改后的Details(int? id, string name) 方法来通过Query strings与路由的形式完成模型绑定测试。

我们发送请求urlhttp://localhost:13380/home/details/? name=梁桐铭&id=5，得到的返回值如图16.1所示。

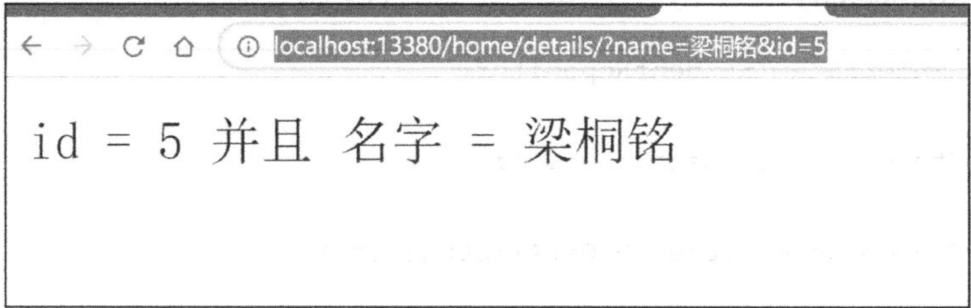

图16.1

测试完成后，记得还原Details()中的代码。

模型绑定也适用于复杂类型，如Customer、Student、Order和Employee等。图16.2所示为创建学生表单信息。

图16.2

当上述表单发布到服务器时，表单中的值将映射到Create()操作方法中**Student**对象对应的参数信息，代码如下。

```
public RedirectToActionResult Create(Student student)
{
    Student newStudent = _studentRepository.Add(student);
    return RedirectToAction("Details",new{id = newStudent.Id});
}
```

- ASP.NET Core中的模型绑定器将POST请求中的表单值绑定到Create()操作方法中**Student**对象的属性。
- <input>元素中name的属性值Name，将被映射到Student对象中的Name属性。
- 类似地，<input>元素中name的属性值Email，也同样会被映射到Student对象中的Email属性。
- 主修科目<Major>也是同样的原理。

16.2 在IStudentRepository接口中添加Add()方法

在IStudentRepository接口中添加Add()方法的代码如下。

```
public  interface IStudentRepository
    {
        Student GetStudent(int id);

        IEnumerable<Student> GetAllStudents();

        Student Add(Student student);
    }
```

16.2.1 在MockStudentRepository类中实现Add() 方法

我们需要在MockStudentRepository中实现Add()方法，现在填写业务逻辑，代码如下。

```
using MockSchoolManagement.Models;
using MockSchoolManagement.Models.EnumTypes;
using System.Collections.Generic;
using System.Linq;

namespace MockSchoolManagement.DataRepositories
{
    public class MockStudentRepository:IStudentRepository
    {
        private List<Student> _studentList;

        public MockStudentRepository()
        {
            _studentList = new List<Student>()
            {
                new Student() {Id = 1,Name = "张三",Major = MajorEnum.
ComputerScience,Email = "zhangsan@52abp.com" },
                new Student() {Id = 2,Name = "李四",Major = MajorEnum.
Mathematics,Email = "lisi@52abp.com" },
                new Student() {Id = 3,Name = "赵六",Major = MajorEnum.
ElectronicCommerce,Email = "zhaoliu@52abp.com" },
            };
        }
        public Student Add(Student student)
        {
            student.Id = _studentList.Max(s => s.Id) + 1;
            _studentList.Add(student);
            return student;
        }
        public IEnumerable<Student> GetAllStudents()
        {
            return _studentList;
        }
        public Student GetStudent(int id)
        {
            return _studentList.FirstOrDefault(a => a.Id == id);
        }
    }
}
```

16.2.2 HttpGet与HttpPost

目前在HomeController中有以下两个Create()操作方法。

```
public IActionResult Create()
        {
            return View();
        }

public RedirectToActionResult Create(Student student)
        {
            Student newStudent = _studentRepository.Add(student);
 return RedirectToAction("Details",new{id = newStudent.Id});
        }
```

如果编译项目后，通过URL访问http://localhost:13380/home/Create，那么我们会收到错误，如图16.3所示。

```
An unhandled exception occurred while processing the request.

AmbiguousMatchException: The request matched multiple endpoints. Matches:

MockSchoolManagement.Controllers.HomeController.Create (MockSchoolManagement)
MockSchoolManagement.Controllers.HomeController.Create (MockSchoolManagement)
    Microsoft.AspNetCore.Routing.Matching.DefaultEndpointSelector.ReportAmbiguity(CandidateState[] candidateState)

Stack   Query   Cookies   Headers   Routing

AmbiguousMatchException: The request matched multiple endpoints. Matches: MockSchoolMar
MockSchoolManagement.Controllers.HomeController.Create (MockSchoolManagement)
    Microsoft.AspNetCore.Routing.Matching.DefaultEndpointSelector.ReportAmbiguity(CandidateState[] candidateState)
    Microsoft.AspNetCore.Routing.Matching.DefaultEndpointSelector.ProcessFinalCandidates(HttpContext httpContext, CandidateSt
    Microsoft.AspNetCore.Routing.Matching.DefaultEndpointSelector.Select(HttpContext httpContext, CandidateState[] candidateSt
    Microsoft.AspNetCore.Routing.Matching.DfaMatcher.MatchAsync(HttpContext httpContext)
    Microsoft.AspNetCore.Routing.Matching.DataSourceDependentMatcher.MatchAsync(HttpContext httpContext)
    Microsoft.AspNetCore.Routing.EndpointRoutingMiddleware.Invoke(HttpContext httpContext)
    Microsoft.AspNetCore.StaticFiles.StaticFileMiddleware.Invoke(HttpContext context)
    Microsoft.AspNetCore.Diagnostics.DeveloperExceptionPageMiddleware.Invoke(HttpContext context)
```

图16.3

这是因为ASP.NET Core不知道要执行哪个操作方法，HomeController中出现了两个Create()方法。我们希望第一个Create()操作方法响应GET请求，第二个Create()操作方法响应POST请求。

那么就需要告诉ASP.NET Core使用HttpGet和HttpPost属性来修饰Create()操作方法，代码如下。

```
[HttpGet]
public ViewResult Create()
{
    return View();
}

[HttpPost]
```

```
public RedirectToActionResult Create(Student student)
{
 Student newStudent = _studentRepository.Add(student);
return RedirectToAction("Details",new{id = newStudent.Id});
}
```

当遇到需要响应POST请求的Create()操作方法的时候，模型绑定会将新的学生信息添加到StudentRepository中，并将用户重定向到Details()操作方法中，向其传递新创建的学生newStudent的ID。

如果在重定向时返回的是NullReferenceException异常信息，则请确保在依赖注入中使用的是AddSingleton()方法，而不是AddTransient()方法。

读者可以在Startup.cs文件的ConfigureServices()方法中注册IStudentRepository服务，代码如下。

```
public void ConfigureServices(IServiceCollection services)
       {
           services.AddControllersWithViews().AddXmlSerializerFormatters();
          services.AddSingleton<IStudentRepository,MockStudentRepository>();
//其他代码
       }
```

我们将在后面的章节中详细讨论导致此错误的原因，以及依赖注入组件中AddSingleton()、AddTransient()和AddScoped()方法之间的区别。

16.2.3 运行结果

修改Details()中的方法，将Student = _studentRepository.GetStudent(1) 修改为Student = _studentRepository.GetStudent(id)，代码如下。

```
public ViewResult Details(int id)
       {
           //实例化HomeDetailsViewModel并存储Student详细信息和PageTitle
               HomeDetailsViewModel homeDetailsViewModel = new
HomeDetailsViewModel()
          {
             Student = _studentRepository.GetStudent(id),
             PageTitle = "学生详情"
          };

          //将ViewModel对象传递给View()方法
          return View(homeDetailsViewModel);
       }
```

运行项目后的结果如图16.4所示。

图16.4

以上就是我们随意输入一个信息后得到的结果。

16.3 ASP.NET Core中的模型验证

目前创建的学生表单没有任何验证。如果我们在不填写任何表单字段的情况下进行提交，将创建一个名字和电子邮件字段都为空的新学生，这是不合理的。在本节中，我们将通过示例来学习ASP.NET Core中的模型验证。

16.3.1 模型验证示例

如图16.5所示，我们在创建学生信息的表单中，需要同时创建**名字和电子邮件**两个字段。

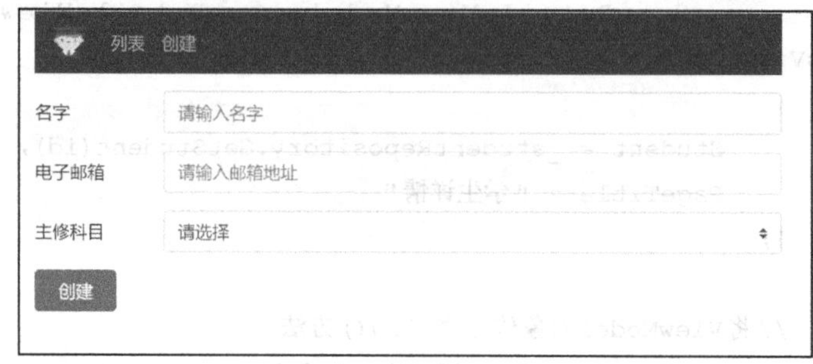

图16.5

它们是必填的字段，如果未提供所需要的值而提交了表单，则会显示验证错误信息，如图16.6所示。

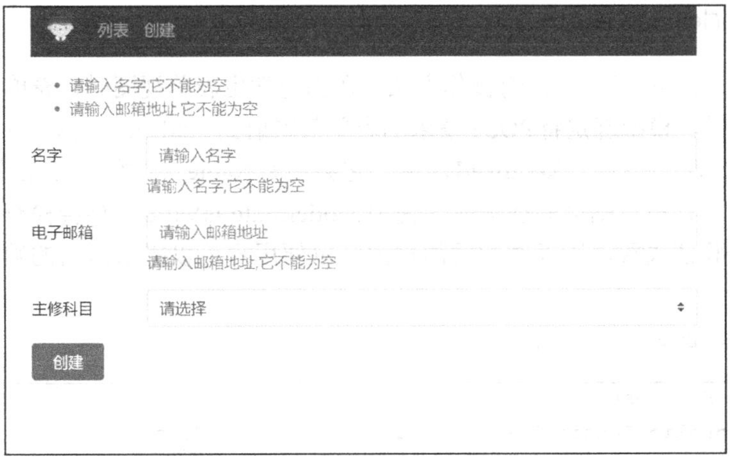

图16.6

如果提供的是无效的邮箱信息，则显示**邮箱的格式不正确**，如图16.7所示。

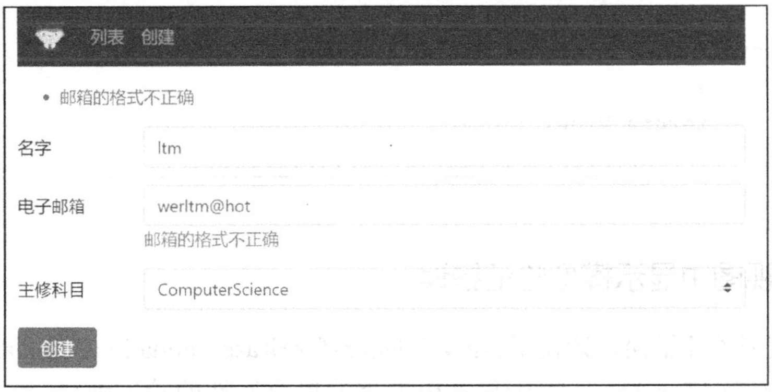

图16.7

接下来我们就开始动手完成这些功能。

要使Name字段成为必填字段，请在Student类的Name属性上添加Required属性。必需属性位于System.ComponentModel.DataAnnotations命名空间中，需要补充对应的命名空间，代码如下。

```
    ///<summary>
    ///学生模型
    ///</summary>
    public class Student
    {
        public int Id{get;set;}
        [Required]
        public string  Name{get;set;}
        public MajorEnum Major{get;set;}

        public string Email{get;set;}
    }
```

16.3.2 ModelState.IsValid属性验证

提交表单时，将执行Create()操作方法。在创建学生表单视图时，表单模型是Student类。提交表单时，模型绑定将POST请求的表单值映射到Student类的对应属性上。

在**Name**属性上添加了**Required**属性，它会判断Name中的值，如果该Name中的值为空或者属性不存在，则会验证失败。使用ModelState.IsValid属性会检查验证是失败还是成功。如果验证失败，则返回相同的视图，以便用户可以提供所需的数据并重新提交表单。

修改后的Create()代码如下。

```
        [HttpPost]
        public IActionResult Create(Student student)
        {
            if(ModelState.IsValid)
            {

                Student newStudent = _studentRepository.Add(student);
     return RedirectToAction("Details",new{id = newStudent.Id});
            }
            return View();
        }
```

16.3.3 在视图中显示模型验证错误

要显示模型验证错误，请使用asp-validation-for和asp-validation-summary TagHelper。asp-validation-for TagHelper用于显示模型类的单个属性的验证消息，asp-validation-summary TagHelper用于显示验证错误的摘要信息。

要显示与Student类的Name属性关联的验证错误，请在<span>元素上使用asp-validation-forTagHelper，代码如下。

```
<div class="form-group row">
  <label asp-for="Name" class="col-sm-2 col-form-label"></label>
  <div class="col-sm-10">
    <input asp-for="Name" class="form-control" placeholder="请输入名字" />
    <span asp-validation-for="Name"></span>
  </div>
</div>
```

要显示所有验证错误的摘要，请在<div>元素上使用asp-validation-summary，代码如下。

```
<div asp-validation-summary="All"></div>
```

以上代码可以添加在视图中<form>元素下。

asp-validation-summary TagHelper可以用于以下情况的验证。

- All验证所有的属性和模型。

- ModelOnly仅验证模型。
- None关闭验证。

我们现在先将值设置为All。

16.3.4 自定义模型验证错误消息

默认情况下，Name属性上的Required属性显示以下验证错误消息。名字的字段是必需的。

如果要将验证错误消息更改为“请输入名字，它不能为空”，则可以使用Required属性的ErrorMessage属性执行此操作，代码如下。

```
public class Student
{
    public int Id{get;set;}
    [Required(ErrorMessage = "请输入名字，它不能为空")]
    public string  Name{get;set;}
    public MajorEnum Major{get;set;}
    public string Email{get;set;}
}
```

16.3.5 ASP.NET Core内置模型验证属性

表16.1所示是ASP.NET Core中内置的一些验证属性。

表16.1

属性	作用
Required	指定该字段是必填的
Range	指定允许的最小值和最大值
MinLength	使用MinLength指定字符串的最小长度
MaxLength	使用MinLength指定字符串的最大长度
Compare	比较模型的2个属性。比如，比较Email和ConfirmEmail属性
RegularExpression	正则表达式，验证提供的值是否与正则表达式指定的模式匹配

16.3.6 显示属性

这不是验证属性，它一般用于增强视图中的显示效果。

比如，在默认情况下，视图中的Email字段的标签显示文本Email，因为属性名称为Email，代码如下。

```
public class Student
{
    public int Id{get;set;}
    [Required]
```

```
        public string  Name{get;set;}
        public MajorEnum Major{get;set;}
        public string Email{get;set;}
    }
```

如果读者希望在视图中的标签显示电子邮箱，请使用Display属性，优化后的代码如下。

```
    public class Student
    {
        public int Id{get;set;}
        [Display(Name = "名字")]
        [Required(ErrorMessage = "请输入名字，它不能为空")]
        public string Name{get;set;}
        [Display(Name = "主修科目")]
        public MajorEnum Major{get;set;}
        [Display(Name = "电子邮箱")]
        [Required(ErrorMessage = "请输入邮箱地址，它不能为空")]
        public string Email{get;set;}
    }
```

16.3.7 使用多个模型验证属性

可以在属性上应用多个模型验证属性，只需要使用逗号将其分隔开，如Name属性。当然读者也可以将它们堆叠在一起，如Email属性。

```
    public class Student
    {
         public int Id{get;set;}
        [Display(Name = "名字")]
        [Required(ErrorMessage = "请输入名字，它不能为空")]
        public string Name{get;set;}
        [Display(Name = "主修科目")]
        public MajorEnum Major{get;set;}
        [Display(Name = "电子邮箱")]
            [RegularExpression(@"^[a-zA-Z0-9_.+-]+@[a-zA-Z0-9-]+\.
[a-zA-Z0-9-.]+$",
       ErrorMessage = "邮箱的格式不正确")]
        [Required(ErrorMessage = "请输入邮箱地址，它不能为空")]
        public string Email{get;set;}
    }
```

16.3.8 自定义模型验证错误的颜色

如果要更改视图中模型验证错误的文字颜色，请在具有asp-validation-for和asp-validation-summary TagHelper的<span>和< div >元素上使用text-danger类，代码如下。

```
<div asp-validation-summary="All" class="text-danger"></div>
<span asp-validation-for="Name" class="text-danger"></span>
```

16.4 ASP.NET Core中的Select选择器验证

在本节中，我们将讨论在ASP.NET Core中的<select>元素上实现所需的验证。让我们通过一个例子来理解这一点。

如图16.8所示，我们需要将主修科目字段修改为必填选项。在这些选项中，我们希望将**请选择**作为第一个选项。

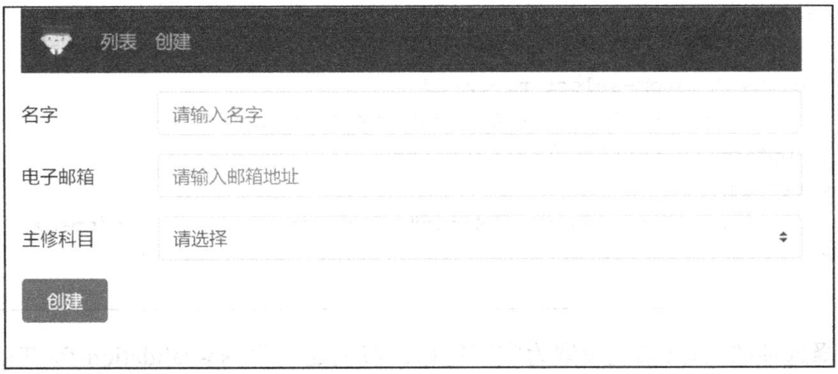

图16.8

它不是一个有效的选项，其作用只是提示用户选择一个有效的主修科目。在选择列表中有效的选填项是从MajorEnum枚举中获取来的，代码如下。

```
public enum MajorEnum
    {
        [Display(Name = "未分配")]
        None,
        [Display(Name = "计算机科学")]
        ComputerScience,
        [Display(Name = "电子商务")]
        ElectronicCommerce,
        [Display(Name = "数学")]
        Mathematics
    }
```

16.4.1 HTML页面中的选择列表

注意，我们使用asp-items TagHelper将**主修科目**列表绑定到MajorEnum枚举，代码如下。

```
<div class="form-group row">
  <label asp-for="Major" class="col-sm-2 col-form-label"></label>
```

```
    <div class="col-sm-10">
      <select  asp-for="Major"  class="custom-select mr-sm-2"
        asp-items="Html.GetEnumSelectList<MajorEnum>()">
      </select>
    </div>
</div>
```

我们希望选择列表中的第一个选项是**请选择**。实现此目的的一个简单方法是在选择列表HTML中包含<option>元素，代码如下。

```
<div class="form-group row">
    <label asp-for="Major" class="col-sm-2 col-form-label"></label>
    <div class="col-sm-10">
      <select
        asp-for="Major"
        class="custom-select mr-sm-2"
        asp-items="Html.GetEnumSelectList<MajorEnum>()">
        <option value=""> 请选择</option>
      </select>
      <span asp-validation-for="Major" class="text-danger"></span>
    </div>
</div>
```

请选择选项的value属性设置为空字符串。我们还使用asp-validation-for TagHelper来显示验证错误，并且将错误信息的颜色设置为红色。

16.4.2 使选择列表成为必填

使选择列表成为必填的代码如下。

```
public class Student
    {
        public int Id{get;set;}
         [Required(ErrorMessage ="请输入名字"),MaxLength(50,ErrorMessage = "
名字的长度不能超过50个字符")]
         [Display(Name = "名字")]
        public string  Name{get;set;}
         [Required]
        public MajorEnum Major{get;set;}

         [Display(Name = "电子邮箱")]
             [RegularExpression(@"^[a-zA-Z0-9_.+-]+@[a-zA-Z0-9-]+\.
[a-zA-Z0-9-.]+$",
        ErrorMessage = "邮箱的格式不正确")]
         [Required(ErrorMessage = "请输入邮箱地址")]
        public string Email{get;set;}
    }
```

如果现在运行项目并提交表单，而没有从选择列表中选择有效的**主修科目**，则会收到错误提示，如图16.9所示。

列表 创建	
• The value '' is invalid.	
名字	梁桐铭
电子邮箱	werltm@hotmail.com
主修科目	请选择 The value '' is invalid.
创建	

图16.9

但是这里得到的错误不是Required验证失败的验证错误。为了证明这一点，我们从Student类的MajorEnum属性中删除Required属性，读者仍然会得到相同的错误。

现在来理解为什么会收到此错误——The value"is invalid"。

- Major属性的数据类型是MajorEnum枚举信息。
- 默认情况下，枚举基础数据类型为int。
- 将空字符串设置为HTML中选择列表的**请选择** 选项的值。
- 当从选择列表中选择**请选择**选项时，Major的数据类型为int，而空字符串的数据类型为string。
- 显然，空字符串不是int的有效值。
- 这就是我们得到返回值——The value"is invalid"的原因。
- 值类型（比如int、float、decimal和DateTime）本身就是必需的，不需要添加Required属性。

16.4.3 让选择列表成为真正的必需验证

可以通过包含问号设置使Major属性值可空的属性，代码如下。

```
public MajorEnum? Major{get ; set ; }
```

添加Required属性使该字段成为必填字段，代码如下。

```
public class Student
   {
       public int Id{get;set;}
        [Required(ErrorMessage ="请输入名字"),MaxLength(50,ErrorMessage = "
名字的长度不能超过50个字符")]
       [Display(Name = "名字")]
       public string  Name{get;set;}
       [Required]
```

```
        [Display(Name = "主修科目")]
        public MajorEnum?Major{get;set;}

        [Display(Name = "电子邮箱")]
            [RegularExpression(@"^[a-zA-Z0-9_.+-]+@[a-zA-Z0-9-]+\.
[a-zA-Z0-9-.]+$",
        ErrorMessage = "邮箱的格式不正确")]
        [Required(ErrorMessage = "请输入邮箱地址")]
        public string Email{get;set;}
    }
```

如果现在将“请选择”作为表单的选填项，我们会获得必填的验证错误，如图16.10所示。

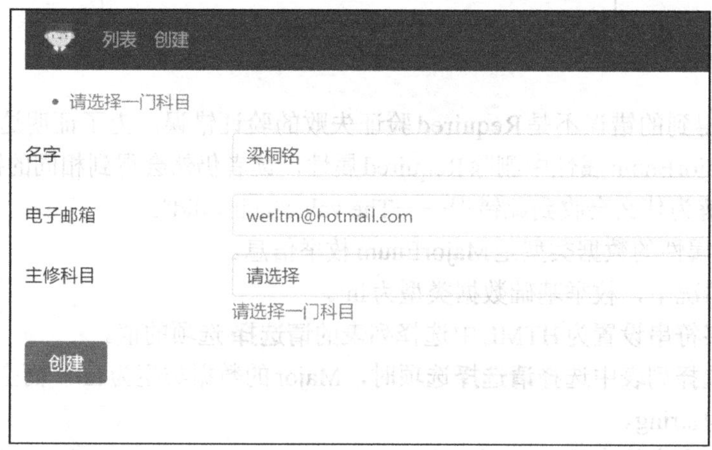

图16.10

16.5　深入了解依赖注入3种服务的不同

在本节中，我们将通过一个示例来讨论ASP.NET Core中AddSingleton()、AddScoped()和AddTransient()方法之间的差异。

16.5.1　IStudentRepository接口

现在回顾一下截止到目前程序中主要的接口和服务，首先是IStudentRepository接口。

- Add()方法将新的学生信息添加到存储中。
- GetAllStudents()方法返回存储库中的所有学生信息。

```
public  interface IStudentRepository
    {
      Student GetStudent(int id);
```

```
        IEnumerable<Student> GetAllStudents();
        Student Add(Student student);
    }
```

16.5.2 Student类

Student类的代码如下。

```
    public class Student
    {
        public int Id{get;set;}
        [Display(Name = "名字")]
        [Required(ErrorMessage = "请输入名字，它不能为空")]
        public string Name{get;set;}
        /// <summary>
        /// 主修科目
        /// </summary>
        [Required(ErrorMessage = "请选择一门科目")]
        [Display(Name = "主修科目")]
        public MajorEnum?Major{get;set;}
        [Display(Name = "电子邮箱")]
            [RegularExpression(@"^[a-zA-Z0-9_.+-]+@[a-zA-Z0-9-]+\.
[a-zA-Z0-9-.]+$",
       ErrorMessage = "邮箱的格式不正确")]
        [Required(ErrorMessage = "请输入邮箱地址，它不能为空")]
        public string Email{get;set;}
    }
```

16.5.3 MockStudentRepository仓储服务

MockStudentRepository实现了IStudentRepository。为了使示例简单，我们通过硬编码把所有的学生信息都存放在内存中，定义一个私有字段_studentList来调用，代码如下。

```
    public class MockStudentRepository:IStudentRepository
    {
        private readonly List<Student> _studentList;

        public MockStudentRepository()
        {
            _studentList = new List<Student>()
            {
                new Student() {Id = 1,Name = "张三",Major = MajorEnum.
ComputerScience,Email = "zhangsan@52abp.com" },
                new Student() {Id = 2,Name = "李四",Major = MajorEnum.
Mathematics,Email = "lisi@52abp.com" },
```

```
                    new Student() {Id = 3,Name = "赵六",Major = MajorEnum.
ElectronicCommerce,Email = "zhaoliu@52abp.com" },
                };
            }

            public Student Add(Student student)
            {
                student.Id = _studentList.Max(s => s.Id) + 1;
                _studentList.Add(student);
                return student;
            }

            public IEnumerable<Student> GetAllStudents()
            {
                return _studentList;
            }

            public Student GetStudent(int id)
            {
                return _studentList.FirstOrDefault(a => a.Id == id);
            }
        }
```

16.5.4 HomeController

我们将IStudentRepository注入HomeController中，当遇到POST请求的Create()操作方法的时候，使用注入的实例将Student对象添加到存储库，代码如下。

```
        public class HomeController:Controller
        {
            private readonly IStudentRepository _studentRepository;

            //使用构造函数注入的方式注入IStudentRepository
            public HomeController(IStudentRepository studentRepository)
            {
                _studentRepository = studentRepository;
            }

            public ViewResult Index()
            {
                //查询所有的学生信息
                    IEnumerable<Student> model = _studentRepository.
GetAllStudents();
                //将学生列表传递到视图
                return View(model);
            }
```

```
        public ViewResult Details(int id)
        {
             //实例化HomeDetailsViewModel并存储Student详细信息和PageTitle
                  HomeDetailsViewModel homeDetailsViewModel = new
    HomeDetailsViewModel()
            {
                Student = _studentRepository.GetStudent(id),
                PageTitle = "学生详情"
            };

            //将ViewModel对象传递给View()方法
            return View(homeDetailsViewModel);
        }

        [HttpGet]
        public IActionResult Create()
        {
            return View();
        }

        [HttpPost]
        public IActionResult Create(Student student)
        {
            if(ModelState.IsValid)
            {
                Student newStudent = _studentRepository.Add(student);
         return RedirectToAction("Details",new{id = newStudent.Id});
    //验证依赖注入3种服务差异的时候，这里需要注释掉

            }
            return View();
        }
    }
```

16.5.5 创建学生信息

现在使用@inject指令将IStudentRepository服务注入Create视图中，增加一个小功能，使用注入的服务来显示存储库中的学生总人数，代码如下。

```
@model Student
@inject IStudentRepository _studentRepository
@{ViewBag.Title ="创建学生信息";}

<form asp-controller="home" asp-action="create" method="post" class="mt-3">
  <div asp-validation-summary="All" class="text-danger"></div>
```

```
    <div class="form-group row">
      <label asp-for="Name" class="col-sm-2 col-form-label"></label>
      <div class="col-sm-10">
        <input asp-for="Name" class="form-control" placeholder="请输入名字" />
        <span asp-validation-for="Name" class="text-danger"></span>
      </div>
    </div>
    <div class="form-group row">
      <label asp-for="Email" class="col-sm-2 col-form-label"></label>
      <div class="col-sm-10">
        <input asp-for="Email" class="form-control"  placeholder="请输入邮箱地
址" />
        <span asp-validation-for="Email" class="text-danger"></span>
      </div>
    </div>

    <div class="form-group row">
      <label asp-for="Major" class="col-sm-2 col-form-label"></label>
      <div class="col-sm-10">
        <select asp-for="Major" class="custom-select mr-sm-2"
          asp-items="Html.GetEnumSelectList<MajorEnum>()">
          <option value="">请选择</option>
        </select>
        <span asp-validation-for="Major" class="text-danger"></span>
      </div>
    </div>

    <div class="form-group row">
      <div class="col-sm-10">
        <button type="submit" class="btn btn-primary">创建</button>
      </div>
    </div>

    <div class="form-group row">
      <div class="col-sm-10">
        学生总人数 = @_studentRepository.GetAllStudents().Count().ToString()
      </div>
    </div>
  </form>
```

16.5.6 完善_ViewImports.cshtml

为了方便引入命名空间，我们完善一下_ViewImports.cshtml，代码如下。

```
@using MockSchoolManagement.Models
@using MockSchoolManagement.ViewModels
@using MockSchoolManagement.DataRepositories
@using MockSchoolManagement.Models.EnumTypes
@addTagHelper *,Microsoft.AspNetCore.Mvc.TagHelpers
```

16.6 验证依赖注入服务

ASP.NET Core提供以下3种方法来将服务注册到依赖注入容器中，而我们使用的方法决定了注册服务的生命周期。

- **AddSingleton()**：此方法创建一个Singleton服务。首次请求时会创建Singleton服务。然后，所有后续的请求中都会使用相同的实例。因此，通常每个应用程序只创建一次Singleton服务，并且在整个应用程序的生命周期中使用该单个实例。
- **AddTransient()**：此方法创建一个Transient服务。每次请求时，都会创建一个新的Transient服务实例。
- **AddScoped()**：此方法创建一个Scoped服务。在范围内的每个请求中创建一个新的Scoped服务实例。比如，在Web应用程序中，它为每个HTTP请求创建一个实例，但同一Web请求中的其他服务在调用这个请求的时候，都会使用相同的实例。注意，它在一个客户端请求中是相同的，但在多个客户端请求中是不同的。

在ASP.NET Core中，这些服务都是在Startup.cs文件的ConfigureServices()方法中注册，代码如下。

```
public void ConfigureServices(IServiceCollection services)
{
services.AddControllersWithViews().AddXmlSerializerFormatters();
services.AddSingleton<IStudentRepository,MockStudentRepository>();
}
```

16.6.1 AddSingleton()方法

目前我们正在使用AddSingleton()方法来注册MockStudentRepository服务。

- AddSingleton()在第一次请求时创建服务的单个实例，并在需要该服务的所有地方都会复用该实例。
- 这意味着应用程序在整个生命周期内的所有请求都会使用相同的实例。
- 目前，在我们的示例中有两个位置用到了MockStudentRepository服务实例，分别是在HomeController的Create视图和Create()操作方法中。

此时，当导航到http://localhost:13380/home/create时，我们看到**学生总人数**为3，如图16.11所示。

这里学生总人数为3是因为创建了HomeController的实例，而IStudentRepository通过属性输入的形式注入HomeController。这是第一次请求该服务实例，因此ASP.NET Core创建了一个服务实例并将其注入HomeController。

Create视图还需要服务实例来计算学生总人数。Singleton服务使用相同的服务实例。因此，已创建的服务实例也会提供给Create视图。

现在，如果读者在表单中提交正确的学生信息（通过验证），并单击**创建**按钮，则每次单击按钮时都会看到计数增加，如图16.12所示。

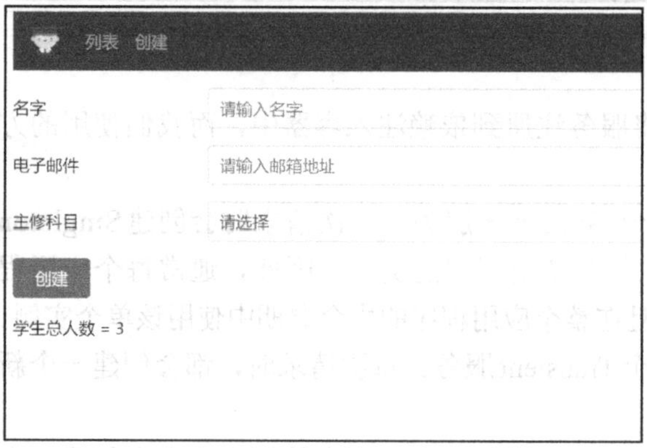

图16.11

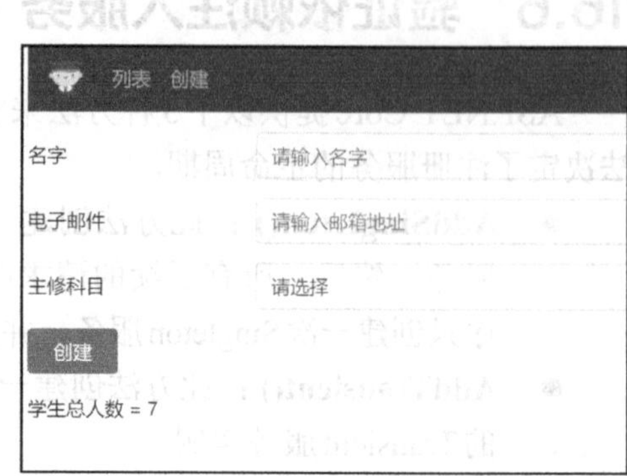

图16.12

这是因为Singleton使用相同的对象，所以可以在所有HTTP请求的所有位置查看对象所做的更改。

这就是AddSingleton()所提供的在第一次请求时创建服务的单个实例，在需要使用的地方都会复用该实例，只要我们不重启项目，那么我们的学生总人数可以无限增加，如图16.13所示。

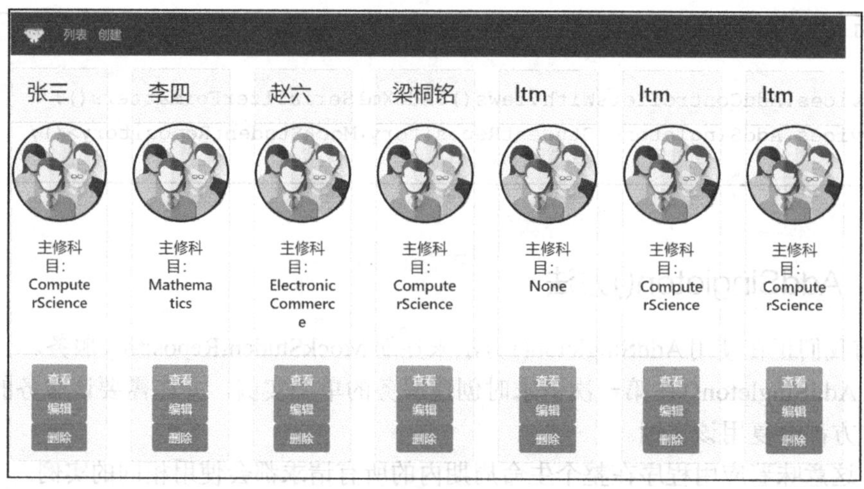

图16.13

16.6.2 AddScoped()方法

现在，使用AddScoped()方法注册服务，更改Startup.cs文件的ConfigureServices()方法，代码如下。

```
public void ConfigureServices(IServiceCollection services)
{
services.AddControllersWithViews().AddXmlSerializerFormatters();
services.AddScoped<IStudentRepository,MockStudentRepository>();
}
```

我们向http://localhost:13380/home/create发出请求，看到学生总人数是3，再输入学生信息，然后单击**创建**按钮，将学生总人数增加至4。再次单击**创建**按钮时，学生总人数仍为4。

这是因为对于每个HTTP请求的作用域服务，我们都会得到一个新实例。但是，在同一个HTTP请求中，如果视图和控制器等多个位置需要服务，则会为该HTTP请求的整个范围提供相同的实例。

如果结合示例代码解释的话，HomeController和Create视图将对给定的HTTP请求使用相同的服务实例。这就是Create视图能够看到HomeController的Create()操作方法添加的新学生的原因，因此学生总人数为4。但是如果前往List视图，依然会是3个学生信息，因为这是另外一个HTTP请求，它们之间的关系中断了。

每个新的HTTP请求都将获得该服务的新实例，这就是在一个HTTP请求中添加的学生无法在另一个HTTP请求中看到的原因。这意味着每次单击**创建**按钮时，都会发出一个新的HTTP请求，因此**学生总人数**不会超过4。

16.6.3 AddTransient()方法

现在使用AddTransient()方法来注册我们的服务。

```
public void ConfigureServices(IServiceCollection services)
        {
services.AddControllersWithViews().AddXmlSerializerFormatters();
services.AddTransient<IStudentRepository,MockStudentRepository>();
        }
```

我们向http://localhost:13380/home/create发出请求，看到的学生总人数是3。输入学生姓名，然后单击**创建**按钮。请注意，在Create视图中，我们看到学生总人数仍然为3。这是因为对于AddTransient服务，每次请求服务实例时都会提供新实例，无论它是在同一个HTTP请求的范围内，还是在不同的HTTP请求中。

即使同一范围内的HTTP请求也提供了新实例，Create视图也无法看到HomeController的Create()方法中添加的新学生，这就是在添加新学生成功之后，Create视图的学生总人数依然是3的原因。

16.6.4 Scoped服务、Transient服务与Singleton服务

以下是Scoped(作用域）服务、Transient(瞬时）服务与Singleton(单例）服务之间的主要区别。

- 使用Scoped服务，在限定的HTTP请求范围内获得相同的实例，但跨不同的HTTP请求获得新实例。
- 使用Transient服务，每次请求都会提供一个新实例，无论它是否在同一HTTP请求的范围内请求或跨越不同的HTTP请求。
- 使用Singleton服务，只有一个实例。首次请求服务时将创建一个实例，并且整个应用程序中的所有HTTP请求都使用该实例。

16.7 小结

截止到目前，MVC的基础也就介绍完毕了，接下来我们要学习如何使用EF这种ORM框架将学生数据保存到数据库中，照例总结一下本章的内容，本章中不太好掌握的就是依赖注入了，可以通过图16.14所示的内容来知晓它们的区别。

AddSingleton vs AddScoped vs AddTransient

服务类型	同一个HTTP请求的范围内	横跨多个不同HTTP请求
Scoped 服务	同一个实例	新实例
Transient 服务	新实例	新实例
Singleton 服务	同一个实例	同一个实例

图16.14

第17章 EntityFramework Core 数据访问与仓储模式

到目前为止我们完成了学生信息在视图上的显示，但是这些数据都是通过硬编码存储在内存中，接下来我们需要将这些信息保存到数据库中。

本章主要向读者介绍如下内容。

- 什么是Entity Framework Core。
- 什么是ORM及为什么使用它。
- 如何在ASP.NET Core中安装EF Core。
- 仓储模式是什么。
- 练习Entity Framework Core中常用功能的使用方法。

本章介绍通过Entity Framework Core连接数据库，完成数据库连接池、数据迁移以及种子数据的设置，进而使领域模型与数据库架构同步。

首先了解Entity Framework Core。Entity Framework Core也称为EF Core，它是一个完全重写的ORM。如果读者使用过旧版本的Entity Framework，就会发现许多熟悉的功能。

1．什么是EF Core

EF Core是ORM框架，EF Core是轻量级、可扩展和开源的软件。与.NET Core一样，EF Core也是跨平台的，它适用于Windows、macOS和Linux。EF Core是微软推荐的官方数据访问平台。

2．什么是ORM

对象关系映射（Object-Relational Mapper，ORM）使开发人员能够通过业务对象处理数据库。作为开发人员，我们通常使用应用程序业务对象，ORM会帮助我们生成底层数据库可以理解的SQL。简而言之，ORM减少了开发人员编写的代码量，如果不使用ORM，则通常需要很多访问数据库的代码或者SQL语句。

17.1 为什么要使用ORM

为了方便理解，这里使用一个例子来解释ORM。我们正在开发一个学校管理系统，会有像Student、Department和Course这样的类出现在应用程序代码中。这些类称为领域模型或者实体类、模型类和领域类，它们代表同一个意思，可见汉语的博大精深。

如果没有像EF Core这样的ORM，则必须编写大量的代码来访问数据库，进而存储和检索底层数据库中的学生和部门数据。在10年前，我们使用的开发方式是通过ADO.NET手写连接SQL数据库的帮助器，这样做不但低效，而且很不安全，容易出现SQL注入漏洞的问题。

比如，要**查询**、**添加**、**更新**或**删除**底层数据库表中的数据，必须在应用程序中编写代码，以生成底层数据库可以理解的SQL语句。此外，当数据被读取并需要显示到应用程序时，我们再次编写自定义代码将数据库数据映射到模型类，如Student、Department和Course等，这是几乎在每个应用程序中都需要进行的很常见的任务，如图17.1所示。

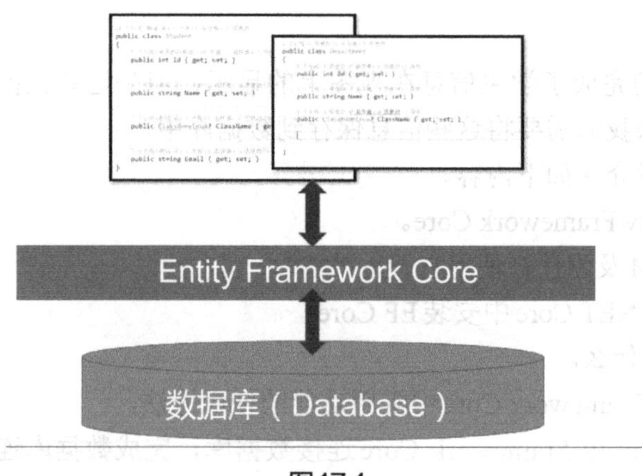

图17.1

而EF Core可以完成所有这些琐事，从而为我们节省大量时间。它就是应用程序代码和数据库之间的黏合剂，消除了在没有ORM的情况下需要编写大量代码（SqlHelper.cs）来访问数据库的需要。

17.1.1 EF Core Code First模式

EF Core支持Code First方法和Database First（DB First）方法，如图17.2所示。但是，目前EF Core对Database First方法的支持非常有限。

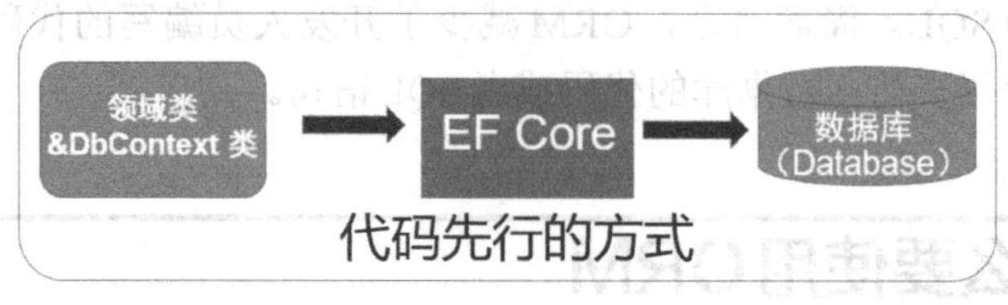

图17.2

使用Code First方法，需要先创建应用程序所需要的领域类，如Student Major、Order等领域类，以及从Entity Framework DbContext派生的特殊类。基于这些领域类和DBContext类，EF Core会为我们创建数据库和相关表。EF Core做到了“开箱即用”，可以使用它的默认约定创建数据库和数据库表。如果有需要，还可以更改这些默认约定。

17.1.2 EF Core Database First模式

当已经有数据库和数据库表时，可以使用DB First的方式来进行开发。EF Core使用DB First基于现有数据库的模型来创建DBContext和领域类，如图17.3所示。

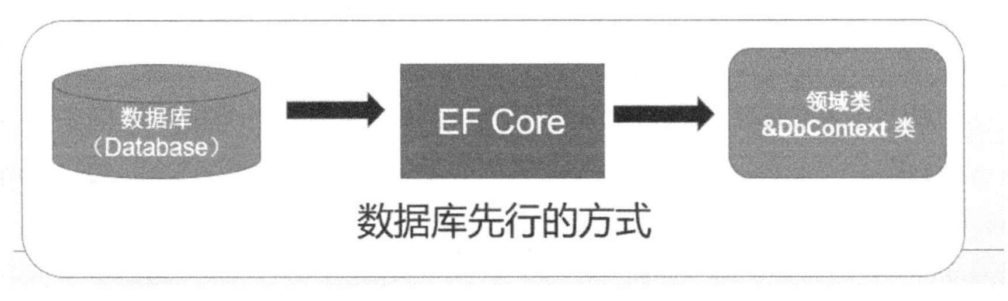

图17.3

17.1.3 EF Core所支持的数据库

EF Core支持许多关系数据库甚至非关系数据库，EF Core可以通过使用称为数据库提供程序的插件库来实现此目的，如图17.4所示。这些数据库提供程序以NuGet程序包的形式提供。

图17.4

EF Core目前支持的数据库以及这些数据库提供程序的插件列表，如图17.5所示。

图17.5所示的这些NuGet程序包，都称为数据库提供程序。数据库提供程序通常位于EF Core及其支持的数据库之间，包含特定于其支持的数据库的功能。所有数据库通用的功能都在EF Core组件中。而对于一些特定于数据库的功能，比如Microsoft SQL Server特定功能，需要与EF Core的SQL Server提供程序一起使用。

后面我们会在ASP.NET Core应用程序中使用包含SQL Server的数据库提供程序。

ⓘ **重要**

EF Core 提供程序由多种源生成。并非所有提供程序均作为 Entity Framework Core 项目的组成部分进行维护。考虑使用提供程序时，请务必评估质量、授权、支持等因素，确保其满足要求。同时也请务必查看每个提供程序的文档，详细了解版本兼容性信息。

NuGet 程序包	支持的数据库引擎	维护商/供应商	备注/要求	有用的链接
Microsoft.EntityFrameworkCore.SqlServer	SQL Server 2012 以上版本	EF Core 项目 (Microsoft)		docs
Microsoft.EntityFrameworkCore.Sqlite	SQLite 3.7 及以上版本	EF Core 项目 (Microsoft)		docs
Microsoft.EntityFrameworkCore.InMemory	EF Core 内存中数据库	EF Core 项目 (Microsoft)	仅用于测试	docs
Microsoft.EntityFrameworkCore.Cosmos	Azure Cosmos DB SQL API	EF Core 项目 (Microsoft)		docs
Npgsql.EntityFrameworkCore.PostgreSQL	postgresql	Npgsql 开发团队		docs
Pomelo.EntityFrameworkCore.MySql	MySQL、MariaDB	Pomelo Foundation 项目		自述文件
Pomelo.EntityFrameworkCore.MyCat	MyCAT 服务器	Pomelo Foundation 项目	仅预发行版	自述文件
EntityFrameworkCore.SqlServerCompact40	SQL Server Compact 4.0	Erik Ejlskov Jensen	.NET Framework	wiki
EntityFrameworkCore.SqlServerCompact35	SQL Server Compact 3.5	Erik Ejlskov Jensen	.NET Framework	wiki
FirebirdSql.EntityFrameworkCore.Firebird	Firebird 2.5 和 3.x	Jiří Činčura		docs
EntityFrameworkCore.FirebirdSql	Firebird 2.5 和 3.x	Rafael Almeida		wiki
MySql.Data.EntityFrameworkCore	MySQL	MySQL 项目 (Oracle)		docs
Oracle.EntityFrameworkCore	Oracle DB 11.2 及更高版本	Oracle	预发行	网站
IBM.EntityFrameworkCore	Db2、Informix	IBM	Windows 版本	博客
IBM.EntityFrameworkCore-lnx	Db2、Informix	IBM	Linux 版本	博客
IBM.EntityFrameworkCore-osx	Db2、Informix	IBM	macOS 版本	博客
EntityFrameworkCore.Jet	Microsoft Access 文件	Bubi	.NET Framework	自述文件
EntityFrameworkCore.OpenEdge	Progress OpenEdge	Alex Wiese		自述文件
Devart.Data.Oracle.EFCore	Oracle DB 9.2.0.4 及更高版本	DevArt	已付	docs
Devart.Data.PostgreSql.EFCore	PostgreSQL 8.0 及以上版本	DevArt	已付	docs
Devart.Data.SQLite.EFCore	SQLite 3 及以上版本	DevArt	已付	docs
Devart.Data.MySql.EFCore	MySQL 5 及以上版本	DevArt	已付	docs
FileContextCore	在文件中存储数据	Morris Janatzek	用于开发	自述文件

图17.5

17.2 单层Web应用和多层Web应用的区别

在正式安装Entity Framework Core之前，我们先来了解一下设计架构体系，它们分别是单层Web应用和多层Web应用，我们逐一来了解一下它们。

17.2.1 单层Web应用

单层Web应用一般用于小型项目，目前我们创建的项目就是单层Web应用。简而言之，它只有一个Web库，通过这个库我们以自建文件夹的形式将各个服务拆分开来，具体如下。

- Models用于存放实体。
- DataRepositories用于存放仓储内容。
- ViewModels用于存放视图模型。
- Controller和Views文件夹用于存放控制器和对应的视图。

目前我们的功能比较少，可以简单自如地进行管理。但是如果功能逐渐增加，比如后面有50个实体、100个视图模型、100个控制器和视图，以及几百个不同的服务时，这对开发人员来说是一场灾难。

17.2.2 多层Web应用程序——三层架构

在中小型应用程序中，通常至少有以下3层，是多层Web架构中比较简单的一种，很多人称它为**三层架构**。

- 界面层。
- 业务逻辑层（BLL）。
- 数据访问层（DAL）。

这些层的实现都为单独的项目。Entity Framework Core通常在数据访问层项目中，因为它是必需的。数据访问层项目是一个类库项目，这意味着没有为数据访问层项目安装Entity Framework Core。

创建这些类库的步骤如下。

- 选择**解决方案（项目名称）**。
- 右击并选择**添加→添加新项目**。
- 在**添加新项目**窗口中搜索**类库**，然后选择**类库（.NET Core）**，如图17.6所示。

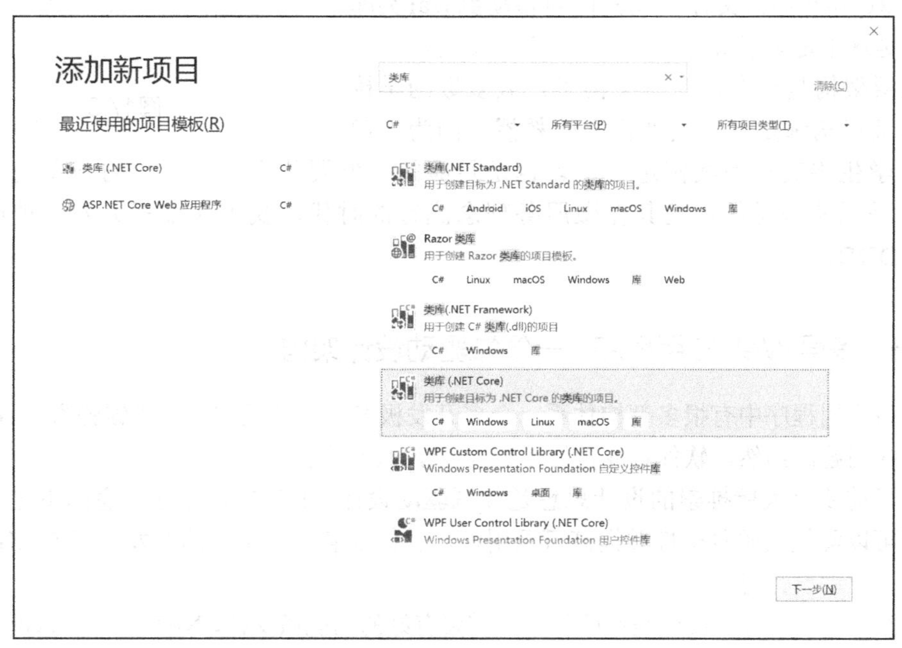

图17.6

- 单击**下一步**，然后在**项目名称**中输入“MockSchoolManagement.Bll”。
- 重复上面的步骤，再添加一个“MockSchoolManagement.Dal”类库。

最后的项目文件夹结构如图17.7所示。

图17.7

按照三层架构的设计分类，我们如果继续深入使用，则需要将现在的Models文件夹移动到BLL中，将DataRepositories文件夹及其内容移动到Dal类库中，但是这不是本书讲解的重点，如图17.8所示。

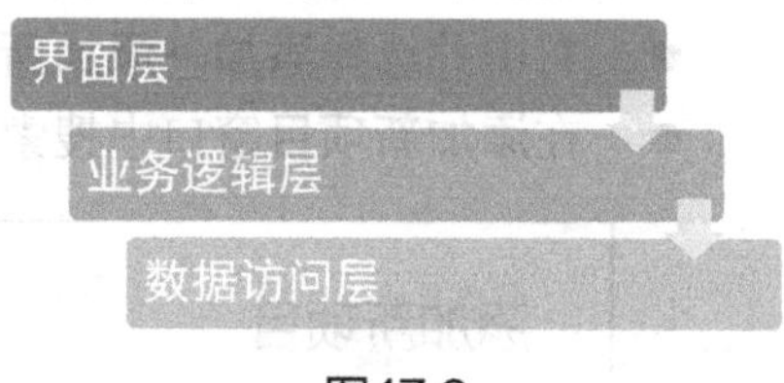

图17.8

三层架构是一个很老的架构了，大多数的学校以及培训机构都是从三层架构开始教授，因为入门简单，学生将其作为案例进行学习也是足够的。但要从事一个项目的开发仅使用三层架构是无法满足的，尤其在微服务理念流行的时代，我个人推荐另外一种设计架构——DDD。

17.2.3 多层Web应用程序——领域驱动设计架构

大型应用程序中有很多架构体系，众多开发极客也试图找到一种“银弹”，一次性解决所有的问题。当然，软件行业持续了30多年，依然没找到银弹。

而目前我个人所推崇的设计思想是领域驱动设计（DDD），在这种思想下进行代码库分层可以降低代码复杂性并提高可重用性。目前我着力于推广的开发框架52ABP也是基于领域驱动设计思想。

当然，仅仅有好的设计是不够的，还需要有好的功能做支持，.NET Core引入的模块化思想、中间件和视图组件，让我们能找到一种覆盖大部分解决方案的场景。但这些也不是本书要讲解的重点，毕竟DDD是一个很庞大的理念，很少有公司能完整地掌握它们，但是我们可以借助它的思想实现部分最佳实践，现在简单了解一下DDD。

DDD中包含以下4个基本层。

- 展现层（Presentation）：向用户提供一个接口，使用应用层来和用户进行交互，也就是我们当前项目的Web单层。
- 应用层（Application）：是展现层和领域层能够实现交互的中间者，协调业务对象去执行特定的应用任务，可以理解复杂业务逻辑直接的功能拼接。
- 领域层（Domain）：包括业务对象和业务规则，这是应用程序的核心层，用于存放领域实体及重要逻辑的实现。
- 基础设施层（Infrastructure）：提供通用技术来支持更高的层。比如，基础设施层的仓储（Repository）可通过ORM来实现数据库交互，或者提供发送邮件的支持，即当前的DataRepositories文件夹中的仓储服务，关于仓储服务将在后面为读者讲解。

它们之间的依赖关系如图17.9所示。

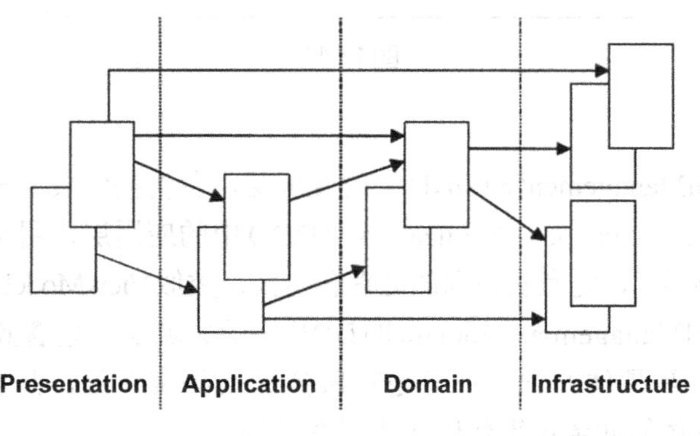

图17.9

每层的简单概述图17.10所示。

层	概述
展现层	多页MVC、WebAPI
应用层	针对用户场景、用例设计应用层服务，隔离底层细节
领域层	专注于维护业务规则（编写业务代码和其处理流程时，尽量在纯粹的内存环境中进行考虑，更利于引入设计模式，不会被底层存储细节打断思路）
基础设施层（持久化）	负责数据查询和持久化

图17.10

上面4层都是通过创建“类库（.NET Core）”来进行隔离的，然后通过项目直接依赖进行相互引入，如果要对项目进行改造，则改造后的结果如图17.11所示。

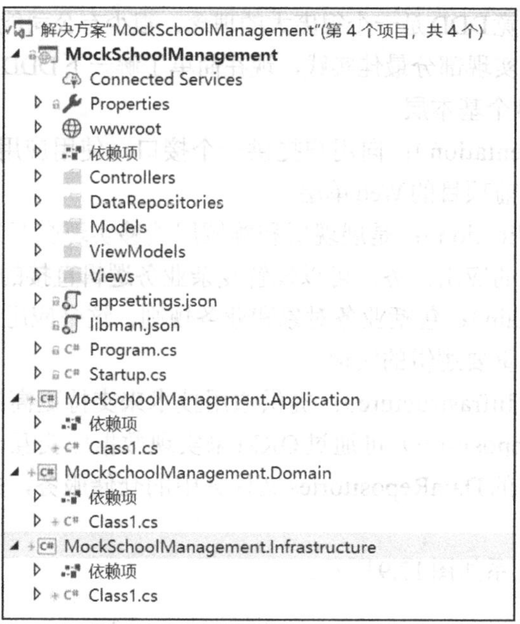

图17.11

结构说明如下。

- MockSchoolManagement即DDD中的展现层，负责提供页面和用户交互。
- MockSchoolManagement.Application即DDD中的应用层，用于处理展现层和领域层之间的协调者，它负责数据的处理和转换，类似ViewModel要做的事情。
- MockSchoolManagement.Domain即DDD中的领域层，包含具体的业务对象和领域模型。它是具体的领域业务逻辑服务的代码实现处，是整个项目的核心层，简而言之具体的业务逻辑代码应该写在此处。
- MockSchoolManagement.Infrastructure即DDD中的基础设施层，负责主要服务应用程序与数据库的交互，当前项目的DataRepositories文件夹中的仓储服务应该放置到这一层。

当然，现在不急于改造这个项目，读者了解即可。随着本书内容的深入，功能开发得比较多了之后，我们就会有这种需求了。

如果到这里读者觉得有点困惑，不要担心，这不影响后续内容的学习。

17.3 Microsoft.AspNetCore.App包

在本节中，我们将了解什么是Microsoft.AspNetCore.App包。如果读者使用过ASP.NET Core 2.x，那么应该知道在我们的项目文件有引入一个NuGet——Microsoft.AspNetCore.App。

从ASP.NET Core 3.0开始，Microsoft.AspNetCore.App包不再需要由项目文件引入，而是通过.NET Core sdk包来直接进行管理，我们可以在项目的依赖性中看到它们，如图17.12所示。

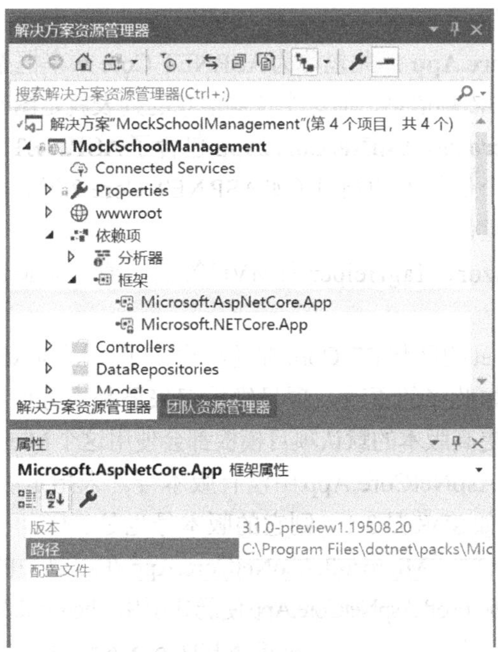

图17.12

通过属性中的路径窗口，可以看到它所在的位置，如果读者看不见属性窗口，则可以选择Microsoft.AspNetCore.App，然后按F4键将它调出来。复制路径中的地址C:\Program Files\dotnet\packs\Microsoft.AspNetCore.App.Ref\3.1.0\data\FrameworkList.xml，打开该文件，信息如图17.13所示。

图17.13

我们来解释一下它们。

Microsoft.AspNetCore.App：此包称为ASP.NET Core共享框架。它本身没有任何的内容，只是包含了其他包的依赖信息，而这个依赖信息的列表就是图17.13中的FrameworkList.xml文件中的内容。**Microsoft.AspNetCore.App**包含了**ASP.NET Core**及更高版本的所有组件，如果读者创建一个低版本的项目（如ASP.NET Core 2.2），则会发现它还包含Entity Framework Core的所有组件。

我们没有安装过Razor、TagHelper和MVC等包，原因是Microsoft.AspNetCore.App已经引入了。

从3.0版本开始dotnet团队将EF Core都迁移出来了，因为ASP.NET Core是模块化的架构设计，哪怕进行了如此多的更改，项目维护起来还是很方便。

ASP.NET Core 2.1及更高版本的默认项目模板都会使用这个Microsoft.AspNetCore.App包。

请注意，Microsoft.AspNetCore.App中没有版本号。未指定版本是因为它的版本都是跟随SDK的版本更新，如SDK是3.1，则它的版本号也是3.1。

在ASP.NET Core 2.x中，Microsoft.AspNetCore.App在项目中的引入还需要显示，而从ASP.NET Core 3.0开始，Microsoft.AspNetCore.App便隐式引用Microsoft.AspNetCore.App框架了。

同理，图17.13显示还有一个Microsoft.NETCore.App包，Microsoft.NETCore.App即.NET Core的SDK包及其中的组件内容。

17.4 安装Entity Framework Core

在本节中，我们将学习如何在Visual Studio中安装Entity Framework Core。

我们采用Entity Framework Core作为和数据库连接的ORM，而数据库选择使用SQL Server，因此需要安装表17.1所示的NuGet包。

表17.1

NuGet包名称	作用
Microsoft.EntityFrameworkCore.SqlServer	此NuGet包包含SQL Server特定的功能
Microsoft.EntityFrameworkCore.Relational	此NuGet包包含所有关系数据库通用的功能
Microsoft.EntityFrameworkCore	此NuGet包包含Entity Framework Core的通用功能

如图17.14所示为它们之间的依赖关系。

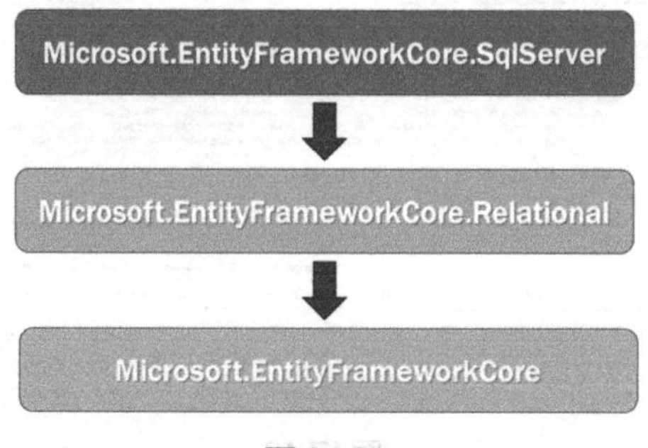

图17.14

- Microsoft.EntityFrameworkCore.SqlServer包依赖于Microsoft.EntityFrameworkCore.Relational包。
- Microsoft.EntityFrameworkCore.Relational包依赖于Microsoft.EntityFrameworkCore包。

当安装Microsoft.EntityFrameworkCore.SqlServer包时，它还会自动安装所有其他相关的NuGet包，单击接受就好。

17.4.1 在类库项目中安装NuGet包

维基百科解释，NuGet是一个自由开源软件包管理系统，用于Microsoft开发平台，以前称为NuPack，于2010年首次发布，现在已经进化为一个庞大的工具与服务生态系统。NuGet作为Visual Studio扩展，能够简化在Visual Studio项目中添加、更新和删除库（部署为程序包）的操作。NuGet包被打包成单个ZIP文件，文件扩展名是.nupkg，使用开放打包约定（OPC）格式，包含编译代码（DLL）、与该代码相关的其他文件以及描述性清单（包含包版本号等信息）。

NuGet最大的优势就是，可以方便进行程序包的管理、发布和升级。试想一下，如果没有NuGet包，则当进行多人协作的时候，会因为一些对应的DLL版本不一致，导致API变化了而无从知晓，最后花费大量的精力在协调上，这是得不偿失的。

现在右击**解决方案**，选择其中的**依赖项**，然后选择**管理NuGet程序包**，如图17.15所示。

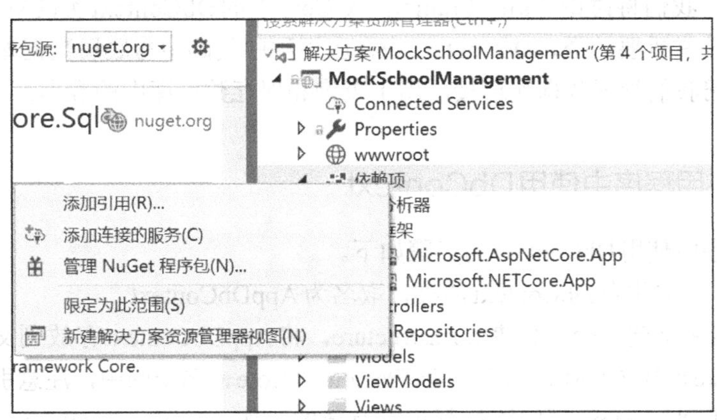

图17.15

在弹出的窗口上，搜索要安装的软件包，然后按照屏幕上的说明进行操作。

要将SQLServer作为应用程序的数据库，我们使用了NuGet包Microsoft.EntityFrameworkCore.SqlServer，此包称为数据库提供程序包。

通过NuGet管理器安装的包被称为程序包或NuGet包。

如果要在应用程序中使用其他数据库，则必须安装该数据库提供程序特定的NuGet包，而不是Microsoft.EntityFrameworkCore.SqlServer数据库提供程序包。

如果要使用MySQL作为数据库，则安装**Pomelo.EntityFrameworkCore.MySql**数据库提供程序包。同样，如果要将PostgreSQL用作数据库，则使用**Npgsql.EntityFrameworkCore.PostgreSQL**数据库提供程序包。

安装完成后，我们打开项目文件，代码如下。

```
<Project Sdk="Microsoft.NET.Sdk.Web">

  <PropertyGroup>
    <TargetFramework>netcoreapp3.1</TargetFramework>
    <AspNetCoreHostingModel>OutOfProcess</AspNetCoreHostingModel>
    <UserSecretsId>cf9c9cff-2188-4165-941c-8a0282fdac28</UserSecretsId>
  </PropertyGroup>

  <ItemGroup>
    <PackageReference Include="Microsoft.EntityFrameworkCore.SqlServer"
Version="3.1.0" />
  </ItemGroup>
</Project>
```

我们可以看到PackageReference属性下引入了我们需要的Microsoft.EntityFramework Core.SqlServer，版本号为3.1.0。顾名思义，**PackageReference**用于包含为读者的应用程序安装的所有NuGet包的引用。

17.4.2　Entity Framework Core中的DbContext

在本节中，我们将讨论Entity Framework Core中的DbContext类的重要性。它是EF Core中的一个非常重要的类，DbContext是在应用程序代码中与底层数据库交互的类。这个类的作用是帮我们管理数据库连接，用于查询和保存数据库中的数据。

17.4.3　在应用程序中使用DbContext

在应用程序中使用DbContext的步骤如下。

- 创建一个派生自DbContext的类，取名为AppDbContext。
- 在项目中新建一个文件夹Infrastructure，将AppDbContext存放到文件夹中。
- DbContext类位于Microsoft.EntityFrameworkCore命名空间中，注意引用命名空间。
- 为了使DbContext类能够执行正常有效的工作，需要一个**DbContextOptions**类的实例。
- **DbContextOptions**实例负责承载应用中的配置信息，如连接字符串、数据库提供商等内容。
- 要传递**DbContextOptions**实例，需要使用构造函数。
- 使用**DbContext**中的第二个重载方法，该重载方法指定我们使用的配置信息，需要继承**base**，将配置信息传递到父类DbContext中。

代码如下。

```
public class AppDbContext:DbContext
{
    public AppDbContext(DbContextOptions<AppDbContext> options)
```

```
            :base(options)
        {
        }
    }
```

17.4.4 Entity Framework Core中的DbSet

下面代码中的DbContext类包括一个DbSet <TEntity>模型，而其中会包含一个实体属性。在应用程序中只有一个实体类Student，而AppDbContext类中只有一个DbSet<Student>属性。需要使用此DbSet的属性Students来查询和保存Student类的实例。

针对DbSet<TEntity>的查询，EF会将LINQ语句转换为针对底层数据库的SQL语句查询。我们将在后面的章节中看到这一点。

```
public class AppDbContext:DbContext
{
    public AppDbContext(DbContextOptions<AppDbContext> options)
        :base(options)
    {
    }
    public DbSet<Student> Students{get;set;}
}
```

为了连接到数据库，需要数据库连接字符串。在17.5节中，我们将学习在何处定义连接字符串，并在Entity Framework Core中使用它。

17.5 在Entity Framework Core中使用SQL Server

在本节中，我们将学习如何使用Entity Framework Core配置和使用SQL Server。

使用Entity Framework Core时，需要配置的重要事项之一就是计划使用的数据库提供程序。Entity Framework Core支持各种各样的数据库，包括非关系数据库。现在，我们希望在Entity Framework Core中配置和使用Microsoft SQL Server。我们通常在Startup.cs文件的ConfigureServices()方法中指定此配置。其他信息见下方代码注释。

```
public class Startup
{
    private IConfiguration _configuration;

        public Startup(IConfiguration configuration)
        {
            _configuration = configuration;
        }
```

```
        public void ConfigureServices(IServiceCollection services)
            {
   //使用SQLServer数据库，通过IConfiguration访问去获取，自定义名称的Mock
   //StudentDBConnection作为我们的连接字符串
                services.AddDbContextPool<AppDbContext>(
                 options => options.UseSqlServer(_configuration.GetConnectionStr
ing("MockStudentDBConnection")));
                services.AddControllersWithViews().AddXmlSerializerFormatters();
                services.AddScoped<IStudentRepository,MockStudentRepository>();
            }

     //其他代码
   }
```

17.5.1 AddDbContext()和AddDbContextPool()方法之间的区别

在编写代码的时候，它会提示选择services.AddDbContext还是services.AddDbContextPool，我们在上方的代码中选择了services.AddDbContextPool。

我们可以使用**AddDbContext()**或**AddDbContextPool()**方法向ASP.NET Core依赖注入容器中注册程序中的DbContext类。AddDbContext()和AddDbContextPool()方法的区别在于，AddDbContextPool()方法提供了数据库连接池（DbContextPool）。

如果数据库连接池是可用的，则会提供数据库连接池中的实例，而不是创建新的实例。数据库连接池在概念上类似于以前ADO.NET中连接池的工作方式。从性能角度来看，选择AddDbContextPool()的原因是，AddDbContextPool()方法的性能优于AddDbContext()方法。

ASP.NET Core 2.0中引入了AddDbContextPool()方法。因此，如果读者使用的是ASP.NET Core 2.0或更高版本，则推荐使用AddDbContextPool()方法，而不是AddDbContext()方法。

17.5.2 UseSqlServer()扩展方法

因为选择了SQL Server作为数据库，所以要使用UseSqlServer()扩展方法，它用于配置应用程序特定的DbContext类。

要连接到数据库，需要将数据库连接字符串作为参数添加到UseSqlServer()扩展方法中，代码如下。

```
services.AddDbContextPool<AppDbContext>(
     options => options.UseSqlServer(_config.GetConnectionString("MockStuden
tDBConnection")));
```

17.5.3 ASP.NET Core中的数据库连接字符串

我们不需要在应用程序代码中对连接字符串进行硬编码，而是将其存储在appsettings.

json配置文件中，代码如下。

```
{
  "ConnectionStrings":{
    "MockStudentDBConnection":"server=(localdb)\\MSSQLLocalDB;database=Stu-
\\dentDB;Trusted_Connection=true"
  }
}
```

在传统的.NET Framework中，我们将应用程序的配置信息存储在XML格式的web.config文件中。而在ASP.NET Core中，需要采用不同的配置源，这个配置源就是appsettings.json文件，它是JSON格式。

而要从appsettings.json文件中读取数据库连接字符串，我们使用IConfiguration服务中的GetConnectionString()方法。

请注意，我们使用的SQL Server LocalDB与Visual Studio是一起自动安装的。如果要使用完整的SQL Server而不是localDB，只需将appsettings.json配置文件中的连接字符串更改为指向SQL Server实例即可。

```
//访问本地的数据库
"server=(localdb)\\MSSQLLocalDB;database=MockSchoolDB;Trusted_
Connection=true"

//访问完整的SQL连接字符串
"Server=localhost;Database=MockSchoolDB;Trusted_Connection=True;"
```

- Trusted_Connection=True。
- Integrated Security=SSPI。
- Integrated Security=true。

以上3个设置都代表一个相同的内容：使用集成Windows身份验证连接到SQL Server，而不是使用SQL Server身份验证。

目前，我们的应用程序仍在使用MockEmployeeRepository，它是内存中的学生信息集合。接下来，我们将实现SQLRepository，用于保存和查询刚刚配置的SQL Server LocalDB中的学生信息。

17.6 ASP.NET Core中的仓储模式

在本节中，我们将讨论什么是仓储模式以及仓储模式的好处，然后在Entity Framework Core中使用仓储模式，在SQL Server数据库中完成保存和查询数据的示例。

Repository可以理解为专有名词，在本书中代表为仓储，在其他图书的翻译中也有存储库、仓储的意思。

17.6.1 仓储模式简介

仓储模式是数据访问层的抽象呈现，它隐藏了底层数据源保存和查询数据的详细信息。有关具体如何保存和查询数据的详细代码逻辑都在对应的仓储中。

比如，读者可能拥有一个仓储，用于保存和查询**内存中集合的数据**，或者有另一个仓储，用于保存和查询SQL Server、MySQL**等数据库中的数据**。

```
public class Student
    {
        public int Id{get;set;}

        public string Name{get;set;}

        public MajorEnum?Major{get;set;}

        public string Email{get;set;}
    }
```

以上是我们的领域类模型，为了方便阅读，我隐藏了各种属性与注释。

使用仓储模式，我们可以建立基于**Student**类的仓储，可以使它完成基于学生信息的增、删、改、查操作，而无须编写大量的代码。

17.6.2　仓储模式中的接口

我们使用接口来指定**仓储模式**，规则如下。

- 仓储支持哪些操作（增、删、改和查）。
- 每个操作所需的数据是要传递给方法的参数和该方法返回的数据信息。
- 仓储接口包含它可以执行的操作，但不包含如何实现操作，它只实现可以执行的操作。
- 具体实现的细节则位于实现仓储接口的对应仓储类中。

17.6.3　修改IStudentRepository接口

我们对IStudentRepository接口进行修改以支持以下操作。

```
public  interface IStudentRepository
    {
      /// <summary>
        /// 通过id获取学生信息
        /// </summary>
        /// <param name="id"></param>
        /// <returns></returns>
        Student GetStudentById(int id);
        /// <summary>
        /// 获取所有的学生信息
        /// </summary>
        /// <returns></returns>
        IEnumerable<Student> GetAllStudents();
```

```
        /// <summary>
        /// 添加学生信息
        /// </summary>
        /// <param name="student"></param>
        /// <returns></returns>
        Student Insert(Student student);
        /// <summary>
        /// 修改学生信息
        /// </summary>
        /// <param name="updateStudent"></param>
        /// <returns></returns>
        Student Update(Student updateStudent);
        /// <summary>
        /// 删除学生信息
        /// </summary>
        /// <param name="id"></param>
        /// <returns></returns>
        Student Delete(int id);
    }
```

当前项目中有一个学生仓储，接口名为**IStudentRepository**，它包含几个方法。

- 通过id来获取学生信息。
- 获取所有的学生信息。
- 添加一名学生的信息。
- 更新一名学生的信息。
- 删除一名学生的信息。

而这些方法具体实现的细节在继承**IStudentRepository**仓储接口的仓储类中。

17.6.4　仓储模式中的内存实现

以下**MockStudentRepository**类提供了一个**IStudentRepository**实现，该特定实现从内存的集合中进行学生信息的添加、删除、修改及查询，代码如下。

```
    public class MockStudentRepository:IStudentRepository
    {
        private readonly List<Student> _studentList;

        public MockStudentRepository()
        {
            _studentList = new List<Student>()
            {
                new Student() {Id = 1,Name = "张三",Major = MajorEnum.
ComputerScience,Email = "zhangsan@52abp.com" },
                new Student() {Id = 2,Name = "李四",Major = MajorEnum.
Mathematics,Email = "lisi@52abp.com" },
```

```
                new Student() {Id = 3,Name = "赵六",Major = MajorEnum.
ElectronicCommerce,Email = "zhaoliu@52abp.com" },
            };
        }

        public Student Delete(int id)
        {
            Student student = _studentList.FirstOrDefault(s => s.Id ==
id);
            if(student!= null)
            {
                _studentList.Remove(student);
            }
            return student;
        }

        public IEnumerable<Student> GetAllStudents()
        {
            return _studentList;
        }

        public Student GetStudentById(int id)
        {
            return _studentList.FirstOrDefault(a => a.Id == id);
        }

        public Student Insert(Student student)
        {
            student.Id = _studentList.Max(s => s.Id) + 1;
            _studentList.Add(student);
            return student;
        }

        public Student Update(Student updateStudent)
        {
            Student student = _studentList.FirstOrDefault(s => s.Id ==
updateStudent.Id);
            if(student!= null)
            {
                student.Name = updateStudent.Name;
                student.Email = updateStudent.Email;
                student.Major = updateStudent.Major;
            }
            return student;
        }
    }
```

17.6.5 Repository模式——SQL Server数据库实现

现在我们在DataRepositories文件夹中创建**SQLStudentRepository**类，以下代码中**SQLStudentRepository**类提供了**IStudentRepository**的另一种实现，此特定实现使用EF Core从SQL Server数据库中进行学生信息的查询和保存。

```
public class SQLStudentRepository:IStudentRepository
    {
        private readonly AppDbContext _context;

        public SQLStudentRepository(AppDbContext context)
        {
            _context = context;
        }

        public Student Delete(int id)
        {
            Student student = _context.Students.Find(id);

            if(student!= null)
            {
                _context.Students.Remove(student);
                _context.SaveChanges();
            }

            return student;
        }

        public IEnumerable<Student> GetAllStudents()
        {
            return _context.Students;
        }

        public Student GetStudentById(int id)
        {
            return _context.Students.Find(id);
        }

        public Student Insert(Student student)
        {
            _context.Students.Add(student);
            _context.SaveChanges();
            return student;
        }

        public Student Update(Student updateStudent)
        {
```

```
                var student = _context.Students.Attach(updateStudent);
                 student.State = Microsoft.EntityFrameworkCore.EntityState.
Modified;
                 _context.SaveChanges();
                return updateStudent;
        }
    }
```

17.6.6 选择合适的仓储实现模式

可以在**HomeController**中查看以下**StudentRepository**的实现。因为我们已经通过ASP.NET Core中的依赖注入组件注册了**IStudentRepository**的实例。**StudentRepository**接口有两个实现，分别是**SQLStudentRepository**和**MockStudentRepository**。

那么会带来一个问题，应用程序如何知道具体要使用哪个仓储的实现呢？答案在Startup类的ConfigureServices()方法中。它可以让ASP.NET Core在请求**IStudentRepository**实例时提供**SQLStudentRepository**类的实例。

我们会选择使用**AddScoped()**方法，因为我们希望实例处于活动状态并且可以包含当前HTTP请求的整个生命周期。而对于另一个新的HTTP请求，将提供一个新的**SQLStudentRepository**类实例，它将在该HTTP请求的整个生命周期内可用。

现在修改ConfigureServices()方法的代码，这样在整个应用程序中，注入**IStudentRepository**的所有位置都会提供**SQLStudentRepository**的实例，而不再是**MockStudentRepository**。如果读者希望应用程序使用其他的实现，则只需要更改以下一行代码。

```
public void ConfigureServices(IServiceCollection services)
{
    //其他代码
  services.AddScoped<IStudentRepository,SQLStudentRepository>();
}
```

图17.16所示为依赖注入配合仓储模式的优点。

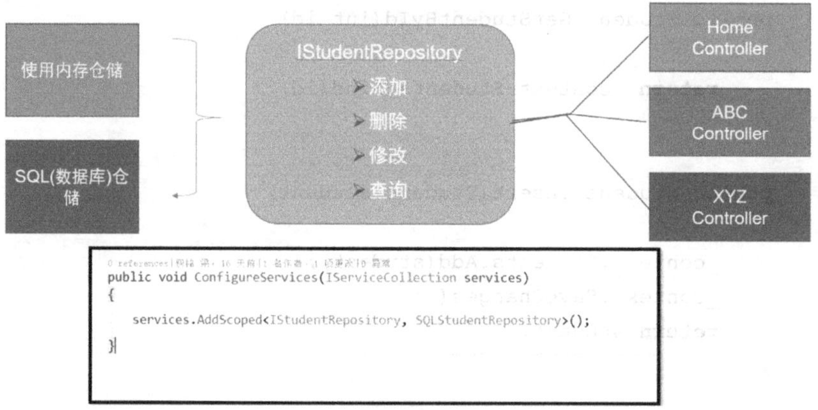

图17.16

而我们在之前的章节有探讨过AddSingleton()、AddScoped()和AddTransient() 三者的不同，读者可以回顾这部分内容。

17.6.7 仓储模式的优点

通过这样的配置之后，相信读者已经感受到了仓储模式的好处。

- 它使代码更清晰，更易于重用和维护。
- 它有助于创建松耦合的系统。比如，如果我们希望应用程序与Oracle数据库一起工作，而不是SQL Server，那么只需要实现**OracleRepository**，再使用依赖注入系统来注册**OracleRepository**，就可以轻松实现一个基于Oracle数据库的读取和保存的仓储服务。
- 在单元测试项目中，我们也很容易用模拟的实现来替换真实的仓储以进行测试。
- 仓储模式不特定服务于数据库模式，只是在实际开发中，经常与数据库打交道而已。除此以外，在一些公司进行大量单元测试的时候，也会用到内存仓储模式。

17.7 Entity Framework Core迁移功能

在本节中，我们将学习Entity Framework Core中的迁移概念，在开始之前要先编译一次我们的项目，保证它能够编译成功，毕竟刚刚修改了大量的代码，同时IStudentRepository的接口也发生了变化。请务必在HomeController中修改对应的变化接口。HomeController的代码如下。

```
public class HomeController:Controller
    {
        private readonly IStudentRepository _studentRepository;

        //使用构造函数注入的方式注入IStudentRepository
        public HomeController(IStudentRepository studentRepository)
        {
            _studentRepository = studentRepository;
        }

        public ViewResult Index()
        {
            //查询所有的学生信息
                  IEnumerable<Student> model = _studentRepository.
GetAllStudents();
            //将学生列表传递到视图
            return View(model);
        }
        public ViewResult Details(int id)
        {
```

```
                //实例化HomeDetailsViewModel并存储Student详细信息和PageTitle
                    HomeDetailsViewModel homeDetailsViewModel = new
    HomeDetailsViewModel()
                {
                    Student = _studentRepository.GetStudentById(id),
                    PageTitle = "学生详情"
                };

                //将ViewModel对象传递给View()方法
                return View(homeDetailsViewModel);
            }
            [HttpGet]
            public IActionResult Create()
            {
                return View();
            }

            [HttpPost]
            public IActionResult Create(Student student)
            {
                if(ModelState.IsValid)
                {
          Student newStudent = _studentRepository.Insert(student);
                    return RedirectToAction("Details",new{id = newStudent.Id});
    //验证依赖注入3种服务差异的时候，这里需要注释掉
                }
                return View();
            }
        }
```

17.7.1 EF Core中的迁移

迁移是Entity Framework Core中的一种功能，它可以使数据库架构和应用程序的领域模型（也称为实体类）保持同步。

如果读者没有在应用程序中执行初始化迁移就运行项目，则可能会收到以下异常提示。

```
SqlException：Cannot open database "MockSchoolDB" requested by the login. The
login failed.
```

这是因为我们还没有创建数据库。使用EF Core创建数据库的其中一种方法是，先创建迁移记录，通过执行该迁移来创建数据库。

要使用迁移，可以使用程序包管理器控制台（PMC）或.NET Core命令行界面（CLI）。如果读者像我一样使用Visual Studio，请选择程序包管理器控制台。

要在Visual Studio中启动程序包管理器控制台，请单击**工具→NuGet包管理器→程序包管理器控制台**，如图17.17所示。

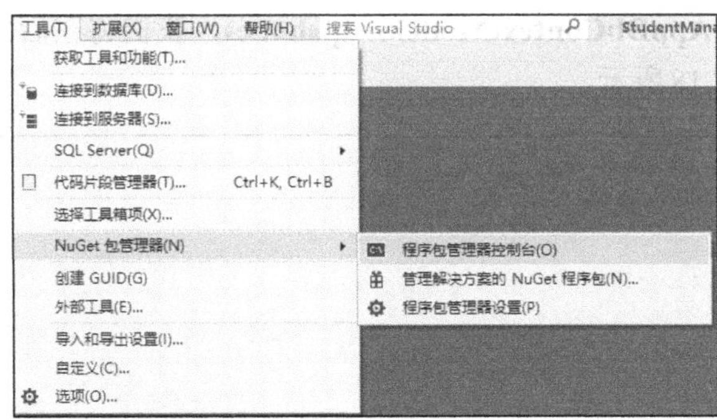

图17.17

17.7.2 常用的Entity Framework Core迁移命令

我们将使用以下3个常用命令来处理Entity Framework Core中的迁移，如表17.2所示。

表17.2

命令	作用
get-help about_entityframeworkcore	提供Entity Framework Core的帮助信息
Add-Migration	添加新迁移记录
Update-Database	将数据库更新为指定的迁移

请注意，读者可以将get-help命令与上述任何命令一起使用。比如，get-help Add-Migration会提供Add-Migration命令的帮助信息。

17.7.3 在Entity Framework Core中创建迁移

以下命令可创建初始迁移。**InitialCreate**是迁移的名称，读者可以随意指定名称。

```
Add-Migration InitialCreate
```

如果读者执行了该命令，则应该会收到如下错误提示。

```
Your startup project "MockSchoolManagement" doesn't reference Microsoft.
EntityFrameworkCore.Design. This package is required for the Entity
Framework Core Tools to work. Ensure your startup project is correct,
install the package,and try again.
```

这告诉我们需要安装Entity Framework Core Tools工具，因此需要使用NuGet程序包安装Microsoft.EntityFrameworkCore.Tools，它可以使项目支持在Visual Studio中使用迁移命令。

重试上述命令后，读者会发现多了一个Migrations文件夹中，在其中可以看到一个以数字开头并包含名称**InitialCreate.cs**的文件，此文件包含了创建相应数据库表所需的代码内容。

另外一个文件是**AppDbContextModelSnapshot.cs**，我们将在后面的章节中介绍。迁移记录如图17.18所示。

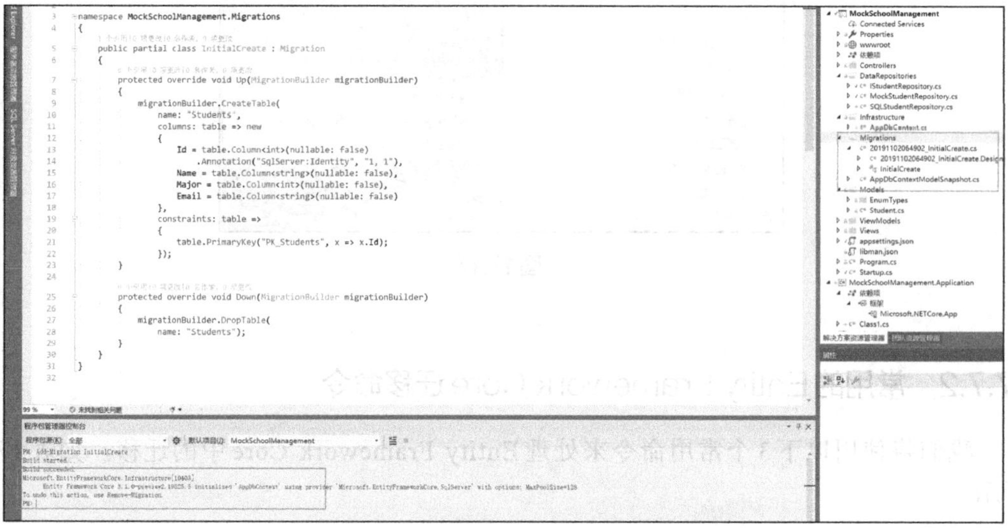

图17.18

小提示：我们可以在**程序包管理器控制台**窗口中输入命令的一部分，然后按**Tab**键，它可以帮助我们自动完成该命令。

17.7.4 在Entity Framework Core中更新数据库

现在我们需要执行迁移代码来创建表。如果数据库尚不存在，则会先创建数据库，然后创建数据库表。为了更新数据库，我们使用Update-Database命令。对于Update-Database命令，我们可以指定想要执行的迁移名称。如果未指定迁移，则默认情况下该命令将执行上次迁移记录，即InitialCreate迁移记录。

执行迁移后，当运行应用程序时，我们就不会再看到以下异常信息：SqlException：Cannot open database 'MockSchoolDB' requested by the login. The login failed.。这是因为在执行迁移时会创建MockSchoolDB。我们可以在Visual Studio的**SQL Server对象资源管理器**窗口中确认这一点。如图17.19所示，单击**视图**，打开**SQL Server对象资源管理器**。

图17.19

选择**SQL Server对象资源管理器**，然后展开localdb资源管理器，如图17.20所示。

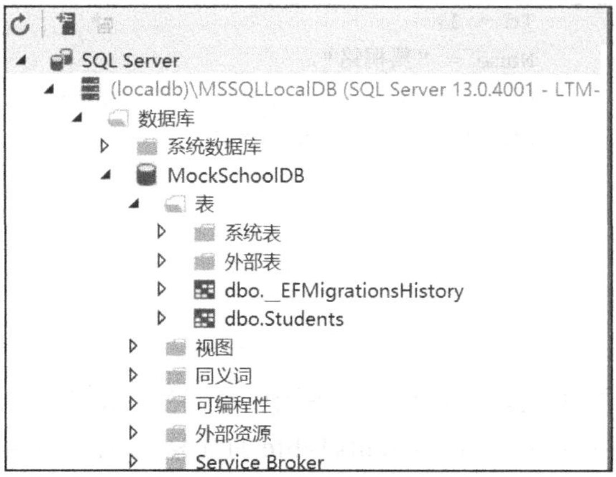

图17.20

目前在**Students**表中没有任何数据。

17.7.5 Entity Framework Core中的种子数据

在传统的ADO.NET开发方式中，我们都是使用SQL文件来创建数据库，创建完成之后再执行一个装满了初始化数据的SQL文件，这样的文件需要随时手动维护，如果版本控制得不好，还有可能造成数据的丢失和遗漏，给项目和客户造成很大的麻烦。

而EF Core帮我们解决了这个问题，接下来我们将学习如何使用Entity Framework Core中的迁移功能为数据库中的表添加初始数据，而这些数据可以称为种子数据。

读者如果使用的是Entity Framework Core 2.1或更高版本，则可以通过一种新方法来为数据库添加这些种子数据，这个过程叫作播种。如果低于这个版本，请升级项目中的EF Core。

17.7.6 如何启用种子数据

我们在应用程序**DbContext**类中重写OnModelCreating()方法。在这个例子中，使用HasData()方法为Student实体播种数据，代码如下。

```
public class AppDbContext:DbContext
  {
      public AppDbContext(DbContextOptions<AppDbContext> options):base(options)
      {
      }

      public DbSet<Student> Students{get;set;}
     protected override void OnModelCreating(ModelBuilder modelBuilder)
      {
          modelBuilder.Entity<Student>().HasData(
            new Student
            {
```

```
                        Id = 1,
                        Name = "梁桐铭",
                        Major = MajorEnum.ElectronicCommerce,
                        Email = "ltm@ddxc.org"
                    }
                );

            }
        }
```

现在我们将这些种子数据添加到数据库中。首先要添加一条新的迁移记录，代码如下。我将添加一条命名为SeedStudentsTable的迁移记录，指定它将种子数据添加到Students数据库表中。

```
Add-Migration SeedStudentsTable
```

上述命令生成以下代码。

```
//这些代码是自动生成，不是我们手写的
    public partial class SeedStudentsTable:Migration
    {
        protected override void Up(MigrationBuilder migrationBuilder)
        {
            migrationBuilder.InsertData(
                table:"Students",
                columns:new[] { "Id","Email","Major","Name" },
                values:new object[] {1,"ltm@ddxc.org",2,"梁桐铭" });

            migrationBuilder.InsertData(
                table:"Students",
                columns:new[] { "Id","Email","Major","Name" },
                values:new object[] {2,"zhangsan@52abp.com",1,"张三" });

            migrationBuilder.InsertData(
                table:"Students",
                columns:new[] { "Id","Email","Major","Name" },
                values:new object[] {3,"lisi@52abp.com",3,"李四" });
        }

        protected override void Down(MigrationBuilder migrationBuilder)
        {
            migrationBuilder.DeleteData(
                table:"Students",
                keyColumn:"Id",
                keyValue:1);

            migrationBuilder.DeleteData(
```

```
                table:"Students",
                keyColumn:"Id",
                keyValue:2);

            migrationBuilder.DeleteData(
                table:"Students",
                keyColumn:"Id",
                keyValue:3);
        }
    }
```

然后执行Update-Database命令，将迁移记录应用到数据库中。

17.7.7 更改现有的数据库种子数据

读者可以通过更改现有种子数据或者添加一条迁移记录来更新种子数据。

首先修改**OnModelCreating()**方法，代码如下。

```
        protected override void OnModelCreating(ModelBuilder modelBuilder)
        {
            modelBuilder.Entity<Student>().HasData(
                new Student
                {
                    Id = 1,
                    Name = "张三",
                    Major = MajorEnum.ComputerScience,
                    Email = "zhangsan@52abp.com"
                }
            );
            modelBuilder.Entity<Student>().HasData(
                new Student
                {
                    Id = 2,
                    Name = "李四",
                    Major = MajorEnum.Mathematics,
                    Email = "lisi@52abp.com"
                }
            );
        }
```

然后添加一条迁移记录。

```
Add-Migration AlterStudentsSeedData
```

最后将新生成的迁移记录添加到数据库中。

```
Update-Database
```

我们可以通过SQL Server对象资源管理器中的Students表来查看数据是否更新成功，

如图17.21所示。

dbo.Students [数据]　20191102070435_...dentsSeedData.cs　20191102070334

最大行数(O): 1000

Id	Name	Major	Email
	张三	1	zhangsan@52abp.com
3	李四	3	lisi@52abp.com
NULL	NULL	NULL	NULL

图17.21

17.7.8 DbContext类保持“干净”

我们添加了种子数据，目前数据还比较少，但是随着业务的扩大和发展，数据也会随着变多。这样会让DbContext类变得臃肿、可读性差且不利于解耦，因此要让DBcontext类保持干净。

为了令DbContext类保持干净，我们可以将种子数据设定代码从DbContext类移动到ModelBuilder类上的扩展方法中。

我们在**Infrastructure**文件夹中创建一个**ModelBuilderExtensions.cs**文件，添加如下代码。

```
public static class ModelBuilderExtensions
    {
        public static void Seed(this ModelBuilder modelBuilder)
        {
            modelBuilder.Entity<Student>().HasData(
                new Student
                {
                    Id = 2,
                    Name = "张三",
                    Major = MajorEnum.ComputerScience,
                    Email = "zhangsan@52abp.com"
                }
            );
            modelBuilder.Entity<Student>().HasData(
                new Student
                {
                    Id = 3,
                    Name = "李四",
                    Major = MajorEnum.Mathematics,
                    Email = "lisi@52abp.com"
                }
            );
        }
    }
```

我们创建了一个Seed()方法来保存这些种子数据，而这个方法是扩展方法，参数中包含this关键字。请注意，这个方法必须是静态方法，因为扩展方法只能在静态类中定义。

我们调用DbContext类中的**OnModelCreating()**方法，只需要添加如下一行代码。

```
protected override void OnModelCreating(ModelBuilder modelBuilder)
{
    modelBuilder.Seed();
}
```

它执行我们所写的ModelBuilder的扩展方法——**Seed()**方法，这样无论业务变得有多复杂，我们只需要维护**Seed()**方法，而无须频繁改动DbContext。实体发生变动的时候，智能提示还会通知编译失败，以此来告诉我们需要更新种子数据，这样就无须担心因忘记维护种子数据带来的灾难了。

17.8 在ASP.NET Core中同步领域模型与数据库架构

在开发程序并添加新功能的时候，领域类会发生变化。而当领域类更改时，也必须对基础数据库架构进行相应的更改。否则，数据库架构不同步，程序无法按照预期进行正常工作。但是，最重要的一点是，不要手动对数据库架构进行更改，应该通过迁移功能来使数据库架构在程序领域类更改时保持同步性。

17.8.1 给学生增加头像字段

目前，领域模型Student类还不能保存学生的头像信息，因此在Student类中添加一个字段PhotoPath的属性，代码如下。

```
public class Student
    {
        public int Id{get;set;}
        public string Name{get;set;}
        public MajorEnum?Major{get;set;}
        public string Email{get;set;}
```

以上是现在的Student类，而为了存储学生的PhotoPath，我们希望将PhotoPath属性添加到Student类中。

```
public class Student
    {
        public int Id{get;set;}
        public string Name{get;set;}
        public MajorEnum?Major{get;set;}
        public string Email{get;set;}
        public string PhotoPath{get;set;}
    }
```

要使数据库中的Students表与Student领域类保持同步，我们需要添加新的迁移记录并执行它以更新数据库。

17.8.2 Migrations文件夹中的文件说明

使用Add-Migration命令添加新迁移记录，迁移记录的名称是AddPhotoPathToStudents。

```
Add-Migration AddPhotoPathToStudents
```

执行上述命令会生成以下文件。

第一个文件是［TimeStap］_AddPhotoPathToStudents.cs，文件名由时间戳、下划线和定义的迁移名称组成。

此文件中的类名与迁移名称相同，该类包含的两个方法分别是**Up()**和**Down()**。

- Up()方法包含对领域类所做的更改，并会将它们应用到数据库架构中的代码。
- Down()方法包含撤销更改的代码。

第二个文件是ModelSnapshot.cs，文件名由当前自定义的DbContext名称和ModelSnapshot组成，顾名思义，此文件包含当前模型的快照。在创建第一条迁移记录时，该文件将被添加到Migrations文件夹中，并在以后的每次迁移中得到更新，它使数据库与模型保持最新所需的更改。

当添加第一条迁移记录并在后续每次迁移发生更新时，都将创建此文件。EF Core迁移API会使用此文件来确定添加下一次迁移时已更改的内容。

现在我们要应用迁移并更新数据库，请使用Update-Database命令。此命令执行Up()方法中的代码，并将更改应用到数据库中。

```
Update-Database
```

17.8.3 _EFMigrationsHistory表的使用

执行第一次迁移时，会在数据库中创建_EFMigrationsHistory表，此表用于跟踪应用于数据库的迁移记录。每次应用迁移都会添加一条记录信息。如图17.22所示，到目前为止我们已经添加了4条记录。

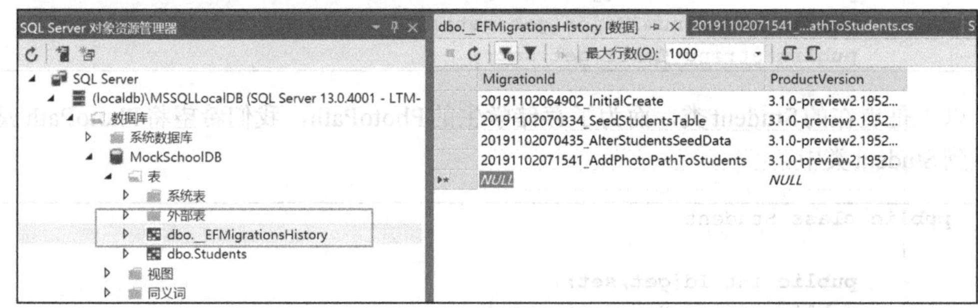

图17.22

17.8.4 如何删除已应用的迁移记录

要删除迁移，需要执行**Remove-Migration**命令。它一次只删除一条迁移记录，并且仅删除尚未应用到数据库的最新迁移记录。如果已应用迁移记录，则强制执行**Remove-**

Migration命令将引发以下异常。

The migration 'Latest_Migration_Name' has already been applied to the database. Revert it and try again.

该异常提示我们，上一条迁移记录已经被应用到了数据库，需要回滚之后再重试删除。

17.8.5 删除已应用于数据库的迁移

让我们通过示例了解如何删除已应用于数据库的迁移。

创建3条迁移记录，这里记录内容为空也没有关系，依次在PMC中执行以下命令。

```
Add-Migration Migration_One
Add-Migration Migration_Two
Add-Migration Migration_Three
Update-Database
```

我们要删除Migration_Two和Migration_Three。由于这3次迁移都已应用于数据库，因此执行Remove-Migration命令将引发错误。

```
The migration '20191102072341_Migration_Three' has already been applied to
the database. Revert it and try again. If the migration has been applied
to other databases,consider reverting its changes using a new migration.
```

为了删除已应用于数据库的迁移，必须先要撤销迁移对数据库所做的更改。我们需要做的是执行带有迁移名称的Update-Database命令。然后回滚Migration_Two和Migration_Three所做的更改，并且执行迁移记录Migration_One使数据库架构状态与当前需要回滚的领域模型状态一致。为此，我们使用Migration_One名称执行Update-Database命令，代码如下。

```
Update-Database Migration_One
```

执行上述命令将撤销Migration_Two和Migration_Three所做的更改。EF Core还将从数据库_EFMigrationsHistory表中删除这两次迁移的记录。但是，迁移代码文件仍存在于Migrations文件夹中。要删除代码文件，请使用Remove-Migration命令。

由于要删除Migration_Three和Migration_Two代码文件，因此我们要执行两次Remove-Migration命令。第一次删除Migration_Three，第二次删除Migration_Two。

17.9 小结

本章中的信息量较大，读者学起来可能比较吃力，我的建议是勤加练习，毕竟要掌握编程确实要多花一些功夫，但是只要努力就一定会看到曙光。现在还有一个Migration_One没有被删除，我想读者已经知道如何自行练习来删除它了。

除学习EF Core的基本操作以外，我们还学习了单层Web应用和多层Web应用的简单知识，但是目前不要求读者掌握，做完本书的练习之后，再来看一看本章中关于多层Web应用的架构，或许读者就有自己的想法了。

第18章 学生头像上传与信息修改

本章主要向读者介绍如下内容。

- 如何实现修改学生信息功能。
- 如何在ASP.NET Core MVC中实现文件上传功能。
- 多文件上传与单文件上传的不同。
- 扩展方法的使用。

现在我们学习如何使用ASP.NET Core MVC上传文件，并完成学生信息的修改以完善表单信息。

我们会实现如图18.1所示的功能，在创建学生信息的时候，可以使用表单中的头像字段来上传学生的图片信息。

图18.1

提交信息后，我们能够在数据库**Students**表中存储Student类的数据，包含**Name**、**Email**、**Major**和**PhotoPath**信息。

表18.1所示为数据库Students表的信息，它是通过ASP.NET Core中的迁移功能创建的。

表18.1

Id	名字	主修科目	电子邮箱	头像
1	52ABP管理员	2	info@ddxc.org	info.png
2	张三	3	ltm@ddxc.org	zs.png

学生的图片信息会上传到Web服务器上的wwwroot/images文件夹中。为了实现这个上传功能，我们需要修改和添加几个类文件。

18.1 修改Student模型类

现在，我们来修改Student模型类，代码如下。

```
public class Student
    {
        public int Id{get;set;}
        public string Name{get;set;}
        public string Email{get;set;}
        public MajorEnum?Major{get;set;}
        public string PhotoPath{get;set;}
    }
```

Student类文件中的各种验证属性已经移除掉了，因为从现在开始它负责同步数据库的架构。

而要基于添加学生信息进行业务规则验证，需要添加一个新的类文件，叫作**StudentCreateViewModel.cs**，我们之前提到过，领域模型很多时候是不能满足业务要求的，因此需要使用视图模型（也被称作DTO）来帮助我们完善业务。

18.1.1 视图模型——StudentCreateViewModel

StudentCreateViewModel的代码如下。

```
public class StudentCreateViewModel
    {

        [Required(ErrorMessage = "请输入名字"),MaxLength(50,ErrorMessage = "
名字的长度不能超过50个字符")]
        [Display(Name = "名字")]
        public string Name{get;set;}
        [Required]
        [Display(Name = "主修科目")]
        public MajorEnum?Major{get;set;}

        [Display(Name = "电子邮箱")]
            [RegularExpression(@"^[a-zA-Z0-9_.+-]+@[a-zA-Z0-9-]+\.
[a-zA-Z0-9-.]+$",
        ErrorMessage = "邮箱的格式不正确")]
```

```
        [Required(ErrorMessage = "请输入邮箱地址")]
        public string Email{get;set;}

        [Display(Name = "头像")]
        public IFormFile Photo{get;set;}
    }
```

这里在**StudentCreateViewModel**文件中添加了一个**IFormFile**类的Photo字段。IFormFile位于Microsoft.AspNetCore.Http命名空间中。

上传至服务器的文件均可通过IFormFile接口使用模型绑定的形式进行访问。Photo属性通过模型绑定接收上传的文件。如果要支持多个文件上传，则将Photo属性的数据类型设置为List即可。IFormFile接口具有以下属性和方法。

```
public interface IFormFile
{
  string ContentType{get;}
  string ContentDisposition{get;}
  IHeaderDictionary Headers{get;}
  long Length{get;}
  string Name{get;}
  string FileName{get;}
  Stream OpenReadStream();
  void CopyTo(Stream target);
   Task CopyToAsync(Stream target,CancellationToken cancellationToken =
null);
}
```

IFormFile类中属性以及方法如表18.2所示。

表18.2

名称	内容
ContentType	获取上传文件的原始Content-Type标头
ContentDisposition	获取上传文件的原始Content-Disposition标头
Length	获取文件长度，以字节为单位
FileName	从Content-Disposition标头中获取的文件名
Name	从Content-Disposition标头中获取的字段名称
Headers	获取上传文件的HTTP消息头的字典信息
OpenReadStream()	打开请求流以读取上传的文件
CopyTo()	将上传文件的内容复制粘贴到流
CopyToAsync()	异步地将上传文件的内容复制粘贴到流

18.1.2 更新Create视图中的代码

要支持文件上传，表单元素应设置为enctype="multipart/form-data"，以下是关于enctype的说明。

- enctype属性规定在发送到服务器之前应该如何对表单数据进行编码。
- application/x-www-form-urlencoded在发送前编码所有字符（默认）。
- multipart/form-data不对字符编码。在使用包含文件上传控件的表单时，必须使用该值。
- text/plain空格转换为加号，但不对特殊字符编码。

以上都是HTML的基础，完整的Create.cshtml代码如下。

```
@model StudentCreateViewModel
@inject IStudentRepository _studentRepository
@{
ViewBag.Title = "创建学生信息";}

@* 请记得给form表单添加属性enctype="multipart/form-data"*@
<form   enctype="multipart/form-data"   asp-controller="home"   asp-
action="create"  method="post"  class="mt-3">
  <div asp-validation-summary="All" class="text-danger"></div>

  <div class="form-group row">
    <label asp-for="Name" class="col-sm-2 col-form-label"></label>
    <div class="col-sm-10">
      <input asp-for="Name" class="form-control" placeholder="请输入名字" />
      <span asp-validation-for="Name" class="text-danger"></span>
    </div>
  </div>
  <div class="form-group row">
    <label asp-for="Email" class="col-sm-2 col-form-label"></label>
    <div class="col-sm-10">
       <input asp-for="Email" class="form-control" placeholder="请输入邮箱地
址"/>
      <span asp-validation-for="Email" class="text-danger"></span>
    </div>
  </div>

  <div class="form-group row">
    <label asp-for="Major" class="col-sm-2 col-form-label"></label>
    <div class="col-sm-10">
  <select asp-for="Major" class="custom-select mr-sm-2"
  asp-items="Html.GetEnumSelectList<MajorEnum>()">
          <option value="">请选择</option>
      </select>
      <span asp-validation-for="Major" class="text-danger"></span>
    </div>
  </div>
  @* 我们使用asp-for的TagHelper设置input的属性为Photo
  Photo属性类型是IFormFile，所以在运行的时候ASP.NET Core会将该标签生成上传控件(input
type=file) *@
```

```
    <div class="form-group row">
      <label asp-for="Photo" class="col-sm-2 col-form-label"></label>
      <div class="col-sm-10">
        <div class="custom-file">
            <input asp-for="Photo" multiple class="form-control custom-file-
input"/>
          <label class="custom-file-label">请选择图片....</label>
        </div>
      </div>
    </div>

    <div class="form-group row">
      <div class="col-sm-10">
        <button type="submit" class="btn btn-primary">创建</button>
      </div>
    </div>

    <div class="form-group row">
      <div class="col-sm-10">
        学生总人数 = @_studentRepository.GetAllStudents().Count().ToString()
      </div>
    </div>

    @*以下JavaScript代码的作用是，可以在上传标签中显示选定的上传文件名称。*@
    @section Scripts{
    <script>
      $(document).ready(function() {
        $(".custom-file-input").on("change",function() {
          var fileName = $(this)
            .val()
            .split("\\")
            .pop();
          $(this)
            .next(".custom-file-label")
            .html(fileName);
        });
      });
    </script>
    }
  </form>
```

我们使用了asp-for的TagHelper，将input的属性设置为Photo。而Photo属性类型是IFormFile，因此在ASP.NET Core运行时会自动将该标签转换为上传控件（input type=file），生成的HTML代码如下。

```
  <input
    class="form-control custom-file-input" type="file" id="Photo"name="Photo"/>
```

因为原有的Student领域模型已经不能满足我们的业务呈现了，所以当前页面视图模型改用StudentCreateViewModel。

在<form>结束元素之前的JavaScript代码可以增强上传控件的显示效果和用户体验，显示选定的上传文件名称，效果如图18.2所示。

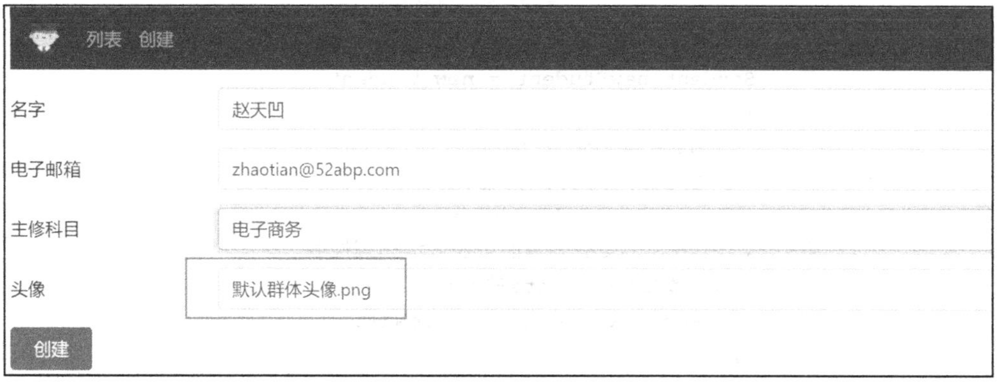

图18.2

18.1.3 更新Create()操作方法的代码

回到HomeController文件中，因为要让Create()方法支持文件上传，所以我们要对这个方法进行修改。修改规则如下。

- 判断用户是否上传图片，如果没有上传图片，则路径信息为空。
- 判断StudentCreateViewModel中的Photo属性是否为空。
- 如果已上传图片，则要进行规则验证。
- 所有的图片文件都必须上传到wwwroot的images文件夹中。而要获取wwwroot文件夹的路径，需要通过ASP.NET Core中的依赖注入注册WebHostEnvironment服务。
- 为了确保文件名是唯一的，文件名的生成规则为GUID值，并加一个下划线。

完整的上传文件代码如下。

```
[HttpPost]
        public IActionResult Create(StudentCreateViewModel model)
        {
            if(ModelState.IsValid)
            {
                string uniqueFileName = null;
                if(model.Photo!= null)
                {
//必须将图片文件上传到wwwroot的images文件夹中
//而要获取wwwroot文件夹的路径，我们需要注入ASP.NET Core提供的WebHostEnvironment服务
   string uploadsFolder = Path.Combine(_webHostEnvironment.WebRootPath,
"images");
```

```
    //为了确保文件名是唯一的，我们在文件名后附加一个新的GUID值和一个下划线
    uniqueFileName = Guid.NewGuid().ToString() + "_" + model.Photo.FileName;
    string filePath = Path.Combine(uploadsFolder,uniqueFileName);
    //使用IFormFile接口提供的CopyTo()方法将文件复制到wwwroot/images文件夹
    model.Photo.CopyTo(new FileStream(filePath,FileMode.Create));
                }

                Student newStudent = new Student
                {
                    Name = model.Name,
                    Email = model.Email,
                    Major = model.Major,
        // 将文件名保存在Student对象的PhotoPath属性中
         //它将被保存到数据库Students的表中
                    PhotoPath = uniqueFileName
                };

                _studentRepository.Insert(newStudent);
return RedirectToAction("Details",new{id = newStudent.Id});
            }
            return View();
        }
```

因为此HomeController文件中的其余方法不涉及上传文件，所以无须修改。涉及修改的视图文件为**学生详情视图页面**和**学生列表视图页面**，请参照18.1.4节和18.1.5节的内容进行调整。

18.1.4 学生详情视图页面代码

学生详情视图页面（Details.cshtml文件）的代码如下。

```
@model MockSchoolManagement.ViewModels.HomeDetailsViewModel
@{

    ViewBag.Title = "学生详情";
       var photoPath = "~/images/" + (Model.Student.PhotoPath??"noimage.
png");
}
<h3>@Model.PageTitle</h3>
<div class="row justify-content-center m-3">
    <div class="col-sm-6">
        <div class="card">
            <div class="card-header">
                <h1>@Model.Student.Name</h1>
            </div>
            <div class="card-body text-center">
                    <img class="card-img-top" src="@photoPath" asp-append-
version="true" />
```

```
                <h4>学生ID:@Model.Student.Id</h4>
                <h4>邮箱 :@Model.Student.Email</h4>
                <h4>主修科目 :@Model.Student.Major</h4>
            </div>
            <div class="card-footer text-center">
                    <a asp-action="Index" asp-controller="home" class="btn
btn-info">返回</a>
                <a href="#" class="btn btn-primary">编辑</a>
                <a href="#" class="btn btn-danger">删除</a>
            </div>
        </div>
    </div>
</div>

@section Scripts{
        <script src="~/js/CustomScript.js"></script>
}
```

视图详情页面需要显示学生头像信息，因此我们要声明一个**photoPath**属性来拼接头像路径完整地址。可以将原本的<img class="card-img-top" src="~/images/noimage.png"/>修改为如下代码。

```
<img class="card-img-top" src="@photoPath" asp-append-version="true" />
```

同时给<img>元素加上asp-append-version="true"，为图片提供缓存清除行为。

18.1.5 学生列表视图页面代码

学生列表视图页面也是如此，只需要加上一个**photoPath**属性即可。和详情页面不同的是，因为列表页面存在多个不同的内容，所以**photoPath**不能设置为全局的，我们需要在foreach()方法中添加以下代码。

```
var photoPath = "~/images/" + (student.PhotoPath??"noimage.jpg");
```

同样，将原来的纯静态网页<img class="card-img-top" src="~/images/timg.jpg" asp-append-version="true" />替换为<img class="card-img-top imageThumbnail" src="@photoPath" asp-append-version="true"/>。

同时为<img>元素的class属性添加了一个imageThumbnail自定义样式。

学生列表视图页面的代码如下。

```
@model IEnumerable<Student>
@{ViewBag.Title = "学生列表页面";}
<div class="card-deck">
    @foreach(var student in Model)
    {
var photoPath = "~/images/" + (student.PhotoPath??"noimage.png");
    <div class="card m-3">
        <div class="card-header">
            <h3 class="card-title">@student.Name</h3>
```

```
        </div>
            <img class="card-img-top  " src="@photoPath" asp-append-version="true" />
        <div class="card-body text-center">
            <h5 class="card-title">主修科目:@student.Major</h5>
        </div>

        <div class="card-footer text-center">
                <a asp-controller="Home" class="btn btn-info" asp-action="Details" asp-route-id="@student.Id">查看</a>
            <a href="#" class="btn btn-primary">编辑</a>
            <a href="#" class="btn btn-danger">删除</a>
        </div>
    </div>
    }
</div>
```

找到wwwroot文件夹中的CSS文件夹，在site.css文件中添加以下样式内容。

```
.imageThumbnail{
  height:200px;
  width:auto;
}
```

注意删除.btn样式内容，不然后面的开发过程中会受到影响。

18.2 在ASP.NET Core MVC中完成上传多个文件

在第17章中我们已经学习了单个文件的上传，本节我们将学习如何完成多个文件的上传。依然使用添加学生的表单视图，单击**请选择图片**按钮可以完成多个文件的上传。

被选中的图片会被存储到Web服务器的wwwroot/images/avatars文件夹中，如图18.3所示。

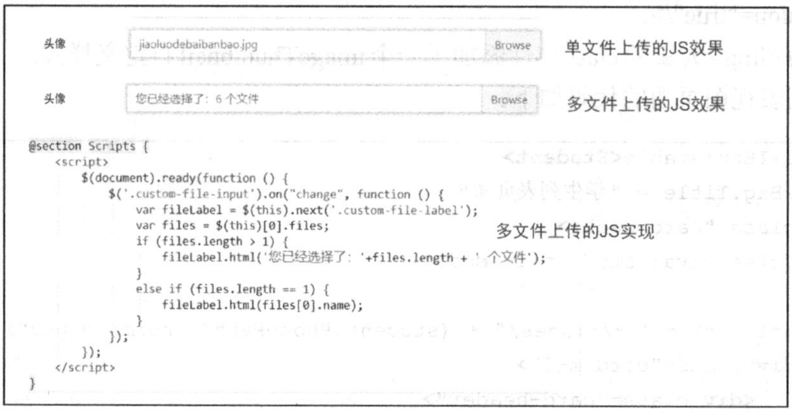

头像 jiaoluodebaibanbao.jpg Browse 单文件上传的JS效果

头像 您已经选择了：6 个文件 Browse 多文件上传的JS效果

多文件上传的JS实现

```
@section Scripts {
    <script>
        $(document).ready(function () {
            $('.custom-file-input').on("change", function () {
                var fileLabel = $(this).next('.custom-file-label');
                var files = $(this)[0].files;
                if (files.length > 1) {
                    fileLabel.html('您已经选择了：'+files.length + ' 个文件');
                }
                else if (files.length == 1) {
                    fileLabel.html(files[0].name);
                }
            });
        });
    </script>
}
```

图18.3

提交信息后，我们能够在数据库Students表中存储Student类的数据，包含Name、Email、Major和PhotoPath信息。

为了实现多个文件的上传功能，我们需要修改和添加几个类文件。

18.2.1 StudentCreateViewModel文件

StudentCreateViewModel文件的代码如下。

```
public class StudentCreateViewModel
    {

        [Required(ErrorMessage = "请输入名字"),MaxLength(50,ErrorMessage = "
名字的长度不能超过50个字符")]
        [Display(Name = "名字")]
        public string Name{get;set;}
        [Required]
        [Display(Name = "主修科目")]
        public MajorEnum?Major{get;set;}

        [Display(Name = "电子邮箱")]
            [RegularExpression(@"^[a-zA-Z0-9_.+-]+@[a-zA-Z0-9-]+\.
[a-zA-Z0-9-.]+$",
        ErrorMessage = "邮箱的格式不正确")]
        [Required(ErrorMessage = "请输入邮箱地址")]
        public string Email{get;set;}

        [Display(Name = "头像")]
         public List<IFormFile> Photos{get;set;}
    }
```

18.2.2 更新Create视图的代码

```
<form    enctype="multipart/form-data"    asp-controller="home"    asp-
action="create"
  method="post"   class="mt-3">
  <div class="form-group row">
    <label asp-for="Name" class="col-sm-2 col-form-label"></label>
    <div class="col-sm-10">
      <input asp-for="Name" class="form-control" placeholder="请输入名字"/>
      <span asp-validation-for="Name" class="text-danger"></span>
    </div>
  </div>

  <div class="form-group row">
```

```
      <label asp-for="Email" class="col-sm-2 col-form-label"></label>
      <div class="col-sm-10">
        <input  asp-for="Email"  class="form-control"  placeholder="请输入邮箱
地址"      />
        <span asp-validation-for="Email" class="text-danger"></span>
      </div>
    </div>

    <div class="form-group row">
      <label asp-for="Major" class="col-sm-2 col-form-label"></label>
      <div class="col-sm-10">
          <select  asp-for="Major"    class="custom-select mr-sm-2"    asp-
items="Html.GetEnumSelectList<MajorEnum>()">
          <option value=""> 请选择</option>
        </select>
        <span asp-validation-for="Major" class="text-danger"></span>
      </div>
    </div>

    @* 我们使用asp-for的TagHelper设置input的属性为Photos。
    Photos属性类型是List<IFormFile>，所以在运行的时候ASP.NET
    Core会将该标签生成上传控件(input type=file) 而要支持多个文件上传，需要
    multiple属性支持*@

    <div class="form-group row">
      <label asp-for="Photos" class="col-sm-2 col-form-label"></label>
      <div class="col-sm-10">
        <div class="custom-file">
           <input asp-for="Photos"  multiple class="form-control custom-file-
input" />
          <label class="custom-file-label">请选择图片...</label>
        </div>
      </div>
    </div>

    <div asp-validation-summary="All" class="text-danger"></div>
    <div class="form-group row">
      <div class="col-sm-10">
        <button type="submit" class="btn btn-primary">创建</button>
      </div>
    </div>
    @*以下JavaScript代码是必需的，它的作用是
    如果选择了单个文件，则显示该文件的名称；如果选择多个文件，然后显示文件数量*@
  @section Scripts{
    <script>
      $(document).ready(function() {
```

```
        $(".custom-file-input").on("change",function() {
         //console.log($(this));
          var fileLabel = $(this).next(".custom-file-label");
          var files = $(this)[0].files;
          if(files.length > 1) {
            fileLabel.html("读者已经选择了:" + files.length + " 个文件");
          }else if(files.length == 1) {
            fileLabel.html(files[0].name);
          }
        });
      });
    </script>
    }
  </form>
```

我们使用了asp-for的TagHelper设置input的属性为Photos。

Photos属性类型是List<IFormFile>，在运行的时候ASP.NET Core会将该标签转换为上传控件（input type=file），而要支持多个文件上传，则需要multiple属性支持，代码如下。

```
<input asp-for="Photos" multiple class="form-control custom-file-input" />
```

生成HTML代码后，和单个文件相比，增加了multiple属性，效果如图18.4所示。

```
<input multiple class="form-control custom-file-input" type="file"
id="Photos" name="Photos"/>
```

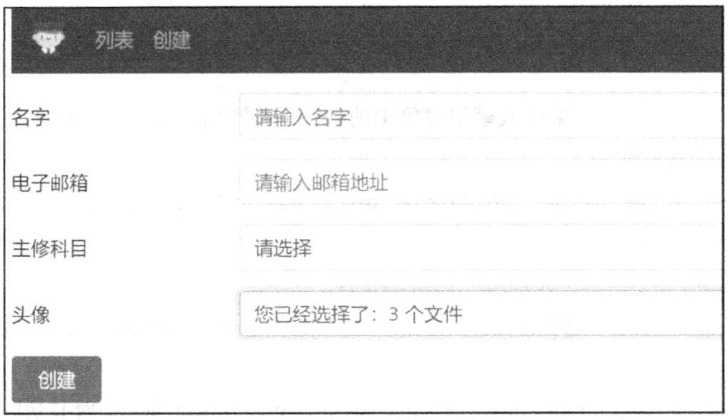

图18.4

因为原有的Student领域模型已经不能满足业务呈现了，所以当前页面视图模型改用StudentCreateViewModel。对<form>结束元素之前的JavaScript代码我们也进行了修改，它的作用是，如果选择了单个文件，则显示该文件的名称；如果选择多个文件，则显示选择的文件数量，效果如图18.5所示。

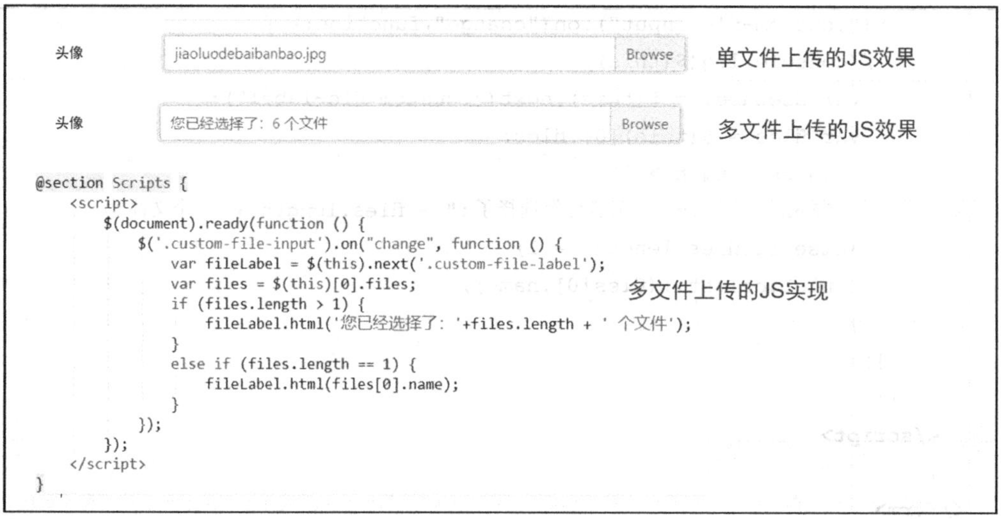

头像 jiaoluodebaibanbao.jpg Browse 单文件上传的JS效果

头像 您已经选择了：6 个文件 Browse 多文件上传的JS效果

```
@section Scripts {
    <script>
        $(document).ready(function () {
            $('.custom-file-input').on("change", function () {
                var fileLabel = $(this).next('.custom-file-label');
                var files = $(this)[0].files;
                if (files.length > 1) {
                    fileLabel.html('您已经选择了： '+files.length + ' 个文件');
                }
                else if (files.length == 1) {
                    fileLabel.html(files[0].name);
                }
            });
        });
    </script>
}
```

多文件上传的JS实现

图18.5

18.2.3 修改Create()操作方法

回到HomeController文件中，因为要让Create()方法支持多文件上传，所以我们要对这个方法进行修改。完整的上传文件代码如下。

```
 [HttpPost]
    public IActionResult Create(StudentCreateViewModel model)
        {
            if(ModelState.IsValid)
            {
                string uniqueFileName = null;

                  //如果传入模型对象中的Photo属性不为null，并且Count>0，则表示用户
至少选择一个要上传的文件
                if(model.Photos!= null && model.Photos.Count > 0)
                {
                    //循环每个选定的文件
                    foreach(IFormFile photo in model.Photos)
                    {
    //必须将图片文件上传到wwwroot的images/avatars文件夹中而要获取wwwroot文件夹的
    //路径，我们需要注入ASP.NET Core提供的WebHost Environment服务通过
    //WebHostEnvironment服务获取wwwroot文件夹的路径
                              string uploadsFolder = Path.Combine(_
webHostEnvironment.WebRootPath,"images","avatars");
 //为了确保文件名是唯一的，我们在文件名后附加一个新的GUID值和一个下划线
                        uniqueFileName = Guid.NewGuid().ToString() + "_" +
photo.FileName;
```

```
                        string filePath = Path.Combine(uploadsFolder,
uniqueFileName);
//使用IFormFile接口提供的CopyTo()方法将文件复制到wwwroot/images/avatars文件夹
                        photo.CopyTo(new FileStream(filePath,FileMode.
Create));
                    }
                }
                Student newStudent = new Student
                {
                    Name = model.Name,
                    Email = model.Email,
                    Major = model.Major,
                    // 将文件名保存在Student对象的PhotoPath属性中
                    //它将被保存到数据库Students的表中
                    PhotoPath = uniqueFileName
                };
            _studentRepository.Insert(newStudent);
                return RedirectToAction("Details",new{id = newStudent.Id});
            }
            return View();
        }
```

此HomeController文件中的其余代码不需要上传文件，因此不做修改。

同时因为我们将图片上传的文件夹从images调整到了avatars中，所以也要修改对应的Details.cshtml与Index.cshtml的视图文件代码，代码如下。

```
var photoPath = "~/images/" + (Model.Student.PhotoPath??"noimage.png");
```

更改为以下代码。

```
var photoPath = "~/images/noimage.png";
    if(student.PhotoPath!=null)
    {
        photoPath = "~/images/avatars/" + student.PhotoPath;
    }
```

运行项目，上传新的图片，效果如图18.6所示。

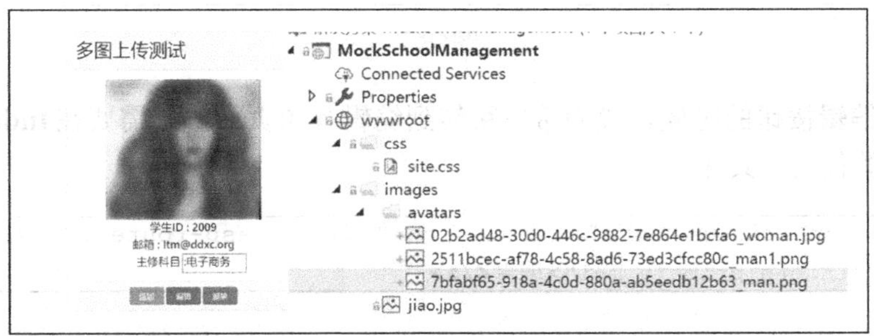

图18.6

请注意，当前案例仅为实现保存多个头像文件并上传到/images/avatars文件夹，并没有将所有的文件路径都存在数据库中（仅保存了一项）。

细心的读者已经发现了图18.6中所示的主修科目属性的值为中文，而不是之前的英文，这是怎么做到的呢？请允许我卖个关子，这会在后面的章节中讲解，现在继续完成学生功能的开发。

18.3 ASP.NET Core中的学生编辑视图

在本节，我们将添加Edit.cshtml文件来修改已存在的数据信息。

我们希望在**编辑视图**中显示现有学生数据信息。用户可以在更改学生详细信息后，单击**更新**按钮以更新数据库中的数据。

本节的任务如下。

- 完成**编辑视图页面**。
- 用户单击取消时，重定向到**列表视图**。

18.3.1 导航到编辑视图

图18.7显示的是学生列表。

图18.7

当单击**编辑**按钮的时候，我们希望跳转到编辑视图页面，则需要在**Index.cshtml**中修改**编辑**标签代码，具体代码如下。

```
<a asp-controller="home" asp-action="edit"  asp-route-id="@student.Id"
class="btn btn-primary m-1">编辑</a>
```

通过上面的代码，可以将学生的ID传递到HomeController的Edit()方法中，涉及以下几个TagHelper的使用。

- asp-controller帮助程序定位到指定的控制器。
- asp-action在控制器中解析到对应的操作方法。
- asp-route-id可以在路由中的进行数据传递。

上面的代码表示发送一个学生ID为1的请求到HomeController中的edit(string id）操作方法中，发出请求的URL完整地址如下所示。

http://localhost:13380/home/edit/1

18.3.2　编辑视图模型

在**ViewModels**文件夹中添加**StudentEditViewModel**类，代码如下。

```
    /// <summary>
    /// 编辑学生的视图模型
    /// </summary>
    public class StudentEditViewModel:StudentCreateViewModel
    {
        public int Id{get;set;}
        /// <summary>
        /// 已经存在数据库中的图片文件路径
        /// </summary>
        public string ExistingPhotoPath{get;set;}
    }
```

读者可以参考**StudentCreateViewModel**中的代码。

```
        [Display(Name = "名字")]
        [Required(ErrorMessage = "请输入名字，它不能为空")]
        public string Name{get;set;}
        /// <summary>
        /// 主修科目
        /// </summary>
        [Required(ErrorMessage = "请选择一门科目")]
        [Display(Name = "主修科目")]
        public MajorEnum?Major{get;set;}
        [Display(Name = "电子邮箱")]
            [RegularExpression(@"^[a-zA-Z0-9_.+-]+@[a-zA-Z0-9-]+\.
[a-zA-Z0-9-.]+$",
       ErrorMessage = "邮箱的格式不正确")]
        [Required(ErrorMessage = "请输入邮箱地址，它不能为空")]
        public string Email{get;set;}

        [Display(Name = "头像")]
        public List<IFormFile> Photos{get;set;}
```

StudentEditViewModel类是通过继承**StudentCreateViewModel**完成的，它的作用如下。

- 此视图模型包含**Edit**视图所需的数据。

- **StudentEditViewModel**类派生自**StudentCreateViewModel**。
- 我们使用继承实现该实体模型，以遵循DRY原则，不重复代码。
- 我们除了继承**StudentCreateViewModel**类中的属性，还需要在**StudentEditViewModel**类中添加学生的ID和ExistingPhotoPath属性来满足业务逻辑。

18.3.3 Edit()操作方法

Edit()操作方法的代码如下。

```
    [HttpGet]
        public ViewResult Edit(int id)
        {
   Student student = _studentRepository.GetStudentById(id);
               StudentEditViewModel studentEditViewModel = new
StudentEditViewModel
            {
                Id = student.Id,
                Name = student.Name,
                Email = student.Email,
                Major = student.Major,
                ExistingPhotoPath = student.PhotoPath
            };
            return View(studentEditViewModel);
        }
```

该方法的作用如下。

- 使此Edit()操作方法响应GET请求。
- 它使用注入的StudentRepository实例，通过学生ID来查询学生详细信息。
- 通过实例化的StudentEditViewModel视图模型，将学生信息传递给Edit视图。

18.3.4 编辑视图页面

现在需要完成编辑学生视图的功能，用户可在编辑学生视图页面修改当前学生信息的值。在/Views/Home中添加Edit.cshtml文件，并添加如下代码。

```
@model StudentEditViewModel
@{
    ViewBag.Title = "编辑学生信息";
    //获取当前学生头像文件的完整路径
  var photoPath = "~/images/noimage.png";
        if(Model.ExistingPhotoPath!=null)
        {
            photoPath = "~/images/avatars/" + Model.ExistingPhotoPath;
        }
}
```

```
    <form enctype="multipart/form-data" asp-controller="home" asp-
action="edit" method="post" class="mt-3">
        <div asp-validation-summary="All" class="text-danger"></div>
        @*
         当我们提交表单和更新数据库中的数据时需要以下两个属性，但是又不需要用户看到它们，
所以我们使用隐藏的<Input>元素来存储员工ID和ExistingPhotoPath*@
        <input hidden asp-for="Id" />
        <input hidden asp-for="ExistingPhotoPath" />
         @*采用asp-for的TagHelper绑定StudentEditViewModel的属性，它们会负责在相
应的<input>元素中显示现有数据*@
        <div class="form-group row">
            <label asp-for="Name" class="col-sm-2 col-form-label"></label>
            <div class="col-sm-10">
    <input asp-for="Name" class="form-control" placeholder="请输入名字" />
                <span asp-validation-for="Name" class="text-danger"></span>
            </div>
        </div>

        <div class="form-group row">
            <label asp-for="Email" class="col-sm-2 col-form-label"></label>
            <div class="col-sm-10">
    <input asp-for="Email" class="form-control" placeholder="请输入邮箱地址">
                    <span asp-validation-for="Email" class="text-danger"></
span>
            </div>
        </div>

        <div class="form-group row">
                <label asp-for="Major" class="col-sm-2 col-form-label"></
label>
            <div class="col-sm-10">
                <select asp-for="Major" class="custom-select mr-sm-2"
                        asp-items="Html.GetEnumSelectList<MajorEnum>()">
                    <option value=""> 请选择</option>
                </select>
                    <span asp-validation-for="Major" class="text-danger"></
span>
            </div>
        </div>

        <div class="form-group row">
                <label asp-for="Photos" class="col-sm-2 col-form-label"></
label>
            <div class="col-sm-10">
                <div class="custom-file">
                        <input asp-for="Photos" class="form-control custom-
file-input">
```

```
                    <label class="custom-file-label">单击修改图片</label>
                </div>
            </div>
        </div>

        @*用于显示当前学生的图片信息*@
        <div class="form-group row col-sm-4 offset-4">
                <img class="imageThumbnail" src="@photoPath" asp-append-
version="true" />
        </div>

        <div class="form-group row">
            <div class="col-sm-10">
                <button type="submit" class="btn btn-primary">更新</button>
                    <a asp-action="index" asp-controller="home" class="btn
btn-primary">取消</a>
            </div>
        </div>
        @*以下JavaScript代码的作用是，可以在上传标签中显示选定的上传文件名称。*@

        @section Scripts{
            <script>
                $(document).ready(function() {
                    $(".custom-file-input").on("change",function() {
                        //console.log($(this));//可以取消这里输出看一看this中的值
                        var fileLabel = $(this).next(".custom-file-label");
                        var files = $(this)[0].files;
                        if(files.length > 1) {
                                fileLabel.html("读者已经选择了:" + files.length +
" 个文件");
                        }else if(files.length == 1) {
                            fileLabel.html(files[0].name);
                        }
                    });
                });
            </script>
        }
    </form>
```

18.3.5 完成HttpPost的Edit()操作方法

在本节中，我们希望实现响应HttpPost的Edit操作来更新学生信息。

当单击**更新**按钮的时候，我们会拦截和处理表单数据并将其发布到服务器上，如图18.8所示。

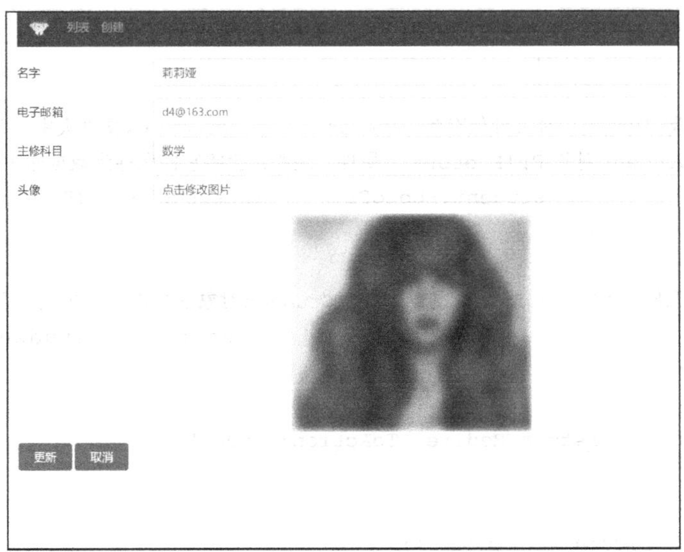

图18.8

在HomeController中添加以下代码，我已经在必要的地方添加了注释。

```
//通过模型绑定，作为操作方法的参数
        //StudentEditViewModel会接收来自POST请求的Edit表单数据
        [HttpPost]
        public IActionResult Edit(StudentEditViewModel model)
        {

            //检查提供的数据是否有效，如果没有通过验证，需要重新编辑学生信息
            //这样用户就可以更正并重新提交编辑表单
            if(ModelState.IsValid)
            {
                //从数据库中查询正在编辑的学生信息
         Student student = _studentRepository.GetStudentById(model.Id);
                //用模型对象中的数据更新student对象
                student.Name = model.Name;
                student.Email = model.Email;
                student.Major = model.Major;

                //如果用户想要更改图片，那么可以上传新图片文件，它会被模型对象上的Photos属
                //性接收
                //如果用户没有上传图片，那么我们会保留现有的图片文件信息
                //因为兼容了多图上传，所以将这里的!=null判断修改为判断Photos的总数是否
                //大于0
                if(model.Photos.Count > 0)
                {
                    //如果上传了新的图片，则必须显示新的图片信息
                    //因此我们会检查当前学生信息中是否有图片，如果有，则会删除它
                    if(model.ExistingPhotoPath!= null)
                    {
                        string filePath = Path.Combine(_webHostEnvironment.
WebRootPath,"images","avatars",model.ExistingPhotoPath);
```

```
                        System.IO.File.Delete(filePath);
                    }

        //我们将新的图片文件保存到wwwroot/images/avatars文件夹中，并且会更新
        //Student对象中的PhotoPath属性，最终都会将它们保存到数据库中
                    student.PhotoPath = ProcessUploadedFile(model);
                }

    //调用仓储服务中的Update()方法，保存Studnet对象中的数据，更新数据库表中的信息
                        Student updatedstudent = _studentRepository.
Update(student);

                return RedirectToAction("index");
            }

            return View(model);
        }
```

在HomeController中添加了一个私有方法ProcessUploadedFile()，该私有方法ProcessUploadedFile()的作用如下。

- 该方法将图片文件保存在**wwwroot**/avatars文件夹中，并且返回唯一的文件名。
- 将此文件名赋值到Student对象的PhotoPath属性中。
- 将路径值保存到数据库中。

```
    /// <summary>
        /// 将图片保存到指定的路径中，并返回唯一的文件名
        /// </summary>
        /// <returns></returns>
        private string ProcessUploadedFile(StudentCreateViewModel model)
        {
            string uniqueFileName = null;

            if(model.Photos.Count > 0)
            {
                foreach(var photo in model.Photos)
                {
                    //必须将图片文件上传到wwwroot的images/avatars文件夹中
                   //而要获取wwwroot文件夹的路径，我们需要注入ASP.NET Core提供的
                   //webHostEnvironment服务
                    //通过webHostEnvironment服务去获取wwwroot文件夹的路径
                            string uploadsFolder = Path.Combine(_
webHostEnvironment.WebRootPath,"images","avatars");
                    //为了确保文件名是唯一的，我们在文件名后附加一个新的GUID值和一
                    //个下划线
                        uniqueFileName = Guid.NewGuid().ToString() + "_" +
photo.FileName;
                            string filePath = Path.Combine(uploadsFolder,
uniqueFileName);
                    //因为使用了非托管资源，所以需要手动进行释放
```

```
                        using(var fileStream = new FileStream(filePath,FileMode.
    Create))
                        {
                            //使用IFormFile接口提供的CopyTo()方法将文件复制到
                            //wwwroot/images/avatars文件夹
                            photo.CopyTo(fileStream);
                        }
                    }
                }
                return uniqueFileName;
            }
```

请注意，这是一个通用方法，很适合作为工具方法。该方法中唯一要注意的是，我们使用了FileStream，这是一个非托管资源，因此需要使用using来进行内存的释放，否则会出现以下异常。

```
    System.IO.IOException
      HResult=0x80070020
      Message=The process cannot access the file 'C:\Source\
    MockSchoolManagement\wwwroot\images\avatars\93308bf7-ccb0-4966-9aa7-
    5f23324a170b_man1.png' because it is being used by another process.
      Source=System.IO.FileSystem
```

要复现该错误，只需要将using(){ } 删除，然后对同一个学生进行连续两次图片修改操作即可。

18.4 枚举的扩展方法实现

现在回到首页—学生列表视图，效果如图18.9所示。

图18.9

主修科目的值仍然为英文，我们要把它设置为中文，操作如下。

首先在项目根目录下创建Extensions文件夹，然后添加一个EnumExtension.cs类文件，添加以下代码。

```
    /// <summary>
    /// 枚举的扩展类
```

```
    /// </summary>
    public static class EnumExtension
    {
        /// <summary>
        /// 获取枚举的显示名字
        /// </summary>
        /// <param name="en"></param>
        /// <returns></returns>
        public static string GetDisplayName(this System.Enum en)
        {
            Type type = en.GetType();
            MemberInfo[]memInfo = type.GetMember(en.ToString());
            if(memInfo!= null && memInfo.Length > 0)
            {
                object[]attrs = memInfo[0].GetCustomAttributes(typeof(Displa
yAttribute),true);
                if(attrs!= null && attrs.Length > 0)
                {
                    return((DisplayAttribute)attrs[0]).Name;
                }
            }
            return en.ToString();
        }
    }
```

打开Index.cshtml文件，修改主修科目，代码如下。

```
<h5 class="card-title">主修科目:@student.Major.GetDisplayName()</h5>
```

打开Details.cshtml，修改后代码如下。

```
<h4>主修科目 :@Model.Student.Major.GetDisplayName()  </h4>
```

运行项目，效果如图18.10所示。

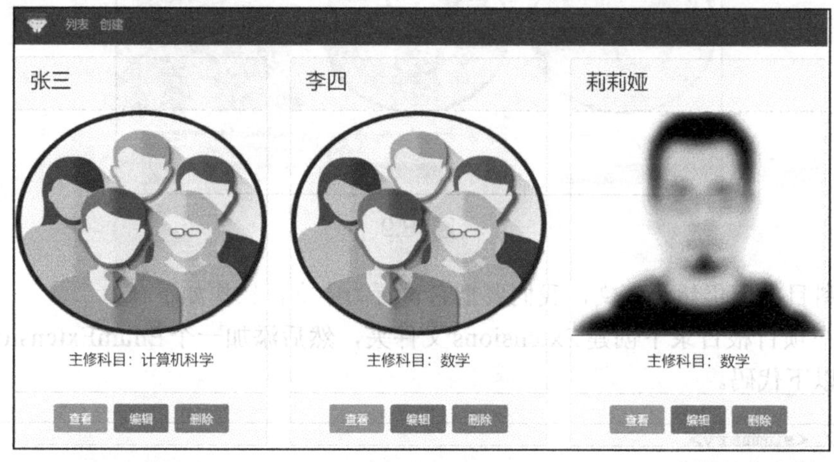

图18.10

18.5 小结

本章的内容比较多，但是基本以代码为主，我们实现了头像上传功能，这是一个比较常用、但是很少人能将其实现好的功能。编辑功能现在已经实现了，而删除功能还没有开发，读者可以尝试一下，用自己的方式来实现删除功能。我们也会在后面的章节中讲解实现删除功能。

第19章
404错误页与异常拦截

截止到本章，我们已经能够完成对一个学生信息的操作了。那么问题来了，现在来设想一个用户场景。

我们在使用某些系统的时候，如果访问了一个不存在的地址怎么办，比如http://52abp.com/airport/fly；或者访问的地址路由和操作方法虽然存在，但是地址参数id不存在，比如https://www.52abp.com/BlogDetails/5这个信息是存在的，但是更改访问https://www.52abp.com/BlogDetails/100时，则提示博客内容不存在。

在我们的系统中要如何处理呢？

本章主要向读者介绍如下内容。

- ASP.NET Core MVC中的两种404错误。
- 如何在ASP.NET Core MVC中处理404 Not Found错误。

19.1 HTTP状态码中的4××和5××

HTTP状态码是用以表示网页服务器HTTP响应状态的3位数字代码。状态码的第一个数字代表了响应的5种状态之一，这里我们只介绍涉及的4××和5××系列，之前讲解过状态码3××和2××。

4××系列表示请求错误，代表了客户端可能发生了错误，从而妨碍了服务器的处理。常见的有401状态码、403状态码和404状态码。

- 401状态码：请求要求身份验证。对于需要登录的网页，服务器可能返回此响应。
- 403状态码：服务器已经理解请求，但是拒绝执行它。与401响应不同的是，身份验证并不能提供任何帮助，而且这个请求也不应该被重复提交。
- 404状态码：请求失败，请求希望得到的资源在服务器上未发现。没有信息能够告诉用户这个状况到底是暂时的还是永久的。假如服务器知道情况的话，应当使用410状态码来告知旧资源，因为某些内部的配置机制问题，访问内容已不可用，而且没有任何可以跳转的地址。404状态码被广泛应用于服务器不想揭示到底为何请求被拒绝或者没有其他适合的响应可用的情况下。

5×× 系列表示服务器在处理请求的过程中有错误或者异常状态发生，也可能是服务器意识到以当前的软硬件资源无法完成对请求的处理。常见的有500状态码和503状态码。

- 500状态码：服务器遇到了一个未曾预料的状况，导致了它无法完成对请求的处理。一般来说，这个问题都会在服务器的程序码出错时出现。
- 503状态码：由于临时的服务器维护或者过载，因此服务器当前无法处理请求。通常这是暂时状态，一段时间后会恢复。

HTTP状态码是服务器和客户端之间交流信息的语言。通过查看网站日志的HTTP状态码，我们可以清楚地查看搜索引擎在网站的爬取情况。

19.1.1 ASP.NET Core中的404错误

404错误信息有两种，我们在之前已经提及了。首先了解第一种：找不到指定ID的信息。当无法通过指定的ID找到学生、产品和客户等信息的时候产生404错误，可以参考HomeController中的Details()的方法，代码如下。

```
        var student = _studentRepository.GetStudentById(id);
              //判断学生信息是否存在
              if(student == null)
              {
                  Response.StatusCode = 404;
                  return View("StudentNotFound",id);
              }
               //实例化HomeDetailsViewModel并存储Student详细信息和PageTitle
                    HomeDetailsViewModel homeDetailsViewModel = new
    HomeDetailsViewModel()
              {
                  Student = student,
                  PageTitle = "学生详情"
              };
              //将HomeDetailsViewModel对象传递给View()方法
              return View(homeDetailsViewModel);
```

可以通过传递一个ID为99的值来调用HomeController中的Details()方法:http://localhost:13380/home/details/99，查询不到该学生的信息，然后跳转到StudentNotFound视图中。

19.1.2 404错误信息的视图代码

在Views/Home文件夹中创建一个名为StudentNotFound.cshtml的视图文件，我们使用Bootstrap 4的样式来优化视图，代码如下。

```
@model int


@{
```

```
    ViewBag.Title = "404错误";
}

<div class="alert alert-danger mt-1 mb-1">
    <h4>404 Not Found错误 :</h4>
    <hr/>
    <h5>
        查询不到学生ID为 @Model的信息。
    </h5>
</div>

<a asp-controller="home" asp-action="index" class="btn btn-outline-success"
   style="width:auto">单击此处查看学生信息列表</a>
```

在这种情况下，我们知道用户正在尝试转到学生详情视图页面，但因为提供的ID值无效，所以我们需要返回一个带有提示消息的自定义错误页面，提示用户找不到ID以及可以查看学生信息列表的链接，效果如图19.1所示。

图19.1

第二种：请求的URL和路由不匹配。请参考http://localhost:13380/market/food，它也会触发404错误异常信息。在这种情况下，我们无法知道用户到底在访问什么页面，因此无法显示自定义错误页面。我们通常都会返回一个统一的错误页面。

19.2 统一处理ASP.NET Core中的404错误

在本节中，我们将学习如何在ASP.NET Core中统一处理404错误，即Page Not Found错误。在此过程中，我们将学习以下3个中间件，这些组件的作用是处理ASP.NET Core中的状态码页。

- UseStatusCodePages()。
- UseStatusCodePagesWithRedirects()。
- UseStatusCodePagesWithReExecute()。

19.2.1 404错误的类型

在ASP.NET Core中，有两种类型的404错误可能发生。

- 找不到指定ID的资源信息。关于如何处理这种类型的404错误，我们在前面的章节已经介绍了——制作自定义的错误页面。
- 请求的URL和路由不匹配。在本节中，我们将学习如何以统一的方式处理此类404错误。

19.2.2 ASP.NET Core中的404错误示例

以下是Startup类的Configure()方法的代码。读者可能已经知道，这个Configure() 方法用于配置ASP.NET Core应用程序的HTTP请求处理管道。

```
    public void Configure(IApplicationBuilder app,IWebHostEnvironment env)
        {
            //如果环境是Development serve Developer Exception Page
            if(env.IsDevelopment())
            {
                app.UseDeveloperExceptionPage();
            }
            //否则显示用户友好的错误页面
                 else if(env.IsStaging() || env.IsProduction() || env.
IsEnvironment("UAT"))
            {
                app.UseExceptionHandler("/Error");
            }
            //使用纯静态文件支持的中间件，而不使用带有终端的中间件
            app.UseStaticFiles();

            app.UseRouting();

            app.UseEndpoints(endpoints =>
            {
                endpoints.MapControllerRoute(
                    name:"default",
                    pattern:"{controller=Home}/{action=Index}/{id?}");
            });

        }
```

目前，我们在此HTTP请求处理管道中没有配置任何处理404错误的内容。因此，如果导航到http://localhost:13380/market/food，我们会看到图19.2所示的默认404错误页面。这是因为URL/market/food与应用程序中的所有路由都不匹配，从而引发了错误。

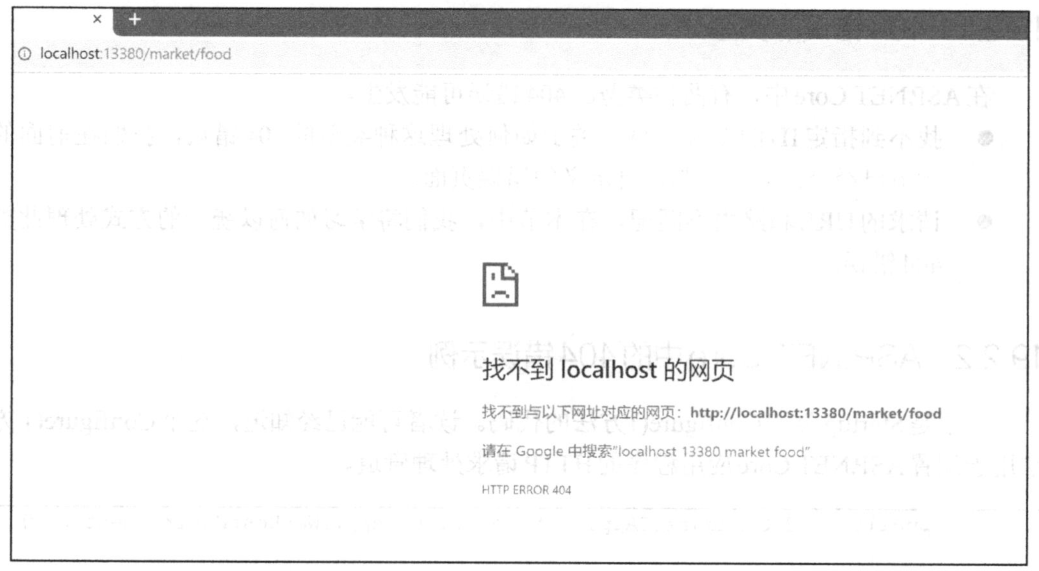

图19.2

19.3 处理失败的HTTP状态码

为了处理失败的HTTP状态码，比如404，我们可以使用以下3个内置的ASP.NET Core中间件。

- UseStatusCodePages()。
- UseStatusCodePagesWithRedirects()。
- UseStatusCodePagesWithReExecute()。

19.3.1 UseStatusCodePages中间件

我认为这是3个状态码中间件中最不实用的，因为我们很少在生产中使用它。要在应用程序中使用它并查看其可以执行的操作，请将其插入HTTP处理管道，代码如下。

```
public void Configure(IApplicationBuilder app,IWebHostEnvironment env)
    {
        //如果环境是Development serve Developer Exception Page
        if(env.IsDevelopment())
        {
            app.UseDeveloperExceptionPage();
        }
        else
        {     //用于处理错误异常
            app.UseStatusCodePages();
        }
        //使用纯静态文件支持的中间件，而不使用带有终端的中间件
```

```
            app.UseStaticFiles();

            app.UseRouting();

            app.UseEndpoints(endpoints =>
            {
                endpoints.MapControllerRoute(
                    name:"default",
                    pattern:"{controller=Home}/{action=Index}/{id?}");
            });

        }
    "IIS Express":{
        "commandName":"IISExpress",
        "launchBrowser":true,
        "environmentVariables":{
          "ASPNETCORE_ENVIRONMENT":"Production",
          "MyKey":" launchsettings.json中Mykey的值"
        }
      },
```

因为添加了UseStatusCodePages()中间件，所以如果我们浏览http://localhost:13380/market/food，则会返回如图19.3所示的简单文本响应。

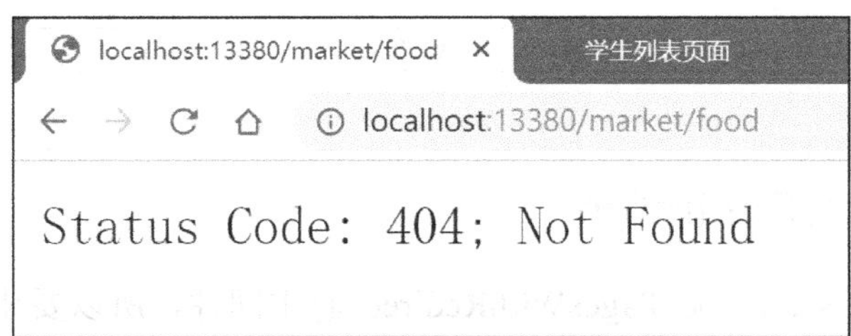

图19.3

请注意，当环境变量不是Development的时候，才会触发404错误，毕竟这是给用户查看的，所以要将launchSettings中的环境变量值修改为Staging，否则无法触发该异常。

19.3.2 UseStatusCodePagesWithRedirects中间件

在生产中，我们希望拦截这些访问失败的HTTP状态码，并返回自定义错误视图。为此，我们可以使用UseStatusCodePagesWithRedirects()中间件或UseStatusCodePagesWithReExecute()中间件，代码如下。

```
    public void Configure(IApplicationBuilder app,IWebHostEnvironment env)
        {
            //如果环境是Development serve Developer Exception Page
```

```
            if(env.IsDevelopment())
            {
                app.UseDeveloperExceptionPage();
            }
            else
            {
                app.UseStatusCodePagesWithRedirects("/Error/{0}");
            }
            //使用纯静态文件支持的中间件，而不使用带有终端的中间件
            app.UseStaticFiles();

            app.UseRouting();

            app.UseEndpoints(endpoints =>
            {
                endpoints.MapControllerRoute(
                    name:"default",
                    pattern:"{controller=Home}/{action=Index}/{id?}");
            });

        }
```

我们将下面的代码添加到Configure()方法中，如果出现404错误，则会将用户重定向到/Error/404。这里采用了占位符{ **0** }，它会自动接收HTTP中的状态码。

```
app.UseStatusCodePagesWithRedirects("/Error/{0}");
```

19.3.3　添加ErrorController

因为使用了UseStatusCodePagesWithRedirects()中间件，所以要让它统一显示错误信息，我们需要添加对应的控制器和视图代码，代码如下。

```
public class ErrorController:Controller
{
    //如果状态码为404，则路径将变为Error/404
    [Route("Error/{statusCode}")]
    public IActionResult HttpStatusCodeHandler(int statusCode)
    {
        switch(statusCode)
        {
            case 404:
                ViewBag.ErrorMessage = "抱歉，读者访问的页面不存在";
                break;
        }

        return View("NotFound");
    }
}
```

19.3.4 添加NotFound视图

在Views/Error文件夹中创建一个NotFound.cshtml视图文件，代码如下。

```
@{
ViewBag.Title = "页面不存在";
}

<h1>@ViewBag.ErrorMessage</h1>

<a asp-action="index" asp-controller="home">
    单击此处返回首页
</a>
```

此时，如果进入http://localhost:13380/market/food，我们会看到页面已经被导航到了NotFound.cshtml页面，显示自定义404错误信息，如图19.4所示。

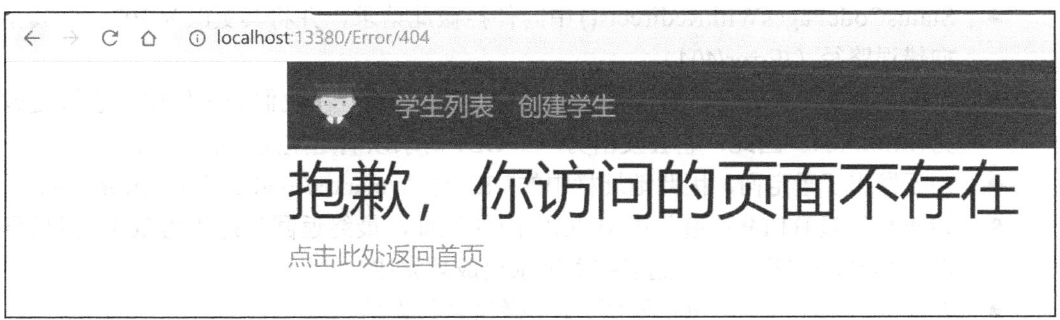

图19.4

到现在为止我们还有一个中间件没有讲，那就是UseStatusCodePagesWithReExecute()。

我们将Configure()方法中的app.UseStatusCodePagesWithRedirects("/Error/{0}")；替换为app.UseStatusCodePagesWithReExecute("/Error/{0}")；。重新运行应用程序并导航到http://localhost:13380/market/food，我们看到在NotFound.cshtml文件中同样触发了相同的自定义404错误信息。

在这一点上我们想到的一个显而易见的问题是，这两个中间件之间的区别是什么，我们应该使用哪一个呢？接下来我们将对比它们的不同。

19.4 UseStatusCodePagesWithRedirects与UseStatusCodePagesWithReExecute

我们将讨论UseStatusCodePagesWithRedirects()和UseStatusCodePagesWithReExecute()中间件之间的区别。

从最终呈现到页面上的角度来看，无论读者使用哪种中间件，产生的结果都没有区别。我们在两种情况下都看到了指定的自定义错误视图。

19.4.1 UseStatusCodePagesWithRedirects中间件说明

目前在Startup类中注册了UseStatusCodePagesWithReExecute()中间件，代码如下。

```
app.UseStatusCodePagesWithRedirects("/Error/{0}");
```

通过访问一个不存在的控制器与操作方法，如http://localhost:13380/market/food，发起请求时，由于此URL与我们的应用程序中的任何路由都不匹配，因此会引发404错误。

这是因为UseStatusCodePagesWithRedirects()中间件会拦截404状态码，顾名思义，它表示发出重定向到指定的错误路径中（在本例中路径为/Error/404）。

19.4.2 UseStatusCodePagesWithRedirects请求处理流程

使用UseStatusCodePagesWithRedirects()中间件，当向http://localhost:13380/market/food发出请求时会触发404状态码，流程如下。

- StatusCodePagesWithRedirects()中间件拦截此请求，并将其更改为302，将其指向错误路径（/Error/404）。
- 302状态码表示所请求资源的URL已被暂时更改，在我们的示例中，它被更改为/Error/404。因此，它会发出另一个GET请求以满足重定向的请求。
- 由于发出了重定向，因此地址栏中的URL也从/market/food更改为/Error/404。
- 请求会经过HTTP管道并由MVC中间件处理，最终返回状态码为200，然后导航到NotFound视图中，这意味着请求已成功完成。
- 对整个请求流程中的浏览器而言，没有404错误信息。
- 如果读者仔细观察此请求和响应流，就会发现在实际发生错误时返回成功状态码为200，这在语义上是不正确的。

运行结果如图19.5所示。

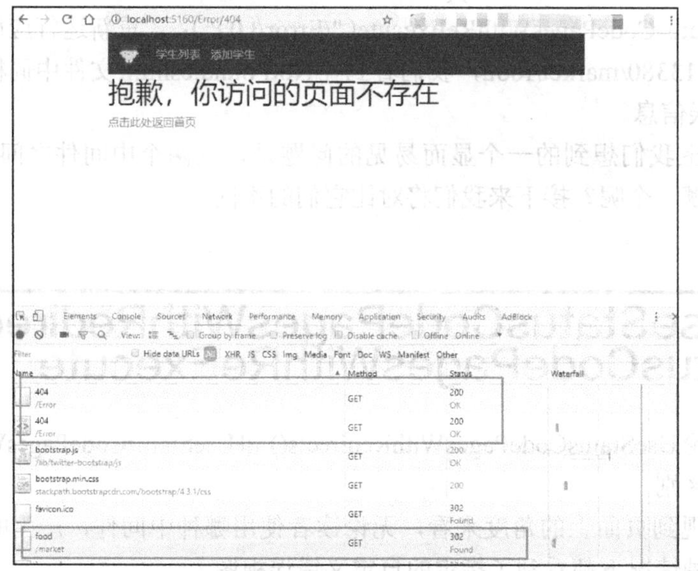

图19.5

19.4.3 使用UseStatusCodePagesWithReExecute请求处理流程

如果要在应用程序中使用UseStatusCodePagesWithReExecute()中间件，则在Startup中将app.UseStatusCodePagesWithRedirects("/Error/{0}");替换为app. UseStatusCodePagesWithReExecute("/Error/{0}")即可。

通过访问http://localhost:13380/market/food发出请求时，同样会触发404状态码，流程如下。

- UseStatusCodePagesWithReExecute()中间件拦截404状态码并重新执行将其指向URL的管道，即/Error/404中。
- 整个请求流经HTTP管道并由MVC中间件处理，该中间件返回的NotFound视图HTML的状态码依然是200。
- 当响应流出到客户端时，它会通过UseStatusCodePagesWithReExecute()中间件使用HTML响应，将200状态码替换为原始的404状态码。
- 这个中间件重新执行管道应该正确的（404）状态码。它只返回自定义视图（NotFound）。
- 因为它只是重新执行管道而不发出重定向请求，所以我们还在地址栏中保留原始http://localhost:13380/market/food，它不会从/market/food更改为/Error/404。

运行结果如图19.6所示。

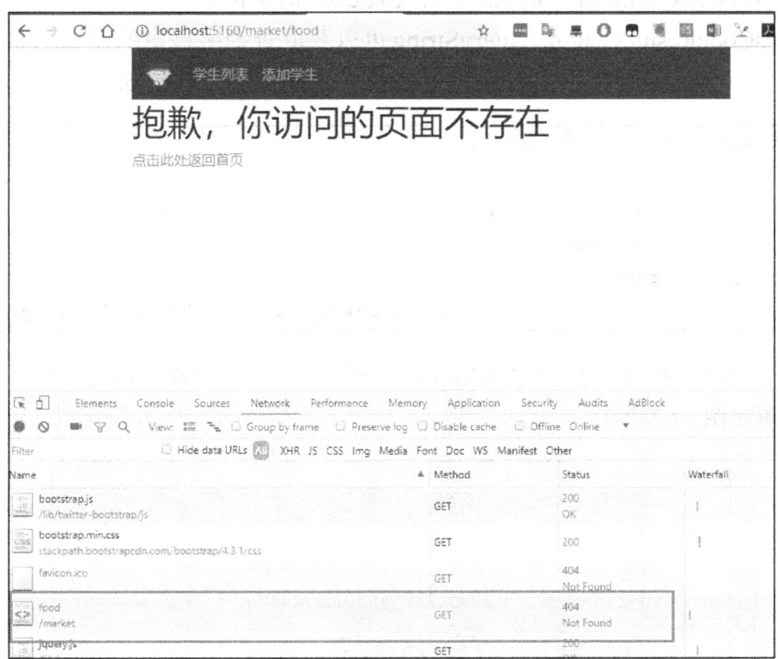

图19.6

如果读者正在使用UseStatusCodePagesWithReExecute()中间件，则还可以使用IStatusCodeReExecuteFeature接口在ErrorController中获取原始路径，代码如下。

```
    public class ErrorController:Controller
    {
        //使用属性路由，如果状态码为404，则路径将变为Error/404
        [Route("Error/{statusCode}")]
        public IActionResult HttpStatusCodeHandler(int statusCode)
        {
            var statusCodeResult =
                HttpContext.Features.Get<IStatusCodeReExecuteFeature>();
            switch(statusCode)
            {
                case 404:
                    ViewBag.ErrorMessage = "抱歉，读者访问的页面不存在";
                    ViewBag.Path = statusCodeResult.OriginalPath;
                    ViewBag.QS = statusCodeResult.OriginalQueryString;
                    break;
            }
            return View("NotFound");
        }
    }
```

代码说明如下。

- statusCodeResult.OriginalPath 可以获取 URL 请求信息。
- statusCodeResult.OriginalQueryString 可以获取查询字符串的搜索信息。

然后，在NotFound视图中进行自定义错误内容的优化，代码如下。

```
@{ViewBag.Title = "页面不存在";}

<h1>@ViewBag.ErrorMessage</h1>
<h1>@ViewBag.Path</h1>
<h1>@ViewBag.QS</h1>
<a asp-action="index" asp-controller="home"> 单击此处返回首页</a>
```

重新运行程序，在地址栏中输入http://localhost:13380/market/food/3?name=apple，得到的返回视图如图19.7所示。

图19.7

通过运行对比可以得知，UseStatusCodePagesWithReExecute()中间件不会改变请求地址，而UseStatusCodePagesWithRedirects()中间件则会跳转到ErrorController中进而改变请求地址。我们推荐采用UseStatusCodePagesWithReExecute()中间件，保留错误的URL信息，便于记录到日志文件中，这会在后面的章节中实现。

19.5 ASP.NET Core中的全局异常处理

在本节中，我们将学习如何在ASP.NET Core中实现全局异常处理程序，并呈现任意非正常请求。

在以下Details()操作方法中，我们故意使用throw关键字抛出异常。

```
public ViewResult Details(int?id)
{
    throw new Exception("在Details视图中抛出异常");

   //其他代码
}
```

访问http://localhost:13380/Home/Details/2，结果如图19.8所示。

图19.8

可以看到返回的状态码是500，因为500错误是来自服务器的内部错误。

19.5.1 ASP.NET Core中的UseDeveloperExceptionPage中间件

UseDeveloperExceptionPage()中间件是指当代码触发异常时，会进入开发者异常页面，代码如下。

```
public void Configure(IApplicationBuilder app,IHostingEnvironment env)
{
    if(env.IsDevelopment())
    {
        app.UseDeveloperExceptionPage();
    }

    //其他代码
}
```

从上面的代码中我们得知，已经将DeveloperExceptionPage()中间件配置到HTTP请求处理管道中，因此在开发环境中运行应用程序时，如果存在未处理的异常，则会触发如图19.9所示的开发人员异常页面。

图19.9

这里需要将launchSettings.json中的ASPNETCORE_ENVIRONMENT变量设置为Development。

因为我们添加了env.IsDevelopment()的判断，所以DeveloperExceptionPage()中间件只能在开发环境中触发，即环境变量为Development。比如，在Production这样的非开发环境中使用此页面存在安全风险，因为它包含可供攻击者使用的详细异常信息，而且此开发异常页面对最终用户也没有任何意义。

19.5.2 ASP.NET Core中的非开发环境异常信息

现在我们需要在本地开发计算机上模拟生产环境，应修改应用程序中的环境变量。打开launchSettings.json文件将其中的ASPNETCORE_ENVIRONMENT变量设置为

Production，表示当前开发环境已经为Production(生产环境)，代码如下。

```
"ASPNETCORE_ENVIRONMENT":"Production"
```

在默认情况下，如果在生产等非开发环境中存在未处理的异常，则会看到如图19.10所示的默认页面。

图19.10

请注意，图19.10中除显示HTTP ERROR 500之外，没有显示任何其他信息。错误500表示服务器上出现错误，服务器不知道如何处理。

此默认页面对最终用户不是很有用。我们希望处理异常并将用户重定向到自定义错误视图，这更有意义。

19.5.3 ASP.NET Core中的异常处理

ASP.NET Core中异常处理的步骤如下所示。

对于非开发环境，使用UseExceptionHandler()方法将异常处理中间件添加到请求处理管道。遇到异常的时候，异常处理中间件会跳转到ErrorController中，我们需要打开Startup类的Configure()方法，代码如下。

```
public void Configure(IApplicationBuilder app,IWebHostEnvironment env)
{
    if(env.IsDevelopment())
    {
        app.UseDeveloperExceptionPage();
    }
    else
```

```
        {
            app.UseExceptionHandler("/Error");
        }

    //其他代码
}
```

修改ErrorController代码，它会搜索异常详细信息并返回到指定的自定义错误视图。在生产中，不会在错误视图上显示异常详细信息。我们可以将它们记录到数据库表、文件和事件查看器等，以便开发人员查看它们，并在需要时提供代码修复。我们将在稍后的章节中讨论日志记录。

```
public class ErrorController:Controller
{


    [Route("Error")]
    public IActionResult Error()
    {
        //获取异常细节
        var exceptionHandlerPathFeature =
                HttpContext.Features.Get<IExceptionHandlerPathFeature>();

        ViewBag.ExceptionPath = exceptionHandlerPathFeature.Path;
           ViewBag.ExceptionMessage = exceptionHandlerPathFeature.Error.
Message;
        ViewBag.StackTrace = exceptionHandlerPathFeature.Error.StackTrace;

        return View("Error");
    }
}
```

请注意，IExceptionHandlerPathFeature位于Microsoft.AspNetCore.Diagnostics命名空间中。接下来实现错误视图，我们在Views/Error文件夹中添加一个Error.cshtml文件。

```
<h3>
  程序请求时发生了一个内部错误，我们会反馈给团队，我们正在努力解决这个问题。
</h3>
<h5>请通过ltm@ddxc.org与我们取得联系</h5>
<hr />
<h3>错误详情:</h3>
<div class="alert alert-danger">
  <h5>异常路径:</h5>
  <hr />
  <p>@ViewBag.ExceptionPath</p>
</div>

<div class="alert alert-danger">
```

```
    <h5>异常信息:</h5>
    <hr />
    <p>@ViewBag.ExceptionMessage</p>
  </div>

  <div class="alert alert-danger">
    <h5>异常堆栈跟踪:</h5>
    <hr />
    <p>@ViewBag.StackTrace</p>
  </div>
```

请注意，当前系统的环境变量需要为Production或者非Development。

运行项目，访问http://localhost:13380/Home/Details/2，效果如图19.11所示。

图19.11

我们能获取到完整的错误信息，异常的路径、信息以及堆栈中错误的具体内容。

19.5.4 调整Edit()方法中的错误视图

我们通过本机环境变量的配置，处理了404异常以及服务器内部报错的异常信息，两种触发方式的区别如下。

- 404错误触发是当访问不存在的地址或者ID没有对应的值时产生的。
- 500错误触发是当发生异常错误时产生的。

如果读者现在访问http://localhost:13380/home/edit/300，会返回500异常错误。但是访问http://localhost:13380/Home/Details/300，会返回404异常错误。这是为什么呢？

原因是访问当前的Detail视图时，判断student为null时会主动跳转到StudentNotFound视图中，但是在Edit()方法中并没有返回，而是继续使用它的属性，引发Object为null的错误，因此会触发500错误信息。

优化Edit()的代码如下。

```
    [HttpGet]
       public ViewResult Edit(int id)
       {
           Student student = _studentRepository.GetStudentById(id);
           if(student == null)
           {
               Response.StatusCode = 404;
               return View("StudentNotFound",id);
           }
             StudentEditViewModel studentEditViewModel = new
StudentEditViewModel
           {
               Id = student.Id,
               Name = student.Name,
               Email = student.Email,
               Major = student.Major,
               ExistingPhotoPath = student.PhotoPath
           };
           return View(studentEditViewModel);
       }
```

而在Startup.cs中Configure的代码如下。

```
public void Configure(IApplicationBuilder app,IWebHostEnvironment env)
       {
           //如果环境是Development serve Developer Exception Page
           if(env.IsDevelopment())
           {
               app.UseDeveloperExceptionPage();
           }
           //否则显示用户友好的错误页面
               else if(env.IsStaging() || env.IsProduction() || env.
IsEnvironment("UAT"))
           {
               app.UseExceptionHandler("/Error");
               app.UseStatusCodePagesWithReExecute("/Error/{0}");
```

```
        }

        //使用纯静态文件支持的中间件，而不使用带有终端的中间件
        app.UseStaticFiles();

        app.UseRouting();

        app.UseEndpoints(endpoints =>
        {
            endpoints.MapControllerRoute(
                name:"default",
                pattern:"{controller=Home}/{action=Index}/{id?}");
        });

    }
```

19.6 小结

本章我们为系统实现了用户友好的错误页面信息以及对全局异常的处理，讲解了为实现这些功能都提供了哪些中间件，以及中间件的特点和加载顺序。在接下来的章节中，我们将会实现将异常信息记录到文件中，这样便于开发人员分析这些错误信息，以优化系统。

第20章

ASP.NET Core中的日志记录

在本章中，我们将讨论在ASP.NET Core中的日志记录，在第19章中我们已经获取了用户访问异常的信息以及堆栈错误，但是如果用户没有反馈，我们则无法得知系统产生过这些异常信息，因此需要将这些异常信息记录下来。

本章主要向读者介绍如下内容。

- 为什么要使用日志记录功能。
- 如何将异常信息记录到日志文件中。
- LogLevel是什么以及它的用途。

20.1 ASP.NET Core中的默认日志

可以通过命令行或Visual Studio工具来运行ASP.NET Core应用程序，我们来了解一下两个常见的日志类别。

- 控制台日志提供程序。
- 调试日志提供程序。

运行ASP.NET Core应用程序

我们首先以管理员身份启动命令提示符。然后指定包含项目的文件夹的路径，可在文件夹地址直接输入cmd打开命令行控制台。最后执行dotnet run命令，如图20.1所示。

读者可以结合自己的项目所在路径运行命令，这里假设项目路径为D:\CodeManager\Source\MockSchoolManagement。

在我们在命令行使用dotnet run命令运行项目后，可以尝试访问几个地址，我们会看到许多信息被记录显示到控制台。

如果在Visual Studio中运行项目，则我们会在调试窗口中看到类似的输出。打开**调试**窗口，单击Visual Studio中的**调试**菜单，然后选择**Windows**和**输出**，从**显示输出来源**下拉列表中选择**调试**，运行效果如图20.2所示。

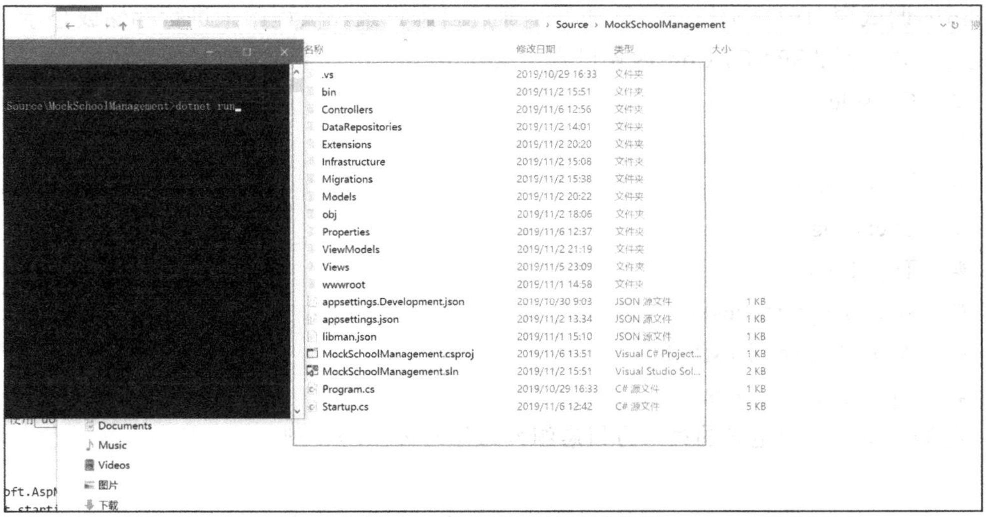

图20.1

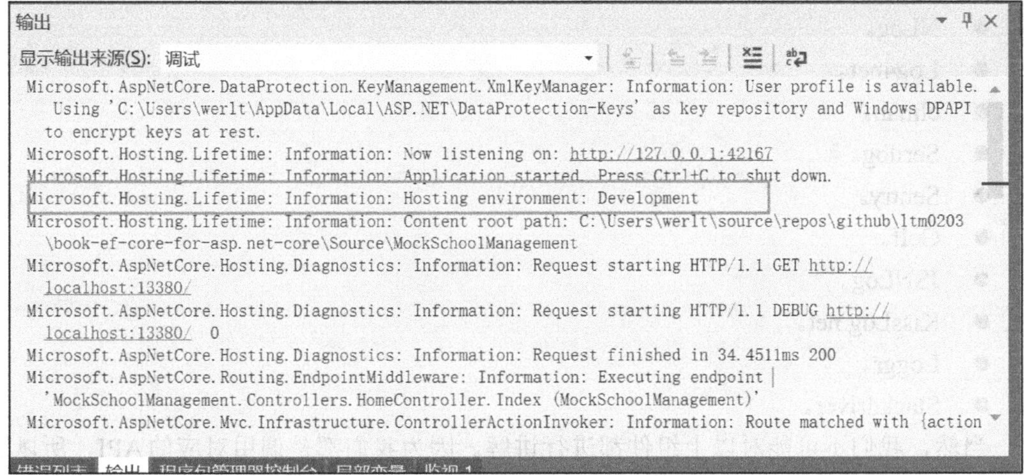

图20.2

20.2 ASP.NET Core中的日志记录提供程序

在20.1节中，无论是控制台还是调试输出窗口，输出的内容都是日志记录，而这些日志记录分为很多类型。ASP.NET Core支持适用于各种内置和第三方日志记录提供程序的日志记录API。现在我们来简单了解一下，如何将日志记录API与内置提供程序一起使用。

20.2.1 ASP.NET Core内置日志记录提供程序

控制台日志提供程序在控制台上显示日志。同样，Debug日志提供程序在Visual

Studio的**调试**窗口中显示日志。这些都是通过日志记录提供程序来进行存储或显示日志的组件，以下是ASP.NET Core内置日志记录提供程序，用于不同的服务和场景。

- Console。
- Debug。
- EventSource。
- EventLog。
- TraceSource。
- AzureAppServicesFile。
- AzureAppServicesBlob。
- ApplicationInsights。

我们通常使用自定义的第三方日志组件来进行内容的管理。

20.2.2 ASP.NET Core的第三方日志记录提供程序

我列举了一些在开源社区或者商业场景中比较流行的日志组件，具体如下。

- NLog。
- Log4net。
- elmah。
- Serilog。
- Sentry。
- Gelf。
- JSNLog。
- KissLog.net。
- Loggr。
- Stackdriver。

当然，我们不可能对以上组件都进行讲解。因为我们都是调用对应的API，所以这里选择NLog组件作为案例，其他组件配置的流程大同小异，查阅它们的官方文档即可完成配置。

20.2.3 ASP.NET Core中默认的日志记录提供程序

我们指定Program类中的Main()方法作为ASP.NET Core应用程序的入口，它调用CreateDefaultBuilder()方法执行以下任务。

- 配置Web服务器。
- 从各种配置源加载主机和应用程序配置信息。
- 配置日志记录。

由于ASP.NET Core是开源的，因此可以在GitHub官方页面上看到完整的源代码。以下是CreateDefaultBuilder()方法的源代码。

```
.ConfigureLogging((hostingContext,logging) =>
{
      logging.AddConfiguration(hostingContext.Configuration.GetSection
("Logging"));
    logging.AddConsole();
    logging.AddDebug();
    logging.AddEventSourceLogger();
})
```

CreateDefaultBuilder()在配置日志记录的一部分，该方法默认添加了以下3个日志记录提供程序。运行ASP.NET Core项目时，在Visual Studio的控制台和调试窗口上都显示了日志信息。

- Console。
- Debug。
- EventSource。

在应用程序配置文件appsettings.json中可以找到CreateDefaultBuilder()方法对应的**Logging**节点。

以下是我的appsettings.json文件中的Logging部分。

```
"Logging":{
    "LogLevel":{
      "Default":"Warning"
    }
  }
```

20.2.4 appsettings.json文件中的LogLevel

LogLevel用于控制记录或显示的日志数据量。我们将在后面的章节中详细讨论日志级别。

此处我们按F5键进入调试模式运行项目，同时打开调试输出窗口，窗口打开命令如图20.3所示。

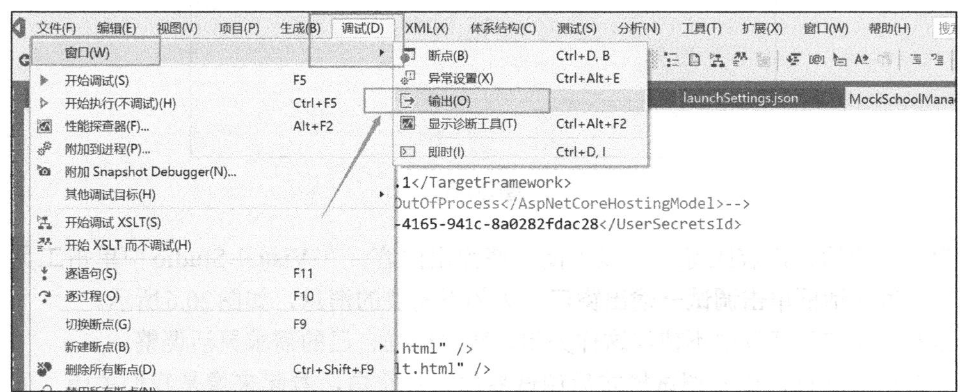

图20.3

成功运行项目后，找到输出窗口查看调试，如图20.4所示。

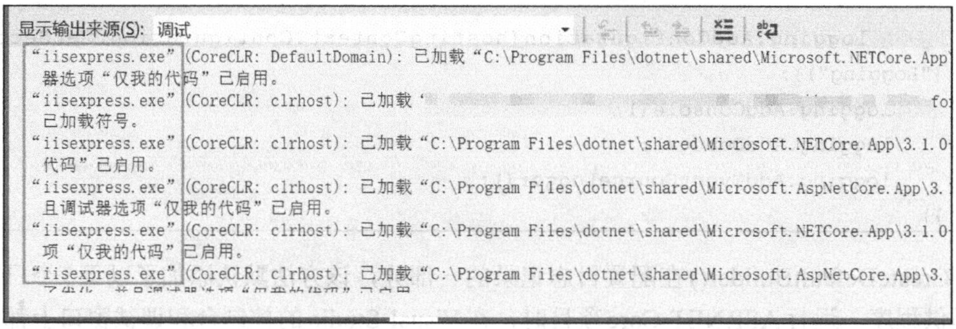

图20.4

显示iisexpress是因为当前为进程内，配置在项目文件中得到修改，为了使控制日志级别更加方便，我们需要将项目文件MockSchoolManagement.csproj修改为进程外，代码如下。

```
<PropertyGroup>
  <TargetFramework>netcoreapp3.1</TargetFramework>
  <AspNetCoreHostingModel>OutOfProcess</AspNetCoreHostingModel>
  <UserSecretsId>cf9c9cff-2188-4165-941c-8a0282fdac28</UserSecretsId>
</PropertyGroup>
```

重新运行项目后可以看到，运行的进程已经是MockSchoolManagement.exe，说明已经修改为进程外，如图20.5所示。请注意，如果是.NET Core 3.0以下的版本，则进程统一为dotnet.exe，这个变化是3.0版本后才有的。

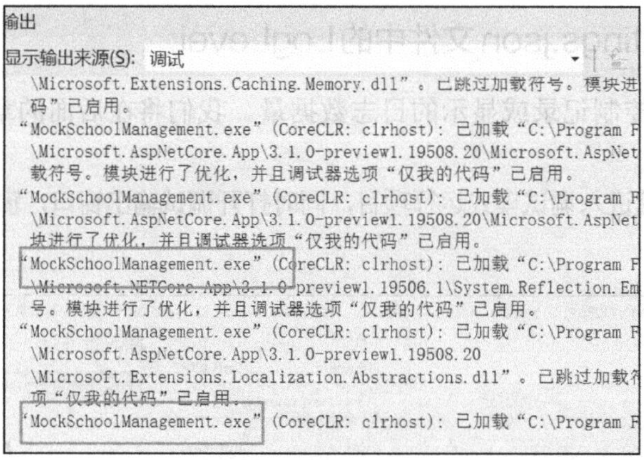

图20.5

为了方便后续内容跟踪，可以关闭一些弹出内容。在Visual Studio中单击**工具→选项**，在**选项**对话框单击**调试→输出窗口**，关闭不需要的消息，如图20.6所示。

当然，在实际开发中不建议这样关闭，建议根据自己的需求灵活调整。

重新运行项目，进入调试模式后调试界面一片空白，看起来像是我们关闭了所有的调试日志内容的输出，如图20.7所示。

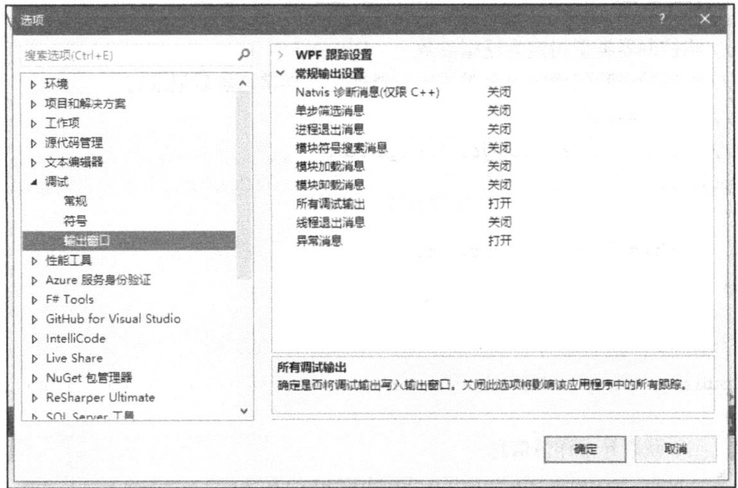

图20.6

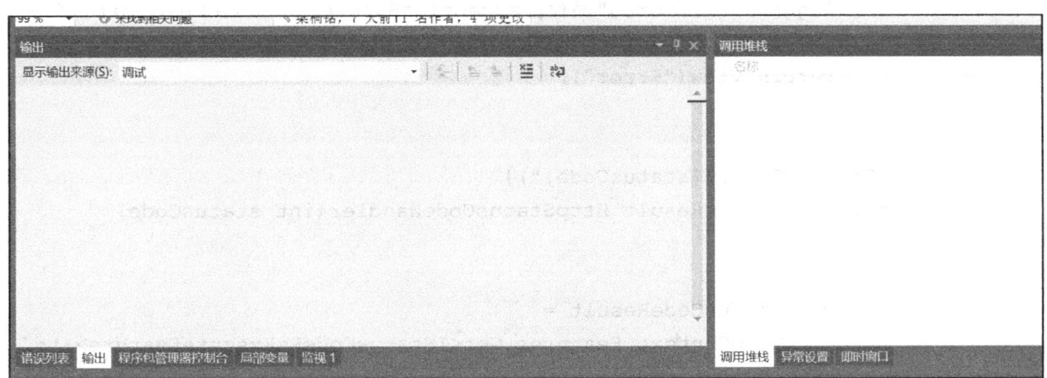

图20.7

20.3 在ASP.NET Core中实现记录异常信息

在本节中，我们将学习如何使用ASP.NET Core提供的ILogger接口来记录消息（Info）、警告（Warning）和异常（Exception）信息。

当用户使用应用程序时，如果发生异常，则需要开发人员可以查看异常日志，并在必要时提供修复。这就需要记录异常信息以了解在使用应用程序时生产服务器上发生了什么异常。

我们通过统一的自定义错误视图来记录日志信息，代码如下。

```
public class ErrorController:Controller
    {
        private ILogger<ErrorController> logger;



      ///<summary>
```

```
        ///注入ASP.NET Core ILogger服务
        ///将控制器类型指定为泛型参数
        ///这有助于我们确定哪个类或控制器产生了异常，然后记录它
        ///</summary>
        ///<param name="logger"></param>
        public ErrorController(ILogger<ErrorController> logger)
        {
            this.logger = logger;
        }

        [Route("Error")]
        public IActionResult Error()
        {
           //获取异常详情信息
            var exceptionHandlerPathFeature =
                    HttpContext.Features.Get<IExceptionHandlerPathFeature>();
           //LogError()方法将异常记录作为日志中的错误类别记录
            logger.LogError($"路径 {exceptionHandlerPathFeature.Path} " +
                $"产生了一个错误{exceptionHandlerPathFeature.Error}");
            return View("Error");
        }

        [Route("Error/{statusCode}")]
        public IActionResult HttpStatusCodeHandler(int statusCode)
        {

            var statusCodeResult =
                HttpContext.Features.Get<IStatusCodeReExecuteFeature>();
            switch(statusCode)
            {
                case 404:
                    ViewBag.ErrorMessage = "抱歉，读者访问的页面不存在";
               //LogWarning()方法将异常记录作为日志中的警告类别记录
                    logger.LogWarning($"发生了一个404错误. 路径 = " +
                $"{statusCodeResult.OriginalPath} 以及查询字符串 = " +
                $"{statusCodeResult.OriginalQueryString}");
                    break;
            }
            return View("NotFound");
        }

    }
```

20.3.1 Error和NotFound视图修改

因为我们把部分报错信息记录到日志中，所以需要调整视图代码，将堆栈错误显示

给客户是没有意义的，而且还容易引发恶意攻击。

Error视图代码的修改如下。

```
<h3>
  程序请求时发生了一个内部错误，我们会反馈给团队，我们正在努力解决这个问题。
</h3>
<h5>请通过ltm@ddxc.org与我们取得联系</h5>
```

NotFound视图代码的修改如下。

```
@{ViewBag.Title = "页面不存在";}

<h1>@ViewBag.ErrorMessage</h1>

<a asp-action="index" asp-controller="home">
  单击此处返回首页
</a>
```

20.3.2　在ASP.NET Core中记录异常信息

这里通过两个简单的步骤来记录自定义的消息、警告和异常信息。

在需要日志记录功能的位置注入ILogger实例，可以指定注入的类或控制器，它们会作为ILogger泛型的参数。这样做是因为，可以将类或控制器的完整名称作为日志类别包含在日志输出中。

日志类别用于对日志消息进行分组。由于我们已将ErrorController的类型指定为ILogger的泛型参数，因此ErrorController的完整名称也包含在下面的日志输出中，代码如下。

```
private readonly ILogger<ErrorController> logger;

public ErrorController(ILogger<ErrorController> logger)
{
    this.logger = logger;
}
```

为了使日志内容的显示操作更加方便，我们打开appsettings.json文件，在日志级别下面添加如下代码。

```
 "Logging":{
    "LogLevel":{
      "Default":"Warning",
      "Microsoft":"Information"
    }
  },
```

重新打开程序并进入调试模式，读者可以看到图20.8所示的日志记录信息。

```
显示输出来源(S): 调试
Microsoft.AspNetCore.DataProtection.KeyManagement.XmlKeyManager: Information: User profile is available.
  Using '                .ppData\Local\ASP.NET\DataProtection-Keys' as key repository and Windows DPAPI
  to encrypt keys at rest.
Microsoft.Hosting.Lifetime: Information: Now listening on: http://127.0.0.1:18046
Microsoft.Hosting.Lifetime: Information: Application started. Press Ctrl+C to shut down.
Microsoft.Hosting.Lifetime: Information: Hosting environment: Development
Microsoft.Hosting.Lifetime: Information: Content root path:
                              Source\MockSchoolManagement
Microsoft.AspNetCore.Hosting.Diagnostics: Information: Request starting HTTP/1.1 GET http://
  localhost:13380/
Microsoft.AspNetCore.Hosting.Diagnostics: Information: Request starting HTTP/1.1 DEBUG http://
  localhost:13380/  0
Microsoft.AspNetCore.Hosting.Diagnostics: Information: Request finished in 30.1777ms 200
Microsoft.AspNetCore.Routing.EndpointMiddleware: Information: Executing endpoint
  'MockSchoolManagement.Controllers.HomeController.Index (MockSchoolManagement)'
Microsoft.AspNetCore.Mvc.Infrastructure.ControllerActionInvoker: Information: Route matched with {action
```

图20.8

在当前的日志中显示了Microsoft级别的日志信息，因为我们在appsettings.json文件中对日志级别进行了配置——"Microsoft":"Information"显示了Microsoft的信息，我们也可以通过配置筛选过滤将"Microsoft":"Information"更改为"Microsoft":"Warning"。

重新进入调试模式，运行后调试输出窗口为空白，如图20.9所示。

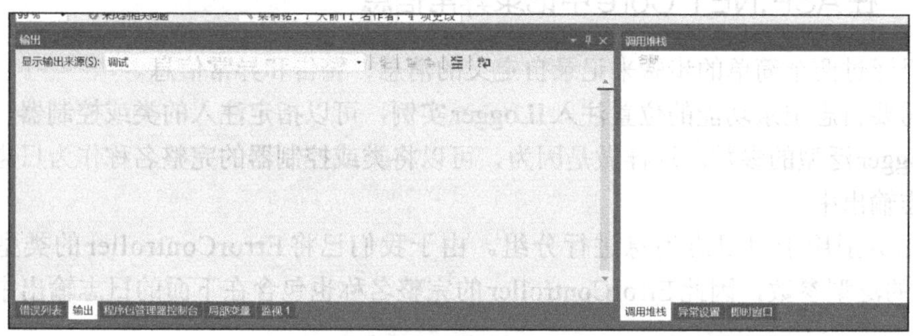

图20.9

这是因为我们人为进行了过滤，不输出这些内容。

在ErrorController中的Error()方法中，我们通过调用LogError()方法将异常记录到日志的错误分组中，代码如下。

```
   //LogError() 方法将异常记录到日志的错误分组中
 logger.LogError($"路径 {exceptionHandlerPathFeature.Path} " +
                  $"产生了一个错误{exceptionHandlerPathFeature.Error}");
```

现在进入调试模式，然后我们可以通过访问http://localhost:13380/home/details/1触发Waring警告，因为在Details.cshtml中已经编写了一行抛出异常的代码。

```
public ViewResult Details(int?id)
{
    throw new Exception("在Details视图中抛出异常");

   //其他代码
}
```

触发后的结果如图20.10与图20.11所示。

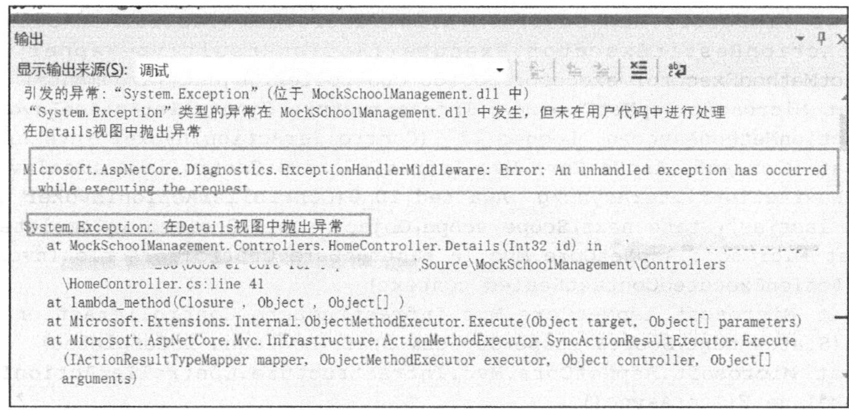

图20.10

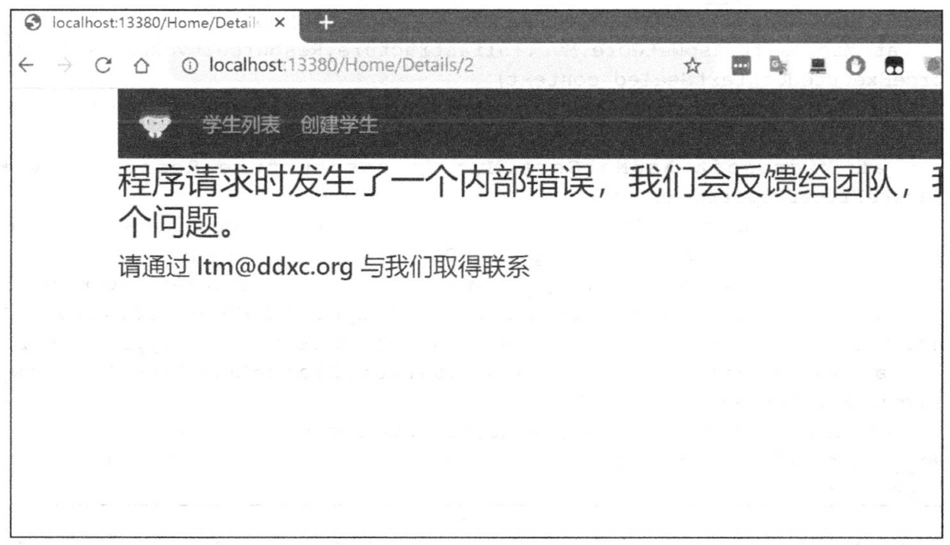

图20.11

从ErrorController中可以获取所有的完整错误日志信息，明确拦截到了哪个类文件、哪行代码出错以及报错信息。这有助于我们进行程序的定位。而能看到这些错误信息是因为我们在ErrorController中的Error()操作方法中添加了如下所示的日志记录代码。

```
    logger.LogError($"路径 {exceptionHandlerPathFeature.Path} " +
                    $"产生了一个错误{exceptionHandlerPathFeature.Error}");
```

日志记录代码帮助我们拦截到了如下的错误信息。

```
MockSchoolManagement.Controllers.ErrorController:Error:路径 /Home/Details/2
产生了一个错误System.Exception:在Details视图中抛出异常
    at MockSchoolManagement.Controllers.HomeController.Details(Int32 id)in
d:\Source\MockSchoolManagement\Controllers\HomeController.cs:line 41
   at lambda_method(Closure,Object,Object[] )
```

```
    at Microsoft.Extensions.Internal.ObjectMethodExecutor.Execute(Object
target,Object[]parameters)
    at Microsoft.AspNetCore.Mvc.Infrastructure.ActionMethodExecutor.
SyncActionResultExecutor.Execute(IActionResultTypeMapper mapper,
ObjectMethodExecutor executor,Object controller,Object[]arguments)
    at Microsoft.AspNetCore.Mvc.Infrastructure.ControllerActionInvoker.<Inv
okeActionMethodAsync>g__Logged|12_1(ControllerActionInvoker invoker)
    at Microsoft.AspNetCore.Mvc.Infrastructure.ControllerActionInvoker.<In
vokeNextActionFilterAsync>g__Awaited|10_0(ControllerActionInvoker invoker,
Task lastTask,State next,Scope scope,Object state,Boolean isCompleted)
    at Microsoft.AspNetCore.Mvc.Infrastructure.ControllerActionInvoker.Reth
row(ActionExecutedContextSealed context)
    at Microsoft.AspNetCore.Mvc.Infrastructure.ControllerActionInvoker.
Next(State& next,Scope& scope,Object& state,Boolean& isCompleted)
    at Microsoft.AspNetCore.Mvc.Infrastructure.ControllerActionInvoker.
InvokeInnerFilterAsync()
--- End of stack trace from previous location where exception was thrown ---
    at Microsoft.AspNetCore.Mvc.Infrastructure.ResourceInvoker.<InvokeNext
ResourceFilter>g__Awaited|24_0(ResourceInvoker invoker,Task lastTask,State
next,Scope scope,Object state,Boolean isCompleted)
    at Microsoft.AspNetCore.Mvc.Infrastructure.ResourceInvoker.Rethrow(Reso
urceExecutedContextSealed context)
    at Microsoft.AspNetCore.Mvc.Infrastructure.ResourceInvoker.Next(State&
next,Scope& scope,Object& state,Boolean& isCompleted)
    at Microsoft.AspNetCore.Mvc.Infrastructure.ResourceInvoker.
InvokeFilterPipelineAsync()
--- End of stack trace from previous location where exception was thrown ---
    at Microsoft.AspNetCore.Mvc.Infrastructure.
ResourceInvoker.<InvokeAsync>g__Logged|17_1(ResourceInvoker invoker)
    at Microsoft.AspNetCore.Routing.EndpointMiddleware.<Invoke>g__
AwaitRequestTask|6_0(Endpoint endpoint,Task requestTask,ILogger logger)
    at Microsoft.AspNetCore.Diagnostics.StatusCodePagesMiddleware.
Invoke(HttpContext context)
    at Microsoft.AspNetCore.Diagnostics.ExceptionHandlerMiddleware.<Invoke
>g__Awaited|6_0(ExceptionHandlerMiddleware middleware,HttpContext context,
Task task)
```

现在尝试访问一个URL，如http://localhost:13380/market/food/1？eat=apple。这个URL和我们的路由规则不匹配，原因是我们没有这个market控制器和它的food()操作方法。运行项目后，因为路由规则不匹配，所以会进入ErrorController中的HttpStatusCodeHandler操作方法，产生的日志记录信息如图20.12所示。

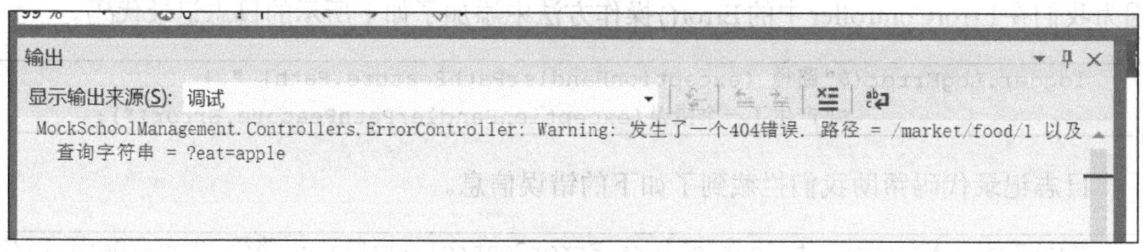

图20.12

图20.12中提示错误级别为Warning，这是因为代码中指定该级别的错误为Waring，同时也对内容进行了自定义规则的处置，代码如下。

```
//使用属性路由，如果状态码为404，则路径将变为Error/404
    [Route("Error/{statusCode}")]
    public IActionResult HttpStatusCodeHandler(int statusCode)
    {
        var statusCodeResult =
            HttpContext.Features.Get<IStatusCodeReExecuteFeature>();
        switch (statusCode)
        {
            case 404:
                ViewBag.ErrorMessage = "抱歉，读者访问的页面不存在";
                //LogWarning() 方法将异常记录作为日志中的警告类别记录
                logger.LogWarning($"发生了一个404错误. 路径 = " +
            $"{statusCodeResult.OriginalPath} 以及查询字符串 = " +
            $"{statusCodeResult.OriginalQueryString}");
                break;
        }
        return View("NotFound");
    }
```

20.3.3 在ASP.NET Core中使用NLog记录信息到文件中

之前一直在控制台中输出日志信息，现在我们将学习如何在ASP.NET Core中使用NLog将信息记录到文件中。

ASP.NET Core支持图20.13所示的几个第三方日志记录提供程序。

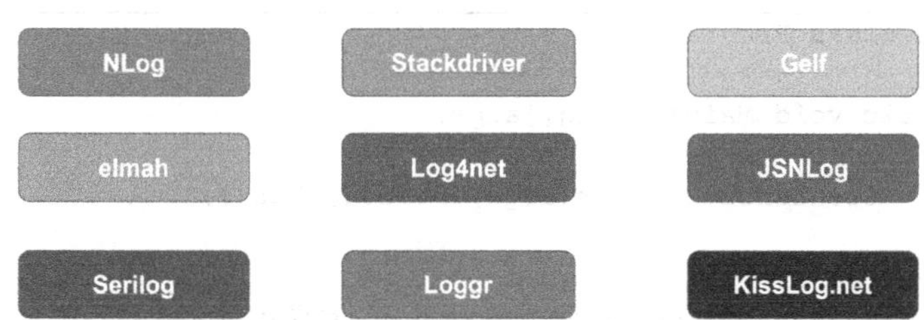

图20.13

我们只需要学会如何使用其中一个第三方日志工具记录日志信息，其他第三方日志提供程序的开发方式其实是类似的，这里我们选用NLog来进行记录。

20.3.4 在ASP.NET Core中使用NLog

在ASP.NET Core中使用NLog的步骤如下。

首先，安装NLog.Web.AspNetCore NuGet包，打开项目文件，在.csproj文件中的PackageReferenc包含如下信息。

```
<PackageReference Include="NLog.Web.AspNetCore" Version="4.9.0" />
```

然后在项目的根目录中创建nlog.config文件，以下代码包含了记录日志的最低配置信息内容。

```
<?xml version="1.0" encoding="utf-8" ?>
<nlog xmlns="http://www.nlog-project.org/schemas/NLog.xsd"
     xmlns:xsi="http://www.w3.org/2001/XMLSchema-instance">

  <!-- 要写入的目标内容 -->
  <targets>
    <!-- 将日志写入文件的具体位置  -->
    <target name="allfile" xsi:type="File"
            fileName="c:\DemoLogs\nlog-all-${shortdate}.log"/>
  </targets>

  <!-- 将日志程序名称映射到目标的规则 -->
  <rules>
    <!--记录所有日志，包括Microsoft级别-->
    <logger name="*" minlevel="Trace" writeTo="allfile"/>
  </rules>
</nlog>
```

接下来启用nlog.config属性并复制到文件夹。右击nlog.config文件，在解决方案资源管理器中选择**属性**。在**属性**窗口中进行设置：复制到输出目录=如果较新则复制。

最后，启用NLog来记录我们的日志信息。除使用默认日志记录提供程序（Console、Debug和EventSource）之外，我们还可以使用扩展方法AddNLog()添加NLog，修改Program.cs文件中的Main()方法。AddNLog()方法位于NLog.Extensions.Logging命名空间中，代码如下。

```
    public class Program
    {
public static void Main(string[]args)
        {
            CreateHostBuilder(args).Build().Run();
        }

public static IHostBuilder CreateHostBuilder(string[]args) =>
            Host.CreateDefaultBuilder(args)
            .ConfigureLogging((hostingContext,logging) =>
            {
                     logging.AddConfiguration(hostingContext.Configuration.
GetSection("Logging"));
                logging.AddConsole();
                logging.AddDebug();
                logging.AddEventSourceLogger();
                //启用NLog作为日志提供程序之一
                logging.AddNLog();
            }).ConfigureWebHostDefaults(webBuilder =>
                {
   webBuilder.UseStartup<Startup>();
                });
    }
```

现在运行程序，然后通过访问http://localhost:13380/Home/Details/2来触发异常，打开对应的文件夹C:\DemoLogs\，可以看到如图20.14与图20.15所示的内容。

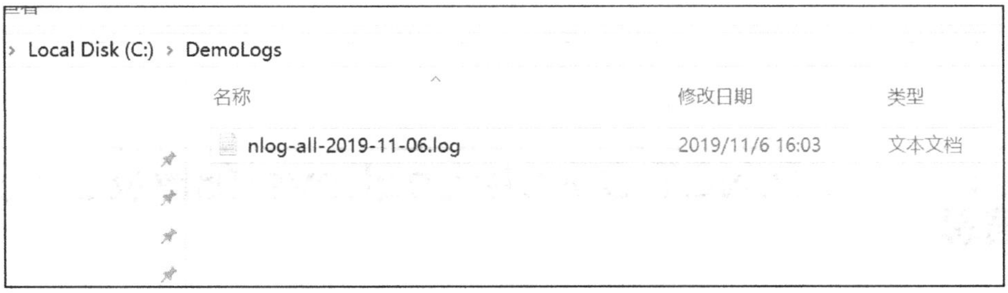

图20.14

图20.15

当然，如果读者只想要将NLog作为日志记录提供程序，则可以清除其他日志记录提供程序，然后添加NLog，代码如下。

```
public class Program
{
    public static void Main(string[]args)
    {
        CreateHostBuilder(args).Build().Run();
    }

     public static IHostBuilder CreateHostBuilder(string[]args) =>
            Host.CreateDefaultBuilder(args)
            .ConfigureLogging((hostingContext,logging) =>
            {
                //删除所有默认记录日志提供程序
                logging.ClearProviders();
                     logging.AddConfiguration(hostingContext.Configuration.
GetSection("Logging"));
                //添加NLog作为日志提供程序
                logging.AddNLog();
            })
 .ConfigureWebHostDefaults(webBuilder =>
                {
```

```
                webBuilder.UseStartup<Startup>();
            });
    }
}
```

20.4 在ASP.NET Core中LogLevel配置及过滤日志信息

在本节中，我们将讨论ASP.NET Core中LogLevel配置的重要性。LogLevel表示记录消息的严重性。它可以是以下任何一种，此处按照从最低到最高的严重程度列出。

- Trace= 0。
- Debug= 1。
- Information= 2。
- Warning= 3。
- Error= 4。
- Critical= 5。
- None= 6。

20.4.1 日志等级LogLevel枚举

在HomeController构造方法中输入LogLevel，然后转到定义就可以看到LogLevel，它是通过枚举定义的，存在于Microsoft.Extensions.Logging命名空间中。

```
namespace Microsoft.Extensions.Logging
{
    public enum LogLevel
    {
        Trace = 0,
        Debug = 1,
        Information = 2,
        Warning = 3,
        Error = 4,
        Critical = 5,
        None = 6
    }
}
```

打开appsettings.json文件，查看如下代码，LogLevel用于控制日志记录的类型以及过滤条件，它与上方代码中的枚举LogLevel相对应。

```
{
  "Logging":{
    "LogLevel":{
```

```
        "Default":"Trace",
        "Microsoft":"Warning"
      }
    }
}
```

20.4.2 ILogger方法

ILogger接口提供日志方法，包括方法名称中的日志级别。比如，记录Trace消息可以使用LogTrace()方法；记录Warning消息，则使用LogWarning()方法。注意，除LogLevel = None外，我们对每个日志级别都有相应的方法。

- LogTrace()。
- LogDebug()。
- LogInformation()。
- LogWarning()。
- LogError()。
- LogCritical()。

现在通过一个示例进行测试，在HomeController的Details()操作方法中添加如下代码。

```
public class HomeController:Controller
{
     private readonly IStudentRepository _studentRepository;
        private readonly IWebHostEnvironment _webHostEnvironment;
        private readonly ILogger logger;

           //使用构造函数注入的方式注入IStudentRepository,webHostEnvironment,
ILogger<HomeController> logger
           public HomeController(IStudentRepository studentRepository,
IWebHostEnvironment webHostEnvironment,ILogger<HomeController> logger)
        {
            _studentRepository = studentRepository;
            _webHostEnvironment = webHostEnvironment;
            this.logger = logger;
        }

    public ViewResult Details(int?id)
    {
          logger.LogTrace("Trace(跟踪)Log");
            logger.LogDebug("Debug(调试)Log");
            logger.LogInformation("信息(Information)Log");
            logger.LogWarning("警告(Warning)Log");
            logger.LogError("错误(Error)Log");
            logger.LogCritical("严重(Critical)Log");

           //其余代码
    }
}
```

以下是appsettings.json文件中的LogLevel配置。

```
{
  "Logging":{
    "LogLevel":{
      "Default":"Trace",
      "Microsoft":"Warning"
    }
  }
}
```

在**调试输出**窗口中可以看到以下日志输出内容。由于设置了"Default":"Trace"，因此可以看到跟踪级别和更高级别的所有内容。Trace是最低级别，我们能看到所有日志。

```
MockSchoolManagement.Controllers.HomeController:Trace:Trace(跟踪)Log
MockSchoolManagement.Controllers.HomeController:Debug:Debug(调试)Log
MockSchoolManagement.Controllers.HomeController:Information:信息(Information)Log
MockSchoolManagement.Controllers.HomeController:Warning:警告(Warning)Log
MockSchoolManagement.Controllers.HomeController:Error:错误(Error)Log
MockSchoolManagement.Controllers.HomeController:Critical:严重(Critical)Log
```

但是，如果读者需要Warning及更高级别，则可以设置"Default":"Warning"。

如果读者不想记录任何内容，则请将LogLevel设置为None。LogLevel.None的整数值为6，高于所有其他日志级别，因此不会记录。

20.4.3 在ASP.NET Core中使用日志过滤

请看以下日志语句。

MockSchoolManagement.Controllers.HomeController：Trace：我的日志记录内容

- StudentManagement.Controllers.HomeController是日志类别（LOG CATEGORY）。
- Trace是日志级别（Loglevel）。

请记住，日志级别可以是Trace、Debug和Information等。

简单来说，日志类别是记录消息类的完整名称，其中记录的信息都会显示为字符串类型的文本信息，我们可以使用它轻松确定日志来自哪个类，因此可以使用日志类别来过滤日志。

使用以下LogLevel配置，可以从日志类别MockSchoolManagement.Controllers.HomeController中查看Trace级别和更高级别的所有内容。但是，对于MockSchoolManagement.DataRepositories.SQLStudentRepository类，仅显示错误级别日志和更高级别。

配置信息如下。

```
{
  "Logging":{
    "LogLevel":{
```

```
      "Default":"Warning",
      "MockSchoolManagement.Controllers.HomeController":"Trace",
      "MockSchoolManagement.DataRepositories.SQLStudentRepository":"Error",
      "Microsoft":"Warning"
    }
  }
}
```

因为要记录SQLStudentRepository中的日志内容，所以对SQLStudentRepository.cs的代码的修改如下。

```
public class SQLStudentRepository:IStudentRepository
  {
      private readonly ILogger logger;
      private readonly AppDbContext _context;

          public SQLStudentRepository(AppDbContext context,
ILogger<SQLStudentRepository> logger)
      {
          this.logger = logger;
          this._context = context;
      }
      //其他代码
          public IEnumerable<Student> GetAllStudents()
      {
          logger.LogTrace("学生信息Trace(跟踪)Log");
          logger.LogDebug("学生信息Debug(调试)Log");
          logger.LogInformation("学生信息 信息(Information)Log");
          logger.LogWarning("学生信息 警告(Warning)Log");
          logger.LogError("学生信息 错误(Error)Log");
          logger.LogCritical("学生信息 严重(Critical)Log");


          return _context.Students;
      }
      //其他代码

  }
```

上述LogLevel配置适用于所有日志记录提供程序，日志记录提供程序是存储或显示日志的组件。

比如，控制台日志记录提供程序在控制台上显示日志。通过CLI打开项目，输入dotnet run命令。运行后访问http://localhost:5000，效果如图20.16所示。

访问http://localhost:5000/Home/Details/2，效果如图20.17所示。

Debug日志记录提供程序在Visual Studio的**调试**窗口中显示日志。通过Visual Studio进入调试后访问http://localhost:13380，效果如图20.18所示。

```
C:\Windows\System32\cmd.exe - dotnet run
info: Microsoft.AspNetCore.DataProtection.KeyManagement.XmlKeyManager[0]
      User profile is available. Using 'C:\Users\werlt\AppData\Local\ASP.NET\DataProtection-Keys' as key repository and
Windows DPAPI to encrypt keys at rest.
info: Microsoft.Hosting.Lifetime[0]
      Now listening on: http://localhost:5000
info: Microsoft.Hosting.Lifetime[0]
      Application started. Press Ctrl+C to shut down.
info: Microsoft.Hosting.Lifetime[0]
      Hosting environment: Development
info: Microsoft.Hosting.Lifetime[0]
      Content root path:                                                    ore\Source\MockSchoolManag
ement
info: Microsoft.AspNetCore.Hosting.Diagnostics[1]
      Request starting HTTP/1.1 GET http://localhost:5000/
info: Microsoft.AspNetCore.Routing.EndpointMiddleware[0]
      Executing endpoint 'MockSchoolManagement.Controllers.HomeController.Index (MockSchoolManagement)'
info: Microsoft.AspNetCore.Mvc.Infrastructure.ControllerActionInvoker[3]
      Route matched with {action = "Index", controller = "Home"}. Executing controller action with signature Microsoft.A
spNetCore.Mvc.ViewResult Index() on controller MockSchoolManagement.Controllers.HomeController (MockSchoolManagement).
fail: MockSchoolManagement.DataRepositories.SQLStudentRepository[0]
      学生信息 错误(Error) Log
crit: MockSchoolManagement.DataRepositories.SQLStudentRepository[0]
      学生信息 严重(Critical) Log
info: Microsoft.AspNetCore.Mvc.ViewFeatures.ViewResultExecutor[1]
      Executing ViewResult, running view Index.
info: Microsoft.EntityFrameworkCore.Infrastructure[10403]
      Entity Framework Core 3.1.0-preview2.19525.5 initialized 'AppDbContext' using provider 'Microsoft.EntityFrameworkC
ore.SqlServer' with options: MaxPoolSize=128
info: Microsoft.EntityFrameworkCore.Database.Command[20101]
      Executed DbCommand (25ms) [Parameters=[], CommandType='Text', CommandTimeout='30']
```

图20.16

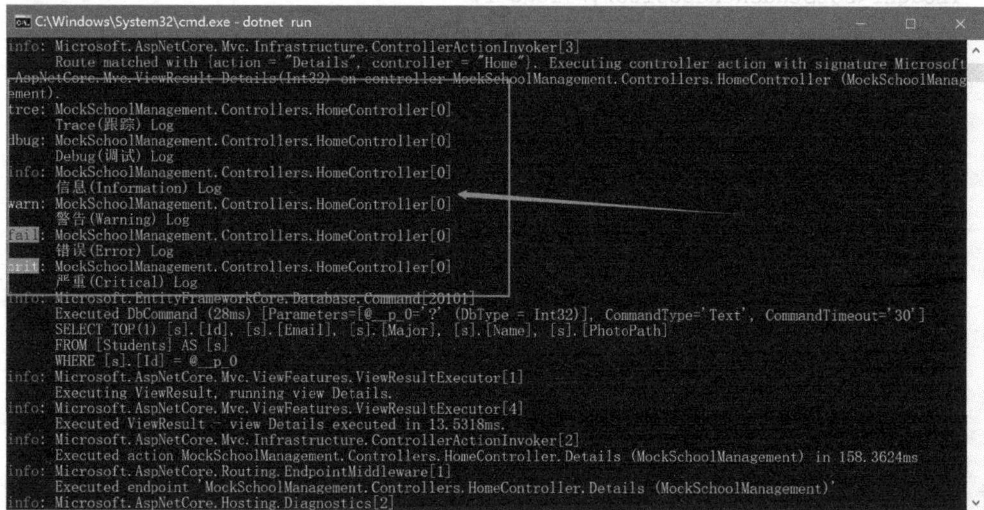

图20.17

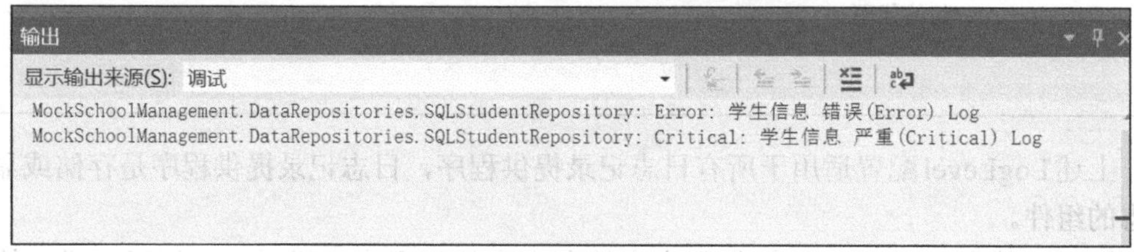

图20.18

访问http://localhost:13380/Home/Details/2，效果如图20.19所示。

通过两种访问可知，日志等级过滤功能均生效了，而且自定义到具体功能中的日志过滤等级可以覆盖default的值。

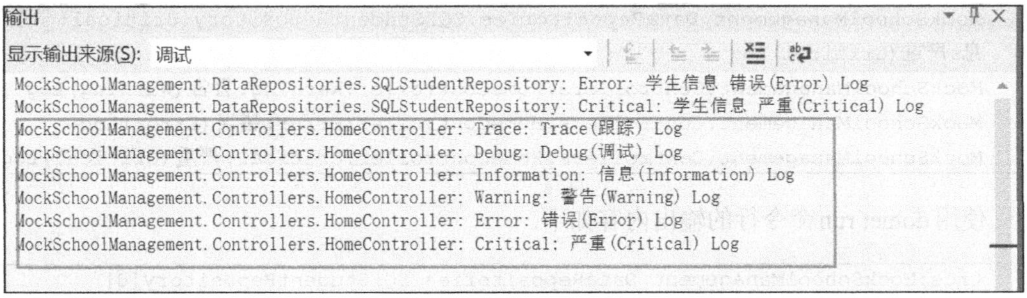

```
输出
显示输出来源(S): 调试
MockSchoolManagement.DataRepositories.SQLStudentRepository: Error: 学生信息 错误(Error) Log
MockSchoolManagement.DataRepositories.SQLStudentRepository: Critical: 学生信息 严重(Critical) Log
MockSchoolManagement.Controllers.HomeController: Trace: Trace(跟踪) Log
MockSchoolManagement.Controllers.HomeController: Debug: Debug(调试) Log
MockSchoolManagement.Controllers.HomeController: Information: 信息(Information) Log
MockSchoolManagement.Controllers.HomeController: Warning: 警告(Warning) Log
MockSchoolManagement.Controllers.HomeController: Error: 错误(Error) Log
MockSchoolManagement.Controllers.HomeController: Critical: 严重(Critical) Log
```

图20.19

20.4.4 按日志类别（Log Category）和日志记录提供程序进行日志筛选

除可以使用日志等级过滤功能以外，我们还可以使用日志记录提供程序和日志类别来筛选日志。

appsettings.json文件中的以下配置表示在Visual Studio中运行调试模式时，通过配置调试类别，所以会记录调试类别中包含警告（Warning）和高于警告级别的日志信息。

而对于其他非调试类别的日志信息，则将记录并显示日志类别的跟踪（Trace）及更高级别的日志信息。

```
{
  "Logging":{
    "Debug":{
      "LogLevel":{
        "Default":"Warning",
        "MockSchoolManagement.Controllers.HomeController":"Warning",
         "MockSchoolManagement.DataRepositories.SQLStudentRepository":"Warn
ing",
        "Microsoft":"Warning"
      }
    },
    "LogLevel":{
      "Default":"Trace",
      "MockSchoolManagement.Controllers.HomeController":"Trace",
      "MockSchoolManagement.DataRepositories.SQLStudentRepository":"Trace",
      "Microsoft":"Trace"
    }
  }
}
```

通过Visual Studio调试，访问列表页和详情页的输出窗口的内容如下。

```
MockSchoolManagement.DataRepositories.SQLStudentRepository:Warning:学生信息
警告(Warning)Log
MockSchoolManagement.DataRepositories.SQLStudentRepository:Error:学生信息 错
误(Error)Log
```

```
MockSchoolManagement.DataRepositories.SQLStudentRepository:Critical:学生信
息 严重(Critical)Log
MockSchoolManagement.Controllers.HomeController:Warning:警告(Warning)Log
MockSchoolManagement.Controllers.HomeController:Error:错误(Error)Log
MockSchoolManagement.Controllers.HomeController:Critical:严重(Critical)Log
```

使用dotnet run命令行的输出内容如下。

```
trce:MockSchoolManagement.DataRepositories.SQLStudentRepository[0]
      学生信息Trace(跟踪)Log
dbug:MockSchoolManagement.DataRepositories.SQLStudentRepository[0]
      学生信息Debug(调试)Log
info:MockSchoolManagement.DataRepositories.SQLStudentRepository[0]
      学生信息 信息(Information)Log
warn:MockSchoolManagement.DataRepositories.SQLStudentRepository[0]
      学生信息 警告(Warning)Log
fail:MockSchoolManagement.DataRepositories.SQLStudentRepository[0]
      学生信息 错误(Error)Log
crit:MockSchoolManagement.DataRepositories.SQLStudentRepository[0]
      学生信息 严重(Critical)Log
trce:MockSchoolManagement.Controllers.HomeController[0]
      Trace(跟踪)Log
dbug:MockSchoolManagement.Controllers.HomeController[0]
      Debug(调试)Log
info:MockSchoolManagement.Controllers.HomeController[0]
      信息(Information)Log
warn:MockSchoolManagement.Controllers.HomeController[0]
      警告(Warning)Log
fail:MockSchoolManagement.Controllers.HomeController[0]
      错误(Error)Log
crit:MockSchoolManagement.Controllers.HomeController[0]
      严重(Critical)Log
```

NLog记录到日志文件中的内容图20.20所示。

```
2019-11-06 18:56:50.0892|INFO|Microsoft.AspNetCore.Mvc.Infrastructure.ControllerActionInvoker|Route matched with {action = "Index", controller =
2019-11-06 18:56:50.1740|TRACE|MockSchoolManagement.DataRepositories.SQLStudentRepository|学生信息 Trace(跟踪) Log
2019-11-06 18:56:50.1740|DEBUG|MockSchoolManagement.DataRepositories.SQLStudentRepository|学生信息 Debug(调试) Log
2019-11-06 18:56:50.1740|INFO|MockSchoolManagement.DataRepositories.SQLStudentRepository|学生信息 信息(Information) Log
2019-11-06 18:56:50.1740|WARN|MockSchoolManagement.DataRepositories.SQLStudentRepository|学生信息 警告(Warning) Log
2019-11-06 18:56:50.1740|ERROR|MockSchoolManagement.DataRepositories.SQLStudentRepository|学生信息 错误(Error) Log
2019-11-06 18:56:50.1740|FATAL|MockSchoolManagement.DataRepositories.SQLStudentRepository|学生信息 严重(Critical) Log
2019-11-06 18:56:50.2121|INFO|Microsoft.AspNetCore.Mvc.ViewFeatures.ViewResultExecutor|Executing ViewResult, running view Index.
2019-11-06 18:56:50.6705|INFO|Microsoft.EntityFrameworkCore.Infrastructure|Entity Framework Core 3.1.0-preview2.19525.5 initialized 'AppDbContext
2019-11-06 18:56:51.0810|INFO|Microsoft.EntityFrameworkCore.Database.Command|Executed DbCommand (26ms) [Parameters=[], CommandType='Text', Comman
SELECT [s].[Id], [s].[Email], [s].[Major], [s].[Name], [s].[PhotoPath]
FROM [Students] AS [s]
2019-11-06 18:56:51.2214|INFO|Microsoft.AspNetCore.Mvc.ViewFeatures.ViewResultExecutor|Executed ViewResult - view Index executed in 1020.1204ms.
2019-11-06 18:56:51.2214|INFO|Microsoft.AspNetCore.Mvc.Infrastructure.ControllerActionInvoker|Executed action MockSchoolManagement.Controllers.Ho
2019-11-06 18:56:51.2214|INFO|Microsoft.AspNetCore.Routing.EndpointMiddleware|Executed endpoint 'MockSchoolManagement.Controllers.HomeController.
2019-11-06 18:56:51.2397|INFO|Microsoft.AspNetCore.Hosting.Diagnostics|Request finished in 1216.7716ms 200 text/html; charset=utf-8
2019-11-06 18:56:54.5938|DEBUG|Microsoft.AspNetCore.Server.Kestrel.Transport.Sockets|Connection id "0HLR2KUIRTVA6" received FIN.
2019-11-06 18:56:54.5938|DEBUG|Microsoft.AspNetCore.Server.Kestrel.Transport.Sockets|Connection id "0HLR2KUIRTVA6" sending FIN because: "The clie
2019-11-06 18:56:54.5938|DEBUG|Microsoft.AspNetCore.Server.Kestrel|Connection id "0HLR2KUIRTVA6" disconnecting.
2019-11-06 18:56:54.5938|DEBUG|Microsoft.AspNetCore.Server.Kestrel|Connection id "0HLR2KUIRTVA6" stopped.
2019-11-06 18:57:16.1779|INFO|Microsoft.AspNetCore.Hosting.Diagnostics|Request starting HTTP/1.1 GET http://localhost:5000/Home/Details/2
2019-11-06 18:57:16.1779|INFO|Microsoft.AspNetCore.Routing.EndpointMiddleware|Executing endpoint 'MockSchoolManagement.Controllers.HomeControlle
2019-11-06 18:57:16.2006|INFO|Microsoft.AspNetCore.Mvc.Infrastructure.ControllerActionInvoker|Route matched with {action = "Details", controller
2019-11-06 18:57:16.2191|TRACE|MockSchoolManagement.Controllers.HomeController|Trace(跟踪) Log
2019-11-06 18:57:16.2191|DEBUG|MockSchoolManagement.Controllers.HomeController|Debug(调试) Log
2019-11-06 18:57:16.2191|INFO|MockSchoolManagement.Controllers.HomeController|信息(Information) Log
2019-11-06 18:57:16.2191|WARN|MockSchoolManagement.Controllers.HomeController|警告(Warning) Log
2019-11-06 18:57:16.2191|ERROR|MockSchoolManagement.Controllers.HomeController|错误(Error) Log
2019-11-06 18:57:16.2191|FATAL|MockSchoolManagement.Controllers.HomeController|严重(Critical) Log
2019-11-06 18:57:16.3760|INFO|Microsoft.EntityFrameworkCore.Database.Command|Executed DbCommand (36ms) [Parameters=[@__p_0='?' (DbType = Int32)],
```

图20.20

可以看出，使用Visual Studio调试窗口输出和使用dotnet命令行输出的内容，与NLog记录到日志中的内容不同。通过对比可以得知以下几点。

- Visual Studio调试窗口显示内容的级别都是警告及以上。
- 而dotnet命令行显示的内容则包含了所有的日志类别等级。
- 而NLog记录到文件中的内容，则不论是Visual Studio与dotnet CLI命令行配置的哪个日志类别等级，它都会逐一记录下来。

20.4.5 特定环境变量中appsettings.json文件的LogLevel配置

特定环境下appsettings.json文件（如appsettings.Development.json）的配置会覆盖appsettings.json文件中的设置，请确保特定环境下appsettings.json文件中的日志级别配置是读者真正想要的配置信息，可以防止意外情况的出现。

现在读者可以打开launchSettings.json，将ASPNETCORE_ENVIRONMENT的值设置为Development。然后打开appsettings.Development.json文件，将以下配置信息添加进去。

```
  "Logging":{
    "Debug":{
      "LogLevel":{
        "Default":"Error",
        "MockSchoolManagement.Controllers.HomeController":"Error",
        "MockSchoolManagement.DataRepositories.SQLStudentRepository":"Error",
        "Microsoft":"Error"
      }
    },
    "LogLevel":{
      "Default":"Warning",
      "MockSchoolManagement.Controllers.HomeController":"Warning",
        "MockSchoolManagement.DataRepositories.SQLStudentRepository":"Warni
ng",
      "Microsoft":"Warning"
    }
  },
```

进行测试后，读者得到的结果一定是appsettings.Development.json中的配置覆盖了appsettings.json中的信息。

20.5 小结

本章我们学习了日志的作用、内置的第三方日志组件、日志类别的作用，以及通过不同的环境变量配合日志可以进行记录的过滤。当然，在本章的配置过程中可能会遇到困难，读者可以下载源代码然后进行对比使用，好的代码一定是敲出来的，只看不练习的话，可是很容易“翻车”的。

第三部分

第21章 从零开始学ASP.NET Core Identity框架

我们经常使用的各类网站和App均会涉及注册、登录和修改密码等功能，登录系统后，有些功能会提示没有权限，甚至有些位置我们无法访问，这些都是系统权限和认证的体现。

我们从本章及后面的章节中，将学习在ASP.NET Core应用程序中使用ASP.NET Core Identity实现安全认证相关功能所需要掌握的知识。

本章主要向读者介绍如下内容。

- 什么是ASP.NET Core Identity。
- 如何在系统中启用Identity服务。
- UserManager与SignInManager的API介绍及使用。
- 登录用户的Cookie管理。

21.1 ASP.NET Core Identity介绍

ASP.NET Core Identity是一个会员身份系统，早期它的名字是Membership，当然那是一段“古老”的历史，现在我们来了解全新的Identity。它允许我们创建、读取、更新和删除账户。支持账号验证、身份验证、授权、恢复密码和SMS双因子身份验证。它还支持微软、Facebook和Google等第三方登录提供商。它提供了一个丰富的API，并且这些API还可以进行大量的扩展。我们将在本书的后面实现这些功能。

添加ASP.NET Core Identity服务

这里采用的是EF Core，因为要让我们的系统支持Identity服务，所以需要安装它的程序包。打开NuGet管理器，安装Microsoft.AspNetCore.Identity.EntityFrameworkCore即可。

以下是添加和配置ASP.NET Core Identity服务的步骤。

使AppDbContext继承类IdentityDbContext，然后引入命名空间，代码如下。

```
public class AppDbContext:IdentityDbContext
{
    //其余代码
}
```

- 应用程序AppDbContextDbContext类必须继承IdentityDbContext类而不是DbContext类。
- 因为IdentityDbContext提供了管理SQL Server中的Identity表所需的所有DbSet属性，所以将看到ASP.NET Core Identity框架中要生成的所有数据库表。
- 如果浏览IdentityDbContext类的定义（按F12键可以看到），则将看到它继承自DbContext类。因此，如果类继承自IdentityDbContext类，那么不必显式继承DbContext类。

配置ASP.NET Core Identity服务。在Startup类的ConfigureServices()方法中，添加以下代码行。

```
services.AddIdentity<IdentityUser,IdentityRole>()
        .AddEntityFrameworkStores<AppDbContext>();
```

- AddIdentity()方法是指为系统提供默认的用户和角色类型的身份验证系统。
- IdentityUser类由ASP.NET Core提供，包含UserName、PasswordHash和Email等属性。这是ASP.NET Core Identity框架默认使用的类，用于管理应用程序的注册用户。
- 如果读者希望存储有关注册用户的其他信息，比如性别、城市等，则需要创建一个派生自IdentityUser的自定义类。在此自定义类中添加所需的其他属性，然后插入此类而不是内置的IdentityUser类。我们将在后面的章节中学习如何执行此操作。
- 同样，IdentityRole也是ASP.NET Core Identity提供的内置类，包含角色信息。
- 使用EntityFrameWork Core从基础SQL Server数据库存储和查询注册用户的角色信息。
- 使用AddEntityFrameworkStores()方法，然后指定DbContext类作为泛型参数。

接下来，将Authentication()中间件添加到请求管道，代码如下。

```
    public void Configure(IApplicationBuilder app,IWebHostEnvironment env)
        {
            //如果环境是Development serve Developer Exception Page
            if(env.IsDevelopment())
            {
                app.UseDeveloperExceptionPage();
            }
            //否则显示用户友好的错误页面
                else if(env.IsStaging() || env.IsProduction() || env.
IsEnvironment("UAT"))
```

```
        {
            app.UseExceptionHandler("/Error");
            app.UseStatusCodePagesWithReExecute("/Error/{0}");
        }

        //使用纯静态文件支持的中间件，而不使用带有终端的中间件
        app.UseStaticFiles();
        //添加验证中间件
        app.UseAuthentication();

        app.UseRouting();
        app.UseEndpoints(endpoints =>
        {
            endpoints.MapControllerRoute(
                name:"default",
                pattern:"{controller=Home}/{action=Index}/{id?}");
        });
    }
```

在Startup类的Configure()方法中，调用UseAuthentication()方法将Authentication()中间件添加到应用程序的请求处理管道中。我们希望能够在请求到达MVC中间件之前对用户进行身份验证。因此，在请求处理管道的UseRouting()中间件之前添加认证中间件。这很重要，因为我们之前讲过中间件的添加顺序不能乱。

现在开始添加身份迁移。在Visual Studio中的**程序包控制台窗口**执行以下命令以添加新迁移。

```
Add-Migration AddingIdentity
```

此迁移包含用于创建ASP.NET Core Identity系统所需的表的代码。

如果运行，则会出现以下错误。

The entity type'IdentityUserLogin'requires a primary key to be defined.

之前因为要封装Seed()方法，所以重写OnModelCreating()方法。出现这个错误是因为我们在DbContext类中重写了OnModelCreating()方法，但未调用基本IdentityDbContext类OnModelCreating()方法。

Identity表的键映射在IdentityDbContext类的OnModelCreating()方法中。因此，要解决这个错误，需要做的是，调用基类OnModelCreating()使用该方法的基础关键字，代码如下。

```
    public class AppDbContext:IdentityDbContext
     {

            public  AppDbContext(DbContextOptions<AppDbContext>
options):base(options)
        {
        }
```

```
        public DbSet<Student> Students{get;set;}
        protected override void OnModelCreating(ModelBuilder modelBuilder)
        {
            base.OnModelCreating(modelBuilder);
            modelBuilder.Seed();
        }
    }
```

执行Update-Database命令以应用迁移记录并创建所需的身份表，如图21.1所示。

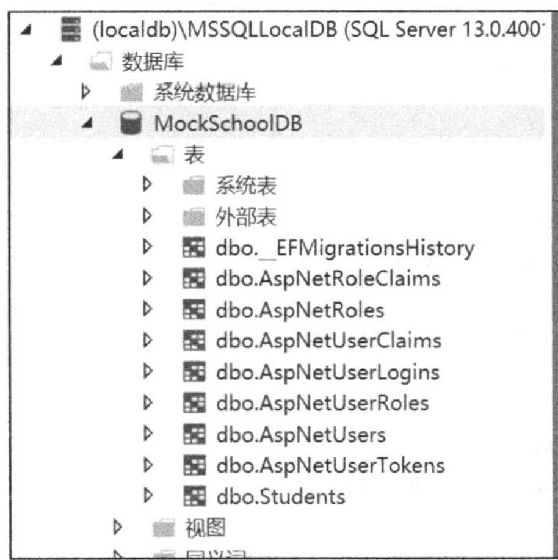

图21.1

21.2　使用ASP.NET Core Identity注册新用户

现在已经创建好了表的信息，接下来我们增加一个注册功能，让用户能够注册到系统中。

新用户注册视图应如图21.2所示。为了能够注册为新用户，需要邮箱地址和密码两个字段。

图21.2

21.2.1 RegisterViewModel视图模型

我们将使用RegisterViewModel类作为Register视图的模型，它负责将视图中的信息传递给控制器。为了验证信息是否正确，我们使用了几个ASP.NET Core验证属性。在之前的章节中详细说明过这些属性和模型验证。

```
using System.ComponentModel.DataAnnotations;


namespace MockSchoolManagement.ViewModels
{
    public class RegisterViewModel
    {

        [Required]
        [EmailAddress]
        [Display(Name = "邮箱地址")]

        public string Email{get;set;}

        [Required]
        [DataType(DataType.Password)]
        [Display(Name = "密码")]

        public string Password{get;set;}

        [DataType(DataType.Password)]
        [Display(Name = "确认密码")]
        [Compare("Password",
            ErrorMessage = "密码与确认密码不一致，请重新输入.")]
        public string ConfirmPassword{get;set;}
    }
}
```

在这里我们添加了DataType特性，它的主要作用是指定比数据库内部类型更具体的数据类型。DataType枚举提供了多种数据类型，比如日期、时间、电话号码、货币和邮箱地址等。但是请注意，DataType特性不提供任何验证，它主要服务于我们的视图文件，比如，DataType.EmailAddress可以在视图中创建mailto：链接，DataType.Date则会在支持HTML5的浏览器中提供日期选择器。

21.2.2 账户控制器

账户控制器（AccountController）是指所有与账户相关的CRUD（增加、读取、更新和删除）操作都将在此控制器中。目前我们只有Register()操作方法，可以通过向/account/register发出GET请求来实现此操作方法。

```
using Microsoft.AspNetCore.Mvc;


namespace MockSchoolManagement.Controllers
```

```
{
    public class AccountController:Controller
    {
        [HttpGet]
        public IActionResult Register()
        {
            return View();
        }
    }
}
```

21.2.3 注册视图中的代码

将此视图放在Views/Account文件夹中，此视图的模型是我们在前面创建的Register ViewModel。

```
@model RegisterViewModel
@{ViewBag.Title = "用户注册";}

<h1>用户注册</h1>

<div class="row">
  <div class="col-md-12">
    <form method="post">
      <div asp-validation-summary="All" class="text-danger"></div>
      <div class="form-group">
        <label asp-for="Email"></label>
        <input asp-for="Email" class="form-control" />
        <span asp-validation-for="Email" class="text-danger"></span>
      </div>
      <div class="form-group">
        <label asp-for="Password"></label>
        <input asp-for="Password" class="form-control" />
        <span asp-validation-for="Password" class="text-danger"></span>
      </div>
      <div class="form-group">
        <label asp-for="ConfirmPassword"></label>
        <input asp-for="ConfirmPassword" class="form-control" />
          <span asp-validation-for="ConfirmPassword" class="text-danger"></
span>
      </div>
      <button type="submit" class="btn btn-primary">注册</button>
    </form>
  </div>
</div>
```

21.2.4 添加注册按钮

在布局视图中添加注册按钮，我们需要在_Layout.cshtml文件中找到ID为collapsibleNavbar的导航菜单栏，在下方添加**注册**按钮，导航到对应的视图，代码如下。

```
<div id="collapsibleNavbar" class="collapse navbar-collapse">
  <ul class="navbar-nav">
    <li class="nav-item">
      <a class="nav-link" asp-controller="home" asp-action="Index">学生列表
</a>
    </li>
    <li class="nav-item">
      <a class="nav-link" asp-controller="home" asp-action="Create">添加学
生</a>
    </li>
  </ul>
  <ul class="navbar-nav ml-auto">
    <li class="nav-item">
      <a class="nav-link" asp-controller="account" asp-action="register">
注册 </a>
    </li>
  </ul>
</div>
```

运行项目后，单击注册按钮即可看到图21.2所示的效果图，接下来我们实现处理HttpPOST请求到/account/register的Register()操作方法。然后通过表单Taghelpers将数据发布到ASP.NET Core Identity中创建账户。

21.3 UserManager和SignInManager服务

在本节我们学习使用ASP.NET Core Identity提供的UserManager服务创建新用户，然后使用其提供的SignInManager服务来登录用户。

UserManager <IdentityUser>类包含管理基础数据存储中的用户所需的方法。比如，此类具有CreateAsync()、DeleteAsync()和UpdateAsync()等方法来创建、删除和更新用户，如图21.3所示。

SignInManager <IdentityUser>类包含用户登录所需的方法。比如，SignInManager类具有SignInAsync()、SignOutAsync()等方法来登录和注销用户，如图21.4所示。

- UserManager和SignInManager服务都需要使用构造函数注入AccountController，并且这两个服务都接收泛型参数。
- 这些服务接收泛型参数的User类。目前，我们使用内置的IdentityUser类作为泛型参数的参数。
- 这两个服务的通用参数User是一个扩展类。这意味着，我们可以自定义与用户有关的信息和其他数据，来创建我们的自定义用户。

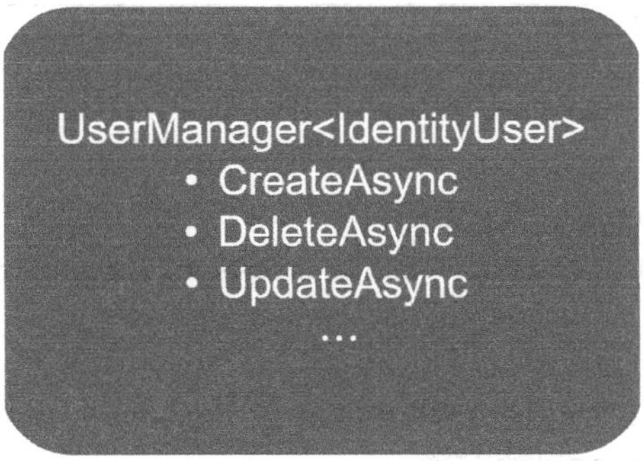

UserManager<IdentityUser>
- CreateAsync
- DeleteAsync
- UpdateAsync
…

图21.3

SingnInManager<IdentityUser>
- SignInAsync
- SignOutAsync
- IsSignedIn
…

图21.4

- 我们可以声明自己的自定义类作为泛型参数，而不是内置的IdentityUser类。

以下是AccountController的完整代码。

```
using Microsoft.AspNetCore.Identity;
using Microsoft.AspNetCore.Mvc;
using MockSchoolManagement.ViewModels;
using System.Threading.Tasks;

namespace MockSchoolManagement.Controllers
{
    public class AccountController:Controller
    {
        private UserManager<IdentityUser> _userManager;
        private SignInManager<IdentityUser> _signInManager;

        public AccountController(UserManager<IdentityUser> userManager,
          SignInManager<IdentityUser> signInManager)
        {
            this._userManager = userManager;
            this._signInManager = signInManager;
        }

        [HttpGet]
        public IActionResult Register()
        {
            return View();
        }

        [HttpPost]
        public async Task<IActionResult> Register(RegisterViewModel model)
        {
            if(ModelState.IsValid)
            {
                //将数据从RegisterViewModel复制到IdentityUser
                var user = new IdentityUser
                {
```

```
                    UserName = model.Email,
                    Email = model.Email
                };

                //将用户数据存储在AspNetUsers数据库表中
                    var result = await _userManager.CreateAsync(user,model.
Password);

                //如果成功创建用户，则使用登录服务登录用户信息
                //并重定向到HomeController的索引操作
                if(result.Succeeded)
                {
                                await _signInManager.SignInAsync(user,
isPersistent:false);
                    return RedirectToAction("index","home");
                }

                //如果有任何错误，则将它们添加到ModelState对象中
                //将由验证摘要标记助手显示到视图中
                foreach(var error in result.Errors)
                {
                            ModelState.AddModelError(string.Empty,error.
Description);
                }
            }

            return View(model);
        }
    }
}
```

此时，如果读者运行项目并提供有效的邮箱地址和密码，则它会在SQL Server数据库的AspNetUsers表中创建账户。读者可以从Visual Studio的SQL Server对象资源管理器中查看此数据，如图21.5所示。

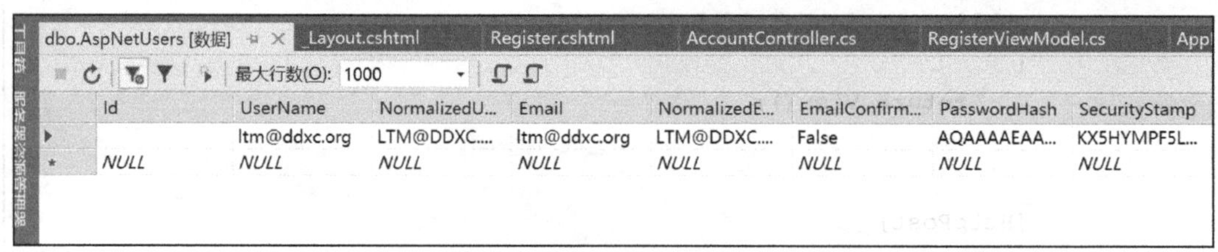

图21.5

21.3.1 ASP.NET Core Identity中对密码复杂度的处理

在刚刚注册的时候，我们发现有两个问题。

- 密码验证机制太复杂了。
- 它是英文的，对于我们来说支持不是很友好。

这是因为ASP.NET Core IdentityOptions类在ASP.NET Core中用于配置密码复杂性规则。默认情况下，ASP.NET Core身份不允许创建简单的密码来保护我们的应用程序免受自动暴力攻击。

当我们尝试使用像abc这样的简单密码注册新账户时，会显示创建失败，读者将看到如图21.6所示的验证错误。

图21.6

我们在图21.6中看到中文提示，后面的章节会告诉读者如何配置。

21.3.2 ASP.NET Core Identity密码默认设置

在ASP.NET Core Identity中，密码默认设置在PasswordOptions类中。读者可以在ASP.NET Core GitHub仓库中找到此类的源代码。只需在仓库中搜索PasswordOptions类。

代码如下。

```
public class PasswordOptions
{
    public int RequiredLength{get;set;} = 6;
    public int RequiredUniqueChars{get;set;} = 1;
    public bool RequireNonAlphanumeric{get;set;} = true;
    public bool RequireLowercase{get;set;} = true;
    public bool RequireUppercase{get;set;} = true;
    public bool RequireDigit{get;set;} = true;
}
```

相关参数的说明如表21.1所示。

表21.1

参数名称	说明	默认值
RequiredLength	密码最小长度验证	6
RequiredUniqueChars	密码中允许最大的重复字符数	1
RequireNonAlphanumeric	密码必须至少有一个非字母数字的字符	true
RequireLowercase	密码是否必须包含小写字母	true
RequireUppercase	密码是否必须包含大写字母	true
RequireDigit	密码是否必须包含数字	true

21.3.3 覆盖ASP.NET Core身份中的密码默认设置

我们可以通过在Startup类的ConfigureServices()方法中使用IServiceCollection接口的Configure()方法来实现这一点。

```
services.Configure<IdentityOptions>(options =>
{
     options.Password.RequiredLength = 6;
                options.Password.RequiredUniqueChars = 3;
                options.Password.RequireNonAlphanumeric = false;
                options.Password.RequireLowercase = false;
                options.Password.RequireUppercase = false;

});
```

也可以在添加身份服务时执行此操作，代码如下。

```
services.AddIdentity<IdentityUser,IdentityRole>(options =>
{
    options.Password.RequiredLength = 6;
    options.Password.RequiredUniqueChars = 3;
    options.Password.RequireNonAlphanumeric = false;
})
.AddEntityFrameworkStores<AppDbContext>();
```

当然，在这里推荐使用IdentityOptions的形式进行配置，因为它可以作为一个独立服务，而不是嵌套在AddIdentity()方法中。

IdentityOptions对象中除了Password的配置信息，还有用户、登录、策略等配置信息，我们可以根据不同的场景进行灵活的配置。

- UserOptions。
- SignInOptions。
- LockoutOptions。
- TokenOptions。
- StoreOptions。
- ClaimsIdentityOptions。

21.3.4　修改中文提示的错误信息

Identity提供了AddErrorDescriber()方法，可方便我们进行错误内容的配置和处理。

ASP.NET Core默认提供的都是英文提示，我们可以将它们修改为中文。现在我们创建一个CustomIdentityErrorDescriber的类文件，路径为根目录下创建的CustomerMiddlewares文件夹，然后继承IdentityErrorDescriber服务，添加以下代码。

```
    public class CustomIdentityErrorDescriber:IdentityErrorDescriber
    {

        public override IdentityError DefaultError()
        {
                return new IdentityError{Code = nameof(DefaultError),
Description = $"发生了未知的故障。" };
        }

        public override IdentityError ConcurrencyFailure()
        {
               return new IdentityError{Code = nameof(ConcurrencyFailure),
Description = "乐观并发失败，对象已被修改。" };
        }

        public override IdentityError PasswordMismatch()
        {
                return new IdentityError{Code = nameof(PasswordMismatch),
Description = "密码错误" };
        }

        public override IdentityError InvalidToken()
        {
                return new IdentityError{Code = nameof(InvalidToken),
Description = "无效的令牌." };
        }

        public override IdentityError LoginAlreadyAssociated()
        {
            return new IdentityError{Code = nameof(LoginAlreadyAssociated),
Description = "具有此登录的用户已经存在." };
        }

        public override IdentityError InvalidUserName(string userName)
        {
                return new IdentityError{Code = nameof(InvalidUserName),
Description = $"用户名'{userName}'无效，只能包含字母或数字." };
        }

        public override IdentityError InvalidEmail(string email)
```

```
        {
                return new IdentityError{Code = nameof(InvalidEmail),
    Description = $"邮箱'{email}'无效." };
        }

        public override IdentityError DuplicateUserName(string userName)
        {
                return new IdentityError{Code = nameof(DuplicateUserName),
    Description = $"用户名'{userName}'已被使用." };
        }

        public override IdentityError DuplicateEmail(string email)
        {
                return new IdentityError{Code = nameof(DuplicateEmail),
    Description = $"邮箱'{email}'已被使用." };
        }

        public override IdentityError InvalidRoleName(string role)
        {
                return new IdentityError{Code = nameof(InvalidRoleName),
    Description = $"角色名'{role}'无效." };
        }

        public override IdentityError DuplicateRoleName(string role)
        {
                return new IdentityError{Code = nameof(DuplicateRoleName),
    Description = $"角色名'{role}'已被使用." };
        }

        public override IdentityError UserAlreadyHasPassword()
        {
            return new IdentityError{Code = nameof(UserAlreadyHasPassword),
    Description = "该用户已设置了密码." };
        }

        public override IdentityError UserLockoutNotEnabled()
        {
            return new IdentityError{Code = nameof(UserLockoutNotEnabled),
    Description = "此用户未启用锁定." };
        }

        public override IdentityError UserAlreadyInRole(string role)
        {
                return new IdentityError{Code = nameof(UserAlreadyInRole),
    Description = $"用户已关联角色'{role}'." };
        }
```

```
        public override IdentityError UserNotInRole(string role)
        {
                return new IdentityError{Code = nameof(UserNotInRole),
Description = $"用户未关联角色'{role}'." };
        }

        public override IdentityError PasswordTooShort(int length)
        {
                return new IdentityError{Code = nameof(PasswordTooShort),
Description = $"密码必须至少是{length}字符." };
        }

        public override IdentityError PasswordRequiresNonAlphanumeric()
        {
            return new IdentityError
            {
                Code = nameof(PasswordRequiresNonAlphanumeric),
                Description = "密码必须至少有一个非字母数字字符."
            };
        }

        public override IdentityError PasswordRequiresDigit()
        {
            return new IdentityError{Code = nameof(PasswordRequiresDigit),
Description = $"密码必须至少有一个数字('0'-'9')." };
        }


          public override IdentityError PasswordRequiresUniqueChars(int
uniqueChars)
        {
            return new IdentityError{Code = nameof(PasswordRequiresUniqueC
hars),Description = $"密码必须使用至少不同的{uniqueChars}字符。" };
        }

        public override IdentityError PasswordRequiresLower()
        {
            return new IdentityError{Code = nameof(PasswordRequiresLower),
Description = "密码必须至少有一个小写字母('a'-'z')." };
        }

        public override IdentityError PasswordRequiresUpper()
        {
            return new IdentityError{Code = nameof(PasswordRequiresUpper),
Description = "密码必须至少有一个大写字母('A'-'Z')." };
        }



    }
```

回到Startup类的ConfigureServices()方法中，在AddIdentity()服务中使用AddErrorDescriber()方法覆盖默认的错误提示内容，代码如下。

```
services.AddIdentity<IdentityUser,IdentityRole>().AddErrorDescriber<CustomIdentityErrorDescriber>().AddEntityFrameworkStores<AppDbContext>();
```

配置完成之后，提示变为中文，注册时密码长度达到6位即可。

21.4 登录状态及注销功能的实现

在本节中我们学习如何判断用户是否登录，以及注册、登录和注销等功能是否可实现。

首先来看一看如何在ASP.NET Core中实现注销功能。如果用户未登录，则显示**登录**和**注册**按钮，如图21.7所示。

图21.7

如果用户已登录，请隐藏**登录**和**注册**按钮并显示**注销**按钮，如图21.8所示。

图21.8

我们需要在_Layout.cshtml文件中找到ID为collapsibleNavbar的导航菜单栏，修改代码如下。

在下方代码中注入了SignInManager，以便我们检查用户是否已登录，来决定显示和隐藏的内容。

```
@using Microsoft.AspNetCore.Identity @inject SignInManager<IdentityUser>
  _signInManager
  <div class="collapse navbar-collapse" id="collapsibleNavbar">
    <ul class="navbar-nav">
      <li class="nav-item">
         <a class="nav-link" asp-controller="home" asp-action="index">学生列表</a>
      </li>
      <li class="nav-item">
         <a class="nav-link" asp-controller="home" asp-action="create">添加学生</a>
      </li>
    </ul>
    <ul class="navbar-nav ml-auto">
      @*如果用户已登录，则显示注销链接*@ @if(_signInManager.IsSignedIn(User)) {
      <li class="nav-item">
```

```
            <form method="post" asp-controller="account" asp-action="logout">
              <button type="submit" style="width:auto"
                class="nav-link btn btn-link py-0">
                注销 @User.Identity.Name
              </button>
            </form>
          </li>
          }else{
          <li class="nav-item">
            <a class="nav-link" asp-controller="account" asp-action="register">
              注册
            </a>
          </li>
          <li class="nav-item">
            <a class="nav-link" asp-controller="account" asp-action="login">
              登录
            </a>
          </li>
          }
        </ul>
      </div>
    </IdentityUser>
```

然后在AccountController中添加以下Logout()方法。

```
        [HttpPost]
        public async Task<IActionResult> Logout()
        {
            await _signInManager.SignOutAsync();
            return RedirectToAction("index","home");
        }
```

请注意，我们使用POST请求将用户注销，而不使用GET请求，因为该方法可能会被滥用。恶意者可能会诱骗用户单击某张图片，将图片的src属性设置为应用程序注销URL，这样会造成用户在不知不觉中退出了账户。

21.5 ASP.NET Core Identity中的登录功能实现

在本节中，我们将讨论使用ASP.NET Core Identity的API在ASP.NET Core应用程序中实现登录功能。要在ASP.NET Core应用程序中实现登录功能，我们需要实现以下功能。

- 登录视图模型。
- 登录视图。
- AccountController中的两个Login()操作方法。

21.5.1 LoginViewModel登录视图模型

要在系统中登录用户，则需要其邮箱、用户名、密码以及使其选择是否需要持久性

Cookie或会话Cookie。

```
public class LoginViewModel
    {


        [Required]
        [EmailAddress]
        public string Email{get;set;}

        [Required]
        [DataType(DataType.Password)]
        public string Password{get;set;}

        [Display(Name = "记住我")]
        public bool RememberMe{get;set;}
    }
```

21.5.2 登录视图的代码

登录视图的代码如下。

```
@model LoginViewModel
@{ViewBag.Title = "用户登录";}

<h1>用户登录</h1>

<div class="row">
  <div class="col-md-12">
    <form method="post">
      <div asp-validation-summary="All" class="text-danger"></div>
      <div class="form-group">
        <label asp-for="Email"></label>
        <input asp-for="Email" class="form-control" />
        <span asp-validation-for="Email" class="text-danger"></span>
      </div>
      <div class="form-group">
        <label asp-for="Password"></label>
        <input asp-for="Password" class="form-control" />
        <span asp-validation-for="Password" class="text-danger"></span>
      </div>
      <div class="form-group">
        <div class="checkbox">
          <label asp-for="RememberMe">
            <input asp-for="RememberMe" />
            @Html.DisplayNameFor(m => m.RememberMe)
          </label>
        </div>
```

```
        </div>
        <button type="submit" class="btn btn-primary">登录</button>
      </form>
    </div>
  </div>
```

21.5.3 AccountController中的Login()操作方法

```
using Microsoft.AspNetCore.Identity;
using Microsoft.AspNetCore.Mvc;
using MockSchoolManagement.ViewModels;
using System.Threading.Tasks;

namespace MockSchoolManagement.Controllers
{
    public class AccountController:Controller
    {
        private UserManager<IdentityUser> _userManager;
        private SignInManager<IdentityUser> _signInManager;

        public AccountController(UserManager<IdentityUser> userManager,
          SignInManager<IdentityUser> signInManager)
        {
            this._userManager = userManager;
            this._signInManager = signInManager;
        }

        [HttpGet]
        public IActionResult Login()
        {
            return View();
        }

        [HttpPost]
        public async Task<IActionResult> Login(LoginViewModel model)
        {
            if(ModelState.IsValid)
            {
                var result = await _signInManager.PasswordSignInAsync(
                    model.Email,model.Password,model.RememberMe,false);

                if(result.Succeeded)
                {

                        return RedirectToAction("index","home");
```

```
                }

                ModelState.AddModelError(string.Empty,"登录失败，请重试");
            }

            return View(model);
        }

    }
}
```

21.5.4 会话Cookie与持久性Cookie

维基百科解释：Cookie并不是它的原意“甜饼”的意思，而是一个保存在客户机中的简单的文本文件，这个文件与特定的Web文档关联在一起，保存了该客户机访问这个Web文档时的信息，当客户机再次访问这个Web文档时这些信息可供该文档使用。由于“Cookie”具有可以保存在客户机上的神奇特性，因此它可以帮助我们实现记录用户个人信息的功能，而这一切都不必使用复杂的CGI等程序。

简单来说，我们把Cookie理解为一个大小不超过4kB，便于我们在客户端保存一些用户个人信息的功能。

在ASP.NET Core Identity中，用户成功登录后，将发出Cookie，并将此Cookie随每个请求一起发送到服务器，服务器会解析此Cookie信息来了解用户是否已经通过身份验证和登录。此Cookie可以是会话Cookie或持久Cookie。

会话Cookie是指用户登录成功后，Cookie会被创建并存储在浏览器会话实例中。会话Cookie不包含过期时间，它会在浏览器窗口关闭时被永久删除。

持久Cookie是指用户登录成功后，Cookie会被创建并存储在浏览器中，因为是持久Cookie，所以在关闭浏览器窗口后，它不会被删除。但是，它通常有一个到期时间，会在到期后被删除。

在LoginViewModel.cs视图模型中，我们已经添加了一个bool类型的RememberMe属性。用户可在登录时选择**记住我**，选中即使用持久性Cookie，而未选中则为会话Cookie。

现在运行项目，我们可以在登录的时候选择**记住我**，登录成功后如图21.9所示。

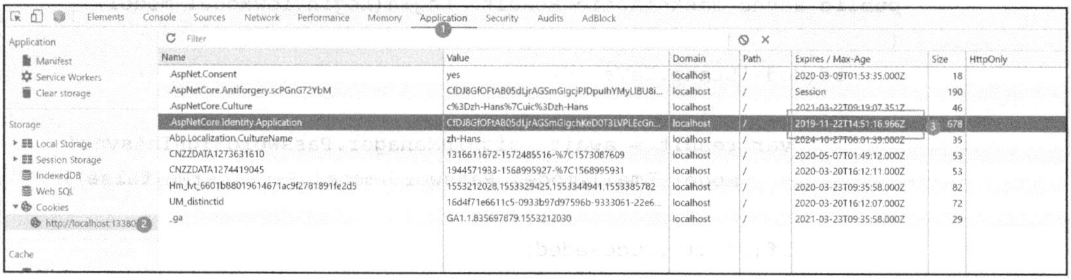

图21.9

打开开发者工具（按F12键），观察图21.9框中的内容，可以发现过期时间是很长的。

现在关闭浏览器，并将其再次打开，用户也依然是登录状态。这便是持久性Cookie的作用，只有在到期时间到了之后才会删除。

至于会话Cookie验证，我们在登录的时候取消选择**记住我**，然后看到如图21.10所示的内容。

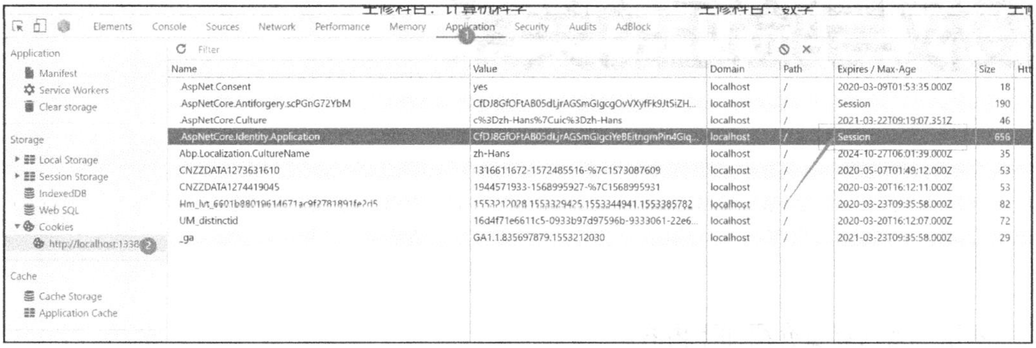

图21.10

这里已经是一个会话了，它不包含过期时间，在关闭浏览器后，再次将其打开，系统会自动注销用户。

以上就是持久性Cookie与会话Cookie的区别了。

在本章中我们学习了Identity的基本功能，创建一个系统用户并完成了登录注册及状态检查。在后面的章节中，内容会逐步深入，可配合源代码学习。

21.6 小结

本章介绍了ASP.NET Core Identity框架的定位及作用，并利用它提供的API完成了用户的登录与注销等基本功能。在后面的章节中我们会使用更多的API将系统趋于完善。

第22章

授权与验证的关系

本章主要向读者介绍如下内容。

- Authorize属性的使用。
- 什么是开放式重定向攻击及解决方法。
- ASP.NET Core中的服务器端验证与客户端验证。
- 通过Ajax实现远程验证及自定义验证。

首先了解ASP.NET Core中的授权与客户端的身份验证方式。授权是识别用户可以做什么和不能做什么的过程。身份验证是识别用户身份的过程，完成对用户身份的确认。

如果登录用户是管理员，则他可以创建、读取、更新和删除订单，而普通用户只能查看订单而不能修改订单。

22.1 ASP.NET Core中的Authorize属性

ASP.NET Core MVC中的授权通过Authorize属性控制。当以简单的形式使用授权（Authorize）属性时，没有任何参数，它只检查用户是否能通过身份验证。

22.1.1 Authorize属性示例

假设有一个HomeController，我们可以为它添加一个Authorize属性，代码如下。

```
[Authorize]
public class HomeController:Controller
{
    public ViewResult Details(int?id)
    {
    }

    public ViewResult Create()
    {
    }
```

```
        public ViewResult Edit(int id)
        {
        }
    }
```

Authorize属性也可以应用于各个操作方法。在下面的代码中，仅保护Details()操作方法免受匿名访问。

```
    public class HomeController:Controller
    {
        [Authorize]
        public ViewResult Details(int?id)
        {
        }

        public ViewResult Create()
        {
        }

        public ViewResult Edit(int id)
        {
        }
    }
```

22.1.2 ASP.NET Core中的AllowAnonymous属性

顾名思义，AllowAnonymous属性允许匿名访问，我们通常将此属性与Authorize属性结合使用。

由于Authorize属性应用于控制器级别，因此可以保护控制器中的所有操作方法免受匿名访问。但是，如果Details()操作方法使用AllowAnonymous属性进行修饰，那么将允许匿名访问。

```
    [Authorize]
    public class HomeController:Controller
    {
        [AllowAnonymous]
        public ViewResult Details(int?id)
        {
        }

        public ViewResult Create()
        {
        }

        public ViewResult Edit(int id)
        {
        }
    }
```

请注意，如果在控制器级别应用AllowAnonymous属性，则会忽略同一控制器操作上的任何Authorize属性。

22.1.3 全局应用Authorize属性

要在整个应用程序中对所有控制器和控制器操作全局应用Authorize属性，请修改Startup类方法中的代码。

```
//其他代码
 services.AddControllersWithViews(config =>
           {
var policy = new AuthorizationPolicyBuilder()
                                                .RequireAuthenticatedUser()
.Build();
               config.Filters.Add(new AuthorizeFilter(policy));
           }
           ).AddXmlSerializerFormatters();
//其他代码
```

需要引入对应的命名空间，代码说明如下。

- AuthorizationPolicyBuilder位于Microsoft.AspNetCore.Authorization命名空间中。
- AuthorizeFilter位于Microsoft.AspNetCore.Mvc.Authorization命名空间中。
- 如果在AccountController的Login()操作方法中没有添加AllowAnonymous属性，则会出现以下错误，因为应用程序陷入了无限循环，如图22.1所示。

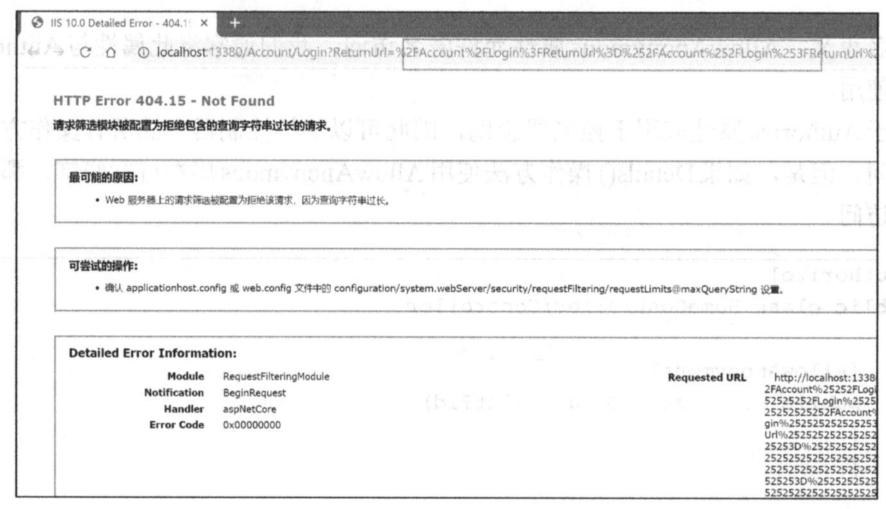

图22.1

- 这是因为用户尝试访问/Account/Login。
- 由于Authorize属性是全局应用的，因此无法访问URL/Account/Login。
- 要登录，必须跳转到/Account/Login。
- 应用程序停留在这个无限循环中，每次重定向时，查询字符串？ReturnUrl=/Account/Login都附加到URL。

- 这就是我们收到错误的原因。
- Web服务器拒绝了请求，因为查询字符串太长。

要修复此错误，只需要在AccountController上添加AllowAnonymous属性，这样就可以正常访问Login()操作方法。

除了这个简单的授权，ASP.NET Core还支持基于角色、声明和策略的授权。我们将在后面的章节中讨论这些授权技术。

22.2 登录后重定向到指定URL

本节我们将学习在用户登录成功后，将用户重定向到指定URL。

22.2.1 ASP.NET Core中的ReturnUrl

当尝试导航到我们无法访问的URL时，ASP.NET Core会使用ReturnUrl重定向到登录URL中，直到成功登录系统。而我们试图访问的URL会成为ReturnUrl中查询字符串参数的值。

22.2.2 ReturnUrl查询字符串示例

在此示例URL中，ReturnUrl值为/home/create。此URL的产生方式是用户试图通过直接访问/home/create来创建一个新用户，但是由于没有登录，导致验证失败，因此无法访问/home/create。然后ASP.NET Core将它重定向到登录URL，即/Account/Login。完整的访问URL如下。

```
http://localhost:4901/Account/Login?ReturnUrl=%2Fhome%2Fcreate
```

URL中的字符%2F是正斜杠（/）的编码字符。要解码URL中的这些字符，读者可以使用搜索引擎搜索**URL解码**。

如图22.2所示，可以使用URL界面功能。

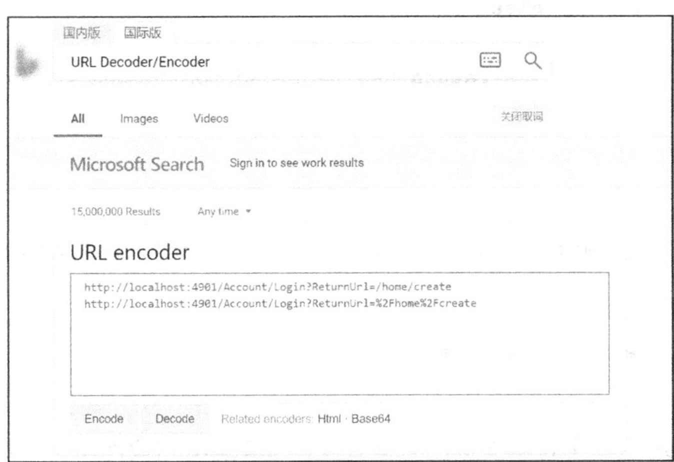

图22.2

22.2.3 登录后重定向到ReturnUrl

因为当前使用了全局授权验证，所以在HttpGET请求中的ReturnUrl都会自动跳转到对应的URL中，这是不太合理的设计，我们要对它进行修改。

当发出http://localhost:4901/Account/Login? ReturnUrl=%2Fhome%2Fcreate请求时，ASP.NET Core中的模型会通过路由规则进行绑定，自动映射到所在AccountController的Login()操作方法中的查询字符串参数（ReturnUrl）上。

ASP.NET Core Redirect(ReturnUrl）方法将用户重定向到指定的ReturnUrl，代码如下。

```
        [HttpGet]
        [AllowAnonymous]
        public IActionResult Login()
        {
            return View();
        }

        [HttpPost]
        [AllowAnonymous]
        public async Task<IActionResult> Login(LoginViewModel model,string
returnUrl)
        {
            if(ModelState.IsValid)
            {
                var result = await _signInManager.PasswordSignInAsync(
                    model.Email,model.Password,model.RememberMe,false);

                if(result.Succeeded)
                {
                    if(!string.IsNullOrEmpty(returnUrl))
                    {
                        return Redirect(returnUrl);
                    }
                    else
                    {
                        return RedirectToAction("index","home");
                    }
                }


                ModelState.AddModelError(string.Empty,"登录失败，请重试");
            }

            return View(model);
        }
```

使用ReturnUrl查询字符串参数的方式存在严重缺陷，它会产生一个严重的安全漏洞，通常称为开放式重定向漏洞。

22.3 开放式重定向攻击

本节我们来了解什么是开放式重定向攻击。只要满足以下两个条件，就会使应用程序容易受到开放式重定向攻击。

- 应用程序允许重定向到指定的URL，比如查询字符串或表单数据。
- 执行重定向而没有检查URL是否为本地URL。

22.3.1 什么是开放式重定向漏洞

在访问大多数Web应用程序时需要验证身份，在验证资源时用户会被重定向到登录页面。比如，要查看所有表单的数据，读者必须已经登录。如果尚未登录并尝试查看表单数据，则读者将被重定向到登录页面。

重定向会包括ReturnUrl查询字符串以及参数，以便用户在成功登录后可以返回到最初请求的URL。而恶意用户可以使用此ReturnUrl查询字符串参数以启动打开的重定向攻击。

22.3.2 开放式重定向漏洞示例

假设使用读者系统的用户被欺骗单击电子邮箱中的一个链接，其中ReturnUrl设置为攻击者网站。

用户在真实站点上成功登录，然后将其重定向到攻击者网站，攻击者网站的登录页面看起来与真实网站完全相同。用户认为第一次登录失败，然后再次登录攻击者网站，接下来假网站将用户重定向到真实站点。在整个过程中，用户甚至不知道他的凭证被盗。映射流程如图22.3所示。

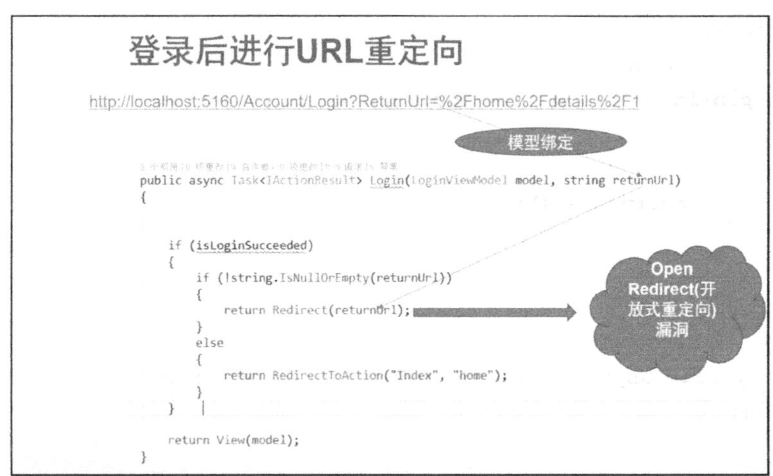

图22.3

目前，我们的系统中就有一个开放式重定向漏洞，因为URL是通过查询字符串提供给应用程序的。我们只是重定向到该URL而没有验证任何内容，这使我们的应用程序容易受到开放式或重定向攻击。

要防止打开重定向攻击，需要检查提供的URL是否为本地URL，即我们自己域名的URL。也可重定向到加入白名单的受信任网站。

ASP.NET Core内置了对本地URL重定向的支持，只需使用LocalRedirect()方法即可，如果它指定了非本地URL，则抛出异常。

```
        public async Task<IActionResult> Login(LoginViewModel model,string
returnUrl)
{
    return LocalRedirect(returnUrl);
}
```

也可以使用Url.IsLocalUrl()，它判断检查提供的URL是否是本地URL，修改后的Login()方法代码如下，添加参数returnUrl，然后使用IsLocalUrl()方法。

```
    public async Task<IActionResult> Login(LoginViewModel model,string
returnUrl)
        {
            if(Url.IsLocalUrl(returnUrl))
            {
                return Redirect(returnUrl);
            }
            else
            {
                return RedirectToAction("index","home");
            }
        }
```

AccountController中的Login()代码如下。

```
        [HttpGet]
        [AllowAnonymous]
        public IActionResult Login()
        {

            return View();
        }

        [HttpPost]
        [AllowAnonymous]
        public async Task<IActionResult> Login(LoginViewModel model,string
returnUrl)
        {
            if(ModelState.IsValid)
            {
                var result = await _signInManager.PasswordSignInAsync(
                    model.Email,model.Password,model.RememberMe,false);

                if(result.Succeeded)
```

```
                {
                    if(!string.IsNullOrEmpty(returnUrl))
                    {
                        if(Url.IsLocalUrl(returnUrl))
                        {
                            return Redirect(returnUrl);
                        }
                    }
                    else
                    {
                        return RedirectToAction("index","home");
                    }
                }


                ModelState.AddModelError(string.Empty,"登录失败，请重试");
            }

            return View(model);
        }
```

现在运行项目，因为使用了全局验证拦截，所以会自动跳转到登录页面。

22.4 ASP.NET Core中的客户端验证

在本节中，我们将学习如何在ASP.NET Core中实现客户端验证。

在之前的章节中讨论了如何实现服务器端验证。服务器端验证是通过使用验证属性（如Required、StringLength等）实现的。顾名思义，服务器端验证是在服务器上完成的。因此，客户端浏览器和Web服务器之间存在往返时间。客户端发起的请求必须通过网络发送到Web服务器进行处理。这意味着如果网络速度很慢或服务器忙于处理其他请求，则最终用户可能需要等待几秒，这也会增加服务器的负载。因此如果能在客户端的计算机上执行此验证，则意味着没有往返时间和等待时间。客户端具有即时反馈，并且服务器上的负载也在很大程度上减少。这是一个双赢的局面。

22.4.1 服务器端验证示例

现在运行项目，单击登录按钮，会出现如图22.4所示的页面。

```
public class LoginViewModel
{
    [Required]
    public string Email{get;set;}

    [Required]
    public string Password{get;set;}
}
```

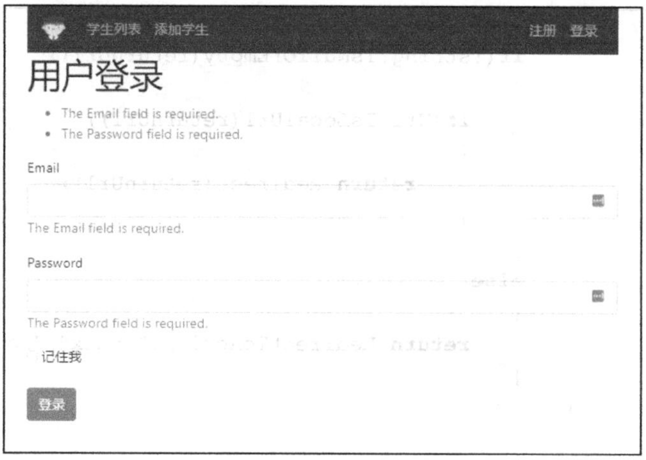

图22.4

上方的代码中，我们得知在登录视图模型需要的字段中，使用Required属性修饰相应的模型属性。我们在之前的章节中讨论了如何使用这些验证属性并实现服务器端模型验证。这些相同的验证属性也可用于在ASP.NET Core中实现客户端验证。

打开开发者工具，效果如图22.5所示。

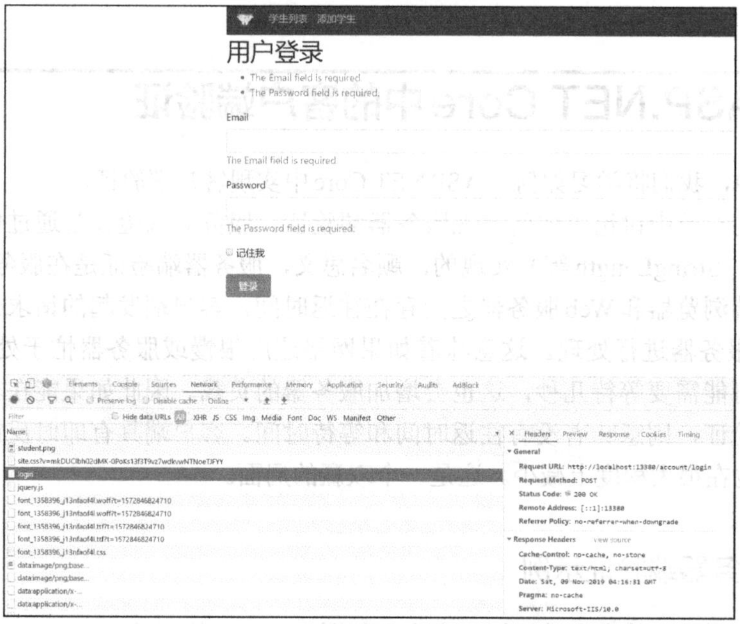

图22.5

我们可以看到，每次单击登录的时候都会发送请求到服务器端Account/Login的方法中，这说明当前是服务器端验证，因为我们当前的页面都被刷新了。

22.4.2 客户端验证

有两种方法可以在ASP.NET Core中实现客户端验证。

- 自己手写JavaScript代码来实现客户端验证，这显然是单调乏味且耗时的。
- 使用ASP.NET Core提供的隐式的客户端验证库。

我们使用第二种方法，不必编写代码，我们所要做的就是按照指定的顺序包含以下3个JavaScript库。

```
<script src="~/lib/jquery/jquery.js"></script>
<script src="~/lib/jquery-validate/jquery.validate.js"></script>
<script src="~/lib/jquery-validation-unobtrusive/jquery.validate.
unobtrusive.js"></script>
```

读者可以使用库管理器LibMan来安装客户端库，之前有讲过如何使用LibMan来安装库。读者可以在Login视图单独引用，也可以在布局视图进行引用。

libman.json代码如下。

```
{
  "version":"1.0",//当前的LibMan文件版本
  "defaultProvider":"cdnjs",//默认从哪个CDN网络下载文件
  "libraries":[
    {
      "library":"twitter-bootstrap@4.3.1",//要下载的客户端包名称
      "destination":"wwwroot/lib/twitter-bootstrap/" //存放库的文件路径地址
    },
    {
      "library":"jquery@3.4.1",//要下载的客户端包名称
      "destination":"wwwroot/lib/jquery/",//存放库的文件路径地址
      "provider":"jsdelivr",//针对某个独立的文件，从其他源下载
      "files":["dist/jquery.js","dist/jquery.min.js"] //下载该库中特定的文件，
//而不是下载所有的文件
    },
    {
      "library":"jquery-validate@1.19.1",
      "destination":"wwwroot/lib/jquery-validate"
    },
    {
      "library":"jquery-validation-unobtrusive@3.2.11",
      "destination":"wwwroot/lib/jquery-validate-unobtrusive"
    }
  ]
}
```

_Layout.cshtml文件的代码修改如下。

```
<html>
  <head>
    <meta name="viewport" content="width=device-width" />
    <environment include="Development">
        <link href="~/lib/twitter-bootstrap/css/bootstrap.css"
rel="stylesheet" />
```

```
    </environment>
    <environment exclude="Development">
      <link          rel="stylesheet"
            href="https://stackpath.bootstrapcdn.com/bootstrap/4.3.1/css/
bootstrap.min.css"
            integrity="sha384-ggOyR0iXCbMQv3Xipma34MD+dH/1fQ784/j6cY/
iJTQUOhcWr7x9JvoRxT2MZw1T"
            crossorigin="anonymous"
            asp-fallback-href="~/lib/twitter-bootstrap/css/bootstrap.min.css"
            asp-fallback-test-class="sr-only"
            asp-fallback-test-property="position"
            asp-fallback-test-value="absolute"
            asp-suppress-fallback-integrity="true"      />
    </environment>
    <link href="~/css/site.css" rel="stylesheet" asp-append-version="true"
/>
    <title>@ViewBag.Title</title>
  </head>
  <body>
    //其他代码

    <environment include="Development">
      <script src="~/lib/jquery/dist/jquery.js"></script>
      <script src="~/lib/twitter-bootstrap/js/bootstrap.js"></script>
      <script src="~/lib/jquery-validate/jquery.validate.js"></script>
        <script src="~/lib/jquery-validate-unobtrusive/jquery.validate.
unobtrusive.js"></script>
    </environment>
    <environment exclude="Development">
      <script src="~/lib/jquery/dist/jquery.min.js"></script>
      <script src="~/lib/twitter-bootstrap/js/bootstrap.js"></script>
      <script src="~/lib/jquery-validate/jquery.validate.min.js"></script>
        <script src="~/lib/jquery-validate-unobtrusive/jquery.validate.
unobtrusive.min.js"></script>
    </environment>

    @if(IsSectionDefined("Scripts")) {@RenderSection("Scripts",required:
    false)}
  </body>
</html>
```

以上是布局视图代码，我们将CSS和JavaScript的库进行了剥离，同时对非开发环境加载压缩后的JavaScript文件。

22.4.3 什么是客户端隐式验证

隐式验证允许我们采用已存在的服务器端验证属性并使用它们来实现客户端验证。

我们不必编写自定义JavaScript代码，所需要的只是按照指定顺序导入上述3个脚本文件。

使用jquery.validate.unobtrusive.js库完成隐式验证。这个库建立在jquery.validate.js库之上，而jquery.validate.js库又使用了jQuery。这就是我们需要按指定的顺序导入这3个库的原因。

22.4.4 客户端验证如何在ASP.NET Core中工作

Email属性使用Required属性进行修饰。要为Email生成输入字段，我们使用ASP.NET Core输入标记帮助程序**<input** asp-for="Email" />。

ASP.NET Core Taghelpers与模型验证属性结合使用，并生成以下HTML。请注意，在生成的HTML代码中有data-val属性。

```
<input id="Email" name="Email" type="email" data-val="true"
  data-val-required="The Email field is required."/>
```

data-val属性允许我们向<html>元素添加额外信息。这些data-val属性包含执行客户端验证所需的所有信息。它是隐式验证库（jquery.validate.unobtrusive.js），读取这些data-val属性，然后在客户端执行验证。

现在运行项目，验证客户端是否正常启动，登录页面并打开开发者工具，单击**Sources**，选择左侧login文件夹，我们可以看到对应的JavaScript库已经按照指定的顺序加载了，如图22.6所示。

图22.6

当单击**登录**的时候会给出验证提示，默认是英文的，如图22.7所示。我们在之前的章节中说明过如何变更为中文。

图22.7

在Network工具栏下方可以看到，输入一个非正确格式的邮箱后出现错误提示时，它没有发送请求到服务器端，这是在本地计算机完成的，以此证明是客户端验证内容。

22.4.5　隐式验证在ASP.NET Core中失效

如果隐式的客户端验证不起作用，请确保以下内容。

- 确保未禁用浏览器对JavaScript库的支持。
- 确保按指定的顺序加载以下客户端验证库。
  - jquery.js。
  - jquery.validate.js。
  - jquery.validate.unobtrusive.js。
- 确保为读者要测试的环境正常加载了这些验证库，如在Development、Staging、Production等环境。

22.5　在ASP.NET Core中进行远程验证

在本节中，我们将通过一个示例讨论ASP.NET Core中的远程验证。

远程验证允许使用客户端脚本调用控制器操作方法，它能帮助我们直接访问远程服务器的API，而不需要等待页面加载完毕之后回调，这节约了大量的时间，是一个很有用的方法。在市场上很流行的Ajax操作做到了快速验证，通过发送数据到远程API，验证后通过DOM操作响应客户，提升客户的体验。

22.5.1 远程验证示例

请看如图22.8所示的用户注册页面。

图22.8

注册的时候会判断输入的邮箱地址是否已被其他用户使用，这个功能只能在服务器上完成，因为我们所有的数据都存储在数据库中，要实现这个功能必须和服务器进行通信。

在AccountController中增加一个IsEmailInUse()操作方法，用于检查输入的邮箱地址是否已经被使用，代码如下。

```
[AcceptVerbs("Get","Post")]
[AllowAnonymous]
public async Task<IActionResult> IsEmailInUse(string email)
{
    var user = await userManager.FindByEmailAsync(email);

    if(user == null)
    {
        return Json(true);
    }
    else
    {
        return Json($"邮箱:{email} 已经被注册使用了。");
    }
```

代码说明如下。

- IsEmailInUse()方法响应HTTP的GET和POST请求。这就是我们使用AcceptVerbs属性指定HTTP谓词（GET和POST）的原因。
- ASP.NET Core MVC会使用jQuery提供的remote()方法，该方法会发出一个Ajax调

用来使用服务器端方法。

- jQuery remote()方法需要JSON响应，这就是我们从服务器端方法返回JSON响应的原因。

22.5.2　ASP.NET Core远程属性

回到用户注册视图的模型类。请注意，我们使用Remote属性修饰了Email属性，并将其指向对应的控制器和操作方法，它们会在邮箱地址值发生更改时触发。

```
public class RegisterViewModel
{
    [Required]
    [EmailAddress]
    [Remote(action:"IsEmailInUse",controller:"Account")]
    public string Email{get;set;}

   //其他属性
}
```

现在可以验证功能是否能按照预期生效，判断当前保存在数据库的邮箱地址是否被使用了。打开SQL Server对象资源管理器查看AspNetUsers表，如图22.9所示。

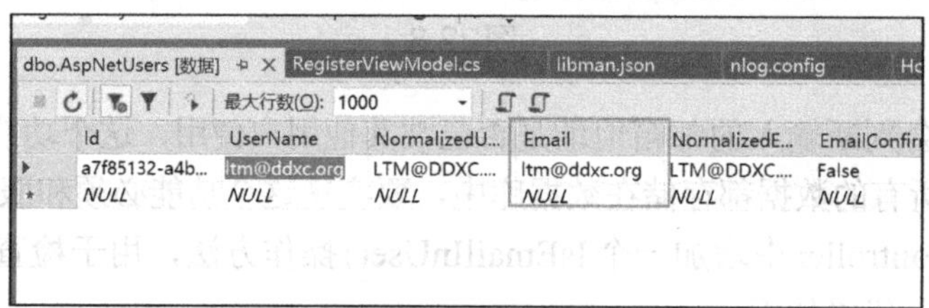

图22.9

我们可以看到，目前有且只有一个ltm@ddxc.org的邮箱地址被注册，回到注册页面，在邮箱地址这一栏输入ltm@ddxc.org，结果如图22.10所示。

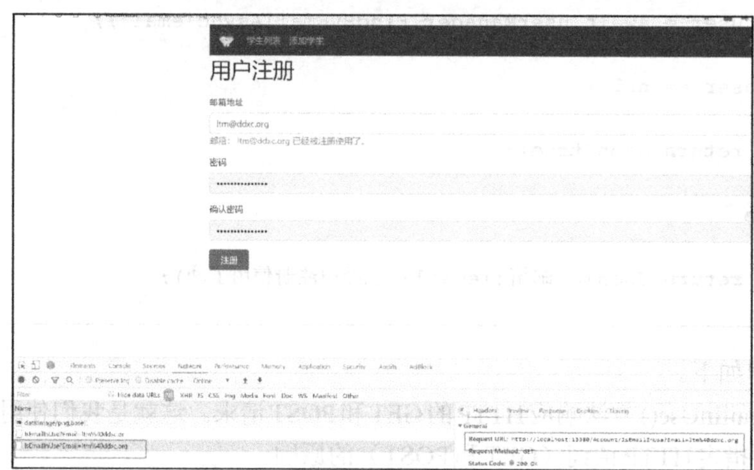

图22.10

打开浏览器，在开发者工具（按F12键）中选择Network菜单栏，如图22.10所示，向服务器端发送了请求，证明当前远程属性验证功能已正常运行。

22.5.3 ASP.NET Core Ajax失效

请注意，如果发生失效的情况，请检查以下3个客户端JavaScript库。如果其中任何一个丢失或未按指定的顺序加载，则远程验证将不起作用，它们和客户端验证提供的功能一致。

```
<script src="~/lib/jquery/jquery.js"></script>
<script src="~/lib/jquery-validate/jquery.validate.js"></script>
<script src="~/lib/jquery-validation-unobtrusive/jquery.validate.unobtrusive.js"></script>
```

22.6 ASP.NET Core中的自定义验证属性

在本节中，我们将学习如何在ASP.NET Core中创建自定义验证属性。

对于大多数的用户场景，ASP.NET Core中的几个内置模型验证属性已经能满足我们的用户场景需求了。但在实际开发过程中，业务场景可能是比较复杂的，内置的模型验证无法满足验证需求。这时候我们可以通过创建自定义验证属性，在遇到相同场景时，重复使用它，尽量避免复制粘贴代码。

22.6.1 自定义验证属性示例

请参考如图22.11所示的用户注册页面。我们的业务要求是仅允许域名为52abp.com的邮箱地址，如果使用任何其他域名，我们希望显示验证错误。我们可以使用内置的正则表达式验证器来实现这一点，但是需要创建自定义验证属性。

图22.11

而要创建自定义验证属性，需要创建一个派生自内置抽象类ValidationAttribute，并重写IsValid()方法，代码如下。

```
public class ValidEmailDomainAttribute:ValidationAttribute
{
    private readonly string allowedDomain;

    public ValidEmailDomainAttribute(string allowedDomain)
    {
        this.allowedDomain = allowedDomain;
    }

    public override bool IsValid(object value)
    {
        string[]strings = value.ToString().Split('@');
        return strings[1].ToUpper() == allowedDomain.ToUpper();
    }
}
```

为了统一管理，我们在路径为/CustomerMiddlewares/Utils的文件夹中，创建ValidEmail-DomainAttribute.cs类文件。

22.6.2 在ASP.NET Core中使用自定义验证属性

因为当前的业务是服务于注册功能，注册请求通过注册视图模型协助进行协调控制器和视图之间的请求，所以我们对RegisterViewModel进行修改。

```
public class RegisterViewModel
{
    [ValidEmailDomain(allowedDomain:"52abp.com",
        ErrorMessage = "邮箱地址的后缀必须是52abp.com")]
    public string Email{get;set;}

    //其他代码
}
```

代码说明如下。

- ValidEmailDomain自定义验证属性的使用方式和任何其他内置验证属性一样。
- 在Email属性上添加ValidEmailDomain属性即可。
- allowedDomain属性指定要验证的电子邮件域名。
- ErrorMessage属性指定验证失败时应显示的错误消息。
- ErrorMessage属性从内置的基类继承ValidationAttribute。
- 内置TagHelper将拦截信息并显示验证错误消息。

请求的流程映射如图22.12所示。

自定义属性验证

```
public class RegisterViewModel
{
    [ValidEmailDomain(allowedDomain: "52abp.com",
    ErrorMessage = "电子邮件的后缀必须是52abp.com")]
    public string Email { get; set; }
}

public class ValidEmailDomainAttribute : ValidationAttribute
{
    private readonly string allowedDomain;

    public ValidEmailDomainAttribute(string allowedDomain)
    {
        this.allowedDomain = allowedDomain;
    }

    public override bool IsValid(object value)
    {
        string[] strings = value.ToString().Split('@');
        return strings[1].ToUpper() == allowedDomain.ToUpper();
    }
}
```

图22.12

现在单击**注册**，如果输入的邮箱地址后缀不是52abp.com，则会提示“电子邮件的后缀必须是52abp.com”。

22.7 小结

本章我们通过学习在Identity中的简单授权以及解决授权过程中产生的问题，体验了什么叫作开放式重定向攻击、能够快速帮助我们进行业务逻辑检查的自定义服务器验证组件以及配合jQuery的客户端验证。第23章将介绍一些复杂的授权验证。

第23章

角色管理与用户扩展

本章主要向读者介绍如下内容。

- 如何扩展一个实体类文件。
- 在ASP.NET Core中实现角色管理功能。
- 为用户添加角色。

首先我们将学习如何在ASP.NET Core中扩展内置的IdentityUser类。

为什么需要扩展IdentityUser类？内置的IdentityUser类只有非常有限的属性内容，如Id、UserName、Email和PasswordHash等。此类的代码如下。

```
public class IdentityUser<TKey> where TKey:IEquatable<TKey>
{
    public IdentityUser() { }
    public IdentityUser(string userName) :this()
    {
        UserName = userName;
    }
    [PersonalData]
    public virtual TKey Id{get;set;}
    [ProtectedPersonalData]
    public virtual string UserName{get;set;}
    public virtual string NormalizedUserName{get;set;}
    [ProtectedPersonalData]
    public virtual string Email{get;set;}
    public virtual string NormalizedEmail{get;set;}
    [PersonalData]
    public virtual bool EmailConfirmed{get;set;}
    public virtual string PasswordHash{get;set;}
    public virtual string SecurityStamp{get;set;}
     public virtual string ConcurrencyStamp{get;set;} = Guid.NewGuid().
ToString();
    [ProtectedPersonalData]
    public virtual string PhoneNumber{get;set;}
    [PersonalData]
```

```
        public virtual bool PhoneNumberConfirmed{get;set;}
        [PersonalData]
        public virtual bool TwoFactorEnabled{get;set;}
        public virtual DateTimeOffset?LockoutEnd{get;set;}
        public virtual bool LockoutEnabled{get;set;}
        public virtual int AccessFailedCount{get;set;}
        public override string ToString()
            => UserName;
    }
```

如果想存储有关用户的其他数据，比如性别、城市和国家等信息，该怎么办？由于内置的IdentityUser类没有这些属性，因此需要扩展IdentityUser类。

23.1 扩展IdentityUser类

扩展IdentityUser类，只需新建一个类文件，然后继承IdentityUser类即可，在这里将它命名为ApplicationUser。在下面的示例中，ApplicationUser类扩展了IdentityUser类。我们添加一个自定义属性City，读者可以添加任意数量的属性，如地址、性别等。

```
    public class ApplicationUser:IdentityUser
    {
        public string City{get;set;}
    }
```

我们将ApplicationUser类放置在Models文件夹中，然后查找IdentityUser类的所有引用，并将其替换为自定义ApplicationUser类。

一种简单的方法是，右击IdentityUser类，然后从快捷菜单中选择**查找所有引用**，如图23.1所示。

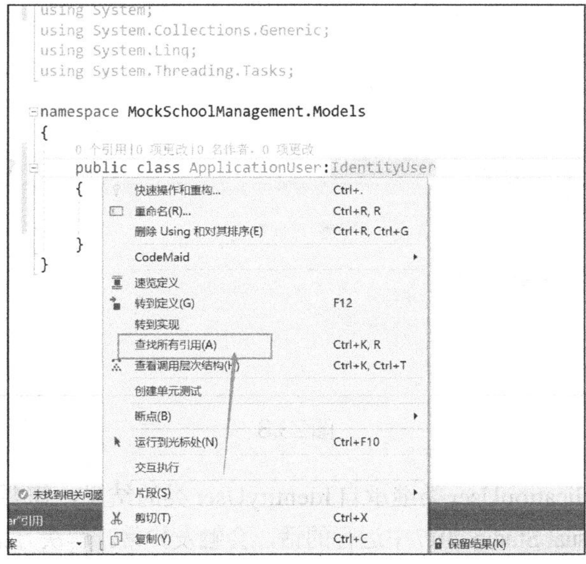

图23.1

图23.2所示为IdentityUser类引用的位置列表。

"IdentityUser"引用

整个解决方案 | 分组依据: 项目，然后是 定义 | 保留结果(K) | 搜索查找所有引用

代码	文件	行	列	项目	种类
◢ MockSchoolManagement (9)					
◢ class IdentityUser (8)					
private UserManager<IdentityUser> _userManager;	AccountController.cs	12	29	MockSchoolManageme...	类型参数
private SignInManager<IdentityUser> _signInManager;	AccountController.cs	13	31	MockSchoolManageme...	类型参数
public AccountController(UserManager<IdentityUser> userManager,	AccountController.cs	15	46	MockSchoolManageme...	类型参数
SignInManager<IdentityUser> signInManager)	AccountController.cs	16	25	MockSchoolManageme...	类型参数
var user = new IdentityUser	AccountController.cs	34	32	MockSchoolManageme...	构造
public class ApplicationUser:IdentityUser	ApplicationUser.cs	9	34	MockSchoolManageme...	基类型
services.AddIdentity<IdentityUser, IdentityRole>()	Startup.cs	59	34	MockSchoolManageme...	类型参数
@inject SignInManager<IdentityUser> _signInManager	_Layout.cshtml	39	35	MockSchoolManageme...	类型参数
◢ IdentityUser.IdentityUser() (1)					
var user = new IdentityUser	AccountController.cs	34	32	MockSchoolManageme...	构造

图23.2

导航到列表中的每个引用，并将IdentityUser类替换为ApplicationUser类。图23.3所示为替换成功后引用的列表。

```
using System.Linq;
using System.Threading.Tasks;

namespace MockSchoolManagement.Models
{
    8 个引用|0 项更改|0 名作者，0 项更改
    public class ApplicationUser:IdentityUser
    {
        0 个引用|0 项更改|0 名作者，0 项更改
        public string City { get; set; }
    }
}
```

108 % 未找到相关问题

"IdentityUser"引用

整个解决方案 | 分组依据: 项目，然后是 定义 | 保留结果(K)

代码	文件	行
◢ MockSchoolManagement (1)		
◢ class IdentityUser (1)		
public class ApplicationUser:IdentityUser	ApplicationUser.cs	9

图23.3

我们仅保留ApplicationUser类继承自IdentityUser类的结果，需要注意以下几点。

- 如果是在Visual Studio 2017中运行的话，会触发异常。解决方案是，在Visual Studio中使用Ctrl + Shift + F组合键，在整个应用程序中搜索IdentityUser类，排除注释以及

自动生成的迁移记录后会发现，Views/Shared/_Layout.cshtml中的Razor视图注册了SignInManager<IdentityUser>。将它修改为SignInManager<ApplicationUser>重新运行，项目运行恢复正常。

- 请记得将launchSettings.json中的环境变量修改为开发模式"ASPNETCORE_ENVIRONMENT": "Development"，否则无法触发开发者异常页面。

23.1.1 修改AppDbContext中的参数

打开AppDbContext文件，将ApplicationUser类作为IdentityDbContext类的通用参数，添加到其中。

以下代码是表示IdentityDbContext类必须使用自定义用户类的方式（在本例中为ApplicationUser类），而不是默认的内置IdentityUser类。

```
    //注意：将ApplicationUser作为泛型参数传递给IdentityDbContext类
    public class AppDbContext:IdentityDbContext<ApplicationUser>
    {

            public AppDbContext(DbContextOptions<AppDbContext>
options):base(options)
        {
        }

        public DbSet<Student> Students{get;set;}

        protected override void OnModelCreating(ModelBuilder modelBuilder)
        {
            base.OnModelCreating(modelBuilder);
            modelBuilder.Seed();
        }
    }
```

23.1.2 生成新迁移记录向AspNetUsers表中添加字段

因为我们的实体字段发生了变化，所以需要添加新的迁移记录，否则程序无法按照预期的效果执行。

```
Add-Migration Extend_IdentityUser
```

上面的命令生成所需的迁移记录。将City字段添加到AspNetUsers表中，代码如下。

```
  public partial class Extend_IdentityUser:Migration
    {
        protected override void Up(MigrationBuilder migrationBuilder)
        {
            migrationBuilder.AddColumn<string>(
```

```
                name:"City",
                table:"AspNetUsers",
                nullable:true);
        }

        protected override void Down(MigrationBuilder migrationBuilder)
        {
            migrationBuilder.DropColumn(
                name:"City",
                table:"AspNetUsers");
        }
    }
```

接下来，将新迁移记录应用于数据库，代码如下。

```
Update-Database
```

23.1.3　在AspNetUsers表中保存自定义数据

我们需要在Register视图增加City字段，然后将其保存到新用户中，如图23.4所示。

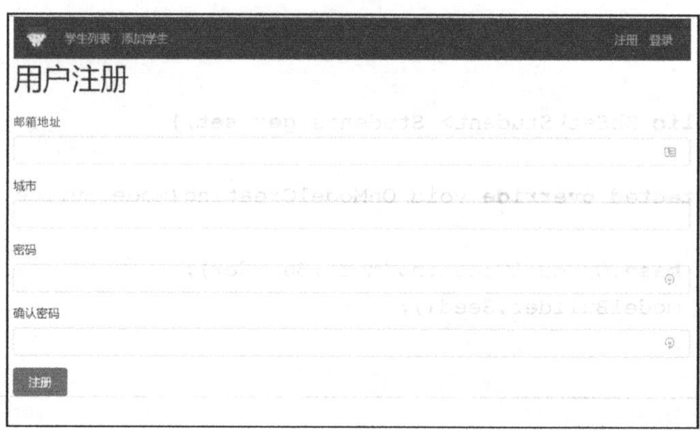

图23.4

为了能够在AspNetUsers表中存储自定义City字段的数据，我们需要更改以下内容。

- RegisterViewModel类。
- Register.cshtml视图文件。
- AccountController类中的Register()操作方法。

这是RegisterViewModel类，修改它以包含City属性，代码如下。

```
public class RegisterViewModel
{
    //其他属性

     public string City{get;set;}
}
```

在Register视图中，包含一个字段以获取City的值，代码如下。

```
@model RegisterViewModel
@{ViewBag.Title = "用户注册";}

<h1>用户注册</h1>
<div class="row">
  <div class="col-md-12">
    <form method="post">
      <div asp-validation-summary="All" class="text-danger"></div>
      <div class="form-group">
        <label asp-for="Email"></label>
        <input asp-for="Email" class="form-control" />
        <span asp-validation-for="Email" class="text-danger"></span>
      </div>
      <div class="form-group">
        <label asp-for="City"></label>
        <input asp-for="City" class="form-control" />
        <span asp-validation-for="City" class="text-danger"></span>
      </div>
      @ *其他属性* @
      <button type="submit" class="btn btn-primary">注册</button>
    </form>
  </div>
</div>
```

23.1.4 AccountController类中Register()操作方法的修改

现在需要给ApplicationUser类实例化的User对象添加City属性，并将其传递给UserManager类中的CreateAsync()方法。然后ApplicationUser实例中的数据会由IdentityDbContext类保存到AspNetUsers表中，代码如下。

```
        [HttpPost]
        [AllowAnonymous]
        public async Task<IActionResult> Register(RegisterViewModel model)
        {
            if(ModelState.IsValid)
            {
                //将数据从RegisterViewModel复制到IdentityUser
                var user = new ApplicationUser
                {
                    UserName = model.Email,
                    Email = model.Email,
                    City = model.City
                };
                //将用户数据存储在AspNetUsers数据库表中
```

```
                    var result = await _userManager.CreateAsync(user,model.
Password);
                    //如果成功创建用户，则使用登录服务登录用户信息
                    //并重定向到HomeController的索引操作
                    if(result.Succeeded)
                    {
                              await  _signInManager.SignInAsync(user,
isPersistent:false);
                        return RedirectToAction("index","home");
                    }
                    //如果有任何错误，则将它们添加到ModelState对象中
                    //将由验证摘要标记助手显示到视图中
                    foreach(var error in result.Errors)
                    {
                            ModelState.AddModelError(string.Empty,error.
Description);
                    }
                }

                return View(model);
            }
```

23.1.5 AllowAnonymous匿名属性的使用

我们发现在AccountController中所有的操作方法都需要手动添加AllowAnonymous属性，这个过程枯燥而且容易犯错，因此将它添加到AccountController上方，代码如下。

```
    [AllowAnonymous]
    public class AccountController:Controller
    {


    }
```

这样我们就不用在每个控制器上都添加AllowAnonymous属性了。

23.2 ASP.NET Core中的角色管理

在本节中，我们将讨论如何使用ASP.NET CoreIdentity API在ASP.NET Core中添加、删除和修改角色。

23.2.1 ASP.NET Core中的RoleManager

在之前的学习中我们已经知道，要在ASP.NET Core中创建用户，可以使用UserManager

类。同样，要创建角色，我们使用ASP.NET Core提供的RoleManager类。

内置的IdentityRole类表示一个Role。RoleManager类执行所有的CRUD操作，即从基础数据库表AspNetRoles创建、读取、更新和删除角色。我们需要将IdentityRole类指定为RoleManager的泛型参数，来告诉RoleManager服务采用的是IdentityRole类，然后通过ASP.NET Core依赖注入系统，RoleManager可供任何控制器或视图使用。

23.2.2 在AdminController中添加创建新角色的代码

新建AdminController和注入RoleManager服务，代码如下。

```
public class AdminController:Controller
 {
     private readonly RoleManager<IdentityRole> _roleManager;

     public AdminController(RoleManager<IdentityRole> roleManager)
     {
         this._roleManager = roleManager;
     }
    //其他代码


 }
```

继续完善以下代码，我已经在必要的代码位置加上了注释。

```
public class AdminController:Controller
    {
        private readonly RoleManager<IdentityRole> _roleManager;

        public AdminController(RoleManager<IdentityRole> roleManager)
        {
            this._roleManager = roleManager;
        }
       //其他代码
        [HttpGet]
        public IActionResult CreateRole()
        {
            return View();
        }


        [HttpPost]
           public async Task<IActionResult> CreateRole(CreateRoleViewModel
model)
        {
            if(ModelState.IsValid)
            {
                //我们只需要指定一个不重复的角色名称来创建新角色
```

```
                IdentityRole IdentityRole = new IdentityRole
                {
                    Name = model.RoleName
                };
               //将角色保存在AspNetRoles表中
                    IdentityResult result = await _roleManager.
CreateAsync(IdentityRole);

                if(result.Succeeded)
                {
                    return RedirectToAction("index","home");
                }

                foreach(IdentityError error in result.Errors)
                {
                    ModelState.AddModelError("",error.Description);
                }
            }

            return View(model);
        }
    }
```

23.2.3 创建角色视图模型

在ASP.NET Core中创建角色，所需要的只是角色的唯一名称。我们使用Required属性修饰了RoleName属性，因为它是必填字段，代码如下。

```
using System.ComponentModel.DataAnnotations;

namespace MockSchoolManagement.ViewModels
{
    public class CreateRoleViewModel
    {
        [Required]
        [Display(Name = "角色")]
        public string RoleName{get;set;}
    }
}
```

CreateRoleViewModel.cs文件被放置在ViewModels文件夹中。

23.2.4 创建角色视图

在Views文件夹中创建Admin文件夹，然后将CreateRole.cshtml添加到其中，并添加以下代码。

```
@model CreateRoleViewModel
@{ViewBag.Title = "创建角色";}
<form asp-action="CreateRole" method="post" class="mt-3">
  <div asp-validation-summary="All" class="text-danger"></div>
  <div class="form-group row">
    <label asp-for="RoleName" class="col-sm-2 col-form-label"></label>
    <div class="col-sm-10">
       <input asp-for="RoleName" class="form-control"  placeholder="请输入
角色名称" />
      <span asp-validation-for="RoleName" class="text-danger"></span>
    </div>
  </div>

  <div class="form-group row">
    <div class="col-sm-10">
      <button type="submit" class="btn btn-primary" style="width:auto">
        创建角色 </button>
    </div>
  </div>
</form>
```

运行项目，然后访问http://localhost:13380/admin/CreateRole，会跳转到登录页面。这是因为在Startup类中做了全局的授权验证，所以我们在登录之后才能访问该视图页面，如图23.5所示。

图23.5

现在我们创建一个Admin名称的角色，创建后返回到学生列表页面。打开**SQL Server对象资源管理器**，在AspNetRoles表中查看结果，如图23.6所示。

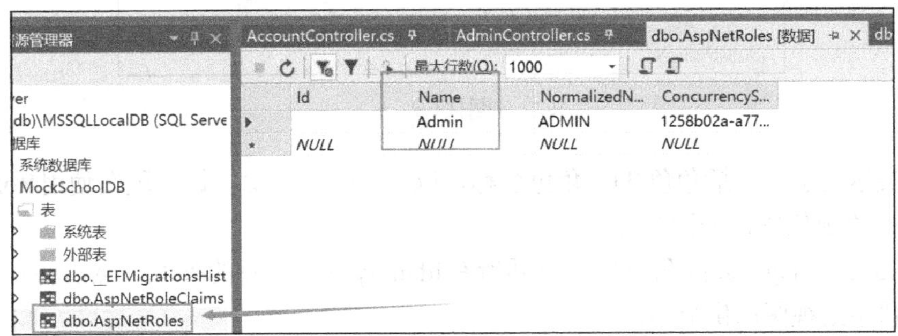

图23.6

现在继续尝试创建一个Admin名称的角色，因为它已存在数据库中，所以会收到提示，如图23.7所示。

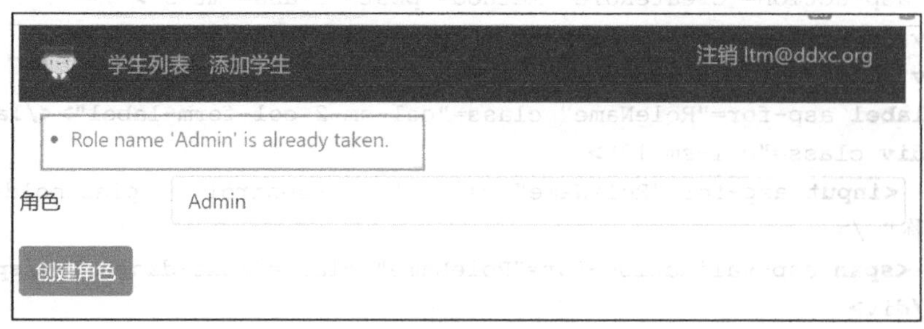

图23.7

这说明Identity框架中的RoleManager.CreateAsync()方法已经实现了角色名称不能重复的功能。这符合我们的业务需求，毕竟Admin的角色名称要是重复了，对于系统来说是一场灾难。接下来我们实现角色列表查看的功能。

23.3 在ASP.NET Core中显示所有角色列表

在本节中，我们将学习如何使用Identity API来查询和显示ASP.NET Core中的所有角色，如图23.8所示。

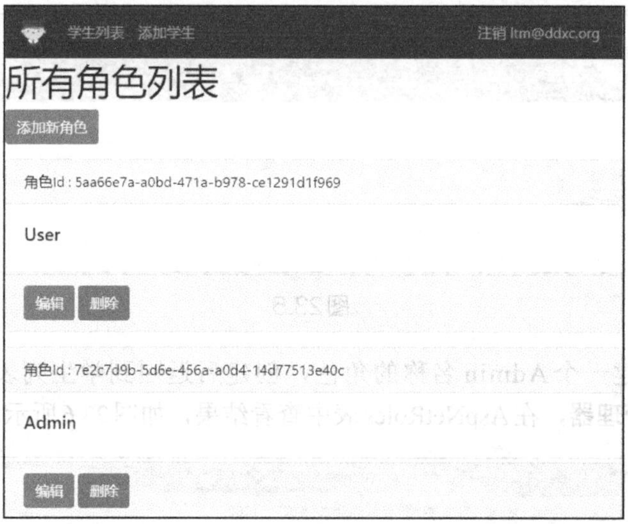

图23.8

我们展示的字段包括角色ID、角色名称，以及编辑和删除按钮。现在使用RoleManager服务涉及的关键代码，如图23.9所示。

使用RoleManager类的角色属性返回所有IdentityRole对象的列表，然后将IdentityRole对象列表传递给视图以供显示。

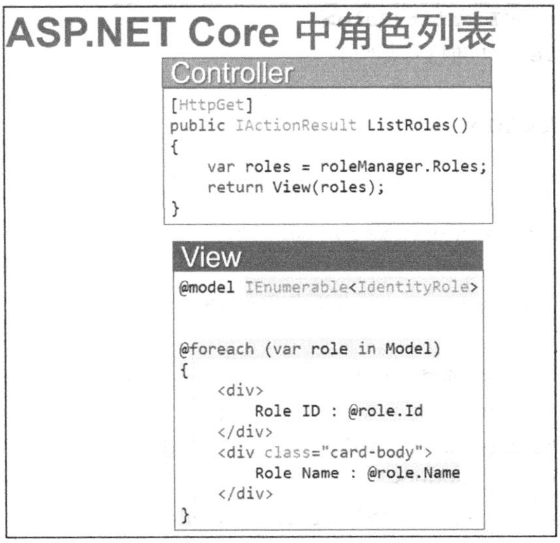

ASP.NET Core 中角色列表

Controller

```
[HttpGet]
public IActionResult ListRoles()
{
    var roles = roleManager.Roles;
    return View(roles);
}
```

View

```
@model IEnumerable<IdentityRole>


@foreach (var role in Model)
{
    <div>
        Role ID : @role.Id
    </div>
    <div class="card-body">
        Role Name : @role.Name
    </div>
}
```

图23.9

完整的控制器代码如下。

```
public class AdminController:Controller
    {
        private readonly RoleManager<IdentityRole> _roleManager;

        public AdminController(RoleManager<IdentityRole> roleManager)
        {
            this._roleManager = roleManager;
        }

        [HttpGet]
        public IActionResult ListRoles()
        {
            var roles = _roleManager.Roles;
            return View(roles);
        }

        //其他代码
    }
```

角色列表视图代码

我们采用IdentityRole对象作为视图的模型，原因如下。

- IdentityRole对象的ID属性等于返回角色ID。
- IdentityRole对象的Name属性等于返回角色Name。

使用Bootstrap 4中的card类来优化角色列表的样式，代码如下。

```
@model IEnumerable<IdentityRole>
  @{ViewBag.Title = "角色列表";}

  <h1>所有角色列表</h1>

  @if(Model.Any()) {
   <a class="btn btn-primary mb-3"      style="width:auto"      asp-
action="CreateRole"
    asp-controller="admin" >添加新角色</a>

  foreach(var role in Model) {
  <div class="card mb-3">
    <div class="card-header">角色Id:@role.Id
    <div class="card-body">
      <h5 class="card-title">@role.Name</h5>
    </div>
    <div class="card-footer">
      <a href="#" class="btn btn-primary">编辑</a>
      <a href="#" class="btn btn-danger">删除</a>
    </div>
  </div>
  } }else{
  <div class="card">
    <div class="card-header"> 尚未创建任何角色 </div>
    <div class="card-body">
      <h5 class="card-title"> 单击下面的按钮创建角色 </h5>
        <a   class="btn btn-primary"  style="width:auto"   asp-controller=
"admin"
        asp-action="CreateRole" >创建角色</a>
    </div>
  </div>
  }</IdentityRole
>
```

IdentityRole属于命名空间Microsoft.AspNetCore.Identity，后续我们会使用这个命名空间，为了复用需要将它添加到_ViewImports.cshtml文件中，代码如下。

```
@using MockSchoolManagement.Models
@using MockSchoolManagement.ViewModels
@using MockSchoolManagement.DataRepositories
@using MockSchoolManagement.Models.EnumTypes
@using MockSchoolManagement.Extensions
@using Microsoft.AspNetCore.Identity
@addTagHelper *,Microsoft.AspNetCore.Mvc.TagHelpers
```

记得修改CreateRole()操作方法，新角色添加成功后导航到admin/listroles，而不再是学生列表，代码如下。

```
    //将角色保存在AspNetRoles表中

   IdentityResult result = await roleManager.CreateAsync(IdentityRole);

                if(result.Succeeded)
                {
                    return RedirectToAction("ListRoles","Admin");
                }
```

运行项目，登录用户会被导航到路径http://localhost:5160/admin/listroles。运行结果如图23.10所示，这是有角色数据的结果。

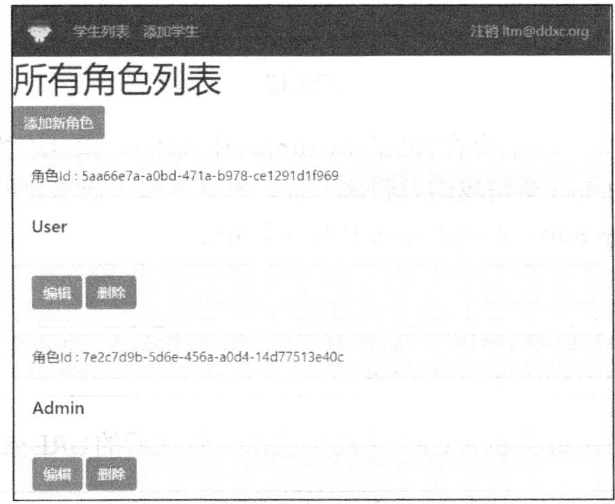

图23.10

图23.11所示为没有角色数据的效果。

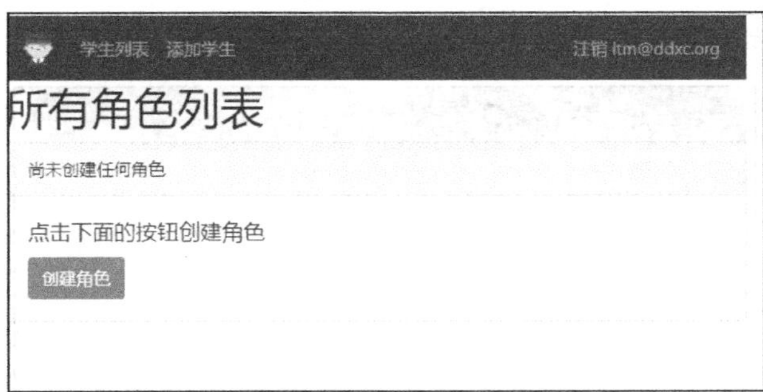

图23.11

23.4 编辑ASP.NET Core中的角色

在本节中，我们将学习如何使用Identity API编辑ASP.NET Core中的现有角色。

图23.12所示为所有角色列表。

图23.12

当单击**编辑按钮**时，我们会在AdminController中调用EditRole()操作方法。asp-action和asp-controller TagHelper会帮我们做到这一点。如果还想传递需要编辑角色的ID来指定角色，则可以使用asp-route-id TagHelper传递角色ID。

修改代码如下。

```
<a  asp-controller="Admin"  asp-action="EditRole"  asp-route-id="@role.Id"
class="btn btn-primary">  编辑</a>
```

asp-route-id TagHelper会包含URL中的角色ID，生成后的URL效果如下。

```
/Admin/EditRole/7e2c7d9b-5d6e-456a-a0d4-14d77513e40c
```

23.4.1　编辑角色视图模型

我们希望**编辑角色视图**的效果如图23.13所示。

图23.13

这里，角色ID是不可编辑的，因此会禁用<input>元素。只有角色名称是可编辑的，还需要显示该角色中的用户列表。

我们需要编写EditRoleViewModel类，它承载编辑角色视图所需的数据。Users属性包含此角色中的Users列表，代码如下。

```
public class EditRoleViewModel
{
    [Display(Name = "角色Id")]
    public string Id{get;set;}

    [Required(ErrorMessage = "角色名称是必填的")]
    [Display(Name ="角色名称")]
    public string RoleName{get;set;}

    public List<string> Users{get;set;}
}
```

注意，这里我们将角色ID从GUID类型改为了string类型，因为此处仅作为呈现，所以使用了string类型。

23.4.2 编辑角色操作方法

打开AdminController继续完善以下代码，我已经在必要的位置加上了注释。

```
//角色ID从URL传递给操作方法
    [HttpGet]
    public async Task<IActionResult> EditRole(string id)
    {
        //通过角色ID查找角色
        var role = await _roleManager.FindByIdAsync(id);

        if(role == null)
        {
            ViewBag.ErrorMessage = $"角色Id={id}的信息不存在，请重试。";
            return View("NotFound");
        }

        var model = new EditRoleViewModel
        {
            Id = role.Id,
            RoleName = role.Name
        };
        var users = _userManager.Users.ToList();

        //查询所有的用户
        foreach(var user in users)
```

```
        {
            //如果用户拥有此角色，请将用户名添加到
            //EditRoleViewModel中的Users属性中
            //然后将对象传递给视图显示到客户端
            if(await _userManager.IsInRoleAsync(user,role.Name))
            {
                model.Users.Add(user.UserName);
            }
        }

        return View(model);
    }

    //此操作方法用于响应HttpPOST的请求并接收EditRoleViewModel模型数据
    [HttpPost]
    public async Task<IActionResult> EditRole(EditRoleViewModel model)
    {
        var role = await _roleManager.FindByIdAsync(model.Id);

        if(role == null)
        {
            ViewBag.ErrorMessage = $"角色Id={model.Id}的信息不存在，请重试。";
            return View("NotFound");
        }
        else
        {
            role.Name = model.RoleName;

            //使用UpdateAsync()更新角色
            var result = await _roleManager.UpdateAsync(role);

            if(result.Succeeded)
            {
                return RedirectToAction("ListRoles");
            }

            foreach(var error in result.Errors)
            {
                ModelState.AddModelError("",error.Description);
            }

            return View(model);
        }
    }
```

请注意，这里需要读者手动添加UserManager服务到构造函数中，代码如下。

```
public class AdminController:Controller
  {
      private readonly RoleManager<IdentityRole> _roleManager;
      private readonly UserManager<ApplicationUser> _userManager;

          public AdminController(RoleManager<IdentityRole> roleManager,
UserManager<ApplicationUser> userManager)
        {
            this._roleManager = roleManager;
            _userManager = userManager;
        }

  }
```

23.4.3 编辑角色视图

以下是完整的编辑角色视图代码。

```
@model EditRoleViewModel @{ViewBag.Title = "编辑角色";}

<h1>编辑角色</h1>

<form method="post" class="mt-3">
  <div class="form-group row">
    <label asp-for="Id" class="col-sm-2 col-form-label"></label>
    <div class="col-sm-10">
      <input asp-for="Id" disabled class="form-control" />
    </div>
  </div>
  <div class="form-group row">
    <label asp-for="RoleName" class="col-sm-2 col-form-label"></label>
    <div class="col-sm-10">
      <input asp-for="RoleName" class="form-control" />
      <span asp-validation-for="RoleName" class="text-danger"></span>
    </div>
  </div>

  <div asp-validation-summary="All" class="text-danger"></div>

  <div class="form-group row">
    <div class="col-sm-10">
      <button type="submit" class="btn btn-primary">更新</button>
      <a asp-action="ListRoles" class="btn btn-primary">取消</a>
    </div>
  </div>
```

```
      <div class="card">
        <div class="card-header">
          <h3>该角色中的用户</h3>
        </div>
        <div class="card-body">
          @if(Model.Users.Any()) {foreach(var user in Model.Users) {
          <h5 class="card-title">@user</h5>
          } }else{
          <h5 class="card-title">目前没有信息</h5>
          }
        </div>
        <div class="card-footer">
          <a href="#" class="btn btn-primary" style="width:auto">添加用户</a>
          <a href="#" class="btn btn-primary" style="width:auto">删除用户</a>
        </div>
      </div>
    </form>
```

运行项目，导航到http://localhost:13380/Admin/listroles，即角色列表页面，然后单击**编辑**按钮，会得到如图23.14所示的异常信息。

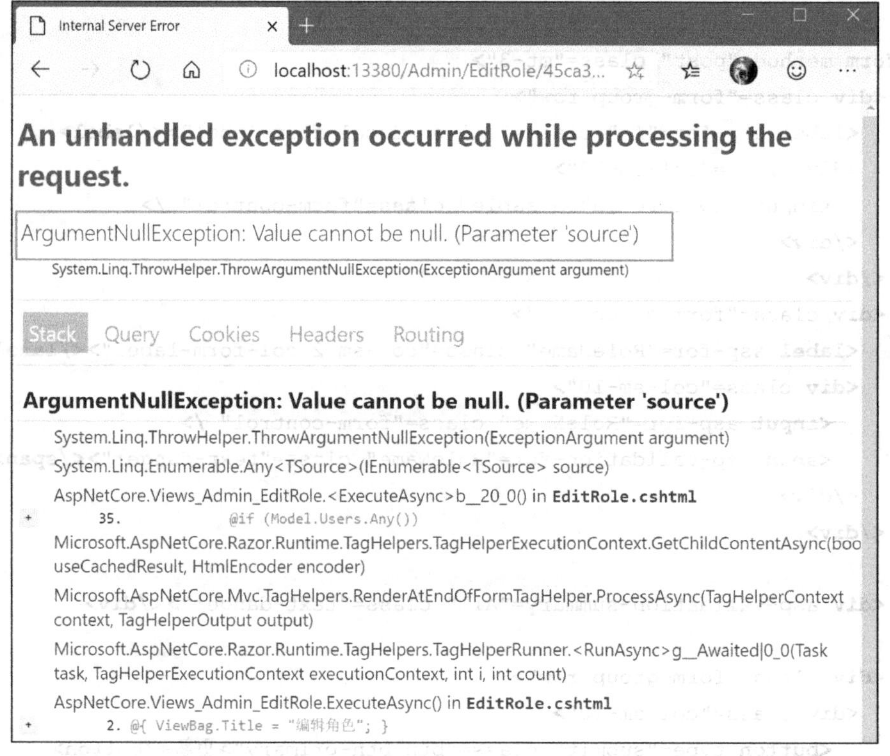

图23.14

这是因为编辑视图中的代码判断了用户是否为空，代码如下。

```
@if(Model.Users.Any()){
    其他代码
}
```

当该角色下没有用户信息的时候，Model.Users.Any()告诉客户端没有该信息。如果一个角色的Users属性为空，再继续使用Any()方法，则会得到以上异常信息，因为Model.Users的值为空，所以要修复该问题，需要修改EditRoleViewModel模型初始化Users属性。

由于是通过构造函数初始化Users属性，因此我们不会获得NULL引用异常。修改后的代码如下。

```
public class EditRoleViewModel
    {
        public EditRoleViewModel()
        {
            Users = new List<string>();
        }

        [Display(Name = "角色Id")]
        public string Id{get;set;}

        [Required(ErrorMessage = "角色名称是必填的")]
        [Display(Name ="角色名称")]
        public string RoleName{get;set;}

        public List<string> Users{get;set;}
    }
```

重新运行项目，导航到编辑角色视图，会得到如图23.15所示的运行结果。

图23.15

23.5 角色管理中的用户关联关系

在本节中，我们将学习如何管理角色中的用户资格，即用ASP.NET Core Identity API添加或删除指定角色中的用户信息。

在**编辑角色**视图中，单击**添加或删除用户到角色中**按钮时，如图23.16所示。我们希望重定向到角色视图中的**在此角色中添加或删除用户**。

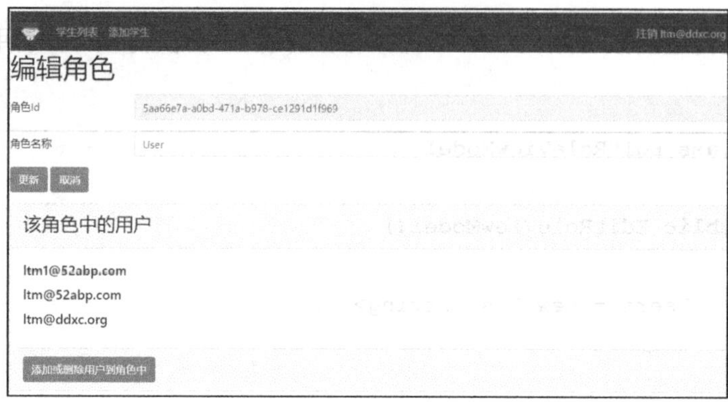

图23.16

以下为EditRole.cshtml中的旧代码。

```
<div class="card-footer">
  <a href="#" class="btn btn-primary" style="width:auto">添加用户</a>
  <a href="#" class="btn btn-primary" style="width:auto">删除用户</a>
</div>
```

我们需要将其替换为对应的如下代码。

```
<div class="card-footer">
   <a    asp-controller="Admin"    asp-action="EditUsersInRole"    asp-route-roleId="@Model.Id"   class="btn btn-primary"  >   从角色中添加或删除用户  </a>
</div>
```

在**编辑角色**视图中单击**添加或删除用户到角色中**按钮后，会跳转到如图23.17所示的页面。如果读者希望用户成为指定角色的成员，请选中相应复选框，否则将其取消选中。

图23.17

单击**更新**按钮后，会修改AspNetUserRoles数据库表中的数据。

23.5.1 Identity中的AspNetUserRoles数据库表关联关系

当前的用户信息均存储在AspNetUsers数据库表中，其中角色存储在AspNetRoles表中。而UserRoles代表用户角色，它的数据存储在AspNetUserRoles表中。

AspNetUsers和AspNetRoles之间存在多对多关联关系。一个用户可以是许多角色中的一员，而一个角色可以让许多用户作为其成员。因此用户和角色的映射数据存储在AspNetUserRoles表中，如图23.18所示。

打开AspNetUserRoles表，我们看到只有两行，即UserId和RoleId，如图23.19所示。

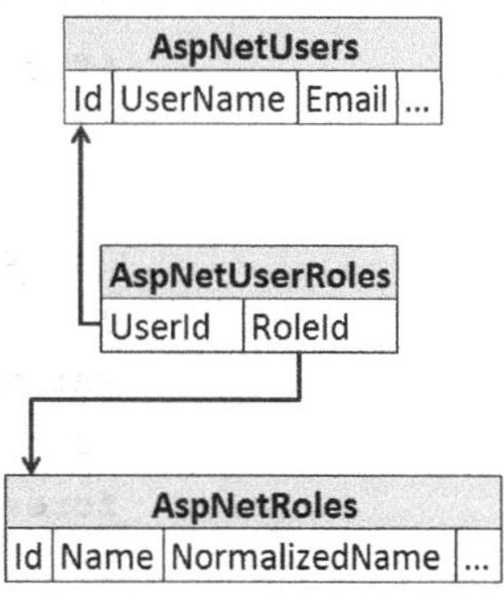

图23.18

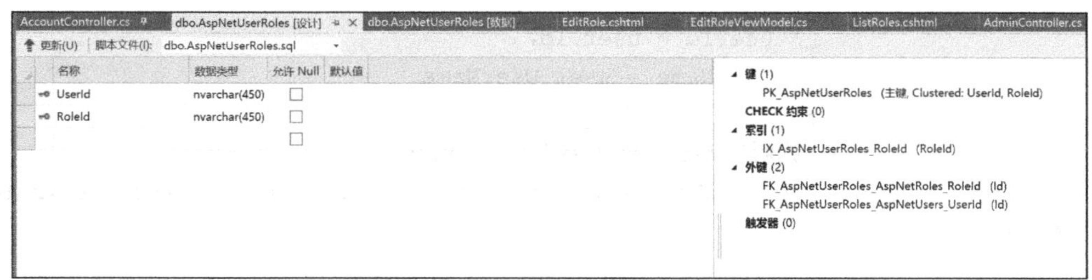

图23.19

我们可以知道，两者都是外键关联关系。UserId行引用的是AspNetUsers表中的Id列，RoleId行引用的是AspNetRoles表中的Id列。

在创建UserRoleViewModel类文件的时候，除了UserId属性，还包含UserName和IsSelected属性，代码如下。

```
public class UserRoleViewModel
{
    public string UserId{get;set;}
    public string UserName{get;set;}
    public bool IsSelected{get;set;}
}
```

因为我们会在视图上显示UserName，所以UserName属性是必需的。IsSelected属性确定是否选择用户作为角色的成员。当然我们也可以在UserRoleViewModel类中包含RoleId属性，但是对于当前视图而言，Role和Users之间仅存在一对多关联关系。

为了不让每个用户的RoleId都重复遍历到视图中，我们将使用ViewBag.RoleId来通过控制器传递值到视图中。

23.5.2 EditUsersInRole的HttpGet操作方法

EditUsersInRole()方法的代码如下，我已经在必要的代码位置加上了注释。

```
public async Task<IActionResult> EditUsersInRole(string roleId)
        {
            ViewBag.roleId = roleId;
            //通过roleId查询角色实体信息
            var role = await _roleManager.FindByIdAsync(roleId);
            if(role == null)
            {
                ViewBag.ErrorMessage = $"角色Id={roleId}的信息不存在，请重试。";
                return View("NotFound");
            }
            var model = new List<UserRoleViewModel>();
            var users = _userManager.Users.ToList();
            foreach(var user in users)
            {
                var userRoleViewModel = new UserRoleViewModel
                {
                    UserId = user.Id,
                    UserName = user.UserName
                };
                //判断当前用户是否已经存在于角色中
                 var isInRole = await _userManager.IsInRoleAsync(user,role.
Name);

                if(isInRole)
                {//存在则设置为选中状态，值为true
                    userRoleViewModel.IsSelected = true;
                }
                else
                {//不存在则设置为非选中状态，值为false
                    userRoleViewModel.IsSelected = false;
                }
                model.Add(userRoleViewModel);
            }

            return View(model);
        }
```

23.5.3 EditUsersInRole的HttpPost操作方法

EditUsersInRole()方法的代码如下，我已经在必要的代码位置加上了注释。

```
    [HttpPost]
        public async Task<IActionResult> EditUsersInRole(List<UserRoleView
Model> model,string roleId)
        {
            var role = await _roleManager.FindByIdAsync(roleId);
```

```
            //检查当前角色是否存在
            if(role == null)
            {
                ViewBag.ErrorMessage = $"角色Id={roleId}的信息不存在，请重试。";
                return View("NotFound");
            }

            for(int i = 0;i < model.Count;i++)
            {
                    var user = await _userManager.FindByIdAsync(model[i].
UserId);

                IdentityResult result = null;
                //检查当前的userId是否被选中，如果被选中了，则添加到角色列表中

                     if(model[i].IsSelected && !(await _userManager.
IsInRoleAsync(user,role.Name)))
                {
                     result = await _userManager.AddToRoleAsync(user,role.
Name);
                }//如果没有选中，则从userroles表中移除
                     else if(!model[i].IsSelected && await _userManager.
IsInRoleAsync(user,role.Name))
                {
                     result = await _userManager.RemoveFromRoleAsync(user,
role.Name);
                }
                else
                { //对于其他情况不做处理，继续新的循环
                    continue;
                }

                if(result.Succeeded)
                  { //判断当前用户是否为最后一个用户，如果是，则跳转回EditRole视图；
                  //如果不是，则进入下一个循环
                    if(i < (model.Count - 1))
                        continue;
                    else
                             return RedirectToAction("EditRole",new{Id =
roleId});
                }
            }

            return RedirectToAction("EditRole",new{Id = roleId});
        }
```

23.5.4 EditUsersInRole视图

接下来，我们完善视图中的代码。EditUsersInRole视图文件夹创建在路径为/views/Admin

的文件夹中，代码如下。

```
@model List<UserRoleViewModel>
  @{var roleId = ViewBag.roleId;}

  <form method="post">
    <div class="card">
      <div class="card-header">
        <h2>在此角色中添加或删除用户</h2>
      </div>
      <div class="card-body">
        @for(int i = 0;i < Model.Count;i++) {
        <div class="form-check m-1">
          <input type="hidden" asp-for="@Model[i].UserId" />
          <input type="hidden" asp-for="@Model[i].UserName" />
            <input asp-for="@Model[i].IsSelected" class="form-check-input"
/>
          <label class="form-check-label" asp-for="@Model[i].IsSelected">
            @Model[i].UserName
          </label>
        </div>
        }
      </div>
      <div class="card-footer">
        <input
              type="submit" value="更新" class="btn btn-primary"
style="width:auto" />
 <a asp-action="EditRole" asp-route-id="@roleId"
  class="btn btn-primary" style="width:auto">取消</a>
      </div>
    </div>
  </form></UserRoleViewModel
>
```

运行项目并导航到编辑角色视图，添加用户信息，效果如图23.20所示。

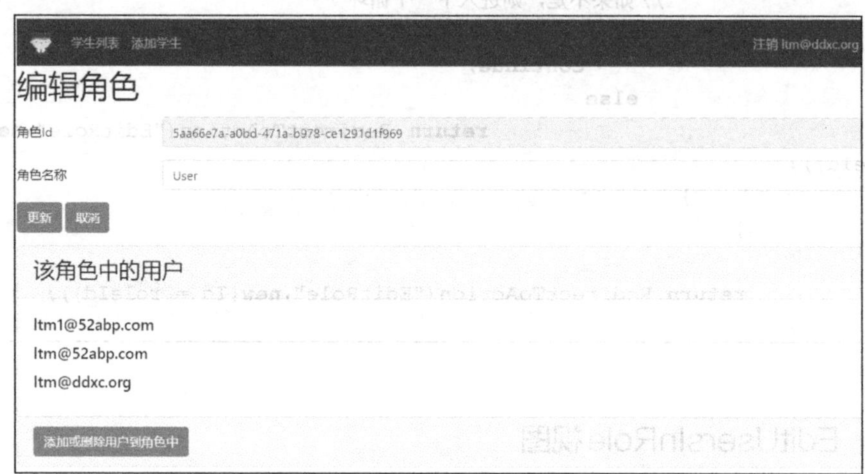

图23.20

23.6 小结

本章通过一个角色管理的功能，实现了用户和角色的关联关系，以及表之间的关联关系。同时，我们还实现了角色的添加、修改和查询等功能，以及如何将用户添加到指定的角色中。在第24章中，我们将学习基于角色的授权模式。

第24章

角色授权与用户管理

本章主要向读者介绍如下内容。

- 基于角色的授权。
- 管理用户访问权限。
- 对系统用户的编辑与删除功能。
- 统一错误视图。

我们回顾一下身份验证和授权的意思。身份验证是指识别用户身份的过程，完成对用户身份的确认。授权是识别用户行为的过程。ASP.NET Core MVC中的授权通过AuthorizeAttribute控制。

简单授权是指当使用Authorize属性时，如果没有任何参数，则它只检查用户是否经过身份验证，这称为简单授权，代码如下。

```
[Authorize]
public class SomeController:Controller
{
}
```

在之前的章节中，我们已经学习过简单授权。

24.1 基于角色的授权

角色授权是指可以对控制器或控制器内的操作方法应用基于角色的授权检查。

只有拥有管理员角色的用户才能访问AdminController中的操作方法，代码如下。

```
[Authorize(Roles = "Admin")]
public class AdminController:Controller
{
}
```

24.1.1 授权属性的多个实例

以上为单个角色授权，如果遇到多个角色授权的形式，则可以用逗号分隔来指定多个角色。以下代码表示此控制器中的操作只能由拥有管理员或用户角色的成员访问。

```
[Authorize(Roles = "Admin,User")]
public class AdminController:Controller
{
}
```

以下代码表示用户必须是拥有**管理员和用户**角色的成员，才能够进行此控制器中的操作。

```
[Authorize(Roles = "Admin")]
[Authorize(Roles = "User")]
public class AdminController:Controller
{
}
```

在遇到不同的场景的时候，灵活配置即可。

24.1.2 基于角色授权的控制器操作方法

现在做一个小练习，请看以下示例。

- 拥有管理员或用户角色的成员，就可以访问SomeController和ABC方法。
- 具有管理员角色的成员才能访问XYZ操作方法。
- 任何人都可以访问Anyone()，包括匿名用户，因为它使用AllowAnonymous属性进行了属性修饰。

代码如下。

```
[Authorize(Roles = "Admin,User")]
    public class SomeController:Controller
    {
        public string ABC()
        {
            return "我是方法ABP，只要拥有Admin或者User角色即可访问我。";
        }

        [Authorize(Roles = "Admin")]
        public string XYZ()
        {
            return "我是方法XYZ，只有Admin角色才能访问我。";

        }
```

```
            [AllowAnonymous]
            public string Anyone()
            {
                return "任何人都可以访问Anyone()，因为我添加了AllowAnonymous属性。";
            }
        }
```

我们可以创建一个SomeController，然后运行项目，访问http://localhost:13380/some/abc，此时会得到异常信息，如图24.1所示。

An unhandled exception occurred while processing the request.

InvalidOperationException: Endpoint MockSchoolManagement.Controllers.SomeController.ABC (MockSchoolManagement) contains authorization metadata, but a middleware was not found that supports authorization. Configure your application startup by adding app.UseAuthorization() inside the call to Configure(..) in the application startup code. The call to app.UseAuthorization() must appear between app.UseRouting() and app.UseEndpoints(...).

Microsoft.AspNetCore.Routing.EndpointMiddleware.ThrowMissingAuthMiddlewareException(Endpoint endpoint)

Stack　Query　Cookies　Headers　Routing

InvalidOperationException: Endpoint MockSchoolManagement.Controllers.SomeController.ABC (MockSchoolManagement) contains authorization metadata, but a middleware was not found that supports authorization. Configure your application startup by adding app.UseAuthorization() inside the call to Configure(..) in the application startup code. The call to app.UseAuthorization() must appear between app.UseRouting() and app.UseEndpoints(...).

Microsoft.AspNetCore.Routing.EndpointMiddleware.ThrowMissingAuthMiddlewareException(Endpoint endpoint)

图24.1

图24.1显示，我们缺少一个中间件UseAuthorization()。

24.2　添加授权中间件UseAuthorization

身份验证（authentication）和授权（authorization）是两个不同的单词。当前在Startup类的Configure()方法中配置了身份验证的UseAuthentication()中间件，但是缺乏授权的UseAuthorization()中间件，请注意这两个单词很相近，不要混淆。

如图24.1所示的开发异常页面的提示缺乏UseAuthorization()中间件，现在我们添加这个中间件，并且它必须放置在app.UseRouting()和app.UseEndpoints()两个中间件之间。修改Startup类中的Configure()的代码如下。

```
    public void Configure(IApplicationBuilder app,IWebHostEnvironment env)
        {
            //其他代码

            //使用纯静态文件支持的中间件，而不使用终端中间件
            app.UseStaticFiles();

            //身份验证中间件
            app.UseAuthentication();
            app.UseRouting();
            //授权中间件
          app.UseAuthorization();
            app.UseEndpoints(endpoints =>
            {
                endpoints.MapControllerRoute(
```

```
                    name:"default",
        pattern:"{controller=Home}/{action=Index}/{id?}");
            });

        }
```

现在AdminController上添加了基于角色的授权，让只拥有管理员角色的用户才能管理角色，代码如下。

```
    [Authorize(Roles = "Admin")]
        public class AdminController:Controller
        {
        }
```

24.3 在菜单栏上显示或隐藏管理

在本节中，我们将学习如何根据登录的用户角色不同，来显示或隐藏角色管理导航菜单项。

如果登录用户处于Admin角色，则要显示**管理**导航菜单，如图24.2所示。

图24.2

如果登录用户不是Admin角色，则隐藏**管理**导航菜单，如图24.3所示。

图24.3

根据登录的用户角色显示或隐藏导航菜单

导航菜单位于laylout视图中。打开布局视图文件，在布局视图中使用@Inject指令，注入SignInManager服务。然后使用SignInManager服务中的IsSignedIn()方法和IsInRole()方法，检查用户是否已登录以及用户是否为Admin角色，代码如下。

```
    <ul class="navbar-nav">
      <li class="nav-item">
        <a class="nav-link" asp-controller="home" asp-action="Index">学生列表</
    a>
      </li>
      <li class="nav-item">
         <a class="nav-link" asp-controller="home" asp-action="Create">添加学生
    </a>
      </li>
```

```
    @if(_signInManager.IsSignedIn(User) && User.IsInRole("Admin")) {
    <li class="nav-item">
      <a class="nav-link" asp-controller="Admin" asp-action="ListRoles">
        管理  </a>
    </li>
    }
  </ul>
```

24.4　ASP.NET Core Identity中的拒绝访问功能

因为**角色管理**导航菜单关联的URL是/Admin/ListRoles，现在知道ltm@52abp.com这个账号不具备Admin角色，所以看不见导航菜单栏，但是有一个显而易见的问题——如果用户通过地址栏进行直接访问呢？如果尝试这么做，那么读者会得到一个异常反馈，如图24.4所示。

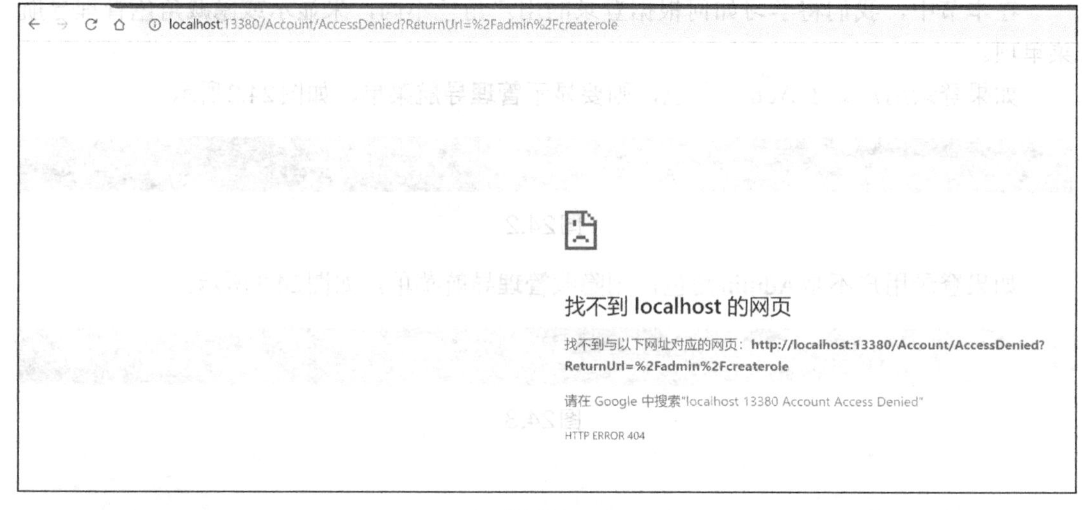

图24.4

在AdminController上的Authorize属性可防止未经授权的访问。如果登录用户不是Admin角色，则ASP.NET Core会自动将用户重定向到/Account/AccessDenied。但是因为我们没有实现AccessDenied的方法，所以会出现如图24.4中的错误。

24.4.1　AccessDenied()操作方法

在AccountController中添加AccessDenied()操作方法，代码如下。

```
  public class AccountController:Controller
  {
      [HttpGet]
      public IActionResult AccessDenied()
```

```
        {
            return View();
        }

        // 其他操作方法
    }
```

24.4.2 AccessDenied视图代码

我们需要在对应的文件夹中添加AccessDenied.cshtml视图文件，代码如下。

```
<div class="text-center">
    <h1 class="text-danger">拒绝访问</h1>
    <h6 class="text-danger">读者没有查看此资源的权限</h6>
    <img src="~/images/noaccess.png" style="height:300px;width:300px" />
</div>
```

这是AccessDenied视图呈现的页面，再次访问/Admin/ListRoles后的结果如图24.5所示。

图24.5

24.5 获取Identity中的用户列表

当前我们的系统已经可以完成用户的注册、登录，甚至通过角色管理可以为用户分配角色了。但是在系统中还不能看到有多少用户注册了，如果要编辑用户的信息该怎么办。那么从本节开始，我们将学习如何使用Identity API查询和显示ASP.NET Core中的所有已注册应用程序用户，并在后面的章节中讲解用户信息的编辑、删除等功能。

当前应用程序的注册用户存储在AspNetUsers数据库表中，我们希望在视图中查询并显示它们，如图24.6所示。

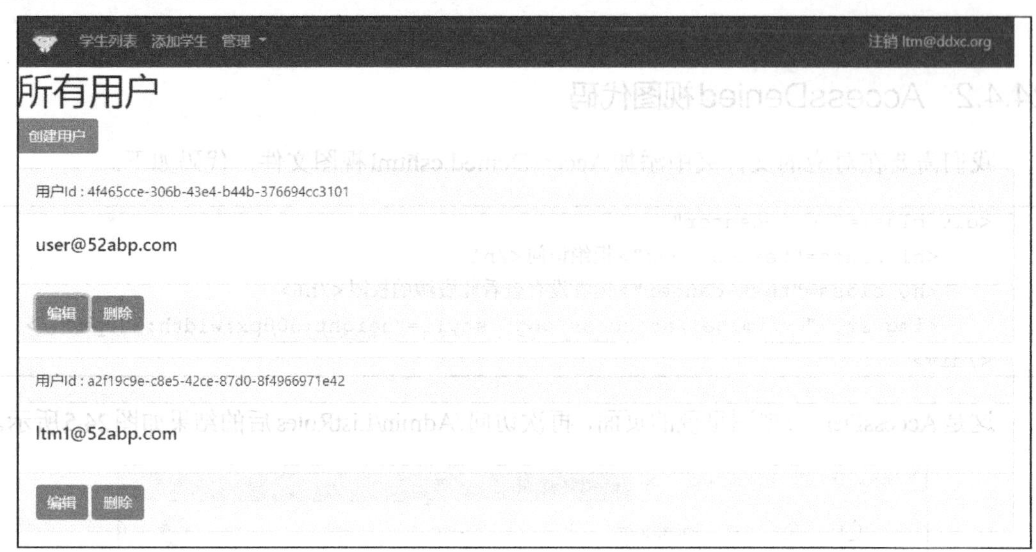

图24.6

24.5.1　UserManager服务的用户访问

UserManager服务的Users属性可返回在应用程序中所有已注册用户的信息，代码如下。

```
[Authorize(Roles = "Admin")]
public class AdminController:Controller
{
   private readonly RoleManager<IdentityRole> _roleManager;
   private readonly UserManager<ApplicationUser> _userManager;

     public AdminController(RoleManager<IdentityRole> roleManager,
UserManager<ApplicationUser> userManager)
    {
        this._roleManager = roleManager;
        _userManager = userManager;
    }
    //其他代码
    #region用户管理
    [HttpGet]
    public IActionResult ListUsers()
```

```
        {
            var users = _userManager.Users.ToList();
            return View(users);
        }

        #endregion


    }
```

在上面的代码中使用了#region和#endregion组合，它可以折叠我们的代码。目前AdminController中已经有很多方法了，我们可以利用这个功能对代码进行分组折叠，效果如图24.7所示。

```
namespace MockSchoolManagement.Controllers
{
    [Authorize(Roles = "Admin")]
    1 个引用|梁桐铭，5 小时前|1 名作者，2 项更改
    public class AdminController : Controller
    {
        private readonly RoleManager<IdentityRole> _roleManager;
        private readonly UserManager<ApplicationUser> _userManager;

        0 个引用|梁桐铭，5 小时前|1 名作者，1 项更改
        public AdminController(RoleManager<IdentityRole> roleManager,UserManager<
        {
            this._roleManager = roleManager;
            _userManager = userManager;
        }

        角色管理
        角色中的用户
        #region 用户管理
        [HttpGet]
        0 个引用|0 项更改|0 名作者，0 项更改
        public IActionResult ListUsers()
        {
            var users = _userManager.Users.ToList();
            return View(users);
        }
        #endregion

    }
}
```

图24.7

24.5.2 ASP.NET Core列表用户视图

在对应的路径/Views/Admin中创建ListUsers.cshtml文件，代码如下。

```
@model IEnumerable<ApplicationUser>
  @{ViewBag.Title = "用户列表";}

  <h1>所有用户</h1>

  @if(Model.Any()) {
   <a  asp-action="Register" asp-controller="Account"  class="btn btn-primary mb-3"  style="width:auto"> 创建用户 </a>
```

```
    foreach(var user in Model) {
    <div class="card mb-3">
      <div class="card-header">
        用户 Id:@user.Id
      </div>
      <div class="card-body">
        <h5 class="card-title">@user.UserName</h5>
      </div>
      <div class="card-footer">
        <a href="#" class="btn btn-primary">编辑</a>
        <a href="#" class="btn btn-danger">删除</a>
      </div>
    </div>
    } }else{
    <div class="card">
      <div class="card-header">
        尚未创建用户
      </div>
      <div class="card-body">
        <h5 class="card-title">
          单击下面的按钮创建用户
        </h5>
        <a class="btn btn-primary" style="width:auto"
         asp-controller="Account" asp-action="Register">
          创建用户
        </a>
      </div>
    </div>
    }</ApplicationUser
  >
```

运行后，无用户数据的效果如图24.8所示。

图24.8

有用户的数据效果如图24.9所示。

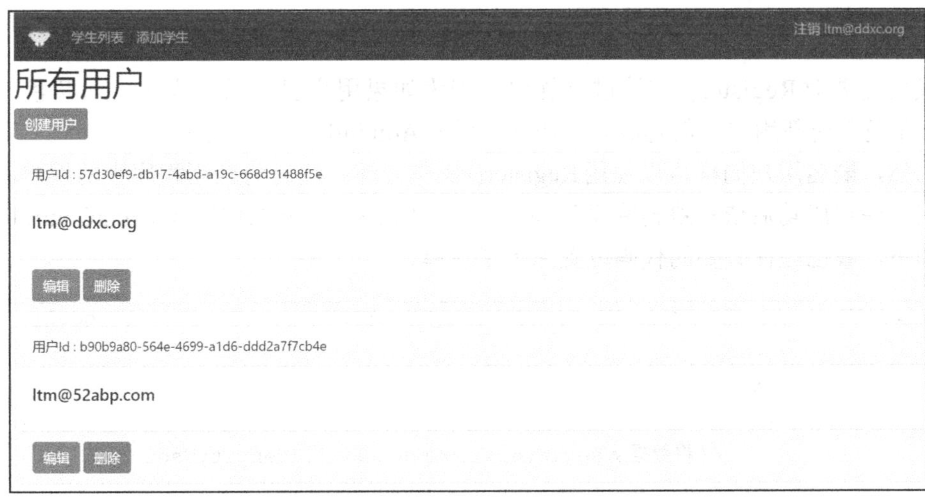

图24.9

24.5.3 管理导航菜单

接下来要修改布局视图的导航菜单栏，在其中添加一个管理的导航菜单，效果如图24.10所示。

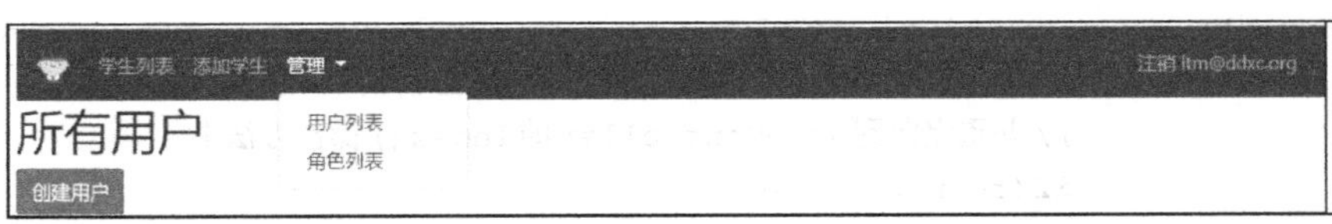

图24.10

修改步骤如下。

- 在导航菜单栏中显示 **管理** 下拉菜单。它应包含两个选项：用户列表和角色列表。
- 只有在用户登录并处于Admin角色时，才会显示此下拉菜单。
- 使用Bootstrap 4对导航菜单栏进行优化样式。

将源代码替换为如下代码。

```
@if(_signInManager.IsSignedIn(User) && User.IsInRole("Admin")) {
<li class="nav-item dropdown">
  <a    class="nav-link dropdown-toggle" href="#" id="navbarDropdownMenuLink"
data-toggle="dropdown" aria-haspopup="true"
    aria-expanded="false">     管理   </a>
  <div class="dropdown-menu" aria-labelledby="navbarDropdownMenuLink">
      <a  class="dropdown-item"  asp-controller="Admin"  asp-
action="ListUsers"></a>用户列表</a>
    <a class="dropdown-item" asp-controller="Admin" asp-action="ListRoles">
角色列表</a>
  </div>
</li>
} }
```

24.5.4 修改Register()方法

我们需要对Register()方法进行优化，因为如果用户已登录且为Admin角色，即为Admin角色创建新用户，创建成功后应该跳转回Admin/Listusers页面。

当然，匿名用户同样可以使用Register()操作方法，注册为应用程序中的用户。但是匿名用户注册成功后依然跳转回学生列表页面。Register()方法位于AccountController中，代码如下，我已经在必要的代码位置加上了注释。

```
public async Task<IActionResult> Register(RegisterViewModel model)
        {
            if(ModelState.IsValid)
            {
                //将数据从RegisterViewModel复制到IdentityUser
                var user = new ApplicationUser
                {
                    UserName = model.Email,
                    Email = model.Email,
                    City = model.City
                };
                //将用户数据存储在AspNetUsers数据库表中
                   var result = await _userManager.CreateAsync(user,model.
Password);
                //如果成功创建用户，则使用登录服务登录用户信息
                //并重定向到HomeController的Index()操作方法中
                if(result.Succeeded)
                {
                    //如果用户已登录且为Admin角色
                    //那么就是Admin正在创建新用户
                    //所以重定向Admin用户到ListUsers的视图列表
                              if(_signInManager.IsSignedIn(User) && User.
IsInRole("Admin"))
                    {
                        return RedirectToAction("ListUsers","Admin");
                    }
                    //否则就是登录当前注册用户并重定向到HomeController的
                    //Index()操作方法中
                                await _signInManager.SignInAsync(user,
isPersistent:false);
                    return RedirectToAction("index","home");
                }
                //如果有任何错误，则将它们添加到ModelState对象中
                //将由验证摘要标记助手显示到视图中
                foreach(var error in result.Errors)
                {
                              ModelState.AddModelError(string.Empty,error.
Description);
                }
```

```
            }

            return View(model);
        }
```

24.5.5　下拉菜单功能失效

如果当读者单击**管理**导航菜单的时候，无法弹出包含用户列表和角色列表选项的下拉菜单，则说明Bootstrap 4的功能没有触发完毕。

以下为两个客户端JavaScript库，如果其中任何一个丢失或未按指定的顺序加载，则下拉菜单将不起作用。

```
<script src="~/lib/jquery/dist/jquery.js"></script>
<script src="~/lib/twitter-bootstrap/js/bootstrap.js"></script>
```

24.6　编辑Identity中的用户

在本节中，我们将学习如何在ASP.NET Core中编辑用户信息。我们需要在ListUsers视图上添加编辑按钮。

修改ListUsers视图中的代码如下。

```
<div class="card-footer">
  <a asp-action="EditUser"  asp-controller="Admin"
    asp-route-id="@user.Id" class="btn btn-primary">编辑</a>
  <a href="#" class="btn btn-danger">删除</a>
</div>
```

在ListUsers视图中随意选择用户，单击**编辑**按钮，我们希望将用户重定向到/Admin/EditUser/UserId的路由规则上。

24.6.1　编辑用户视图

我们希望呈现的效果如图24.11所示。

以下是编辑用户视图中所需数据的EditUserViewModel类。EditUserViewModel类文件保存在ViewModels文件夹中。

```
public class EditUserViewModel
{
    public EditUserViewModel()
    {
        Claims = new List<string>();
        Roles = new List<string>();
    }
```

```
        public string Id{get;set;}

        [Required]
        public string UserName{get;set;}

        [Required]
        [EmailAddress]
        public string Email{get;set;}

        public string City{get;set;}

        public List<string> Claims{get;set;}

        public IList<string> Roles{get;set;}
    }
```

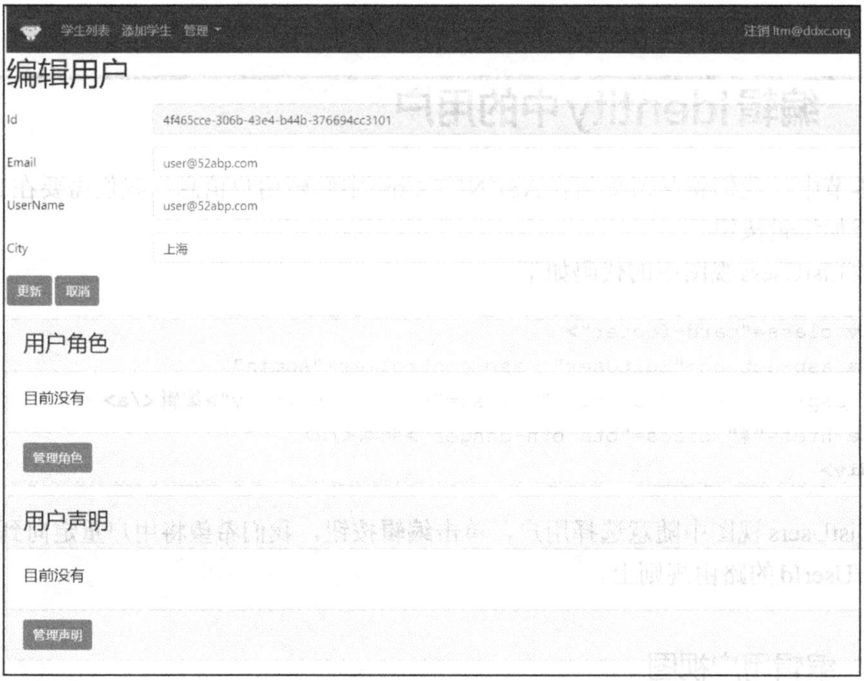

图24.11

请注意，我们实现了EditUserViewModel的构造函数，并初始化Cliams和Roles，这是为了避免在运行时出现NullReference异常，在之前实现编辑角色功能的时候遇到过这个异常。

24.6.2 EditUser()的操作方法

在AdminController中添加EditUser()方法，代码如下，我已经在必要的代码位置加上了注释。

```
[HttpGet]
public async Task<IActionResult> EditUser(string id)
{
    var user = await _userManager.FindByIdAsync(id);
    if(user == null)
    {
        ViewBag.ErrorMessage = $"无法找到ID为{id}的用户";
        return View("NotFound");
    }
    // GetClaimsAsync()返回用户声明列表
    var userClaims = await _userManager.GetClaimsAsync(user);
    // GetRolesAsync()返回用户角色列表
    var userRoles = await _userManager.GetRolesAsync(user);

    var model = new EditUserViewModel
    {
        Id = user.Id,
        Email = user.Email,
        UserName = user.UserName,
        City = user.City,
        Claims = userClaims.Select(c => c.Value).ToList(),
        Roles = userRoles
    };
    return View(model);
}
```

接下来完善HttpPost类型的操作方法，代码如下。

```
[HttpPost]
public async Task<IActionResult> EditUser(EditUserViewModel model)
{
    var user = await _userManager.FindByIdAsync(model.Id);

    if(user == null)
    {
        ViewBag.ErrorMessage = $"无法找到ID为{model.Id}的用户";
        return View("NotFound");
    }
    else
    {
        user.Email = model.Email;
        user.UserName = model.UserName;
        user.City = model.City;

        var result = await _userManager.UpdateAsync(user);

        if(result.Succeeded)
        {
```

```
                return RedirectToAction("ListUsers");
            }

            foreach(var error in result.Errors)
            {
                ModelState.AddModelError("",error.Description);
            }

            return View(model);
        }
    }
```

24.6.3 EditUser视图文件

现在完善视图文件的代码，在Views/Admin文件夹中添加EditUser视图文件，然后添加如下代码。

```
@model EditUserViewModel
@{ViewBag.Title = "管理-编辑用户";}
<h1>编辑用户</h1>
<form method="post" class="mt-3">
  <div class="form-group row">
    <label asp-for="Id" class="col-sm-2 col-form-label"></label>
    <div class="col-sm-10">
      <input asp-for="Id" disabled class="form-control" />
    </div>
  </div>
  <div class="form-group row">
    <label asp-for="Email" class="col-sm-2 col-form-label"></label>
    <div class="col-sm-10">
      <input asp-for="Email" class="form-control" />
      <span asp-validation-for="Email" class="text-danger"></span>
    </div>
  </div>
  <div class="form-group row">
    <label asp-for="UserName" class="col-sm-2 col-form-label"></label>
    <div class="col-sm-10">
      <input asp-for="UserName" class="form-control" />
      <span asp-validation-for="UserName" class="text-danger"></span>
    </div>
  </div>
  <div class="form-group row">
    <label asp-for="City" class="col-sm-2 col-form-label"></label>
    <div class="col-sm-10">
      <input asp-for="City" class="form-control" />
```

```
    </div>
  </div>

  <div asp-validation-summary="All" class="text-danger"></div>

  <div class="form-group row">
    <div class="col-sm-10">
      <button type="submit" class="btn btn-primary">更新</button>
      <a asp-action="ListUsers" class="btn btn-primary">取消</a>
    </div>
  </div>

  <div class="card">
    <div class="card-header">
      <h3>用户角色</h3>
    </div>
    <div class="card-body">
      @if(Model.Roles.Any()) {foreach(var role in Model.Roles) {
      <h5 class="card-title">@role</h5>
      } }else{
      <h5 class="card-title">目前没有</h5>
      }
    </div>
    <div class="card-footer">
      <a href="#" style="width:auto" class="btn btn-primary"> 管理角色</a>
    </div>
  </div>

  <div class="card mt-3">
    <div class="card-header">
      <h3>用户声明</h3>
    </div>
    <div class="card-body">
      @if(Model.Claims.Any()) {foreach(var claim in Model.Claims) {
      <h5 class="card-title">@claim</h5>
      } }else{
      <h5 class="card-title">目前没有</h5>
      }
    </div>
    <div class="card-footer">
      <a href="#" style="width:auto" class="btn btn-primary">
        管理声明
      </a>
    </div>
  </div>
</form>
```

运行项目，找到一个拥有Admin角色的用户，单击**编辑**按钮，效果如图24.12所示。

图24.12

我们可以看到在用户角色中已经包含了Admin角色的内容。这是因为我们在视图中添加了判断用户拥有的角色和声明逻辑，我们在后面的章节中，会逐步将这些功能实现一次。

24.7　NotFound视图异常

当访问一个不存在的用户时，比如URL为http://localhost:13380/Admin/EditUser/9527，这里UserId被替换为9527，这个UserId在数据库中是不存在的，因为User的ID类型都是GUID。现在直接通过浏览器地址栏进行访问，会得到如图24.13所示的结果。

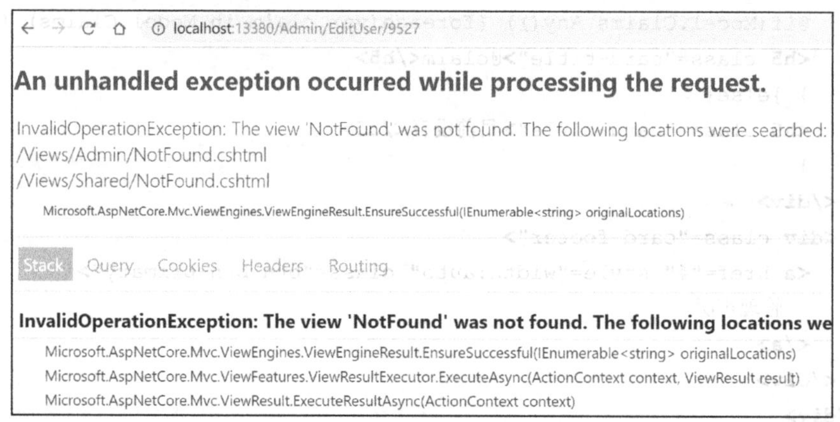

图24.13

这里显示NotFound视图异常，因为EditUser()方法在User为null的时候会重定向到NotFound视图。如果读者去访问一个不存在的角色名称，则会调用EditRole()方法，得到的结果也是一样的。

在之前的章节中说明过视图的查找顺序，首先是"/Views/当前操作方法的控制器名/"文件夹中，然后是"/Views/Shared/"文件夹。如果找不到就会提示异常，当前NotFound视图在Error视图文件夹中，要解决这个问题，我们需要将它移动到"/Views/Shared/"文件夹中。

读者可能会产生一个疑问，在Startup类的Configure()方法中配置的错误视图该如何处理呢？

请记住，当在非Development环境中触发Error的时候，它会查找ErrorController中的HttpStatusCodeHandler()操作方法，而这个操作方法会重定向到NotFound视图，当它在本地的视图文件夹中找不到NotFound视图的时候，会到"/Views/Shared/"文件夹中查找，然后显示错误详情给用户。

统一404错误视图

现在我们可以统一404错误功能了。在HomeController的Details()方法中，如果Student为空，则会跳转到StudentNotFound视图中。为了提升错误视图的复用性，需要让它重定向到NotFound视图中。

需要在HomeController中修改的方法有Details()和Edit()，原有的代码如下。

```
if(student == null)
 {
 Response.StatusCode = 404;
return View("StudentNotFound",id);
 }
```

对它们进行简单的修改，代码如下。

```
if(student == null)
 {
 ViewBag.ErrorMessage = $"学生Id={id}的信息不存在，请重试。";
 return View("NotFound");
 }
```

删除StudentNotFound视图文件，打开NotFound视图文件，并对它进行替换，代码如下。

```
@{ViewBag.Title = "页面不存在";}

<div class="alert alert-danger mt-1 mb-1">
  <h4>404 Not Found错误 :</h4>
  <hr />
  <h5>  @ViewBag.ErrorMessage </h5>
</div>
```

```
<a asp-controller="home"  asp-action="index"  class="btn btn-outline-success"
   style="width:auto"> 单击此处返回首页</a>
```

重新运行项目，访问http://localhost:13380/home/edit/fad，然后触发NotFound视图，效果如图24.14所示。

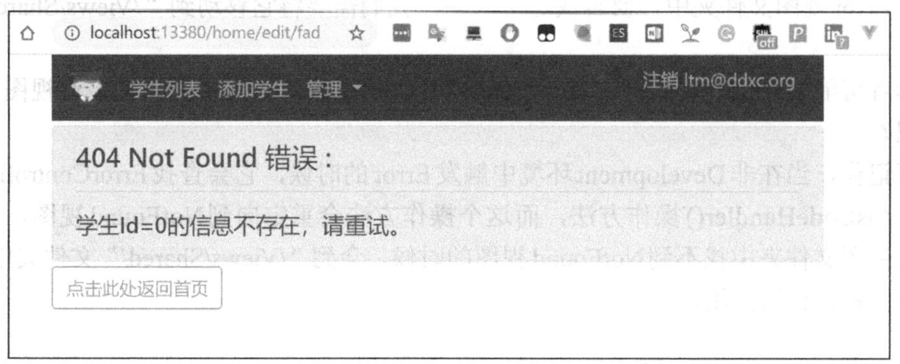

图24.14

24.8　Identity中删除的用户功能

在本节中，我们将学习如何使用Identity API从AspNetUsers数据库表中删除IdentityUser。

有的读者可能已经提前实现了Student和IdentityRole的删除功能，在本节可以对比一下实现效果是否一样。

我们希望在单击**删除**按钮时，从数据库表AspNetUsers中删除相应的用户信息。

24.8.1　使用GET请求删除数据

我们不建议使用GET请求删除数据。试想一下，如果在一封包含恶意的电子邮件中存在一个图片标签会发生什么情况。当打开电子邮件时，图像会尝试加载并发出GET请求，这将删除数据。

此外，当搜索引擎抓取读者的网页时，也会发出一个GET请求，该请求也将删除数据。通常，使用POST请求应该是没有任何副作用的，这意味着它不会更改服务器上的状态，因此应该始终使用POST请求执行删除操作。

24.8.2　使用POST请求删除数据

要让删除功能支持POST请求，要做以下操作。

将**删除**按钮设置为submit类型并放在<form>元素中，method属性设置为POST。

这样做的效果是，当单击**删除**按钮时，会向DeleteUser()操作方法发出POST请求，并传递要删除的用户ID。最后从数据库中删除用户信息。

24.8.3 DeleteUser()方法

在AdminController中添加DeleteUser()方法，然后使用UserManager服务中的DeleteAsync()方法删除用户，代码如下。

```
    public class AdminController:Controller
      {
          private readonly RoleManager<IdentityRole> _roleManager;
          private readonly UserManager<ApplicationUser> _userManager;

             public AdminController(RoleManager<IdentityRole> roleManager,
    UserManager<ApplicationUser> userManager)
          {
              this._roleManager = roleManager;
              _userManager = userManager;
          }

          [HttpPost]
          public async Task<IActionResult> DeleteUser(string id)
          {
              var user = await _userManager.FindByIdAsync(id);

              if(user == null)
              {
                  ViewBag.ErrorMessage = $"无法找到ID为{id}的用户";
                  return View("NotFound");
              }
              else
              {
                  var result = await _userManager.DeleteAsync(user);
                  if(result.Succeeded)
                  {
                      return RedirectToAction("ListUsers");
                  }
                  foreach(var error in result.Errors)
                  {
                      ModelState.AddModelError("",error.Description);
                  }

                  return View("ListUsers");
              }
          }

    }
```

在ListUsers视图中的**删除**按钮上添加一个对应的控制器和操作方法即可完成删除功能。但是这有些不合理，因为在对敏感数据进行操作的时候，大多会提示要求确认，所以应该加上确认删除功能。

24.9 ASP.NET Core中的确认删除功能

在本节中，我们将学习如何在ASP.NET Core中实现显示删除确认对话框。我们将讨论以下两种类型的删除确认对话框。

24.9.1 浏览器确认对话框

当单击**删除**按钮时，我们要显示以下浏览器确认对话框，如图24.15所示。

图24.15

只需要在**删除**按钮上添加onclick（单击）事件即可。然后利用JavaScript的confirm()函数向用户显示确认对话框。如果在确认对话框中单击**取消**按钮，则confirm()函数返回false并且不执行任何操作和响应。如果单击**确定**按钮，则提交表单并从数据库中删除相应的用户记录信息。

可以打开ListUsers.cshtml文件，替换为以下代码。

```
<button type="submit" onclick="return confirm('读者确定要删除用户:@user.UserName吗?')" class="btn btn-danger">
  删除
</button>
```

24.9.2 是和否删除按钮

但是现在大多数人不喜欢确认对话框。相反，他们需要一些内联，如图24.16所示的**是**和**否**按钮。

在用户列表中，单击**删除**为每个用户都动态生成**是**和**否**按钮。

如果页面上有多个用户，则生成多个<span>元素。为了确保这些<span>元素具有唯一ID，我们将附加UserId的值，GUID能保证其唯一性。

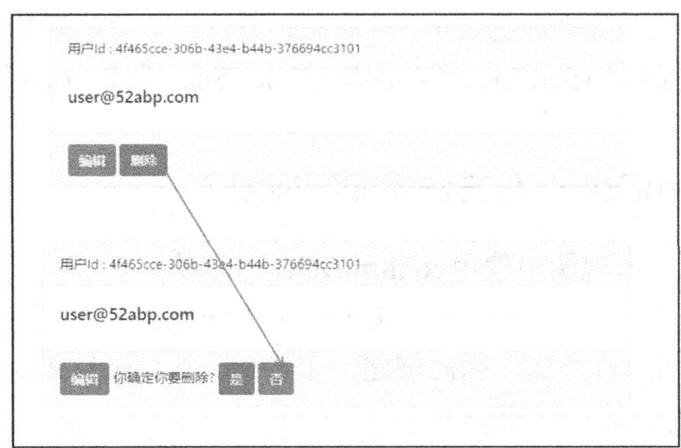

图24.16

我们将ListUsers.cshtml文件中的div的类替换为card-footer，代码如下。

```
<div class="card-footer">
  <form method="post" asp-action="DeleteUser" asp-route-id="@user.Id">
     <a  asp-action="EditUser"  asp-controller="Admin"  asp-route-id="@
user.Id"  class="btn btn-primary" >编辑</a>

    <span id="confirmDeleteSpan_@user.Id" style="display:none">
      <span>你确定你要删除？</span>
      <button type="submit" class="btn btn-danger">是</button>
      <a  href="#"  class="btn btn-primary" onclick="confirmDelete('@user.
Id',false)" >否</a>
    </span>

    <span id="deleteSpan_@user.Id">
       <a  href="#"  class="btn btn-danger"  onclick="confirmDelete('@user.
Id',true)" >删除</a>
    </span>
  </form>
</div>
```

为使其动态触发，我们需要添加JavaScript文件。因为在项目中已经集成了jQuery，所以操作DOM属性的时候比较简单方便。

打开在/wwwroot/js下的CustomScript.js文件，添加如下代码。

```
function confirmDelete(uniqueId,isDeleteClicked) {
  var deleteSpan = "deleteSpan_" + uniqueId;
  var confirmDeleteSpan = "confirmDeleteSpan_" + uniqueId;

  if(isDeleteClicked) {
    $("#" + deleteSpan).hide();
    $("#" + confirmDeleteSpan).show();
  }else{
    $("#" + deleteSpan).show();
    $("#" + confirmDeleteSpan).hide();
  }
}
```

这是一个实现确认删除功能的confirmDelete()方法，当单击**删除**按钮的时候会找到对应的span标签值，来操作#deleteSpan和#confirmDeleteSpan两个span标签是显示还是隐藏。

24.9.3 将confirmDelete()方法添加到视图中

我们需要在ListUsers视图中使用confirmDelete()方法。

之前在布局文件_Layout.cshtml中定义了一个“Scripts”节点，由于只在此ListUsers视图中使用confirmDelete()方法，因此创建一个CustomScript.js文件，然后使用@section来包含confirmDelete()方法，代码如下。

```
@section Scripts{
<script src="~/js/CustomScript.js" asp-append-version="true"></script>
}
```

记得设置asp-append-version="true"，添加缓存破坏行为。

现在可以测试一下这个功能是否正常运转了，打开开发者工具，在ListUsers中找到confirmDelete()方法并打上断点。然后单击**Sources**选项卡，然后在左侧菜单栏找到JavaScript文件夹中的CustomScript.js。打开后在如图24.17所示的几个位置打上断点。然后选择一个用户并单击**删除**按钮触发confirmDelete()，进入CustomScript.js，可以看到如图24.17所示的运行结果。

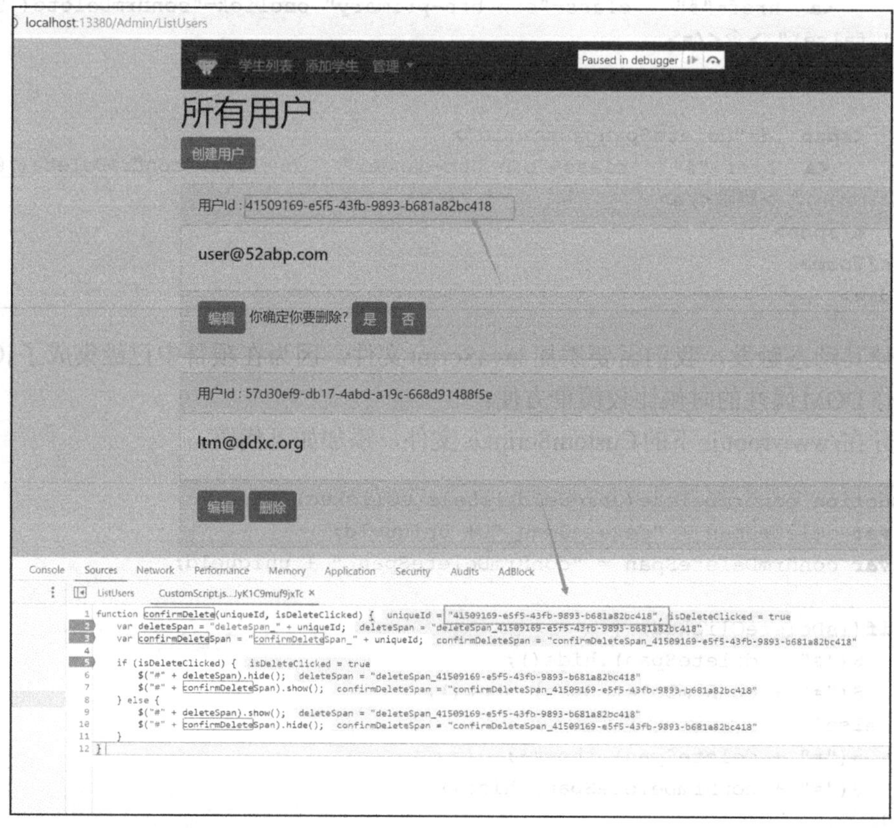

图24.17

用户ID与deleteSpan、confirmDeleteSpan组合而形成了唯一的span标签，然后通过jQuery的操作完成动态的显隐功能。

接下来我们将完成角色删除功能。

24.10 删除ASP.NET CoreIdentity中的角色

在本节中，我们将学习如何使用Identity API从AspNetRoles数据库表中删除IdentityRole。单击**是**按钮时，必须从AspNetRoles表中删除相应的角色，如图24.18所示。

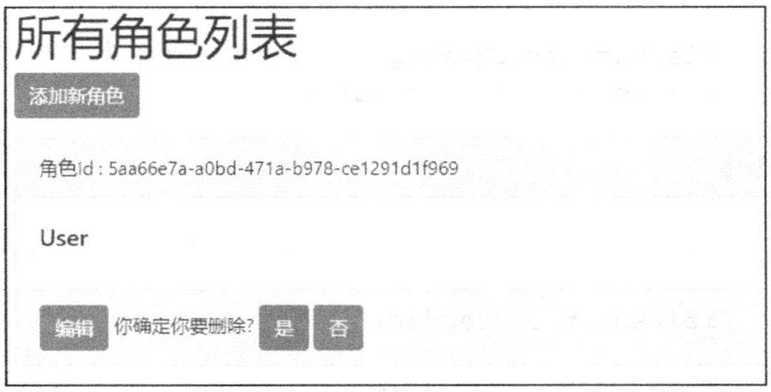

所有角色列表

添加新角色

角色Id : 5aa66e7a-a0bd-471a-b978-ce1291d1f969

User

编辑 你确定你要删除? 是 否

图24.18

它的删除角色功能和删除用户功能相似，这里列出关键代码，其他部分可以参考删除用户功能代码。

打开ListRoles.cshtml文件，替换与**删除**按钮有关的部分，代码如下。

```
<div class="card-footer">
  <form method="post" asp-action="DeleteRole" asp-route-id="@role.Id">
     <a    asp-controller="Admin"    asp-action="EditRole"    asp-route-id="@role.Id"   class="btn btn-primary" >编辑 </a>
    <span id="confirmDeleteSpan_@role.Id" style="display:none">
      <span>你确定你要删除 ?</span>
      <button type="submit" class="btn btn-danger">是</button>
       <a   href="#"  class="btn btn-primary" onclick="confirmDelete('@role.Id',false)" >否</a>
    </span>
    <span id="deleteSpan_@role.Id">
       <a  href="#" class="btn btn-danger"  onclick="confirmDelete('@role.Id',true)">删除</a>
    </span>
  </form>
</div>
```

因为confirmDelete()方法是可以复用的，所以我们在ListRoles.cshtml文件中引入sections节点的JavaScript文件，代码如下。

```
@section Scripts{
<script src="~/js/CustomScript.js" asp-append-version="true"></script>
}
```

在AdminController中添加DeleteRole()方法，使用RoleManager服务中的DeleteAsync()方法删除角色，代码如下。

```
    [HttpPost]
        public async Task<IActionResult> DeleteRole(string id)
        {
            var role = await _roleManager.FindByIdAsync(id);

            if(role == null)
            {
                ViewBag.ErrorMessage = $"无法找到ID为{id}的角色信息";
                return View("NotFound");
            }
            else
            {
                var result = await _roleManager.DeleteAsync(role);

                if(result.Succeeded)
                {
                    return RedirectToAction("ListRoles");
                }

                foreach(var error in result.Errors)
                {
                    ModelState.AddModelError("",error.Description);
                }

                return View("ListRoles");
            }
        }
```

运行项目后，测试效果如图24.19所示。

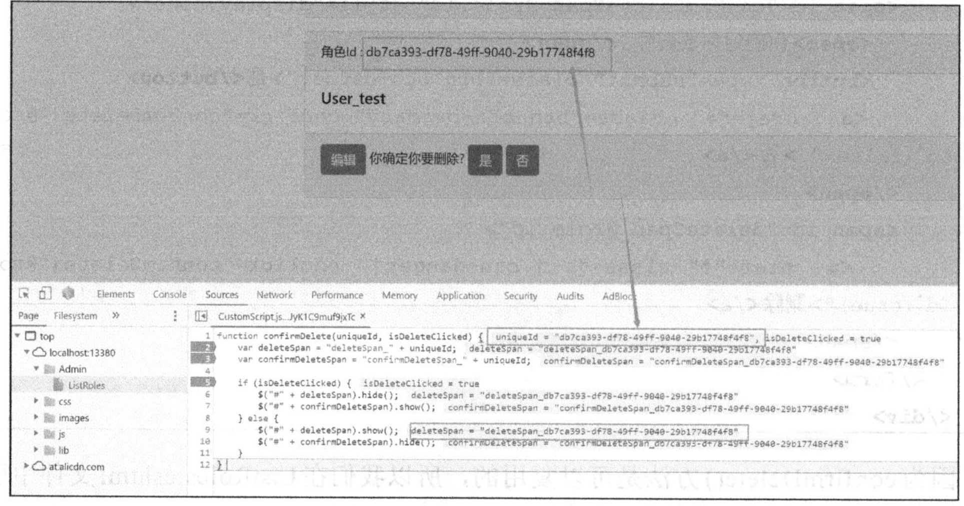

图24.19

24.11 小结

本章涉及了基于角色的授权，NotFound视图异常和视图查找功能，以及用户的查询、修改和删除。功能虽多，但是多练习一下这些代码，在遇到不清楚的地方多打断点，调试后会有不一样的收获。

第25章

EF Core中的数据完整性约束

本章主要向读者介绍如下内容。

- EF Core中的数据完整性约束及其作用。
- 优化自定义错误视图。

25.1 EF Core中的数据完整性约束

在本节中，我们将学习如何在EF Core中使用数据完整性约束，也可以简单地称它为级联引用约束。

数据完整性约束指的是为了防止不符合规范的数据进入数据库，在用户对数据进行插入、修改、删除等操作时，ORM自动按照一定的约束条件对数据进行监测，使不符合规范的数据不能进入数据库，以确保数据库中存储的数据正确、有效和相容。

我们通过一个示例来了解它。通过图25.1可以知道Stuent和Gender表是一对多关联关系，Student拥有外键GenderId。

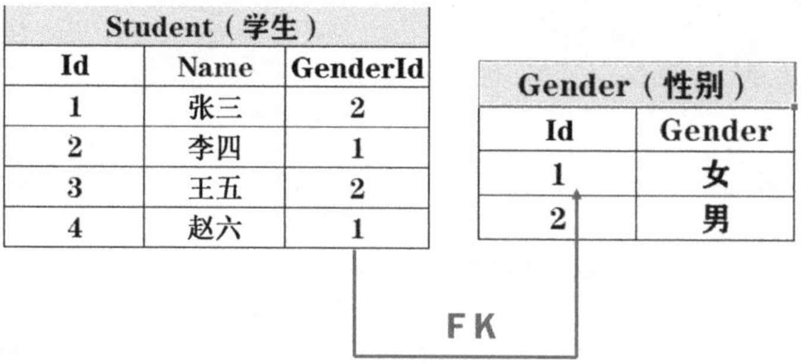

Student（学生）		
Id	Name	GenderId
1	张三	2
2	李四	1
3	王五	2
4	赵六	1

Gender（性别）	
Id	Gender
1	女
2	男

FK

图25.1

这样做看起来是没有问题的，但是如果有用户操作了Gender表的内容，比如删除了Id=1的数据，那么Student表中GenderId的数据会怎么样呢？如图25.2所示。

这里涉及了数据完整性约束的4种情况，如表25.1所示。

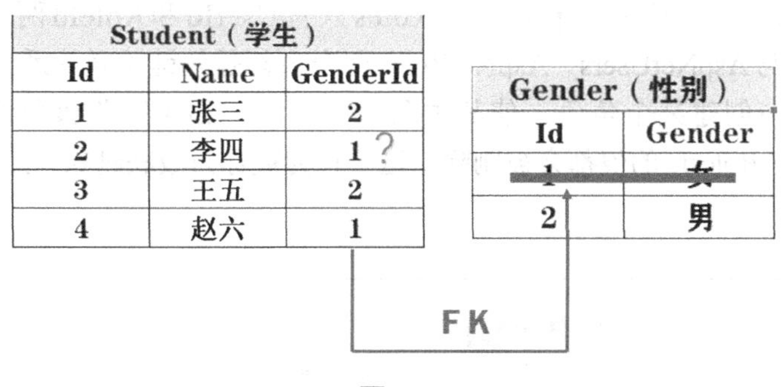

图25.2

表25.1

名称	说明
No Action（不执行）	默认行为，删除主表数据行时，依赖表中的数据不会执行任何操作，此时会产生错误，并回滚DELETE语句
Cascade（级联删除）	删除主表数据行时，依赖表中的数据行也会同步删除
Set NULL（设置为空）	删除主表数据行时，将依赖表中数据行的外键更新为NULL。为了满足此约束，目标表的外键列必须可为空值
Set Default（设置为默认值）	删除主表数据行时，将依赖表中的数据行的外键更新为默认值。为了满足此约束，目标表的所有外键列必须具有默认值定义；如果外键可为空值，并且未显示设置默认值，则将使用NULL作为该列的隐式默认值

当前系统采用了ORM框架（EF Core），它已经实现了上表中的数据完整性约束功能，开发者只需要进行简单的配置即可启用。接下来，我们通过配置实体之间的关系来学习外键约束。

AspNetUsers与AspNetRoles的关联关系

图25.3显示了数据库表AspNetUsers与AspNetRoles两个表之间的关联关系。

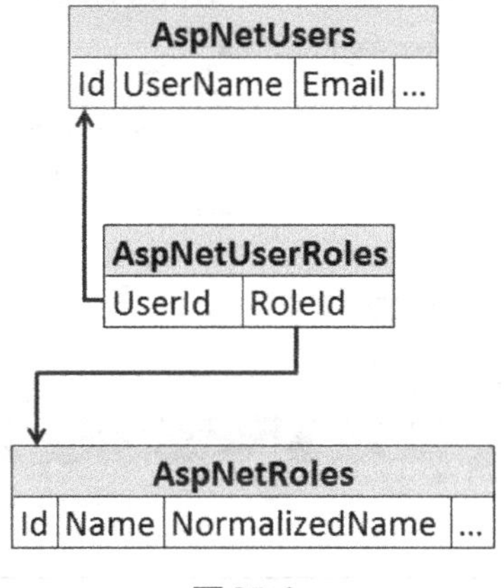

图25.3

从图25.3中我们可以得知，用户信息存储在AspNetUsers表中，角色信息存储在AspNetRoles表中。AspNetUsers与AspNetRoles是多对多关联关系，从而产生了中间表AspNetUserRoles。中间表AspNetUserRoles只有UserId和RoleId两个字段，中间表AspNetUserRoles与AspNetUsers、AspNetRoles两个表都是外键关联关系。

在当前程序中创建某个角色，使其关联几个用户，如果删除该角色，那么中间表AspNetUserRoles中RolesId的值都会被删除，这个行为被称为级联删除，测试结果如图25.4所示。

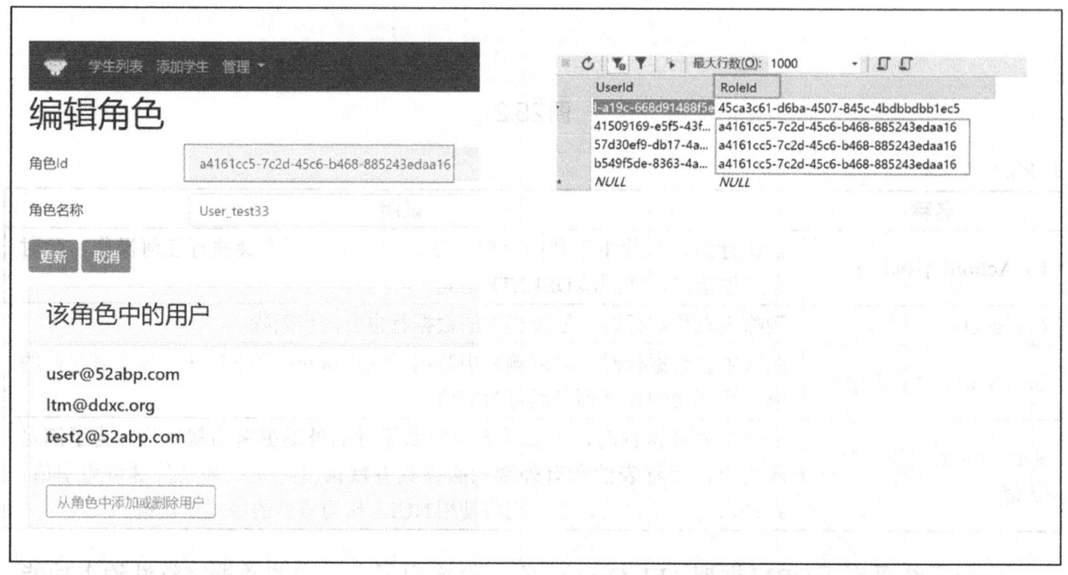

图25.4

在角色列表中删除User_test33数据时，AspNetUserRoles中的关联数据也会被删除，这从程序执行数据上来看，似乎没有问题。

打开SQL Server对象资源管理器，选择AspNetUserRoles表，然后选择视图设计器，如图25.5所示。

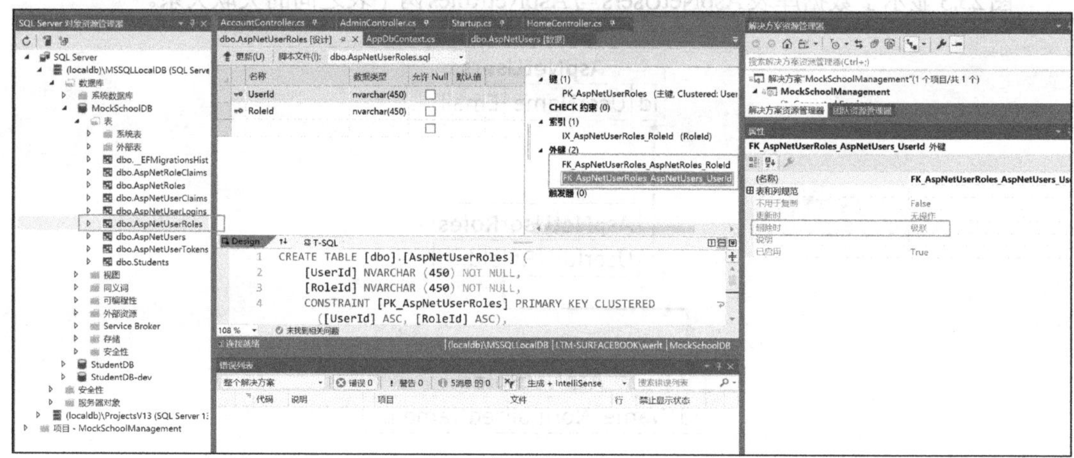

图25.5

我们可以在右侧的框中看到，删除时的行为是级联，结合测试结果证明AspNetUserRoles

的配置关系是级联删除。

它引发了一个业务问题，假设某个用户因为误操作将Admin角色删除了，该角色下面绑定了20个用户，这会导致一个很可怕的问题：用户无法进入管理系统，会引发一场灾难。

解决方法是，首先要重新配置它们的关联关系，打开/Infrastructure/AppDbContext.cs文件，配置如下代码。

```
    protected override void OnModelCreating(ModelBuilder modelBuilder)
        {
            base.OnModelCreating(modelBuilder);
            modelBuilder.Seed();

            //获取当前系统中所有领域模型上的外键列表
           var foreignKeys=     modelBuilder.Model.GetEntityTypes().
SelectMany(e => e.GetForeignKeys());

            foreach(var foreignKey in foreignKeys)
            {
                //将它们的删除行为配置为Restrict，即无操作
                foreignKey.DeleteBehavior = DeleteBehavior.Restrict;
            }
        }
```

而涉及的DeleteBehavior是一个枚举类型，用于指定删除行为，代码如下。

```
    public enum DeleteBehavior
    {
        ClientSetNull = 0,
        Restrict = 1,
        SetNull = 2,
        Cascade = 3,
        ClientCascade = 4,
        NoAction = 5,
        ClientNoAction = 6
    }
```

接下来，需要生成新的迁移记录，在Visual Studio的**程序包控制台窗口**执行以下命令以添加新迁移记录。

```
Add-Migration DeleteBehaviorRestrict
```

最后，执行Update-Database命令以应用迁移记录。

打开SQL Server对象资源管理器，选择AspNetUserRoles表，然后选择视图设计器，如图25.6所示。

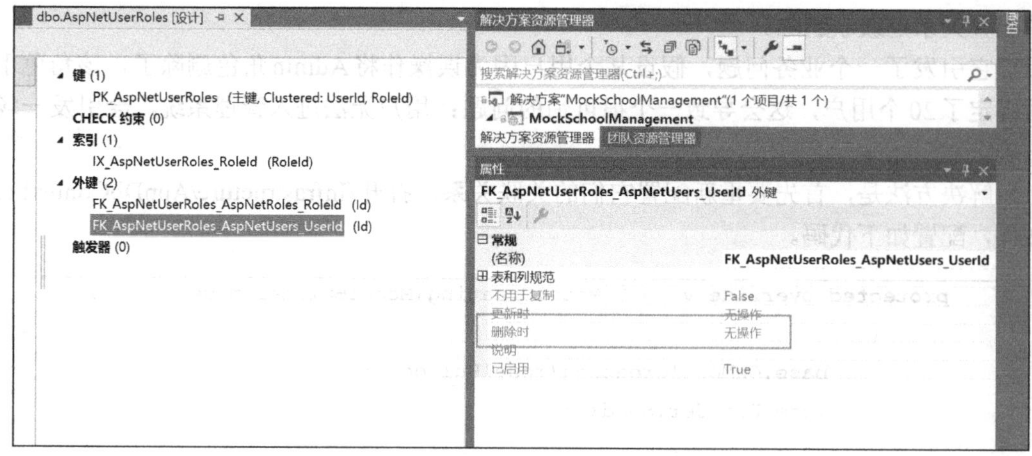

图25.6

我们可以在右侧的框中，看到删除时的行为是“无操作”，如果删除一个已存在用户的角色信息，则会收到以下异常提示。

```
An unhandled exception occurred while processing the request.
SqlException:The DELETE statement conflicted with the REFERENCE constraint
"FK_AspNetUserRoles_AspNetRoles_RoleId". The conflict occurred in database
"MockSchoolDB",table "dbo.AspNetUserRoles",column 'RoleId'.
The statement has been terminated.
```

可知，AspNetRoles表与AspNetUserRoles的RoleId产生了冲突而无法删除，要从AspNetRoles表中删除一个角色，必须先删除子行，因为AspNetUserRoles表中有一个子行，删除操作将回滚。因此，在删除父行之前，必须删除子行。

现在不会因为误操作而导致关联的用户和角色信息被删除了。

25.2　优化生产环境中的自定义错误视图

第24章中，配置了禁止角色被强制删除功能。但是如果将项目发布到生产环境中，删除已存在用户的角色信息将引发异常，会跳转到ErrorController的错误视图中呈现，如图25.7所示。

图25.7

这是一个非常普通的错误视图。我们无法向视图传递更多信息，告诉用户到底哪里出了问题。

我们回顾一下删除方法，代码如下。

```
        [HttpPost]
        public async Task<IActionResult> DeleteRole(string id)
        {
            var role = await _roleManager.FindByIdAsync(id);
            if(role == null)
            {
    ViewBag.ErrorMessage = $"无法找到ID为{id}的角色信息";
                return View("NotFound");
            }
            else
            {
                var result = await _roleManager.DeleteAsync(role);

                if(result.Succeeded)
                {
                    return RedirectToAction("ListRoles");
                }

                foreach(var error in result.Errors)
                {
        ModelState.AddModelError("",error.Description);
                }

                return View("ListRoles");
            }
        }
```

通过以上代码可以得知，当前删除一个角色。如果被删除的角色中有关联用户信息，此操作将会触发未经处理的异常。

如果应用程序在生产环境中运行，则用户将被重定向到显示自定义错误视图的ErrorController。这是因为UseExceptionHandler()中间件会将请求重定向到ErrorController中。

Starup类的Configure()方法，配置中间件的代码如下。

```
    public void Configure(IApplicationBuilder app,IWebHostEnvironment env)
        {
            //如果环境是Development serve Developer Exception Page
            if(env.IsDevelopment())
            {
                app.UseDeveloperExceptionPage();
            }
            //否则显示用户友好的错误页面
                else if(env.IsStaging() || env.IsProduction() || env.
    IsEnvironment("UAT"))
            {
                app.UseExceptionHandler("/Error");
```

```
                app.UseStatusCodePagesWithReExecute("/Error/{0}");
            }
            //其他代码
    }
```

25.2.1　ErrorController类

接下来我们要优化自定义错误视图。打开ErrorController类文件，给Error()方法添加允许匿名访问的AllowAnonymous属性，代码如下。

```
[AllowAnonymous]
 public IActionResult Error()
        {
            //获取异常详情信息
var exceptionHandlerPathFeature =
                      HttpContext.Features.Get<IExceptionHandlerPathFeature>
();
            //LogError()方法将异常记录作为日志中的错误类别记录
            logger.LogError($"路径 {exceptionHandlerPathFeature.Path} " +
                $"产生了一个错误{exceptionHandlerPathFeature.Error}");
            return View("Error");
        }
```

25.2.2　优化Error.cshtml

当前错误视图提示不够明细，因此要对它进行调整，使其能够接收更加明细的错误提示信息，并显示到客户端中。

首先，需要优化DeleteRole()方法，代码如下，我已经在必要的代码位置加上了注释。

```
    public class AdminController:Controller
    {
        private readonly RoleManager<IdentityRole> _roleManager;
        private readonly UserManager<ApplicationUser> _userManager;
        private readonly ILogger<AdminController> _logger;
            public AdminController(RoleManager<IdentityRole> roleManager,
UserManager<ApplicationUser> userManager,ILogger<AdminController> logger)
        {
            this._roleManager = roleManager;
            _userManager = userManager;
            _logger = logger;
        }
        [HttpPost]
        public async Task<IActionResult> DeleteRole(string id)
        {
            var role = await _roleManager.FindByIdAsync(id);
```

```
            if(role == null)
            {
                ViewBag.ErrorMessage = $"无法找到ID为{id}的角色信息";
                return View("NotFound");
            }
            else
            {
                //将代码包装在try catch中
                try
                {
                    var result = await _roleManager.DeleteAsync(role);

                    if(result.Succeeded)
                    {
                        return RedirectToAction("ListRoles");
                    }
                    foreach(var error in result.Errors)
                    {
                        ModelState.AddModelError("",error.Description);
                    }

                    return View("ListRoles");

                }
                //如果触发的异常是DbUpdateException，则知道我们无法删除角色
                //因为该角色中已存在用户信息
                catch(DbUpdateException ex)
                {
                    //将异常记录到日志文件中。我们之前已经学习使用NLog配置日志信息
                     _logger.LogError($"发生异常 :{ex}");
                    //我们使用ViewBag.ErrorTitle和ViewBag.ErrorMessage来传递
                    //错误标题和详情信息到错误视图
                    //错误视图会将这些数据显示给用户
                    ViewBag.ErrorTitle = $"角色:{role.Name} 正在被使用中...";
                     ViewBag.ErrorMessage = $" 无法删除{role.Name}角色，因为此
角色中已经存在用户。如果读者想删除此角色，需要先从该角色中删除用户，然后尝试删除该角色本身。
";

                    return View("Error");
                }
            }
        }
    }
```

请注意，我们在这里注入了ILogger日志服务，要将其添加到构造函数中。

现在打开Error文件夹中的Error.cshtml视图文件，替换为以下代码。

```
@if(ViewBag.ErrorTitle == null) {
<h3 class="text-danger">
  程序请求时发生了一个内部错误，我们会反馈给团队，我们正在努力解决这个问题。
</h3>
<h5 class="text-info">请通过ltm@ddxc.org与我们取得联系</h5>
}else{
<h1 class="text-danger">@ViewBag.ErrorTitle</h1>
<h6 class="text-danger">@ViewBag.ErrorMessage</h6>
}
```

运行项目后，删除一个已存在用户的角色信息时，会得到以下异常信息。

```
An unhandled exception occurred while processing the request.
InvalidOperationException:The view 'Error' was not found. The following
locations were searched:
/Views/Admin/Error.cshtml
/Views/Shared/Error.cshtml
```

原因是找不到Error.cshtml，在之前的章节中我们已经讲过原因了。现在只需要将Error.cshtml移动到/Views/Shared路径中即可，最终得到的结果如图25.8所示。

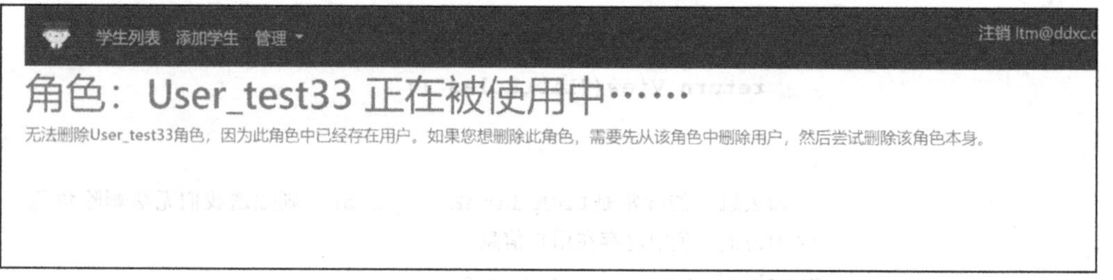

图25.8

25.3 小结

本章中我们学习了什么是数据完整性约束，通过EF Core配置的删除行为无操作，修改了所有实体的默认级联删除，最后增强了错误视图的显示内容，给予用户更多的提示。

第26章

ASP.NET Core中的声明授权

本章主要向读者介绍如下内容。

- 实现用户关联角色功能。
- 启用MARS。
- 声明授权介绍。

26.1 Identity中的用户角色

在本节中，我们将学习**用户角色**的功能，即如何使用Identity提供的API为指定的用户添加或移除角色，这与之前章节中为指定的角色添加或删除用户功能很相似。

在EditUser视图上单击**管理角色**时，我们要重定向到ManageUserRoles视图，如图26.1所示。

图26.1

现在修改管理角色的超链接，让它指定到ManageUserRoles路由上，代码如下。

```
<div class="card-footer">
  <a    asp-controller="Admin"    asp-action="ManageUserRoles"
    asp-route-userId="@Model.Id"
    style="width:auto"    class="btn btn-primary"  >
    管理角色 </a>
</div>
```

在管理用户的角色视图中，要实现的效果是通过是否选中复选框来判断是否将角色分配给指定的用户，完善这个功能的步骤如下。

- 添加视图模型RolesInUserViewModel类。
- 添加ManageUserRoles()操作方法。
- 添加视图文件ManageUserRoles.cshtml。

26.1.1 视图模型

在ViewModels文件夹中添加RolesInUserViewModel.cs文件，代码如下。

```
namespace MockSchoolManagement.ViewModels
{
    /// <summary>
    /// 用户拥有的角色列表
    /// </summary>
    public class RolesInUserViewModel
    {
        public string RoleId{get;set;}
        public string RoleName{get;set;}
        public bool IsSelected{get;set;}
    }
}
```

这个视图模型和UserRoleViewModel文件类似，但是逻辑相反。因为我们会在视图上显示RoleName，所以RoleName属性是必需的。IsSelected属性用于将选中的角色添加到指定的用户。当然，我们也可以在RolesInUserViewModel类中包含RoleId属性，但是对于当前视图而言，Users和Role之间仅存在一对多关联关系。

因此，为了不让每个用户的UserId都重复遍历到视图中，我们将使用ViewBag.UserId将值从控制器传递到视图中。

26.1.2 ManageUserRoles()方法

以下代码是AdminController中新增的ManageUserRoles的GET和POST请求，我已经在必要的地方上添加了注释。

```
    [HttpGet]
        public async Task<IActionResult> ManageUserRoles(string userId)
        {
```

```
            ViewBag.userId = userId;
            var user = await _userManager.FindByIdAsync(userId);

            if(user == null)
            {
                ViewBag.ErrorMessage = $"无法找到ID为{userId}的用户";
                return View("NotFound");
            }

            var model = new List<RolesInUserViewModel>();

            foreach(var role in _roleManager.Roles)
            {
                var rolesInUserViewModel = new RolesInUserViewModel
                {
                    RoleId = role.Id,
                    RoleName = role.Name
                };
                //判断当前用户是否已经拥有该角色信息
                if(await _userManager.IsInRoleAsync(user,role.Name))
                {
                    //将已拥有的角色信息设置为选中
                    rolesInUserViewModel.IsSelected = true;
                }
                else
                {
                    rolesInUserViewModel.IsSelected = false;
                }
                //添加已有角色到视图模型列表
                model.Add(rolesInUserViewModel);
            }

            return View(model);
        }
```

以下是处理POST请求的ManageUserRoles()代码。

```
        [HttpPost]
        public async Task<IActionResult> ManageUserRoles(List<RolesInUser-
ViewModel> model,string userId)
        {
            var user = await _userManager.FindByIdAsync(userId);

            if(user == null)
            {
                ViewBag.ErrorMessage = $"无法找到ID为{userId}的用户";
                return View("NotFound");
            }
```

```
            var roles = await _userManager.GetRolesAsync(user);
            //移除当前用户中的所有角色信息
                var result = await _userManager.RemoveFromRolesAsync(user,
roles);

            if(!result.Succeeded)
            {
                ModelState.AddModelError("","无法删除用户中的现有角色");
                return View(model);
            }
            //查询模型列表中被选中的RoleName并添加到用户中
            result = await _userManager.AddToRolesAsync(user,
                model.Where(x => x.IsSelected).Select(y => y.RoleName));

            if(!result.Succeeded)
            {
                ModelState.AddModelError("","无法向用户添加选定的角色");
                return View(model);
            }

            return RedirectToAction("EditUser",new{Id = userId});
        }
```

26.1.3 ManageUserRoles视图文件

在/Views/Admin路径中创建ManageUserRoles.cshtml文件，添加如下代码。

```
@model List<RolesInUserViewModel>
@{var userId = ViewBag.userId;}

  <form method="post">
    <div class="card">
      <div class="card-header">
        <h2>管理用户中的角色</h2>
      </div>
      <div class="card-body">
        @for(int i = 0;i < Model.Count;i++) {
        <div class="form-check m-1">
          <input type="hidden" asp-for="@Model[i].RoleId" />
          <input type="hidden" asp-for="@Model[i].RoleName" />
          <input asp-for="@Model[i].IsSelected" class="form-check-input" />
          <label class="form-check-label" asp-for="@Model[i].IsSelected">
            @Model[i].RoleName
          </label>
        </div>
        }
```

```
        <div asp-validation-summary="All" class="text-danger"></div>
      </div>
      <div class="card-footer">
          <input  type="submit"  value="更新"    class="btn btn-primary"
  style="width:auto" />
           <a       asp-action="EditUser"     asp-route-id="@userId"
  class="btn btn-primary"  style="width:auto"  >取消</a>
      </div>
    </div>
  </form>
```

细心的读者可能已经发现了，这里使用的一直都是for循环，而没有使用过forecach循环，这个我们之后会讨论。

26.2 启用MARS与模型绑定失效

访问**用户—管理角色**按钮，如访问http://localhost:13380/Admin/ManageUserRoles?userId=b549f5de-8363-4a5f-b8df-40cd4c30ec3d，会产生一个异常。

```
An unhandled exception occurred while processing the request.
InvalidOperationException:There is already an open DataReader associated
with this Command which must be closed first.
```

产生这个异常的原因是，打开DataReader后又产生了一个报错，而触发的机制是我们对查询的结果（IQueryable）类型进行了遍历，也就是进行了for循环操作。这是从.NET 3.0开始才有的。解决方法有两种。

1．修改ManageUserRoles()中的代码

在ManageUserRoles()方法中有很多返回类型都是IQueryable，我们只需要将其转换为List()即可解决。比如_roleManager.Roles的返回值是IQueryable，代码如下。

```
 foreach(var role in _roleManager.Roles){


 }
```

可以将其修改为如下形式。

```
var roles = await _roleManager.Roles.ToListAsync();
foreach(var role in roles){


}
```

2．启用多个活动结果集（MARS）

多个活动结果集（MARS）是与SQL Server一起使用的功能，允许在单个连接上执行多个批处理。启用MARS时，每个命令对象都将一个会话添加到连接中。

开启方式也很简单，打开appsettings.json文件的连接字符串，添加MultipleActiveResultSets=

True即可，完整代码如下。

```
server=(localdb)\\MSSQLLocalDB;database=MockSchoolDB;Trusted_Connection=true;
MultipleActiveResultSets=True
```

我们采用第二种方法。

26.2.1 为什么不使用foreach

在当前的ManageUserRoles视图文件中遍历角色，代码如下。

```
<div class="card-body">
  @for(int i = 0;i < Model.Count;i++) {
  <div class="form-check m-1">
    <input type="hidden" asp-for="@Model[i].RoleId" />
    <input type="hidden" asp-for="@Model[i].RoleName" />
    <input asp-for="@Model[i].IsSelected" class="form-check-input" />
    <label class="form-check-label" asp-for="@Model[i].IsSelected">
      @Model[i].RoleName
    </label>
  </div>
  }
  <div asp-validation-summary="All" class="text-danger"></div>
</div>
```

通过它生成的HTML代码如下。

```
<div class="card-body">
  <div class="form-check m-1">
     <input type="hidden" id="z0__RoleId" name="[0].RoleId"
value="4cc45e37-1862-4ee2-9ad8-761de8e58cd8" />
     <input type="hidden" id="z0__RoleName" name="[0].RoleName"
value="Admin" />
    <input class="form-check-input" type="checkbox" data-val="true"
      data-val-required="The IsSelected field is required."
      id="z0__IsSelected" name="[0].IsSelected" value="true" />
    <label class="form-check-label" for="z0__IsSelected">
      Admin
    </label>
  </div>
  <div class="form-check m-1">
     <input type="hidden" id="z1__RoleId" name="[1].RoleId"
value="db7ca393-df78-49ff-9040-29b17748f4f8" />
    <input type="hidden" id="z1__RoleName" name="[1].RoleName"
    value="User_test" />
    <input
      class="form-check-input" type="checkbox" data-val="true"
      data-val-required="The IsSelected field is required."
```

```
            id="z1__IsSelected"   name="[1].IsSelected"   value="true"/>
          <label class="form-check-label" for="z1__IsSelected">
            User_test
          </label>
        </div>
        <div class="form-check m-1">
          <input  type="hidden"  id="z2__RoleId"
            name="[2].RoleId"  value="fce2df51-691f-4d9e-9203-d3d212d1160a"/>
          <input  type="hidden" id="z2__RoleName"  name="[2].RoleName"
            value="User_test33"/>
           <input   class="form-check-input" type="checkbox"   checked="checked"
data-val="true"      data-val-required="The IsSelected field is required."
            id="z2__IsSelected"    name="[2].IsSelected"  value="true"/>
          <label class="form-check-label" for="z2__IsSelected">
            User_test33
          </label>
        </div>
         <div class="text-danger validation-summary-valid" data-valmsg-
summary="true">
          <ul>
            <li style="display:none"></li>
          </ul>
        </div>
      </div>
```

从生成的HTML代码中我们可以看到，每一个<input>元素的id值都是“z[i]__RoleId”形式的，而name的值都是“[i].RoleName”形式的。目的就是防止ID名称重复。i即通过循环遍历产生的0、1、2索引值。

我们知道MVC中的模型绑定必须要与控制器及操作方法中的参数一一对应。本例的列表中有3个元素，因此最大值是［2].RoleName。

当单击更新按钮时，submit会发送POST请求到对应控制器的方法中，模型绑定会自动将这些<input>元素中的值映射到ManageUserRoles() 方法的List< RolesInUserViewModel>参数上。

调试程序可以得到如图26.2所示的结果。

```
[HttpPost]
0 个引用|0 项更改|0 名作者，0 项更改
public async Task<IActionResult> ManageUserRoles(List<RolesInUserViewModel> model, string
    userId)
{
    var user = await _userManager.FindById
    if (user == null)
    {
        ViewBag.ErrorMessage = $"无法找到ID为{userId}的用户";
```

图26.2

此时，后端接收到了3条信息。

如果采用foreach进行角色信息的遍历，代码如下。

```
@foreach(var role in Model)
            {
<div class="form-check m-1">
<input type="hidden" asp-for="@role.RoleId" />
<input type="hidden" asp-for="@role.RoleName" />
<input asp-for="@role.IsSelected" class="form-check-input" />
<label class="form-check-label" asp-for="@role.IsSelected">
      @role.RoleName
</label>
</div>
            }
```

后端生成的代码如下。

```
<div class="card-body">
  <div class="form-check m-1">
    <input
      type="hidden"
      id="role_RoleId"
      name="role.RoleId"
      value="4cc45e37-1862-4ee2-9ad8-761de8e58cd8" />
    <input
       type="hidden" id="role_RoleName" name="role.RoleName" value="Admin"
/>
    <input
      class="form-check-input" type="checkbox"  data-val="true"
      data-val-required="The IsSelected field is required."
      id="role_IsSelected"  name="role.IsSelected"  value="true" />
    <label class="form-check-label" for="role_IsSelected">
      Admin
    </label>
  </div>
  <div class="form-check m-1">
    <input  type="hidden"
       id="role_RoleId"    name="role.RoleId"  value="db7ca393-df78-49ff-
9040-29b17748f4f8" />
    <input  type="hidden"  id="role_RoleName"
      name="role.RoleName"  value="User_test" />
    <input    class="form-check-input"
      type="checkbox"  id="role_IsSelected"
      name="role.IsSelected"  value="true"/>
    <label class="form-check-label" for="role_IsSelected">
      User_test
    </label>
  </div>
  <div class="form-check m-1">
```

```
        <input
           type="hidden" id="role_RoleId"  name="role.RoleId" value="fce2df51-
    691f-4d9e-9203-d3d212d1160a"/>
        <input
          type="hidden"  id="role_RoleName"
          name="role.RoleName"  value="User_test33" />
        <input
          class="form-check-input"
          type="checkbox"  checked="checked"  id="role_IsSelected"
          name="role.IsSelected"  value="true"  />
        <label class="form-check-label" for="role_IsSelected">
          User_test33
        </label>
      </div>

       <div class="text-danger validation-summary-valid" data-valmsg-
    summary="true">
        <ul>
          <li style="display:none"></li>
        </ul>
      </div>
    </div>
```

我们可以看到，<input>元素中的id和name的值分别是id="role_RoleId"和name="role.RoleId"。因为没有整数的索引，所以id和name重复了。此时模型绑定无法将这些<input>元素的值绑定到对应的ManageUserRoles() 方法的List< RolesInUserViewModel> 参数上。测试结果如图26.3所示。

```
[HttpPost]
0 个引用|0 项更改|0 名作者，0 项更改
public async Task<IActionResult> ManageUserRoles(List<RolesInUserViewModel> model, string
    userId)                                                     model Count = 0
{
    var user = await _userManager.FindByIdAsync(userId);
```

图26.3

以上便是控制器操作的List()参数为空的原因。同时，复选框的ID不是唯一的，label的for属性值也不是唯一的。当单击标签时，只有第一个复选框被选中。

26.2.2 for循环与foreach循环的异同点

现在，我们来回顾for循环与foreach循环的异同点。

对于for循环，<input>元素中的name属性值是唯一的，并会在名称中包含一个整数索引器。因此模型绑定器知道它必须将这些<input>元素的值映射到指定控制器操作方法的List中。

而对于foreach循环，<input>元素中的name属性值不是唯一的，因此模型绑定器不知道必须将值映射到列表参数。

对于for和foreach，要选择适合的场景来进行使用。

26.3 声明授权

在本节中，我们将管理用户的声明，即使用Identity提供的API为用户添加或删除用户声明。

我们可以将声明（Claim）视为一对值，由属性ClaimType和属性ClaimValue组成，用于控制访问。

比如，我们希望程序支持只有拥有EditStudent声明的登录用户才能编辑学生的详细信息，那么这时我们就需要使用声明进行授权检查。由于我们使用声明进行授权检查，因此称为基于声明的授权。

现在，我们来学习如何为用户添加或删除声明。打开EditUser视图，修改**用户声明**按钮的代码，需要将它指向ManageUserClaims()操作方法，代码如下。

```
<div class="card-footer">
  <a asp-action="ManageUserClaims" asp-controller="Admin"   asp-route-
userId="@Model.Id" style="width:auto" class="btn btn-primary">管理声明</a>
</div>
```

26.3.1 ClaimsStore与UserClaimsViewModel类

增加一个ClaimsStore类，用于管理一些声明，代码如下。

```
public static class ClaimsStore
{
    public static List<Claim> AllClaims = new List<Claim>()
    {
        new Claim("Create Role","Create Role"),
        new Claim("Edit Role","Edit Role"),
        new Claim("Delete Role","Delete Role"),
        new Claim("EditStudent","EditStudent")
    };
}
```

在ViewModels文件夹中添加UserClaimsViewModel类，同时将包含了初始化数据的集合对象AllClaims添加到UserClaimsViewModel类的构造函数中，代码如下。

```
public class UserClaimsViewModel
{
    public UserClaimsViewModel()
    {
        Cliams = new List<UserClaim>();
    }
```

```
        public string UserId{get;set;}
        public List<UserClaim> Cliams{get;set;}
    }
```

UserClaimsViewModel类负责将ManageUserClaims()方法中的数据传递到视图上，更新用户声明也是一样。就此逻辑而言，用户与声明之间存在一对多关联关系。UserId属性是我们要为其添加或删除声明的用户ID，而List< UserClaim>类型的Claims属性用于保存声明列表。

在Models文件夹中添加UserClaim类，代码如下。UserClaim类中的IsSelected属性用于确定用户是否在界面上选择了声明。

```
    public class UserClaim
    {
        public string ClaimType{get;set;}
        public bool IsSelected{get;set;}
    }
```

26.3.2 ManageUserClaims()操作方法

ManageUserClaims()的代码如下，我已经在必要的代码位置加上了注释。

```
            [HttpGet]
            public async Task<IActionResult> ManageUserClaims(string userId)
            {
                var user = await _userManager.FindByIdAsync(userId);

                if(user == null)
                {
                    ViewBag.ErrorMessage = $"无法找到ID为{userId}的用户";
                    return View("NotFound");
                }

                // UserManager服务中的GetClaimsAsync()方法获取用户当前的所有声明
                        var existingUserClaims = await _userManager.
    GetClaimsAsync(user);

                var model = new UserClaimsViewModel
                {
                    UserId = userId
                };

                // 循环遍历应用程序中的每个声明
                foreach(Claim claim in ClaimsStore.AllClaims)
                {
                    UserClaim userClaim = new UserClaim
                    {
```

```
                    ClaimType = claim.Type
                };

                // 如果用户选中了声明属性，则设置IsSelected属性为true
                if(existingUserClaims.Any(c => c.Type == claim.Type))
                {
                    userClaim.IsSelected = true;
                }

                model.Cliams.Add(userClaim);
            }

            return View(model);

        }
```

处理HttpPost请求的ManageUserClaims()方法，代码如下。

```
        [HttpPost]
  public async Task<IActionResult> ManageUserClaims(UserClaimsViewModel
model)
        {
            var user = await _userManager.FindByIdAsync(model.UserId);

            if(user == null)
            {
                ViewBag.ErrorMessage = $"无法找到ID为{model.UserId}的用户";
                return View("NotFound");
            }

            // 获取所有用户现有的声明并删除它们
            var claims = await _userManager.GetClaimsAsync(user);
            var result = await _userManager.RemoveClaimsAsync(user,claims);

            if(!result.Succeeded)
            {
                ModelState.AddModelError("","无法删除当前用户的声明");
                return View(model);
            }

            // 添加页面上选中的所有声明信息
            result = await _userManager.AddClaimsAsync(user,
                    model.Cliams.Where(c => c.IsSelected).Select(c => new
Claim(c.ClaimType,c.ClaimType)));

            if(!result.Succeeded)
            {
                ModelState.AddModelError("","无法向用户添加选定的声明");
```

```
                return View(model);
            }

            return RedirectToAction("EditUser",new{Id = model.UserId});

        }
```

26.3.3 ManageUserClaims视图文件

在/Views/Admin路径文件夹中创建ManageUserClaims.cshtml，代码如下。

```
@model UserClaimsViewModel

<form method="post">
  <div class="card">
    <div class="card-header">
      <h2>管理用户声明</h2>
    </div>
    <div class="card-body">
      @for(int i = 0;i < Model.Cliams.Count;i++) {
      <div class="form-check m-1">
        <input type="hidden" asp-for="@Model.Cliams[i].ClaimType" />
          <input asp-for="@Model.Cliams[i].IsSelected" class="form-check-
input" />
          <label class="form-check-label" asp-for="@Model.Cliams[i].
IsSelected">
            @Model.Cliams[i].ClaimType
        </label>
      </div>
      }
      <div asp-validation-summary="All" class="text-danger"></div>
    </div>
    <div class="card-footer">
        <input type="submit" value="更新" class="btn btn-primary"
style="width:auto" />
      <a asp-action="EditUser" asp-route-id="@Model.UserId" class="btn
btn-primary" style="width:auto">取消</a>
    </div>
  </div>
</form>
```

运行项目后，进入**用户列表→编辑用户→管理声明**，效果如图26.4所示。

我们选择其中3个属性，单击**更新**按钮，返回EditUser视图，如图26.5所示。

图26.4

学生列表 添加学生 管理

编辑用户

Id b549f5de-8363-4a5f-b8df-40cd4c30ec3d

Email test2@52abp.com

UserName test2@52abp.com

City 广州

更新 取消

用户角色

目前没有

管理角色

用户声明

目前没有

管理声明

图26.5

我们还可以打开SQL Server对象资源管理器，选择AspNetUserClaims数据库表，查看数据，如图26.6所示。

以上便完成了添加和删除用户声明，接下来我们要尝试在视图中进行声明的验证。

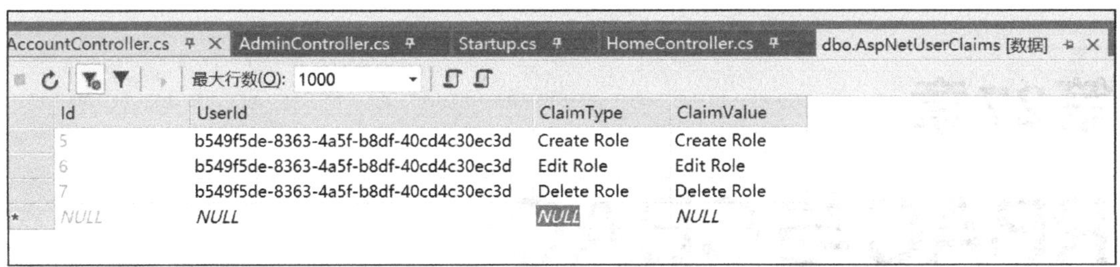

图26.6

26.4 小结

在本章中我们已经将编辑用户的功能开发完毕了，或许读者现在会产生疑问：编辑用户视图上的**管理角色**和**管理声明**两个按钮有什么区别吗？这是两种不同的授权方式，一个是基于角色的授权，一个是基于声明的授权。在第27章我们将介绍它们的用法和区别。

第27章

RBAC与CBAC

授权一般是指对信息安全或计算机安全相关的资源定义与访问权限授予，尤指访问控制。动词“授权”可指定义访问策略与接受访问。

在实际开发过程中，我们会根据业务授权需求，通过角色授权、声明授权或者两者相结合来满足开发需求，本章我们会在完善系统功能的同时，深入了解它们的不同点。

本章主要向读者介绍如下内容。

- 基于角色的授权与基于声明的授权的区别。
- 角色授权和声明授权的关系。
- 策略授权与角色授权是否可以组合。
- 登录系统的Cookie时间长度如何调整。
- 拒绝访问的默认路由地址如何修改。
- 使用策略授权完成复杂的策略需求。

27.1 RBAC

我们从更加宽泛的角度来理解什么是角色。在一家公司中，一个人可能具备以下角色：员工、经理、财务人员和人力资源，一个人可能同时拥有一种或者两种角色。同样，在应用程序中，登录的用户可能也同时拥有一个或者多个角色，我们通过授权的方法来控制这些登录用户对某些资源的访问权限。由于通过角色判断的形式进行授权检查，因此该授权常被称为基于角色的权限访问控制（Role-Based Access Control，RBAC）或基于角色的授权。

在ASP.NET Core中，为了实现基于角色的授权，我们通过Authorize属性中的Roles参数值来进行控制授权即可。

```
[Authorize(Roles = "Admin")]
public class AdminController:Controller
{
}
```

27.2 CBAC

基于声明的授权也被称为基于上下文的访问控制协议（Context-Based Access Control，CBAC）。在了解基于声明的授权之前，让我们先了解一下Identity框架中的声明（Claim）。

ASP.NET Core Identity框架中的Claim是一个类文件，它可以视为一对值，由属性ClaimType和属性ClaimValue组成，可用于控制访问。

声明授权的用户场景比较广泛，我们可以通过创建Claim属性值来定义用户名、邮箱地址、年龄和性别等值，然后通过声明授权来检查业务是否满足当前的需求。

比如，读者如果正在开发一款游戏管理系统，需要做防沉迷验证来判断当前玩家是否已满18岁，不满足不能继续玩游戏。

Claim通常是基于策略的，比如，我们开发了一款抢红包的游戏，要满足抢红包的条件，需要包含一个或多个声明。通常基于声明的授权声明一个策略，然后与Authorize属性中的Policy参数结合使用，如删除角色的声明的代码如下。

```
[Authorize(Policy = "DeleteRolePolicy")]
public async Task<IActionResult> DeleteRole(string id)
{
}
```

在Startup类的ConfigureServices()方法中添加以下配置内容。

```
services.AddAuthorization(options =>
            {
                options.AddPolicy("DeleteRolePolicy",
                    policy => policy.RequireClaim("Delete Role"));
            });
```

我们使用AddPolicy()方法添加了一个策略，关联方法则使用的是RequireClaim()，方法中的值是Delete Role，该方法接收的参数其实就是ClaimType，它与AspNetUserClaims表中的ClaimType属性的值一致，如图27.1所示。

图27.1

在执行验证的过程中，会判断当前用户是否拥有声明Delete Role，来确定是否给予授权。

27.3 角色与策略的结合

其实ASP.NET Core中的角色就是一种声明。我们可以验证一下这种说法，只需要在Visual Studio中进入调试模式，然后在**即时窗口**中执行以下表达式，这些角色都是ClaimTypes.Role，如图27.2所示。

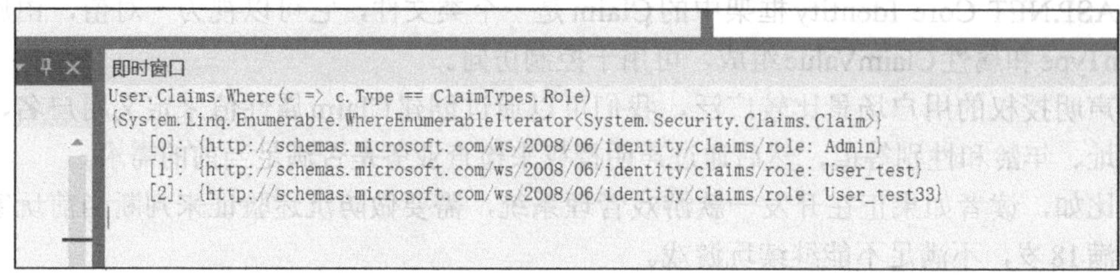

图27.2

如图27.2所示，直接从User的声明列表中按照ClaimTypes.Role类型进行查询过滤后得到的结果都是Claim.Type的值。Type的值是http://schemas.microsoft.com/ws/2008/06/identity/claims/role，而Claim.Value则是我们手动添加的Admin、User_test和User_test33。这证明角色其实是封装好了的声明列表。

我们已经知道声明基于策略，而角色也是一种封装后的声明，因此可以将角色和策略结合在一起进行使用。

我们继续通过抢红包的例子来做说明，满足这个抢红包的条件需要一个或多个声明。现在也可以通过**角色**来做同样的事情，因为它也是声明。只需要创建一个策略，并在该策略中包含一个或多个角色，代码如下。

```
public void ConfigureServices(IServiceCollection services)
{
     services.AddAuthorization(options =>
     {
               options.AddPolicy("AdminRolePolicy",policy => policy.
RequireRole("Admin"));
     });
}
```

如果要在策略中包含多个角色，则只需用逗号将它们分开。

```
options.AddPolicy("SuperAdminPolicy",policy =>
                      policy.RequireRole("Admin","User","SuperManager"));
```

把策略添加到控制器或控制器上的操作方法，代码如下。

```
[HttpPost]
[Authorize(Policy = "SuperAdminPolicy")]
public async Task<IActionResult> DeleteRole(string id)
{
     // 其他代码
}
```

以上便是使用策略配合角色做的授权验证内容。

此时读者可能会产生一个疑问，为什么ASP.NET Core中会同时提供这两个功能呢？

其实在ASP.NET早期版本中，没有基于声明的授权，只有基于角色的授权。

基于声明的授权是新推出的，也是推荐的方法。借助它还可以完成第三方授权登录（如Google、Microsoft、QQ和微信等）。我们会在后面的章节中学习第三方授权登录。

当然，ASP.NET Core仍然支持基于角色的授权，以实现向后（旧）兼容。虽然推荐使用基于声明的授权，但是读者根据开发要求，也可以使用基于角色的授权。更多的情况下，我们其实是将声明授权和角色授权两者结合使用。

如图27.3所示，我们也要注意策略结合声明与策略结合角色授权在代码上的细微区别。

```
// 策略结合声明授权
services.AddAuthorization(options =>
{
    options.AddPolicy("DeleteRolePolicy",
       policy => policy.RequireClaim("Delete Role"));
});


//策略结合角色授权
services.AddAuthorization(options =>
{
    options.AddPolicy("AdminRolePolicy",
        policy => policy.RequireRole("Admin"));

    //策略结合多个角色进行授权
    options.AddPolicy("SuperAdminPolicy", policy =>
      policy.RequireRole("Admin", "User", "SuperManager"));
});
```

图27.3

27.4 在MVC视图中进行角色与声明授权

现在我们来讨论ASP.NET Core MVC中视图是如何进行授权检查的，通常我们在视图中使用它来判断用户是否满足授权条件，以确定视图UI上的元素是隐藏还是显示，这是一个非常实用的技能。

在之前的章节已经完成了通过角色授权来判断，当登录用户拥有Admin角色时，才显示导航菜单栏。我们使用角色授权来判断仅当用户已登录并且拥有Admin角色时，才显示管理导航菜单项，如图27.4所示。

图27.4

打开布局视图文件，找到导航菜单栏的代码，在布局视图中引入对应的命名空间。

注入ASP.NET Core SignInManager服务，判断用户是否已登录，代码如下。

```
@using Microsoft.AspNetCore.Identity
@inject SignInManager<ApplicationUser> _signInManager
```

如果用户已登录，则_signInManager服务的IsSignedIn(User）方法将返回true；否则返回false。现在使用User.IsInRole()方法，来检查用户是否拥有指定的角色Admin，代码如下。

```
@if(_signInManager.IsSignedIn(User) && User.IsInRole("Admin")) {
<li class="nav-item dropdown">
  <a    class="nav-link dropdown-toggle"
    href="#"    id="navbarDropdownMenuLink"
    data-toggle="dropdown"    aria-haspopup="true"
    aria-expanded="false">
    管理
  </a>
  <div class="dropdown-menu" aria-labelledby="navbarDropdownMenuLink">
    <a class="dropdown-item" asp-controller="Admin" asp-action="ListUsers">
      用户列表     </a>
    <a class="dropdown-item" asp-controller="Admin" asp-action="ListRoles">
      角色列表 </a>
  </div>
</li>
}
```

现在我们来看一看在视图中基于声明的授权是如何实现的。在ListRoles视图上，登录用户满足EditRolePolicy时，才显示**编辑**按钮，为了满足EditRolePolicy条件，登录的用户必须具有EditRole声明，声明添加方式如下。

```
public void ConfigureServices(IServiceCollection services)
{
        // 策略结合声明授权
          services.AddAuthorization(options => {
              options.AddPolicy("DeleteRolePolicy",
                policy => policy.RequireClaim("Delete Role");
              options.AddPolicy("AdminRolePolicy",
                policy => policy.RequireRole("Admin"));
        // 策略结合多个角色进行授权
options.AddPolicy("SuperAdminPolicy",policy =>
      policy.RequireRole("Admin","User","SuperManager"));
options.AddPolicy("EditRolePolicy",policy => policy.RequireClaim("Edit Role"));          }
);
}
```

要在视图检查登录用户是否满足EditRolePolicy，需要将IAuthorizationService服务注入视图，代码如下。

```
@using Microsoft.AspNetCore.Authorization
@inject IAuthorizationService authorizationService;
```

将用户和策略名称EditRolePolicy作为参数传递给IAuthorizationService的AuthorizeAsync()方法。验证成功，则返回true；否则返回false，代码如下。

```
@if((await authorizationService.AuthorizeAsync(User,
"EditRolePolicy")).Succeeded) {
<a  asp-controller="Admin"  asp-action="EditRole"
  asp-route-id="@role.Id"  class="btn btn-primary">
  编辑</a>
}
```

请注意，仅仅在视图中进行授权验证来显示或隐藏UI元素是不够的，在对应的控制器操作方法上也必须添加验证。否则，用户可以直接在地址栏中输入URL并访问资源。

目前在我们的示例中，虽然**编辑**按钮被隐藏，但用户可以直接输入以下URL来访问EditRole的视图。

http://localhost:13380/Admin/EditRole/RoleID

同时，确保无论在视图还是操作方法上，都需要添加验证属性，代码如下。

```
[Authorize(Policy = "EditRolePolicy")]
public async Task<IActionResult> EditRole(string id)
{
    // 代码
}
```

如果需要在多个视图中使用IAuthorizationService服务，则建议把它的命名空间添加到_ViewImports.cshtml中，这样的好处就是不必在每个视图中单独导入，代码如下。

```
@using MockSchoolManagement.Models
@using MockSchoolManagement.ViewModels
@using MockSchoolManagement.DataRepositories
@using MockSchoolManagement.Models.EnumTypes
@using MockSchoolManagement.Extensions
@using Microsoft.AspNetCore.Identity
@using Microsoft.AspNetCore.Authorization

@addTagHelper *,Microsoft.AspNetCore.Mvc.TagHelpers
```

27.5 AccessDenied视图的路由配置修改

目前在我们的程序中，如果尝试访问未经授权的视图页面，则默认情况下，会被重定向到/Account/AccessDenied的路径中，但是如果想将它移动到Admin/AccessDenied中，应该怎么做呢？

移动的原因是目前有关授权验证的内容都由AdminController完成，为了功能的统一管理，我们需要移动它。而要更改默认的拒绝访问路由，只需修改Startup类的ConfigureServices()代码。

```
public void ConfigureServices(IServiceCollection services)
{
    services.ConfigureApplicationCookie(options =>
    {
        options.AccessDeniedPath = new PathString("/Admin/AccessDenied");
    });
}
```

完成上述更改后，如果尝试访问未经授权的视图页面，我们将被重定向到/Admin/AccessDenied路径，如图27.5所示。

图27.5

显而易见，接下来只需要将AccessDenied()操作方法以及视图移动到AdminController和对应的视图文件夹中即可。

AccessDenied()操作方法代码如下。

```
[HttpGet]
[AllowAnonymous]
public IActionResult AccessDenied()
{
    return View();
}
```

AccessDenied视图中的代码如下。

```
<div class="text-center">
  <h1 class="text-danger">拒绝访问</h1>
  <h6 class="text-danger">读者没有查看此资源的权限</h6>
  <img src="~/images/noaccess.png" style="height:300px;width:300px" />
</div>
```

此时刷新页面，对应的页面内容如图27.6所示。

图27.6

请注意，我们要验证与授权有关的功能，需要满足以下情况。

- 用户不拥有Admin角色。
- 已经拥有Admin角色的用户，在取消授权后，需要重新登录后才能生效，反之亦然。

在ConfigureApplicationCookie中，除了可以配置拒绝访问的路由地址，还可以配置其他的内容，代码如下。

```
services.ConfigureApplicationCookie(options =>
{
    //修改拒绝访问的路由地址
    options.AccessDeniedPath = new PathString("/Admin/AccessDenied");
    //修改登录地址的路由
    // options.LoginPath = new PathString("/Admin/Login");
    //修改注销地址的路由
    // options.LogoutPath = new PathString("/Admin/LogOut");
    //统一系统全局的Cookie名称
    options.Cookie.Name = "MockSchoolCookieName";
    // 登录用户Cookie的有效期
    options.ExpireTimeSpan = TimeSpan.FromMinutes(60);
    //是否对Cookie启用滑动过期时间
    options.SlidingExpiration = true;
});
```

运行结果如图27.7所示。

Name	Value	Domain	Path	Expires / Max-Age
.AspNetCore.Antiforgery.scPGnG72YbM	CfDJ8GfOFtAB05dLjrAGSmGlgcjK5T81CbHqo_6Ja1j...	localhost	/	Session
MockSchoolCookieName	CfDJ8GfOFtAB05dLjrAGSmGlgcgkVfj8TYDZn0hdA...	localhost	/	Session

图27.7

ConfigureApplicationCookie可用于在MVC中配置Cookie信息，我们发现Cookie的Name已经发生了变化。

27.6 策略授权中的ClaimType和ClaimValue

现在我们来介绍ASP.NET Core MVC如何基于策略的授权使用ClaimType和ClaimValue。现有的EditRolePolicy策略代码如下。

```
services.AddAuthorization(options =>
{
    options.AddPolicy("EditRolePolicy",
        policy => policy.RequireClaim("Edit Role"));
});
```

为了满足此EditRolePolicy策略，登录用户必须具有Edit Role声明，但是我们都知道，Claim类具备ClaimType和ClaimValue两个值，而当前的授权中，没有检查任何值。现在为一个用户添加声明Edit Role并保存到数据库中，其值如图27.8所示。

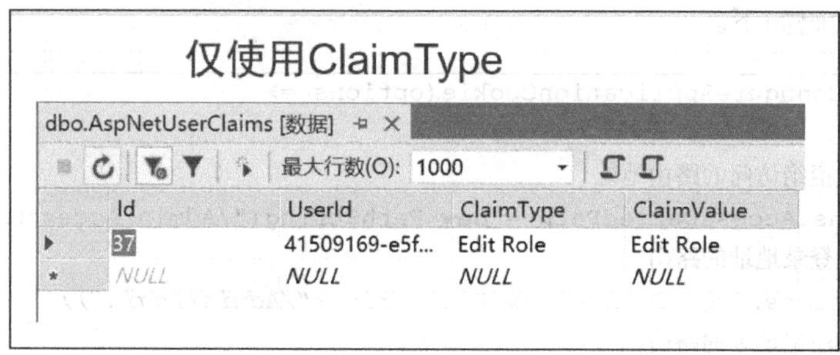

图27.8

实际上，大多数的声明都基于某个值来判断。在下面的代码中，为了满足该策略，登录用户必须具有Edit Role声明，并且值为true。

```
services.AddAuthorization(options =>
{
    options.AddPolicy("EditRolePolicy",
        policy => policy.RequireClaim("Edit Role","true"));
});
```

修改POST请求中的ManageUserClaims()操作方法，代码如下。

```
 // 添加界面上选中的所有声明信息
 result = await _userManager.AddClaimsAsync(user,
                      model.Cliams.Where(c => c.IsSelected).Select(c => new
Claim(c.ClaimType,c.ClaimType)));
```

我们将上方的旧代码替换为下面的代码。

```
//添加Claim列表到数据库中，然后对UI界面上被选中的值进行bool判断
result = await _userManager.AddClaimsAsync(user,
  model.Cliams.Select(c => new Claim(c.ClaimType,c.IsSelected?"true"
:"false")));
```

之前添加到AspNetUserClaims表中的值都是ClaimType，现在我们通过三元运算符进行判断（c.IsSelected? "true" : "false"），它被选中时ClaimValue为true，否则为false。

运行项目后，我们为一个用户添加Edit Role声明并保存到数据库中，如图27.9所示。

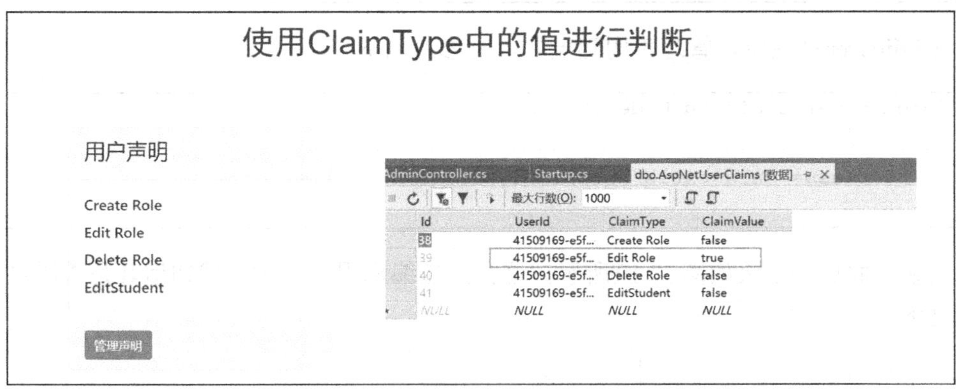

图27.9

返回的是我们定义的用户声明列表，但是在AspNetUserClaims表中可以看到，Edit Role的值为true，已经满足了我们的需求。

现在需要调整的是EditUser视图中的显示内容，因为视图的程序数据会影响最终用户，所以我们要对它进行调整。

修改EditUserViewModel中的Claims，代码如下。

```
public class EditUserViewModel
{
    public EditUserViewModel()
    {
        Claims = new List<Claim>();
        Roles = new List<string>();
    }

    //其他代码
    public IList<Claim> Claims{get;set;}
}
```

修改处理HttpGet请求的EditUser()方法，代码如下。

```
[HttpGet]
        public async Task<IActionResult> EditUser(string id)
        {
            //其他代码
```

```
            var model = new EditUserViewModel
            {
                Id = user.Id,
                Email = user.Email,
                UserName = user.UserName,
                City = user.City,
                Claims = userClaims,//不再进行过滤条件查询
                Roles = userRoles
            };
            return View(model);
        }
```

在EditUser视图中，管理声明列表的代码修改如下。

```
foreach(var claim in Model.Claims)
{
  <h5 class="card-title">@claim.Type:@claim.Value</h5>
}
```

刷新页面后，效果如图27.10所示。这样，在编辑用户的时候就知道其是否满足当前的策略条件了。

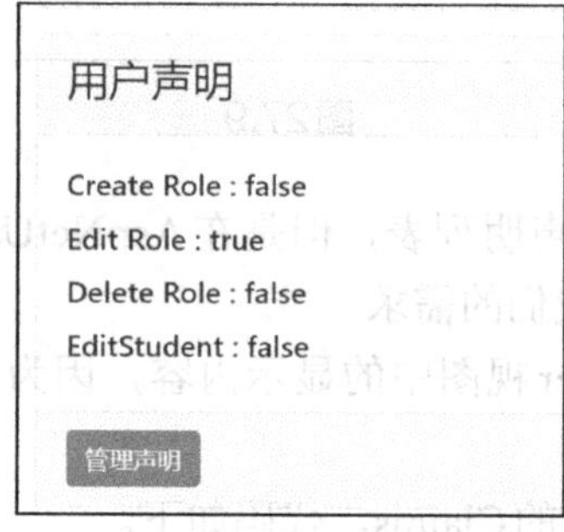

图27.10

EditRolePolicy是对单个值的判断，那么是否可以同时对多个值进行判断。答案是可以的。假设我们开发了某个系统，其中定义了一个策略白名单国家，仅允许在白名单的国家列表中的登录用户才可以访问，代码如下。

```
services.AddAuthorization(options =>
{
    options.AddPolicy("AllowedCountryPolicy",
        policy => policy.RequireClaim("Country","China","USA","UK"));
});
```

请注意，ClaimType的值是不区分大小写的，而ClaimValue的值则区分大小写。

27.7 使用委托创建自定义策略授权

本章解释了角色授权、声明授权及策略授权，可能读者第一次接触会比较难以理解

这些概念，尤其是接触策略授权的时候。接下来我们要实现自定义策略授权，读者可能会有点苦恼。我们可以换一种方式来理解策略。

百度百科上解释，策略指计策、谋略，根据形势发展而制定的行动方针和斗争方法。

其实策略是一种规则，我们在“双11”购买产品的时候，“天猫”提供各种抢红包规则，为了获得100元的优惠券，我们可能要满足7～8项条件。然后我们在下单付款的时候，对这7～8项条件进行验证，是否满足我指定的所有规则。

接下来通过创建自定义策略规则来更好地理解它。比如，为了能拥有编辑角色的权限，需要创建具有多个满足需求的策略，需求条件如下。

- 必须拥有Admin角色。
- 包含Edit Role声明，并且值为true。
- Super Admin角色也可以进行编辑。

我们看下面的代码，AuthorizationPolicyBuilder() 支持流水线语法，因此可以在方法中多次调用RequireClaim()和RequireRole()方法，使其保持连接。

```
services.AddAuthorization(options =>
{
   options.AddPolicy("EditRolePolicy",policy => policy
       .RequireRole("Admin")
       .RequireClaim("Edit Role","true")
       .RequireRole("Super Admin")
   );
});
```

以上代码是基于当前我们所知所学能够写出来的最符合当前业务的代码块了。但是依然不符合我们的授权需求。上面代码中的授权需求发生了变化——必须拥有Admin和Surper Admin角色，并且Edit Role声明的值为true。很明显这和我们要满足的条件冲突了。

那我们要如何修改呢？使用Func委托方法来创建自定义策略，可以满足我们的授权需求，代码如下。

```
services.AddAuthorization(options =>
{
    options.AddPolicy("EditRolePolicy",policy => policy.RequireAssertion(context
=>
        context.User.IsInRole("Admin") &&
        context.User.HasClaim(claim => claim.Type == "Edit Role" && claim.
Value == "true") ||
        context.User.IsInRole("Super Admin")
    ));
});
```

在上面的代码中，我们使用RequireAssertion()方法代替RequireClaim()或RequireRole()方法。

RequireAssertion()提供了AuthorizationPolicyBuilder实例，可使用RequireAssertion()方法代替RequireClaim()或RequireRole()。RequireAssertion()方法将Func < AuthorizationHandlerContext, bool >作为参数，Fun()方法将AuthorizationHandlerContext作为输入参数，最后返回一个bool值。而通过AuthorizationHandlerContext可以访问用户、角色和声明的方法。

我们还可以通过Func()内置封装的方法对上面的代码进行重写。创建一个单独的方法并调用它，而不是通过内联的形式。毕竟代码也要具备可读性，代码如下。

```
services.AddAuthorization(options =>
{
    options.AddPolicy("EditRolePolicy",policy =>
        policy.RequireAssertion(context => AuthorizeAccess(context)));
});

//授权访问
private bool AuthorizeAccess(AuthorizationHandlerContext context)
{
    return context.User.IsInRole("Admin") &&
                context.User.HasClaim(claim => claim.Type == "Edit Role" &&
claim.Value == "true") ||
              context.User.IsInRole("Super Admin");
}
```

这样带来的好处就是，代码不再“臃肿”，可读性强且易于维护。

27.7.1 自定义复杂授权需求

现在我们继续讨论自定义授权，不过先要了解其提供的授权需求及处理程序，它们是非常有用且功能强大的概念，可以帮助我们实现复杂授权需求的解决方案。

先来回顾一下目前我们所学到的ASP.NET Core授权需求，以下是EditRolePolicy，该策略只有一个需求。只有满足Edit Role声明，此策略才能成功。使用RequireClaim()方法即可做到。

```
options.AddPolicy("EditRolePolicy",
    policy => policy.RequireClaim("Edit Role"));
```

接下来的策略也只有一个需求。为了使此策略成功，必须包含Edit Role声明且值为true。

```
options.AddPolicy("EditRolePolicy",
    policy => policy.RequireClaim("Edit Role","true"));
```

现在来看第3个策略，这个策略也只有一个需求。唯一的区别是我们指定了多个声明值（true和yes）。为使此策略成功，用户必须拥有Edit Role声明，其值是true或yes。

```
options.AddPolicy("EditRolePolicy",
    policy => policy.RequireClaim("Edit Role","true","yes"));
```

当遇到多个授权需求时，我们可以将声明和角色进行组合，此策略具有两个简单的内置需求。可以使用RequireClaim()方法指定一个需求，而另一个使用RequireRole()方法指定。满足该策略的条件也不难，用户拥有Admin角色和Edit Role声明，然后声明的值是true或yes即可，代码如下。

```
options.AddPolicy("EditRolePolicy",policy => policy
                    .RequireClaim("Edit Role","true","yes")
                    .RequireRole("Admin"));
```

上面的代码使用了流水线的语法，将RequireClaim()和RequireRole()两种方法连接在一起。通过这样的调用指定需求时，必须满足所有需求才能使策略成功。需求之间的关系是AND。

而要创建需求之间具有OR关系的策略，就要使用RequireAssertion()方法。此方法添加了内置的断言需求（AssertionRequirement），通过断言需求，我们可以进行一些复杂逻辑的处理，代码如下。

```
options.AddPolicy("EditRolePolicy",policy => policy.RequireAssertion(context
=>
            context.User.IsInRole("Admin") &&
              context.User.HasClaim(claim => claim.Type == "Edit Role" &&
claim.Value == "true") ||
            context.User.IsInRole("Super Admin") ));
```

为使以上策略成功，必须拥有Admin角色，声明类型为Edit Role且值为true。当然，Super Admin角色也可以。

ASP.NET Core中内置的授权需求为以下3个。

- RequireClaim()方法用于管理声明授权的需求。
- RequireRole()方法用于管理角色授权的需求。
- RequireAssertion()方法可用于自定义授权的需求。

请注意，以上都是内置授权需求。

如果我们正在开发一个简单的应用程序，那么以上这些内置需求就已经可以满足需求了。但是，对于大多数的应用程序来说，当遇到复杂项目时，需要的不仅仅是这些内置需求，还有自定义授权需求的场景。

27.7.2 自定义授权需求和处理程序

通常一个策略授权具有一个或者多个需求，而每一个授权需求拥有一个或者多个处理程序，如图27.11所示。

在ASP.NET Core中，所有的内置授权需求都实现IAuthorizationRequirement接口。因此，要创建自定义授权需求，需要实现IAuthorizationRequirement接口，这是一个空接口。

在授权处理程序中编写具体的实现逻辑，可用于允许或拒绝对资源的访问，比如可以对控制器中的操作方法进行授权检查。我们需要在授权处理程序中实现AuthorizationHandler<T>，其中T是需求的类型，它是泛型类型。

以上内容都是理论，理解起来比较枯燥，我们通过实现一个功能来理解它们。

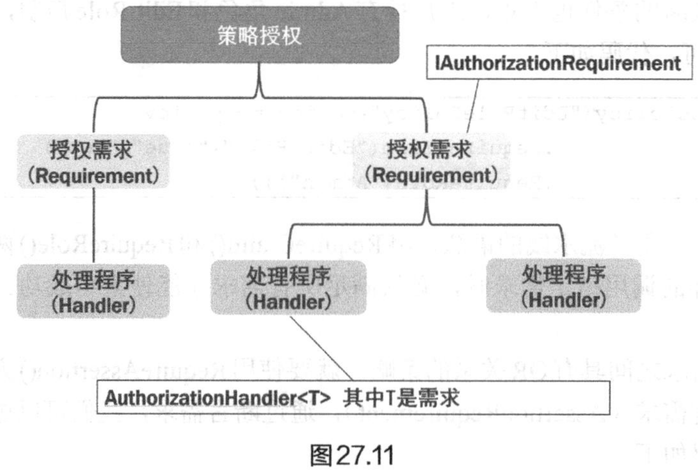

图27.11

27.7.3 自定义需求的授权处理程序示例

假设一个拥有Admin角色的用户可以编辑或删除其他拥有Admin角色的用户角色，但不能编辑或删除自己的角色。

要实现这个需求，我们需要知道已登录的用户ID和Admin角色的UserId，如果正在编辑角色，登录用户ID和Admin角色的UserId相同，则我们就不允许它继续进行操作了。我们将URL中的UserId和Admin角色作为参数进行传递。

读者可能会问为什么要创建自定义授权需求和处理程序？毕竟我们已经学会使用创建自定义策略了。但是仔细想想会发现，在自定义策略中，我们无法访问URL中的查询字符串的参数。同样，随着授权需求变得复杂，读者可能需要通过使用依赖注入的方式来访问其他资源。而对于这些情况，我们只能使用自定义授权需求和处理程序。

在系统的根目录中创建Security文件夹，用于存放自定义授权需求和处理程序，代码如下。

```
/// <summary>
/// 管理Admin角色与声明的需求
/// </summary>
public class ManageAdminRolesAndClaimsRequirement:IAuthorizationRequirement
{
}
```

要创建自定义授权需求，需要继承IAuthorizationRequirement接口，它是一个空接口，我们的自定义需求类没有任何的内容。AuthorizationRequirement接口位于Microsoft.AspNetCore.Authorization命名空间中。

接下来要创建自定义授权处理程序，我们在授权处理程序中编写具体的逻辑代码来判断是否允许或拒绝用户对资源的访问。

要实现自定义授权处理程序，我们需要继承AuthorizationHandler< T>处理程序，并实现HandleRequirementAsync()方法。AuthorizationHandler < T>上的通用参数< T>是需求的类型。在下方代码中，需求类型就是我们创建的ManageAdminRolesAndClaimsRequirement。同样，CanEditOnlyOtherAdminRolesAndClaimsHandler.cs类文件也存放在Security文件夹中，代码如下。

```
    /// <summary>
    /// 只有编辑其他Admin角色和声明的处理程序
    /// </summary>
public class CanEditOnlyOtherAdminRolesAndClaimsHandler:AuthorizationHandler
<ManageAdminRolesAndClaimsRequirement>
    {
        private readonly IHttpContextAccessor _httpContextAccessor;

         public CanEditOnlyOtherAdminRolesAndClaimsHandler(IHttpContextAccessor
httpContextAccessor)
        {
            _httpContextAccessor = httpContextAccessor;
        }

         protected override Task HandleRequirementAsync(AuthorizationHandlerContext
context,
          ManageAdminRolesAndClaimsRequirement requirement)
        {

            // 获取HTTP上下文
            HttpContext httpContext = _httpContextAccessor.HttpContext;

 string loggedInAdminId =
                      context.User.Claims.FirstOrDefault(c => c.Type ==
ClaimTypes.NameIdentifier).Value;

 string adminIdBeingEdited = _httpContextAccessor.HttpContext.Request.
Query["userId"];

            //判断用户是否拥有Admin角色，并且拥有claim.Type == "Edit Role"且值为true
            if(context.User.IsInRole("Admin") &&
                  context.User.HasClaim(claim => claim.Type == "Edit Role"
&& claim.Value == "true"))
            {
                //如果当前拥有Admin角色的UserId为空，则说明进入的是角色列表页面
                //无须判断当前登录用户的ID
                if(string.IsNullOrEmpty(adminIdBeingEdited))
                {
                    context.Succeed(requirement);
                }
                  else if(adminIdBeingEdited.ToLower() != loggedInAdminId.
ToLower())
                {
                     //表示成功满足需求
                    context.Succeed(requirement);
                }
            }
```

```
                return Task.CompletedTask;
            }
        }
```

自定义授权处理程序写好后，要对它进行注册，注册采用的是依赖注入的形式，我们在ConfigureServices()方法中注册自定义授权处理程序，代码如下。

```
public void ConfigureServices(IServiceCollection services)
{
    //注入HttpContextAccessor
   services.AddHttpContextAccessor();

      services.AddAuthorization(options =>
           {
               options.AddPolicy("EditRolePolicy",policy =>
          policy.AddRequirements(new ManageAdminRolesAndClaimsRequirement()));
           });

    services.AddSingleton<IAuthorizationHandler,
       CanEditOnlyOtherAdminRolesAndClaimsHandler>();
}
```

我们新增了AddHttpContextAccessor()方法，HttpContextAccessor()可以帮助我们获取HTTP上下文，其中包含整个HTTP请求的用户身份信息、请求、响应等内容，它是ASP.NET Core中新增的中间件。

将自定义策略EditRolePolicy添加到对应控制器的操作方法上来保护我们的资源。

```
[HttpGet]
[Authorize(Policy = "EditRolePolicy")]
public async Task<IActionResult> ManageUserRoles(string userId)
{
    // 实现
}
```

现在运行项目，访问/Admin/ListRoles，结果如图27.12所示。

图27.12

访问/Admin/ManageUserRoles？userId=，结果如图27.13所示。

图27.13

当访问ManageUserRoles的时候，需要判断待编辑的用户ID是否和登录用户ID相等，而当我们只是访问角色列表页面的时候，不需要判断待编辑的用户ID。

27.7.4 多个自定义授权处理程序

根据我们的需求，登录的用户需要能够进入管理用户中的角色视图，必须满足以下两个条件之一。

- 用户必须是Admin角色，并且Claim.Type == "Edit Role"值为true。登录用户ID不能与正在编辑的Admin角色ID相同。
- 用户必须是Super Admin角色，即可编辑角色和管理用户中的角色。

这两个条件满足其一即可。我们已经创建了一个自定义授权处理程序，满足了第一个条件，现在我们来实现第二个条件。

同样，需要在Security文件夹中创建一个自定义需求处理程序，命名为SuperAdminHandler，代码如下。

```
public class SuperAdminHandler :
    AuthorizationHandler<ManageAdminRolesAndClaimsRequirement>
{
    protected override Task HandleRequirementAsync(
        AuthorizationHandlerContext context,
        ManageAdminRolesAndClaimsRequirement requirement)
    {
        if(context.User.IsInRole("Super Admin"))
        {
            context.Succeed(requirement);
        }

        return Task.CompletedTask;
    }
}
```

实现了第二个处理程序，便像第一个处理程序一样将其注册在Startup类的Configure-

Services()方法中，代码如下。

```
public void ConfigureServices(IServiceCollection services)
{
    services.AddSingleton<IAuthorizationHandler,
      SuperAdminHandler>();
}
```

现在准备一个包含Admin和Super Admin角色，并且声明Edit Role值为true的用户。

假设这个用户的ID为41509169-e，现在访问Admin/ManageUserRoles？userId=41509169-e，进入CanEditOnlyOtherAdminRolesAndClaimsHandler程序后，返回值为Task.CompletedTask，然后进入第二个处理处理程序。因为满足Super Admin角色，所以返回值为context.Succeed(requirement)，成功进入管理用户角色视图。

如果读者的自定义需求处理程序不起作用，请在处理程序中放置一个断点并进行调试。如果未达到断点，则很可能是读者尚未注册处理程序。

了解处理程序返回的值以及它对其他处理程序的影响非常重要。一个策略下可以有多个授权需求，一个授权需求下有多个处理程序，如图27.14所示。

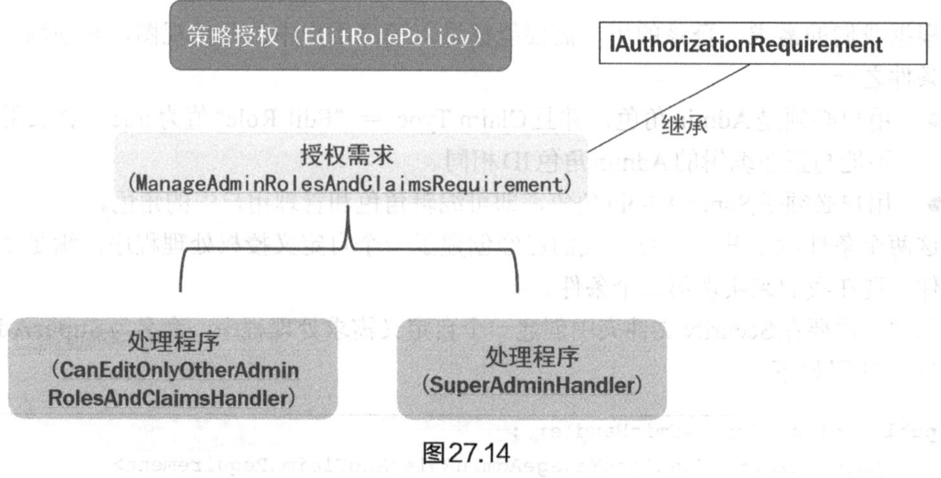

图27.14

当前ManageAdminRolesAndClaimsRequirement授权需求包含了两个处理程序。

现在我们来看这几个返回值的含义，在验证授权需求的时候，处理程序可以返回以下任一内容。

- 成功——context.Succeed()。
- 失败——context.Fail()。
- 任务执行完毕——Task.CompletedTask。

如果一个授权需求有多个处理程序，失败是优先于成功的。这意味着，当其中一个处理程序返回失败时，即使其他处理程序返回成功，策略也会失败。如果没有任何处理程序返回成功，则该策略将不会成功。

通常为了让策略能够成功，必须在其中一个处理程序中返回**显式成功**，并且其他任何处理程序都不得返回**显式失败**。一般来说不建议在处理程序返回失败，因为满足相同需求的其他处理程序可能会成功执行，如果返回失败了会影响到整个策略的执行。

默认情况下，所有处理程序都会被调用，而与处理程序返回什么无关。这是因为在其他处理程序中，除评估需求外，有一些处理程序可能负责其他任务，比如记录日志。

自定义授权需求配合处理程序，能够满足大型复杂的业务应用场景，比如每年的天猫“双11”活动。中间要满足各种算法，那么使用策略授权配合自定义授权需求和处理程序，可以将业务封装得极其简单方便。

在默认情况下，我们不推荐使用返回失败的返回值，但是在一些特殊的情况下，需要满足返回失败的情况。默认情况下，它还会去执行其他处理程序，但其实在这种情况下，我们已经不需要它去执行其他处理程序了，可以在设置返回失败时，不调用其他处理程序。我们只需要在ConfigureServices()方法中执行此操作，将InvokeHandlersAfterFailure属性设置为false(默认值为true)，代码如下。

```
services.AddAuthorization(options =>
{
   options.AddPolicy("EditRolePolicy",policy =>
       policy.AddRequirements(new ManageAdminRolesAndClaimsRequirement()));

   options.InvokeHandlersAfterFailure = false;
});
```

27.8　小结

本章中我们较为完整地说明了ASP.NET Core提供的几种授权验证形式，在前文中我们也通过创建一个自定义授权，满足了复杂需求。这就是自定义授权需求和处理程序给我们带来的好处和意义。我们可以通过自定义的扩展封装，将它的验证规则剥离出来，在验证的时候，简单的2～3行代码即可完成，大大提升了效率，做到了一处封装、处处调用，使我们的系统处于松耦合的状态。

第28章 Identity的账户中心的设计

在本章中我们需要实现系统中账户中心。每一个系统都应该拥有账户中心，它包含标准的功能，包括不限于登录、注册、忘记密码、邮箱验证和手机号码验证等。

本章主要向读者介绍如下内容。

- 第三方登录集成。
- 微软与GitHub账号的第三方登录。
- 双因子身份验证验证。
- 电子邮件的验证。
- 忘记密码。
- 重置密码。
- 邮箱激活。

一个开发人员账号体系的搭建以及授权验证往往对初学者不友好，而本章会带领读者实现这些功能。

28.1 第三方登录身份提供商

说到第三方登录，我们平时作为用户使用较多的莫过于微信、QQ以及支付宝快捷登录了。如果读者在国外，则使用较多的应该是Google、GitHub、Twitter和微软。目前本书针对国内群体，为了适应性，存在无法访问Github、Google的客观问题。

而QQ、微信也无法使用的原因是它们需要收费或者需要通过公司备案才能集成，但实际上来说，明确其中一种，再集成其他的也就大同小异了。

回到应用程序，目前用户通过提供邮箱地址、用户名和密码来注册到程序。然后，我们使用此用户名和密码来验证用户身份，成功后登录应用程序。Identity提供了第三方登录集成服务，使我们不必依赖邮箱地址、用户名和密码就可以注册到程序中。

为了使用户得到更好的体验，不必强制在应用程序中注册一个账号，我们采用微软账号实现第三方登录，通常集成它们的原因是信任这些第三方应用程序。因此，这些第三方应用程序也可以称作可信身份提供者。更准确地说，我们将它们称为可信任的第三方身份提供者，因为这些第三方应用程序在我们的应用程序外部。Windows身份验证也可以用作第三方身份验证提供程序。

使用第三方应用程序的好处是，允许用户重复使用现有账户登录应用程序，使用户不必记住其他用户名和密码。对于开发者而言，不再需要在应用程序数据库中存储和维护高度敏感的信息，比如用户名和密码，因为这是第三方身份验证提供程序（如微信或微软）的责任。

ASP.NET Core默认已经集成了不少第三方身份验证提供程序的内置支持，集成这些第三方身份验证提供程序，只需要遵循类似的模式即可。如果我们了解如何集成一个第三方身份验证提供程序，则会发现实现其他身份验证也没有什么不同。

除使用这些第三方身份验证提供程序外，当今大多数应用程序还支持双因子甚至三因子身份验证。我们会在本书中学习双因子身份验证。

我们很容易接触到以下3种身份验证方式。

- 本地用户名和密码组合。
- Windows登录。
- QQ、微信、支付宝和微软等快捷登录。

这些方式本质上都是在验证同一个用户，只是具体方法不同而已。我们只是提供了各种选项供用户登录应用程序。当用户使用这些不同的身份验证方式登录时，我们不会为同一个用户创建多个账号，这是没有意义的。因此还需要将他们的不同登录方式关联到应用程序的同一个账号中。

28.1.1 第三方登录身份提供商如何在ASP.NET Core中工作

如图28.1所示，我们希望用户能够使用其微软账户登录我们的应用程序。

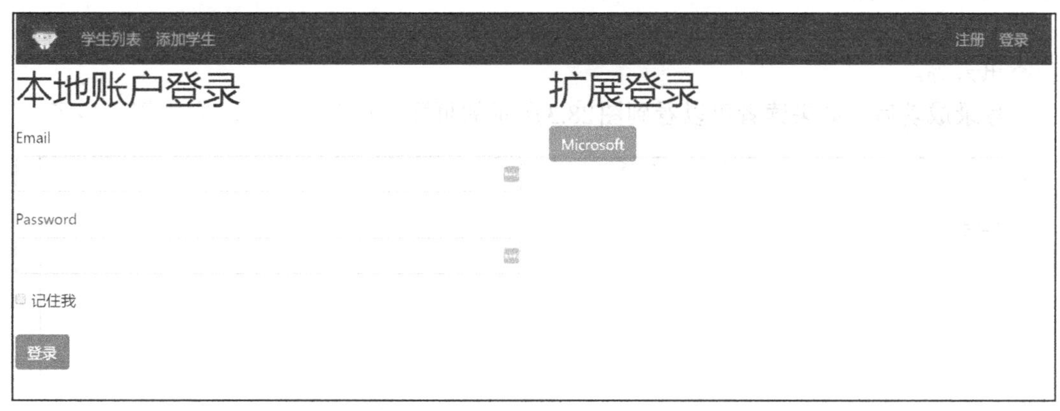

图28.1

当单击**Microsoft**按钮时，应用程序会将用户重定向到微软账户的登录页面，用户登录成功后，微软会将用户的相关密钥发送回应用程序，并执行预配置的回调函数。该回调函数中的代码会解析和检查微软提供的身份信息，然后用户通过登录进入我们的应用中，如图28.2所示。

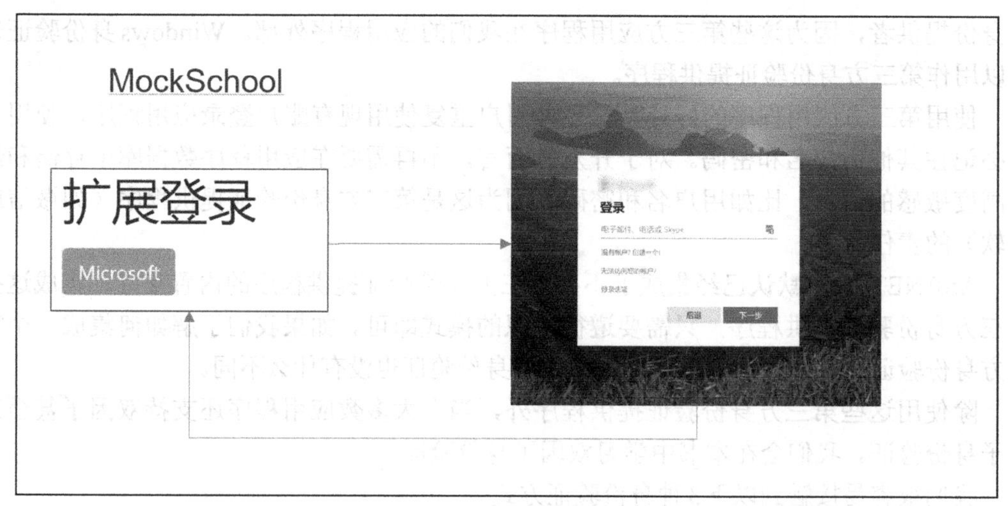

图28.2

要使用微软之类的第三方登录供应商登录，我们必须在相应位置注册应用程序。注册成功后，它们会提供对应身份验证的客户端ID和密钥。

接下来，在微软注册我们的应用程序，并将微软身份验证集成到程序中。

28.1.2　创建Azure OAuth凭据——客户端ID和客户端密钥

要在微软中注册应用，首先要有一个微软账号，然后导航到Microsoft Azure网站使用微软账号登录。

接下来将讨论如何在Azure上注册我们的应用程序并获取OAuth 2.0凭据，即客户端ID和客户端密钥。

Azure是微软推出的云服务平台，全称是Microsoft Azure，国内类似的产品有阿里云和腾讯云等。

登录成功后，如果读者可以看到图28.3所示的页面，说明读者已经完成第一步了。

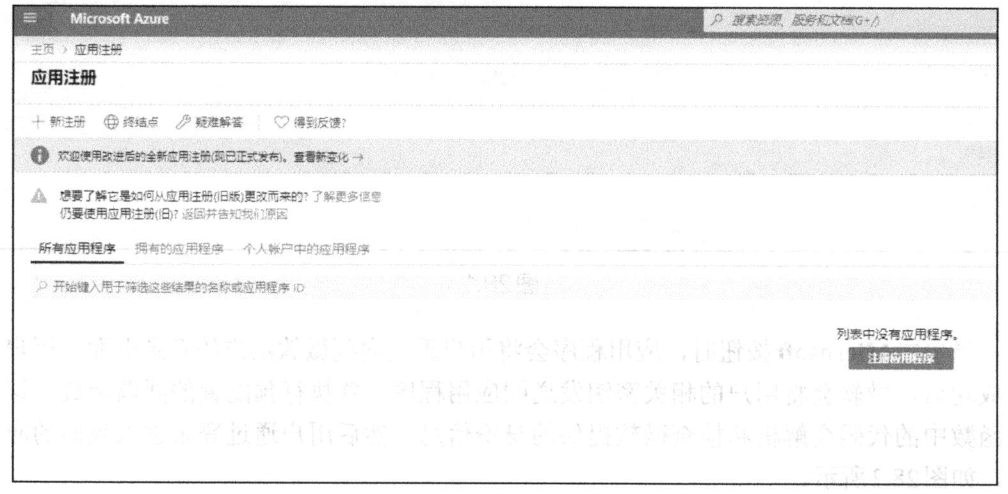

图28.3

现在我们单击图28.3所示的注册应用程序按钮，然后按照图28.4所示的内容填写。

图28.4

在名称文本框可以填入MockSchoolManagement(自定义名称)，在受支持的账户类型中选择第三项，即支持个人Microsoft账户（如Skype、Xbox）注册到我们的程序中。在重定向URI中的Web项填写读者本地的项目地址，当前的是http://localhost:13380/signin-microsoft，这里我们会在后面进行调整，暂时不用担心，然后单击**注册**按钮。

现在单击左侧的**品牌打造**，我们可以为登录设定一个自定义徽章，如图28.5所示。

图28.5

依次单击左侧导航菜单上的**证书和密码**选项卡和+**新客户端密码**，在**添加客户端密码**中添加说明，比如现在属于开发阶段，则输入dev，或者取一个读者认为有意义的名称，最后单击**添加**按钮，如图28.6所示。生成的密钥记得保存下来，我们稍后会使用。

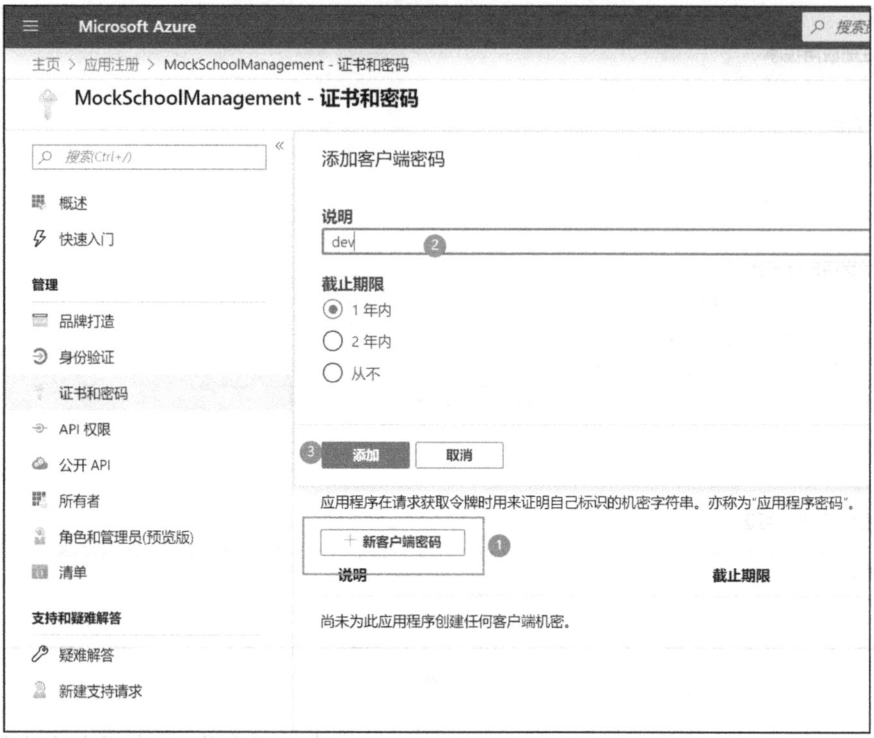

图28.6

最后，单击左侧导航菜单上的**概述**，如图28.7所示。我们将应用程序（客户端）ID的信息保存下来。右侧有一个重定向URI，读者如果单击这个URI，会发现是我们已经配置的http://localhost:13380/signin-microsoft。当然，读者也可以自己进行新增或者修改。

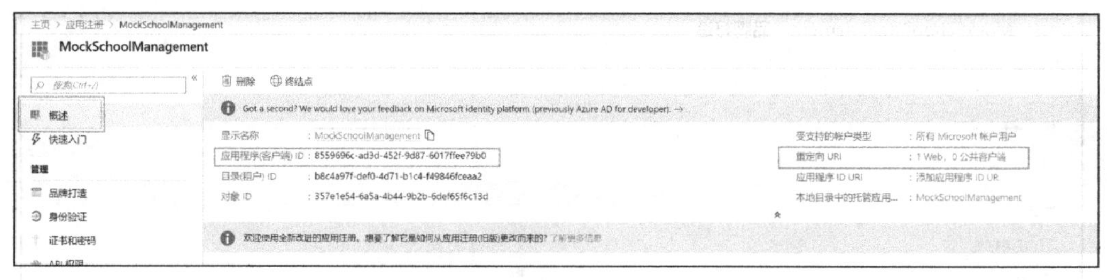

图28.7

重定向URI是在我们的应用程序中用户通过Microsoft身份验证后重定向到的路径。ASP.NET Core中的默认路径是signin-microsoft，因此，完整的重定向URI是由根URL(/signin-microsoft）组成。

28.1.3 在ASP.NET Core中启用Microsoft身份验证

现在需要将申请的Microsoft身份验证集成到ASP.NET Core Web应用程序中，步骤如下。

打开我们的项目文件，将NuGet包Microsoft.AspNetCore.Authentication.MicrosoftAccount

添加到项目中，代码如下。

```
<ItemGroup>
    <PackageReference Include="Microsoft.AspNetCore.Authentication.
MicrosoftAccount" Version="3.1.0" />
  </ItemGroup>
```

在ConfigureServices()方法中添加以下配置。

```
  services.AddAuthentication().AddMicrosoftAccount(microsoftOptions =>
            {
                microsoftOptions.ClientId = _configuration["Authentication:
Microsoft:ClientId"];
                microsoftOptions.ClientSecret = _configuration["Authenticat
ion:Microsoft:ClientSecret"];
            });
```

Microsoft.AspNetCore.Authentication.MicrosoftAccount NuGet包中提供了Microsoft身份验证所需的代码，包括此AddMicrosoftAccount()方法。

_configuration["Authentication:Microsoft:ClientId"] 获取appsettings.json配置的JSON值，ClientId即客户端，ClientSecret即客户端密钥。appsettings.json文件中的配置如下。

```
  "Authentication":{
     "Microsoft":{
       "ClientId":"8559696c-ad3d-452f-9d87-6017ffee79b0",
       "ClientSecret":"_sDGY-QZ52KIYSOaKQlriDLt.p9ED.r6"
     }
```

修改LoginViewModel文件，登录视图的模型是LoginViewModel类，需要添加ReturnUrl和ExternalLogins属性，代码如下。

```
public class LoginViewModel
{
    [Required]
    [EmailAddress]
    public string Email{get;set;}

    [Required]
    [DataType(DataType.Password)]
    public string Password{get;set;}

    [Display(Name = "Remember me")]
    public bool RememberMe{get;set;}

    public string ReturnUrl{get;set;}

     // AuthenticationScheme的命名空间是Microsoft.AspNetCore.Authentication
    public IList<AuthenticationScheme> ExternalLogins{get;set;}
}
```

ReturnUrl是用户在身份验证之前尝试访问的URL。添加ReturnUrl属性用作请求之间的传递，以便在Microsoft登录成功后将用户重定向到该URL。

ExternalLogins属性存储在应用程序中，用于启用第三方登录列表（如GitHub和微软等）。读者将很快了解此属性的作用。

现在修改AccountController中的Login()操作方法。将LoginViewModel实例化，然后将ReturnUrl和ExternalLogins属性传递给视图。SignInManager服务提供的GetExternalAuthenticationSchemesAsync()方法会返回所有配置的第三方身份提供商（如微软、GitHub等）的列表。

目前，我们仅配置了一个第三方身份提供商，即微软。

```
[HttpGet]
[AllowAnonymous]
public async Task<IActionResult> Login(string returnUrl)
{
    LoginViewModel model = new LoginViewModel
    {
        ReturnUrl = returnUrl,
        ExternalLogins =
            (await signInManager.GetExternalAuthenticationSchemesAsync()).
ToList()
    };

    return View(model);
}
```

修改登录页面Login.cshtml文件，然后添加以下代码。

```
<form
   class="mt-3"  method="post"  asp-action="ExternalLogin"  asp-
controller="Account"  asp-route-returnUrl="@Model.ReturnUrl">
  <div>
    @foreach(var provider in Model.ExternalLogins) {
    <button
      type="submit"   class="btn btn-info"   name="provider"   value="@
provider.Name"   title="Log in using your @provider.DisplayName account">
      @provider.DisplayName
    </button>
    }
  </div>
</form>
```

在这里，我们遍历了Model.ExternalLogins中的每个第三方登录提供程序，然后为每个第三方登录提供程序动态生成一个提交按钮。

目前，仅配置了一个第三方身份提供商，即Microsoft，因此我们获得了一个submit类型的按钮。该submit按钮位于表单内。表单method属性值为post，asp-action属性值为ExternalLogin，asp-controller属性值为Account。因此，当单击**submit**按钮时，表单将发送POST的请求到AccountController的ExternalLogin()操作方法中。第三方身份提供商是Microsoft，因此在foreach循环中，provider.Name返回Microsoft。

由于按钮name属性值为provider，因此ASP.NET Core中的模型绑定器会将name属性值设为provider，value属性值为Microsoft的属性映射到ExternalLogin()操作方法的provider参数中。

动态生成的submit按钮的HTML代码如下。

```
<button  type="submit"  class="btn btn-info"  name="provider"
  value="Microsoft"  title="Log in using your Microsoft account">
  Microsoft</button>
```

添加完毕后，完成的登录视图代码如下。

```
@model LoginViewModel
@{ViewBag.Title = "用户登录";}

<div class="row">
  <div class="col-md-6">
    <h1>本地账户登录</h1>

    <form method="post">
      <div asp-validation-summary="All" class="text-danger"></div>
      <div class="form-group">
        <label asp-for="Email"></label>
        <input asp-for="Email" class="form-control" />
        <span asp-validation-for="Email" class="text-danger"></span>
      </div>
      <div class="form-group">
        <label asp-for="Password"></label>
        <input asp-for="Password" class="form-control" />
        <span asp-validation-for="Password" class="text-danger"></span>
      </div>
      <div class="form-group">
        <div class="checkbox">
          <label asp-for="RememberMe">
            <input asp-for="RememberMe" />
            @Html.DisplayNameFor(m => m.RememberMe)
          </label>
        </div>
      </div>
      <button type="submit" class="btn btn-primary">登录</button>
    </form>
  </div>

  <div class="col-md-6">
    <h1>扩展登录</h1>
    <form
```

```
            class="mt-3" method="post" asp-action="ExternalLogin"
        asp-controller="Account"  asp-route-returnUrl="@Model.ReturnUrl">
        <div>
          @foreach(var provider in Model.ExternalLogins) {
  <button type="submit"    class="btn btn-info" name="provider"   value="@
provider.Name"
            title="Log in using your @provider.DisplayName account" >
            @provider.DisplayName
          </button>
          }
        </div>
      </form>
    </div>
</div>
```

在AccountController中添加ExternalLogin()操作方法，代码如下。

```
[HttpPost]
public IActionResult ExternalLogin(string provider,string returnUrl)
        {
 var redirectUrl = Url.Action("ExternalLoginCallback","Account",
              new{ReturnUrl = returnUrl});
var properties = _signInManager.ConfigureExternalAuthenticationProperties
(provider,redirectUrl);
             return new ChallengeResult(provider,properties);
        }
```

现在运行项目，单击登录视图上的**Microsoft**按钮，我们将被重定向到Microsoft登录页面。输入账号和密码，验证通过后，会要求进行授权。

从图28.8中可以看到，我们配置的Logo以及自定义的项目名称MockSchoolManagement，这只会在第一次授权的时候出现。

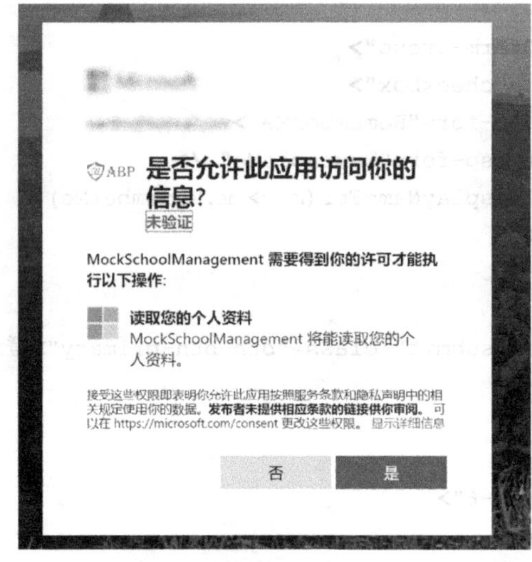

图28.8

单击是按钮之后，Microsoft会将用户重定向回应用程序，然后执行ExternalLogin-Callback()操作方法，但是因为我们还未添加ExternalLoginCallback()方法，所以会收到如图28.9所示的异常。

图28.9

现在我们需要来添加ExternalLoginCallback()方法，代码如下。

```
 public async Task<IActionResult>
                ExternalLoginCallback(string returnUrl = null,string
remoteError = null)
        {
            returnUrl = returnUrl??Url.Content("~/");

            LoginViewModel loginViewModel = new LoginViewModel
            {
                ReturnUrl = returnUrl,
                ExternalLogins =
                        (await _signInManager.GetExternalAuthenticationSch-
emesAsync()).ToList()
            };

            if(remoteError!= null)
            {
                ModelState
                        .AddModelError(string.Empty,$"第三方登录提供程序错
误:{remoteError}");

                return View("Login",loginViewModel);
            }

            // 从第三方登录提供商，即微软账户体系中，获取关于用户的登录信息
```

```
            var info = await _signInManager.GetExternalLoginInfoAsync();
            if(info == null)
            {
                ModelState
                    .AddModelError(string.Empty,"加载第三方登录信息出错。");

                return View("Login",loginViewModel);
            }


            //如果用户之前已经登录过了，则会在AspNetUserLogins表有对应的记录，这个
            //时候无须创建新的记录，直接使用当前记录登录系统即可
                    var signInResult = await _signInManager.
ExternalLoginSignInAsync(info.LoginProvider,
                info.ProviderKey,isPersistent:false,bypassTwoFactor:true);

            if(signInResult.Succeeded)
            {
                return LocalRedirect(returnUrl);
            }
 //如果AspNetUserLogins表中没有记录，则代表用户没有一个本地账户，这个时候我们就需要
 //创建一个记录了
            else
            {
                // 获取邮箱地址
                    var email = info.Principal.FindFirstValue(ClaimTypes.
Email);

                if(email!= null)
                {
                    // 通过邮箱地址去查询用户是否已存在
                    var user = await _userManager.FindByEmailAsync(email);

                    if(user == null)
                    {
                        user = new ApplicationUser
                        {
                                            UserName = info.Principal.
FindFirstValue(ClaimTypes.Email),
                                             Email = info.Principal.
FindFirstValue(ClaimTypes.Email)
                        };
                        //如果不存在，则创建一个用户，但是这个用户没有密码
                        await _userManager.CreateAsync(user);
                    }

                    // 在AspNetUserLogins表中添加一行用户数据，然后将当前用户登录
                    // 到系统中
```

```
                    await _userManager.AddLoginAsync(user,info);
                            await  _signInManager.SignInAsync(user,
isPersistent:false);

                    return LocalRedirect(returnUrl);
                }

                // 如果我们获取不到邮箱地址，则需要将请求重定向到错误视图中
                 ViewBag.ErrorTitle = $"我们无法从提供商:{info.LoginProvider}
中解析到读者的邮件地址 ";
                ViewBag.ErrorMessage = "请通过联系ltm@ddxc.org寻求技术支持。";

                return View("Error");
            }
        }
```

再次验证应用程序，单击**Microsoft**按钮并登录成功后，在SQL Server对象资源管理中打开数据库表AspNetUsers和AspNetUserLogins，可以看见用户信息已经成功保存到数据库中，且用户也成功登录到我们的系统中，如图28.10所示。

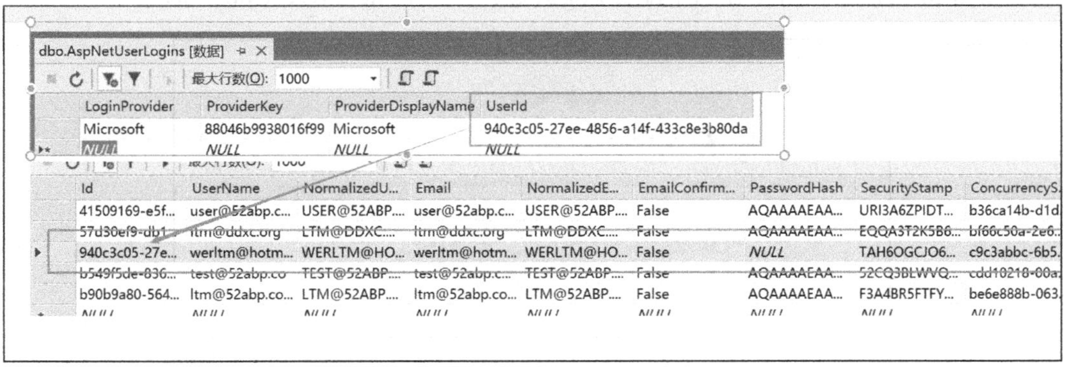

dbo.AspNetUserLogins [数据]

LoginProvider	ProviderKey	ProviderDisplayName	UserId
Microsoft	88046b9938016f99	Microsoft	940c3c05-27ee-4856-a14f-433c8e3b80da
NULL	NULL	NULL	NULL

Id	UserName	NormalizedU...	Email	NormalizedE...	EmailConfirm...	PasswordHash	SecurityStamp	ConcurrencyS...
41509169-e5f...	user@52abp.c...	USER@52ABP....	user@52abp.c...	USER@52ABP....	False	AQAAAAEAA...	URI3A6ZPIDT...	b36ca14b-d1d...
57d30ef9-db1...	ltm@ddxc.org	LTM@DDXC....	ltm@ddxc.org	LTM@DDXC....	False	AQAAAAEAA...	EQQA3T2K5B6...	bf66c50a-2e6...
940c3c05-27e...	werltm@hotm...	WERLTM@HO...	werltm@hotm...	WERLTM@HO...	False	NULL	TAH6OGCJO6...	c9c3abbc-6b5...
b549f5de-836...	test@52abp.co	TEST@52ABP....	test@52abp.c...	TEST@52ABP....	False	AQAAAAEAA...	52CQ3BLWVQ...	cdd10218-00a...
b90b9a80-564...	ltm@52abp.co...	LTM@52ABP....	ltm@52abp.co...	LTM@52ABP....	False	AQAAAAEAA...	F3A4BR5FTFY...	be6e888b-063...
NULL	NULL	NULL	NULL	NULL	NULL	NULL	NULL	NULL

图28.10

28.1.4 集成GitHub身份验证登录

GitHub于2008年4月10日正式上线，除GitHub代码仓库托管及基本的Web管理页面以外，还提供了订阅、讨论组、文本渲染、在线文件编辑器、协作图谱（报表）和代码片段分享（Gist）等功能。2018年6月4日，微软宣布通过75亿美元的股票交易收购代码托管平台GitHub。

接下来我们将集成GitHub身份验证登录到应用程序中，本书应用中的所有NuGet包和代码都已经在GitHub上开源，读者可以去GitHub网站找到对应的源代码仓库。现在，需要在GitHub上申请我们的应用程序。

注册并登录GitHub网站，访问注册应用程序的页面。填写申请信息，如图28.11所示，填写完毕后单击**Register application**按钮即可。

Authorization callback URL即我们的回调URL地址，这里的后缀是signin-github，完整是http://localhost:13380/signin-github。

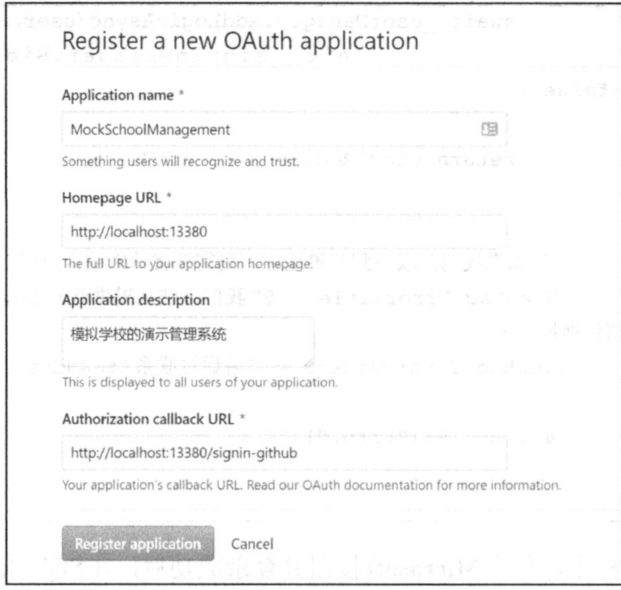

图28.11

如图28.12所示，可以在这里配置Logo以及对应的Client ID、Client Secret。

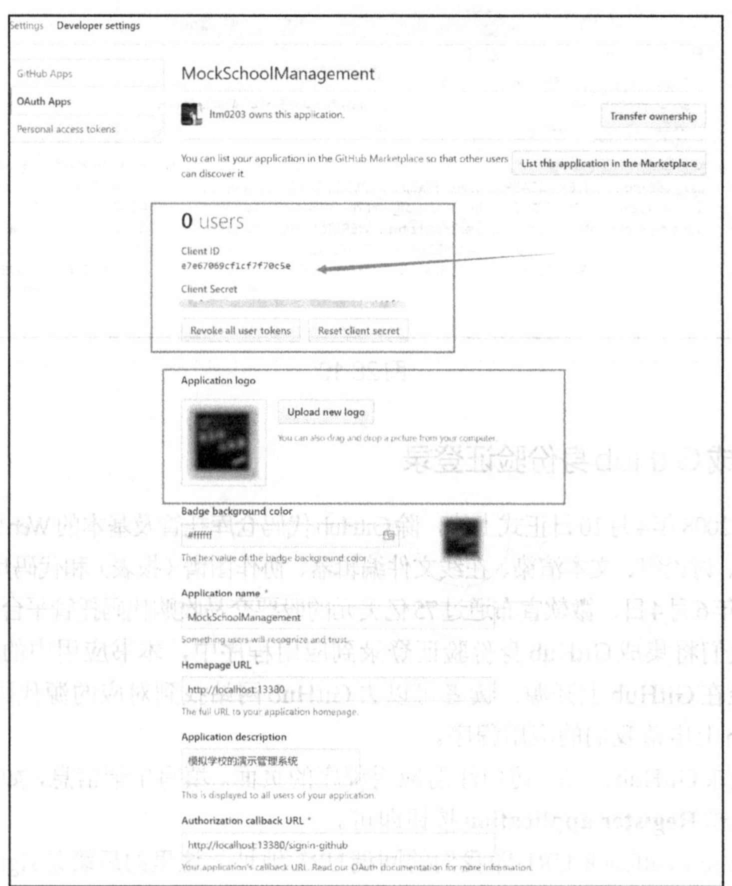

图28.12

打开项目文件，将NuGet包Microsoft.AspNetCore.Authentication.MicrosoftAccount添加到项目中，代码如下。

```
<ItemGroup>
        <PackageReference Include="AspNet.Security.OAuth.GitHub"
Version="3.0.0" />
</ItemGroup>
```

AspNet.Security.OAuth.GitHub NuGet包是GitHub上的开源仓库，不是ASP.NET Core集成的。

在ConfigureServices()方法中修改配置，代码如下。

```
   services.AddAuthentication()
                .AddMicrosoftAccount(microsoftOptions =>
            {
                microsoftOptions.ClientId = _configuration["Authentication:
Microsoft:ClientId"];
                microsoftOptions.ClientSecret = _configuration["Authenticat
ion:Microsoft:ClientSecret"];
            }).AddGitHub(options =>
            {
                options.ClientId = _configuration["Authentication:GitHub:Cl
ientId"];
                options.ClientSecret = _configuration["Authentication:GitHu
b:ClientSecret"];

            });
```

AspNet.Security.OAuth.GitHub NuGet包中提供了GitHub身份验证所需的代码，包括AddGitHub()方法。

_configuration["Authentication:GitHub:ClientId"]获取配置在appsettings.json的JSON值，ClientId即客户端，ClientSecret即客户端密钥。appsettings.json文件中的配置如下。

```
 "Authentication":{
    "Microsoft":{
      "ClientId":"8559696c-ad3d-452f-9d87-6017ffee79b0",
      "ClientSecret":"_sDGY-QZ52KIYSOaKQlriDLt.p9ED.r6"
    },
    "GitHub":{
      "ClientId":"e7e67069cf1cf7f70c5e",
      "ClientSecret":"****************"
    }
  }
```

运行项目后会自动生成一个GitHub按钮，如图28.13所示。

单击**GitHub**按钮，ASP.NET Core应用必须请求重定向到GitHub的身份验证，这是通过AccountController中的ExternalLogin()操作完成的。同样，在身份验证成功后，该请求将被重定向回我们的应用程序，并在AccountController中执行操作方法ExternalLoginCallback()。ExternalLogin()与ExternalLoginCallback()的代码以通用方式编写，因此适用于Microsoft和GitHub身份验证，我们不用修改任何内容。

学生列表 添加学生

本地账户登录

Email

Password

记住我

登录

扩展登录

Microsoft GitHub

图28.13

现在运行项目，单击**GitHub**按钮会跳转到GitHub登录页，然后要求进行授权，成功后会显示登录成功，如图28.14所示。

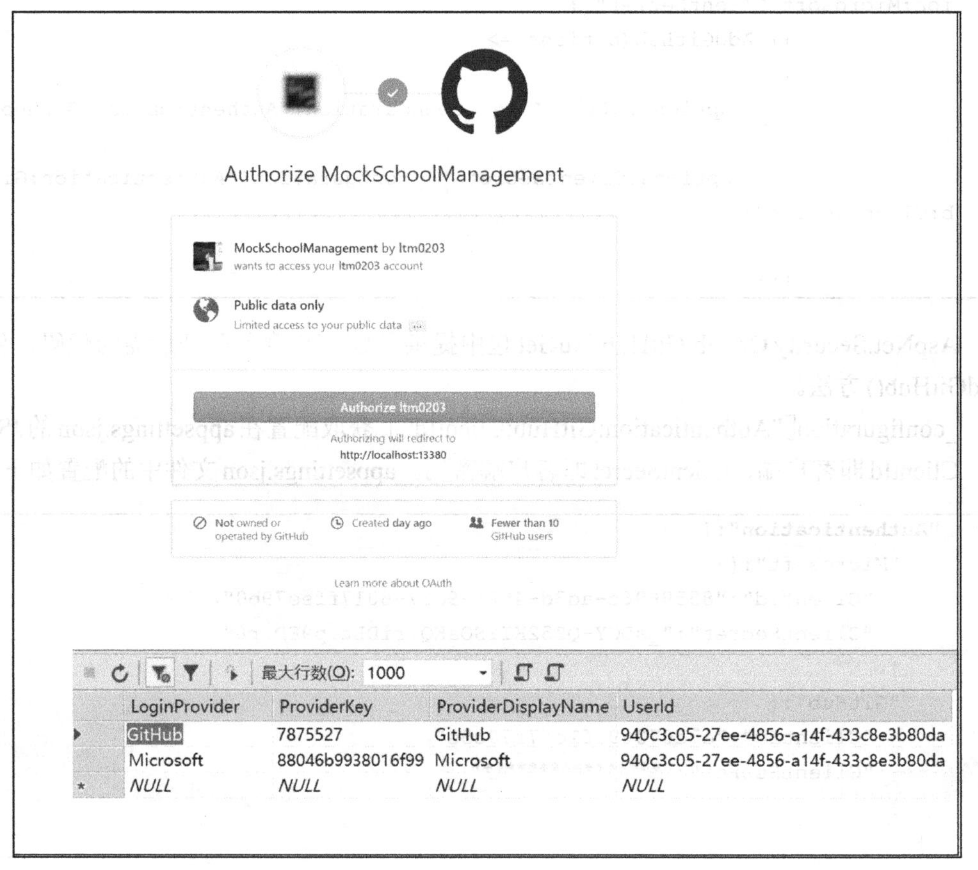

LoginProvider	ProviderKey	ProviderDisplayName	UserId
GitHub	7875527	GitHub	940c3c05-27ee-4856-a14f-433c8e3b80da
Microsoft	88046b9938016f99	Microsoft	940c3c05-27ee-4856-a14f-433c8e3b80da
NULL	NULL	NULL	NULL

图28.14

我们可以看到，在用户成功登录系统后，AspNetUserLogins表中新增了一行GitHub数据。

如果仔细观察的话，会发现Microsoft和GitHub的两行数据所关联的UserId都是同一个ID。这是因为当前用户拥有的Github和Microsoft账户都是同一个邮箱地址（werltm@hotmail.com）。因此可以使用这些第三方账户中的任何一个来登录我们的应用程序，然后Identity API默认将它们全部关联在一起。

28.2 用户机密

现在我们来讨论什么是用户机密以及为什么要使用它，在之前的章节中已经简单使用过它了。

用户机密的主要用途是保护生产环境的配置信息（如数据库连接字符串、API和加密密钥）不受源代码控制。

我们通常将数据库连接字符串、第三方服务凭据、API和加密密钥存储在配置文件中。比如，在ASP.NET中使用web.config，在ASP.NET Core中使用appSettings.json。

当前将Microsoft密钥和GitHub密钥存储在appsettings.json文件中。这些配置文件是项目的一部分。因此，当它们被提交到源代码管理软件中的时候，比如GitHub，每个有权访问该存储库的人都有权利用这些密钥来访问数据库或文件的敏感数据，并且可能会被滥用。从安全角度来看，将密码或其他敏感数据存储在配置文件或源代码中不是一个好主意。

因此使用用户机密可以避免在程序员开发阶段保存或者检索敏感数据源，它将敏感数据（用户机密）存储在一个secrets.json文件中。

要将此文件添加到项目中，请在Visual Studio的**解决方案资源管理器**中右击项目名称，然后从快捷菜单中选择**管理用户机密**，它会添加secrets.json文件。该文件的结构类似于appSettings.json，但是要记住的重要一点是，它不是项目文件夹的一部分，而是位于项目文件夹C:\Users\{UserName}\AppData\Roaming\Microsoft\UserSecrets\{ID}路径中。这里{UserName}是用于登录计算机的Windows用户名，{ID}是一个GUID。

在单台计算机上，读者可能有多个ASP.NET Core项目，而每个项目的secrets.json文件都是独立的。每个secrets.json文件均通过这个GUID将文件关联到我们的项目。要建立此链接，.csproj文件中包含UserSecretsId节点，代码如下。

```
<PropertyGroup>
  <UserSecretsId>cf9c9cff-2188-4165-941c-8a0282fdac28</UserSecretsId>
</PropertyGroup>
```

同样，一个secrets.json文件可以由多个项目共享，切换UserSecretsId值即可。

在ASP.NET Core应用程序中，配置信息可以来自不同的配置来源，比如appsettings.json、appsettings{环境变量}.json、用户机密、环境变量和命令行参数。

请注意，如果在多个配置源中有一个具有相同键的配置，则较新的配置源将覆盖WebHost类较早的配置源。

我们可以通过查看GitHub上的ASP.NET Core源代码来证明这一点。在源代码中可以找到CreateDefaultBuilder()方法，该方法在应用程序启动时自动调用，然后读取配置源。

而要查看读取配置源的顺序，查看CreateDefaultBuilder()中的ConfigureAppConfiguration()方法即可，代码如下。

```
builder.ConfigureAppConfiguration((hostingContext,config) =>
            {
                var env = hostingContext.HostingEnvironment;

    config.AddJsonFile("appsettings.json",optional:true,reloadOnChange:true)
                          .AddJsonFile($"appsettings.{env.EnvironmentName}.
json",optional:true,reloadOnChange:true);

                if(env.IsDevelopment())
                {
                    var appAssembly = Assembly.Load(new AssemblyName(env.
ApplicationName));
                    if(appAssembly!= null)
                    {
                        config.AddUserSecrets(appAssembly,optional:true);
                    }
                }
                config.AddEnvironmentVariables();
                if(args!= null)
                {
                    config.AddCommandLine(args);
                }
            })
```

请注意，因为即使发布到生产环境，ASP.NET Core也会按照上方代码配置源的顺序进行读取，所以请特别注意配置源的顺序。

我们可以通过将appsettings.json中的Microsoft和GitHub的配置密钥移动到secrets.json中来验证这一点。

28.3 验证账户信息安全

在本节中，我们将讨论为什么电子邮箱的验证对应用程序安全至关重要。

在网站上注册账户时，可以提供电子邮箱地址，当然我们现在基本使用手机号码，但是这里暂时不介绍。

注册后，系统将发送带有链接的电子邮件，我们应单击以确认所提供的电子邮箱确实是我们的。在确认电子邮箱地址之前，用户的账户功能一般非常有限，某些网站甚至可能阻止用户登录，因为他们会认为没有被验证过的邮箱地址会带来安全风险，手机号码验证也是如此。因此电子邮件验证对于用户的安全和应用程序的安全都至关重要。

28.3.1 验证电子邮箱的好处

验证电子邮箱的好处包括以下几种。

1. 防止意外账户劫持

如果没有电子邮箱验证，会引发一些麻烦。举例来说，假设某位用户通过电子邮箱623037939@xxxx.com在应用程序中注册成功。但是他的实际电子邮箱是62303793@xxxx.com，少了一个数字9。我们的应用程序允许用户通过用户名来登录系统，他在系统中设置了大量的个人敏感数据，比如财务详细信息。但是到目前为止，该用户都可以正常使用该应用程序。

几天后，另一个实际拥有电子邮箱62303793@xxxx.com的用户尝试向我们的应用程序注册。由于该电子邮箱已经被注册了，因此他将无法继续注册。因此，他要求提供密码重置链接，该链接将发送到他的电子邮箱中。他单击链接并更改了密码。

这里就引发了两个问题。

- 更改密码后，第一个用户将不能再登录。
- 当第二个用户登录时，他将有权访问第一个用户的个人财务和其他详细信息。

从安全角度来看，第二个用户能够“劫持”第一个用户账户，这是一个很严重的问题。这就是没有做邮箱验证引发的问题，但是如果在注册时确认了电子邮箱，将不会处于这种情况。

2. 减少垃圾邮箱注册

电子邮箱确认可能不会完全阻止垃圾邮箱注册，但可以在很大程度上减少垃圾邮箱注册的数量。没有电子邮箱验证，用户将打开垃圾邮箱机器人的“大门”。这些垃圾邮箱机器人可以使用随机电子邮箱创建大量垃圾邮箱账户。

3. 防御未经请求的电子邮箱

如果没有电子邮箱确认，用户将不知道注册过程中提供的电子邮箱是否确实属于该用户。如果使用了随机电子邮箱或输入了错误的电子邮箱，用户最终可能会发送未经请求的电子邮箱。有了电子邮箱确认功能之后，我们知道所提供的电子邮箱实际上属于注册用户，并且可以防止发送未经请求的电子邮箱。

4. 易于恢复账户

在大多数情况下，如果用户忘记了用户名或密码，可以使用电子邮箱验证来恢复账户。

28.3.2 阻止登录未验证的用户登录

如果用户尚未确认电子邮箱，要阻止用户登录ASP.NET Core应用程序，一般需显示验证错误。

在AspNetUsers表中有一个EmailConfirmed字段，它可以用于进行电子邮箱的验证。在启动类的ConfigureServices()方法中，将RequireConfirmedEmail属性设置为true，可以在Configure< IdentityOptions>()方法中配置如下代码。

```
    services.Configure<IdentityOptions>(options =>
            {
        options.SignIn.RequireConfirmedEmail = true;
            });
```

RequireConfirmedEmail属性被设置为true，当前所有的用户邮箱地址都没有进行确认，如果通过账号和密码进行登录，则即使提供正确的用户名和密码，也会得到NotAllowed结果。同样，使用Microsoft或GitHub进行快捷登录也会得到同样的结果。

因此我们要对处理HttpPost请求的Login()操作方法进行修改，代码如下。

```
[HttpPost]
[AllowAnonymous]
public async Task<IActionResult> Login(LoginViewModel model,string
returnUrl)
{
    model.ExternalLogins =
           (await signInManager.GetExternalAuthenticationSchemesAsync()).
ToList();

    if(ModelState.IsValid)
    {
        var user = await userManager.FindByEmailAsync(model.Email);

        if(user!= null && !user.EmailConfirmed &&
                          (await userManager.CheckPasswordAsync(user,model.
Password)))
        {
                ModelState.AddModelError(string.Empty,"Email not confirmed
yet");
            return View(model);
        }

        var result = await signInManager.PasswordSignInAsync(model.Email,
                                model.Password,model.RememberMe,false);

        if(result.Succeeded)
        {
                if(!string.IsNullOrEmpty(returnUrl) && Url.
IsLocalUrl(returnUrl))
            {
                return Redirect(returnUrl);
            }
            else
            {
                return RedirectToAction("index","home");
            }
        }

        ModelState.AddModelError(string.Empty,"Invalid Login Attempt");
    }

    return View(model);
}
```

通过添加这段代码，即使用户提供了正确的用户名和密码，但是因为电子邮箱没有确认，所以也无法正常登录成功，如图28.15所示。

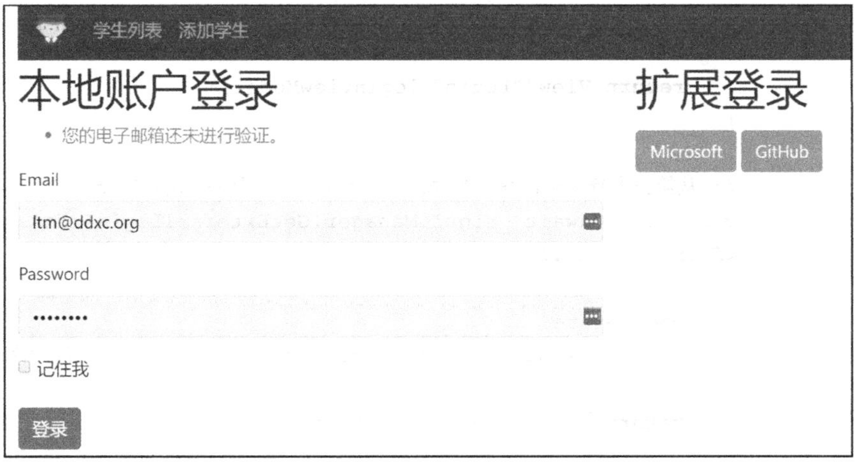

图28.15

那么读者可能会产生一个疑问，为什么需要检查用户是否提供了正确的用户名和密码？这是为了避免账号被枚举和暴力攻击。

如果不需要提供用户名和密码就可以进行邮箱验证，显示“您的电子邮箱还未进行验证”，会发什么事情呢？有些恶意攻击者可能会尝试随机发送电子邮箱，并且一旦看到了“您的电子邮箱还未进行验证 ”的提示，确定该电子邮箱尚未确认，他就可以知道这是一个可以进行登录的有效电子邮箱。在把所有的电子邮箱都确认一次之后，他可以尝试使用该电子邮箱地址配合随机密码来获得访问权限。

为了避免这些类型的账户被枚举和暴力攻击，需要提供正确的电子邮箱地址和密码组合，然后显示验证错误。

如果使用了第三方登录账户（如GitHub、Microsoft等），并且未确认与该第三方登录账户关联的电子邮箱地址，我们也会阻止登录，代码如下。

```
        public async Task<IActionResult>
                ExternalLoginCallback(string returnUrl = null,string
    remoteError = null)
            {
                returnUrl = returnUrl??Url.Content("~/");

                LoginViewModel loginViewModel = new LoginViewModel
                {
                    ReturnUrl = returnUrl,
                    ExternalLogins =
                            (await _signInManager.GetExternalAuthenticationSch
    emesAsync()).ToList()
                };

                if(remoteError!= null)
```

```
            {
                ModelState
                            .AddModelError(string.Empty,$"第三方提供程序错
误:{remoteError}");

                return View("Login",loginViewModel);
            }

            // 从第三方登录提供商，即微软账户体系中，获取关于用户的登录信息
            var info = await _signInManager.GetExternalLoginInfoAsync();
            if(info == null)
            {
                ModelState
                    .AddModelError(string.Empty,"加载第三方登录信息出错。");

                return View("Login",loginViewModel);
            }

            // 获取邮箱地址
            var email = info.Principal.FindFirstValue(ClaimTypes.Email);
            ApplicationUser user = null;

            if(email!= null)
            {
                // 通过邮箱地址去查询用户是否已存在
                user = await _userManager.FindByEmailAsync(email);

                // 如果电子邮箱没有被确认，返回登录视图与验证错误
                if(user!= null && !user.EmailConfirmed)
                {
                    ModelState.AddModelError(string.Empty,"您的电子邮箱还未进
行验证。");

                    return View("Login",loginViewModel);
                }
            }
//如果用户之前已经登录过了，会在AspNetUserLogins表有对应的记录，这个时候无须创建新的
//记录，直接使用当前记录登录系统即可
                    var signInResult = await _signInManager.
ExternalLoginSignInAsync(info.LoginProvider,
                info.ProviderKey,isPersistent:false,bypassTwoFactor:true);

            if(signInResult.Succeeded)
            {
                return LocalRedirect(returnUrl);
            }

 //如果AspNetUserLogins表中没有记录，则代表用户没有一个本地账户，这个时候我们就需要
 //创建一个记录了
```

```
            else
            {
                if(email!= null)
                {
                    if(user == null)
                    {
                        user = new ApplicationUser
                        {
                                    UserName = info.Principal.FindFirstValue
(ClaimTypes.Email),
                                      Email = info.Principal.FindFirstValue
(ClaimTypes.Email)
                        };
                        //如果不存在，则创建一个用户，但是这个用户没有密码
                        await _userManager.CreateAsync(user);
                    }

                    // 在AspNetUserLogins表中添加一行用户数据，然后将当前用户登
                    // 录到系统中
                    await _userManager.AddLoginAsync(user,info);
                              await _signInManager.SignInAsync(user,
isPersistent:false);

                    return LocalRedirect(returnUrl);
                }

                // 如果我们获取不到电子邮箱地址，则需要将请求重定向到错误视图中
                 ViewBag.ErrorTitle = $"我们无法从提供商:{info.LoginProvider}
中解析到您的邮件地址 ";
                ViewBag.ErrorMessage = "请通过联系ltm@ddxc.org寻求技术支持。";

                return View("Error");
            }
        }
```

请注意，如果使用第三方登录账户，则用户不会向我们的应用程序提供用户名和密码。在身份验证成功后，用户将被重定向到应用程序中的ExternalLoginCallback()操作方法中。这时我们知道，用户已经通过身份验证，但是邮箱地址还未验证，所以显示验证错误信息“您的电子邮箱还未验证。”，只需要去验证邮箱是否为用户所拥有即可，而不必让用户提供用户名和密码。在28.3.3节中我们将实现验证电子邮箱是否可以使用。

28.3.3 电子邮箱确认令牌

验证电子邮箱是否使用，需要创建电子邮箱确认令牌，我们可以直接使用UserManager服务提供的GenerateEmailConfirmationTokenAsync()方法生成令牌，此方法需要一个参数，即我们要为其生成电子邮箱确认令牌的用户，代码如下。

```
var token = await userManager.GenerateEmailConfirmationTokenAsync(user);
```

生成令牌后，还需要创建电子邮箱确认链接，用户只需单击此链接即可确认电子邮箱，电子邮箱的确认链接生成规则如下。

https://localhost:13380/Account/ConfirmEmail？userId=987009e3-7f78-445e-8bb8-4400ba886550&token=CfDJ8Hpirs

当用户单击上方的URL时，会访问AccountController中的ConfirmEmail()操作方法，然后查询字符串会将userId以及确认令牌，通过模型绑定器映射到ConfirmEmail()操作方法对应的参数中，URL代码如下。

```
var confirmationLink = Url.Action("ConfirmEmail","Account",
    new{userId = user.Id,token = token},Request.Scheme);
```

最后一个参数Request.Scheme返回的是请求协议，如HTTP或HTTPS。必须使用此参数才能生成完整的绝对URL。如果未添加此参数，将生成如下的相对URL。

```
/Account/ConfirmEmail?userId=987009e3-7f78-445e-8bb8-4400ba886550&token=
CfDJ8Hpirs
```

在Identity提供的UserManager服务中，ConfirmEmailAsync()方法可以用于确认电子邮箱。对于此方法，我们需要传递两个参数：一个是确认电子邮箱的用户，另外一个是电子邮箱确认令牌。在成功验证后，此方法会将AspNetUsers表的EmailConfirmed列设置为True，代码如下。

```
var result = await userManager.ConfirmEmailAsync(user,token);
```

现在我们在AccountContorller中创建ConfirmEmail()方法，代码如下。

```
        [HttpGet]
    public async Task<IActionResult> ConfirmEmail(string userId,string token)
{
            if(userId == null || token == null)
            {
                return RedirectToAction("index","home");
            }
            var user = await _userManager.FindByIdAsync(userId);
            if(user == null)
            {
                ViewBag.ErrorMessage = $"当前{userId}无效";
                return View("NotFound");
            }
            var result = await _userManager.ConfirmEmailAsync(user,token);

            if(result.Succeeded)
            {
                return View();
```

```
            }

            ViewBag.ErrorTitle = "您的电子邮箱还未进行验证";
            return View("Error");
        }
```

在用户注册时需要使用邮箱验证，对Register()进行如下修改。

```
          [HttpPost]
            public async Task<IActionResult> Register(RegisterViewModel
model)
        {
            if(ModelState.IsValid)
            {
                //将数据从RegisterViewModel复制到IdentityUser
                var user = new ApplicationUser
                {
                    UserName = model.Email,
                    Email = model.Email,
                    City = model.City
                };
                //将用户数据存储在AspNetUsers数据库表中
                   var result = await _userManager.CreateAsync(user,model.
Password);
                //如果成功创建用户，则使用登录服务登录用户信息
                //并重定向到HomeController的Index()操作方法中
                if(result.Succeeded)
                {
                    //生成电子邮箱确认令牌
                     var token = await _userManager.GenerateEmailConfirmation-
TokenAsync(user);
                    //生成电子邮箱的确认链接
                           var confirmationLink = Url.Action("ConfirmEmail",
"Account",
                    new{userId = user.Id,token = token},Request.Scheme);
                    //需要注入ILogger<AccountController> _logger;服务，记录
                    //生成的URL链接
                    _logger.Log(LogLevel.Warning,confirmationLink);

                    //如果用户已登录且为Admin角色
                    //那么就是Admin正在创建新用户
                    //重定向Admin到ListRoles的视图列表
                            if(_signInManager.IsSignedIn(User) && User.
IsInRole("Admin"))
                    {
                        return RedirectToAction("ListUsers","Admin");
                    }

                    ViewBag.ErrorTitle = "注册成功";
```

```
                    ViewBag.ErrorMessage = $"在您登入系统前，我们已经给您发了一
份邮件，需要您先进行邮件验证，单击确认链接即可完成";
                    return View("Error");
                }
                //如果有任何错误，则将它们添加到ModelState对象中
                //将由验证摘要标记助手显示到视图中
                foreach(var error in result.Errors)
                {
                        ModelState.AddModelError(string.Empty,error.
Description);
                }
            }

            return View(model);
        }
```

运行项目并注册一个用户进行验证，会得到如图28.16所示的错误信息。

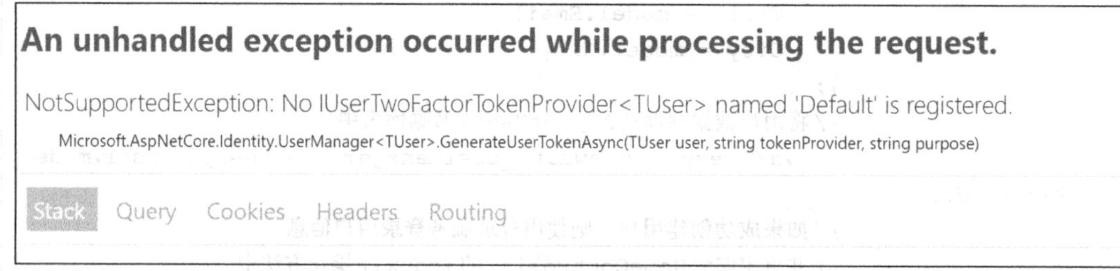

图28.16

出现该错误是因为缺少一个服务，现在我们需要将令牌提供程序添加到程序中。

在ConfigureServices()方法中添加AddDefaultTokenProviders()提供程序方法，该方法提供了电子邮箱确认令牌、密码重置和双因子身份验证，代码如下。

```
public void ConfigureServices(IServiceCollection services)
{
 services.AddIdentity<ApplicationUser,IdentityRole>()
             .AddEntityFrameworkStores<AppDbContext>()
             .AddDefaultTokenProviders();
}
```

在Views/Account文件夹中添加一个ConfirmEmail.cshtml视图文件，代码如下。

```
<h3>您的电子邮箱已经验证成功!</h3>
```

现在我们重新注册一个用户来验证整个业务流程是否还存在问题，如果用户已经收到如图28.17所示的页面，说明用户待确认功能已经完成。

现在尝试激活该用户，打开DemoLogs文件夹中的日志文件，找到如下激活邮箱地址。

http://localhost:13380/Account/ConfirmEmail？userId=3a04d9c4-192f-45dd-bc6f-c8a35a5cf9f0&token=CfDJ8GfOFt

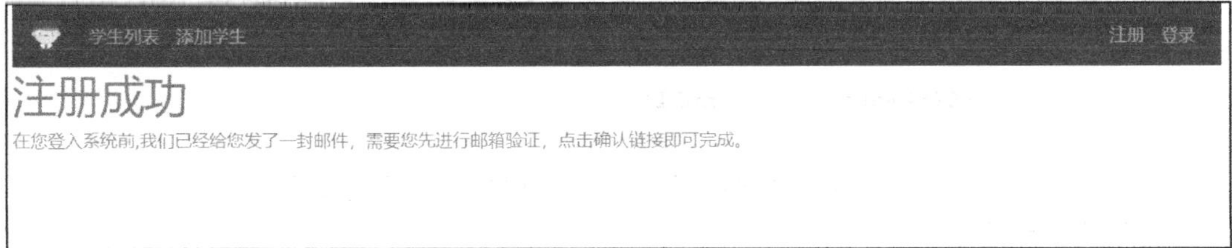

图28.17

通过浏览器地址栏进入访问后，得到结果如图28.18所示，说明整体功能已经完成。

图28.18

现在可以使用新用户，正常登录系统了。

28.3.4 第三方登录的电子邮箱确认令牌

我们完成了本地用户名和密码的邮箱验证功能，现在需要验证从第三方登录提供商收到的电子邮箱。

之前的逻辑是，在使用第三方登录提供商登录时，我们会从这些第三方登录提供商处收到用户电子邮箱，然后使用此电子邮箱创建本地账户。

现在要调整为从这些第三方登录提供商处收到用户电子邮箱后，创建本地账户。如果未确认电子邮箱地址，则发送电子邮件确认链接，同时不允许用户登录并显示用户的电子邮箱还未进行验证。

另外一种情况是，如果确认了电子邮箱地址，则在AspNetUserLogins表中添加一行用户数据，然后将当前用户登录到系统中，代码如下。

```
 public async Task<IActionResult>
                  ExternalLoginCallback(string returnUrl = null,string
remoteError = null)
        {
            returnUrl = returnUrl??Url.Content("~/");

            LoginViewModel loginViewModel = new LoginViewModel
            {
                ReturnUrl = returnUrl,
                ExternalLogins =
                         (await _signInManager.GetExternalAuthenticationSch-
emesAsync()).ToList()
```

```
            };

            if(remoteError!= null)
            {
                 ModelState.AddModelError(string.Empty,$"第三方登录提供程序错
误:{remoteError}");

                return View("Login",loginViewModel);
            }

            // 从第三方登录提供商，即微软账户体系中，获取关于用户的登录信息
            var info = await _signInManager.GetExternalLoginInfoAsync();
            if(info == null)
            {
                ModelState
                    .AddModelError(string.Empty,"加载第三方登录信息出错。");

                return View("Login",loginViewModel);
            }

            // 获取邮箱地址
            var email = info.Principal.FindFirstValue(ClaimTypes.Email);
            ApplicationUser user = null;

            if(email!= null)
            {
                // 通过邮箱地址去查询用户是否已存在
                user = await _userManager.FindByEmailAsync(email);

                // 如果电子邮箱没有被确认，则返回登录视图与验证错误
                if(user!= null && !user.EmailConfirmed)
                {
                    ModelState.AddModelError(string.Empty,"您的电子邮箱还未进
行验证。");

                    return View("Login",loginViewModel);
                }
            }
            //如果用户之前已经登录过了，则会在AspNetUserLogins表有对应的记录，这个
            //时候无须创建新的记录，直接使用当前记录登录系统即可
             var signInResult = await _signInManager.ExternalLoginSignInAsync
(info.LoginProvider,
                info.ProviderKey,isPersistent:false,bypassTwoFactor:true);

            if(signInResult.Succeeded)
            {
```

```
                return LocalRedirect(returnUrl);
            }

            //如果AspNetUserLogins表中没有记录，则代表用户没有一个本地账户，这个时候
            //我们就需要创建一个记录了
            else
            {

                if(email!= null)
                {

                    if(user == null)
                    {
                        user = new ApplicationUser
                        {
                                                UserName = info.Principal.
FindFirstValue(ClaimTypes.Email),
                                                 Email = info.Principal.
FindFirstValue(ClaimTypes.Email)
                        };
                        //如果不存在，则创建一个用户，但是这个用户没有密码
                        await _userManager.CreateAsync(user);

                        //生成电子邮箱确认令牌
                         var token = await _userManager.GenerateEmailConfirm
ationTokenAsync(user);

                        //生成电子邮箱的确认链接
                            var confirmationLink = Url.Action("ConfirmEmail",
"Account",
                              new{userId = user.Id,token = token},Request.
Scheme);
                        //需要注入ILogger<AccountController> _logger;服务，
                        //记录生成的URL链接
                        _logger.Log(LogLevel.Warning,confirmationLink);
                        ViewBag.ErrorTitle = "注册成功";
                        ViewBag.ErrorMessage = $"在您登入系统前，我们已经给您发
了一封邮件，需要您先进行邮箱验证，单击确认链接即可完成。";
                        return View("Error");
                    }

                    // 在AspNetUserLogins表中添加一行用户数据，然后将当前用户
                    // 登录到系统中
                    await _userManager.AddLoginAsync(user,info);
                              await _signInManager.SignInAsync(user,
isPersistent:false);

                    return LocalRedirect(returnUrl);
                }
```

```
                    // 如果我们获取不到电子邮箱地址，则需要将请求重定向到错误视图中
                    ViewBag.ErrorTitle = $"我们无法从提供商:{info.LoginProvider}
中解析到您的邮箱地址 ";
                    ViewBag.ErrorMessage = "请通过联系ltm@ddxc.org寻求技术支持。";

                    return View("Error");
                }
            }
```

现在读者可以准备一个未使用过的邮箱地址绑定的账户信息来进行验证。

28.3.5 激活用户邮箱

目前新用户在注册的时候都可以得到激活邮箱链接，但是对于老用户而言，账号都无法进行登录，从后端修改数据库是不太合理的。同时我们也要防止其他的问题，比如用户不小心把激活邮件删除了。此时应该提供一个重新激活的功能。

可以利用用户电子邮箱地址发送激活邮箱链接，用户单击链接即可激活邮箱，我们添加一个EmailAddressViewModel文件，代码如下。

```
namespace MockSchoolManagement.ViewModels
{
    public class EmailAddressViewModel
    {

        [Required]
        [EmailAddress]
        public string Email{get;set;}
    }
}
```

在Account中添加两个ActivateUserEmail()方法，一个是HttpPost类型，另外一个是HttpGet类型。

HttpGet类型方法的代码如下。

```
        [HttpGet]
        public IActionResult ActivateUserEmail()
        {
            return View();
        }
```

处理HttpPost请求类的ActivateUserEmail()方法，代码如下。

```
        [HttpPost]
        public async Task<IActionResult> ActivateUserEmail(EmailAddressViewModel
model)
        {
            if(ModelState.IsValid)
```

```
        {
            // 通过邮箱地址查询用户地址
                var user = await _userManager.FindByEmailAsync(model.
Email);
            if(user!=null)
            {
                if( !await _userManager.IsEmailConfirmedAsync(user))
                { //生成电子邮箱确认令牌
                    var token = await _userManager.GenerateEmailConfirm
ationTokenAsync(user);

                    //生成电子邮箱的确认链接
                        var confirmationLink = Url.Action("ConfirmEmail",
"Account",
                            new{userId = user.Id,token = token},Request.
Scheme);

                    _logger.Log(LogLevel.Warning,confirmationLink);
                     ViewBag.Message = "如果您在我们系统有注册账户，我们已经
发了邮件到您的邮箱中，请前往邮箱激活您的账户。";
                    //重定向到忘记邮箱确认视图
                    return View("ActivateUserEmailConfirmation",ViewBag.
Message);
                }
            }
        }
        ViewBag.Message = "请确认邮箱是否存在异常，现在我们无法给您发送激活链接。";
        // 为了避免账户枚举和暴力攻击，不进行用户不存在或邮箱未验证的提示
        return View("ActivateUserEmailConfirmation",ViewBag.Message);
}
```

现在需要在Login视图文件中添加**激活邮箱**链接，代码如下。

```
<a asp-action="ActivateUserEmail">激活邮箱</a>
```

涉及的两个视图文件分别是ActivateUserEmail.cshtml以及ActivateUserEmail Confirmation，分别用于提交邮箱地址和告知用户已经发送了邮箱地址。

ActivateUserEmail.cshtml文件的代码如下。

```
@model EmailAddressViewModel

<h2>激活邮箱</h2>
<hr />
<div class="row">
  <div class="col-md-12">
    <form method="post">
      <div asp-validation-summary="All" class="text-danger"></div>
```

```
        <div class="form-group">
          <label asp-for="Email"></label>
          <input asp-for="Email" class="form-control" />
          <span asp-validation-for="Email" class="text-danger"></span>
        </div>
        <button type="submit" class="btn btn-primary">提交</button>
      </form>
    </div>
</div>
```

ActivateUserEmailConfirmation.cshtml视图文件的代码如下。

```
<h1 class="text-info">邮件发送通知</h1>
<h4 class="text-secondary">
  @ViewBag.Message
</h4>
```

现在运行项目，导航到/Account/ActivateUserEmail，并提供邮箱未激活的读者的注册电子邮箱地址，结果如图28.19所示。

图28.19

如果是已经激活了的邮箱，则页面如图28.20所示。

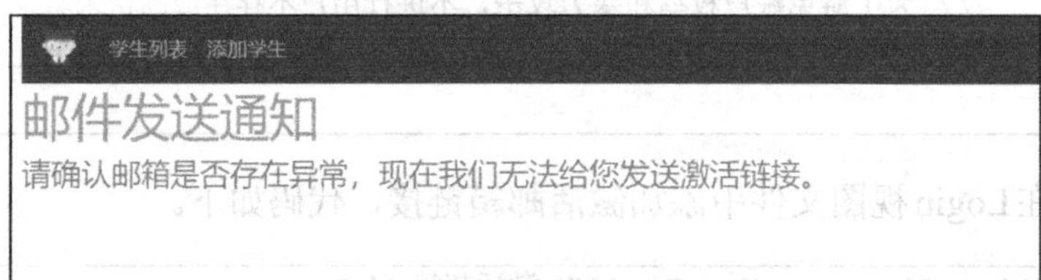

图28.20

28.4　忘记密码功能

在本节，我们来学习如何开发忘记密码功能，为防止账号和密码丢失后无法登录，需要开发找回密码的功能。

在Login视图文件中添加**找回密码**链接，代码如下。

```
<div>
  <a asp-action="ForgotPassword">找回密码</a>
</div>
```

用户提供电子邮箱地址，然后发送密码重置链接，用户单击链接即可重置密码。在这里，我们复用之前创建的EmailAddressViewModel文件。然后在AccountController中添加忘记密码的操作方法，需要添加HttpGet和HttpPost两种方法，在AccountController中包括HttpGet和ForgotPassword()操作，代码如下。

```
        [HttpGet]
        public IActionResult ForgotPassword()
        {
            return View();
        }

        public async Task<IActionResult> ForgotPassword(EmailAddressViewModel
model)
        {
            if(ModelState.IsValid)
            {
                // 通过邮箱地址查询用户地址
                    var user = await _userManager.FindByEmailAsync(model.
Email);
                // 如果找到了用户并且确认了电子邮箱
                        if(user!= null && await _userManager.
IsEmailConfirmedAsync(user))
                {
                    //生成重置密码令牌
                    var token = await _userManager.GeneratePasswordResetTo
kenAsync(user);

                    // 生成密码重置链接
                      var passwordResetLink = Url.Action("ResetPassword",
"Account",
                          new{email = model.Email,token = token},Request.
Scheme);

                    // 将密码重置链接记录到文件中
                    _logger.Log(LogLevel.Warning,passwordResetLink);

                    //重定向用户到忘记密码确认视图
                    return View("ForgotPasswordConfirmation");
                }
                // 为了避免账户枚举和暴力攻击，不进行用户不存在或邮箱未验证的提示
                return View("ForgotPasswordConfirmation");
            }

            return View(model);
        }
```

ForgotPassword视图文件的代码如下。

```
@model EmailAddressViewModel
<h2>找回密码</h2>
<hr />
<div class="row">
  <div class="col-md-12">
    <form method="post">
      <div asp-validation-summary="All" class="text-danger"></div>
      <div class="form-group">
        <label asp-for="Email"></label>
        <input asp-for="Email" class="form-control" />
        <span asp-validation-for="Email" class="text-danger"></span>
      </div>
      <button type="submit" class="btn btn-primary">提交</button>
    </form>
  </div>
</div>
```

ForgotPasswordConfirmation视图文件的代码如下。

```
<h1 class="text-info">邮件发送通知</h1>
<h4 class="text-secondary">
    如果您在我们系统有注册账户，我们已经发了邮件到您的邮箱中，请前往邮箱重置您的密码。
</h4>
```

运行项目，导航到/Account/ForgotPassword，提供读者的注册电子邮箱地址，邮件发送通知页面如图28.21所示。

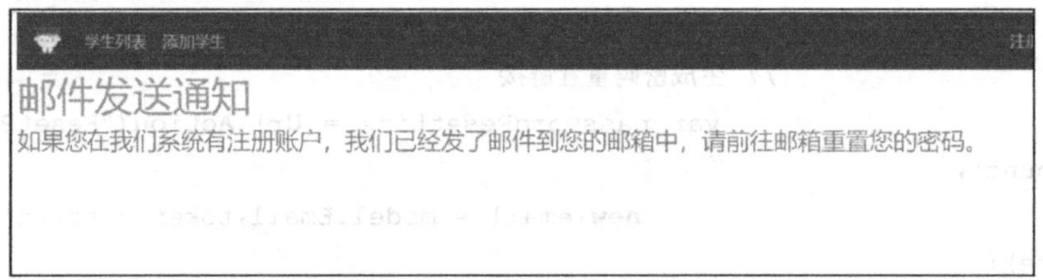

图28.21

打开日志文件并找到密码重置链接，如下所示。

https://localhost:13380/Account/ResetPassword？email=ltm@ddxc.org&token=CfDJ8HpirsZUXNxBvU8n%2...

目前，如果尝试使用密码重置链接，则会收到404错误，这是因为在AccountController中没有ResetPassword()操作方法。

28.5 重置密码功能

目前我们还没有实现重置密码功能，为此需要邮箱地址、密码重置令牌、新密码和确认密码。

在重置密码页面，用户提供新密码和确认密码，邮箱地址和重置令牌位于密码重置链接中。

先创建重置密码视图模型，代码如下。

```
using System.ComponentModel.DataAnnotations;

namespace MockSchoolManagement.ViewModels
{
    public class ResetPasswordViewModel
    {
        [Required]
        [EmailAddress]
        [Display(Name = "邮箱地址:")]
        public string Email{get;set;}

        [Required]
        [DataType(DataType.Password)]
        [Display(Name = "密码:")]
        public string Password{get;set;}

        [DataType(DataType.Password)]
        [Display(Name = "确认密码:")]
        [Compare("Password",
            ErrorMessage = "密码与确认密码不一致，请重新输入。")]
        public string ConfirmPassword{get;set;}

        public string Token{get;set;}
    }
}
```

在ResetPassword.cshtml视图文件中，使用两个隐藏的<input>元素来存储电子邮件地址和密码重置令牌，因为我们需要在回调的时候使用它们。

```
@model ResetPasswordViewModel

<h2>重置密码</h2>
<hr />
<div class="row">
    <div class="col-md-12">
        <form method="post">
            <div asp-validation-summary="All" class="text-danger"></div>
            <input asp-for="Token" type="hidden" />
            <input asp-for="Email" type="hidden" />
            <div class="form-group">
                <label asp-for="Password"></label>
                <input asp-for="Password" class="form-control" />
```

```
                    <span asp-validation-for="Password" class="text-danger"></
span>
                </div>
                <div class="form-group">
                    <label asp-for="ConfirmPassword"></label>
                    <input asp-for="ConfirmPassword" class="form-control" />
                        <span asp-validation-for="ConfirmPassword" class="text-
danger"></span>
                </div>
                <button type="submit" class="btn btn-primary">重置</button>
            </form>
        </div>
    </div>
```

在AccountController中添加HttpGet和HttpPost类型的RestPassword()操作，代码如下。

```
        [HttpGet]
        public IActionResult ResetPassword(string token,string email)
        {

 //如果密码重置令牌或电子邮箱为空，则有可能是用户在试图篡改密码重置链接
            if(token == null || email == null)
            {
                ModelState.AddModelError("","无效的密码重置令牌");
            }
            return View();
        }

        [HttpPost]
         public async Task<IActionResult> ResetPassword(ResetPasswordViewModel
model)
        {
            if(ModelState.IsValid)
            {
                // 通过邮箱地址查找用户
                     var user = await _userManager.FindByEmailAsync(model.
Email);

                if(user!= null)
                {
                    // 重置用户密码
                     var result = await _userManager.ResetPasswordAsync(user,
model.Token,model.Password);
                    if(result.Succeeded)
                    {
                        return View("ResetPasswordConfirmation");
                    }
                    //显示验证错误信息。当密码重置令牌已用或密码复杂性
                    //规则不符合标准时，触发行为
```

```
                    foreach(var error in result.Errors)
                    {
                        ModelState.AddModelError("",error.Description);
                    }
                    return View(model);
                }

                // 为了避免账户枚举和暴力攻击，不要提示用户不存在
                return View("ResetPasswordConfirmation");
            }
            // 如果模型验证未通过，则显示验证错误
            return View(model);
        }
```

重置密码确认文件ResetPasswordConfirmation.cshtml的代码如下。

```
<h1 class="text-info">重置密码通知</h1>
<h4 class="text-secondary">
  读者的密码已被重置。请单击 <a asp-action="Login">登录</a>
</h4>
```

运行项目，导航到/Account/ForgotPassword，填写邮箱并提交信息，然后打开日志文件，找到密码重置链接，如下所示。

https://localhost:13380/Account/ResetPassword？email=ltm@ddxc.org&token=CfDJ8HpirsZUXNxBvU8n%2...

进入重置密码视图，填写密码后返回结果如图28.22所示，说明密码已经重置成功。

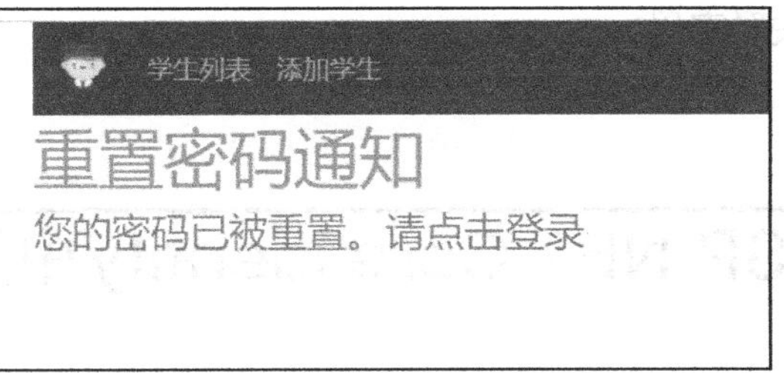

图28.22

28.6 小结

本章我们介绍了用户在登录和注册过程中涉及的问题以及各种情况的判断和处理，而这些功能都是Identity已经封装好的API，只需要调用它们，然后组合成业务代码即可，这对于快速开发来说友好很多。如果读者还想继续深入了解Identity，则可以前往Github下载源代码，我们可以更加深入地了解或者修改它们，当然我们不可能将所有的Identity都解密，但是可以选择几个方法，读者也可以去了解一下其中的一两个方法。

第29章 解析部分ASP.NET Core Identity源代码

在第28章中我们已经完成了一个账户体系中的大部分功能，在忘记密码和重置密码的功能中涉及了令牌的使用。本章我们将深入了解它，并查看在ASP.NET Core源代码中它是如何实现的。

本章主要向读者介绍如下内容。

- Token令牌的生成与验证。
- 修改密码。
- 加密解密的示例。
- 修改用户密码。
- 为快捷登录关联密码。
- 账号锁定。

29.1 解析ASP.NET Core Identity中Token的生成与验证

要了解ASP.NET Core中的令牌，我们需要理解Identity中UserManager的实现。

在之前开发密码重置功能与邮箱验证功能的时候，调用了生成和验证令牌功能。比如，要生成电子邮箱验证令牌，我们使用GenerateEmailConfirmationTokenAsync()方法。

```
var token = await userManager.GenerateEmailConfirmationTokenAsync(user);
```

要生成密码重置令牌，使用GeneratePasswordResetTokenAsync()方法。

```
var token = await userManager.GeneratePasswordResetTokenAsync(user);
```

这两个方法的内部都调用了GenerateUserTokenAsync()方法，代码如下。

```
public virtual Task<string> GenerateEmailConfirmationTokenAsync(TUser user)
{
```

```
        ThrowIfDisposed();
        return GenerateUserTokenAsync(user,
            Options.Tokens.EmailConfirmationTokenProvider,ConfirmEmailTokenPurpose);
    }

    public virtual Task<string> GeneratePasswordResetTokenAsync(TUser user)
    {
        ThrowIfDisposed();
        return GenerateUserTokenAsync(user,
            Options.Tokens.PasswordResetTokenProvider,ResetPasswordTokenPurpose);
    }
```

我们可以看到，GenerateUserTokenAsync()需要3个参数，具体如下。

- 生成令牌的用户。
- 实际生成令牌的提供者。
- 令牌的用途类型。比如用于密码重置或电子邮箱确认的令牌，电子邮箱确认的令牌不能用于密码重置，否则会报错。

接下来，还需要了解令牌是如何生成的。现在访问DataProtectorTokenProvider.cs类文件，涉及的令牌都是在这里生成的。我们可以找到两个方法，分别是GenerateAsync()方法和ValidateAsync()方法。

我们先了解一下DataProtectorTokenProvider中的GenerateAsync()方法，代码如下。

```
    public virtual async Task<string> GenerateAsync(string purpose,
    UserManager<TUser> manager,TUser user)
            {
                if(user == null)
                {
                    throw new ArgumentNullException(nameof(user));
                }
                var ms = new MemoryStream();
                var userId = await manager.GetUserIdAsync(user);
                using(var writer = ms.CreateWriter())
                {
                    writer.Write(DateTimeOffset.UtcNow);
                    writer.Write(userId);
                    writer.Write(purpose??"");
                    string stamp = null;
                    if(manager.SupportsUserSecurityStamp)
                    {
                        stamp = await manager.GetSecurityStampAsync(user);
                    }
                    writer.Write(stamp??"");
                }
                var protectedBytes = Protector.Protect(ms.ToArray());
                return Convert.ToBase64String(protectedBytes);
            }
```

我们从上面的代码中可以看到，令牌包括令牌创建时间、用户身份ID、令牌用途和用户安全时间戳（也可称作安全印章）。

对以上所有数据进行加密并进行Base64编码，这是为了方便在网络中进行发送。ASP.NET Core使用数据保护API(DataProtector API，DP API）进行加密，在后面的内容中会通过案例的形式了解它们。

生成Token令牌后也需要进行验证，这就需要DataProtectorTokenProvider中的ValidateAsync()方法。顾名思义，ValidateAsync()方法用于验证令牌。它先将Base64解码，然后对令牌进行解密。解密由DataProtector API完成，完整的代码如下。

```
public virtual async Task<bool> ValidateAsync(string purpose,string token,
UserManager<TUser> manager,TUser user)
        {
            try
            {
                    var unprotectedData = Protector.Unprotect(Convert.
FromBase64String(token));
                var ms = new MemoryStream(unprotectedData);
                using(var reader = ms.CreateReader())
                {
                    var creationTime = reader.ReadDateTimeOffset();
                        var expirationTime = creationTime + Options.
TokenLifespan;
                    if(expirationTime < DateTimeOffset.UtcNow)
                    {
                        Logger.InvalidExpirationTime();
                        return false;
                    }

                    var userId = reader.ReadString();
                    var actualUserId = await manager.GetUserIdAsync(user);
                    if(userId!= actualUserId)
                    {
                        Logger.UserIdsNotEquals();
                        return false;
                    }

                    var purp = reader.ReadString();
                    if(!string.Equals(purp,purpose))
                    {
                        Logger.PurposeNotEquals(purpose,purp);
                        return false;
                    }

                    var stamp = reader.ReadString();
                    if(reader.PeekChar() != -1)
                    {
```

```
                    Logger.UnexpectedEndOfInput();
                    return false;
                }

                if(manager.SupportsUserSecurityStamp)
                {
                    var isEqualsSecurityStamp = stamp == await manager.
GetSecurityStampAsync(user);
                    if(!isEqualsSecurityStamp)
                    {
                        Logger.SequrityStampNotEquals();
                    }

                    return isEqualsSecurityStamp;
                }


                var stampIsEmpty = stamp == "";
                if(!stampIsEmpty)
                {
                    Logger.SecurityStampIsNotEmpty();
                }

                return stampIsEmpty;
            }
        }
        // ReSharper禁用一次EmptyGeneralCatchClause
        catch
        {
            //不泄露异常
            Logger.UnhandledException();
        }

        return false;
    }
```

代码说明如下。

- 对Base64解码完成后，会先读取令牌中的时间，然后计算这个令牌的有效期。如果计算的DateTime小于当前UTC DateTime，则令牌已过期。因此该方法返回false。令牌过期后将无法使用。默认令牌有效期为1天。当然，我们也可以更改此设置以满足应用程序要求，在后面的章节中会详细介绍。
- 将传入的用户ID与令牌中保存的用户ID进行对比，如果用户ID不相等，则该方法返回false，使令牌无效。指定了用户的ID，就只能允许该用户使用。
- 获取令牌中保存的用途类型并确保用途类型相同，为此生成的令牌只能用于该用途。如果我们尝试将其用于其他用途，则令牌验证将失败。比如，如果为选定的用户生成令牌以重置密码，则该令牌只能由该选定的用户用于重置其密码。

简而言之，密码重置令牌不能用于确认电子邮箱地址。

- 获取令牌中的安全印章与数据库中用户当前的安全印章进行比较。如果它们不同，则令牌验证失败。

在ASP.NET Core中自定义令牌有效期

现在来了解一下自定义令牌的有效期，在DataProtectorTokenProvider中的GenerateAsync()方法和ValidateAsync()方法验证都提到了令牌用途，从而产生了邮箱确认令牌或密码重置令牌。这些令牌的默认有效期为1天，我们可以通过内置的DataProtectionTokenProviderOptions类来修改所有令牌类型的有效期，通过下面的代码，我们知道所有的令牌有效期为3 h。

```
services.Configure<DataProtectionTokenProviderOptions>(o =>
        o.TokenLifespan = TimeSpan.FromHours(5));
```

可以通过一个案例测试令牌失效后会发生什么，我们将令牌有效期从5 h修改为10s，代码如下。

```
    services.Configure<DataProtectionTokenProviderOptions>(
                o =>
        o.TokenLifespan = TimeSpan.FromSeconds(10));
```

如图29.1所示，通过重置密码功能进行解密的时候，提示令牌已经失效。

图29.1

是否可以通过不同的令牌类型来设置不同的自定义令牌有效期呢？比如，我们将电子邮箱确认令牌类型的有效期设置为3天。

29.2 自定义令牌类型及令牌有效期

现在为电子邮箱确认令牌类型设置特定的有效期，可以先创建一个

CustomEmailConfirmationTokenProviderOptions类，然后将这个类存放在Security/CustomTokenProvider文件夹中，代码如下。

```
/// <summary>
/// 自定义邮箱验证令牌有效期配置类
/// </summary>
public class CustomEmailConfirmationTokenProviderOptions:DataProtectionTokenProviderOptions
{    }
```

上面的代码继承了内置的DataProtectionTokenProviderOptions类，这是因为我们要修改TokenLifespan属性，而这个属性就是令牌的有效期，同时实例化后的DataProtectionTokenProviderOptions类会作为参数传递到DataProtectorTokenProvider类中。这也是要带领读者查看源代码的原因。

有了自定义邮箱验证令牌有效期配置类后，我们还需要创建一个提供程序，名为CustomEmailConfirmationTokenProvider，将它保存在Security/CustomTokenProvider文件夹，代码如下。

```
/// <summary>
/// 自定义邮箱验证令牌提供程序
/// </summary>
/// <typeparam name="TUser"></typeparam>
public class CustomEmailConfirmationTokenProvider<TUser>
:DataProtectorTokenProvider<TUser> where TUser:class
{
    public CustomEmailConfirmationTokenProvider(IDataProtectionProvider dataProtectionProvider,                IOptions<CustomEmailConfirmationTokenProviderOptions> options,ILogger<DataProtectorTokenProvider<TUser>> logger)
        :base(dataProtectionProvider,
              options,logger)
    { }
}
```

我们的自定义提供程序类CustomEmailConfirmationTokenProvider通过继承DataProtectorTokenProvider类来获得生成令牌所需的所有功能。不必在此自定义提供程序类中编写任何特殊的逻辑即可生成令牌。DataProtectorTokenProvider基类会生成令牌，我们只需要创建一个构造函数，并通过泛型约束将这些实例传递给基类的构造函数即可。

请注意，上方代码中涉及C#语法，CustomEmailConfirmationTokenProvider<TUser>中的<TUser>是泛型传参，而where TUser:class是指泛型约束。

接下来，我们将自定义提供程序，并将其注册到项目中，在ConfigureServices()方法中执行注册，代码如下。

```
public void ConfigureServices(IServiceCollection services)
{
   services.Configure<IdentityOptions>(options =>
        {
```

```
            //其他代码

                       //通过自定义的CustomEmailConfirmation名称来覆盖旧有token名称，是
    //它与AddTokenProvider<CustomEmailConfirmationTokenProvider<ApplicationUser
    //>>("CustomEmailConfirmation")关联在一起
                      options.Tokens.EmailConfirmationTokenProvider =
    "CustomEmailConfirmation";
             });

              services.AddIdentity<ApplicationUser,IdentityRole>()
               .AddEntityFrameworkStores<AppDbContext>()
                   .AddDefaultTokenProviders()
                     .AddTokenProvider<CustomEmailConfirmationTokenProvider<
    ApplicationUser>>("CustomEmailConfirmation");
                   //其他代码
    }
```

在Configure<IdentityOptions>中，传递了自定义名称 CustomEmailConfirmation来覆盖内置的邮箱验证令牌配置。然后在services.AddIdentity<ApplicationUser, IdentityRole>()中添加 AddTokenProvider()方法，将自定义的 CustomEmailConfirmationTokenProvider类注册到提供程序中，传入自定义名称 CustomEmailConfirmation作为它的参数，与ApplicationUser视图关联在一起，这样我们的配置便生效了。

在配置完毕之后，更改电子邮箱验证令牌的有效期，代码如下。

```
    public void ConfigureServices(IServiceCollection services)
    {

        // 修改所有令牌类型的有效期为5h
        services.Configure<DataProtectionTokenProviderOptions>(o =>
                o.TokenLifespan = TimeSpan.FromHours(5));

        // 仅更改电子邮箱验证令牌类型的有效期为3天
        services.Configure<CustomEmailConfirmationTokenProviderOptions>(o =>
                o.TokenLifespan = TimeSpan.FromDays(3));
    }
```

如果要进行验证，只需要将所有的令牌有效期设置为10 s，然后准备一个待验证的用户，运行项目进行测试，超过10 s后再进行验证。如果令牌失效，说明自定义令牌有效期成功运行。

29.3 ASP.NET Core中Data Protection的加密和解密示例

Data Protection（数据保护）可以对路由值、查询字符串、数据库连接字符串和其他敏感数据进行加密和解密，这些都通过Data Protection的API来完成，我们也把其称作

DP API。

现在通过一个例子来理解加密路由，我们要查询一个学生的详情信息，链接如下。

https://localhost:13380/home/details/5

该URL末尾的5是Student的ID。我们想把它加密为如下不可读的状态。

https://localhost:13380/home/details/57d30ef9-db17-4ab....

此时我们可以查看GitHub中DataProtectorTokenProvider的源代码。此类除了生成电子邮箱确认令牌、密码重置令牌等，还通过注入IDataProtector接口负责加密和解密这些令牌，因此我们使用IDataProtector接口中的Protect()和Unprotect()方法分别进行加密和解密。

创建数据保护字符串，此类包含加密和解密所需的数据保护字符串。目前，我们只有一个数据保护字符串。

```
    /// <summary>
    /// 数据保护字符串
    /// </summary>
    public class DataProtectionPurposeStrings
    {
        public readonly string StudentIdRouteValue = "StudentIdRouteValue";
    }
```

在ConfigureServices()方法中使用ASP.NET Core依赖项注入容器来注册数据保护字符串类，然后可以在全局的所有控制器中对它进行调用。

```
public void ConfigureServices(IServiceCollection services)
{
    services.AddSingleton<DataProtectionPurposeStrings>();
}
```

现在需要添加加密ID的模型属性，代码如下。

```
public class Student
    {
     //其他属性
        [NotMapped]
        public string EncryptedId{get;set;}
    }
```

顾名思义，EncryptedId属性即对学生ID进行的加密。NotMapped属性位于System.ComponentModel.DataAnnotations.Schema命名空间中，NotMapped属性指示ORM框架，也就是我们的EF Core，不要将此列映射到数据库表中。

在HomeController中注入IDataProtector，因为我们要使用它的Protect()和Unprotect()方法。在Index()操作方法中对学生ID进行加密，而在Details()中将其解密，代码如下。

```
using EmployeeManagement.Models;
using EmployeeManagement.Security;
using Microsoft.AspNetCore.Authorization;
using Microsoft.AspNetCore.DataProtection;
```

```
using Microsoft.AspNetCore.Mvc;
using System;
using System.Linq;

namespace EmployeeManagement.Controllers
{
    public class HomeController:Controller
    {
        private readonly IStudentRepository _studentRepository;

        //IDataProtector提供了Protect()和Unprotect()方法，可以对数据进行加密或
        //者解密
        private readonly IDataProtector protector;

        //CreateProtector()方法是IDataProtectionProvider接口提供的，它实例化的
        //名称dataProtectionProvider的CreateProtector()方法需要数据保护字符串
        //所以需要注入我们声明的用于数据保护的链接字符串，即DataProtectionPurpose
        //Strings
        //目前我们只需要保密Student中的ID信息
            public HomeController(IStudentRepository studentRepository,
IDataProtectionProvider dataProtectionProvider,DataProtectionPurposeStrings
dataProtectionPurposeStrings)
        {
            _studentRepository = studentRepository;
            this.protector = dataProtectionProvider.CreateProtector(
                 dataProtectionPurposeStrings.StudentIdRouteValue);
        }


        public ViewResult Index()
        {
            //查询所有的学生信息
                List<Student> model = _studentRepository.GetAllStudents().
Select(s=> {
                //加密ID值并存储在EncryptedId属性中
 s.EncryptedId = _protector.Protect(s.Id.ToString());
                return s;
            }).ToList();
            //将学生列表传递到视图
            return View(model);
        }

        // Details视图接收加密后的学生ID
        public ViewResult Details(string id)
        {
            //使用Unprotect()方法来解析学生ID
            string decryptedId = _protector.Unprotect(id);
```

```
    int decryptedStudentId = Convert.ToInt32(decryptedId);
            var student = _studentRepository.GetStudentById(decryptedStude
ntId);
            //判断学生信息是否存在
            if(student == null)
            {
                ViewBag.ErrorMessage = $"学生Id={id}的信息不存在，请重试。";
                return View("NotFound");
            }
            //实例化HomeDetailsViewModel并存储学生详细信息和PageTitle
                HomeDetailsViewModel homeDetailsViewModel = new
HomeDetailsViewModel()
            {
                Student = student,
                PageTitle = "学生详情"
            };
            //将homeDetailsViewModel对象传递给View()方法
            return View(homeDetailsViewModel);
        }

        // 其他代码
    }
}
```

在Index.cshtml视图中，将EncryptedId属性值绑定到查看和编辑按钮的链接中，代码如下。

```
@model List<Student>
@{ViewBag.Title = "学生列表页面";}
    <div class="card-deck">
        @foreach(var student in Model) {var photoPath = "~/images/noimage.
png";
        if(student.PhotoPath!=null) {photoPath = "~/images/avatars/" +
        student.PhotoPath;}
        <div class="card m-3">
          <div class="card-header">
            <h3 class="card-title">@student.Name</h3>
          </div>

            <img    class="card-img-top imageThumbnail "  src="@photoPath"
asp-append-version="true"   />

          <div class="card-body text-center">
            <h5 class="card-title">主修科目:@student.Major.GetDisplayName()</
h5>
          </div>

          <div class="card-footer text-center">
                <a   asp-controller="Home"   class="btn btn-info" asp-
action="Details"  asp-route-id="@student.EncryptedId">查看</a>
```

```
                <a asp-controller="home" asp-action="edit"   asp-route-id="@
student.EncryptedId"  class="btn btn-primary m-1">编辑</a>
              <a href="#" class="btn btn-danger">删除</a>
            </div>
          </div>
          }
        </div>
      </Student></Student
    >
```

运行项目并访问/Home/Details/学生详情页，结果如图29.2所示。

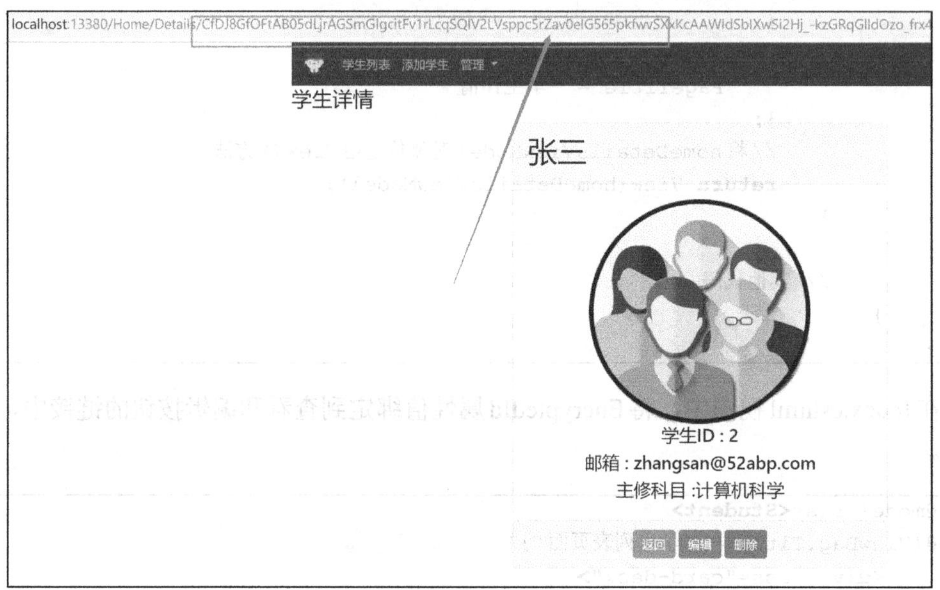

图29.2

我们可以把ASP.NET Core中的数据保护字符串理解为加密密钥，然后将此密钥与主密钥或根密钥组合以生成唯一的密钥。因为使用它们进行加密，所以解密的时候也只能由数据保护字符串和主密钥或根密钥组合进行解密，如图29.3所示。

图29.3

数据保护字符串是为保护系统数据安全性所设计的，因为即使创建密钥时选择的根密钥相同，它也可以给加密数据提供隔离。

29.4 在ASP.NET Core中添加更改密码功能

Identity提供了ChangePasswordAsync()方法，代码如下。

```
var result = await _userManager.ChangePasswordAsync(user,
    model.CurrentPassword,model.NewPassword);
```

该方法要求用户输入当前密码，这是为了保证修改密码的是该账户的实际所有者。如果不要求输入当前密码，则当用户短暂离开计算机或忘记从公用计算机注销时，有可能会被恶意用户更改为另一个用户密码。用户成功更改密码后，我们会调用SignInManager服务的RefreshSignInAsync()方法，此方法用于刷新登录用户的Cookie信息。

我们需要在ViewModels文件夹中添加ChangePasswordViewModel.cs类文件，并将其作为视图模型，代码如下。

```
public class ChangePasswordViewModel
    {
        [Required]
        [DataType(DataType.Password)]
        [Display(Name = "当前密码:")]
        public string CurrentPassword{get;set;}

        [Required]
        [DataType(DataType.Password)]
        [Display(Name = "新密码:")]
        public string NewPassword{get;set;}

        [DataType(DataType.Password)]
        [Display(Name = "确认新密码")]
        [Compare("NewPassword",ErrorMessage =
            "新密码和确认密码不匹配。")]
        public string ConfirmPassword{get;set;}
    }
```

添加ChangePassword视图文件，代码如下。

```
@model ChangePasswordViewModel

<h2>修改密码</h2>
<hr />
<div class="row">
  <div class="col-md-12">
    <form method="post">
      <div asp-validation-summary="All" class="text-danger"></div>
      <div class="form-group">
        <label asp-for="CurrentPassword"></label>
```

```
            <input asp-for="CurrentPassword" class="form-control" />
              <span asp-validation-for="CurrentPassword" class="text-danger"></
span>
        </div>
        <div class="form-group">
            <label asp-for="NewPassword"></label>
            <input asp-for="NewPassword" class="form-control" />
            <span asp-validation-for="NewPassword" class="text-danger"></span>
        </div>
        <div class="form-group">
            <label asp-for="ConfirmPassword"></label>
            <input asp-for="ConfirmPassword" class="form-control" />
              <span asp-validation-for="ConfirmPassword" class="text-danger"></
span>
        </div>
        <button type="submit" class="btn btn-primary">更新</button>
      </form>
    </div>
</div>
```

添加一个修改密码结果通知页面，代码如下。

```
<h1 class="text-info">修改密码结果通知</h1>
<h4 class="text-secondary">
  您的密码已经修改成功。
</h4>
<a   asp-controller="home"   asp-action="index"   class="btn  btn-outline-
success"  style="width:auto">  单击此处返回首页</a>
```

在AccountController中添加HttpGet和HttpPost类型的ChangePassword()操作。HttpGet类型的ChangePassword() 操作方法代码如下。

```
[HttpGet]
public IActionResult ChangePassword()
{
    return View();
}
```

HttpPost类型的ChangePassword() 操作方法代码如下。

```
[HttpPost]
        public async Task<IActionResult> ChangePassword(ChangePasswordView
Model model)
        {
            if(ModelState.IsValid)
            {
                var user = await _userManager.GetUserAsync(User);
                if(user == null)
```

```
                {
                    return RedirectToAction("Login");
                }

                // 使用ChangePasswordAsync()方法更改用户密码
                var result = await _userManager.ChangePasswordAsync(user,
                    model.CurrentPassword,model.NewPassword);

                //如果新密码不符合复杂性规则或当前密码不正确，则需要将错误提示返回到
                //ChangePassword视图中
                if(!result.Succeeded)
                {
                    foreach(var error in result.Errors)
                    {
                                ModelState.AddModelError(string.Empty,error.
Description);
                    }
                    return View();
                }

                // 更改密码成功，会刷新登录Cookie
                await _signInManager.RefreshSignInAsync(user);
                return View("ChangePasswordConfirmation");
            }

            return View(model);
        }
```

在_Layout.cshtml视图中添加**密码管理**菜单导航项，同时添加判断当用户拥有Admin角色时才显示用户列表和角色列表的菜单导航项，代码如下。

```
@if(_signInManager.IsSignedIn(User)) {

<li class="nav-item dropdown">
   <a   class="nav-link dropdown-toggle"   href="#"     id="navbar
DropdownMenuLink"    data-toggle="dropdown"    aria-haspopup="true"
    aria-expanded="false" > 管理 </a>

  <div class="dropdown-menu" aria-labelledby="navbarDropdownMenuLink">
    @if(User.IsInRole("Admin")) {
     <a class="dropdown-item" asp-controller="Admin" asp-action="ListUsers"
>用户列表</a>
     <a class="dropdown-item" asp-controller="Admin" asp-action="ListRoles"
>角色列表</a>
    }
       <a   class="dropdown-item"  asp-controller="Account"  asp-
action="ChangePassword"> 密码管理</a>
```

```
      </div>
    </li>
    }
```

现在运行项目，然后导航到/Account/ChangePassword/，修改密码视图，如图29.4所示。

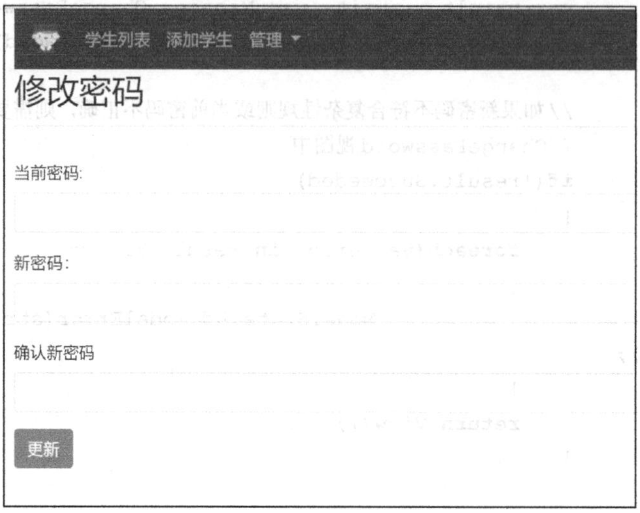

学生列表
添加学生
管理
修改密码
当前密码:
新密码:
确认新密码
更新

图29.4

修改密码成功后，就不需要重新登录了，因为我们刷新了登录Cookie信息，然后会进入修改密码确认页面，如图29.5所示。

学生列表
添加学生
管理
修改密码结果通知
您的密码已经修改成功。
点击此处返回首页

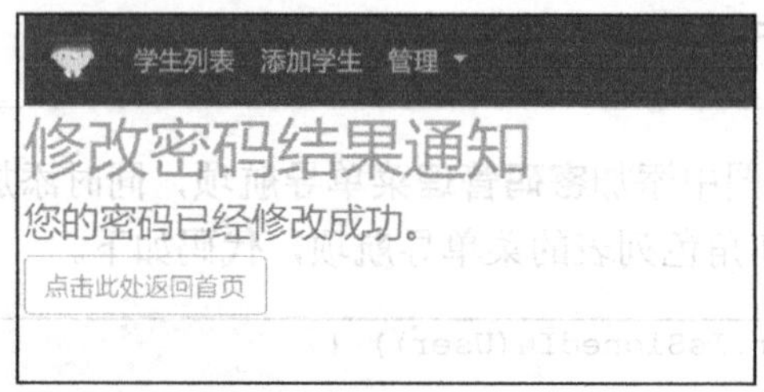

图29.5

29.5　为第三方账户添加密码

目前第三方账户在本地系统中都没有设置密码，因此无法使用账号密码进行登录，本节将这个功能进行完善。

我们从SQL Server对象资源管理器中查看AspNetUsers表的HasPassword列，可以看到本地账户都是有密码的，而通过第三方登录的则为空，如图29.6所示。

那么要向第三方账户添加密码，我们需要使用Identity提供的UserManager服务，其中一个封装好的方法AddPasswordAsync()，代码如下。

```
userManager.AddPasswordAsync(user,model.NewPassword);
```

最大行数(O): 1000

	UserName	NormalizedU...	Email	NormalizedE...	EmailConfirm...	PasswordHash
-55f...	ltm3@52abp.c...	LTM3@52ABP...	ltm3@52abp.c...	LTM3@52ABP...	False	AQAAAAEAACcQAAAAELm4DBE30DbZud...
-192...	tian@52abp.c...	TIAN@52ABP....	tian@52abp.c...	TIAN@52ABP....	False	AQAAAAEAACcQAAAAEEdZxsklobMPV5h...
-e5f...	user@52abp.c...	USER@52ABP....	user@52abp.c...	USER@52ABP....	False	AQAAAAEAACcQAAAAEKhtbqPFcCsQfjiK...
-db1...	ltm@ddxc.org	LTM@DDXC....	ltm@ddxc.org	LTM@DDXC....	True	AQAAAAEAACcQAAAAELOKr/vEqrCyAFk...
-474...	werltm@hotm...	WERLTM@HO...	werltm@hotm...	WERLTM@HO...	True	
-836...	test@52abp.co	TEST@52ABP....	test@52abp.c...	TEST@52ABP....	False	AQAAAAEAACcQAAAAEJ1OjtABpTpaRLF...

图29.6

该方法需要我们传递两个参数，分别是要添加密码的user对象以及新密码的值。

当前，我们使用GitHub进行第三方账户登录，虽然登录成功后有了用户名（邮箱账号），但是PasswordHash列为NULL。现在我们要让它为本地用户账号设置密码，然后用户可以自由选择是使用GitHub账户登录，还是用户名和密码。图29.7所示为我们要开发的效果图。

图29.7

我们在ViewsModels文件夹中添加AddPasswordViewModel.cs文件，代码如下。

```
public class AddPasswordViewModel
    {
        [Required]
        [DataType(DataType.Password)]
        [Display(Name = "新密码:")]
        public string NewPassword{get;set;}

        [DataType(DataType.Password)]
        [Display(Name = "确认新密码")]
        [Compare("NewPassword",ErrorMessage =
            "新密码和确认密码不匹配。")]
        public string ConfirmPassword{get;set;}
    }
```

然后在Views/Account文件夹中添加AddPassword.cshtml视图文件，代码如下。

```
@model AddPasswordViewModel

<h2>添加密码</h2>
<hr />
<p class="text-info">
  您当前使用的第三方账户登录，还没有设置本地用户名和密码。
  如果您想使用本地账户登录，只需设置一个新密码。
  可以使用您的电子邮箱作为用户名。
</p>
<div class="row">
  <div class="col-md-12">
    <form method="post">
      <div asp-validation-summary="All" class="text-danger"></div>
      <div class="form-group">
        <label asp-for="NewPassword"></label>
        <input asp-for="NewPassword" class="form-control" />
        <span asp-validation-for="NewPassword" class="text-danger"></span>
      </div>
      <div class="form-group">
        <label asp-for="ConfirmPassword"></label>
        <input asp-for="ConfirmPassword" class="form-control" />
         <span asp-validation-for="ConfirmPassword" class="text-danger"> </
span>
      </div>
      <button type="submit" class="btn btn-primary" style="width:auto">
        设置密码
      </button>
    </form>
  </div>
</div>
```

当用户设置密码后，需要跳转到确认视图，提示用户已经成功设置了密码，因此还需要添加AddPasswordConfirmation.cshtml文件，代码如下。

```
<h1 class="text-info">密码设置成功</h1>
<h4 class="text-secondary">
  您已经成功地设置了本地密码。现在您可以随意选择
  您的本地用户账户或第三方账户登录到系统中。
</h4>
<a
  asp-controller="home"
  asp-action="index"
  class="btn btn-outline-success"
  style="width:auto"
>
  单击此处返回首页</a
>
```

在AccountController中添加HttpGet和HttpPost类型的ChangePassword()操作，代码如下。

```
    [HttpGet]
        public async Task<IActionResult> AddPassword()
        {
            var user = await _userManager.GetUserAsync(User);

            var userHasPassword = await _userManager.HasPasswordAsync(user);
            if(userHasPassword)
            {
                return RedirectToAction("ChangePassword");
            }
            return View();
        }
    [HttpPost]
         public async Task<IActionResult> AddPassword(AddPasswordViewModel
model)
        {
            if(ModelState.IsValid)
            {
                var user = await _userManager.GetUserAsync(User);
                //为用户添加密码
                    var result = await _userManager.AddPasswordAsync(user,
model.NewPassword);

                if(!result.Succeeded)
                {
                    foreach(var error in result.Errors)
                    {
                                ModelState.AddModelError(string.Empty,error.
Description);
                    }
                    return View();
                }
                //刷新当前用户的Cookie
                await _signInManager.RefreshSignInAsync(user);

                return View("AddPasswordConfirmation");
            }

            return View(model);
        }
```

记得修改ChangePassword()操作方法中的代码，用户使用第三方账户登录，但是没有设置密码，我们需要将用户重定向到AddPassword()操作方法中使其设置密码，代码如下。

```
        [HttpGet]
        public async Task<IActionResult> ChangePassword()
        {
            var user = await _userManager.GetUserAsync(User);

            //判断当前用户是否拥有密码，如果没有，重定向到添加密码视图
            var userHasPassword = await _userManager.HasPasswordAsync(user);

            if(!userHasPassword)
            {
                return RedirectToAction("AddPassword");
            }
            return View();
        }
```

现在尝试运行项目，使用一个没有设置密码的第三方账户进行登录，激活邮箱后登录成功，选择**管理→密码管理**，会导航到图29.7所示的页面中，输入密码后会导航到确认视图，如图29.8所示。

图29.8

29.6 ASP.NET Core中的账户锁定

账户锁定是指在用户登录时尝试多次均失败的情况下，会将该账号锁定（禁用），大多数的银行App或者系统会在5次登录失败后锁定该账号。而具体应该登录失败几次后锁定账号，取决于公司的锁定策略。

在ASP.NET Core Identity中我们可以自定义配置登录失败尝试的次数，在达到次数限制后锁定账户。锁定的目的是防止攻击者通过暴力手段猜测用户的密码。尝试登录失败达到次数后，该账户将被暂时锁定，一般来说会设定一个锁定时间。锁定的时间我们也可以进行配置。

现在我们设定一个场景，假设用户5次登录失败后将账户锁定15 min。15 min后，如果用户再满足登录5次失败的条件，将再次对该账户锁定15min。

此时一般还具有密码更改的策略，比如每1或2个月更改一次密码。将账户锁定策略与密码更改策略相结合，可以让攻击者更难破解密码并获得访问权。

场景已经分析完毕，现在我们来配置一下账户锁定规则。在ConfigureServices()方法中配置代码如下。

```
services.Configure<IdentityOptions>(options =>
          {
              //其他代码
              options.Lockout.MaxFailedAccessAttempts = 5;
                  options.Lockout.DefaultLockoutTimeSpan = TimeSpan.
FromMinutes(15);
          });
```

MaxFailedAccessAttempts指在账户被锁定之前允许的登录失败的次数，默认值为5。DefaultLockoutTimeSpan指锁定账户的时间，默认为5 min。

要配置可登录失败次数为5，默认锁定账户时间为15 min，应修改AccountController中的Login()操作方法，以启用账户锁定功能，代码如下。

```
        [HttpPost]
        public async Task<IActionResult> Login(LoginViewModel model,string
returnUrl)
        {
            model.ExternalLogins =
          (await _signInManager.GetExternalAuthenticationSchemesAsync()).
ToList();

            if(ModelState.IsValid)
            {
                  var user = await _userManager.FindByEmailAsync(model.
Email);

                if(user!= null && !user.EmailConfirmed &&
                      (await _userManager.CheckPasswordAsync(user,model.
Password)))
                {
                    ModelState.AddModelError(string.Empty,"您的电子邮箱还未进
行验证。");
                    return View(model);
                }

                //在PasswordSignInAsync()中我们将最后一个参数从false修改为true,
                //用于启用账户锁定
                //每次登录失败后，都会将AspNetUsers表中的AccessFailedCount列值
                //增加1。当它等于5时
                //MaxFailedAccessAttempts将会锁定账户，然后修改LockoutEnd列，
                //添加解锁时间
                //即使我们提供正确的用户名和密码,PasswordSignInAsync()方法的返回
                //值依然是Lockedout，即被锁定
                var result = await _signInManager.PasswordSignInAsync(
```

```
                model.Email,model.Password,model.RememberMe,true);


            if(result.Succeeded)
            {
                if(!string.IsNullOrEmpty(returnUrl))
                {
                    if(Url.IsLocalUrl(returnUrl))
                    {
                        return Redirect(returnUrl);
                    }
                }
                else
                {
                    return RedirectToAction("index","home");
                }
            }
              //如果账户状态为IsLockedOut，那么我们重定向到AccountLocked
              //视图，提示账户被锁定
            if(result.IsLockedOut)
            {
                return View("AccountLocked");
            }
            ModelState.AddModelError(string.Empty,"登录失败，请重试");
        }

        return View(model);
    }
```

在账户被锁定后，需要重定向到账户锁定视图，此时添加一个AccountLocked视图文件，代码如下。

```
<h3 class="text-danger">
    您的账户已锁定，请稍后再试一次，否则您的账户还可能被锁定。
    <a asp-action="ForgotPassword" asp-controller="Account">
        单击这里重置密码
    </a>
</h3>
```

用户需要等待账户锁定时间到期，如果忘记密码，可以允许重置密码。

```
<h3 class="text-danger">
  您的账户已锁定，请稍后再试一次，否则您的账户还可能被锁定。
  <a asp-action="ForgotPassword" asp-controller="Account">
    单击这里重置密码
  </a>
</h3>
```

如果账户被锁定，则可以请求重置密码。成功重置密码后，将账户锁定结束，日期设置规则为当前UTC日期时间。用户可以使用新密码进行登录。为此，需要使用UserManager服务中的SetLockoutEndDateAsync()方法。

修改对应的ResetPassword()操作方法，代码如下。

```
[HttpPost]
        public async Task<IActionResult> ResetPassword(ResetPasswordViewModel
model)
        {
            if(ModelState.IsValid)
            {
                // 通过电子邮箱地址查找用户
                var user = await _userManager.FindByEmailAsync(model.Email);

                if(user!= null)
                {
                    // 重置用户密码
                        var result = await _userManager.ResetPasswordAsync
(user,model.Token,model.Password);
                    if(result.Succeeded)
                    {
                        //密码成功重置后，如果当前账户被锁定，则设置该账户锁定
                        //结束时间为当前UTC日期时间
                        //这样用户就可以用新密码登录系统
                        if(await _userManager.IsLockedOutAsync(user))
                        {
                            await _userManager.SetLockoutEndDateAsync(user,
DateTimeOffset.UtcNow);
                            //DateTimeOffset指的是UTC日期时间即格林威治时间。
                        }

                        return View("ResetPasswordConfirmation");
                    }
                    //显示验证错误信息。当密码重置令牌已用，或密码复杂性
                    //规则不符合标准时，触发行为
                    foreach(var error in result.Errors)
                    {
                        ModelState.AddModelError("",error.Description);
                    }
                    return View(model);
                }

                // 为了避免账户枚举和暴力攻击，不要提示用户不存在
                return View("ResetPasswordConfirmation");
            }
            // 如果模型验证未通过，则显示验证错误
            return View(model);
        }
```

运行项目，满足登录失败次数达到5次，如图29.9所示。

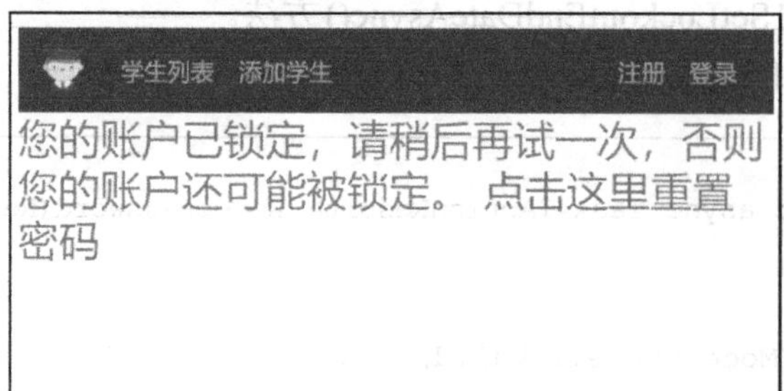

图29.9

29.7　小结

在本章中，我们通过阅读ASP.NET Core 3.1的源代码，了解DataProtectorTokenProvider类文件的作用以及DP API解密加密，这是一个很实用的功能。我们还学习了密码Token的生成及验证。如果遇到特殊需求，还可以自定义令牌Token用于其他用途。截止到目前，这个系统虽然小，但是五脏俱全，这得益于强大的ASP.NET Core已经封装了大量的功能和框架。比如在学习Identity框架时，通过简单的几行代码，我们便可以为系统添加拒绝访问、账户锁定等功能。如果仔细研究Identity会发现，它就是一个宝藏，因为其包含的功能太多了。仅以当前的内容来说已经很难对它的功能进行逐个列举了，但是我相信读者已经想进一步研究Identity中的功能了。

第四部分

第30章
架构

架构是一个可大可小的话题，对于现阶段的我们来说，或许还有点像是“形而上学”，毕竟业务场景千奇百怪，环境复杂多样。但是我们可以了解一下这3个词的定义，这样可以帮助我们完善学校管理系统的功能设计。同时这个项目也可以给各位的架构之路埋下一颗种子，或许机会到的时候就会开花结果。

30.1 架构简介

从业务设计的角度上来说，学校管理系统的架构设计如图30.1所示。

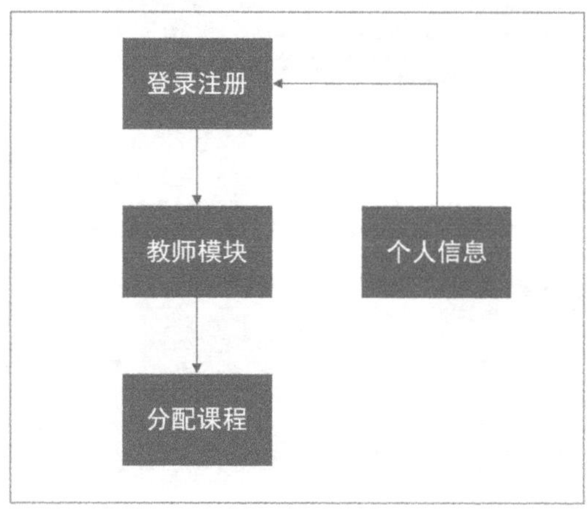

图30.1

如果从物理部署的角度来说，它的架构设计如图30.2所示。

从开发架构设计的角度来说，目前我们的项目采用的是标准的MVC框架，因此架构又变成了MVC架构，如图30.3所示。

由此可见，维度不同，架构也是不同的。

有人对软件架构这样定义：有关软件整体结构与组件的抽象描述，用于指导大型软件系统各个方面的设计，软件体系结构是构建计算机软件实践的基础。

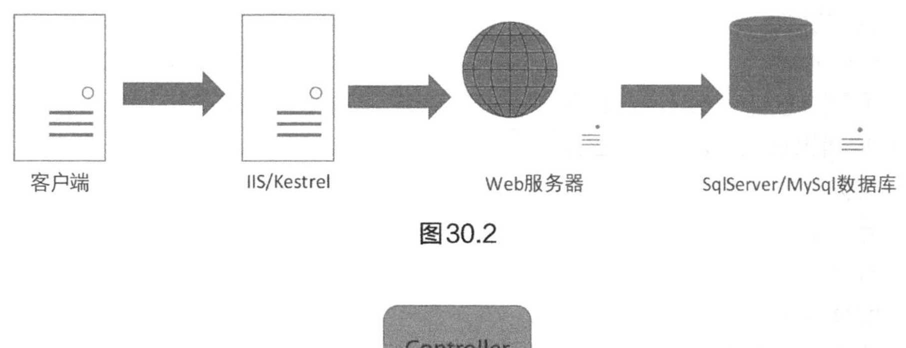

图30.2

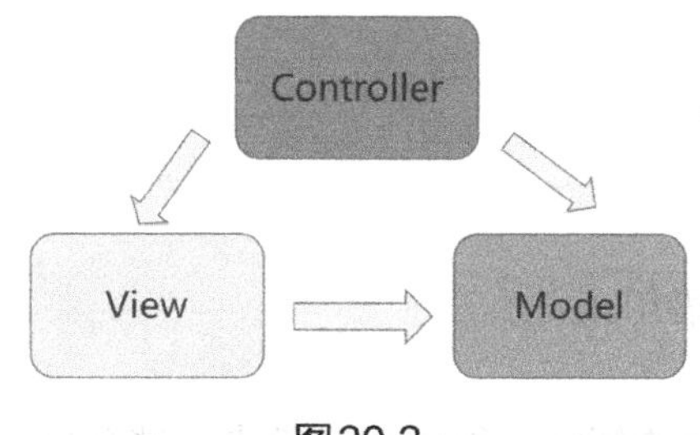

图30.3

我们可以把这句话理解为软件架构即软件系统的顶层设计结构。这句话基本上把系统、模块、组件和架构这些概念都串起来了。

解释一下这些关键字。

- 系统是由无数个子系统组成的，比如支付、理财、账单等都是独立的系统，我们可以称它们是支付宝的子系统。
- 子系统由无数个模块构建而成，比如理财包含了基金、保险这些功能模块，它们由无数公司提供的API接口组合而成。
- 模块则由无数个组件组合而成，比如之前开发的账户体系模块，它由登录、注册和忘记密码等功能组件组合而成。

以上都是通过架构规则来明确模块、组件的运行和协作规则。

简单来说架构规则如下。

- 架构是顶层设计。
- 框架是面向编程或配置的半成品。
- 组件是从技术维度上的复用。
- 模块是从业务维度上职责的划分。
- 系统是相互协同可运行的实体。

30.2 学校管理系统架构设计

既然要开发一个学校管理系统，那么读者肯定比较关心系统效果，以及它所包含的功能。

具体的功能模块如下。

- 学生模块。
- 课程模块。

- 教师模块。
- 学院管理。
- 统计信息。

涉及的知识点如下。

- 数据分页。
- 异步说明。
- 查询，排序。
- 实体状态说明。
- 非跟踪查询的启用。
- 并发冲突。
- 实体间的继承。
- EF Core执行SQL语句。
- 表关系。

希望通过本节架构概念的解释，能为读者带来一些帮助，当然如果不能理解其中的一些概念，也不会影响到后面章节内容的学习。

30.3 EntityFramework Core中的实体关系

目前学校管理系统中只有一个Student实体，用于管理学生的基本信息。现在增加一个Course实体信息，用于关联学生的课程信息以及每门课程的学分。

那么它们之间的关系就是多对多关联关系了。因为一门课程有多个学生，而一名学生也会关联多个课程。因此还需要一个中间实体用于管理和协调它们之间的关系，就像User表和Role表之间需要一个UserRole表作为中间表。

修改Student实体，增加两个属性，代码如下。

```
public class Student
    {
        public int Id{get;set;}
        /// <summary>
        /// 名字
        /// </summary>
        public string Name{get;set;}
        /// <summary>
        /// 主修科目
        /// </summary>
        public MajorEnum?Major{get;set;}
        public string Email{get;set;}
        public string PhotoPath{get;set;}
        [NotMapped]
        public string EncryptedId{get;set;}
```

```
        /// <summary>
        /// 入学时间
        /// </summary>
        public DateTime EnrollmentDate{get;set;}
        //导航属性
        public ICollection<StudentCourse> StudentCourses{get;set;}
    }
```

- EnrollmentDate表示学生的入学时间，它是一个DateTime类型。
- StudentCourses是Student的导航属性，它与Student实体是一对多关联关系，导航属性包含与此实体相关的其他实体。
- 在当前案例下，领域模型Student中的StudentCourses属性会保存所有与Student实体相关的StudentCourse信息。
- StudentCourses的类型是ICollection<T>，这是因为当导航属性要包含多个实体信息的时候（如多对多或一对多关联关系），导航属性的类型必须是一个集合类型如ICollection<T>类型，需要添加、删除或修改其中的列表信息。当然，也可以指该接口实现的类型，如List<T>或HashSet<T>，这里指定的是ICollection<T>，EF Core会默认创建HashSet<T>集合。

HashSet<T>这个集合类包含不重复项的无序列表。

中间关联表StudentCourse的代码如下。

```
public class StudentCourse
    {
        [Key]
        public int StudentsCourseId{get;set;}
        public int CourseID{get;set;}
        public int StudentID{get;set;}
        public Course Course{get;set;}
        public Student Student{get;set;}

    }
```

StudentCourse与Student的关系可以概况如下。

- Student是主实体，包含主键/备用密钥属性的实体。有时称为关系的“父类”。
- Student.ID是主键，用于标识唯一主体实体的属性。它可能是主键或备用密钥，当前是主键。
- Student.StudentCourses是集合导航属性，因为是一对多关联关系。
- StudentCourse.StudentId为外键，用于存储与实体相关的主键属性的值。
- StudentCourse.Student是一个引用导航属性。
- StudentCourse.Student是Student.StudentCourses的反向导航属性（反之亦然）。
- StuentsCourseId上的key表示它是指定主键。

其他名词解释如下。

- 相关实体：这是包含外键属性的实体。有时称为关系的“子类”。

- 主体实体：包含主键/备用密钥属性的实体。有时称为关系的"父类"。
- 外键：依赖实体中的属性，用于存储与实体相关的主键属性的值。
- 主体密钥：标识唯一主体实体的属性。这可能是主键或备用密钥。
- 导航属性：在主体或从属实体上定义的属性，该属性包含对相关实体的引用。
  - 集合导航属性：一个导航属性，其中包含对多个相关实体的引用。
  - 引用导航属性：保存对单个相关实体的引用的导航属性。
  - 反向导航属性：讨论特定导航属性时，此术语是指关系另一端的导航属性。

Course的代码如下。

```
public class Course
    {
        [DatabaseGenerated(DatabaseGeneratedOption.None)]
        public int CourseID{get;set;}
        public string Title{get;set;}
        public int Credits{get;set;}

    public ICollection<StudentCourse> StudentCourses{get;set;}
    }
```

- StudentCourses属性是导航属性，一个Course实体可以与任意数量的StudentCourses实体相关。
- DatabaseGenerated属性，可以让我们自行指定主键值，而不是令数据库自动生成主键值。

Course与StudentCourse类文件都需要保存在Models文件夹中。现在我们将它们都添加到AppDbContext类文件中，使其与我们的数据库上下文关联，代码如下。

```
    public class AppDbContext:IdentityDbContext<ApplicationUser>
    {
        //注意：将ApplicationUser作为泛型参数传递给IdentityDbContext类

        public AppDbContext(DbContextOptions<AppDbContext> options)
          :base(options)
        {
        }

        public DbSet<Student> Students{get;set;}
        public DbSet<Course> Courses{get;set;}
        public DbSet<StudentCourse> StudentCourses{get;set;}
    }
```

生成的迁移命令如下。

```
Add-Migration Add_StudentCoursesAndCourse
```

执行Update-database命令后，可以打开SQL Server对象资源管理器查看实体是否正常同步到数据库中，如图30.4所示。

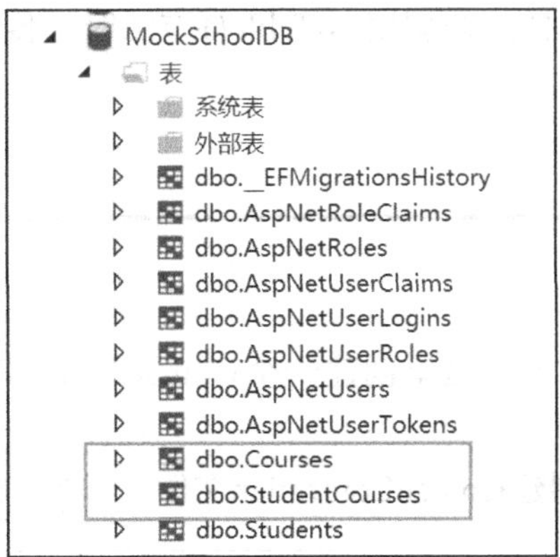

图30.4

可以看到，数据库表名为我们在AppDbContext中定义的属性名，但是我们希望名称和实体名称一致，而不是属性名称，在OnModelCreating()方法中添加如下代码。

```
protected override void OnModelCreating(ModelBuilder modelBuilder)
        {
            base.OnModelCreating(modelBuilder);
            modelBuilder.Seed();

            ///指定实体在数据库中生成的名称
            modelBuilder.Entity<Course>().ToTable("Course","School");
            modelBuilder.Entity<StudentCourse>().ToTable("StudentCourse");
            modelBuilder.Entity<Student>().ToTable("Student");
        }
```

再次生成如下迁移命令。

```
Add-Migration ChangeEntityTableNames
```

执行Update-Database命令后，打开SQL Server对象资源管理器，表信息如图30.5所示。

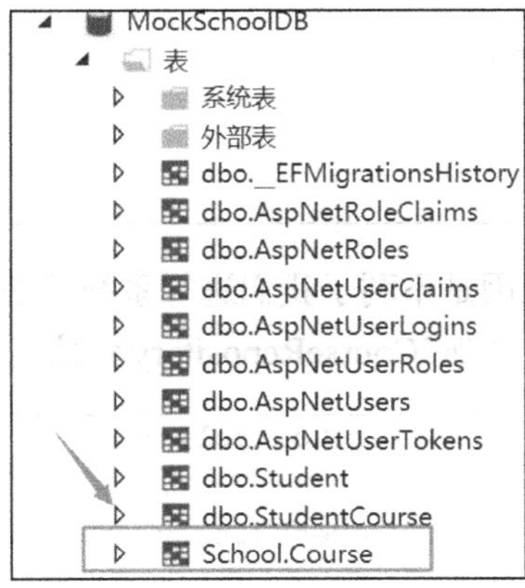

图30.5

名称已经和实体名称一样，在调用ToTable()方法时，传入了两个参数，第二个参数修改默认表前缀为School。

30.4 当前架构

现在需要完善课程的功能，这里创建一个CourseController，然后添加对应的CRUD方法。

在Controller文件夹中创建CourseController文件，添加如下代码。

```
public class CourseController:Controller
  {

        // 不填写 [HttpGet]默认为处理GET请求
        public ActionResult Index()
        {
            return View();
        }

  }
```

查询课程信息的方法有两种。

方法一：直接注入AppDbContext到控制器，代码如下。

```
public class CourseController:Controller
  {
        private readonly AppDbContext _context;

        public CourseController(AppDbContext context)
        {
            _context = context;
        }
        // 不填写 [HttpGet]默认为处理GET请求
        public ActionResult Index()
        {
            return View();
        }

  }
```

方法一我们并不推荐，原因是不利于我们进行系统的松耦合设计。

方法二：通过依赖注入，注册ICourseRepository到控制器，代码如下。

```
public class CourseController:Controller
  {
       private readonly ICourseRepository _courseRepository;

        public CourseController(ICourseRepository courseRepository)
```

```
        {
            _studentRepository = courseRepository;
        }


        // 不填写 [HttpGet]默认为处理GET请求
        public ActionResult Index()
        {
            return View();
        }

    }
```

然后在ConfigureServices()方法中添加以下代码，将ICourseRepository与SQLCourseRepository注册到依赖注入中。

```
services.AddScoped<ICourseRepository,SQLCourseRepository>();
```

目前看起来第二个方法还能达到目的。

30.5 小结

本章简单介绍了在不同的场景下，架构的形式也是不同的，脱离具体的业务谈架构是无意义的。在通过建立Course实体完善其CRUD功能的时候引发了一个思考，那就是我们需要复制粘贴很多代码，目前这只是一个Course实体，后面还要添加多个实体，假设有50个实体，那意味着仅仅是仓储文件就要创建100个文件。一旦对其进行改动，对于我们而言就是一场“灾难”。所以在第31章中，我们需要解决这个问题。

第31章 仓储模式的最佳实践

采用仓储模式的优势包括：使代码更清晰，更易于重用和维护；允许创建松耦合的系统。

那么读者是否会产生一个疑问，接下来要添加很多实体，比如Course、Department和Teacher等，要怎么建立仓储呢？

按照目前的方式，我们会针对每个实体都创建两个文件。

- 一个为Repository的接口文件。
- 一个为Repository的类文件。

这会引发一个问题，如果有50个实体，那么就会创建100个文件，然而每个类中的实体所做的功能都差不多（都是增、删、改、查等基础功能）。如果要增加一个通用功能，比如统计总数，那么就要修改100次，这不仅枯燥乏味，还极易出错。另外，我们还要将它们全部注入ConfigureServices()方法中，此时会发现，我们根本无法维护这个Startup类文件。

有没有一种解决方案可以避免这种事情发生呢？答案是有。

31.1 泛型仓储的实现

ASP.NET Core提供了依赖注入，通过它可以创建松耦合的系统。C#提供了泛型仓储，可以实现对参数、方法、服务的复用。将它们结合在一起，就可以使系统充分松耦合。

现在可以在路径为/Infrastructure/Repositories的文件夹中创建两个文件。

- IRepository.cs接口文件，此接口是所有仓储的约定，它仅作为约定，用于标识这些仓储。
- RepositoryBase.cs类文件，默认仓储的通用功能实现，用于所有的领域模型。

IRepository.cs文件的代码如下。

```
/// <summary>
    /// 此接口是所有仓储的约定，此接口仅作为约定，用于标识它们
    /// </summary>
```

```
    /// <typeparam name="TEntity">当前传入仓储的实体类型</typeparam>
    /// <typeparam name="TPrimaryKey">传入仓储的主键类型</typeparam>
    public interface IRepository<TEntity,TPrimaryKey>   where TEntity:class
    {
    }
```

这里创建了一个泛型IRepository接口，代码如下。

```
IRepository<TEntity,TPrimaryKey>
```

- TEntity指传入的实体信息，如Student、Course这些领域模型。
- TPrimaryKey指传入的主键类型ID，如long、int和GUID类型。

where TEntity : class指泛型约束，用于约束传入的实体文件类型必须是类文件，要防止开发者误用这个仓储文件。

31.2 异步编码与同步编码

为了更好地理解上面的接口设计，我们先来了解一下同步方法与异步方法的区别。在ASP.NET Core和EF Core的项目中推荐使用异步方法。

为什么不推荐同步方法呢？因为Web服务器的可用线程是有限的，而在高负载情况下的所有线程可能都被占用。当发生这种情况的时候，服务器无法处理新请求，直到线程被释放。使用同步编码时，可能会出现多个线程被占用而不能执行任何操作的情况，因为它们正在等待I/O完成。简单来说，我们会感觉到网站访问速度很慢。

当线程等待I/O完成时，如果使用异步编码，则服务器会进行资源协调，将部分线程释放出来，用于处理当前请求。异步编码可以使服务器更加有效地使用资源，Web服务器将减少延迟，处理更多的流量。但是请注意，Web服务器的可用线程总量是不变的，异步编码只是相当于一个“巧妇”，尽可能地协调资源而已。

异步编码在运行时，会增加少量的开销，在低流量时对性能的影响可以忽略不计，但在针对高流量的情况下潜在的性能提升是可观的。

异步方法要正常执行，必须有async关键字、Task<T>返回值和await关键字，代码如下。

```
public async Task<IActionResult> Index()
{
    return View(   await   _studentRepository.GetAllListAsync());
}
```

async关键字用于告知编译器，该方法的主体将生成回调并自动创建Task<IActionResult>返回对象。返回类型Task<IActionResult>表示该方法的返回结果是IActionResult类型。

await关键字会使编译器将方法拆分为两个部分：第一部分将异步启动的操作结束。第二部分当操作完成时，调用回调方法。GetAllListAsync()是GetAllList()方法的异步扩展版本，我们稍后会实现它。

Entity Framework Core使用异步方法时需要注意，只有查询或发送命令到数据库的语句才能使用异步方法，包括ToListAsync、SingleOrDefaultAsync和SaveChangesAsync。但不包括IQueryable的语句，比如_studentRepository.GetAll().Where(a => a.Id == 33)。

31.3 IRepository接口的设计实现

通过以下接口设计来了解一下规则和设计。

```
List<TEntity> GetAllList();//同步方法
Task<List<TEntity>> GetAllListAsync();//异步方法
List<TEntity> GetAllList(Expression<Func<TEntity,bool>> predicate);// 可以
//支持动态LINQ的同步方法
Task<List<TEntity>> GetAllListAsync(Expression<Func<TEntity,bool>>
predicate);//支持传参的异步方法
```

首先是同步方法GetAllList()和异步方法GetAllListAsync()。现在来介绍Expression<Func<TEntity,bool>>，它是一个委托函数，可接收Lambda表达式，我们通过一个简单的示例来理解它。假设当前的接口仅实现了代码，那么我们是无法传递任何参数的。但是我们在方法中添加了List<TEntity> GetAllList(Expression<Func<TEntity,bool>> predicate);。

那么我们可以执行条件筛选，即查询集合中所有未分配的学生列表信息，代码如下。

```
_studentRepository.GetAllList().Where(a => a.Major == MajorEnum.None);
```

在IRepository文件中添加如下代码。

```
  /// <summary>
    /// 此接口是所有仓储的约定，此接口仅作为约定，用于标识它们
    /// </summary>
    /// <typeparam name="TEntity">当前传入仓储的实体类型</typeparam>
    /// <typeparam name="TPrimaryKey">传入仓储的主键类型</typeparam>
    public interface IRepository<TEntity,TPrimaryKey>  where TEntity:class
    {


        #region查询
        /// <summary>
        /// 获取用于从整个表中检索实体的IQueryable
        /// </summary>
        /// <returns>可用于从数据库中选择实体</returns>
        IQueryable<TEntity> GetAll();

        /// <summary>
        /// 用于获取所有实体
        /// </summary>
        /// <returns>所有实体列表</returns>
```

```
        List<TEntity> GetAllList();

        /// <summary>
        /// 用于获取所有实体的异步实现
        /// </summary>
        /// <returns>所有实体列表</returns>
        Task<List<TEntity>> GetAllListAsync();

        /// <summary>
        /// 用于获取传入本方法的所有实体 <paramref name="predicate"/>.
        /// </summary>
        /// <param name="predicate">筛选实体的条件</param>
        /// <returns>所有实体列表</returns>
        List<TEntity> GetAllList(Expression<Func<TEntity,bool>> predicate);

        /// <summary>
        /// 用于获取传入本方法的所有实体<paramref name="predicate"/>
        /// </summary>
        /// <param name="predicate">筛选实体的条件</param>
        /// <returns>所有实体列表</returns>
         Task<List<TEntity>> GetAllListAsync(Expression<Func<TEntity,bool>>
predicate);

        /// <summary>
        /// 通过传入的筛选条件来获取实体信息
        /// 如果查询不到返回值，则会引发异常
        /// </summary>
        /// <param name="predicate">Entity</param>
        TEntity Single(Expression<Func<TEntity,bool>> predicate);

        /// <summary>
        /// 通过传入的筛选条件来获取实体信息
        /// 如果查询不到返回值，则会引发异常
        /// </summary>
        /// <param name="predicate">Entity</param>
            Task<TEntity>  SingleAsync(Expression<Func<TEntity,bool>>
predicate);


        /// <summary>
        /// 通过传入的筛选条件查询实体信息，如果没有找到，则返回null
        /// </summary>
        /// <param name="predicate">筛选条件</param>
        TEntity FirstOrDefault(Expression<Func<TEntity,bool>> predicate);

        /// <summary>
```

```
        /// 通过传入的筛选条件查询实体信息，如果没有找到，则返回null
        /// </summary>
        /// <param name="predicate">筛选条件</param>
          Task<TEntity> FirstOrDefaultAsync(Expression<Func<TEntity,bool>>
predicate);


        #endregion
```

以上为查询实体方法。

```
        #region Insert

        /// <summary>
        /// 添加一个新实体信息
        /// </summary>
        /// <param name="entity">被添加的实体</param>
        TEntity Insert(TEntity entity);

        /// <summary>
        /// 添加一个新实体信息
        /// </summary>
        /// <param name="entity">被添加的实体</param>
        Task<TEntity> InsertAsync(TEntity entity);

        #endregion
```

以上为添加实体方法。

```
         #region Update

        /// <summary>
        /// 更新现有实体
        /// </summary>
        /// <param name="entity">Entity</param>
        TEntity Update(TEntity entity);

        /// <summary>
        /// 更新现有实体
        /// </summary>
        /// <param name="entity">Entity</param>
        Task<TEntity> UpdateAsync(TEntity entity);

        #endregion
```

以上为修改实体方法。

```
        #region Delete


        /// <summary>
```

```
        /// 删除一个实体
        /// </summary>
        /// <param name="entity">无返回值</param>
        void Delete(TEntity entity);

        /// <summary>
        /// 删除一个实体
        /// </summary>
        /// <param name="entity">无返回值</param>
        Task DeleteAsync(TEntity entity);

        /// <summary>
        ///按传入的条件可删除多个实体
        ///注意：所有符合给定条件的实体都将被检索和删除
        ///如果条件比较多，则待删除的实体也比较多，这可能会导致主要的性能问题
        /// </summary>
        /// <param name="predicate">筛选实体的条件</param>
        void Delete(Expression<Func<TEntity,bool>> predicate);

        /// <summary>
        ///按传入的条件可删除多个实体
        ///注意：所有符合给定条件的实体都将被检索和删除
        ///如果条件比较多，则待删除的实体也比较多，这可能会导致主要的性能问题
        /// </summary>
        /// <param name="predicate">筛选实体的条件</param>
    Task DeleteAsync(Expression<Func<TEntity,bool>> predicate);

        #endregion
```

以上为删除实体方法。

```
        #region总和计算

        /// <summary>
        /// 获取此仓储中所有实体的总和
        /// </summary>
        /// <returns>实体的总数</returns>
        int Count();

        /// <summary>
        /// 获取此仓储中所有实体的总和
        /// </summary>
        /// <returns>实体的总数</returns>
        Task<int> CountAsync();

        /// <summary>
        /// 支持条件筛选 <paramref name="predicate"/>计算仓储中的实体总和
        /// </summary>
```

```
        /// <param name="predicate">实体的总数</param>
        /// <returns>实体的总数</returns>
        int Count(Expression<Func<TEntity,bool>> predicate);

        /// <summary>
           /// 支持条件筛选 <paramref name="predicate"/>计算仓储中的实体总和
<paramref name="predicate"/>.
        /// </summary>
        /// <param name="predicate">实体的总数</param>
        /// <returns>实体的总数</returns>
        Task<int> CountAsync(Expression<Func<TEntity,bool>> predicate);

        /// <summary>
        /// 获取此存储库中所有实体的总和(如果预期返回值大于了Int.MaxValue值，则推荐
        /// 该方法)，简单来说就是返回值为long类型
        /// <see cref="int.MaxValue"/>.
        /// </summary>
        /// <returns>实体的总数</returns>
        long LongCount();

        /// <summary>
        /// 获取此存储库中所有实体的总和(如果预期返回值大于了Int.MaxValue值，则推荐
        /// 该方法)，简单来说就是返回值为long类型
        /// <see cref="int.MaxValue"/>
        /// </summary>
        /// <returns>实体的总数</returns>
        Task<long> LongCountAsync();

        /// <summary>
        ///支持条件筛选获取此存储库中所有实体的总和(如果预期返回值大于了Int.MaxValue
        ///值，则推荐该方法)，简单来说就是返回值为long类型
        ///<see cref="int.MaxValue"/>).
        /// </summary>
        /// <param name="predicate">实体的总数</param>
        /// <returns>实体的总数</returns>
        long LongCount(Expression<Func<TEntity,bool>> predicate);

        /// <summary>
        /// 支持条件筛选<paramref name="predicate"/>获取此存储库中所有实体的总和
        /// (如果预期返回值大于了Int.MaxValue值，则推荐该方法)，简单来说就是返回值为
        /// long类型
       ///<see cref="int.MaxValue"/>).
        /// </summary>
        /// <param name="predicate">实体的总数</param>
        /// <returns>实体的总数</returns>
           Task<long> LongCountAsync(Expression<Func<TEntity,bool>>
predicate);

        #endregion

    }
```

以上代码中虽然有接口很多，但是每个接口都是有作用的，我们会在后面的章节中，实现这些仓储通用功能。

31.4 RepositoryBase仓储代码的实现

在路径为/Infrastructure/Repositories的文件夹中创建RepositoryBase.cs，代码如下。

```
    /// <summary>
    /// 默认仓储的通用功能实现，用于所有的领域模型
    /// </summary>
    /// <typeparam name="TEntity"></typeparam>
    /// <typeparam name="TPrimaryKey"></typeparam>

     public class RepositoryBase<TEntity,TPrimaryKey> :IRepository<TEntity,
TPrimaryKey>
    where TEntity:class
    {
           /// <summary>
        /// 数据库上下文
        /// </summary>
        protected readonly AppDbContext _dbContext;
        /// <summary>
        /// 通过泛型，从数据库上下文中获取领域模型
        /// </summary>
        public virtual DbSet<TEntity> Table => _dbContext.Set<TEntity>();

        public RepositoryBase(AppDbContext dbContext)
        {
            _dbContext = dbContext;
        }
    }
```

- 这是一个泛型方法的实现，它继承泛型接口以及泛型约束，仅支持类文件。
- 通过依赖注入容器，注入的AppDbContext类将数据库上下文添加到仓储中。
- 添加DbSet<TEntity>类型的Table，它的实现_dbContext.Set<TEntity>()用于获取当前实体的表信息。

现在实现接口并添加查询功能，代码如下。

```
         public IQueryable<TEntity> GetAll()
        {
            return Table.AsQueryable();
        }
        public List<TEntity> GetAllList()
        {
            return GetAll().ToList();
```

```
        }

        public async Task<List<TEntity>> GetAllListAsync()
        {
            return await GetAll().ToListAsync();
        }

          public List<TEntity> GetAllList(Expression<Func<TEntity,bool>>
predicate)
        {
            return GetAll().Where(predicate).ToList();
        }

        public async Task<List<TEntity>> GetAllListAsync(Expression<Func<T
Entity,bool>> predicate)
        {
            return await GetAll().Where(predicate).ToListAsync();
        }
```

- IQueryable<TEntity> GetAll() 方法返回的是IQueryable类型，这个类型很实用，它内置很多方法，而且通过它可以进行任何组合的LINQ查询。调用如Skip()和Count()的方法后，返回的类型依然是IQueryable对象。如果我们对IQueryable类型的值进行解析，输出后会发现它是表达式树，读者可以简单地将它理解为还处于SQL语句的状态。
- GetAllList() 的方法是将表达式树转换为List类型并加载到内存中，这样就可以在内存中去重和排序，进行数据的动态操作。
- GetAllList(Expression<Func<TEntity,bool>> predicate）则是将IQueryable的对象配合LINQ进行组合查询，通过Lambda表达式过滤后将数据加载到内存中。这是一个很实用的方法，比如Student表中有100万条数据，我们只查询成绩大于90分的学生，那么可以快速过滤数据，但是这会增加服务器的开销，加大内存的使用，因为它们会直接在内存中查询这100万条数据中成绩大于90分的学生信息。

接下来是单体查询中的实现，代码如下。

```
        public TEntity Single(Expression<Func<TEntity,bool>> predicate)
        {
            return GetAll().Single(predicate);
        }

          public async Task<TEntity> SingleAsync(Expression<Func<TEntity,
bool>> predicate)
        {
            return await GetAll().SingleAsync(predicate);
        }



          public TEntity FirstOrDefault(Expression<Func<TEntity,bool>>
predicate)
```

```
        {
            return GetAll().FirstOrDefault(predicate);
        }

        public async Task<TEntity> FirstOrDefaultAsync(Expression<Func<TEntity,
    bool>> predicate)
        {
            var entity= await GetAll().FirstOrDefaultAsync(predicate);


            return entity;
        }
```

注意，Single()方法会在给出的条件下找不到实体或符合的实体超过一个以上时抛出异常。

FirstOrDefault也一样，当没有符合Lambda条件表达式或ID的实体时，会返回null（取代抛出异常）。当有超过一个以上的实体符合条件时，只返回第一个实体。

添加、删除和修改信息的代码如下。

```
        public TEntity Insert(TEntity entity)
        {
         var newEntity=   Table.Add(entity).Entity;
            Save();

            return newEntity;
        }

        public async Task<TEntity> InsertAsync(TEntity entity)
        {
            var entityEntry = await Table.AddAsync(entity);

            await SaveAsync();
            return entityEntry.Entity;

        }
             public TEntity Update(TEntity entity)
        {
            AttachIfNot(entity);
            _dbContext.Entry(entity).State = EntityState.Modified;
             Save();
            return entity;
        }

        public async Task<TEntity> UpdateAsync(TEntity entity)
        {
            AttachIfNot(entity);
            _dbContext.Entry(entity).State = EntityState.Modified;
            await SaveAsync();
```

```
            return entity;
        }

        public void Delete(TEntity entity)
        {
            AttachIfNot(entity);
            Table.Remove(entity);
            Save();
        }

        public async Task DeleteAsync(TEntity entity)
        {
            AttachIfNot(entity);
            Table.Remove(entity);
            await SaveAsync();
        }


        public void Delete(Expression<Func<TEntity,bool>> predicate)
        {
            foreach(var entity in GetAll().Where(predicate).ToList())
            {
                Delete(entity);
            }
        }

          public async Task DeleteAsync(Expression<Func<TEntity,bool>>
predicate)
        {
            foreach(var entity in GetAll().Where(predicate).ToList())
            {
          await     DeleteAsync(entity);
            }
        }
```

这里涉及实体状态，如果实体的状态处于未跟踪，则会追加标记跟踪。只有处于跟踪状态的实体才能执行修改和删除操作。

实体状态具体如下。

- Added表示数据库中尚不存在实体，通常用于添加功能。调用SaveChanges() 方法时会向数据库发出INSERT语句。
- Unchanged表示不需要通过SaveChanges()方法对此实体执行操作。EF Core从数据库读取实体时，实体会被添加此状态。
- Modified表示已修改实体的部分或全部属性值。调用SaveChanges() 方法会向数据库发出UPDATE语句。
- Deleted表示已标记该实体，可进行删除。调用SaveChanges() 方法会向数据库发出DELETE语句。

- Detached将实体从数据库上下文取消跟踪。

在这里统一封装了几个方法，代码如下。

```
        /// <summary>
            /// 检查实体是否处于跟踪状态，如果是，则返回；如果不是，则添加跟踪状态
            /// </summary>
            /// <param name="entity"></param>
        protected virtual void AttachIfNot(TEntity entity)
        {

            var entry = _dbContext.ChangeTracker.Entries()
                .FirstOrDefault(ent => ent.Entity == entity);

            if(entry!= null)
            {
                return;
            }

            Table.Attach(entity);
        }



        protected   void Save()
        {
            //调用数据库上下文保存数据
            _dbContext.SaveChanges();
        }

        protected async Task SaveAsync()
        {

            //调用数据库上下文保存数据的异步方法
            await _dbContext.SaveChangesAsync();
        }
```

在EF Core的数据库上下文中还提供了Count()方法，我们也将它实现到仓储中，代码如下。

```
        public int Count()
        {
            return GetAll().Count();
        }

        public async Task<int> CountAsync()
```

```
        {
            return await GetAll().CountAsync();
        }

        public int Count(Expression<Func<TEntity,bool>> predicate)
        {
            return GetAll().Where(predicate).Count();
        }

          public async Task<int> CountAsync(Expression<Func<TEntity,bool>>
predicate)
        {
            return await GetAll().Where(predicate).CountAsync();
        }

        public long LongCount()
        {
            return GetAll().LongCount();
        }

        public async Task<long> LongCountAsync()
        {
            return await GetAll().LongCountAsync();
        }

        public long LongCount(Expression<Func<TEntity,bool>> predicate)
        {
            return GetAll().Where(predicate).LongCount();
        }

          public async Task<long> LongCountAsync(Expression<Func<TEntity,
bool>> predicate)
        {
            return await GetAll().Where(predicate).LongCountAsync();
        }
```

需要注意的是，LongCount()方法和Count()方法返回的类型不同，当实体主键是long类型的时候，推荐使用LongCount()方法。

现在需要将IRepository.cs与RepositoryBase.cs注册到应用中，在ConfigureServices()方法中添加如下代码。

```
                    services.AddTransient(typeof(IRepository<,>),
typeof(RepositoryBase<,>));
```

现在通过一个示例验证它们是否正常工作，打开WelcomeController，添加如下代码。

```
    public class WelcomeController:Controller
    {

        private readonly IRepository<Student,int > _studentRepository;
            public WelcomeController(IRepository<Student,int>
studentRepository)
        {
            _studentRepository = studentRepository;
        }

        public async Task<string> Index()
        {
                var student = await _studentRepository.GetAll().
FirstOrDefaultAsync();
            var oop= await _studentRepository.SingleAsync(a => a.Id ==
2009);

        var longCount= await _studentRepository.LongCountAsync();

         var count= _studentRepository.Count();

            return $"{oop.Name}+{student.Name}+{longCount}+{count}";
        }
    }
```

运行项目，导航到http://localhost:13380/welcome，得到的结果如图31.1所示。说明泛型仓储已经运行成功。

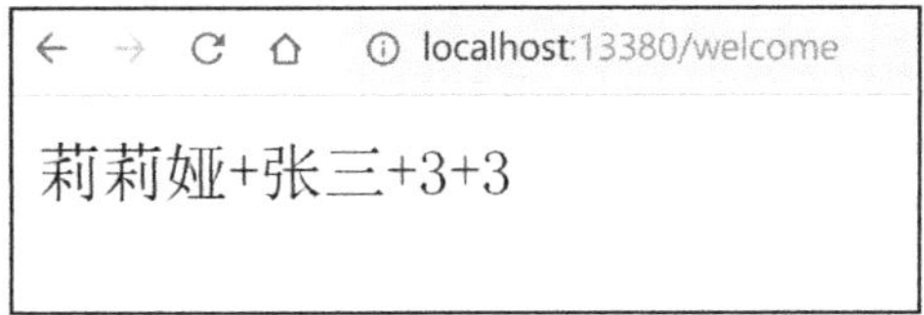

图31.1

31.5 小结

利用泛型方法配合仓储模式，增强了系统的可维护性。如果读者想尝试自己扩展仓储功能，请注意以下两点。

- 仓储类应该是无状态的。这意味着，我们不该定义仓储等级的状态对象，并且仓储方法的调用也不应该影响到其他调用。
- 仓储可以使用依赖注入，但尽可能较少或是不依赖于其他服务。

本章的内容需要读者对C#有一定的基础，并利用C#语法实现这些功能。接下来进行功能开发时，只需要关注业务逻辑的实现，基础设施的通用功能已经实现好了，这对于开发者来说是一个很友善的解决方案。

第32章

重构学生管理功能

本章主要向读者介绍如下内容。

- 对学生管理系统进行重构。
- 开发列表排序功能。
- 模糊查询功能实现。
- 分页功能的实现。

在前面的示例中，通过仓储模式对代码进行重构，使代码的维护效率得到提升。我们已经修改了Student实体，并添加了新的字段，但是学生的删除功能还没有完善，目前学生都是卡片式的排列，需要将它调整为表格形式，效果如图32.1所示。

学生列表 添加学生 管理 ▾ 注销 ltm@ddxc.org

头像	名字	邮箱地址	主修科目	入学时间	操作
52 ABP	张三	zhangsan@52abp.com	计算机科学	2019-11-13	查看 编辑 删除
	李四	lisi@52abp.com	数学	0001-01-01	查看 编辑 删除
	莉莉娅	d4@163.com	数学	0001-01-01	查看 编辑 删除

图32.1

32.1 修改HomeController中的代码

现在将之前的仓库接口替换为新的泛型仓储接口，代码如下。

```
public class HomeController:Controller
    {
        private readonly IRepository<Student,int> _studentRepository;
         public HomeController(  IRepository<Student,int> studentRepository)
```

```
        {
            //其他注入
            _studentRepository = studentRepository;
        }
    }
```

修改Index()方法，将所有的学生信息都加载到内存中，代码如下。

```
    public ViewResult Index()
        {

            //查询所有的学生信息
                List<Student> model = _studentRepository.GetAllList().
Select(s=> {
                //加密ID值并存储在EncryptedId属性中
                s.EncryptedId = _protector.Protect(s.Id.ToString());
                return s;
            }).ToList();
            //将学生列表传递到视图
            return View(model);
        }
```

同样，对应的Index中的视图代码如下。

```
@model List<Student>
  @{ViewBag.Title = "学生列表页面";}

  <div class="row">
    <table class="table table-bordered table-striped">
      <thead>
        <tr>
          <th scope="col">头像</th>
          <th scope="col">名字</th>
          <th scope="col">邮箱地址</th>
          <th scope="col">主修科目</th>
          <th scope="col">入学时间</th>
          <th scope="col">操作</th>
        </tr>
      </thead>
      <tbody>
        @foreach(var student in Model) {var photoPath =
        "~/images/noimage.png";if(student.PhotoPath!= null) {photoPath =
        "~/images/avatars/" + student.PhotoPath;}
        <tr>
          <td>
                <img class="table-img  imageThumbnail " src="@photoPath"
asp-append-version="true" />
          </td>
```

```
            <th scope="row">@student.Name</th>
            <td>@student.Email</td>

            <td>@student.Major.GetDisplayName()</td>
            <td>@student.EnrollmentDate.ToString("yyyy-MM-dd")</td>
            <td>
               <form  method="post" asp-action="DeleteUser" asp-route-id="@
student.Id" >
    <a asp-controller="Home"  class="btn btn-info"  asp-action="Details"
asp-route-id="@student.EncryptedId" >查看</a>
                <a asp-controller="home"  asp-action="edit"  asp-route-id="@
student.EncryptedId" class="btn btn-primary m-1">编辑</a >

                <span id="confirmDeleteSpan_@student.Id" style="display:none">
                  <span>您确定您要删除？</span>
                  <button type="submit" class="btn btn-danger">是</button>
  <a  href="#"  class="btn btn-primary"  onclick="confirmDelete('@student.
Id',false)" > 否 </a>
                </span>

                <span id="deleteSpan_@student.Id"></span>
                            <a    href="#"    class="btn btn-danger"
onclick="confirmDelete('@student.Id',true)"  >删除</a>
                </span>
              </form>
            </td>
          </tr>
          }
        </tbody>
      </table>
    </div>

    @section Scripts{
    <script src="~/js/CustomScript.js" asp-append-version="true"></script>
    }</Student
>
```

Details()方法的代码如下。

```
    // Details视图接收加密后的StudentID
          public ViewResult Details(string id)
          {
              var student = DecryptedStudent(id);

              //判断学生信息是否存在
              if(student == null)
              {
                  ViewBag.ErrorMessage = $"学生Id={id}的信息不存在，请重试。";
```

```
                return View("NotFound");
            }
            //实例化HomeDetailsViewModel并存储Student详细信息和PageTitle
            HomeDetailsViewModel homeDetailsViewModel = new HomeDetailsView
    Model()
            {
                Student = student,
                PageTitle = "学生详情"
            };
            homeDetailsViewModel.Student.EncryptedId =
                _protector.Protect(student.Id.ToString());
            //将ViewModel对象传递给View()方法
            return View(homeDetailsViewModel);
        }
```

这里封装了一个DecryptedStudent()方法，用于解析学生的信息。没有封装这个方法之前，我们都是通过复制粘贴代码段的形式进行内容维护，这不是一个值得推荐的做法，因为它违反了DRY原则，作为好的开发者应该尽量复用代码，而不是通过复制粘贴完成功能的开发。

DecryptedStudent()方法的代码如下。

```
        /// <summary>
        /// 解密学生信息
        /// </summary>
        /// <param name="id"></param>
        /// <returns></returns>
        private Student DecryptedStudent(string id)
        {
            //使用Unprotect()方法来解析StudentID
            string decryptedId = _protector.Unprotect(id);
            int decryptedStudentId = Convert.ToInt32(decryptedId);
             Student student = _studentRepository.FirstOrDefault(s=>s.Id==
    decryptedStudentId);
            return student;

        }
```

对应的Detais视图完整代码如下。

```
@model HomeDetailsViewModel
@{

    ViewBag.Title = "学生详情";
    var photoPath = "~/images/noimage.png";
    if(Model.Student.PhotoPath!= null)
    {
        photoPath = "~/images/avatars/" + Model.Student.PhotoPath;
```

```
        }
    }
    <h3>@Model.PageTitle</h3>

    <div class="row justify-content-center m-3">
        <div class="col-sm-6">
            <div class="card">
                <div class="card-header">
                    <h1>@Model.Student.Name</h1>
                </div>
                <div class="card-body text-center">
                     <img class="card-img-top imageThumbnail" src="@photoPath"
asp-append-version="true"/>
                    <h4>名字：@Model.Student.Id</h4>
                    <h4>邮箱地址：@Model.Student.Email</h4>
                    <h4>主修科目 ：@Model.Student.Major.GetDisplayName() </h4>
                     <h4>入学时间 ：@Model.Student.EnrollmentDate.ToString("yyyy-
MM-dd") </h4>
                </div>

                <div class="card-footer text-center">
                        <a asp-action="Index" asp-controller="home" class="btn
btn-info">返回</a>
                      <a asp-action="edit" asp-controller="home" asp-route-ID="@
Model.Student.EncryptedId" class="btn btn-primary">编辑</a>
                    <a href="#" class="btn btn-danger">删除</a>
                </div>
            </div>

        </div>
    </div>

    @section Scripts{
        <script src="~/js/CustomScript.js"></script>
    }
```

处理HttpPost请求的Create()方法，代码如下。

```
    [HttpPost]
        public IActionResult Create(StudentCreateViewModel model)
        {

            if(ModelState.IsValid)
            {
                            //封装好的上传图片代码
                var uniqueFileName =   ProcessUploadedFile(model);
                Student newStudent = new Student
                {
                    Name = model.Name,
```

```
                    Email = model.Email,
                    Major = model.Major,
                    EnrollmentDate = model.EnrollmentDate,
                    // 将文件名保存在Student对象的PhotoPath属性中
                    //它将保存到数据库Students的表中
                    PhotoPath = uniqueFileName
                };

                _studentRepository.Insert(newStudent);

                var encryptedId =       _protector.Protect(newStudent.
Id.ToString());

                return RedirectToAction("Details",new{id = encryptedId});
            }
            return View();
        }
```

需要修改当前重新注入的仓储为新的仓储模式，Create()视图文件中的代码修改如下。

```
@using MockSchoolManagement.Infrastructure.Repositories @model
StudentCreateViewModel @inject IRepository<Student,int>
  StudentRepository @{ViewBag.Title = "创建学生信息";}</Student,
>
```

在form表单中添加EnrollmentDate的代码段。

```
<div class="form-group row">
  <label asp-for="EnrollmentDate" class="col-sm-2 col-form-label"></label>
  <div class="col-sm-10">
      <input asp-for="EnrollmentDate"  type="date" class="form-control"
placeholder="选择时间"/>
    <span asp-validation-for="EnrollmentDate" class="text-danger"></span>
  </div>
</div>
```

调整**创建**按钮下方的统计学生总人数的代码。

```
<div class="form-group row">
  <div class="col-sm-10">
    <button type="submit" class="btn btn-primary">创建</button>
  </div>
</div>

<div class="form-group row">
  <div class="col-sm-10">
    学生总人数 = @StudentRepository.LongCount().ToString()
  </div>
</div>
```

效果如图32.2所示。

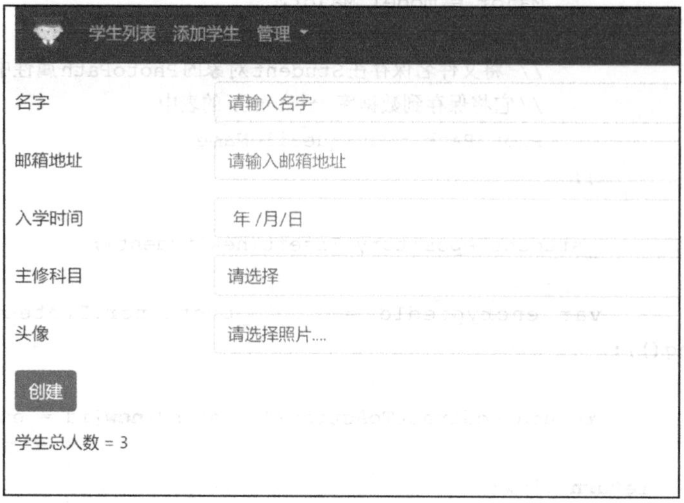

图32.2

Edit() 的两个方法代码如下。

```
[HttpGet]
public ViewResult Edit(string id)
{
    var student = DecryptedStudent(id);
    if(student == null)
    {
        ViewBag.ErrorMessage = $"学生Id={id}的信息不存在，请重试。";
        return View("NotFound");
    }
      StudentEditViewModel studentEditViewModel = new
StudentEditViewModel
    {
        Id = id,
        Name = student.Name,
        Email = student.Email,
        Major = student.Major,
        ExistingPhotoPath = student.PhotoPath,
        EnrollmentDate = student.EnrollmentDate,
    };
    return View(studentEditViewModel);
}

[HttpPost]
public IActionResult Edit(StudentEditViewModel model)
{
    //检查提供的数据是否有效，如果没有通过验证，则需要重新编辑学生信息
    //这样用户就可以更正并重新提交编辑表单
```

```
            if(ModelState.IsValid)
            {
                var student = DecryptedStudent(model.Id);

                //用模型对象中的数据更新Student对象
                student.Name = model.Name;
                student.Email = model.Email;
                student.Major = model.Major;
                student.EnrollmentDate = model.EnrollmentDate;

                //如果用户想要更改图片，可以上传新图片它会被模型对象上的Photo属性接收
                //如果用户没有上传图片，那么我们会保留现有的图片信息
                //因为兼容了多图上传，所有!=null判断修改判断Photos的总数是否大于0
                if(model.Photos!= null && model.Photos.Count > 0)
                {
                    //如果上传了新的图片，则必须显示新的图片信息
                    //因此我们会检查当前学生信息中是否有图片，有的话，就会删除它
                    if(model.ExistingPhotoPath!= null)
                    {
                         string filePath = Path.Combine(_webHostEnvironment.
WebRootPath,"images","avatars",model.ExistingPhotoPath);
                        if(System.IO.File.Exists(filePath))
                        {
                            System.IO.File.Delete(filePath);
                        }
                    }

                     /**我们将保存新的图片到wwwroot/images/avatars文件夹中，并且
会更新Student对象中的PhotoPath属性，最终都会将它们保存到数据库中**/
                    student.PhotoPath = ProcessUploadedFile(model);
                }
                //调用仓储服务中的Update()方法，保存Studnet对象中的数据，更新数据
                //库表中的信息
                        Student updatedstudent = _studentRepository.
Update(student);
                return RedirectToAction("index");
            }
            return View(model);
        }
```

Edit() 方法复用了解析学生信息的方法，并对新字段进行了处理，视图中的代码变化不大，只是新增了EnrollmentDate字段，代码如下。

```
    <div class="form-group row">
      <label asp-for="EnrollmentDate" class="col-sm-2 col-form-label"></label>
      <div class="col-sm-10">
          <input   asp-for="EnrollmentDate"  type="date"  class="form-control"
placeholder="选择时间" />
        <span asp-validation-for="EnrollmentDate" class="text-danger"></span>
      </div>
    </div>
```

效果如图32.3所示。

图32.3

删除功能的代码如下。

```
        [HttpPost]
            public async Task<IActionResult> DeleteUser(int id)
            {

                 var student =await _studentRepository.FirstOrDefaultAsync(a =>
    a.Id == id);


                if(student == null)
                {
                    ViewBag.ErrorMessage = $"无法找到ID为{id}的学生信息";
                    return View("NotFound");
                }

               await   _studentRepository.DeleteAsync(a => a.Id == id);
                return RedirectToAction("Index");
            }
```

删除的效果如图32.4所示。

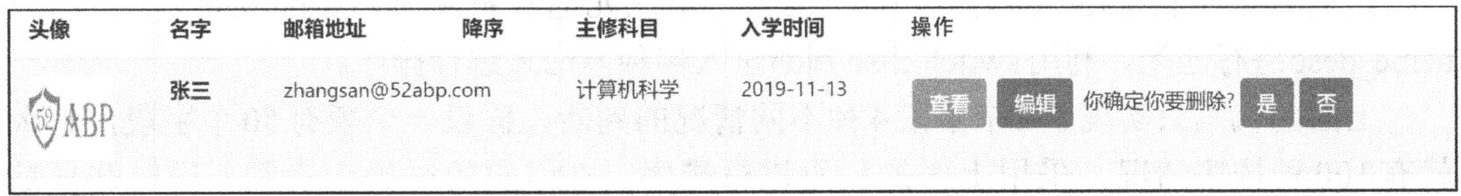

头像	名字	邮箱地址	降序	主修科目	入学时间	操作
ABP	张三	zhangsan@52abp.com		计算机科学	2019-11-13	查看 编辑 你确定你要删除? 是 否

图32.4

从某种意义来说，我们对学生功能进行了重构以及优化，使其满足新业务，而从前端的呈现来说，感觉不到太多的变化，背后的调整用户是看不见的。

32.2 学生列表排序功能

现在为学生列表视图增加排序、筛选以及分页功能。

排序功能需求如下。

- 能满足按照入学时间升序和降序显示列表。
- 按照主修科目升序和降序显示列表。
- 按照邮箱地址升序和降序显示列表。
- 按照名字升序和降序显示列表。

请看下面的代码。

```
public ViewResult Index(string  sortOrder)
   {

   ViewData["NameSortParm"] = String.IsNullOrEmpty(sortOrder) ?"name_desc" :"";
         ViewData["DateSortParm"] = sortOrder == "Date" ?"date_desc" :"Date";
       var students = _studentRepository.GetAll();
       switch(sortOrder)
       {
           case "name_desc":
               students = students.OrderByDescending(s => s.Name);
               break;
           case "Date":
               students = students.OrderBy(s => s.EnrollmentDate);
               break;
           case "date_desc":
                   students = students.OrderByDescending(s => s.EnrollmentDate);
               break;
           default:
               students = students.OrderBy(s => s.Name);
               break;
       }

       return View(students);
   }
```

排序方法有OrderByDescending()和OrderBy()两种，分别用于降序和升序排列。

我们将学生信息加载到内存中，然后使用三元运算符将字段sortOrder与声明的name_desc进行匹配，利用switch case判断进入哪种方法来进行排序。

上面的代码只实现了2个字段4种不同情况的判断，假设一个表有50个字段，那么就有100种排序情况，采用上面的代码进行排序，在维护的时候会崩溃，同时这只是Student表，之后还有领域模型需要维护。

我们采用开源仓库System.Linq.Dynamic.Core，它最初是由微软发布的，但是微软之后没有进行维护。所幸它是开源的，社区中有人将它移植到了ASP.NET Core中，ABP等很多主流的框架都采用它作为解决方案。

安装方式有如下两种。

- 使用NuGet：install-package System.Linq.Dynamic.Core。
- 使用命令行：dotnet add package System.Linq.Dynamic.Core。

System.Linq.Dynamic.Core提供了大量的扩展方法，比如它提供的OrderBy()扩展方法便可采用字符串参数的形式而不是必须采用类型安全表达式。这意味着我们不必关注OrderBy()方法的模型该如何设计，因为该扩展方法的模型设计会在运行时通过动态评估完成，提升了我们的开发效率。

打开HomeController中的Index()操作方法，调整代码如下。

```
 public async Task<IActionResult> Index(int?pageNumber,int pageSize = 10,
string sortBy = "Id"  )
        {

            IQueryable<Student> query = _studentRepository.GetAll().
OrderBy(sortBy).AsNoTracking();


          var model= query.ToList().Select(s => {
              //加密ID值并存储在EncryptedId属性中
              s.EncryptedId = _protector.Protect(s.Id.ToString());
              return s;
          }).ToList();
              return View(model);

        }
```

- 对于返回类型IQueryable<Student> query，OrderBy() 即我们提供的扩展方法，只需要传入声明的sortBy字符串即可。
- AsNoTracking()方法用于提升性能。因为EF Core是一个通过给实体进行标记跟踪的ORM框架，所以在不需要跟踪的时候，比如查询数据呈现到视图中，后续不会有修改、删除的需求，AsNoTracking()方法会告诉EF Core不要跟踪查询的结果。这意味着EF Core不会对查询返回的实体进行额外的处理或存储，从而提升了性能。

给视图文件中的标题增加排序功能，代码如下。

```
<th scope="col">头像</th>
<th scope="col" class="sort-link">
  <a asp-action="Index" asp-route-sortby="Name"> 名字  </a>
  <a class="pl-3" asp-action="Index" asp-route-sortby="Name desc">  降序  </a>
</th>
<th>
  <a asp-action="Index" asp-route-sortby="Email ">  邮箱地址 </a>
  <a class="pl-3" asp-action="Index" asp-route-sortby="Email desc"> 降序  </a>
  </th>
<th scope="col">
  <a class="pl-3" asp-action="Index" asp-route-sortby="Major ">  主修科目</a>
  <a class="pl-3" asp-action="Index" asp-route-sortby="Major desc">  降序  </a>
</th>
<th scope="col">
  <a class="pl-3" asp-action="Index" asp-route-sortby="Major ">  入学时间 </a>

   <a class="pl-3" asp-action="Index" asp-route-sortby="EnrollmentDate
desc">  降序 </a>
</th>
```

asp-route-sortby作为查询字符将值传递到Index()操作方法的参数中。以Email属性为例，代码传值的时候，降序增加了desc参数，如传入的参数不包含其他后缀则为升序。

```
<a asp-action="Index" asp-route-sortby="Email "> 邮箱地址</a>
<a class="pl-3" asp-action="Index" asp-route-sortby="Email desc"> 降序</a>
```

这也是由System.Linq.Dynamic.Core提供的功能，OrderBy()方法允许指定顺序序列，并以逗号分隔。可以使用asc或ascending以指示升序，使用desc或descending以指示降序。默认顺序是升序。降序效果如图32.5所示。

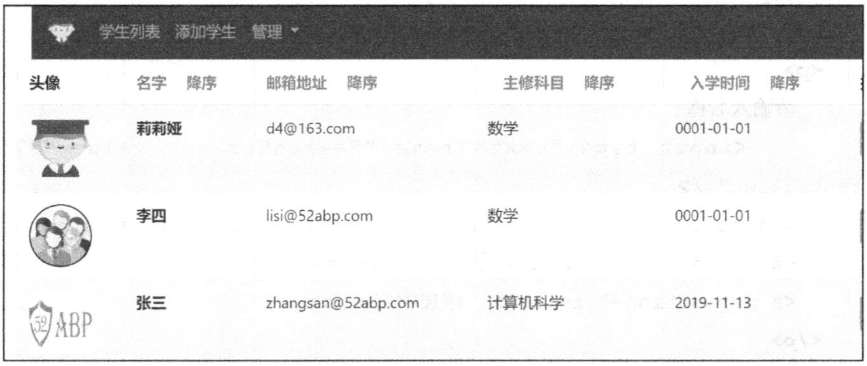

图32.5

32.3 模糊查询

现在增加一个可以通过学生的名字查询信息的功能，代码如下。

```
    public async Task<IActionResult> Index(string searchString,string sortBy
= "Id")
        {
            //判断searchString，如果不为空，则去除查询参数中的空格
            ViewBag.CurrentFilter = searchString?.Trim();
            IQueryable<Student> query = _studentRepository.GetAll();
            if(!String.IsNullOrEmpty(searchString))
            {
                //通过模糊查询表中的Name或Email的值
                query = query.Where(s => s.Name.Contains(searchString)
                                              || s.Email.Contains(searchString));
            }
            query = query.OrderBy(sortBy).AsNoTracking();
            var model = query.ToList().Select(s =>
            {
                //加密ID值并存储在EncryptedId属性中
                s.EncryptedId = _protector.Protect(s.Id.ToString());
                return s;
            }).ToList();
            return View(model);
        }
```

Index视图文件，需要添加如下代码。

```
@model List<Student>
  @{ViewBag.Title = "学生列表页面";}
  <h1>学生列表</h1>
  <form asp-action="Index" method="get">
    <div class="form-actions no-color">
      <p>
        请输入名称：
            <input type="text" name="SearchString" value="@ViewBag.
CurrentFilter" />
        <input type="submit" value="查询" class="btn btn-outline-dark" /> |
        <a asp-action="Index">返回所有列表</a>|
        <a asp-action="Create"> 添加学生 </a>
      </p>
    </div>
  </form>


  <div class="row"></div>
```

运行项目后，在查询文本框中输入已存在的值，结果如图32.6所示。

图32.6

如果返回值为空，查询结果如图32.7所示。

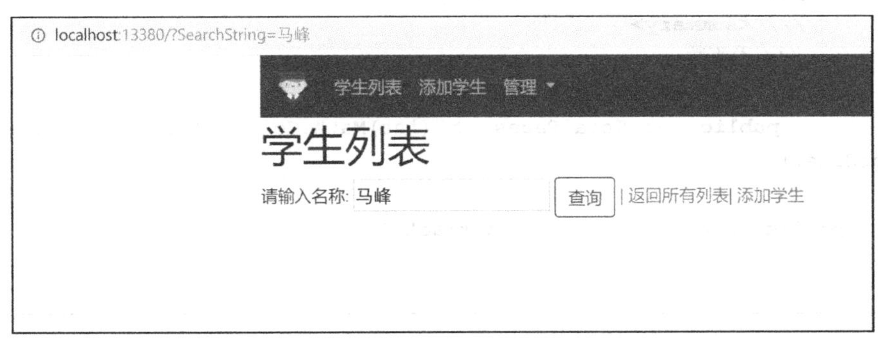

图32.7

32.4　一个简单分页的实现

在网站中有很多数据显示，如果一次性把数据都加载到用户的网页上会有体验问题，比如一页不能加载完全。如果网络环境不好，用户无法正常进行使用，就产生数据分页的场景。

分页的实现有以下两种方式。

- 前台分页：一次性查询数据库中所有的记录，然后在每页中显示指定的记录。
- 后台分页：对数据库进行多次查询，每次只获得本页的数据。

考虑到网站数据库中的数据有可能是海量的，如果一次查询所有数据，必然会加大服务器内存的负载，降低系统的运行速度，因而我们都会用第2种解决方案。

实现分页需要设置以下3个属性。

- 当前页。
- 要显示的记录总条数。
- 每页显示的记录条数（总页数）。

我们采用一种比较简单的方法，创建一个PageModel.cs文件，此文件保存在/Application/Dtos文件夹中，添加如下代码到PaginationModel.cs文件中。

```
    public class PaginationModel
    {
        /// <summary>
        /// 当前页
        /// </summary>
        public int CurrentPage{get;set;} = 1;
        /// <summary>
        /// 总条数
        /// </summary>
        public int Count{get;set;}
        /// <summary>
        /// 每页分页条数
        /// </summary>
        public int PageSize{get;set;} = 10;
        /// <summary>
        /// 总页数
        /// </summary>
          public int TotalPages => (int)Math.Ceiling(decimal.Divide(Count,
PageSize));

      public List<Student> Data{get;set;}

    }
```

计算分页是从第一页开始的，因此将CurrentPage的默认值设置为1，同时默认每页显示的记录条数为10，设置PageSize=10。

我们需要计算总页数，增加一个TotalPages，总页数的值是总条数除以每页显示的条数，然后将值转换为整数。

然后计算学生的分页信息，为了方便维护，将创建以下两个文件。

- IStudentService用于定义提供的学生服务。
- StudentService用于实现学生服务。

将两个文件保存在/Application/Students文件夹中，然后注入ConfigureServices()方法，添加如下代码。

```
services.AddScoped<IStudentService,StudentService>();
```

IStudentService接口中的代码如下。

```
    public interface IStudentService
    {
        Task<List<Student>> GetPaginatedResult(int currentPage,int pageSize
= 10);
    }
```

StudentService类中的代码如下。

```
    public class StudentService:IStudentService
    {
```

```
        private readonly IRepository<Student,int> _studentRepository;

        public StudentService(IRepository<Student,int> studentRepository)
        {
            _studentRepository = studentRepository;
        }

     public async Task<List<Student>> GetPaginatedResult(int currentPage,
string searchString,string sortBy,int pageSize = 10)
        {

            var query = _studentRepository.GetAll();
            if(!string.IsNullOrEmpty(searchString))
            {
                query = query.Where(s => s.Name.Contains(searchString)
          || s.Email.Contains(searchString));
            }

            query = query.OrderBy(sortBy);

                 return await query.Skip((currentPage - 1) * pageSize).
Take(pageSize).AsNoTracking().ToListAsync();
        }
      }
```

在GetPaginatedResult()方法中，会根据传入的参数实现对数据的查询、排序以及分页逻辑处理。

在HomeController中调用封装好的分页服务，代码如下。

```
    public async Task<IActionResult> Index(string searchString,int
currentPage,string sortBy = "Id")
        {
            //判断searchString，如果不为空，则去除查询参数中的空格
            ViewBag.CurrentFilter= searchString = searchString?.Trim();
            PaginationModel paginationModel = new PaginationModel();
            //计算总条数
            paginationModel.Count = await _studentRepository.CountAsync();
            //当前页
            paginationModel.CurrentPage = currentPage;
            //获取分页结果
             var students =    await _studentService.GetPaginatedResult(pag
inationModel.CurrentPage,searchString,sortBy);
            paginationModel.Data = students.Select(s =>
            {
                //加密ID值并存储在EncryptedId属性中
                s.EncryptedId = _protector.Protect(s.Id.ToString());
                return s;
            }).ToList();
            return View(paginationModel);
        }
```

请自行注册_studentService服务到HomeController的构造函数中。

打开Index.cshtml文件，在视图中添加如下代码。

```
@using MockSchoolManagement.Application.Dtos;@model PaginationModel @{
ViewBag.Title = "学生列表页面";}
<h1>学生列表</h1>
```

原视图中的List<Student>是模型，现在返回类型为PaginationModel，因此要记得修改。

```
<div class="table">
//其他代码
</div>
<div>
        <ul class="pagination">
            @for(var i = 1;i <= Model.TotalPages;i++)
            {
  <li class="page-item @(i == Model.CurrentPage?"active" :"")">
 <a asp-route-currentpage="@i"  class="page-link">@i</a>
 </li>
            }

        </ul>
    </div>
```

运行项目，导航到学生列表页面，效果如图32.8所示。

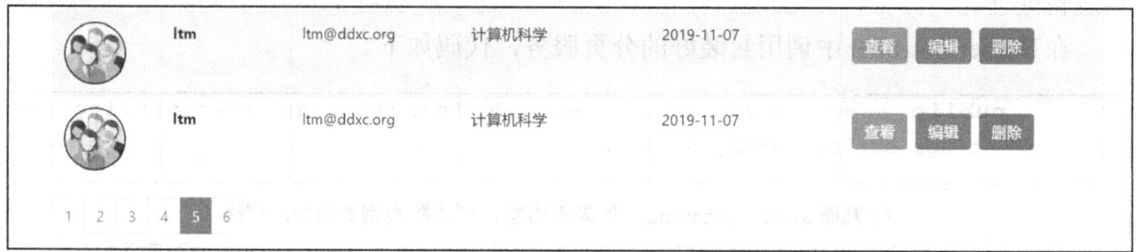

图32.8

将鼠标指针移动到按钮5上的时候，会发现URL是http://localhost:13380/?currentpage=5。

到目前为止，分页效果已经实现了，但是还需要调整一下。比如有些网页是无法保存这么多分页序号的。现在提供两个按钮：上一页和下一页。同时，如果页数过多，翻页到了中部，还要提供能够快速返回第一页的功能。为了做到这一点，可以在PageModel类中添加如下代码。

```
public class PaginationModel
    {
        /// <summary>
        /// 当前页
        /// </summary>
        public int CurrentPage{get;set;} = 1;
        /// <summary>
```

```
        /// 总条数
        /// </summary>
        public int Count{get;set;}
        /// <summary>
        /// 每页分页条数
        /// </summary>
        public int PageSize{get;set;} = 10;
        /// <summary>
        /// 总页数
        /// </summary>
          public int TotalPages => (int)Math.Ceiling(decimal.Divide(Count,
PageSize));

        public List<Student> Data{get;set;}
        public bool ShowPrevious => CurrentPage > 1;
        public bool ShowNext => CurrentPage < TotalPages;

        public bool ShowFirst => CurrentPage!= 1;
        public bool ShowLast => CurrentPage!= TotalPages;
    }
```

这里增加了以下4个属性。

- ShowPrevious表示上一页。
- ShowNext表示下一页。
- ShowFirst返回第一页。
- ShowLast返回最后一页。

调整后的分页代码如下。

```
<div>
   <ul class="pagination">
<li class="page-item @(!Model.ShowFirst?"disabled":"")">
               <a asp-route-CurrentPage="1" class="page-link"><i class="fa
fa-fast-backward"></i></a>
          </li>

<li class="page-item @(!Model.ShowPrevious?"disabled":"")">
                    <a asp-route-CurrentPage="@(Model.CurrentPage -1)"
class="page-link">
                   <i class="fa fa-step-backward"></i>
               </a>
          </li>
<li class="page-item  @(!Model.ShowNext?"disabled":"")">
                    <a asp-route-CurrentPage="@(Model.CurrentPage + 1)"
class="page-link"><i class="fa fa-step-forward"></i></a>
          </li>

<li class="page-item  @(!Model.ShowLast?"disabled":"")">
```

```
                <a asp-route-CurrentPage="@Model.TotalPages" class="page-link"><i class="fa fa-fast-forward"></i></a>
            </li>
        </ul>
    </div>
```

运行项目后，效果如图32.9所示。

图32.9

在第一页上，考虑到Bootstrap 4中的样式效果，将禁用**上一页**和**第一页**按钮。在单击下一页后，才变为活动状态，如图32.10所示。

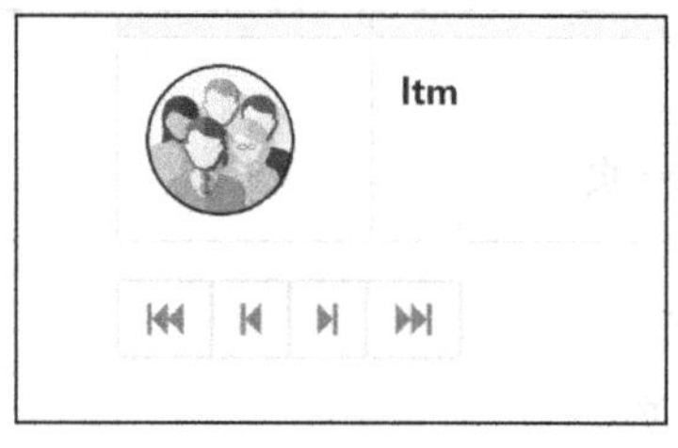

图32.10

32.5 小结

在本章中，我们通过学生列表页面来实现查询、排序以及分页功能。本章知识点都是基于基础知识实现的，而且通过Bootstrap进行美化与asp-route的Taghelper帮助，分页链接看起来简单大方。

但是就目前来说，还存在一些问题，比如要实现Course表，很多代码通过复制粘贴来完成，这违反了DRY原则（软件工程学中SOLID设计原则中的单一职责原则）。从功能层面上来说，也有一些不完善的地方，比如筛选和查询结果没有添加到分页结果中，直接访问Home/Index，页面会报错。

在第35章中，我们将解决这些问题。

第33章

课程列表与分组统计功能

本章中，我们通过开发新功能的形式来了解一些新的特性和功能，主要向读者介绍如下内容。

- 完成一个可复用的分页，同时能涵盖查询以及排序功能。
- 迁移数据信息。
- 将分页做成可复用的分部视图。
- 配合LINQ语句分组完成一个学生统计信息。
- Razor条件运行时编译。

33.1 泛型分页

现在简单分析要满足的需求，在学生列表页面输入查询名称，当查询的结果超过10条的时候，需要将数据进行分页显示。

首先，在Application/Dtos中创建一个类PagedSortedAndFilterInput.cs，代码如下。

```
public class PagedSortedAndFilterInput
{
    public PagedSortedAndFilterInput()
    {
        CurrentPage = 1;
        MaxResultCount = 10;
    }

    /// <summary>
    /// 每页分页条数
    /// </summary>
    [Range(0,1000)]
    public int MaxResultCount{get;set;}
    /// <summary>
    /// 当前页
    /// </summary>
```

```
    [Range(0,1000)]
    public int CurrentPage{get;set;}
    /// <summary>
    /// 排序字段ID
    /// </summary>
    public string Sorting{get;set;}

    /// <summary>
    /// 查询名称
    /// </summary>
    public string FilterText{get;set;}

}
```

我们建立了一个可复用的基类PagedSortedAndFilterInput，将涉及视图页面以及Student服务的公共属性提取出来。同时创建一个构造函数，用于初始化当前页以及每页显示的条数。

然后，我们将之前的PaginationModel类名更改为PagedResultDto，代码如下。

```
public class PagedResultDto<TEntity> :PagedSortedAndFilterInput
{
    /// <summary>
    /// 数据总合计
    /// </summary>
    public int TotalCount{get;set;}
    /// <summary>
    /// 总页数
    /// </summary>
     public int TotalPages => (int)Math.Ceiling(decimal.Divide(TotalCount,
MaxResultCount));

    public List<TEntity> Data{get;set;}
    /// <summary>
    /// 是否显示上一页
    /// </summary>
    public bool ShowPrevious => CurrentPage > 1;
    /// <summary>
    /// 是否显示下一页
    /// </summary>
    public bool ShowNext => CurrentPage < TotalPages;
    /// <summary>
    /// 是否为第一页
    /// </summary>
    public bool ShowFirst => CurrentPage!= 1;
    /// <summary>
    /// 是否为最后一页
    /// </summary>
    public bool ShowLast => CurrentPage!= TotalPages;
}
```

现在PagedResultDto是一个泛型类，它继承了PagedSortedAndFilterInput中的公共属性，同时调整了涉及分页需求的计算公式和功能属性。

接下来，在Application/Students/Dtos中创建GetStudentInput.cs类文件，添加如下代码。

```
public class GetStudentInput:PagedSortedAndFilterInput
{
    public GetStudentInput()
    {
        Sorting = "Id";
    }
}
```

GetStudentInput()继承PagedSortedAndFilterInput类，目的是使用它的公共属性，同时我们在GetStudentInput()中添加了构造函数，设置Sorting的值为Id，表示默认情况下通过它进行排序。

现在我们调整IStudentService和StudentService中的方法，IStudentService接口中的代码修改如下。

```
Task<PagedResultDto<Student>> GetPaginatedResult(GetStudentInput input);
```

StudentService中的GetPaginatedResult()方法，代码调整如下。

```
public async Task<PagedResultDto<Student>> GetPaginatedResult(GetStudentIn
put input)
{

    var query = _studentRepository.GetAll();
    //判断输入的查询名称是否为空
    if(!string.IsNullOrEmpty(input.FilterText))
    {
        query = query.Where(s => s.Name.Contains(input.FilterText)
                                || s.Email.Contains(input.FilterText));
    }
    //统计查询数据的总条数，用于分页计算总页数
    var count = query.Count();
    //根据需求进行排序，然后进行分页逻辑的计算
     query = query.OrderBy(input.Sorting).Skip((input.CurrentPage - 1) *
input.MaxResultCount).Take(input.MaxResultCount);

    //将查询结果转换为List集合，加载到内存中
    var models = await query.AsNoTracking().ToListAsync();

    var dtos = new PagedResultDto<Student>
    {
        TotalCount = count,
        CurrentPage = input.CurrentPage,
```

```
            MaxResultCount = input.MaxResultCount,
            Data = models,
            FilterText = input.FilterText,
            Sorting = input.Sorting
        };
        return dtos;
    }
```

PagedResultDto作为返回值，接收了用户输入的查询参数，如查询名称、排序以及第几页等内容。我们需要将这些内容都呈现到视图页面中，使其关联在一起。

返回到HomeController中，调整Index()操作方法，代码如下。

```
public async Task<IActionResult> Index(GetStudentInput input)
        {
            //获取分页结果
            var dtos =    await _studentService.GetPaginatedResult(input);
            dtos.Data = dtos.Data.Select(s =>
            {
//加密ID值并存储在EncryptedId属性中
s.EncryptedId = _protector.Protect(s.Id.ToString());
return s;
            }).ToList();
            return View(dtos);
        }
```

可以看到，通过Services封装后，统一了dtos属性，HomeController中的代码变得整洁，可读性强，而且要进行业务的扩展也很方便。

最后，打开Index的视图文件，对其中的代码进行调整，查询文本框的代码如下。

```
@using MockSchoolManagement.Application.Dtos;@model PagedResultDto<Student>
  @{ViewBag.Title = "学生列表页面";}
  <h1>学生列表</h1>
  <form asp-action="Index" method="get">
    <div class="form-actions no-color">
      <input type="hidden" name="CurrentPage" value="@Model.CurrentPage" />
      <input type="hidden" name="Sorting" value="@Model.Sorting" />
      <p>
        请输入名称：
        <input type="text" name="FilterText" value="@Model.FilterText" />
        <input type="submit" value="查询" class="btn btn-outline-dark" /> |
        <a asp-action="Index">返回所有列表</a>|
        <a asp-action="Create"> 添加学生 </a>
      </p>
    </div>
  </form></Student
>
```

将当前视图模型的Model类替换为PagedResultDto<Student>，因为我们要处理的是

Student模型，所以要将Student模型传入PagedResultDto泛型类。

在form中添加了两个Hidden属性值：CurrentPage和Sorting的<input>元素，当单击查询按钮的时候，会将当前页中的查询名称、排序和当前所处分页序号传递到HomeController的Index()对应的参数中。同时它们的值通过模型绑定器绑定了@Model.CurrentPage和@Model.Sorting，让我们在回调的时候也可以做接收，这样就不会丢失查询的参数了。

下面的代码对表单中的标题排序功能进行了增强，添加了CurrentPage和FilterText两个属性。

```
<a asp-action="Index"  asp-route-Sorting="Name"  asp-route-CurrentPage="@
Model.CurrentPage"  asp-route-FilterText="@Model.FilterText">  名字</a>
```

以下是输入查询名称“52abp.com”后生成的HTML代码。

```
<a href="/?Sorting=Name&amp;CurrentPage=1&amp;FilterText=52abp.com">名字</a>
```

表头的完整代码如下。

```
<div class="table-responsive-sm">
  @if(Model.Data.Any()) {
  <table class="table table-bordered table-striped">
    <thead>
      <tr>
        <th scope="col">头像</th>
        <th scope="col" class="sort-link">
          <a asp-action="Index"  asp-route-Sorting="Name"
              asp-route-CurrentPage="@Model.CurrentPage"             asp-
route-FilterText="@Model.FilterText"> 名字 </a>
          <a  class="pl-3"  asp-action="Index"  asp-route-CurrentPage="@
Model.CurrentPage"  asp-route-FilterText="@Model.FilterText"   asp-route-
Sorting="Name desc" >  降序  </a>
        </th>
        <th>
            <a asp-action="Index"  asp-route-Sorting="Email  " asp-route-
CurrentPage="@Model.CurrentPage"
            asp-route-FilterText="@Model.FilterText" >邮箱地址 </a>
             <aclass="pl-3"  asp-action="Index"  asp-route-Sorting="Email
desc"  asp-route-CurrentPage="@Model.CurrentPage"  asp-route-FilterText="@
Model.FilterText"> 降序 </a>
        </th>
        <th scope="col">
            <a class="pl-3" asp-action="Index" asp-route-Sorting="Major  "
asp-route-CurrentPage="@Model.CurrentPage"
            asp-route-FilterText="@Model.FilterText" >  主修科目  </a>
             <a class="pl-3" asp-action="Index" asp-route-Sorting="Major
desc"  asp-route-CurrentPage="@Model.CurrentPage"
```

```
                asp-route-FilterText="@Model.FilterText" > 降序 </a>
            </th>
            <th scope="col">
                    <a class="pl-3"  asp-action="Index" asp-route-
Sorting="EnrollmentDate " asp-route-CurrentPage="@Model.CurrentPage"
                asp-route-FilterText="@Model.FilterText" >入学时间 </a>
                    <a  class="pl-3" asp-action="Index"   asp-route-
Sorting="EnrollmentDate desc"
                     asp-route-CurrentPage="@Model.CurrentPage" asp-route-
FilterText="@Model.FilterText" >  降序  </a>
            </th>
            <th scope="col">操作</th>
          </tr>
        </thead>
      </table>
    }
</div>
```

最后便是分页的内容，代码如下。

```
 <div>
        <ul class="pagination">
            <li class="page-item @(!Model.ShowFirst?"disabled":"")">
 <a asp-route-CurrentPage="1" asp-route-FilterText="@Model.FilterText"
asp-route-Sorting="@Model.Sorting" class="page-link">
 <i class="fa fa-fast-backward"></i></a>
            </li>

            <li class="page-item @(!Model.ShowPrevious?"disabled":"")">
 <a asp-route-CurrentPage="@(Model.CurrentPage -1)" asp-route-FilterText="@
Model.FilterText" asp-route-Sorting="@Model.Sorting" class="page-link">
     <i class="fa fa-step-backward"></i>
 </a>
            </li>

            @for(var i = 1;i <= Model.TotalPages;i++)
            {
 <li class="page-item @(i == Model.CurrentPage?"active" :"")">
       <a asp-route-currentpage="@i"  asp-route-FilterText="@Model.
FilterText" asp-route-Sorting="@Model.Sorting" class="page-link">@i</a>
 </li>
            }

            <li class="page-item  @(!Model.ShowNext?"disabled":"")">
 <a asp-route-CurrentPage="@(Model.CurrentPage + 1)" asp-route-
FilterText="@Model.FilterText"  asp-route-Sorting="@Model.Sorting"
class="page-link">
 <i class="fa fa-step-forward"></i></a>
```

```
            </li>

            <li class="page-item  @(!Model.ShowLast?"disabled":"")">
 <a asp-route-CurrentPage="@Model.TotalPages" asp-route-FilterText="@
Model.FilterText" asp-route-Sorting="@Model.Sorting" class="page-link">
 <i class="fa fa-fast-forward"></i></a>
            </li>
        </ul>
    </div>
```

运行项目，效果如图33.1所示。

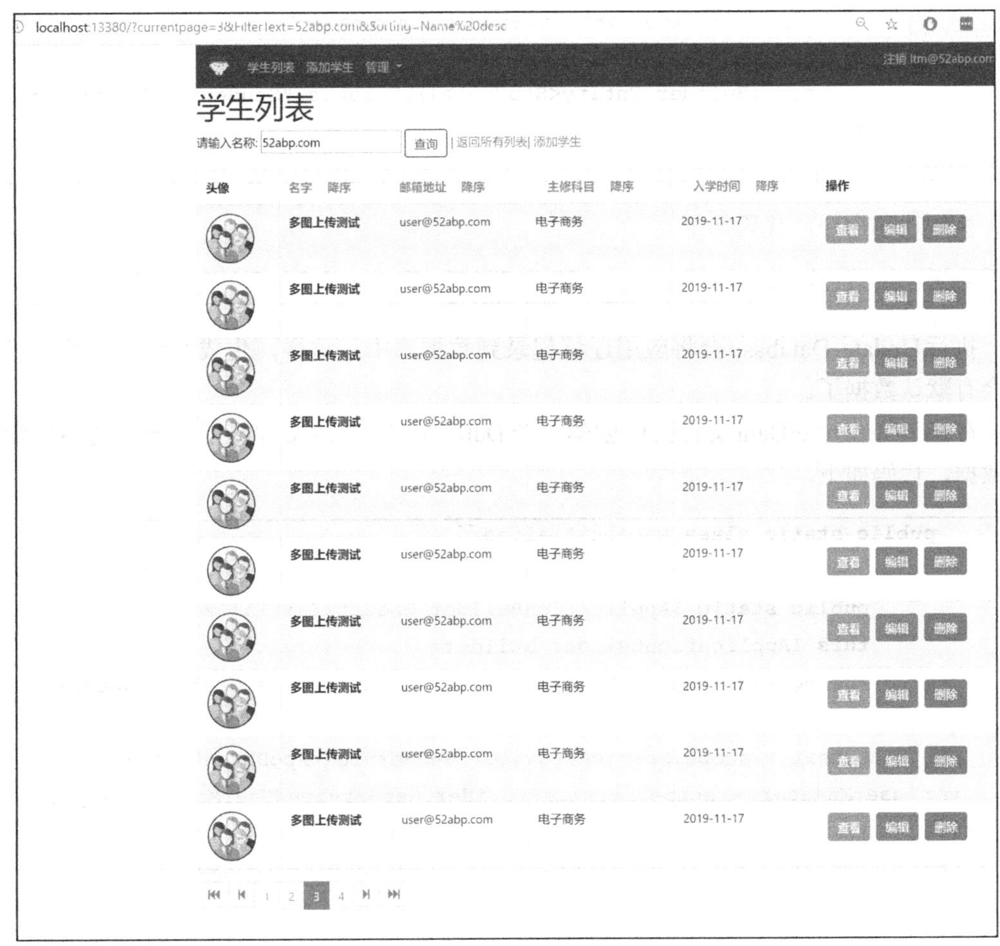

图33.1

33.2 迁移数据信息

目前，系统包含的数据库表内容已经比较多了，为了方便后续的功能开发，需要创建一些种子数据。之前我们已经通过ModelBuilderExtensions.cs的扩展方法添加了Student

实体信息的种子数据。如果继续在该方法中添加种子数据，我们要调用一些依赖注入服务，但因为扩展方法是一个静态类，所以无法在这里注册这些服务。我们另寻他法，首先移除ModelBuilderExtensions.cs中的种子数据，修改代码如下。

```
public static class ModelBuilderExtensions
    {

        public static void Seed(this ModelBuilder modelBuilder)
        {
            ///指定实体在数据库中生成的名称
            modelBuilder.Entity<Course>().ToTable("Course","School");
              modelBuilder.Entity<StudentCourse>().ToTable("StudentCourse",
"School");
            modelBuilder.Entity<Student>().ToTable("Student","School");
        }
    }
```

执行迁移命令，代码如下。

```
add-migration Remove_SeedData
```

执行Update-Database会将应用迁移记录到数据库中。这样，生成空数据库的时候就不会有默认数据了。

在Infrastructure/Data文件夹中创建一个DataInitializer.cs文件，用于统一初始化我们的数据，代码如下。

```
    public static class DataInitializer
    {
        public static IApplicationBuilder UseDataInitializer(
        this IApplicationBuilder builder)
        {using(var scope = builder.ApplicationServices.CreateScope())
            {
 var dbcontext = scope.ServiceProvider.GetService<AppDbContext>();
 var userManager = scope.ServiceProvider.GetService<UserManager<Applicatio
nUser>>();
 var roleManager = scope.ServiceProvider.GetService<RoleManager<IdentityRo
le>>();
            }
 return builder;
        }
    }
```

DataInitializer.cs也是一个静态类，它是基于IApplicationBuilder的扩展方法，我们可以利用IApplicationBuilder的服务从依赖注入容器获取需要的服务。

使用ApplicationServices.CreateScope创建了IServiceScope以解析应用范围内配置的服务。此方法可以用于在启动时访问有作用域的服务，以便运行初始化任务。我们要初始化学生、课程以及用户角色的数据，所以解析了AppDbContext、UserManager<ApplicationUser>和RoleManager<IdentityRole>这3个服务。

```
    public static IApplicationBuilder UseDataInitializer(
        this IApplicationBuilder builder) {
        using(var scope = builder.ApplicationServices.CreateScope()) {
            var dbcontext = scope.ServiceProvider.GetService<AppDbContext>
();
            var userManager = scope.ServiceProvider.GetService<UserManager
<ApplicationUser>> ();
            var roleManager = scope.ServiceProvider.GetService<RoleManager
<IdentityRole>> ();

            #region学生种子信息

            if(dbcontext.Students.Any()) {
                return builder;// 数据已经初始化了
            }

            var students = new[] {
                    new Student{Name = "张三",Major = MajorEnum.
ComputerScience,Email = "zhangsan@52abp.com",EnrollmentDate = DateTime.
Parse("2016-09-01"),},
                new Student{Name = "李四",Major = MajorEnum.Mathematics,Email
= "lisi@52abp.com",EnrollmentDate = DateTime.Parse("2017-09-01") },
                    new Student{Name = "王五",Major = MajorEnum.
ElectronicCommerce,Email = "wangwu@52abp.com",EnrollmentDate = DateTime.
Parse("2012-09-01") }
            };
            foreach(Student item in students) {
                dbcontext.Students.Add(item);
            }
            dbcontext.SaveChanges();

            #endregion学生种子信息

            #region课程种子数据

            if(dbcontext.Courses.Any()) {
                return builder;// 数据已经初始化了
            }
            var courses = new[] {
                new Course{CourseID = 1050,Title = "数学",Credits = 3,},
                new Course{CourseID = 4022,Title = "政治",Credits = 3,},
                new Course{CourseID = 4041,Title = "物理",Credits = 3,},
                new Course{CourseID = 1045,Title = "化学",Credits = 4,},
                new Course{CourseID = 3141,Title = "生物",Credits = 4,},
                new Course{CourseID = 2021,Title = "英语",Credits = 3,},
```

```
            new Course{CourseID = 2042,Title = "历史",Credits = 4,}
        };

        foreach(var c in courses)
            dbcontext.Courses.Add(c);
        dbcontext.SaveChanges();

        #endregion课程种子数据

        #region学生课程关联种子数据
//这里学生的ID为4、5、6是因为我们之前的种子数据中已经占了1、2、3的ID
//所以新生成的ID是4开始
        var studentCourses = new[] {
            new StudentCourse{CourseID = 1050,StudentID = 6,},
            new StudentCourse{CourseID = 4022,StudentID = 5,},
            new StudentCourse{CourseID = 2021,StudentID = 4,},
            new StudentCourse{CourseID = 4022,StudentID = 4,},
            new StudentCourse{CourseID = 2021,StudentID = 6,}
        };
        foreach(var sc in studentCourses)
            dbcontext.StudentCourses.Add(sc);
        dbcontext.SaveChanges();

        #endregion学生课程关联种子数据

        #region用户种子数据

        if(dbcontext.Users.Any()) {
            return builder;// 数据已经初始化了
        }
        var user = new ApplicationUser{Email = "ltm@ddxc.org",UserName =
"ltm@ddxc.org",EmailConfirmed = true,City = "上海" };
        userManager.CreateAsync(user,"bb123456").Wait();// 等待异步方法执行完毕
        dbcontext.SaveChanges();
        var adminRole = "Admin";

        var role = new IdentityRole{Name = adminRole,};

        dbcontext.Roles.Add(role);
        dbcontext.SaveChanges();

        dbcontext.UserRoles.Add(new IdentityUserRole<string> {
            RoleId = role.Id,
            UserId = user.Id
        });
        dbcontext.SaveChanges();
```

```
            #endregion用户种子数据
        }

        return builder;
    }
```

在上面的代码中，我们通过判断对应的实体中是否有值，来确定是否要初始化数据。代码中使用数组存放初始化数据，而不是使用List<T>集合来优化性能。

在Configure()方法中调用该方法，代码如下。

```
public void Configure(IApplicationBuilder app)
{
    //数据初始化
    app.UseDataInitializer();
    //其他代码
}
```

现在可以修改连接字符串，代码如下。

```
"server=(localdb)\\MSSQLLocalDB;database=MockSchoolDB-dev;Trusted_Connecti
on=true;MultipleActiveResultSets=True"
```

将MockSchoolDB修改为MockSchoolDB-dev，然后编译项目，执行Update-Databae命令以更新数据库。如果读者现在打开SQL Server对象资源管理器，查看Student、Course等表的数据，会发现这些值都为空，如图33.2所示。

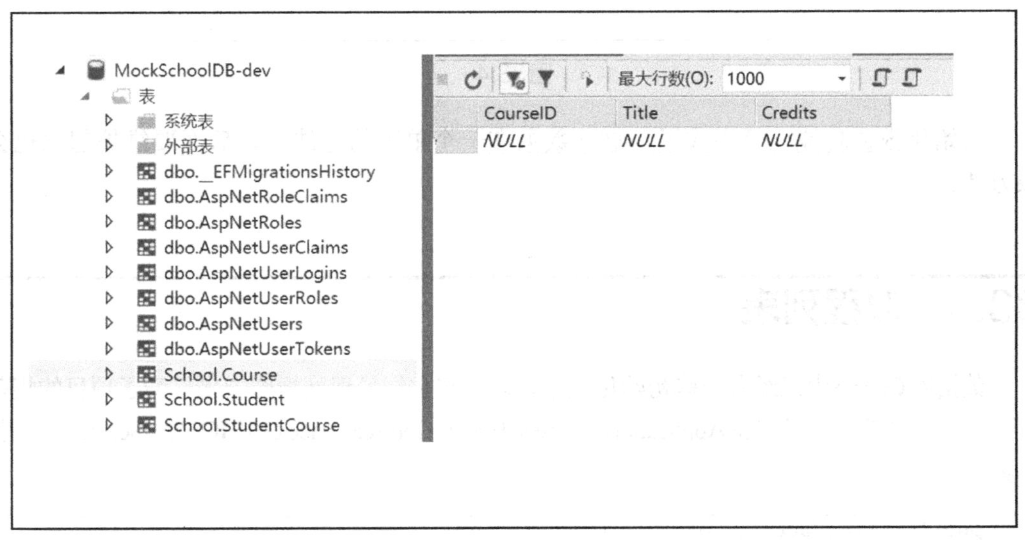

图33.2

这是因为UseDataInitializer()方法是Configure()的扩展方法，它只会在程序首次运行时执行，现在运行该应用程序会将初始化数据作为种子数据。

同样打开SQL Server对象资源管理器中的Course表，可以看到如图33.3所示的数据。

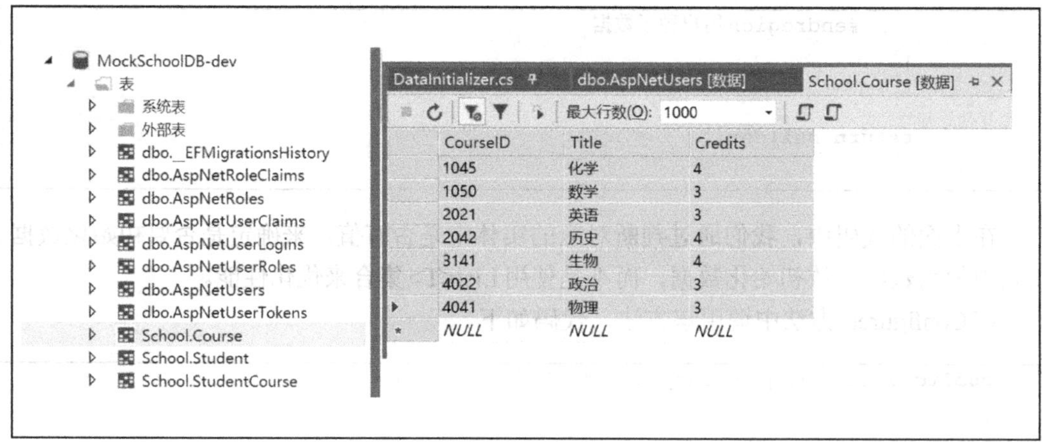

图33.3

登录账号ltm@ddxc.org，发现已经自动关联Admin角色，如图33.4所示。

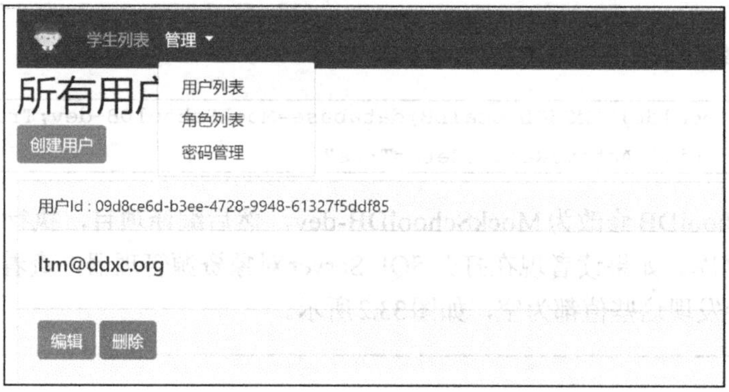

图33.4

初始化数据功能已经完成了，这些数据在一个单独的方法中，后面要维护起来也会很方便。

33.3 课程列表

数据库Course中已经有一些初始化数据，现在将它们呈现到视图中来。为了项目的规范管理以及可维护性，我们在Application/Courses中添加CourseService.cs和ICourseService.cs，代码如下。

```
public interface ICourseService
{
    Task<PagedResultDto<Course>> GetPaginatedResult(GetCourseInput input);
}
```

ICourseService接口中声明了一个GetPaginatedResult()方法，我们需要在CourseService类中实现它，代码如下。

```
public class CourseService:ICourseService
{

    private readonly IRepository<Course,int> _courseRepository;

    public CourseService(IRepository<Course,int> courseRepository)
    {
        _courseRepository = courseRepository;
    }

     public async Task<PagedResultDto<Course>> GetPaginatedResult(GetCourse
Input input)
    {

        var query = _courseRepository.GetAll();

        //统计查询数据的总条数，用于分页计算总页数
        var count = query.Count();
        //根据需求进行排序，然后进行分页逻辑的计算
         query = query.OrderBy(input.Sorting).Skip((input.CurrentPage - 1)
* input.MaxResultCount).Take(input.MaxResultCount);
        //将查询结果转换为List集合，加载到内存中
        var models = await query.AsNoTracking().ToListAsync();

        var dtos = new PagedResultDto<Course>
        {
            TotalCount = count,
            CurrentPage = input.CurrentPage,
            MaxResultCount = input.MaxResultCount,
            Data = models,
            FilterText = input.FilterText,
            Sorting = input.Sorting
        };
        return dtos;
    }
}
```

这里我们复用了PagedResultDto<Course>类，因为它是泛型，可以减少代码量。

在Application/Courses/Dtos文件夹中增加一个GetCourseInput.cs类，代码如下。

```
public class GetCourseInput:PagedSortedAndFilterInput
{
    public GetCourseInput()
    {
        Sorting = "CourseID";
        MaxResultCount = 3;
    }
}
```

可以看到它也是继承PagedSortedAndFilterInput类，将分页属性中的公共属性进行了复用，以减少项目的代码量。

打开Startup类的ConfigureServices()方法，添加如下代码。

```
services.AddScoped<ICourseService,CourseService>();
```

这是将ICourseService与CourseService注册到依赖注入容器中。

在CourseController中修改Index()操作方法，代码如下。

```
public async Task<ActionResult> Index(GetCourseInput input)
{
    var models = await _courseService.GetPaginatedResult(input);
    return View(models);
}
```

而对应的Views/Course文件夹中的Index.cshtml代码如下。

```
@using MockSchoolManagement.Application.Dtos;@model PagedResultDto<Course>
  @{ViewBag.Title = "课程列表页面";}
  <h1>课程列表</h1>
  <form asp-action="Index" method="get">
    <div class="form-actions no-color">
        <input type="hidden" name="CurrentPage" value="@Model.CurrentPage"
/>
      <input type="hidden" name="Sorting" value="@Model.Sorting" />
      <p>
        请输入名称：
        <input type="text" name="FilterText" value="@Model.FilterText" />
        <input type="submit" value="查询" class="btn btn-outline-dark" />
        <a asp-action="Index">返回所有列表</a>
        <a asp-action="Create">
          添加
        </a>
      </p>
    </div>
  </form>

  <div class="  table-responsive-sm">
    @if(Model.Data.Any()) {
    <table class="table table-bordered table-striped">
      <thead>
        <tr>
          <th scope="col" class="sort-link">
              <a  asp-action="Index"  asp-route-Sorting="CourseID"    asp-
route-CurrentPage="@Model.CurrentPage"
              asp-route-FilterText="@Model.FilterText"> 课程编号 </a>
          </th>
          <th>
```

```
                <a  asp-action="Index"    asp-route-Sorting="Title "    asp-
route-CurrentPage="@Model.CurrentPage"
                 asp-route-FilterText="@Model.FilterText"> 课程名称 </a>
            </th>
            <th>
              <a asp-action="Index" asp-route-Sorting="Credits "  asp-route-
CurrentPage="@Model.CurrentPage"
                 asp-route-FilterText="@Model.FilterText"  >  课程学分 </a>
            </th>
            <th scope="col">操作</th>
          </tr>
        </thead>
        <tbody>
          @foreach(var item in Model.Data) {

          <tr>
            <td>@item.CourseID</td>
            <td>@item.Title</td>
            <td>@item.Credits</td>

            <td>
              <form
                     method="post" asp-action="Delete" asp-route-id="@item.
CourseID">
                     <a asp-controller="Course" class="btn btn-info" asp-
action="Details" asp-route-id="@item.CourseID" >查看</a             >
                 <a asp-controller="Course" asp-action="edit" asp-route-id="@
item.CourseID" class="btn btn-primary m-1" >编辑</a  >
                 <span id="confirmDeleteSpan_@item.CourseID" style="display:none">
 <span>您确定您要删除？</span>
 <button type="submit" class="btn btn-danger">是</button>
 <a    href="#"    class="btn btn-primary"    onclick="confirmDelete('@item.
CourseID',false)" > 否 </a>
                 </span>
                 <span id="deleteSpan_@item.CourseID">
 <a    href="#"    class="btn btn-danger"    onclick="confirmDelete('@item.
CourseID',true)"   >删除</a>
                 </span>
              </form>
            </td>
          </tr>


          }
        </tbody>
      </table>

    } @await Html.PartialAsync("_Pagination")
```

```
        <partial name="_Pagination" />
    </div>
    @section Scripts{
    <script src="~/js/CustomScript.js" asp-append-version="true"></script>
    }
</Course>
```

视图中的代码没有什么特别变化，不过仔细查看的话，可能注意到代码中有一处用法是之前没有见到过的。

```
@await Html.PartialAsync("_Pagination")
```

它是分部视图，接下来我们来了解一下它。

33.4 分部视图

分部视图是ASP.NET Core框架中一种很实用的技术，它可以在其他视图中显示独立的HTML内容。它与视图一样，分部视图使用 .cshtml文件扩展名。简单来说，它提供了视图之间的内容共享。

比如，现在课程列表和学生列表都需要使用分页功能，如果不想复制粘贴重复的代码，就可以使用分部视图来实现。

在Views/Shared中创建Pagination.cshtml视图文件，按照之前提到的规范，不直接暴露用户的视图文件。视图中的代码如下。

```
<div>
    <ul class="pagination">

        <li class="page-item @(!Model.ShowFirst?"disabled":"")">
                <a asp-route-CurrentPage="1" asp-route-FilterText="@Model.
FilterText" asp-route-Sorting="@Model.Sorting" class="page-link">
 <i class="fa fa-fast-backward"></i>
            </a>
        </li>

        <li class="page-item @(!Model.ShowPrevious?"disabled":"")">
                <a asp-route-CurrentPage="@(Model.CurrentPage -1)" asp-
route-FilterText="@Model.FilterText" asp-route-Sorting="@Model.Sorting"
class="page-link">
 <i class="fa fa-step-backward"></i>
            </a>
        </li>

        @for(var i = 1;i <= Model.TotalPages;i++)
        {
            <li class="page-item @(i == Model.CurrentPage?"active" :"")">
```

```
  <a asp-route-currentpage="@i" asp-route-FilterText="@Model.FilterText"
asp-route-Sorting="@Model.Sorting" class="page-link">@i</a>
            </li>
        }

        <li class="page-item  @(!Model.ShowNext?"disabled":"")">
                <a asp-route-CurrentPage="@(Model.CurrentPage + 1)" asp-
route-FilterText="@Model.FilterText" asp-route-Sorting="@Model.Sorting"
class="page-link">
 <i class="fa fa-step-forward"></i>
            </a>
        </li>

        <li class="page-item  @(!Model.ShowLast?"disabled":"")">
                 <a asp-route-CurrentPage="@Model.TotalPages" asp-route-
FilterText="@Model.FilterText" asp-route-Sorting="@Model.Sorting" class="page-
link">
 <i class="fa fa-fast-forward"></i>
            </a>
        </li>
    </ul>
</div>
```

调用分部视图的方法有以下3种。

- @await Html.PartialAsync("_Pagination")。
- @Html.Partial("_Pagination")。
- <partial name="_Pagination" />。

我们可以在Index.cshtml文件中任选上方方法中的一种进行调用，当前为了显示各方法调用效果，我们将它们都添加到视图文件，现在运行项目，如图33.5所示。

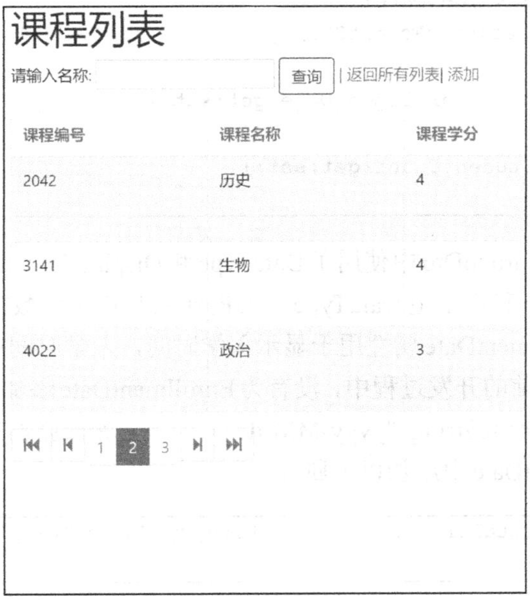

图33.5

在图33.5中，3种方法都可以正常运行，但微软的官方文档推荐我们使用异步的形式，也就是下方两种方法。

- @await Html.PartialAsync("_Pagination")。
- <partial name="_Pagination" />。

Html.PartialAsync是异步HTML TagHelper，它是从原有的.NET Framework版本保留下来的。这两种方法都是通过异步的形式加载数据。

<partial>是partial-Taghelper，它是.NET Core之后新增的属于TagHelper的一个标记帮助器。

配合我们设计的泛型类，分页组件就变得足够通用了，通过一行代码进行简单的调用即可完成引用。

33.5 学生统计信息

现在使用一个简单的LINQ语句，配合仓储模式实现分组功能来统计学生信息。

在Application/Students/Dtos中创建一个dto文件，代码如下。

```
/// <summary>
/// 入学时间分组
/// </summary>
public class EnrollmentDateGroupDto
{


    /// <summary>
    /// 入学时间
    /// </summary>
    [DataType(DataType.Date)]
     [DisplayFormat(DataFormatString = "{0:yyyy-MM-dd}",ApplyFormatInEditMode
= true)]
    public DateTime?EnrollmentDate{get;set;}

    public int StudentCount{get;set;}
}
```

在EnrollmentDateGroupDto中使用了DataType和DisplayFormat两个特性。

在之前的章节中，我们知道DataType主要的作用是指定比数据库内部类型更具体的数据类型。目前EnrollmentDate属性用于显示入学时间，入学时间仅需要日期而不需要精确到时、分、秒。在之前的开发过程中，没有为EnrollmentDate添加DataType.Date的类型，所以通过EnrollmentDate.toString("yyyy-MM-dd")的方法来转换时间格式。

现在可以在EnrollmentDate中添加以下属性。

```
[DisplayFormat(DataFormatString = "{0:yyyy-MM-dd}",ApplyFormatInEditMode =
true)]
```

DisplayFormat属性可单独使用，但是通常建议与DataType属性一起使用。ApplyFormatIn-

EditMode表示文本框中的值可进行编辑。

我们在HomeController中添加一个About()操作方法，代码如下。

```
public async Task<ActionResult> About()
{
    //获取IQueryable类型的Student，然后通过student.EnrollmentDate进行分组
    var data = from student in _studentRepository.GetAll()
        group student by student.EnrollmentDate into dateGroup

        select new EnrollmentDateGroupDto()
        {
            EnrollmentDate = dateGroup.Key,
            StudentCount = dateGroup.Count()
        };
    var dtos = await data.AsNoTracking().ToListAsync();
    return View(dtos);
}
```

About.cshtml中的视图代码如下。

```
@using MockSchoolManagement.Application.Students.Dtos;
@model IEnumerable<EnrollmentDateGroupDto>
  @{ViewBag.Title = "学生的统计信息";}

  <h1>学生信息统计</h1>

  <table class="table  table-striped">
    <thead>
      <tr>
        <th>入学时间</th>
        <th>学生人数</th>
      </tr>
    </thead>

    @foreach(var item in Model) {
    <tr>
      <td>@Html.DisplayFor(modelItem => item.EnrollmentDate)</td>
      <td>@item.StudentCount</td>
    </tr>
    }
  </table>
```

请注意，这里显示入学时间采用的是@Html.DisplayFor(modelItem => item.EnrollmentDate)，而不是@item.EnrollmentDate?.ToString("yyyy-MM-dd")。这是因为我们在dto文件中声明了DisplayFormat属性，也就无须手动转换日期的数据格式了。

运行项目后，效果如图33.6所示，数据库中的学生信息已经按照入学时间进行了分组排列。

学生信息统计

入学时间	学生人数
2012-09-01	1
2016-09-01	1
2017-09-01	1

图33.6

到现在为止，读者可能已经发现了一个问题，那就是我们在开发的时候，每次对视图页面内容进行编辑和修改，后端的整个项目都会被重新编译一次。我们只是简单修改了一下学生信息统计页面的几个字段，但是整个项目都会被编译。那么是否有办法调整呢？答案是可以的。

33.6 Razor条件运行时编译

如果读者有.NET Framework的开发经验，就会知道在以前的开发中是不需要重新编译一次项目的。接下来介绍一下为什么ASP.NET Core这样设计，答案是为了性能。默认情况下，ASP.NET Core生成和发布时均使用Razor SDK编译扩展名为 .cshtml的Razor文件，将它们与其他项目文件打包编译为dll。

而我们要实现的效果，即编辑视图页面，无须进行项目编译就可以单独配置，以启动运行时编译。

请注意，在ASP.NET Core 2.x中，通过在Startup类中的ConfigureServices()方法进行以下的配置即可开启运行时编译。

```
    services.AddMvc().SetCompatibilityVersion(CompatibilityVersion.
Version_2_2).AddRazorOptions(options =>
            {
                options.AllowRecompilingViewsOnFileChange = true;
            });
```

从ASP.NET Core 3.0开始，预编译工具被删除，上面的代码已经无法自动生效了。而要启用运行时编译，需要安装RuntimeCompilation工具。

打开项目文件，添加以下NuGet包。

```
<PackageReference Include="Microsoft.AspNetCore.Mvc.Razor.RuntimeCompilation"
Version="3.1.0" />
```

在Startup类中的ConfigureServices()方法中进行以下的配置即可开启运行时编译。

```
services.AddControllersWithViews(config =>
    {
        var policy = new AuthorizationPolicyBuilder().RequireAuthenticatedUser().
Build();
```

```
            config.Filters.Add(new AuthorizeFilter(policy));
        }
    ).AddXmlSerializerFormatters().AddRazorRuntimeCompilation();
```

我们添加了AddRazorRuntimeCompilation()方法，以启用运行时编译。

但是这样做引发了另外一个问题，我们知道ASP.NET Core默认关闭运行时编译是为了性能，而现在将它打开，则会造成系统性能减弱的问题。因此可以通过条件判断编译的形式使系统在开发环境中打开运行时编译，在生产环境中则关闭运行时编译。

修改代码如下。

```
public class Startup
{
    private IWebHostEnvironment _env;
    private IConfiguration _configuration;

    public Startup(IConfiguration configuration,IWebHostEnvironment env)
    {
        this._env = env;
        _configuration = configuration;
    }

    public void ConfigureServices(IServiceCollection services){}
    public void Configure(IApplicationBuilder app){}
}
```

在Startup类中通过依赖注入IWebHostEnvironment和IConfiguration两个服务到构造函数中，目的是让IWebHostEnvironment成为全局服务，因为在ConfigureServices和Configure两个方法中都涉及对它们的使用。

而为了满足条件判断编译，我们声明一个builder属性作为返回值，通过判断当前开发环境是否为Development来决定是否开启运行时编译，代码如下。

```
var builder = services.AddControllersWithViews(config =>
{
    var policy = new AuthorizationPolicyBuilder().RequireAuthenticatedUser().
Build();
    config.Filters.Add(new AuthorizeFilter(policy));
}).AddXmlSerializerFormatters();

if(_env.IsDevelopment())
{
    builder.AddRazorRuntimeCompilation();
}
```

以上便可以实现条件运行时编译。

33.7 小结

在本章中，我们实现了一个可复用的分页组件，使用LINQ语句配合EF Core来实现分组查询的步骤，并对条件运行时编译的机制进行了一个简单的讲解。

第34章

复杂数据类型及自动依赖注入

截止到本章，我们已经完成了学生和课程的关联功能，知晓了其实体之间的关系是多对多关联关系，以及EF Core中一些基础功能的使用。接下来我们将了解一些复杂数据库表的结构关系。我们接下来要完成的功能如下。

- 为教师分配课程。
- 为教师分配办公室。
- 为学院分配课程。
- 为学院分配教师。

图34.1所示便是我们将要创建的表结构关系，我们可以在其中增加字段与业务逻辑将学校管理系统完成。

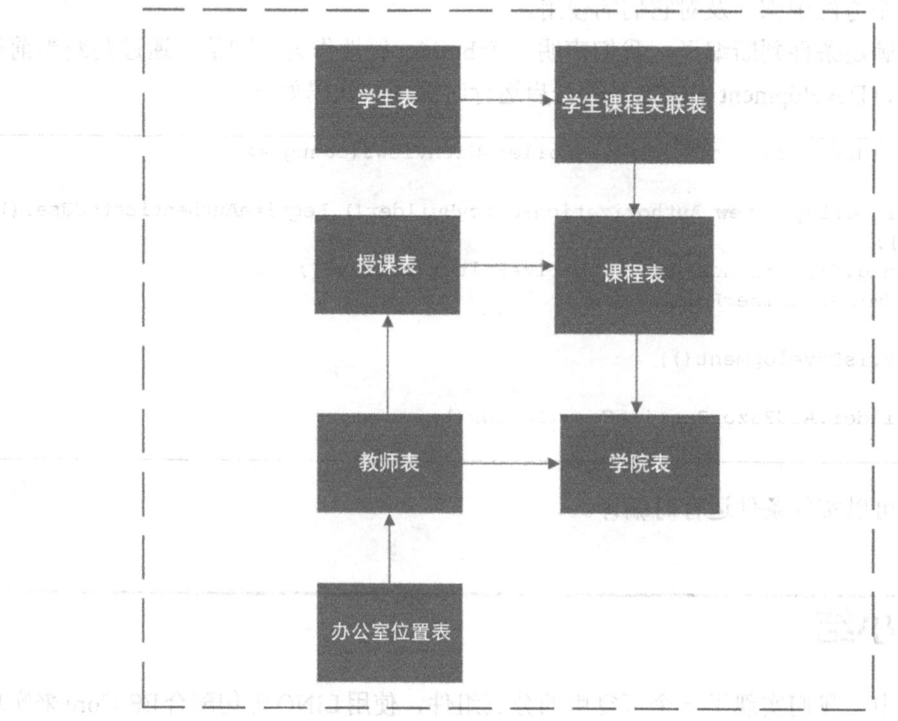

图34.1

本章主要向读者介绍如下内容。

- 完成学校管理系统中的实体创建。
- 在数据库上下文中添加种子数据。
- 自动注册接口到依赖注入容器中。

34.1 创建相关实体信息

以下实体信息都保存在Models文件夹中。

我们先创建Teacher实体信息，代码如下。

```
/// <summary>
/// 教师信息
/// </summary>
public class Teacher
{
    public int Id{get;set;}

    [Required]
    [Display(Name = "姓名")]
    [StringLength(50)]
    [Column("TeacherName")]
    public string Name{get;set;}

    [DataType(DataType.Date)]
      [DisplayFormat(DataFormatString = "{0:yyyy-MM-dd}",
ApplyFormatInEditMode = true)]
    [Display(Name = "聘用时间")]
    public DateTime HireDate{get;set;}

    public ICollection<CourseAssignment> CourseAssignments{get;set;}

    public OfficeLocation OfficeLocation{get;set;}
}
```

Teacher实体中有两个导航属性，分别是CourseAssignments与OfficeLocation。因为一名教师可能会有多个课程要进行教授，所以CourseAssignments为集合类型，它们之间是一对多的关联关系，代码如下。

```
public ICollection<CourseAssignment> CourseAssignments{get;set;}
```

在之前的章节我们已经知道，选择集合类型为ICollection<T>是因为EF Core会默认创建一个HashSet<T>的集合。

按照我们的业务规定，教师只能拥有一个办公室，因此OfficeLocation与Teacher为一对一关联关系，如果忘记给教师分配办公室，则OfficeLocation为null，代码如下。

```
public OfficeLocation OfficeLocation{get;set;}
```

创建OfficeLocation.cs文件，代码如下。

```
/// <summary>
/// 办公室地点
/// </summary>
public class OfficeLocation
{
    [Key]
    public int TeacherId{get;set;}
    [StringLength(50)]
    [Display(Name = "办公室位置")]
    public string Location{get;set;}
    public Teacher Teacher{get;set;}
}
```

按照我们的业务逻辑，OfficeLocation与Teacher实体存在一对一关联关系，但是可能TeacherId为空，办公室仅与教师有关系，因此使用TeacherId作为Teacher实体的外键。同时我们希望将TeacherId作为实体OfficeLocation的主键，但EF Core无法自动识别TeacherId作为此实体的主键，因为其名称不符合ID或命名约定。因此在TeacherId上方添加属性Key。这样EF Core就会通过Key属性设置TeacherId为主键。

34.1.1 修改Course实体信息

在Models/Course.cs中，将之前添加的代码替换为如下代码。

```
/// <summary>
/// 课程
/// </summary>
public class Course
{
    /// <summary>
    /// ID不允许自增
    /// </summary>
    [DatabaseGenerated(DatabaseGeneratedOption.None)]
    [Display(Name = "课程编号")]
    public int CourseID{get;set;}

    [Display(Name = "课程名称")]
    public string Title{get;set;}
    [Display(Name = "课程学分")]
    [Range(0,5)]
```

```
        public int Credits{get;set;}

        public int DepartmentID{get;set;}
        public Department Department{get;set;}
        public ICollection<CourseAssignment> CourseAssignments{get;set;}
        public ICollection<StudentCourse> StudentCourses{get;set;}

    }
```

因为我们要为学院分配课程，所以会添加Department的导航属性以及外键属性DepartmentID。

请注意，Course实体中的导航属性是Department，如果忘记添加DepartmentID属性作为外键ID，则EF Core也会在有需要的时候自动为Course实体创建外键。但是通常来说，我们都会手动指定一个外键属性，这样会使我们在更新数据时变得简单、高效。

如果没有DepartmentID，则在更新Course实体信息时必须先获取导航属性Department的实体。如果更新时不加载该实体，则需要将导航属性Department的值设置为NULL。

在实体中如果包含外键属性DepartmentID，则更新前无须提前加载Department实体信息。

DatabaseGenerated(DatabaseGeneratedOption.None）的属性表示ID为用户手动添加，而不是数据库自动生成。这是因为一个课程可能被多个教师教授，同理一个课程有多个学生进行学习，所以它是集合类型。

34.1.2 创建学院与调整学生课程信息

在Models/Department.cs中添加如下代码。

```
    /// <summary>
    /// 学院
    /// </summary>
    public class Department
    {
        public int DepartmentID{get;set;}

        [StringLength(50,MinimumLength = 3)]
        public string Name{get;set;}

        /// <summary>
        /// 预算
        /// </summary>
        [DataType(DataType.Currency)]
        [Column(TypeName = "money")]
        public decimal Budget{get;set;}

        /// <summary>
        /// 成立时间
```

```
    /// </summary>
    [DataType(DataType.Date)]
      [DisplayFormat(DataFormatString = "{0:yyyy-MM-dd}",
ApplyFormatInEditMode = true)]
    [Display(Name = "成立时间")]
    public DateTime StartDate{get;set;}

    public int?TeacherID{get;set;}
    /// <summary>
    /// 学院主任
    /// </summary>
    public Teacher Administrator{get;set;}
    public ICollection<Course> Courses{get;set;}
}
```

在这里涉及了几个新属性。

1. Column属性

- 在Teacher实体中，Column属性之前用于更改列名称映射。
- 在Department实体的代码中，Column属性用于更改SQL数据类型映射，SQL Server数据库会将Budget列修改为money类型。
- 通常不需要指定列进行映射，因为EF Core会根据用户为属性定义的CLR类型选择适当的SQL Server数据类型，当实体属性是decimal类型时，该属性也会映射到SQL Server的decimal类型中，在这里要处理的是Budget字段，因此用money类型来表示会更加合适。

请注意，并不是所有数据库都支持money类型，在迁移到其他数据库时，它会根据EF Core中内置的规则转化成其他数据类型。

2. StringLength属性

StringLength属性是用于设置数据库中字段的最大长度，还可以用于在客户端和服务器端的数据验证。在这里确保Name的值不超过50个字符，最小字符为3。

请注意，这里最小值不会影响数据库的架构映射。

修改StudentCourse实体，代码如下。

```
public class StudentCourse
{
    [Key]
    public int StudentCourseId{get;set;}
    public int CourseID{get;set;}
    public int StudentID{get;set;}
    [DisplayFormat(NullDisplayText = "无成绩")]
    public Grade?Grade{get;set;}
    public Course Course{get;set;}
    public Student Student{get;set;}


}
```

在这里增加一个Grade的枚举类，代码如下。

```
/// <summary>
/// 成绩
/// </summary>
public enum Grade
{
    A,B,C,D,F
}
```

然后通过DisplayFormat属性设置当Grade为空时，显示为无成绩。

还需要创建一个CourseAssignment实体，代码如下。

```
/// <summary>
/// 课程设置分配
/// </summary>

public class CourseAssignment
{
    public int TeacherID{get;set;}
    public int CourseID{get;set;}
    public Teacher Teacher{get;set;}
    public Course Course{get;set;}
}
```

CourseAssignment实体用于关联课程信息和教师信息。可以看到在CourseAssignment实体中并没有像StudentCourse实体一样，设置了外键StudentCourseId属性。图34.2所示为学生与课程表间的多对多关联关系，我们可以看到，连接线有钥匙图形的代表是主键关联，而 ∞ 则表示关系。即StudentCourseId与另外两个主键之间是一对多关联关系。

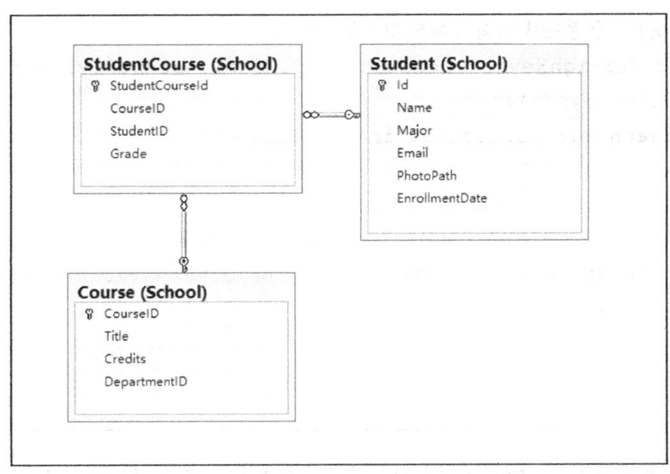

图34.2

而在CourseAssignment实体中，我们不需要单独指定主键，这是因为TeacherID和CourseID属性是联合主键，而EF Core中要使用联合主键，需要通过配置Fluent API来完成。

34.2　更新数据库上下文及初始化内容

接下来我们将涉及的7个实体文件添加到AppDbContext.cs中，代码如下。

```
public class AppDbContext:IdentityDbContext<ApplicationUser>
{


    //注意：将ApplicationUser作为泛型参数传递给IdentityDbContext类

    public AppDbContext(DbContextOptions<AppDbContext> options)
        :base(options)
    {
    }


    public DbSet<Student> Students{get;set;}
    public DbSet<Course> Courses{get;set;}
    public DbSet<StudentCourse> StudentCourses{get;set;}
    public DbSet<Department> Departments{get;set;}
    public DbSet<Teacher> Teachers{get;set;}
    public DbSet<OfficeLocation> OfficeLocations{get;set;}
    public DbSet<CourseAssignment> CourseAssignments{get;set;}

    protected override void OnModelCreating(ModelBuilder modelBuilder)
    {
        base.OnModelCreating(modelBuilder);
        modelBuilder.Seed();

        //获取当前系统中所有领域模型上的外键列表
        var foreignKeys = modelBuilder.Model.GetEntityTypes().SelectMany(e
=> e.GetForeignKeys());
        foreach(var foreignKey in foreignKeys)
        {

            //将它们的删除行为配置为Restrict，即无操作
            foreignKey.DeleteBehavior = DeleteBehavior.Restrict;
        }

    }
}
```

在Seed()扩展方法中，我们可以通过Fluent API来配置CourseAssignment的联合主键，代码如下。

```
public static void Seed(this ModelBuilder modelBuilder)
{
    ///指定实体在数据库中生成的名称
```

```
        modelBuilder.Entity<Course>().ToTable("Course","School");
        modelBuilder.Entity<StudentCourse>().ToTable("StudentCourse","School");
        modelBuilder.Entity<Student>().ToTable("Student","School");
         modelBuilder.Entity<CourseAssignment>().HasKey(c => new{c.CourseID,
    c.TeacherID   });
    }
```

当然，我们可以通过Fluent API的方式来替换属性标注，这在后面的章节中将单独说明。现在执行迁移命令，代码如下。

```
add-migration AddAllSchoolEntities
```

然后执行命令update-database，它会将迁移记录应用到数据库中。

如果在迁移过程中遇到错误，如图34.3所示。

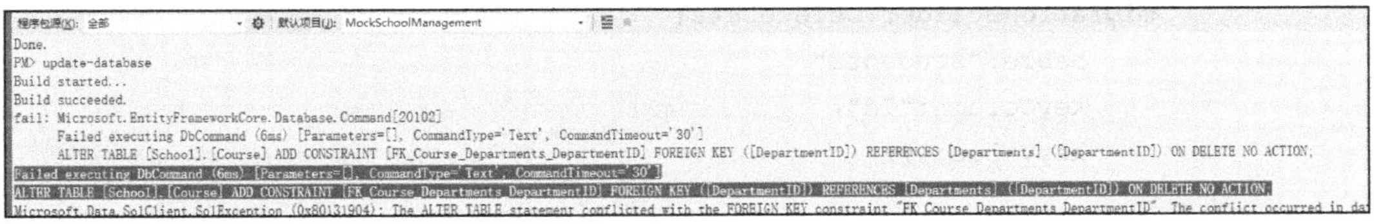

```
程序包源(K): 全部    默认项目(J): MockSchoolManagement
Done.
PM> update-database
Build started...
Build succeeded.
fail: Microsoft.EntityFrameworkCore.Database.Command[20102]
      Failed executing DbCommand (6ms) [Parameters=[], CommandType='Text', CommandTimeout='30']
      ALTER TABLE [School].[Course] ADD CONSTRAINT [FK_Course_Departments_DepartmentID] FOREIGN KEY ([DepartmentID]) REFERENCES [Departments] ([DepartmentID]) ON DELETE NO ACTION;
Failed executing DbCommand (6ms) [Parameters=[], CommandType='Text', CommandTimeout='30']
ALTER TABLE [School].[Course] ADD CONSTRAINT [FK_Course_Departments_DepartmentID] FOREIGN KEY ([DepartmentID]) REFERENCES [Departments] ([DepartmentID]) ON DELETE NO ACTION;
Microsoft.Data.SqlClient.SqlException (0x80131904): The ALTER TABLE statement conflicted with the FOREIGN KEY constraint "FK_Course_Departments_DepartmentID". The conflict occurred in da
```

图34.3

这是因为我们为Course实体增加了Department的导航属性，而DepartmentID不可为空。要解决这个问题我们可以通过删除数据库表Course中的数据，或者直接删除整个数据库，执行update-database的命令来重建数据库。

添加种子数据

为了便于后面的测试，我们对DataInitializer.cs文件进行修改，在系统中添加更多的初始化数据。

添加Studnet种子数据的代码如下。

```
//这里学生的ID为4、5、6是因为我们之前的种子数据中已经占了1、2、3的ID
//所以新生成的ID是4开始
var studentCourses = new[]
{
    new StudentCourse{CourseID = 1050,StudentID = 6,},
    new StudentCourse{CourseID = 4022,StudentID = 5,},
    new StudentCourse{CourseID = 2021,StudentID = 4,},
    new StudentCourse{CourseID = 4022,StudentID = 4,},
    new StudentCourse{CourseID = 2021,StudentID = 6,}
};
foreach(var sc in studentCourses)
    dbcontext.StudentCourses.Add(sc);
dbcontext.SaveChanges();
```

因为数据库中已经添加Student的迁移记录了，所以StudentID的值只能是3以后的数字。

这一点可以在迁移文件SeedStudentsTable和AlterStudentsSeedData中证实，代码如下。

```
public partial class SeedStudentsTable:Migration
{
    protected override void Up(MigrationBuilder migrationBuilder)
    {
        migrationBuilder.InsertData(
            table:"Students",
            columns:new[] {"Id","Email","Major","Name"},
            values:new object[] {1,"ltm@ddxc.org",2,"梁桐铭"});
    }

    protected override void Down(MigrationBuilder migrationBuilder)
    {
        migrationBuilder.DeleteData(
            table:"Students",
            keyColumn:"Id",
            keyValue:1);
    }
}

public partial class AlterStudentsSeedData:Migration
{
    protected override void Up(MigrationBuilder migrationBuilder)
    {
        migrationBuilder.DeleteData(
            table:"Students",
            keyColumn:"Id",
            keyValue:1);

        migrationBuilder.InsertData(
            table:"Students",
            columns:new[] {"Id","Email","Major","Name"},
            values:new object[] {2,"zhangsan@52abp.com",1,"张三"});

        migrationBuilder.InsertData(
            table:"Students",
            columns:new[] {"Id","Email","Major","Name"},
            values:new object[] {3,"lisi@52abp.com",3,"李四"});
    }

    protected override void Down(MigrationBuilder migrationBuilder)
    {
        migrationBuilder.DeleteData(
            table:"Students",
            keyColumn:"Id",
```

```
                keyValue:2);

            migrationBuilder.DeleteData(
                table:"Students",
                keyColumn:"Id",
                keyValue:3);

            migrationBuilder.InsertData(
                table:"Students",
                columns:new[] {"Id","Email","Major","Name"},
                values:new object[] {1,"ltm@ddxc.org",2,"梁桐铭"});
        }
    }
```

这对于系统来说可能是一个隐患。为了安全起见，我们删除整个Migrations文件夹，在重置完初始化数据后，重新生成迁移文件。完整的代码如下。

```
    public static class DataInitializer
    {
        public static IApplicationBuilder UseDataInitializer(
            this IApplicationBuilder builder)
        {
            using(var scope = builder.ApplicationServices.CreateScope())
            {
                         var dbcontext = scope.ServiceProvider.
    GetService<AppDbContext>();
                var userManager = scope.ServiceProvider.GetService<UserManager
    <ApplicationUser>>();
                var roleManager = scope.ServiceProvider.GetService<RoleManager
    <IdentityRole>>();

                #region学生种子信息

                if(dbcontext.Students.Any())
                {
                    return builder;// 数据已经初始化了
                }

                var students = new[]
                {
                    new Student
                    {
                        Name = "张三",Major = MajorEnum.ComputerScience,Email =
    "zhangsan@52abp.com",
                        EnrollmentDate = DateTime.Parse("2016-09-01"),
                    },
                    new Student
```

```
                {
                    Name = "李四",Major = MajorEnum.Mathematics,Email =
"lisi@52abp.com",
                EnrollmentDate = DateTime.Parse("2017-09-01")
                },
                new Student
                {
                    Name = "王五",Major = MajorEnum.ElectronicCommerce,
Email = "wangwu@52abp.com",
                EnrollmentDate = DateTime.Parse("2012-09-01")
                }
            };
            foreach(Student item in students)
            {
                dbcontext.Students.Add(item);
            }

            dbcontext.SaveChanges();

            #endregion学生种子信息

            #region学院种子数据

            var teachers = new[]
            {
                new Teacher{Name = "张老师",HireDate = DateTime.Parse
("1995-03-11")},
                new Teacher{Name = "王老师",HireDate = DateTime.Parse
("2003-03-11")},
                new Teacher{Name = "李老师",HireDate = DateTime.Parse
("1990-03-11")},
                new Teacher{Name = "赵老师",HireDate = DateTime.Parse
("1985-03-11")},
                new Teacher{Name = "刘老师",HireDate = DateTime.Parse
("2003-03-11")},
                new Teacher{Name = "胡老师",HireDate = DateTime.Parse
("2003-03-11")}
            };

            foreach(var i in teachers)
                dbcontext.Teachers.Add(i);
            dbcontext.SaveChanges();

            #endregion学院种子数据

            var departments = new[]
            {
```

```
                new Department
                {
                        Name = "a",Budget = 350000,StartDate = DateTime.
Parse("2017-09-01"),
                    TeacherID = teachers.Single(i => i.Name == "刘老师").Id
                },
                new Department
                {
                        Name = "b",Budget = 100000,StartDate = DateTime.
Parse("2017-09-01"),
                    TeacherID = teachers.Single(i => i.Name == "赵老师").Id
                },
                new Department
                {
                        Name = "c",Budget = 350000,StartDate = DateTime.
Parse("2017-09-01"),
                    TeacherID = teachers.Single(i => i.Name == "胡老师").Id
                },
                new Department
                {
                        Name = "d",Budget = 100000,StartDate = DateTime.
Parse("2017-09-01"),
                    TeacherID = teachers.Single(i => i.Name == "王老师").Id
                }
            };

            foreach(var d in departments)
                dbcontext.Departments.Add(d);
            dbcontext.SaveChanges();

            #region课程种子数据

            if(dbcontext.Courses.Any())
            {
                return builder;// 数据已经初始化了
            }

            var courses = new[]
            {
                new Course
                {
                    CourseID = 1050,Title = "数学",Credits = 3,
                     DepartmentID = departments.Single(s => s.Name == "b").
DepartmentID
                },
                new Course
                {
```

```
                        CourseID = 4022,Title = "政治",Credits = 3,
                         DepartmentID = departments.Single(s => s.Name == "c").
    DepartmentID
                    },
                    new Course
                    {
                        CourseID = 4041,Title = "物理",Credits = 3,
                         DepartmentID = departments.Single(s => s.Name == "b").
    DepartmentID
                    },
                    new Course
                    {
                        CourseID = 1045,Title = "化学",Credits = 4,
                         DepartmentID = departments.Single(s => s.Name == "d").
    DepartmentID
                    },
                    new Course
                    {
                        CourseID = 3141,Title = "生物",Credits = 4,
                         DepartmentID = departments.Single(s => s.Name == "a").
    DepartmentID
                    },
                    new Course
                    {
                        CourseID = 2021,Title = "英语",Credits = 3,
                         DepartmentID = departments.Single(s => s.Name == "a").
    DepartmentID
                    },
                    new Course
                    {
                        CourseID = 2042,Title = "历史",Credits = 4,
                         DepartmentID = departments.Single(s => s.Name == "c").
    DepartmentID
                    }
                };

                foreach(var c in courses)
                    dbcontext.Courses.Add(c);
                dbcontext.SaveChanges();

                #endregion课程种子数据

                #region办公室分配的种子数据

                var OfficeLocations = new[]
                {
                     new OfficeLocation{TeacherId = teachers.Single(i => i.Name
    == "刘老师").Id,Location = "X楼"},
```

```
                new OfficeLocation{TeacherId = teachers.Single(i => i.Name
== "胡老师").Id,Location = "Y楼"},
                new OfficeLocation{TeacherId = teachers.Single(i => i.Name
== "王老师").Id,Location = "Z楼"}
            };

            foreach(var o in OfficeLocations)
                dbcontext.OfficeLocations.Add(o);
            dbcontext.SaveChanges();

            #endregion

            #region为教师分配课程的种子数据

            var coursetTeachers = new[]
            {
                new CourseAssignment
                {
                        CourseID = courses.Single(c => c.Title == "数学
").CourseID,
                    TeacherID = teachers.Single(i => i.Name == "赵老师").Id
                },
                new CourseAssignment
                {
                        CourseID = courses.Single(c => c.Title == "数学
").CourseID,
                    TeacherID = teachers.Single(i => i.Name == "王老师").Id
                },
                new CourseAssignment
                {
                        CourseID = courses.Single(c => c.Title == "政治
").CourseID,
                    TeacherID = teachers.Single(i => i.Name == "胡老师").Id
                },
                new CourseAssignment
                {
                        CourseID = courses.Single(c => c.Title == "化学
").CourseID,
                    TeacherID = teachers.Single(i => i.Name == "王老师").Id
                },
                new CourseAssignment
                {
                        CourseID = courses.Single(c => c.Title == "生物
").CourseID,
                    TeacherID = teachers.Single(i => i.Name == "刘老师").Id
                },
                new CourseAssignment
```

```
                {
                        CourseID = courses.Single(c => c.Title == "英语
").CourseID,
                    TeacherID = teachers.Single(i => i.Name == "刘老师").Id
                },
                new CourseAssignment
                {
                        CourseID = courses.Single(c => c.Title == "物理
    ").CourseID,
                    TeacherID = teachers.Single(i => i.Name == "赵老师").Id
                },
                new CourseAssignment
                {
                        CourseID = courses.Single(c => c.Title == "历史
    ").CourseID,
                    TeacherID = teachers.Single(i => i.Name == "胡老师").Id
                }
            };

            foreach(var ci in coursetTeachers)
                dbcontext.CourseAssignments.Add(ci);
            dbcontext.SaveChanges();

            #endregion

            #region学生课程关联种子数据

            var studentCourses = new[]
            {
                new StudentCourse
                {
                    StudentID = students.Single(s => s.Name == "张三").Id,
                        CourseID = courses.Single(c => c.Title == "数学
    ").CourseID,Grade = Grade.A
                },
            };
            foreach(var sc in studentCourses)
                dbcontext.StudentCourses.Add(sc);
            dbcontext.SaveChanges();

            #endregion学生课程关联种子数据

            #region用户种子数据

            if(dbcontext.Users.Any())
            {
                return builder;// 数据已经初始化了
```

```
            }

            var user = new ApplicationUser
                      {Email = "ltm@ddxc.org",UserName = "ltm@ddxc.org",
EmailConfirmed = true,City = "上海"};
            userManager.CreateAsync(user,"bb123456").Wait();// 等待异步方法执
行完毕
            dbcontext.SaveChanges();
            var adminRole = "Admin";

            var role = new IdentityRole{Name = adminRole,};

            dbcontext.Roles.Add(role);
            dbcontext.SaveChanges();

            dbcontext.UserRoles.Add(new IdentityUserRole<string>
            {
                RoleId = role.Id,
                UserId = user.Id
            });
            dbcontext.SaveChanges();

            #endregion用户种子数据
        }

        return builder;
    }
}
```

到目前为止，这些实体之间的完整数据对象关系如图34.4所示。

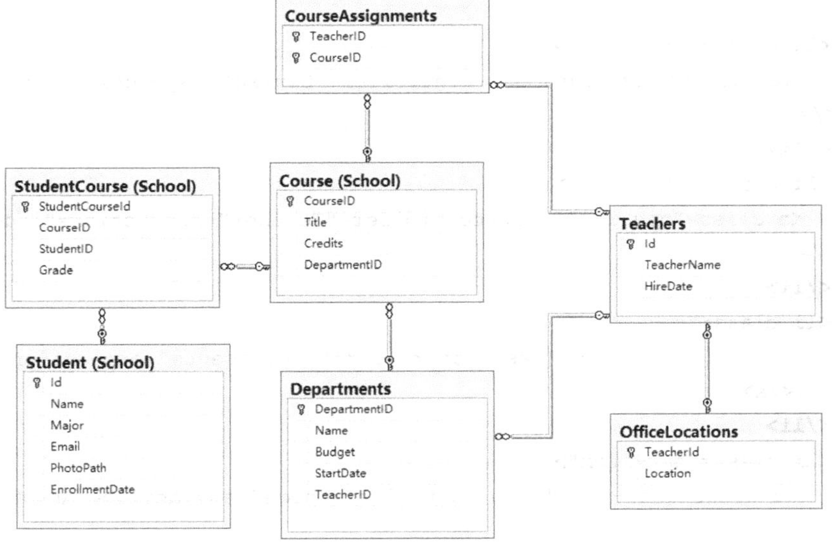

图34.4

除了Teachers与OfficeLocations表是一对一关联关系，其余都是一对多关联关系。

现在删除SQL Server对象资源管理器中的MockSchoolDB-dev数据库，然后执行新的迁移命令add-migration InitializationData。执行命令update-database，图34.5所示为表__EFMigrationsHistory中对应的迁移记录。

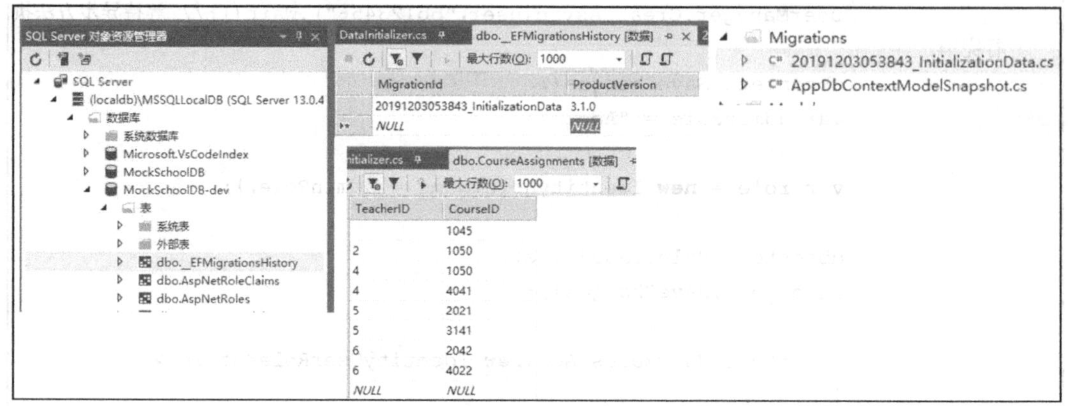

图34.5

34.3　服务之间的自动注册

在Views/Shared/_Layout.cshtml文件中配置对应的导航菜单栏，代码如下。

```
<div class="collapse navbar-collapse" id="collapsibleNavbar">
  <ul class="navbar-nav">
    <li class="nav-item">
      <a class="nav-link" asp-controller="home" asp-action="index">学生列表
</a>
    </li>
    <li class="nav-item">
      <a class="nav-link" asp-controller="Course" asp-action="index" >课程
管理</a>
    </li>
    <li class="nav-item">
      <a class="nav-link" asp-controller="Teacher" asp-action="index" >教师
管理</a>
    </li>
    <li class="nav-item">
      <a class="nav-link" asp-controller="Departments" asp-action="index">
学院管理</a>
    </li>
    <li class="nav-item">
      <a class="nav-link" asp-controller="home" asp-action="About">关于我们
</a>
    </li>
```

```
        //其他代码
      </ul>
      //其他代码
    </div>
```

现在运行项目，输入初始化账号ltm@ddxc.org的密码bb123456，可以看到正常运行的项目，如图34.6所示。

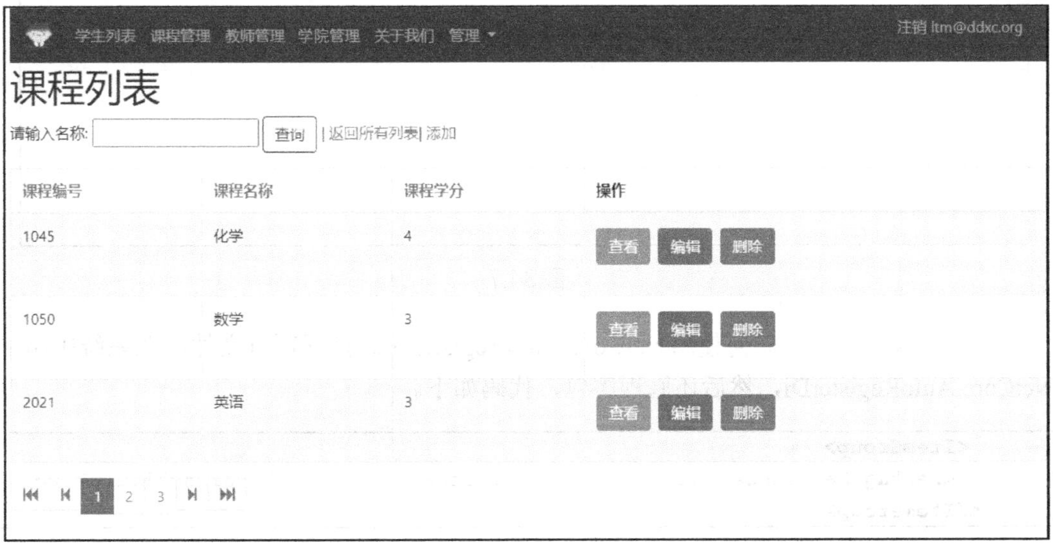

课程编号	课程名称	课程学分	操作
1045	化学	4	查看 编辑 删除
1050	数学	3	查看 编辑 删除
2021	英语	3	查看 编辑 删除

图34.6

那么接下来我们会创建对应的服务文件，具体如下。

- ICourseService。
- CourseService。
- IDepartmentService。
- DepartmentService。
- ITeacherService。
- TeacherService。

随着项目的完善，会增加很多的服务类，我们需要在ConfigureServices()方法中配置大量的服务到依赖注入容器中，这对于我们来说很枯燥，而且一旦忘记注册，就会引发系统异常，那么是否有一种方法可以避免这种情况呢？答案是肯定有的。

NetCore.AutoRegisterDi服务

NetCore.AutoRegisterDi是一个开源库，我们当前使用的是Microsoft.Dependency Injection依赖注入组件，而很多人习惯使用Autofac作为依赖注入组件。当然Autofac组件的功能的确比较多，但对于我们的系统来说，Microsoft.Dependency Injection已经足够了，而且Microsoft.Dependency Injection的性能比Autofac快了5倍左右，如图34.7所示。

Benchmarks Standard ▾ Collections ▾ Factory ▾ Func ▾ Lazy ▾ Lifestyles ▾ Lookup ▾ Metadata ▾ Registration ▾ Scoped ▾

Dependency Injection Benchmarks

Comprehensive benchmarks for .net dependency injection containers.

Show 10 ▾ entries Clr Core

Container	Env	Enumerable (ns)	LargeObject (ns)	Singleton (ns)	SmallObject (ns)	Array (ns)	IEnumerable (ns)	ImmutableCollection (ns)
Grace	Core	194.2	49.0	12.4	21.9	197.4	213.2	723.9
LightInject	Core	195.6	54.2	14.8	25.7	251.6	207.1	
DryIoc	Core	196.0	54.4	16.2	29.0	246.6	203.9	
Simple Injector	Core	134.4	71.6	29.8	39.6	720.0	116.9	
Microsoft Dependency Injection	Core	223.8	269.7	100.7	117.8		229.0	
StructureMap	Core	10549.4	3442.7	622.5	2093.7	8762.3	8555.4	
Autofac	Core	17312.0	5974.5	525.1	1935.7	14632.6	15160.6	
Castle Windsor	Core	69340.2	37115.0	312.2	9888.7			
Ninject	Core	103499.6	53588.1	1130.8	14830.9			

Column visibility Excel

图34.7

我们先来了解一下如何使用NetCore.AutoRegisterDi。打开项目文件，在系统中添加NetCore.AutoRegisterDi，然后还原程序包，代码如下。

```
  <ItemGroup>
    <PackageReference Include="NetCore.AutoRegisterDi" Version="1.1.0" />
  </ItemGroup>
```

然后在ConfigureServices()方法中添加以下代码，同时注释或删除以前的注册方式。

```
//自动注入服务到依赖注入容器
services.RegisterAssemblyPublicNonGenericClasses()
    .Where(c => c.Name.EndsWith("Service"))
    .AsPublicImplementedInterfaces();

//services.AddScoped<IStudentService,StudentService>();
//services.AddScoped<ICourseService,CourseService>();
```

代码说明如下。

- RegisterAssemblyPublicNonGenericClasses()方法用于查找所有类，我们通过筛选可以查询所有名称以Service结尾的类。
- AsPublicImplementedInterfaces()方法用于查询每个公共接口，排除非嵌套接口后，将每个接口的实现类都注入依赖注入容器中。
- 默认情况下，所有类的注册生命周期都是ServiceLifetime.Transient，我们可以通过参数配置来修改它。

最终的代码如下。

```
//自动注入服务到依赖注入容器
services.RegisterAssemblyPublicNonGenericClasses()
    .Where(c => c.Name.EndsWith("Service"))
    .AsPublicImplementedInterfaces(ServiceLifetime.Scoped);
```

这里所有的生命周期都是Scoped类型。

这样，我们只需要按照既定规范就可以完成服务自动注册。

34.4 小结

本章介绍了如何建立实体之间的关联关系和NetCore.AutoRegisterDi这个简单实用的依赖注入扩展组件，希望通过本章的学习，读者能够掌握一对一、一对多以及多对多之间的配置关联关系，而在第37章中，我们将会完成学校管理系统中的其他功能。

第35章

课程与教师的CRUD

本章主要向读者介绍如下内容。

- 实现对Course和Teacher两个实体的CRUD功能。
- 针对Course和Teacher两个实体进行一些复杂查询的操作。
- 整理所有的视图模型，调整这些类文件的位置，使维护更加方便。

要实现的功能如下。

- EF Core中的预加载数据。
- 扩展课程列表。
- 完成教师列表。
- 为课程分配学院。
- 教师信息编辑功能。
- 为教师分配课程。
- 为教师分配办公室。

35.1 EF Core中预加载的使用

下载业务需求是希望知道这些课程由哪个学院负责，在修改和添加课程的时候可以修改对应的学院。

课程列表的效果如图35.1所示，可以知道当前课程被分配给了哪个学院。

要实现该效果，我们只需要修改CourseService中的GetPaginatedResult(GetCourseInput input)方法即可，原代码如下。

```
//将查询结果转换为List集合，加载到内存中
var models = await query.AsNoTracking().ToListAsync();
```

现在修改为以下形式。

```
//将查询结果转换为List集合，加载到内存中
var models = await query.Include(a => a.Department).AsNoTracking().ToListAsync();
```

图35.1

在EF Core中，如果要显示导航属性中的值，则可以使用预加载功能，而通常使用预加载功能会进行很多导航属性的关联操作，需要使用Include()和ThenInclude()方法。在这里使用Include()加载了Course中的导航属性Department，它会读取对应Department实体中的关联数据。

在Index.cshtml视图文件中，添加如下代码。

```
<table class="table table-bordered table-striped">
  <thead>
    <tr>
      //其他代码
      <th>
          <a asp-action="Index"  asp-route-Sorting="Department "  asp-route-CurrentPage="@Model.CurrentPage"
          asp-route-FilterText="@Model.FilterText" > 学院 </a>
      </th>
      <th scope="col">操作</th>
    </tr>
  </thead>
  <tbody>
    @foreach(var item in Model.Data) {
    <tr>
      <td>@item.CourseID</td>
      <td>@item.Title</td>
      <td>@item.Credits</td>
      <td>@item.Department.Name</td>
      //其他代码
    </tr>
    }
  </tbody>
</table>
```

在进行学院数据渲染的时候，将导航属性Department中的Name显示出来即可。

35.2 较为复杂的预加载的使用

我们通过Include()实现了预加载的功能，如果要实现一个比较复杂的预加载功能要如何做呢？接下来，在教师列表上显示教师的办公室地点以及教师当前教授的课程列表。

单击**查看**按钮可以显示教师教授课程的详细信息以及当前课程有多少学生报名，效果如图35.2所示，通过该查询可以练习EF Core中的预加载功能。

图35.2

在Application/Teachers/Dtos文件夹中创建GetTeacherInput.cs，代码如下。

```
public class GetTeacherInput:PagedSortedAndFilterInput
 {
     public int?Id{get;set;}
     public int?CourseId{get;set;}
     public GetTeacherInput()
     {
         Sorting = "Id";
```

```
            MaxResultCount = 3;
        }
    }
```

因为后面要根据教师ID和Course ID查询对应的信息，所以我们添加了ID和Course ID两个属性。然后需要实现分页功能，这就要继承基类PagedSortedAndFilterInput。在Application/Teachers文件夹中创建ITeacherService和TeacherService两个类，代码如下。

```
  public interface ITeacherService
    {
        /// <summary>
        /// 获取教师的分页信息
        /// </summary>
        /// <param name="input"></param>
        /// <returns></returns>
         Task<PagedResultDto<Teacher>> GetPagedTeacherList(GetTeacherInput
input);

    }
```

TeacherService中的完整代码如下。

```
  public class TeacherService:ITeacherService
    {

        private readonly IRepository<Teacher,int> _teacherRepository;

        public TeacherService(IRepository<Teacher,int> teacherRepository)
        {
            _teacherRepository = teacherRepository;
        }

        public async Task<PagedResultDto<Teacher>> GetPagedTeacherList(Get
TeacherInput input)
        {
            var query = _teacherRepository.GetAll();

            if(!string.IsNullOrEmpty(input.FilterText))
            {
                      query  =  query.Where(s  =>  s.Name.Contains(input.
FilterText));
            }
            //统计查询数据的总条数，用于分页计算总页数
            var count = query.Count();
            //根据需求进行排序，然后进行分页逻辑的计算
             query = query.OrderBy(input.Sorting).Skip((input.CurrentPage -
1) * input.MaxResultCount).Take(input.MaxResultCount);
            //将查询结果转换为List集合，加载到内存中
```

```
            var models = await query.Include(a=>a.OfficeLocation)
                   .Include(a=>a.CourseAssignments)
                     .ThenInclude(a=>a.Course)
                     .ThenInclude(a=>a.StudentCourses)
                     .ThenInclude(a=>a.Student).
                   Include(i => i.CourseAssignments)
                   .ThenInclude(i => i.Course)
                    .ThenInclude(i => i.Department)
                   .AsNoTracking().ToListAsync();
               var dtos = new PagedResultDto<Teacher>
               {
                   TotalCount = count,
                   CurrentPage = input.CurrentPage,
                   MaxResultCount = input.MaxResultCount,
                   Data = models,
                   FilterText = input.FilterText,
                   Sorting = input.Sorting
               };
               return dtos;
           }
       }
```

请注意，因为会使用query.OrderBy()以及query.Include()两个方法，所以需要引入以下对应的命名空间。

```
    using System.Linq.Dynamic.Core;
    using Microsoft.EntityFrameworkCore;
```

这里返回的依然是一个具有分页属性的教师信息，同时满足根据名称模糊搜索教师信息的功能，代码如下。

```
        var models = await query.Include(a=>a.OfficeLocation) //加载导航属性
                                                              //OfficeLocation
                   .Include(a=>a.CourseAssignments) //加载导航属性
                                                    //CourseAssignments
                   .ThenInclude(a=>a.Course)//加载CourseAssignments的导航
                                                  //属性Course
                   .ThenInclude(a=>a.StudentCourses)//加载Course的导航属性
                                                     //StudentCourses
                   .ThenInclude(a=>a.Student)//加载StudentCourses的导航
                                                   //属性Student课程关联的学生信息
                   Include(i => i.CourseAssignments) //加载导航属性
                                                      //CourseAssignments
                   .ThenInclude(i => i.Course) //加载CourseAssignments的导航
                                                    //属性Course
                   .ThenInclude(i => i.Department)//加载Course的导航属性
                                                    //Department，即课程关联在哪些学院
                        .AsNoTracking().ToListAsync();
```

OfficeLocation实体和Teacher是一对一关联关系，要查询办公室地点，只需使用Include()即可。而Student和Teacher实体之间属于直接关联关系，需要使用导航属性进行关联操作。

首先使用Include()关联多对多表CourseAssignments，它是Teacher和Course的中间表。然后使用预加载的ThenInclude()方法，利用导航属性关联到Student实体，最后查询课程报名的学生信息。课程关联了哪些学院也是同理。然后使用AsNoTracking()取消EF Core中的标记跟踪，提升性能。最后将数据加载到内存中。

因为我们已经使用AutoRegisterDi来自动依赖注册，所以TeacherService无须到Startup的ConfigureServices()方法中进行注册。

我们需要返回比较复杂的数据类型到视图中，原有的Teacher实体无法满足业务，因此添加了TeacherListViewModel。

在ViewModels/Teachers文件夹中添加视图模型文件TeacherListViewModel.cs，代码如下。

```
public class TeacherListViewModel
    {
        public PagedResultDto<Teacher> Teachers{get;set;}
        public List<Course> Courses{get;set;}
        public List<StudentCourse> StudentCourses{get;set;}
        /// <summary>
        /// 选中的教师ID
        /// </summary>
        public int SelectedId{get;set;}
        /// <summary>
        /// 选中的课程ID
        /// </summary>
        public int SelectedCourseId{get;set;}

    }
```

现在需要创建TeacherController.cs文件，然后添加Index()操作方法，代码如下。

```
        public async Task<IActionResult> Index(GetTeacherInput input)
        {
    var models=      await _teacherService.GetPagedTeacherList(input);
            var dto = new TeacherListViewModel();
            if(input.Id!=null)
            {       //查询教师教授的课程列表
                    var teacher = models.Data.FirstOrDefault(a => a.Id ==
input.Id.Value);
                if(teacher!= null)
                {
                        dto.Courses = teacher.CourseAssignments.Select(a =>
a.Course).ToList();
                }
                dto.SelectedId = input.Id.Value;
            }
```

```
            if(input.CourseId.HasValue) //当属性为int?的时候代表可空类型可以
                                        //使用HasValue
            {//查询该课程下有多少学生报名
                var course = dto.Courses.FirstOrDefault(a => a.CourseID ==
input.CourseId.Value);
                if(course!=null)
                {
                    dto.StudentCourses = course.StudentCourses.ToList();
                }
                dto.SelectedCourseId = input.CourseId.Value;
            }
            dto.Teachers = models;
            return View(dto);
        }
```

代码说明如下。

- models.Data.FirstOrDefault() 返回Teacher实体的信息。
- teacher.CourseAssignments.Select（a => a.Course）表示从Teacher的导航属性CourseAssignments中获取Course的集合。dto.SelectedId = input.Id.Value用于在视图中判断当前单击的按钮属于哪一行，以增强显示效果。
- input.CourseId.HasValue）表示当属性为int？的时候，代表可空类型可以使用HasValue，作用与input.CourseId！=null相同。

Teacher实体的Index.cshtml文件代码如下。

```
@model TeacherListViewModel

@{
    ViewBag.Title = "教师列表";
}
<h1>教师列表</h1>
<form asp-action="Index" method="get">

    <div class="form-actions no-color">
            <input type="hidden" name="CurrentPage" value="@Model.Teachers.
CurrentPage" />
        <input type="hidden" name="Sorting" value="@Model.Teachers.Sorting"
/>
        <p>
                请输入名称:<input type="text" name="FilterText" value="@Model.
Teachers.FilterText" />
                <input type="submit" value="查询" class="btn btn-outline-dark"
/> |
            <a asp-action="Index">返回所有列表</a>| <a asp-action="Create">
                添加
            </a>
        </p>
```

```
    </div>
</form>
<div class="  table-responsive-sm">
<table class="table table-bordered ">
            <thead>
                <tr>
                    <th scope="col" class="sort-link">
                        <a asp-action="Index"
                           asp-route-Sorting="Id" asp-route-CurrentPage="@
Model.Teachers.CurrentPage" asp-route-FilterText="@Model.Teachers.
FilterText">
                            编号
                        </a>
                    </th>
                    <th>
                            <a asp-action="Index" asp-route-Sorting="Name
" asp-route-CurrentPage="@Model.Teachers.CurrentPage" asp-route-
FilterText="@Model.Teachers.FilterText">
                            教师姓名
                        </a>
                    </th>
                    <th>
                         <a asp-action="Index" asp-route-Sorting="HireDate
" asp-route-CurrentPage="@Model.Teachers.CurrentPage" asp-route-
FilterText="@Model.Teachers.FilterText">
                            聘用时间
                        </a>
                    </th>
                    <th>学院</th>
                    <th>课程</th>
                    <th scope="col">操作</th>
                </tr>
            </thead>
            <tbody>

                @foreach(var item in Model.Teachers.Data)
                {
                    string selectedRow = "";
                    if(item.Id == Model.SelectedId)
                    {
                        selectedRow = "table-success";
                    }
                    <tr class="@selectedRow">

                        <td>@item.Id</td>
                        <td>@item.Name</td>
                        <td>   @Html.DisplayFor(modelItem => item.HireDate)
</td>
```

```
                        @if(item.OfficeLocation!= null)
                        {
                            <td>@item.OfficeLocation.Location</td>

                        }
                        else
                        {
                            <td>未分配</td>

                        }
                        <td>
                            @{
                                    foreach(var course in item.
CourseAssignments)
                                {
                                    @course.Course.CourseID @: @course.
Course.Title <br />
                                }
                            }
                        </td>
                        <td>
                                <form method="post" asp-action="Delete" asp-
route-id="@item.Id">
                                    <a asp-controller="Teacher" class="btn
btn-info" asp-action="Index" asp-route-Sorting="@Model.Teachers.Sorting"
asp-route-CurrentPage="@Model.Teachers.CurrentPage" asp-route-id="@item.
Id">查看</a>
                                        <a asp-controller="Teacher" asp-
action="edit" asp-route-id="@item.Id" class="btn btn-primary m-1">编辑</a>
                                    <span id="confirmDeleteSpan_@item.Id"
style="display:none">
                                    <span>您确定您要删除?</span>
                                    <button type="submit" class="btn btn-
danger">是</button>
                                    <a href="#" class="btn btn-primary"
onclick="confirmDelete('@item.Id',false)">
                                        否
                                    </a>
                                </span>
                                <span id="deleteSpan_@item.Id">
                                        <a href="#" class="btn btn-danger"
onclick="confirmDelete('@item.Id',true)">删除</a>
                                </span>
                            </form>
                    </tr>
                }
            </tbody>
```

```
        </table>
    @await Html.PartialAsync("_Pagination",Model.Teachers)
</div>

@section Scripts{
    <script src="~/js/CustomScript.js" asp-append-version="true"></script>
}
```

我们需要判断教师是否有办公室，这可以通过item.OfficeLocation是否为NULL来处理。因此一个教师可能教授多门课程，将课程列表进行了遍历显示，代码如下。

```
  foreach(var course in item.CourseAssignments) {
   @course.Course.CourseID @: @course.Course.Title <br />
}
```

当教师被选中的时候，可以在<tr>元素中动态添加class="table-success"代码，Bootstrap会为它设置背景色，代码如下。

```
   if(item.Id == Model.SelectedId)
                            {
                                selectedRow = "table-success";
                            }
                            <tr class="@selectedRow">
```

在每行添加一个查看链接，不再是跳转到详情页，而是查看当前教师教授的课程信息。同时，考虑到分页及排序的问题，添加了3个查看参数，均请求Index()操作方法，代码如下。

```
<a
   asp-controller="Teacher" class="btn btn-info"  asp-action="Index"  asp-
route-Sorting="@Model.Teachers.Sorting"
   asp-route-CurrentPage="@Model.Teachers.CurrentPage"  asp-route-id="@
item.Id"  >查看</a>
```

访问http://localhost:13380/Teacher/Index/，运行结果如图35.3所示。

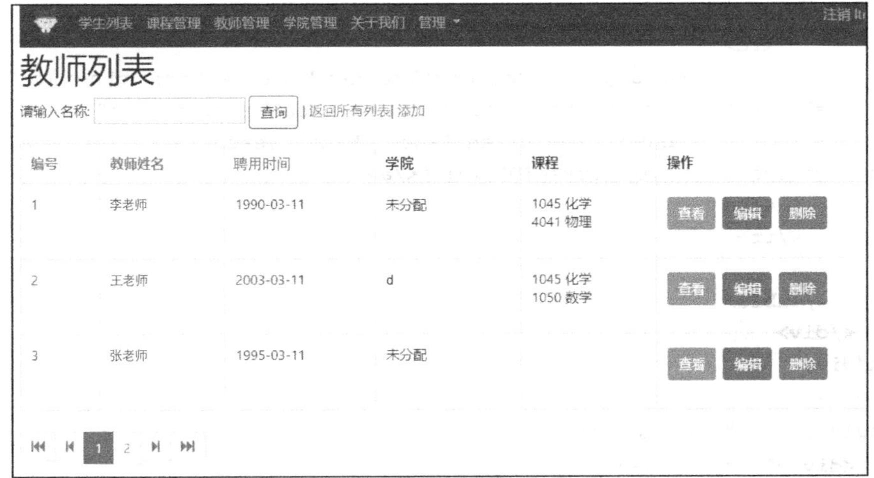

学生列表 课程管理 教师管理 学院管理 关于我们 管理
教师列表
请输入名称:
查询
|返回所有列表|添加
编号
教师姓名
聘用时间
学院
课程
操作
1
李老师
1990-03-11
未分配
1045 化学
4041 物理
查看
编辑
删除
2
王老师
2003-03-11
d
1045 化学
1050 数学
3
张老师
1995-03-11
未分配
1
2

图35.3

在Views/Teacher/Index.cshtml文件中的</table>后添加如下代码。选择教师时，此代码显示与教师相关的课程列表。

```
@if(Model.Teachers.Data.Any()){
<table>
  //其他代码
</table>
<div class="mt-2 mb-4">
  @if(Model.Courses!= null) {if(Model.Courses.Count > 0) {
  <div class="card mb-3">
    <div class="card-header">
      教师正在教授的课程信息
    </div>

    <div class="card-body">
      <table class="table">
        <tr>
          <th>课程编号</th>
          <th>课程名称</th>
          <th>学院</th>
          <th>操作</th>
        </tr>

        @foreach(var item in Model.Courses) {string selectedRow = "";if
        (item.CourseID == Model.SelectedCourseId) {selectedRow =
        "table-success";}
        <tr class="@selectedRow">
          <td>
            @item.CourseID
          </td>
          <td>
            @item.Title
          </td>
          <td>
            @item.Department.Name
          </td>
          <td>
                 <a asp-controller="Teacher" class="btn btn-info" asp-
action="Index"  asp-route-Sorting="@Model.Teachers.Sorting"
                 asp-route-CurrentPage="@Model.Teachers.CurrentPage" asp-
route-courseID="@item.CourseID" >查看</a>
          </td>
        </tr>
        }
      </table>
    </div>
  </div>
  }else{
  <div class="card mb-3">
    <div class="card-header">
      该教师还未分配课程
```

```
        </div>
      </div>

      } }
    </div>
    }
```

选中教师后会发送ID到Index()操作方法中，返回该教师教授的课程列表，然后显示到列表中，如图35.4所示。

图35.4

在刚刚添加的代码块后添加如下代码。选择课程后，代码将显示报名该课程的学生列表。

```
@if(Model.StudentCourses!= null) {if(Model.StudentCourses.Count > 0) {

<div class="card mb-3">
  <div class="card-header">
    报名该课程的学生信息
  </div>

  <div class="card-body">
    <table class="table">
      <tr>
        <th>学生姓名</th>
        <th>成绩</th>
        <th>主修科目</th>
      </tr>

      @foreach(var item in Model.StudentCourses) {
      <tr>
        <td>
```

```
            @item.Student.Name
          </td>
          <td>@Html.DisplayFor(modelItem => item.Grade)</td>
          <td>@item.Student.Major.GetDisplayName()</td>
        </tr>
        }
      </table>
    </div>
  </div>

  }else{

  <div class="card mb-3">
    <div class="card-header">
      当前课程暂无学生报名
    </div>
  </div>

  } }
```

此代码读取视图模型的StudentCourses属性，从而显示参与课程的学生列表。我们选择课程编号为1050的课程，可查看报名的学生列表及其成绩，如图35.5所示。

图35.5

35.3 编辑课程功能

我们在CourseController中添加Create()的两个方法，分别处理GET和POST请求。在添加课程的时候，需要为课程选择所在学院。之前的下拉菜单是通过枚举生成的，现在我们需要将Department转换为集合，并呈现到对应的视图中。

首先在ViewModels/Course中添加视图模型文件CourseCreateViewModel.cs，代码如下。

```
using Microsoft.AspNetCore.Mvc.Rendering;
using System.ComponentModel.DataAnnotations;

namespace MockSchoolManagement.ViewModels
{
    public class CourseCreateViewModel
    {
        [Display(Name = "课程编号")]
        public int CourseID{get;set;}

        [Display(Name = "课程名称")]
        public string Title{get;set;}

        [Display(Name = "课程学分")]
        public int Credits{get;set;}

        public int DepartmentID{get;set;}

        [Display(Name = "学院")]
        public SelectList DepartmentList{get;set;}
    }
}
```

CourseCreateViewModel用于编辑和添加课程功能中的业务逻辑实现。

在CourseController中添加如下代码。

```
  #region添加课程
        public ActionResult Create()
        {
            var dtos = DepartmentsDropDownList();
            CourseCreateViewModel courseCreateViewModel = new CourseCreateViewModel
            {
                DepartmentList = dtos
            };
//将DepartmentsDropDownList()方法的SelectList返回值添加到courseCreateViewModel中,
//传递到视图中
            return View(courseCreateViewModel);
        }

        [HttpPost]
```

```
        public async Task<ActionResult> Create(CourseCreateViewModel input)
        {
            if(ModelState.IsValid)
            {
                Course course = new Course
                {
                    CourseID = input.CourseID,
                    Title = input.Title,
                    Credits = input.Credits,
                    DepartmentID = input.DepartmentID
                };

                await _courseRepository.InsertAsync(course);

                return RedirectToAction(nameof(Index));
            }
            return View();
        }

        #endregion
```

在HttpPost类型的Create()方法中nameof(Index）的值等于Index，这是C# 6.0后推出的语法，用于获取属性的名称，并返回字符串。

在HttpPost类型的Create()方法之后添加一个DepartmentsDropDownList()方法，为下拉列表填充学院列表，代码如下。

```
        /// <summary>
        /// 学院的下拉列表
        /// </summary>
        /// <param name="selectedDepartment"></param>
        private SelectList DepartmentsDropDownList(object selectedDepartment = null)
        {
            var models = _departmentRepository.GetAll().OrderBy(a => a.Name).AsNoTracking().ToList();
            var dtos = new SelectList(models,"DepartmentID","Name", selectedDepartment);
            return dtos;
        }
```

DepartmentsDropDownList()方法获取按名称排序的所有学院的列表，为下拉列表创建SelectList集合，并将该集合作为方法的返回值。SelectList的重载方法提供了传入的集合、指定值的名称、指定显示的文本名称以及是否选中对象。我们可以顺利完成下拉列表功能。

在Views/Course文件夹中添加Create.cshtml文件，代码如下。

```
@using  MockSchoolManagement.Application.Courses.Dtos
@model CourseCreateViewModel
@{ViewBag.Title = "创建课程信息";}

<form asp-action="create" method="post" class="mt-3">
    <div asp-validation-summary="All" class="text-danger"></div>

    <div class="form-group row">
        <label asp-for="CourseID" class="col-sm-2 col-form-label"></label>
        <div class="col-sm-10">
            <input asp-for="CourseID" class="form-control" placeholder="请
输入课程编码" />
                <span asp-validation-for="CourseID" class="text-danger"></
span>
        </div>
    </div>
    <div class="form-group row">
        <label asp-for="Title" class="col-sm-2 col-form-label"></label>
        <div class="col-sm-10">
            <input asp-for="Title" class="form-control" placeholder="请输入
课程名称" />
            <span asp-validation-for="Title" class="text-danger"></span>
        </div>
    </div>
    <div class="form-group row">
        <label asp-for="Credits" class="col-sm-2 col-form-label"></label>
        <div class="col-sm-10">
                <input asp-for="Credits" type="number" class="form-control"
placeholder="课程学分" />
            <span asp-validation-for="Credits" class="text-danger"></span>
        </div>
    </div>
    <div class="form-group row">
        <label asp-for="DepartmentList" class="col-sm-2 col-form-label"></
label>
        <div class="col-sm-10">
            <select asp-for="DepartmentID"
                    class="custom-select mr-sm-2"
                    asp-items="@Model.DepartmentList">
                <option value="">请选择</option>
            </select>
                <span asp-validation-for="DepartmentList" class="text-
danger"></span>
        </div>
    </div>

    <div class="form-group row">
        <div class="col-sm-10">
```

```
                <button type="submit" class="btn btn-primary">创建</button>
            </div>
        </div>
    </form>
```

需要注意的是，下拉列表中asp-for的值为DepartmentID，而不是DepartmentList，代码如下。

```
        <select asp-for="DepartmentID"
                         class="custom-select mr-sm-2"
                         asp-items="@Model.DepartmentList">
                    <option value="">请选择</option>
                </select>
```

这样，添加课程功能就完成了，导航到添加课程路径，如图35.6所示，读者可以尝试添加一个课程信息。

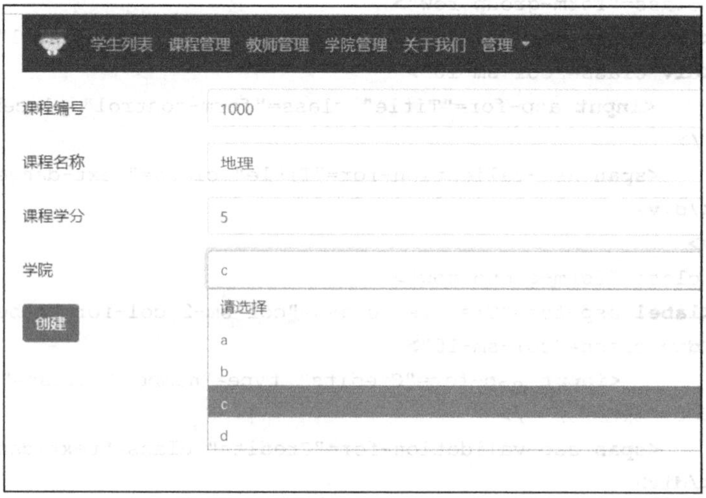

图35.6

35.3.1 编辑课程信息

接下来需要完成Edit()操作方法，代码如下。

```
            #region 编辑功能
            public IActionResult Edit(int?courseId)
            {
                if(!courseId.HasValue)
                {
                    ViewBag.ErrorMessage = $"课程编号{courseId}的信息不存在，请重试。";
                    return View("NotFound");
                }

                 var course = _courseRepository.FirstOrDefault(a => a.CourseID
    == courseId);
```

```
            if(course == null)
            {
                 ViewBag.ErrorMessage = $"课程编号{courseId}的信息不存在，请重
试。";
                return View("NotFound");
            }
             var dtos = DepartmentsDropDownList(course.DepartmentID);//将学
//院列表中选中的值修改为true
                 CourseCreateViewModel courseCreateViewModel = new
CourseCreateViewModel
            {
                DepartmentList = dtos,
                CourseID = course.CourseID,
                Credits = course.Credits,
                Title = course.Title,
                DepartmentID = course.DepartmentID
            };
            return View(courseCreateViewModel);
        }

        [HttpPost]
        public IActionResult Edit(CourseCreateViewModel input)
        {
            if(ModelState.IsValid)
            {
                     var course = _courseRepository.FirstOrDefault(a =>
a.CourseID == input.CourseID);
                if(course!= null)
                {
                    course.CourseID = input.CourseID;
                    course.Credits = input.Credits;
                    course.DepartmentID = input.DepartmentID;
                    course.Title = input.Title;
                    _courseRepository.Update(course);
                    return RedirectToAction(nameof(Index));//返回列表页面
                }
                else
                {
                     ViewBag.ErrorMessage = $"课程编号{input.CourseID}的信息
不存在，请重试。";
                    return View("NotFound");
                }
            }
            return View(input);
        }

        #endregion
```

在Views/Course文件夹中添加Edit.cshtml文件，代码如下。

```
@using  MockSchoolManagement.Application.Courses.Dtos
@model CourseCreateViewModel
@{ViewBag.Title = "编辑课程信息";}

<form asp-action="edit" method="post" class="mt-3">
    <div asp-validation-summary="All" class="text-danger"></div>

    <div class="form-group row">
        <label asp-for="CourseID" class="col-sm-2 col-form-label"></label>
        <div class="col-sm-10">
            <input asp-for="CourseID" disabled class="form-control" />
        </div>
        <input type="hidden" asp-for="CourseID" />
    </div>

    <div class="form-group row">
        <label asp-for="Title" class="col-sm-2 col-form-label"></label>
        <div class="col-sm-10">
             <input asp-for="Title" class="form-control" placeholder="请输入
课程名称" />
            <span asp-validation-for="Title" class="text-danger"></span>
        </div>
    </div>
    <div class="form-group row">
        <label asp-for="Credits" class="col-sm-2 col-form-label"></label>
        <div class="col-sm-10">
              <input asp-for="Credits" type="number" class="form-control"
placeholder="课程学分" />
            <span asp-validation-for="Credits" class="text-danger"></span>
        </div>
    </div>
    <div class="form-group row">
         <label asp-for="DepartmentList" class="col-sm-2 col-form-label"></
label>
        <div class="col-sm-10">
            <select asp-for="DepartmentID"
                    class="custom-select mr-sm-2"
                    asp-items="@Model.DepartmentList">
                <option value="">请选择</option>
            </select>
                <span asp-validation-for="DepartmentList" class="text-
danger"></span>
        </div>
    </div>

    <div class="form-group row">
        <div class="col-sm-10">
            <button type="submit" class="btn btn-primary">更新</button>
            <a asp-action="index" class="btn btn-primary">取消</a>
        </div>
    </div>
</form>
```

Edit.cshtml视图中的代码如下。

```
<div class="col-sm-10">
        <input asp-for="CourseID" disabled class="form-control" />
    </div>
    <input type="hidden" asp-for="CourseID" />
</div>
```

这里添加了两个<input>元素的CourseID，因为我们将input文本框设置为disabled，所以CourseID变为了string类型，而Edit()方法的CourseCreateViewModel参数中的CoursID为int类型，因此我们添加了hidden类型的CourseID，这样才能正常接收CourseID。

现在可以运行项目，查看课程编号为1000的课程信息，效果如图35.7所示，我们将它的课程学分修改为4分。

图35.7

35.3.2 课程信息的详情页

接下来会完成课程的详情页面，实现的效果如图35.8所示，同样，我们会加载管理的学院名称。

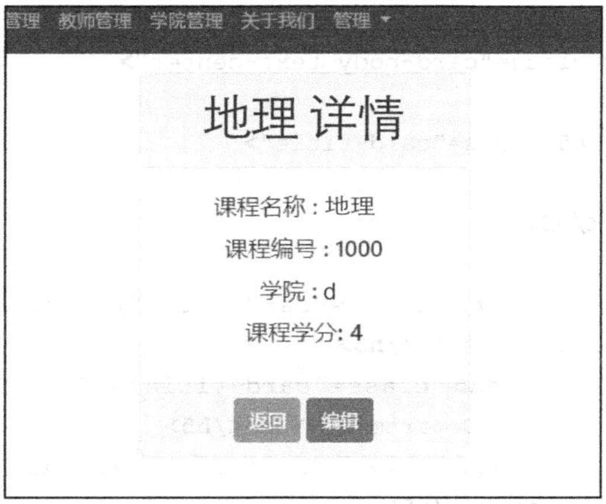

图35.8

在CourseController中添加如下代码。

```
public async Task<ViewResult> Details(int courseId)
        {

            var course=  await  _courseRepository.GetAll().Include(a=>a.
Department).FirstOrDefaultAsync(a => a.CourseID == courseId);

            //判断学生信息是否存在
            if(course == null)
            {
                ViewBag.ErrorMessage = $"课程编号{courseId}的信息不存在，请重
试。";
                return View("NotFound");
            }

            return View(course);
        }
```

因为要预加载Department的信息，所以不能直接使用FirstOrDefaultAsync()方法，需要在GetAll()方法中调用Include()方法加载Department导航属性。

在Views/Course文件夹中添加Details.cshtml文件，代码如下。

```
@model Course
@{
    ViewBag.Title = "课程详情信息";
}

<div class="row justify-content-center m-3">
    <div class="col-sm-6">

        <div class="card bg-light mb-3" style="max-width:18rem;">
            <div class="card-header">
                <h1>@Model.Title  详情 </h1>
            </div>
            <div class="card-body text-center">

                <h5 class="card-title">
                    @Html.DisplayNameFor(a => a.Title)  : @Model.Title
                </h5>

                        <h5 class="card-title">@Html.DisplayNameFor(a =>
a.CourseID) :@Model.CourseID</h5>
                        <h5 class="card-title">@Html.DisplayNameFor(a =>
a.DepartmentID) :@Model.Department.Name</h5>
                        <h5 class="card-title">@Html.DisplayNameFor(a =>
a.Credits):@Model.Credits</h5>
            </div>
```

```
                <div class="card-footer text-center">
                    <a asp-action="Index" class="btn btn-info">返回</a>
                     <a asp-action="edit" asp-route-courseId="@Model.CourseID"
class="btn btn-primary">编辑</a>
                </div>
            </div>
        </div>
    </div>
```

这里使用 @Html.DisplayNameFor() 来显示属性的Display的值，这在之前解释说明过。

35.3.3 删除课程信息

在CourseController中添加如下代码。

```
   #region删除功能


        [HttpPost]
        public async Task<IActionResult> Delete(int id)
        {

              var model = await _courseRepository.FirstOrDefaultAsync(a =>
a.CourseID == id);


            if(model == null)
            {
                ViewBag.ErrorMessage = $"课程编号{id}的信息不存在，请重试。";
                return View("NotFound");
            }

          await   _courseAssignmentsRepository.DeleteAsync(a => a.CourseID
== model.CourseID);
            await _courseRepository.DeleteAsync(a => a.CourseID == id);
            return RedirectToAction(nameof(Index));
        }

        #endregion
```

请注意，删除课程信息之前，要先删除与Course有关联的实体，当前Course关联的表是CourseAssignment。CourseAssignment是Teacher和Course表的中间表。

我们需要注入仓储方法private readonly IRepository<CourseAssignment,int> _courseAssignmentsRepository；执行删除方法。如果没有调用_courseAssignmentsRepository.DeleteAsync()方法，删除一个已经分配给教师的课程信息时，比如删除化学课程，就会报错，如图35.9所示。

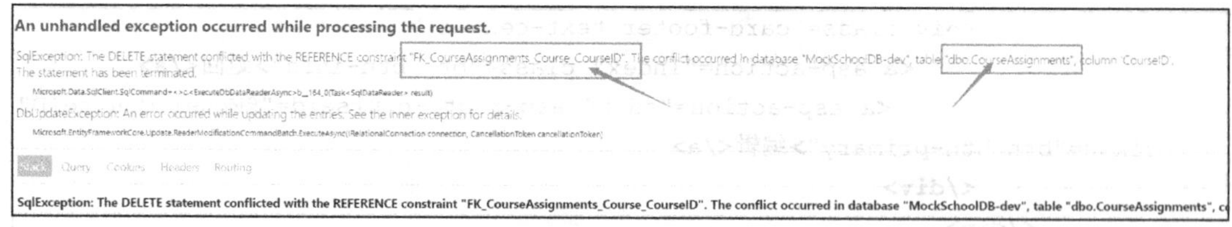

图35.9

这是因为之前在AppDbContext.cs类中，将所有表的删除行为从默认的级联删除设置为无操作，代码如下。

```
            var foreignKeys=     modelBuilder.Model.GetEntityTypes().
SelectMany(e => e.GetForeignKeys());
            foreach(var foreignKey in foreignKeys)
            {
                //将它们的删除行为设置为Restrict，即无操作
                foreignKey.DeleteBehavior = DeleteBehavior.Restrict;
            }
```

同样，删除按钮可以复用我们之前所写的JavaScript代码，我们现在可以找到课程编号为1000的千字文并删除它，效果如图35.10所示。

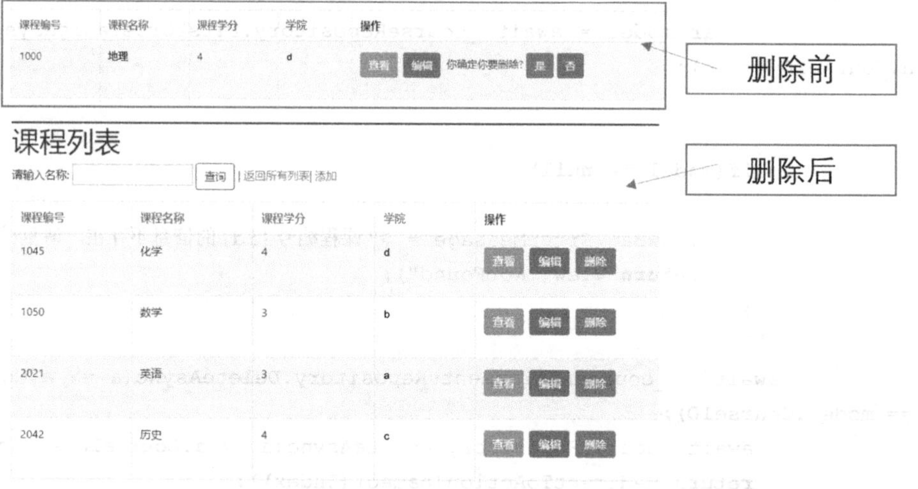

图35.10

35.4 编辑教师功能

接下来，我们将完成教师信息的编辑功能，需求是在编辑教师信息的时候，可以给教师分配办公室和教授课程信息。

这就涉及了Teacher和OfficeLocation实体之间的一对一关联关系，在实现编辑功能的时候我们需要进行如下处理。

- 如果用户取消了办公室的分配，并且办公室最初具有一个值，则删除OfficeLocation实体。
- 如果用户为教师分配了办公室，则即使该值为空，也需要创建一个新的OfficeLocation实体。
- 如果用户更改了办公室分配的值，则需更改现有OfficeLocation实体中的值。

我们在TeacherController中添加如下代码。

```
    public async Task<IActionResult> Edit(int?id)
        {
              var model = await _teacherRepository.GetAll().Include(a =>
a.OfficeLocation)
                      .Include(a => a.CourseAssignments).ThenInclude(a =>
a.Course)
                   .AsNoTracking().FirstOrDefaultAsync(a => a.Id == id);

            if(model == null)
            {
                ViewBag.ErrorMessage = $"教师信息ID为{id}的信息不存在，请重试。";
                return View("NotFound");
            }
          //处理业务的视图模型
            var dto = new TeacherCreateViewModel
            {
                Name = model.Name,
                Id = model.Id,
                HireDate = model.HireDate,
                OfficeLocation = model.OfficeLocation
            };
            //从课程列表中处理哪些课程已经分配哪些未分配
            var assignedCourses = AssignedCourseDroupDownList(model);
            dto.AssignedCourses = assignedCourses;
            return View(dto);
        }
```

Edit()操作方法要选定教师的信息，同时通过预加载OfficeLocation及导航属性CourseAssignments关联的Course实体，来了解该教师教授的课程信息。我们在ViewModels/Teachers中添加TeacherCreateViewModel.cs文件，代码如下。

```
    public class TeacherCreateViewModel
      {
          public int Id{get;set;}
          [Required]
          [Display(Name = "姓名")]
          [StringLength(50)]
          public string Name{get;set;}


          [Display(Name = "聘用时间")]
```

```
        public DateTime HireDate{get;set;}
        public OfficeLocation OfficeLocation{get;set;}
        public List<AssignedCourseViewModel> AssignedCourses{get;set;}
    }
```

在相同路径添加AssignedCourseViewModel.cs文件，代码如下。

```
    public class AssignedCourseViewModel
    {
        /// <summary>
        /// 课程ID
        /// </summary>
        public int CourseID{get;set;}

        /// <summary>
        /// 课程名称
        /// </summary>
        public string Title{get;set;}

        /// <summary>
        /// 是否被选择
        /// </summary>
        public bool IsSelected{get;set;}
    }
```

- AssignedCourseViewModel类文件用于判断课程列表中的数据是否被选中。
- TeacherCreateViewModel用于处理实体无法满足的业务情况。

为了让代码具备复用性，封装AssignedCourseDroupDownList()方法，代码如下。

```
        /// <summary>
        /// 判断课程列表是否被选中
        /// </summary>
        /// <param name="teacher"></param>
        /// <returns></returns>
        private List<AssignedCourseViewModel> AssignedCourseDroupDownList(
Teacher teacher)
        {//获取课程列表
            var allCourses = _courseRepository.GetAllList();
            //获取教师当前教授的课程
                var teacherCourses = new HashSet<int>(teacher.
CourseAssignments.Select(c => c.CourseID));

            var viewModel = new List<AssignedCourseViewModel>();
            foreach(var course in allCourses)
            {
                viewModel.Add(new AssignedCourseViewModel
                {
                    CourseID = course.CourseID,
```

```
                    Title = course.Title,
                    IsSelected = teacherCourses.Contains(course.CourseID)
                    //将当前正在教授的课程设置为选中状态
                });
            }

            return viewModel;
        }
```

将传入的Teacher实体信息与课程列表集合进行对比，将正在教授的课程设置为选中状态，返回我们指定的AssignedCourseViewModel集合，最后传递给视图。添加处理HttpPost请求类型的EditPost()操作方法，代码如下。

```
        [HttpPost,ActionName("Edit")]
         public async Task<IActionResult> EditPost(TeacherCreateViewModel
    input)
        {
            if(ModelState.IsValid)
            {
                 var teacher = await _teacherRepository.GetAll().Include(i
=> i.OfficeLocation)
                      .Include(i => i.CourseAssignments)
                          .ThenInclude(i => i.Course)
                      .FirstOrDefaultAsync(m => m.Id == input.Id);

                if(teacher == null)
                {
                    ViewBag.ErrorMessage = $"教师信息ID为{input.Id}的信息不存
在，请重试。";
                    return View("NotFound");
                }

                teacher.HireDate = input.HireDate;
                teacher.Name = input.Name;
                teacher.OfficeLocation = input.OfficeLocation;
                teacher.CourseAssignments = new List<CourseAssignment>();
                 //从视图中获取被选中的课程信息
                var courses = input.AssignedCourses.Where(a => a.IsSelected
== true).ToList();

                foreach(var item in courses)
                {  //将选中的课程信息赋值到导航属性CourseAssignments中
                    teacher.CourseAssignments.Add(new CourseAssignment{CourseID
= item.CourseID,TeacherID = teacher.Id});
                }
                await _teacherRepository.UpdateAsync(teacher);
                return RedirectToAction(nameof(Index));
            }
            return View(input);
        }
```

注意，这个操作方法叫作EditPost()而不是Edit()，ActionName("Edit")属性使路由在处理请求的时候，依然按照Edit()的方法名称来进行处理。

在Views/Teacher文件夹中添加对应的视图文件Edit.cshtml，代码如下。

```
@using  MockSchoolManagement.ViewModels.Teachers
@model TeacherCreateViewModel
@{ViewBag.Title = "编辑教师信息";}

<form asp-action="edit" method="post" class="mt-3">
    <div asp-validation-summary="All" class="text-danger"></div>
    <input type="hidden" asp-for="Id" />
    <div class="form-group row">
        <label asp-for="Name" class="col-sm-2 col-form-label"></label>
        <div class="col-sm-10">
             <input asp-for="Name" class="form-control" placeholder="请输入
教师名称" />
            <span asp-validation-for="Name" class="text-danger"></span>
        </div>
    </div>

    <div class="form-group row">
        <label asp-for="HireDate" class="col-sm-2 col-form-label"></label>
        <div class="col-sm-10">
                <input asp-for="HireDate" type="date" class="form-control"
placeholder="请输入聘用时间" />
                <span asp-validation-for="HireDate" class="text-danger"></
span>
        </div>
    </div>

    <div class="form-group row">
         <label asp-for="OfficeLocation.Location" class="col-sm-2 col-form-
label"></label>
        <div class="col-sm-10">
              <input asp-for="OfficeLocation.Location" class="form-control"
placeholder="请输入办公室地址" />
            <span asp-validation-for="OfficeLocation.Location" class="text-
danger"></span>
        </div>
    </div>
    <div class="form-group row">

        @for(int i = 0;i < Model.AssignedCourses.Count;i++)
        {
            <div class="form-check form-check-inline">
                    <input type="hidden" asp-for="@Model.AssignedCourses[i].
CourseID" />
```

```
                        <input asp-for="@Model.AssignedCourses[i].IsSelected"
class="form-check-input" />
                         <label class="form-check-label" asp-for="@Model.
AssignedCourses[i].IsSelected">
                        @Model.AssignedCourses[i].Title
                    </label>
                </div>

            }
        </div>

        <div class="form-group row">
            <div class="col-sm-10">
                <button type="submit" class="btn btn-primary">更新</button>
                <a asp-action="index" class="btn btn-primary">取消</a>
            </div>
        </div>
    </form>
```

运行项目，导航到http://localhost:13380/Teacher/edit/1，进入Edit视图，如图35.11所示。

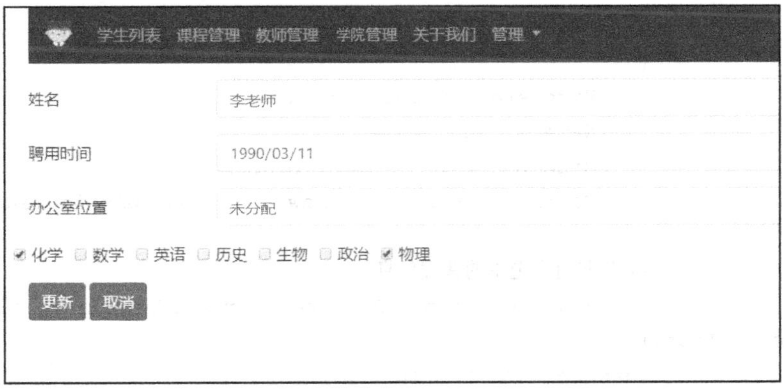

图35.11

35.4.1 添加教师信息

在添加教师信息的时候，需要为教师分配办公室以及教授的课程。在TeacherController中添加Create()，代码如下。

```
        public IActionResult Create()
        {
            var allCourses = _courseRepository.GetAllList();
            var viewModel = new List<AssignedCourseViewModel>();
            foreach(var course in allCourses)
            {
                viewModel.Add(new AssignedCourseViewModel
```

```
                {
                    CourseID = course.CourseID,
                    Title = course.Title,
                    IsSelected = false
                });
            }
            var dto = new TeacherCreateViewModel();
            dto.AssignedCourses = viewModel;

            return View(dto);
        }
```

在TeacherCreateViewModel中添加课程列表，使用户能够选择课程。

在HttpPost请求的Create()方法中，处理选中课程以及教师信息，代码如下。

```
        [HttpPost]
          public async Task<IActionResult> Create(TeacherCreateViewModel
input)
        {
            if(ModelState.IsValid)
            {
                var teacher = new Teacher
                {
                    HireDate = input.HireDate,
                    Name = input.Name,
                    OfficeLocation = input.OfficeLocation,
                    CourseAssignments = new List<CourseAssignment>()
                };
                //获取用户选中的课程信息
                var courses = input.AssignedCourses.Where(a => a.IsSelected
== true).ToList();
                foreach(var item in courses)
                {//将选中的课程信息添加到导航属性中
                                    teacher.CourseAssignments.Add(new
CourseAssignment{CourseID = item.CourseID,TeacherID = teacher.Id});
                }
                await _teacherRepository.InsertAsync(teacher);
                return RedirectToAction(nameof(Index));
            }

            return View(input);
        }
```

同样，在Views/Teacher文件夹中添加Create.cshtml文件，代码如下。

```
@using  MockSchoolManagement.ViewModels.Teachers
@model TeacherCreateViewModel
@{ViewBag.Title = "创建教师信息";}
```

```
<form asp-action="Create" method="post" class="mt-3">
    <div asp-validation-summary="All" class="text-danger"></div>
    <input type="hidden" asp-for="Id" />
    <div class="form-group row">
        <label asp-for="Name" class="col-sm-2 col-form-label"></label>
        <div class="col-sm-10">
             <input asp-for="Name" class="form-control" placeholder="请输入
教师名称" />
            <span asp-validation-for="Name" class="text-danger"></span>
        </div>
    </div>

    <div class="form-group row">
        <label asp-for="HireDate" class="col-sm-2 col-form-label"></label>
        <div class="col-sm-10">
                <input asp-for="HireDate" type="date" class="form-control"
placeholder="请输入聘用时间" />
                <span asp-validation-for="HireDate" class="text-danger"></
span>
        </div>
    </div>

    <div class="form-group row">
         <label asp-for="OfficeLocation.Location" class="col-sm-2 col-form-
label"></label>
        <div class="col-sm-10">
              <input asp-for="OfficeLocation.Location" class="form-control"
placeholder="请输入办公室地址" />
             <span asp-validation-for="OfficeLocation.Location" class="text-
danger"></span>
        </div>
    </div>
    <div class="form-group row">

        @for(int i = 0;i < Model.AssignedCourses.Count;i++)
        {
            <div class="form-check form-check-inline">
                  <input type="hidden" asp-for="@Model.AssignedCourses[i].
CourseID" />
                    <input asp-for="@Model.AssignedCourses[i].IsSelected"
class="form-check-input" />
                     <label class="form-check-label" asp-for="@Model.
AssignedCourses[i].IsSelected">
                   @Model.AssignedCourses[i].Title
                </label>
            </div>


        }
```

```
        </div>
        <div class="form-group row">
            <div class="col-sm-10">
                <button type="submit" class="btn btn-primary">创建</button>
            </div>
        </div>
    </form>
```

与Edit视图一样，要单独说明的就是生成的复选框。

- 我们通过Bootstrap的样式库提供的class="form-check-input"进行了样式优化。
- 添加type="hidden"的Input文本框以获取选中的值，值为导航属性中的CourseID。
- 设置asp-for="@Model.AssignedCourses[i].IsSelected"处理被选中的值。

运行项目，导航到http://localhost:13380/Teacher/Create，可以尝试添加一个教师信息，如图35.12所示。

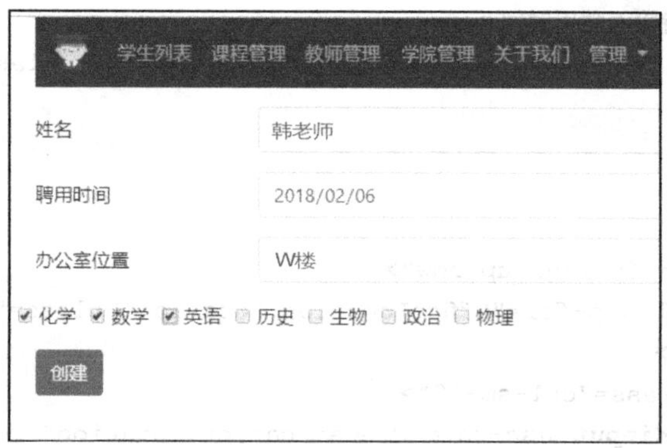

图35.12

35.4.2　删除教师信息

在TeacherController中添加Delete()操作方法，实现删除教师信息的功能，代码如下。

```
        [HttpPost]
        public async Task<IActionResult> Delete(int id)
        {
            var model = await _teacherRepository.FirstOrDefaultAsync(a =>
a.Id == id);

            if(model == null)
            {
                ViewBag.ErrorMessage = $"教师id为{id}的信息不存在，请重试。";
                return View("NotFound");
            }
```

```
                await _officeLoactionRepository.DeleteAsync(a => a.TeacherId ==
model.Id);
                await _courseAssignmentRepository.DeleteAsync(a => a.TeacherID
== model.Id);
                await _teacherRepository.DeleteAsync(a => a.Id == id);
                return RedirectToAction(nameof(Index));
            }
```

因为我们关闭了级联删除，所以为了防止删除教师信息的时候报错，需要注入对应关联了Teacher实体的仓储服务，然后执行删除操作。

我们可以将刚刚添加的测试信息删除作为测试，结果对比如图35.13所示。

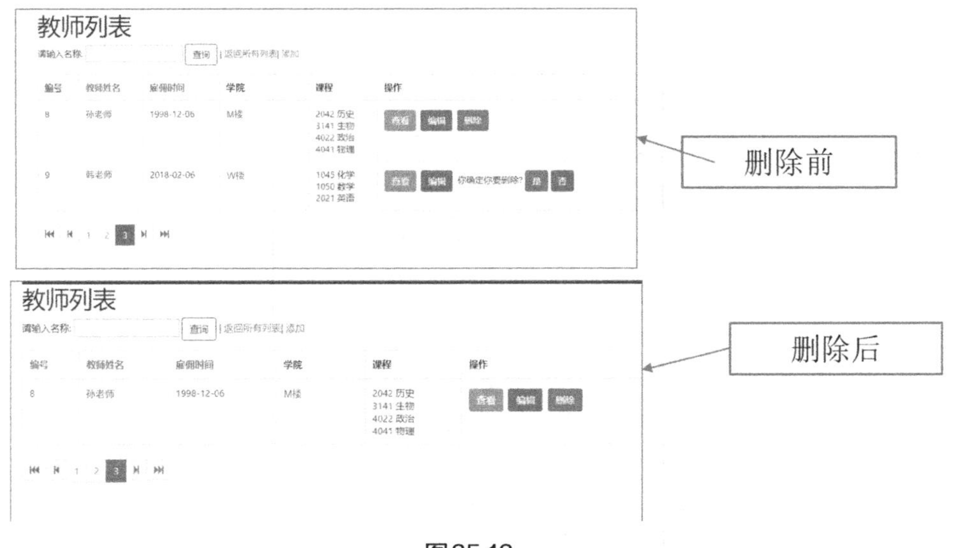

图35.13

35.5 优化目录结构

截止到目前，学校管理系统的基本功能已经完成了，接下来我们会通过完善学院管理功能来练习一些更高级的功能。同时，当前的ViewModels文件夹中包含很多实体文件，其他文件夹中也有类似的问题，为了统一规范，使我们能有条不紊地找到文件，需要建立一个使用规则，规则如下，按照规则整理后的效果如图35.14所示。

- Application文件夹用于存放我们的实体服务以及用于控制器与实体服务之间的业务转换（Dto）。
- Application文件夹中的不同实体通过建立文件夹进行隔离以便于我们更加直观地维护。

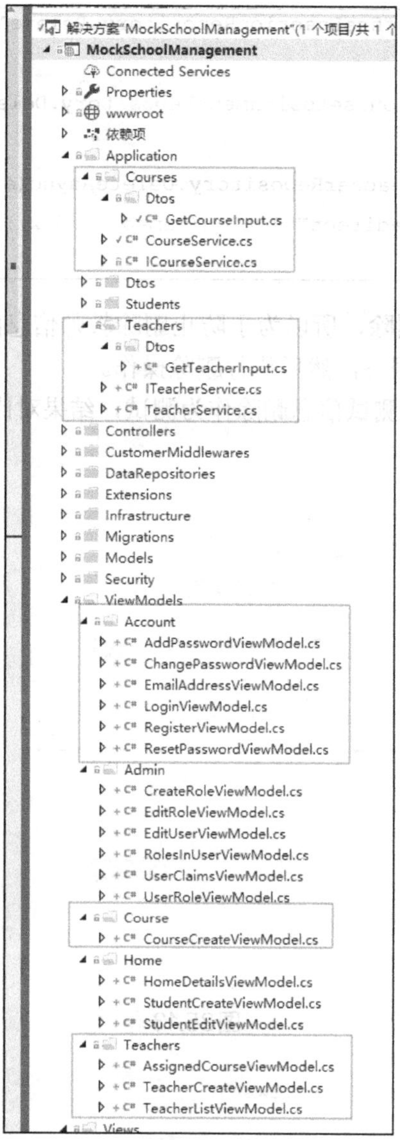

图35.14

35.6 小结

本章中我们了解了EF Core中数据加载的3种方式以及它们的性能介绍，同时也希望读者不要盲目地做出结论，毕竟在合适的场景下采用合适的解决方案才是最优解。通过完成Teacher实体的复杂查询，练习了几个ASP.NET Core的属性和技巧，最后我们为后面的优化系统，建立了一个基本使用规则。

第36章 处理并发冲突

本章将介绍如何处理并发冲突，通过完成学院管理的功能来了解并发冲突及如何处理它。

本章主要向读者介绍如下内容。

- 什么是并发冲突。
- 乐观锁与悲观锁的区别。
- 如何在我们的系统控制并发。

我们需要实现的结果如图36.1所示，页面告诉用户哪条数据引起了并发冲突、结果如何以及需要如何进行操作。

图36.1

36.1 并发冲突

数据库并发指多个进程或用户同时访问或更改数据库中的相同数据触发，并发控制指的是在发生并发更改时确保数据一致性的特定机制。

并发冲突按照官方解释：当某用户显示实体数据以对其进行编辑，而另一用户在上一用户更改写入数据库之前更新同一实体的数据时，会发生并发冲突，并发要解决的场景是防止数据丢失。

我们通过一个场景来了解它，A、B两个用户打开同一条数据并对它进行编辑，A用户编辑好信息，并且将其保存到数据库中。而B用户编辑好信息，在保存到数据库时会覆盖A用户的编辑信息，在大多数系统中，这是可以被接受的，但是在某些场景下则不行，如图36.2所示的报名统计流程。

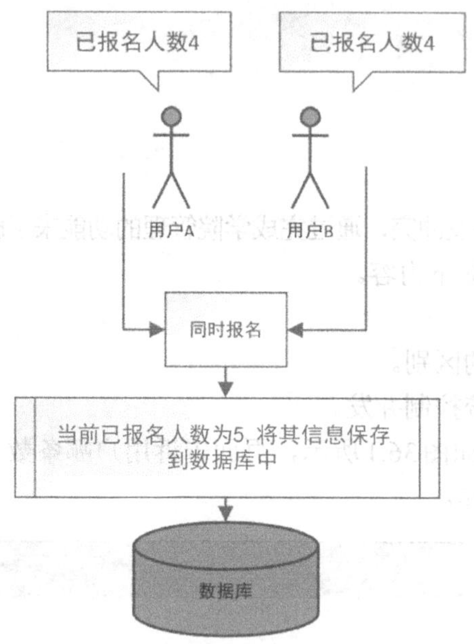

图36.2

在大多数系统中并发冲突的功能并不常见，但是我们依然要了解和学习它。并发分为两种：悲观并发和乐观并发。

36.1.1 悲观并发（悲观锁）

悲观并发又称悲观锁，在还没有EF Core的ORM框架之前，往往会采用传统Ado.Net提供的开发方式，大多数的应用程序为了防止在并发情况下出现数据丢失，会将数据库锁定。具体操作是从数据库中读取一条数据之前，将它锁定为只读或更新状态。

- 只读状态时，其他用户可以读取数据但是不能对数据进行更新。
- 更新状态时，其他用户无法对该行数据进行读取或者修改。

而管理这些锁定存在的问题也很明显，编程代码会很复杂，而且它会占用大量的数据库的资源，随着用户数量的增加还会导致性能问题。出于某些原因，并不是所有的数据库驱动或ORM组件都支持悲观并发，比如EF Core就不支持悲观并发。

36.1.2 乐观并发（乐观锁）

乐观并发又名开放式并发，也称作乐观锁。它允许多个进程或用户独立进行更改而不产生数据库锁，以节省开销。在理想情况下，这些更改将互不干扰，因此都能够执行成功。悲观锁每次读取数据的时候都会对数据加锁，而乐观并发每次读取数据的时候都默认不加锁，只有在更新的时候才判断当前数据有没有更新。通常乐观锁会通过给数据添加版本号的记录机制实现，乐观锁适用于多读的应用类型，这样可以提高吞吐量。接下来我们会通过EF Core实现乐观并发。

36.2 添加Department的相关类

因为乐观锁是通过版本号来进行控制数据内容，所以修改Department实体的代码如下。

```
/// <summary>
    /// 学院
    /// </summary>
    public class Department
    {
        public int DepartmentID{get;set;}
        [Display(Name = "学院名称")]
        [StringLength(50,MinimumLength = 3)]
        public string Name{get;set;}

        /// <summary>
        /// 预算
        /// </summary>
        [DataType(DataType.Currency)]
        [Column(TypeName = "money")]
        [Display(Name = "预算")]

        public decimal Budget{get;set;}

        /// <summary>
        /// 成立时间
        /// </summary>
        [DataType(DataType.Date)]
            [DisplayFormat(DataFormatString = "{0:yyyy-MM-dd}",
ApplyFormatInEditMode = true)]
        [Display(Name = "成立时间")]
        public DateTime StartDate{get;set;}

        [Timestamp]
        public byte[]RowVersion{get;set;}

        [Display(Name = "负责人")]
```

```
            public int?TeacherID{get;set;}
            public Teacher Administrator{get;set;}
            public ICollection<Course> Courses{get;set;}
        }
```

我们为实体添加了byte类型的RowVersion属性，声明了Timestamp特性。这样同步到SQL Server数据库时会将RowVersion的数据类型修改为Timestamp类型。

RowVersion属性在并发冲突中又被称为**并发令牌**或**并发标记**，在下文中，我们会提到它。

首先执行迁移命令add-migration RowVersion，添加记录后，再执行命令update-database，将数据库表结果同步到数据库中，如图36.3所示。

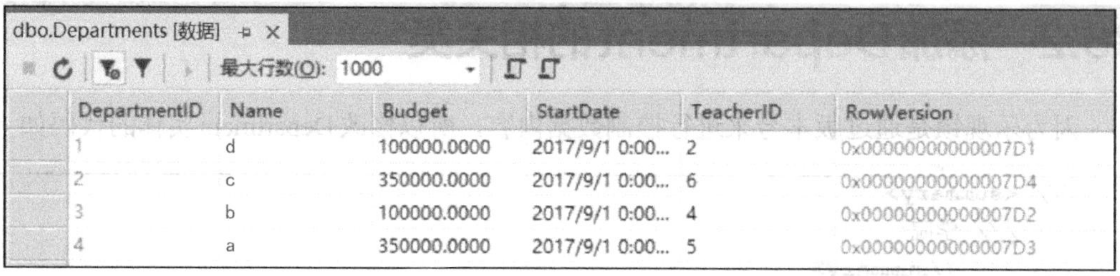

dbo.Departments [数据]

最大行数(O): 1000

DepartmentID	Name	Budget	StartDate	TeacherID	RowVersion
1	d	100000.0000	2017/9/1 0:00...	2	0x00000000000007D1
2	c	350000.0000	2017/9/1 0:00...	6	0x00000000000007D4
3	b	100000.0000	2017/9/1 0:00...	4	0x00000000000007D2
4	a	350000.0000	2017/9/1 0:00...	5	0x00000000000007D3

图36.3

RowVersion的值是时间戳，它会自动增加，后面我们会通过它的值来进行版本处理。

36.2.1 添加DepartmentsService

在Application/Departments中添加DepartmentsService和IDepartmentsService类文件。IDepartmentsService中的代码如下。

```
    public interface IDepartmentsService
        {
            /// <summary>
            /// 获取学院的分页信息
            /// </summary>
            /// <param name="input"></param>
            /// <returns></returns>
             Task<PagedResultDto<Department>> GetPagedDepartmentsList(GetDepart
  mentInput input);
        }
```

DepartmentsService中的代码如下。

```
    public class DepartmentsService:IDepartmentsService
        {
            private readonly IRepository<Department,int> _departmentRepository;

            public DepartmentsService(IRepository<Department,int> departmentRepository)
            {
```

```
                _departmentRepository = departmentRepository;
            }

            public async Task<PagedResultDto<Department>> GetPagedDepartmentsList(GetDepartmentInput input)
            {
                var query = _departmentRepository.GetAll();

                if(!string.IsNullOrEmpty(input.FilterText))
                {
                        query = query.Where(s => s.Name.Contains(input.FilterText));
                }
                //统计查询数据的总条数，用于分页计算总页数
                var count = query.Count();
                //根据需求进行排序，进行分页逻辑的计算
                query = query.OrderBy(input.Sorting).Skip((input.CurrentPage - 1) * input.MaxResultCount).Take(input.MaxResultCount);
                //将查询结果转换为List集合，加载到内存中
                    var models = await query.Include(a => a.Administrator).AsNoTracking().ToListAsync();
                var dtos = new PagedResultDto<Department>
                {
                    TotalCount = count,
                    CurrentPage = input.CurrentPage,
                    MaxResultCount = input.MaxResultCount,
                    Data = models,
                    FilterText = input.FilterText,
                    Sorting = input.Sorting
                };
                return dtos;
            }
```

在Application/Departments/Dtos文件夹中添加GetDepartmentInput类文件，代码如下。

```
public class GetDepartmentInput:PagedSortedAndFilterInput
    {
        public GetDepartmentInput()
        {
            Sorting = "Name";
            MaxResultCount = 3;
        }
    }
```

36.2.2　学院列表功能

打开DepartmentsController文件，添加构造函数并注入即将使用的有关服务中，代码如下。

```
  public class DepartmentsController:Controller
    {
        private readonly IRepository<Department,int> _departmentRepository;
        private readonly IRepository<Teacher,int> _teacherRepository;
        private readonly IDepartmentsService _departmentsService;
        private readonly AppDbContext _dbcontext;

        public DepartmentsController(
            IRepository<Department,int> departmentRepository,
            IDepartmentsService departmentsService,
              IRepository<Teacher,int> teacherRepository,AppDbContext
dbcontext)
        {
            _departmentRepository = departmentRepository;
            _departmentsService = departmentsService;
            _teacherRepository = teacherRepository;
            _dbcontext = dbcontext;
        }
```

在DepartmentsController文件中修改Index()操作方法，代码如下。

```
  public async Task<IActionResult> Index(GetDepartmentInput input)
        {
             var models = await _departmentsService.GetPagedDepartmentsList
(input);
            return View(models);
        }
```

对应的Index.cshtml文件中的代码如下。

```
@using MockSchoolManagement.Application.Dtos;
@model PagedResultDto<Department>

@{
    ViewBag.Title = "学院列表页面";
}
<h1>学院列表</h1>
<form asp-action="Index" method="get">

    <div class="form-actions no-color">
         <input type="hidden" name="CurrentPage" value="@Model.CurrentPage"
/>
        <input type="hidden" name="Sorting" value="@Model.Sorting" />
        <p>
             请输入名称:<input type="text" name="FilterText" value="@Model.
FilterText" />
            <input type="submit" value="查询" class="btn btn-outline-dark"
/>
```

```
                <a asp-action="Index">返回所有列表</a>| <a asp-action="Create">
                    添加
                </a>
            </p>
        </div>
    </form>

    <div class="  table-responsive-sm">
        @if(Model.Data.Any())
        {
            <table class="table table-bordered table-striped">
                <thead>
                    <tr>

                        <th scope="col" class="sort-link">
                            <a asp-action="Index"
                                              asp-route-Sorting="Name" asp-route-
    CurrentPage="@Model.CurrentPage" asp-route-FilterText="@Model.FilterText">
                                学院名称
                            </a>
                        </th>
                        <th>
                               <a asp-action="Index" asp-route-Sorting="StartDate"
    asp-route-CurrentPage="@Model.CurrentPage" asp-route-FilterText="@Model.
    FilterText">
                                成立时间
                            </a>
                        </th>
                        <th>
                              <a asp-action="Index" asp-route-Sorting="Budget "
    asp-route-CurrentPage="@Model.CurrentPage" asp-route-FilterText="@Model.
    FilterText">
                                预算
                            </a>
                        </th>
                        <th>负责人</th>
                        <th scope="col">操作</th>
                    </tr>
                </thead>
                <tbody>

                    @foreach(var item in Model.Data)
                    {
                        <tr>
```

```
                    <td>@item.Name</td>
                    <td> @Html.DisplayFor(modelItem => item.StartDate)
</td>
                    <td>
                        @Html.DisplayFor(modelItem => item.Budget)
                    </td>
                    <td>@item.Administrator.Name</td>
                    <td>
                        <form method="post" asp-action="Delete" asp-
route-id="@item.DepartmentID">
                            <a asp-controller="Departments" class="btn
btn-info" asp-action="Details" asp-route-Id="@item.DepartmentID">查看</a>
                            <a asp-controller="Departments" asp-
action="Edit" asp-route-Id="@item.DepartmentID" class="btn btn-primary
m-1">编辑</a>
                            <span id="confirmDeleteSpan_@item.
DepartmentID" style="display:none">
                                <span>您确定您要删除？</span>
                                <button type="submit" class="btn btn-
danger">是</button>
                                <a href="#" class="btn btn-primary"
onclick="confirmDelete('@item.DepartmentID',false)">否</a>
                            </span>
                            <span id="deleteSpan_@item.DepartmentID">
                                <a href="#" class="btn btn-danger"
onclick="confirmDelete('@item.DepartmentID',true)">删除</a>
                            </span>
                        </form>
                    </td>
                </tr>
            }
        </tbody>
    </table>
    }

    @await Html.PartialAsync("_Pagination")
</div>

@section Scripts{
    <script src="~/js/CustomScript.js" asp-append-version="true"></script>
}
```

运行项目，导航到学院列表，效果图36.4所示。数据来源于我们早期添加的种子数据。

图36.4

36.2.3 添加详情视图

接下来，需要实现添加功能，我们为学院选择一位负责人，同时为了让代码能够复用，单独封装一个方法，用于处理教师的下拉列表，代码如下。

```
        /// <summary>
        /// 教师的下拉列表
        /// </summary>
        /// <param name="selectedTeacher"></param>
          private SelectList TeachersDropDownList(object selectedTeacher =
null)
        {
             var models = _teacherRepository.GetAll().OrderBy(a => a.Name).
AsNoTracking().ToList();
            var dtos = new SelectList(models,"Id","Name",selectedTeacher);
            return dtos;
        }
```

实体Department无法满足我们的业务逻辑，而要处理视图中的内容呈现，需要添加一个视图模型，在ViewModels/Department中添加DepartmentCreateViewModel.cs文件，代码如下。

```
  public class DepartmentCreateViewModel
    {
        public int DepartmentID{get;set;}

        [StringLength(50,MinimumLength = 3)]
        [Display(Name = "学院名称")]
        public string Name{get;set;}
```

```
        /// <summary>
        /// 预算
        /// </summary>
        [DataType(DataType.Currency)]
        [Display(Name = "预算")]
        public decimal Budget{get;set;}

        /// <summary>
        /// 成立时间
        /// </summary>
        [DataType(DataType.Date)]
            [DisplayFormat(DataFormatString = "{0:yyyy-MM-dd}",
ApplyFormatInEditMode = true)]
        [Display(Name = "成立时间")]
        public DateTime StartDate{get;set;}

        [Timestamp]
        public byte[]RowVersion{get;set;}

        [Display(Name = "负责人")]
        public SelectList TeacherList{get;set;}

        public int?TeacherID{get;set;}

        public Teacher Administrator{get;set;}
    }
```

在DepartmentsController中添加HttPGet与HttpPost的操作方法，代码如下。

```
    #region添加

        public IActionResult Create()
        {
            var dto = new DepartmentCreateViewModel
            {
                TeacherList = TeachersDropDownList()
            };
            return View(dto);
        }

        [HttpPost]
         public async Task<IActionResult> Create(DepartmentCreateViewModel
input)
        {
            if(ModelState.IsValid)
            {
                Department model = new Department
                {
```

```
                        StartDate = input.StartDate,
                        DepartmentID = input.DepartmentID,
                        TeacherID = input.TeacherID,
                        Budget = input.Budget,
                        Name = input.Name,
                    };
                    await _departmentRepository.InsertAsync(model);
                    return RedirectToAction(nameof(Index));
                }
                return View();
            }

            #endregion
```

对应的Create.cshtml代码如下。

```
@using  MockSchoolManagement.ViewModels.Departments
@model DepartmentCreateViewModel
@{ViewBag.Title = "创建学院";}

<form asp-action="Create" method="post" class="mt-3">
    <div asp-validation-summary="All" class="text-danger"></div>
    <input type="hidden" asp-for="DepartmentID" />
    <div class="form-group row">
        <label asp-for="Name" class="col-sm-2 col-form-label"></label>
        <div class="col-sm-10">
             <input asp-for="Name" class="form-control" placeholder="请输入
学院名称" />
            <span asp-validation-for="Name" class="text-danger"></span>
        </div>
    </div>
    <div class="form-group row">
           <label asp-for="StartDate" class="col-sm-2 col-form-label"></
label>
        <div class="col-sm-10">
              <input asp-for="StartDate" type="date" class="form-control"
placeholder="请输入成立时间" />
              <span asp-validation-for="StartDate" class="text-danger"></
span>
        </div>
    </div>
    <div class="form-group row">
        <label asp-for="Budget" class="col-sm-2 col-form-label"></label>
        <div class="col-sm-10">
<input asp-for="Budget" class="form-control" placeholder="请输入预算" />
            <span asp-validation-for="Budget" class="text-danger"></span>
        </div>
    </div>
    <div class="form-group row">
```

```
            <label asp-for="TeacherList" class="col-sm-2 col-form-label"></
label>
            <div class="col-sm-10">
                <select asp-for="TeacherID"
                        class="custom-select mr-sm-2"
                        asp-items="@Model.TeacherList">
                    <option value="">请选择</option>
                </select>
                 <span asp-validation-for="TeacherList" class="text-danger"></
span>
            </div>
        </div>
        <div class="form-group row">
            <div class="col-sm-10">
                <button type="submit" class="btn btn-primary">创建</button>
            </div>
        </div>
    </form>
```

以上代码应该不用做太多说明，唯一要注意的是RowVersion属性，在Create.cshtml视图中，我们并没有使用它，因为它会在数据库中自动生成和处理。

运行项目，导航到http://localhost:13380/Departments/Create，添加一条测试数据，效果如图36.5所示。

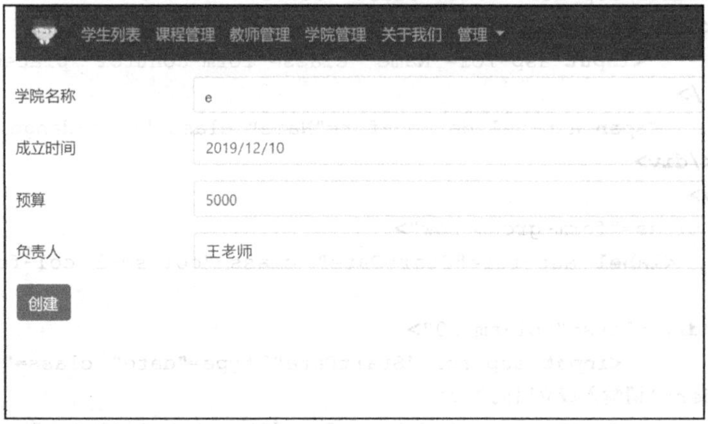

图36.5

继续在DepartmentsController中添加Details()操作方法，代码如下。

```
    public async Task<IActionResult> Details(int Id)
            {    //因为需要实现预加载，所以不能直接使用FirstOrDefaultAsync()方法
                  var model = await _departmentRepository.GetAll().Include(a =>
a.Administrator).FirstOrDefaultAsync(a => a.DepartmentID == Id);
                //判断学院信息是否存在
                if(model == null)
                {
```

```
                ViewBag.ErrorMessage = $"部门ID{Id}的信息不存在，请重试。";
                return View("NotFound");
            }
            return View(model);
        }
```

对应的Details.cshtml文件的代码如下。

```
@model Department
@{
    ViewBag.Title = "部门详情信息";
}
<div class="row justify-content-center m-3">
    <div class="col-sm-6">

        <div class="card bg-light mb-3" style="max-width:18rem;">
            <div class="card-header">
                <h1>@Model.Name  详情 </h1>
            </div>
            <div class="card-body text-center">
                <h5 class="card-title">
                    @Html.DisplayNameFor(a => a.Name) :@Model.Name
                </h5>
                      <h5 class="card-title">@Html.DisplayNameFor(a =>
a.StartDate) :@Html.DisplayFor(a => a.StartDate)</h5>
                <h5 class="card-title">@Html.DisplayNameFor(a => a.Budget)
:@Html.DisplayFor(a => a.Budget)</h5>
                      <h5 class="card-title">@Html.DisplayNameFor(a =>
a.TeacherID):@Model.Administrator.Name</h5>
            </div>
            <div class="card-footer text-center">
                <a asp-action="Index" class="btn btn-info">返回</a>
                   <a asp-action="edit" asp-route-Id="@Model.DepartmentID"
class="btn btn-primary">编辑</a>
            </div>
        </div>
    </div>
</div>
```

同样，为了统一处理标题和内容，我们使用Html.DisplayFor与Html.DisplayNameFor对标题和内容进行数据的渲染。

导航到刚刚添加的测试数据，详情页的结果如图36.6所示。

图36.6

因为删除功能的前端代码已经实现复用性，所以添加Delete()操作方法，代码如下。

```
        [HttpPost]
        public async Task<IActionResult> Delete(int id)
        {
             var model = await _departmentRepository.FirstOrDefaultAsync(a
=> a.DepartmentID == id);

            if(model == null)
            {
                ViewBag.ErrorMessage = $"学院编号{id}的信息不存在，请重试。";
                return View("NotFound");
            }
            await _departmentRepository.DeleteAsync(a => a.DepartmentID ==
id);
            return RedirectToAction(nameof(Index));
        }
```

36.2.4 编辑学院信息功能

现在需要实现编辑学院信息功能，我们已经知道并发冲突容易在修改的情况下发生。实现Edit()功能，代码如下。

```
    public async Task<IActionResult> Edit(int id)
        {
             var model = await _departmentRepository.GetAll().Include(a =>
a.Administrator).AsNoTracking()
            .FirstOrDefaultAsync(a => a.DepartmentID == id);
            if(model == null)
```

```
        {
            ViewBag.ErrorMessage = $"教师{id}的信息不存在，请重试。";
            return View("NotFound");
        }
        var teacherList = TeachersDropDownList();
        var dto = new DepartmentCreateViewModel
        {
            DepartmentID = model.DepartmentID,
            Name = model.Name,
            Budget = model.Budget,
            StartDate = model.StartDate,
            TeacherID = model.TeacherID,
            Administrator = model.Administrator,
            RowVersion = model.RowVersion,
            TeacherList = teacherList
        };
        return View(dto);
    }
```

通过ID查询实体信息后，将查询到的实体数据赋值到DepartmentCreateViewModel中，然后传递到视图中，在Edit()方法中，我们传递了RowVersion属性的值。

而对应的Edit.cshtml代码如下。

```
@using  MockSchoolManagement.ViewModels.Departments
@model DepartmentCreateViewModel
@{ViewBag.Title = "编辑学院";}

<form asp-action="Edit" method="post" class="mt-3">
    <div asp-validation-summary="All" class="text-danger"></div>
    <input type="hidden" asp-for="DepartmentID" />
    <input type="hidden" asp-for="RowVersion" />
    <div class="form-group row">
        <label asp-for="Name" class="col-sm-2 col-form-label"></label>
        <div class="col-sm-10">
             <input asp-for="Name" class="form-control" placeholder="请输入
学院名称" />
            <span asp-validation-for="Name" class="text-danger"></span>
        </div>
    </div>

    <div class="form-group row">
           <label asp-for="StartDate" class="col-sm-2 col-form-label"></
label>
        <div class="col-sm-10">
              <input asp-for="StartDate" type="date" class="form-control"
placeholder="请成立时间" />
              <span asp-validation-for="StartDate" class="text-danger"></
span>
        </div>
```

```
    </div>

    <div class="form-group row">
        <label asp-for="Budget" class="col-sm-2 col-form-label"></label>
        <div class="col-sm-10">
    <input asp-for="Budget" class="form-control" placeholder="请输入预算" />
            <span asp-validation-for="Budget" class="text-danger"></span>
        </div>
    </div>
    <div class="form-group row">
          <label asp-for="TeacherList" class="col-sm-2 col-form-label"></
label>
        <div class="col-sm-10">
            <select asp-for="TeacherID" class="custom-select mr-sm-2" asp-
items="@Model.TeacherList">
                <option value="">请选择</option>
            </select>
              <span asp-validation-for="TeacherID" class="text-danger"></
span>
        </div>
    </div>

    <div class="form-group row">
        <div class="col-sm-10">
            <button type="submit" class="btn btn-primary">更新</button>
            <a asp-action="index" class="btn btn-primary">取消</a>
        </div>
    </div>
</form>
```

RowVersion作为隐藏元素并未直接呈现到视图中。接下来我们添加HttpPost类型的Edit()操作方法，代码如下。

```
        [HttpPost]
            public async Task<IActionResult> Edit(DepartmentCreateViewModel
input)
        {
            if(ModelState.IsValid)
            {
                var model = await _departmentRepository.GetAll().Include(a
=> a.Administrator).FirstOrDefaultAsync(a => a.DepartmentID == input.
DepartmentID);

                if(model == null)
                {
                    ViewBag.ErrorMessage = $"教师{input.DepartmentID}的信息
不存在，请重试。";
```

```
                return View("NotFound");
            }
            model.DepartmentID = input.DepartmentID;
            model.Name = input.Name;
            model.Budget = input.Budget;
            model.StartDate = input.StartDate;
            model.TeacherID = input.TeacherID;
                await _departmentRepository.UpdateAsync(model);
                return RedirectToAction(nameof(Index));
        }
```

请注意，这里我们并没有将input.RowVersion赋值到model.RowVersion中，因为RowVersion的值是自动生成的时间戳，无须我们进行控制。如果按照功能实现，则学院管理的CRUD功能已经完成了。接下来我们会通过RowVersion来实现乐观并发的处理以及实现。

36.3 EF Core中的并发控制

在实现并发控制之前，我们先了解一下它在EF Core中的工作原理。配置并发令牌（RowVersion属性）可以控制乐观并发，每当SaveChanges()方法执行更新或删除操作时，我们会将数据库上的并发令牌值与EF Core中读取的原始值进行比较。

- 如果RowVersion值匹配，则可以完成该操作。
- 如果RowVersion值不匹配，则EF Core会假设另一个用户已执行冲突操作，并中止当前事务。
- 另一个用户已执行的操作与当前操作冲突的情况称为并发冲突。

而RowVersion值的比较由数据库提供程序（EF Core）来完成。在关系型数据库中，EF Core会对代码中所有包含UPDATE或DELETE语句及WHERE条件中的子句的并发令牌值进行检查。

如果正在更新的行数据已被其他用户更改，导致RowVersion列中的值与原始值不同，则包含UPDATE或DELETE语句及WHERE条件中的子句将找不到要更新的行数据。

最终返回的结果是未影响任何行数据，此时会触发并发冲突，导致EF Core触发DbUpdateConcurrencyException的异常，以此让开发者来解决此冲突。

触发异常后需要3组值来解决并发冲突。

- 当前值，即应用程序尝试写入数据库中的值。
- 原始值，最初从数据库中读取的值，未进行任何编辑的数据。
- 数据库中的值，即当前值以及最初存储在数据库中的值。

调整Edit()方法，代码如下。

```
        [HttpPost]
          public async Task<IActionResult> Edit(DepartmentCreateViewModel
input)
        {
```

```
            if(ModelState.IsValid)
            {
                var model = await _departmentRepository.GetAll().Include(a
=> a.Administrator).FirstOrDefaultAsync(a => a.DepartmentID == input.
DepartmentID);

                if(model == null)
                {
   ViewBag.ErrorMessage = $"教师{input.DepartmentID}的信息不存在，请重试。";
                    return View("NotFound");
                }
                model.DepartmentID = input.DepartmentID;
                model.Name = input.Name;
                model.Budget = input.Budget;
                model.StartDate = input.StartDate;
                model.TeacherID = input.TeacherID;
                //获取
  _dbcontext.Entry(model).Property("RowVersion").OriginalValue = input.
RowVersion;
                try
                {
                    await _departmentRepository.UpdateAsync(model);
                    return RedirectToAction(nameof(Index));
                }
                catch(DbUpdateConcurrencyException ex)
                {
                    var exceptionEntry = ex.Entries.Single();
                    var clientValues = (Department)exceptionEntry.Entity;

                //从数据库中获取Department实体中的RowVersion属性，然后将
                //input.RowVersion赋值到OriginalValue中,EF Core会对两个值进行比较
                        _dbcontext.Entry(model).Property("RowVersion").
OriginalValue = input.RowVersion;
                try
                {   //UpdateAsync()方法执行SaveChangesAsync()方法时，如果检测
                    //到并发冲突，则会触发DbUpdateConcurrencyException异常
                    await _departmentRepository.UpdateAsync(model);
                    return RedirectToAction(nameof(Index));
                }
                catch(DbUpdateConcurrencyException ex)
                {   //触发异常后，获取异常的实体
                    var exceptionEntry = ex.Entries.Single();
                    var clientValues = (Department)exceptionEntry.Entity;
                    //从数据库中获取该异常实体信息
                    var databaseEntry = exceptionEntry.GetDatabaseValues();
                    if(databaseEntry == null)
```

```
                    {//如果异常实体为null，则表示该行数据已经被删除
                        ModelState.AddModelError(string.Empty,"无法进行数据的
修改。该部门信息已经被其他人所删除！");
                    }
                    else
                    {       //将异常实体中的错误信息精确到具体字段并传递到视图中
                          var databaseValues = (Department)databaseEntry.
ToObject();
                        if(databaseValues.Name!= clientValues.Name)
                                    ModelState.AddModelError("Name",$"当前
值:{databaseValues.Name}");
                        if(databaseValues.Budget!= clientValues.Budget)
                                  ModelState.AddModelError("Budget",$"当前
值:{databaseValues.Budget}");
                               if(databaseValues.StartDate!= clientValues.
StartDate)
                                ModelState.AddModelError("StartDate",$"当前
值:{databaseValues.StartDate}");
                               if(databaseValues.TeacherID!= clientValues.
TeacherID)
                        {
                            var teacherEntity =
                                          await _teacherRepository.
FirstOrDefaultAsync(a => a.Id == databaseValues.TeacherID);
                               ModelState.AddModelError("TeacherId",$"当前
值:{teacherEntity?.Name}");
                        }
                        ModelState.AddModelError("","您正在编辑的记录已经被其他
用户所修改，编辑操作已经被取消，数据库当前的值已经显示在页面上。请再次单击保存。否则请返
回列表。");
                        input.RowVersion = databaseValues.RowVersion;
                        //记得初始化教师列表
                        input.TeacherList = TeachersDropDownList();
                        ModelState.Remove("RowVersion");
                    }
                }
            }
            return View(input);
        }
```

代码说明如下。

- 在DepartmentController的构造函数中，我们提前注入了AppDbContext上下文连接池，这是为了使用Entry()方法获取实体中的RowVersion属性，并对它进行跟踪来检测是否引起了冲突。
- 当前视图将原始的RowVersion值存储在隐藏字段中，且在此方法的RowVersion参数中接收该值。在调用SaveChanges之前，必须将该原始RowVersion属性值设置到实体的OriginalValues集合中。

```
    _dbcontext.Entry(model).Property("RowVersion").OriginalValue = input.
RowVersion;
```

- 当EF Core生成SQL UPDATE命令时，该命令将包含一个WHERE子句，用于查找具有原始RowVersion值的行数据。如果没有行数据受到UPDATE命令影响，则EF Core会引发DbUpdateConcurrencyException异常。
- 该异常会捕获受影响的Department实体，该实体具有来自异常对象的Entries属性的更新值。

测试并发异常

我们打开浏览器标签页http://localhost:13380/Departments/Edit/2，如图36.7所示。

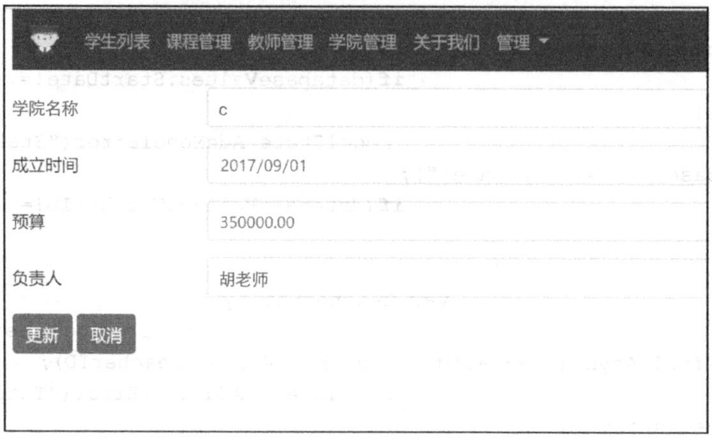

学生列表 课程管理 教师管理 学院管理 关于我们 管理

学院名称	c
成立时间	2017/09/01
预算	350000.00
负责人	胡老师

更新 取消

图36.7

修改第一个标签页中的值，如图36.8所示。

- 学院名称：f。
- 成立时间：1990/09/01。
- 预算：100。

学生列表 课程管理 教师管理 学院管理 关于我们 管理

学院名称	f
成立时间	1990/09/01
预算	100
负责人	胡老师

更新 取消

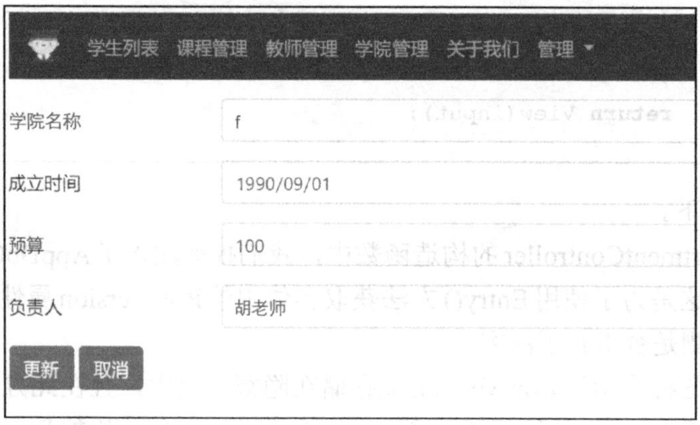

图36.8

单击**更新**按钮将数据保存到数据库中。在第二个标签页面修改值，然后单击**更新**按钮触发异常，结果如图36.9所示。

图36.9

这是通过解决DbUpdateConcurrencyException触发的异常信息，配合MVC中的属性验证告知用户具体是哪些字段发生了修改。如果用户确定要覆盖前一个用户的操作，则可再次单击**更新**按钮。这是因为我们将数据库中的RowVersion复制到了视图模型中，这样再次更新的时候即可覆盖上一个用户提交的值，我们可以在列表中看到修改后的值如图36.10所示。

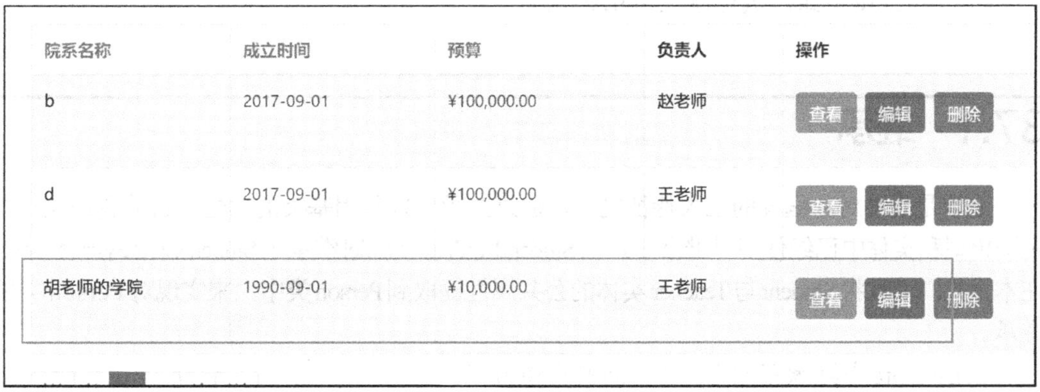

图36.10

36.4 小结

在本章中我们为学院管理添加了并发检测功能，采用的是EF Core当前支持的乐观并发方式。从大多数业务场景来说，以前的锁定表锁定行（悲观锁）的并发控制方式已经不推荐了，因为这样会把大量的压力留给数据库，尤其是数据量大了之后，它的资源占用会更多。我个人推荐采用乐观并发，这样即使出现了问题，也可以对逻辑进行优化处理。

希望学习本章过后，读者能掌握如何处理和解决并发引起的业务问题，同时学校管理系统的功能也算开发完成了，接下来的内容就涉及EF Core中的其他技术了。

第37章

EF Core中的继承与原生SQL语句使用

从本章开始不会再增加系统涉及的业务功能了，增加的内容更多的是与纯技术案例有关的内容。

本章主要向读者介绍如下内容。

- EF Core中如何实现实体之间的继承。
- EF Core中如何执行原生SQL语句。

37.1 继承

继承是面向对象编程的三大特征之一，通过继承可以复用基类的属性。目前我们在一些视图模型和实体中已经使用过继承了，如StudentEditViewModel继承了StudentCreateViewModel。在本章我们通过将Student与Teacher实体的公共属性提取到Person类中，来实现对Person类的继承。

在EF Core中继承有如下3种不同的实现方式。

- TPH（Table Per Hierarchy）：所有的数据都放在同一个表内，但是使用辨别标志（Discriminator）的方式来区分，即通过Discriminator与DiscriminatorID来进行区分。
- TPC（Table Per Concrete-Type）：由具体类型的表来存放各自的数据，而各自没有任何关联，继承的实体会包含基类中的所有属性。
- TPT（Table Per Type）：表示每个对象各自独立产生表，这样各表之间就没有直接关联，要额外实现关联性才能产生关联，子实体通过实体ID关联DiscriminatorID找到父类。

TPC和TPH继承模式的性能通常比TPT继承模式好，因为TPT模式会导致复杂的联接查询。但是截止到Entity Framework Core 3.1仅支持TPH继承。

37.1.1 实现TPH继承

在Models文件夹中创建Person.cs并添加如下代码。

```
    public abstract class Person
    {
        public int Id{get;set;}
        [Required]
        [Display(Name = "姓名")]
        [StringLength(50)]
        public string Name{get;set;}

        [Display(Name = "电子邮箱")]
        public string Email{get;set;}
    }
```

请注意，Person类是一个抽象类，它不允许实例化，也不能直接创建对象，必须要通过子类创建才能使用abstract类的方法。

Student实体与Teacher实体均继承自Person类，它们不用单独声明ID主键及Name与Email属性值，而是直接复用Person类中的属性代码。

```
   public class Student:Person
    {
        /// <summary>
        /// 主修科目
        /// </summary>
        public MajorEnum?Major{get;set;}

        public string PhotoPath{get;set;}

        [NotMapped]
        public string EncryptedId{get;set;}

        /// <summary>
        /// 入学时间
        /// </summary>
        [DataType(DataType.Date)]
            [DisplayFormat(DataFormatString = "{0:yyyy-MM-dd}",
ApplyFormatInEditMode = true)]
        public DateTime EnrollmentDate{get;set;}

        public ICollection<StudentCourse> StudentCourses{get;set;}
    }
```

在Teacher.cs中进行相同的更改，代码如下。

```
    /// <summary>
    /// 教师信息
    /// </summary>
    public class Teacher:Person
    {
        [DataType(DataType.Date)]
            [DisplayFormat(DataFormatString = "{0:yyyy-MM-dd}",
ApplyFormatInEditMode = true)]
        [Display(Name = "聘用时间")]
        public DateTime HireDate{get;set;}

        public ICollection<CourseAssignment> CourseAssignments{get;set;}

        public OfficeLocation OfficeLocation{get;set;}
    }
```

将Person.cs添加到数据库上下文连接池AppDbContext.cs中，代码如下。

```
public class AppDbContext:IdentityDbContext<ApplicationUser>
    {
        //注意：将ApplicationUser作为泛型参数传递给IdentityDbContext类
        public AppDbContext(DbContextOptions<AppDbContext> options)
          :base(options)
        {
        }
        public DbSet<Student> Students{get;set;}
        public DbSet<Course> Courses{get;set;}
        public DbSet<StudentCourse> StudentCourses{get;set;}
        public DbSet<Department> Departments{get;set;}
        public DbSet<Teacher> Teachers{get;set;}
        public DbSet<OfficeLocation> OfficeLocations{get;set;}
        public DbSet<CourseAssignment> CourseAssignments{get;set;}
        public DbSet<Person> People{get;set;}
}
```

我们希望数据库中的表名称依然是Person（而不是People），因此在modelBuilder的扩展方法Seed()中添加以下配置。

```
   public static void Seed(this ModelBuilder modelBuilder)
        {
            ///指定实体在数据库中生成的名称
   modelBuilder.Entity<Course>().ToTable("Course","School");
modelBuilder.Entity<StudentCourse>().ToTable("StudentCourse","School");
                  modelBuilder.Entity<Person>().ToTable("Person");
modelBuilder.Entity<CourseAssignment>()
                  .HasKey(c => new{c.CourseID,c.TeacherID});
        }
```

这里请删除Student的表映射声明，否则会报错。

37.1.2 执行数据库迁移

保存修改的文件并编译生成解决方案，随后打开SQL Server对象资源管理器，删除旧的MockSchoolDB数据库。

重新执行迁移命令update-database生成一个新数据库。执行添加迁移命令add-migration AddPersonEntity，添加一条新的迁移记录后，再执行命令update-database。同步数据库表结果到数据库中，运行项目后初始化种子数据，打开Person表，效果如图37.1所示。

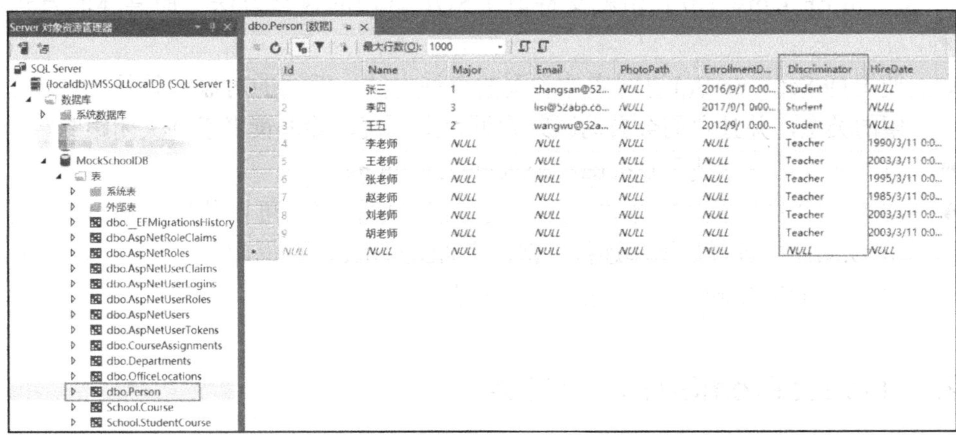

图37.1

导航到http://localhost:13380/Teacher/Index/5？Sorting=Id&CurrentPage=1&courseID=1045可以看到完整的视图数据，页面如图37.2所示。

图37.2

37.2 执行原生SQL语句

目前我们通过EF Core完成了一个较为完整的学校管理系统，在此期间我们没有像传统的开发者一样通过SQL语句来实现业务逻辑，但是并不是说EF Core不支持SQL语句。EF Core的优点之一是它可避免读者编写和数据库过于耦合的代码，它会动态生成SQL查询和命令（也称为动态SQL）。但有一些特殊情况，还是需要执行原生SQL语句。对于这些情况，EF Core 1.0提供了相关的API，可以帮助我们执行原生SQL语句。从EF Core 1.0开始就支持原生SQL语句的执行方法，而具体的方式有以下两种。

- 使用DbSet.FromSql返回实体类型的查询方法。返回的对象必须是DbSet对象期望的类型，并且它们会自动跟踪数据库上下文，除非读者手动关闭跟踪。
- 对于非查询命令使用Database.ExecuteSqlComma。
- 如果返回类型不是实体本身，而是视图模型，那么可以使用由EF Core提供的ADO.NET来进行数据库连接。请注意ADO.NET的数据库上下文不会跟踪返回的数据，而EF Core会，这是两者的不同。

37.2.1 DbSet.FromSqlRaw的使用

DbSet<TEntity>类提供了一种方法，用于执行返回TEntity类型实体的查询。在DepartmentsController.cs的Details()方法中，使用FromSqlRaw()方法来替换学院列表的结果，代码如下。

```
    public async Task<IActionResult> Details(int Id)
        {
                 string query = "SELECT * FROM dbo.Departments WHERE
DepartmentID={0}";
              var model = await _dbcontext.Departments.FromSqlRaw(query,Id).
Include(d => d.Administrator)
                   .AsNoTracking()
                   .FirstOrDefaultAsync();
              if(model == null)
              {
                  ViewBag.ErrorMessage = $"部门ID{Id}的信息不存在，请重试。";
                  return View("NotFound");
              }

              return View(model);
        }
```

请注意，在EF Core早期的版本中我们调用的是FromSql()方法，而不是FromSqlRaw()方法。

从ASP.NET Core 3.0的版本开始，FromSql()就被官方弃用了，而是推荐采用FromSqlRaw()与FromSqlInterpolated()，它们是之前FromSql()的重载方法。

- 若要使用纯字符串从SQL查询返回对象，请改用FromSqlRaw()。
- 若要使用插值字符串语法从SQL查询返回对象以创建参数，请改用FromSqlInterpolated()。

读者需要根据业务情况来选择，导航学院详情页效果如图37.3所示。

图37.3

37.2.2 Database.ExecuteSqlComma的使用

接下来，我们在EF Core中执行ADO.NET的ExecuteSqlComma()方法来执行SQL语句。在HomeController的About()操作方法中，我们之前通过LINQ配合仓储模式进行分组，实现了学生信息的统计，接下来我们使用原生SQL语句的分组查询来实现该功能。

修改HomeController中的About()操作方法，代码如下。

```
public async Task<ActionResult> About()
        {
            List<EnrollmentDateGroupDto> groups = new List<EnrollmentDateGroupDto>();
            //获取数据库的上下文连接
            var conn = _dbcontext.Database.GetDbConnection();
            try
            {     //打开数据库连接
                await conn.OpenAsync();
                //建立连接，因为非委托资源，所以需要使用using进行内存资源的释放
                using(var command = conn.CreateCommand())
                {
                            string query = "SELECT EnrollmentDate,COUNT(*)AS
StudentCount    FROM Person   WHERE Discriminator = 'Student'   GROUP BY
EnrollmentDate";
                    command.CommandText = query;//赋值需要执行的SQL语句
                    DbDataReader reader = await command.ExecuteReaderAsync();
                    //执行命令
                    if(reader.HasRows)//判断是否有返回行
                    {         //读取行数据，将返回值填充到视图模型中
```

```
                while(await reader.ReadAsync())
                {
                    var row = new EnrollmentDateGroupDto
                    {EnrollmentDate = reader.GetDateTime(0),
                    StudentCount = reader.GetInt32(1) };
                    groups.Add(row);
                }
            }
            //释放使用的所有资源
            reader.Dispose();
        }
    }
    finally
    {   //关闭数据库连接
        conn.Close();
    }
    return View(groups);
}
```

运行项目，导航到http://localhost:13380/home/About，可以看到返回值的结果与修改代码前的结果一致，如图37.4所示。

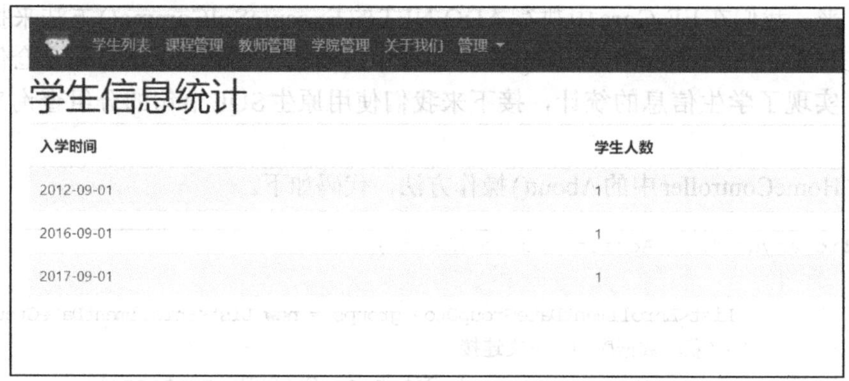

图37.4

37.2.3　执行原生SQL语句实现更新

我们通过修改课程管理中的所有课程的学分功能，来使用ExecuteSqlRawAsync命令执行更新的SQL命令。为了使此功能完整，我们在CoursesController.cs中为HttpGet和HttpPost添加UpdateCourseCredits()方法，代码如下。

```
#region 修改课程学分
public IActionResult UpdateCourseCredits()
{
    return View();
}
```

```
        [HttpPost]
        public async Task<IActionResult> UpdateCourseCredits(int?multiplier)
        {
            if(multiplier!= null)
            {
                ViewBag.RowsAffected =
                    //通过ExecuteSqlRawAsync()方法执行SQL语句
                    await _dbcontext.Database.ExecuteSqlRawAsync(
                        "UPDATE School.Course SET Credits = Credits * {0}",
                        parameters:multiplier);
            }
            return View();
        }
        #endregion
```

在Views/Courses中添加UpdateCourseCredits.cshtml文件，代码如下。

```
@{
    ViewBag.Title = "修改课程学分信息";
}

<h2>
    修改课程学分
</h2>

@if(ViewBag.RowsAffected == null)
{
    <form asp-action="UpdateCourseCredits">

        <div class="form-group row">
                <label for="multiplier" class="col-sm-4 col-form-label"> 输入一
个数字，我会把每门课程乘以这个系数:</label>
            <div class="col-sm-8">
                        <input type="text" id="multiplier" name="multiplier"
class="form-control" placeholder="请输入学分" />
            </div>
        </div>

        <div class="form-group row">
            <div class="col-sm-10">
                <input type="submit" value="创建" class="btn btn-primary"
/>
            </div>
        </div>
    </form>
}
@if(ViewBag.RowsAffected!= null)
```

```
    {
        <p>
            更新了 @ViewBag.RowsAffected门课程信息的学分
        </p>
    }
    <div class="form-group  ">

        <a class="btn btn-info" asp-action="Index">返回</a>
    </div>
```

通过ViewBag.RowsAffected的值来判断是显示输入文本框还是结果，运行项目后导航到http://localhost:13380/Course/UpdateCourseCredits，我们输入2将所有的学分值都乘以2，如图37.5所示。

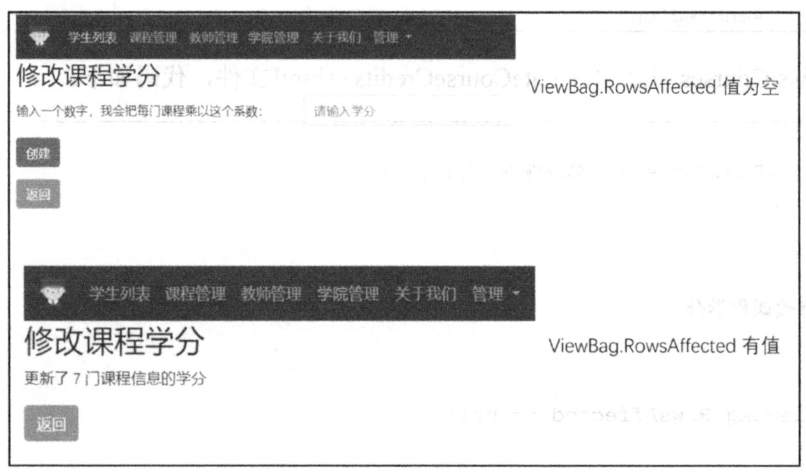

图37.5

我们可以通过SQL Server对象资源管理器查看Course表中的数据，如图37.6所示。

	CourseID	Title	Credits	DepartmentID
1	1045	化学	8	1
2	1050	数学	6	3
3	2021	英语	6	4
4	2042	历史	8	2
5	3141	生物	8	4
6	4022	政治	6	2
7	4041	物理	6	3

图37.6

修改Index文件中的导航菜单栏，添加一个导航链接到UpdateCourseCredits视图，代码如下。

```
        <div class="form-actions no-color">
            <input type="hidden" name="CurrentPage" value="@Model.CurrentPage" />
            <input type="hidden" name="Sorting" value="@Model.Sorting" />
            <p>
                请输入名称:<input type="text" name="FilterText" value="@Model.
    FilterText" />
```

```
                <input type="submit" value="查询" class="btn btn-outline-dark"
    /> |
               <a asp-action="Index">返回所有列表</a>| <a asp-action="Create">
                  添加
               </a>| <a asp-action="UpdateCourseCredits">
                  修改学分
               </a>
           </p>
       </div>
```

37.3 小结

在本章中我们了解了EF Core中的实体继承与原生SQL语句的使用，在实际开发过程中，采用继承的场景比较少，因为大多数的业务不需要采用继承来实现，许多开发者认为大量使用继承会让项目不好维护。

对于我们而言，继承是一个需要掌握的技能，毕竟有些业务情况，使用继承可以快速交付。而原生SQL语句的使用则是我们经常需要的，过去几年因为EF Core相关学习资料的缺乏，很多开发者对EF Core存在比较多的误解，认为它无法进行原生SQL语句的调用，本章中我们知晓了在EF Core中同样可以采用ADO.NET的形式来实现原生SQL命令的执行。

第38章 EF Core中的数据加载与关系映射

本章中我们需要掌握的是EF Core中常用的知识点，而这些知识点与之前的部分知识点是有重叠的，因此开始之前最好备份好自己的代码。重叠的原因是在不同的场景下有不同的方法，没有一蹴而就的方法，只有适合我们自己业务场景的解决思路。

本章主要向读者介绍如下内容。

- EF Core中的数据加载。
- Fluent API与数据注释的关系。
- Entity Framework Core 1.0关系映射约定。

38.1 EF Core中的数据加载

EF Core中提供了3种数据加载方式。

- **预加载**表示从数据库中直接查询出关联数据，这种加载方式使用起来很方便，尤其是在应对复杂的业务逻辑时。预加载的缺点是会加载所有数据，包括我们不需要的部分。
- **显式加载**即通过使用DbContext.Entry()显式调用类以加载数据，对于集合类型使用Collection()方法，对于单个实体使用Reference()方法。
- **延迟加载**表示在访问导航属性时才从数据库中加载关联数据。

在之前的章节中学习了预加载，它是EF Core推荐的数据加载方式。

38.1.1 显式加载

为了便于案例的演示，我们在DepartmentsController.cs文件中进行功能的演示。

简单了解一下显式加载，它可以调用DbContext.Entry() 提供的API进行操作，代码如下。

```
var department = _dbcontext.Departments
                .Single(b => b.DepartmentID == id);
        //Collection() 方法，实体与另外一个Collection集合之间的关联关系
        _dbcontext.Entry(department)
                .Collection(b => b.Courses)
                .Load();

        //  Reference() 方法，可用于两个实体之间的关联
        _dbcontext.Entry(department)
                .Reference(b => b.Administrator)
                .Load();
```

加载均需要使用Load()方法来执行，仓储模式基于对象DbSet<TEntity>进行操作，因此无须过多地关注它。

38.1.2 延迟加载

在EF Core中要启用延迟加载，需要单独安装NuGet包，因为它没有默认包含在EF Core中。

首先需要安装Microsoft.EntityFrameworkCore.Proxies的NuGet包，因为当前我们采用的是EF Core的3.1版本，所以建议对应的NuGet包也采用相同的版本。

直接打开项目文件，添加以下代码。

```
    <PackageReference Include="Microsoft.EntityFrameworkCore.Proxies"
Version="3.1.0" />
```

然后编译项目通过后，通过Startup.cs中的ConfigureServices()方法，找到AddDbContextPool()方法，配置UseLazyLoadingProxies启用延迟加载，代码如下。

```
 services.AddDbContextPool<AppDbContext>(options =>
            options.UseLazyLoadingProxies().
             UseSqlServer(_configuration.GetConnectionString("MockStudentDBC
onnection")));
```

还可以通过修改数据库上下文（AppDbContext.cs）来启用延迟加载，代码如下。

```
   protected override void OnConfiguring(DbContextOptionsBuilder
optionsBuilder)
        {          optionsBuilder.UseLazyLoadingProxies()
         .UseSqlServer(_configuration.GetConnectionString("MockStudentDBConn
ection"));
        }
```

但是不推荐这种方式，因为它需要往构造函数中注入IConfiguration服务，这将导致在系统中引入AppDbContext都要修改。

在启用延迟加载后，还需要在所有领域模型中的导航属性前添加virtual关键字，以下是Department实体添加virtual关键字后的代码。

```
/// <summary>
    /// 学院
    /// </summary>
    public class Department
    {
        public int DepartmentID{get;set;}
        [Display(Name = "学院名称")]
        [StringLength(50,MinimumLength = 3)]
        public string Name{get;set;}


        [DataType(DataType.Currency)]
        [Column(TypeName = "money")]
        [Display(Name = "预算")]

        public decimal Budget{get;set;}

        [DataType(DataType.Date)]
            [DisplayFormat(DataFormatString = "{0:yyyy-MM-dd}",
ApplyFormatInEditMode = true)]
        [Display(Name = "成立时间")]
        public DateTime StartDate{get;set;}

        [Timestamp]
        public byte[]RowVersion{get;set;}

        [Display(Name = "负责人")]

        public int?TeacherID{get;set;}

        public virtual Teacher Administrator{get;set;}
        public virtual ICollection<Course> Courses{get;set;}
    }
```

如果忘记在某个领域模型上添加virtual关键字，那么当运行项目的时候，读者将收到以下异常提示。

```
An error occurred while starting the application. InvalidOperation
Exception:Navigation property'Course'on entity type'CourseAssignment'is
not virtual. UseLazyLoadingProxies requires all entity types to be public,
unsealed,have virtual navigation properties,and have a public or protected
constructor.
```

这里显示CourseAssignment中的Course导航属性没有virtual属性。

在之前的章节中，读取数据都是通过预加载的形式，如DepartmentsController中的Edit()方法，代码如下。

```
    var model = await _departmentRepository.GetAll().Include(a =>
a.Administrator).AsNoTracking()
            .FirstOrDefaultAsync(a => a.DepartmentID == id);
```

通过预加载启用Include()方法来关联导航属性Administrator，一次性将所有需要的数据都查询出来并加载到内存中，进入调试后可见效果如图38.1所示。

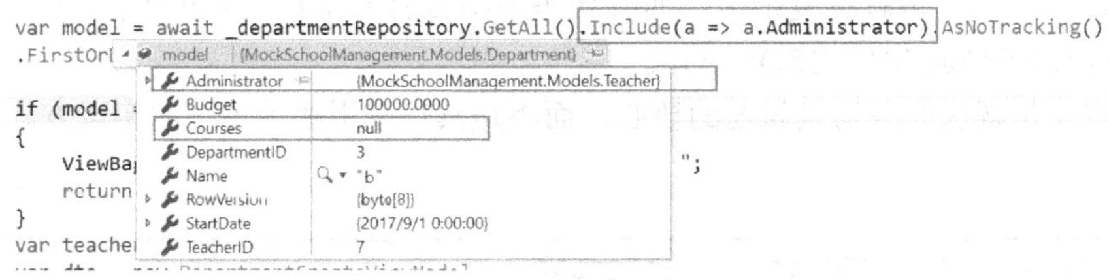

图38.1

而在启用延迟加载后，无须使用Include()方法来预加载数据，同样以Edit()方法举例，代码如下。

```
    var department = await _departmentRepository.FirstOrDefaultAsync(a =>
a.DepartmentID ==id);
```

运行代码后进入调试模式，查看实体的值，如图38.2所示。

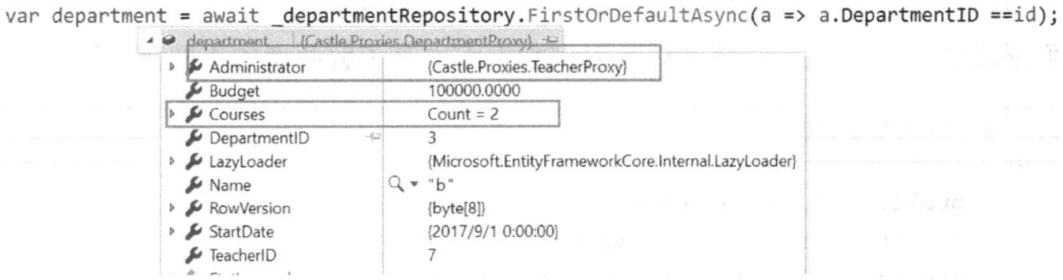

```
var department = await _departmentRepository.FirstOrDefaultAsync(a => a.DepartmentID ==id);
department {Castle.Proxies.DepartmentProxy}
Administrator {Castle.Proxies.TeacherProxy}
Budget 100000.0000
Courses Count = 2
DepartmentID 3
LazyLoader {Microsoft.EntityFrameworkCore.Internal.LazyLoader}
Name "b"
RowVersion {byte[8]}
StartDate {2017/9/1 0:00:00}
TeacherID 7
```

图38.2

我们可以看到即使没有采用预加载的方式来关联导航属性，但是导航属性的值依然都加载到了内存中，这便是延迟加载所带来的效果。

38.1.3 3种加载形式的性能区别

读者如果多加几个断点进行调试，就会发现预加载、显式加载与延迟加载在数据加载时的不同。

- 预加载，首次读取实体时查询相关数据。通常使用Include()和ThenInclude()方法将需要的实体关联在一起，EF Core会将它转换为一条SQL语句，发送到数据库中，因此它通常是单次查询。
- 显式加载，首次读取实体时不会查询相关数据，只有当它需要查询相关数据的时候，才会向数据库发送查询命令，所以通常可能会产生多次查询。

- 延迟加载，读取实体时不会查询相关数据。当首次访问导航属性时，会自动查询导航属性所需的数据。每次访问导航属性的时候都会向数据库发送查询命令。

通过以上对比可以看出，预加载的性能相对较好，因为它是单独查询，但是并不是说只需要预加载就够了。在TeacherService中获取教师有关信息的时候，预加载对应的所有数据生成的SQL语句比较复杂。这还只是几个实体之间的关系，如果有10个实体需要处理，则关联出来的逻辑就很复杂了，而且代码不那么容易维护，甚至可能会导致数据库无法有效处理EF Core生成的SQL语句。

好的思想才是解决业务场景问题的核心，而不是具体采用哪种单一的实现方式。

38.2 Fluent API与数据注释

我们当前在EF Core中均采用1.0版的形式来建立实体，然后通过EF Core映射来生成数据库表。

1.0版这种开发方式是指我们通过建立的类文件，遵循实体框架（EF Core）的约定，当遵循这些约定的时候，EF Core框架会按照约定进行自动运转。但是，如果要自定义我们建立的类，就需要在类中添加一些独特的配置。

EF Core提供了两种方法将这些配置添加到类中。

- 数据注释（DataAnnotations）就是我们当前使用的通过属性名配置实体类。
- Fluent API通过在代码中配置的形式为实体配置方法。

我们通过将一个Blog.cs实体文件映射到数据库中来了解两者的不同，代码如下。

```
public class Blog
  {
      public int Id{get;set;}
      public string Title{get;set;}
      public string BloggerName{get;set;}
  }
```

以上代码会在数据库中生成主键值是Id，名称为Blog的表。

现在根据业务需求进行如下调整。

- 表名为Blogs。
- 主键值为Id。
- Title的列名为BlogTitle，且最大长度为50字节。

采用数据注释配置实体时，需要添加命名空间using System.ComponentModel.Data Annotations，同时修改Blog.cs实体文件，代码如下。

```
using System.ComponentModel.DataAnnotations;
using System.ComponentModel.DataAnnotations.Schema;

namespace MockSchoolManagement.Models.Blogs
{
```

```
    [Table(name:"Blogs")]
    public class Blog
    {
        [Key]
        public int Id{get;set;}
        [Column(TypeName ="BlogTitle")]
        [StringLength(50,MinimumLength = 3)]
        public string Title{get;set;}
        public string BloggerName{get;set;}

    }
}
```

如果采用Fluent API配置实体，则原始的Blog.cs无须进行修改，代码如下。

```
public class Blog
    {
        public int Id{get;set;}
        public string Title{get;set;}
        public string BloggerName{get;set;}
    }
```

我们需要通过扩展ModelBuilderExtensions类中的Seed()方法来配置Blog的实体信息，代码如下。

```
public static class ModelBuilderExtensions
    {
        public static void Seed(this ModelBuilder modelBuilder)
        {
            modelBuilder.Entity<Blog>().ToTable("Blogs").HasKey(a => a.Id);
                modelBuilder.Entity<Blog>().Property(a => a.Title).
HasMaxLength(50).HasColumnName("BlogTitle");

        }
    }
```

可以看出，Fluent API是通过以HasRequired、HasOptional或HasMany开头的方法来指定实体的配置信息，使用Lambda表达式来指定属性内容。

接下来只需要将Blogs实体添加到AppDbContext.cs中，然后生成对应的迁移文件即可。

38.3 Entity Framework Core中的Code First关系映射约定

在本节我们主要学习DataAnnotations与Fluent API两种不同的配置方式，实现在关系型数据库中的不同表之间的关联关系。

- 一对一关联关系，两个类分别包含对方的一个引用属性。如项目中Teacher实体与OfficeLocation实体的关联关系。
- 一对多关联关系，两个类中分别包含一个引用和一个集合属性，也可以是一个类包含另一个类的引用属性或一个类包含另一个类的集合属性。如项目中实体Department与Course文件的关系。
- 多对多关联关系，两个类分别包含对方的一个集合属性。如项目中的Course实体与Student实体，而衍生出的中间实体StudentCourse，与Course实体和Student实体分别形成一对多的关联关系。

接下来我们通过示例来练习上述3种关系。

38.3.1 一对一关联关系

在一对一关联关系中，两个表均有各自的主键，但要看哪个表的主键同时作为外键引用另一个表的主键。示例以Blog类与BlogImage类作为两个具有一对一关联关系的类，其中Blog类包含作为主键的Id，BlogImage类包含作为主键的BlogImageId的属性。

DataAnnotations方式的代码如下。

```
public class Blog
 {
     public int Id{get;set;}
     public string Title{get;set;}
     public string BloggerName{get;set;}
     public virtual BlogImage blogImage{get;set;}
     public virtual List<Post> Posts{get;set;}
 }
public class BlogImage
 {
     public int BlogImageId{get;set;}
     public byte[]Image{get;set;}
     public string Description{get;set;}
     public int BlogId{get;set;}
     public Blog Blog{get;set;}
 }
```

通过以上实体之间的配置，无须进行其他的配置即可得知Blog与BlogImage是一对一关联关系，符合DataAnnotations下生成主键Id的规则、实体名称+Id的形式。同步到数据库中，效果如图38.3所示。

在Fluent API中需要进行以下配置。

```
public void Configure(EntityTypeBuilder<Blog> builder)
       {
           builder.ToTable("Blog");
```

```
            // 主键
            builder.HasKey(t => t.Id);
             builder.Property(a => a.Title).HasMaxLength(70).HasColumnName
("BlogTitle");

 builder.HasOne(a => a.blogImage).WithOne(a => a.Blog).HasForeignKey<BlogImage>(b
=> b.BlogImageId);
        }
```

```
dbo.Blog
  列
    Id (PK, int, not null)
    BlogTitle (nvarchar(70), null)
    BloggerName (nvarchar(max), null)
  键
  约束
  触发器
  索引
  统计信息
dbo.BlogImage
  列
    BlogImageId (PK, int, not null)
    Image (varbinary(max), null)
    Description (nvarchar(max), null)
    BlogId (FK, int, not null)
```

图38.3

请注意，在一对多关联关系中，我们可以指定导航属性的实体。但是在一对一关联关系中，需要显式定义它，因此在配置外键BlogImageId时，我们需要通过HasForeignKey的泛型参数指定依赖实体。

38.3.2　一对多关联关系

建立两个实体文件Blog和Post，将它们添加到Models/BlogManagement文件夹中。

请注意，为了保障内容说明精炼，我忽略了部分步骤，需要读者自行将实体添加到数据库上下文以及生成迁移文件，并更新数据库命令。

1．DataAnnotations方式

Blog.cs类文件的代码如下。

```
public class Blog
    {
        public int Id{get;set;}
        public string Title{get;set;}
        public string BloggerName{get;set;}
        public List<Post> Posts{get;set;}
    }
```

Post.cs类文件的代码如下。

```
public class Post
    {
      public int PostId{get;set;}
        public string Title{get;set;}
        public string Content{get;set;}
        public int BId{get;set;}
        [ForeignKey("BId")]
        public virtual Blog Blog{get;set;}
    }
```

在定义以上两个类之后，不再添加任何的EF Core 1.0与数据库的映射配置，运行生成的数据表，结构如图38.4所示。

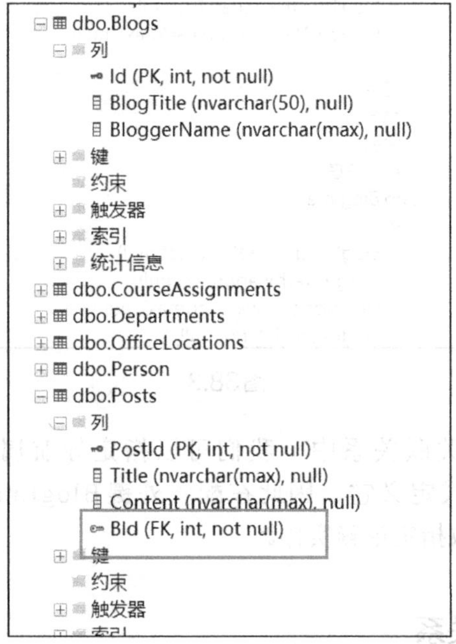

图38.4

通过ForeignKey("BId")属性指定属性BId为Blog实体的外键ID，这样生成的表就不会再生成BlogId的外键。

2. Fluent API方式

Blog.cs类文件的代码如下。

```
public class Blog
    {
        public int Id{get;set;}
        public string Title{get;set;}
        public string BloggerName{get;set;}
        public List<Post> Posts{get;set;}
    }
```

Post.cs类文件的代码如下。

```
public class Post
   {
     public int PostId{get;set;}
       public string Title{get;set;}
       public string Content{get;set;}
       public int BId{get;set;}
       public virtual Blog Blog{get;set;}
   }
```

在AppDbContext中配置实体的关联关系，代码如下。

```
  public class AppDbContext:IdentityDbContext<ApplicationUser>
   {

       public AppDbContext(DbContextOptions<AppDbContext> options)
         :base(options)
       {
       }
```

```
       //其他代码
       public DbSet<Blog> Blogs{get;set;}
       public DbSet<Post> Posts{get;set;}

       protected override void OnModelCreating(ModelBuilder modelBuilder)
       {
        //其他代码

           // Blog与Post之间为一对多关联关系
           modelBuilder.Entity<Post>()
               .HasOne(p => p.Blog)
               .WithMany(b => b.Posts)
               .HasForeignKey(p => p.BId)
               .IsRequired();
       }
   }
```

在AppDbContext.cs的OnModelCreating()方法中，对两个实体类Blog及Post均添加了Fluent API形式的关系配置。

通过Fluent API配置，还可以直接进行实体的删除操作，代码如下。

```
    modelBuilder.Entity<Post>()
                .HasOne(p => p.Blog)
                .WithMany(b => b.Posts)
                .HasForeignKey(p => p.BId)
                .IsRequired()
                .OnDelete(DeleteBehavior.Cascade);
```

可直接配置删除时启用级联删除的操作。

为了更好地维护代码，1.0版的Fluent API配置实体类与表的映射关系还可以将所有的实体类与表的映射关系全部写在一个类中。在Infrastructure/EntityMapper中添加BlogMapper.cs和PostMapper.cs类文件，代码如下。

```
public class PostMapper:IEntityTypeConfiguration<Post>
{
    public void Configure(EntityTypeBuilder<Post> builder)
    {
        // Blog与Post之间为一对多关联关系
        builder.HasOne(p => p.Blog)
            .WithMany(b => b.Posts)
            .HasForeignKey(p => p.BId)
            .IsRequired()
            .OnDelete(DeleteBehavior.Cascade);

        builder.ToTable("Post");
        //设置Title属性的最大长度为50，列名在数据库中显示为Title
builder.Property(a => a.Title).HasMaxLength(50).HasColumnName("Title");
        //设置属性PostId，列名在数据库中显示为Id
        builder.Property(t => t.PostId).HasColumnName("Id");
    }
}
public class BlogMapper:IEntityTypeConfiguration<Blog>
{
    public void Configure(EntityTypeBuilder<Blog> builder)
    {
        builder.ToTable("Blog");
        // 主键
        builder.HasKey(t => t.Id);
        //设置Title属性的最大长度为70，列名在数据库中显示为BlogTitle
            builder.Property(a => a.Title).HasMaxLength(70).
HasColumnName("BlogTitle");
    }
}
```

记得在类文件中引入对应的命令空间Microsoft.EntityFrameworkCore与Microsoft.EntityFrameworkCore.Metadata.Builders，类文件需要继承IEntityTypeConfiguration。在OnModelCreating()方法中配置即可启用。

```
protected override void OnModelCreating(ModelBuilder modelBuilder)
    {
        modelBuilder.ApplyConfiguration(new BlogMapper());
        modelBuilder.ApplyConfiguration(new PostMapper());
        //其他代码
    }
```

生成迁移文件，同步到数据库中。

由图38.5可知，通过Fluent API设置的Blog实体的Title属性在数据库表中为BlogTitle且最大长度为70。同时，Post表中的PostId主键更名为Id，且Title的最大长度为50。

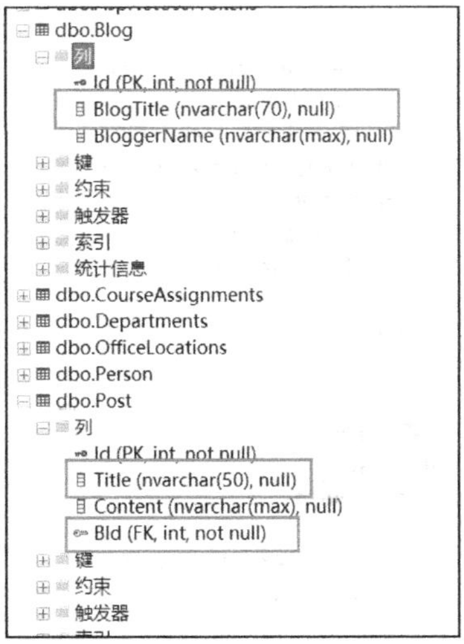

dbo.Blog
列
Id (PK, int, not null)
BlogTitle (nvarchar(70), null)
BloggerName (nvarchar(max), null)
键
约束
触发器
索引
统计信息
dbo.CourseAssignments
dbo.Departments
dbo.OfficeLocations
dbo.Person
dbo.Post
列
Id (PK, int, not null)
Title (nvarchar(50), null)
Content (nvarchar(max), null)
BId (FK, int, not null)
键
约束
触发器

图38.5

38.3.3 多对多关联关系

需要注意的是，在EF Core中配置多对多关联关系，可以直接定义两个集合，然后自动生成一个中间表。在EF Core中目前还需要手动建立中间实体，然后配置两个一对多关联关系。

读者对DataAnnotations的建立方式已经比较熟悉了。如Course与Student实体就是这样建立的。接下来主要了解Fluent API是如何建立多对多关联关系的。我们添加实体StudentCourseMapper.cs，它继承IEntityTypeConfiguration泛型接口配置实体信息，代码如下。

```
    public class StudentCourseMapper:IEntityTypeConfiguration<StudentCourse>
       {
           public void Configure(EntityTypeBuilder<StudentCourse> builder)
           {
               //修改表名为Enrollment，设置StudentCourseId为主键Id
               builder.ToTable("Enrollment").HasKey(a => a.StudentCourseId);

               //StudentCourses关联实体Student，设置外键ID为StudentID
               builder.HasOne(a => a.Student).WithMany(a => a.StudentCourses).
   HasForeignKey(a => a.StudentID);
                builder.HasOne(a => a.Course).WithMany(a => a.StudentCourses).
   HasForeignKey(a => a.CourseID);
           }
       }
```

同步到数据库中，效果如图38.6所示。

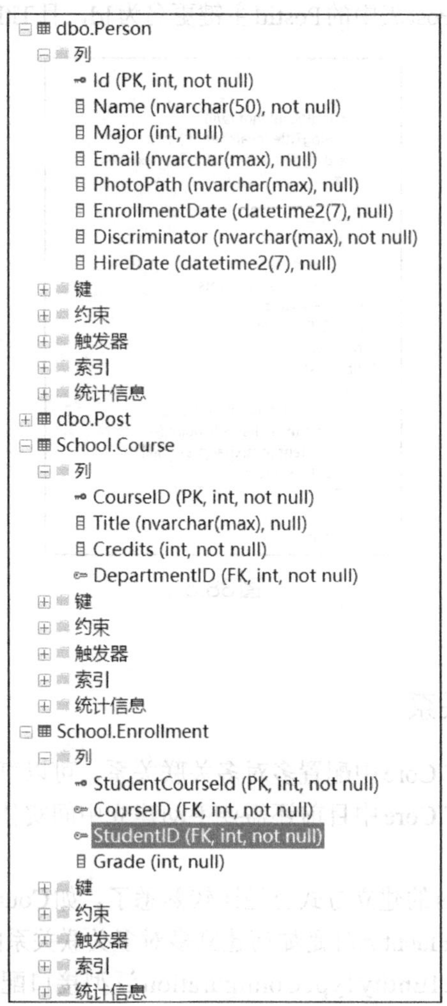

图38.6

38.4　小结

本章涉及3种数据加载方式，其中预加载的使用场景较多，性能较好，但开发起来效率不算高。开发效率较高的是延迟加载，但是正如我们描述的一样，它的性能是三者中较低的。如果是为了快速交付的话，可以采用延迟加载，否则也不推荐读者使用。实体之间的关系映射到数据库中，分别通过DataAnnotations与Fluent API两种方式，它们并没有优劣之分，全凭开发者的喜好和项目需求，我个人推荐采用Fluent API，因为Fluent API提供的功能更多，同时它将实体的配置剥离出来了。我们在维护实体的时候，将职责拆分得更加明细化。

第五部分

第39章 ASP.NET Core中的Web API

本章主要向读者介绍如下内容。

- 什么是ASP.NET Core Web API。
- 如何集成一个可视化的Web API项目。

我们将了解什么是ASP.NET Core Web API以及如何将当前系统集成为一个可视化的Web API项目。本书不是一本专门讲解Web API的书，只是作为基础入门，了解什么是Web API以及它在ASP.NET Core中的使用。

API是一个术语，翻译为“应用程序编程接口”。ASP.NET Core Web API是一个基于Web API的框架，即搭建在ASP.NET Core之上的HTTP服务。Web API的常见用例是构建RESTful服务。以下服务可以被客户端广泛使用。

- 浏览器。
- 移动应用程序。
- 桌面应用程序。
- IoT（物联网）。

39.1 IoT与RESTful服务

IoT代表物联网，物联网设备是拥有IP地址并可以通过网络与其他启用网络的设备和对象进行通信的对象或设备。除了台式计算机、笔记本计算机和智能手机，物联网还包括安全系统、电子设备、恒温器、汽车和智能手表等。

要记住，虽然ASP.NET Core框架被广泛用于创建RESTful服务，但它也可以用于创建非RESTful服务。简而言之，ASP.NET Core框架不规定用于创建服务的任何特定的体系结构样式。

首先了解一下什么是REST。REST指的是一组架构约束条件和原则，满足这些约束条件和原则的应用程序或设计就是RESTful。REST首次出现在Roy Fielding于2000年发表的博士论文中。它是一种架构模式，用于创建使用HTTP作为其基础通信方式的API。REST体系结构模式指定了系统应遵守的一组约束，即REST约束。

RESTful的服务约束

RESTful 约束用于限制服务器端只能遵循这些约束来处理和响应客户端请求，而遵循这些约束服务也可以获取理想的非函数化的属性，比如性能、可伸缩性、简单程度、可变能力、可见度、灵活性和可信度。

如果任何一个服务违背了其中一个原则，则不能被称作RESTful系统。

- 客户端服务器约束：这是第一个约束。客户端发送请求，服务器发送响应。服务器架构背后的原则——关注点分离。通过分离用户界面和数据存储这两个关注点，提高了用户界面跨平台的可能性，通过简化服务器组件提高了其可伸缩性。
- 无状态约束：客户端和服务器之间的通信在请求之间必须是无状态的。这意味着我们不应该在与客户端相关的服务器上存储任何内容。来自客户端的请求应包含服务器处理该请求的所有必要信息。这样可以确保服务器独立处理每个请求。
- 可缓存约束：服务器提供的某些数据（如产品列表或公司的部门列表）不会经常更改。此约束表明，应让客户端知道该数据的有效期为多长时间，这样客户端就不必一次又一次地通过服务器获取该数据了，比如网页缓存。
- 统一接口约束：定义了客户端和服务器之间的接口。要了解统一的接口约束，我们需要了解什么是资源以及HTTP谓词（GET、PUT、POST和DELETE）。在RESTful API的数据库上下文中，资源通常代表数据实体，产品、员工、客户等都是资源。每个请求发送的HTTP谓词（GET、PUT、POST和DELETE）告诉API如何处理资源。每个资源都由特定的URI（统一资源标识符）标识，具体如表39.1所示。

表39.1

资源名称	谓词	结果
/Todo	GET	获取待办事项的列表
/Todo/1	GET	通过Id=1获取待办事项信息
/Todo	POST	添加一个新待办事项信息
/Todo/1	PUT	修改Id = 1的待办事项信息
/Todo/1	DELETE	删除Id = 1的待办事项信息

39.2 添加Web API服务

我们通过创建一个待办事项的Web API案例来实现基于TodoItem的增删改查。在Models中添加TodoItem.cs类文件，代码如下。

```
public class TodoItem
    {
        [Key]
```

```
        public long Id{get;set;}

        public string Name{get;set;}
        public bool IsComplete{get;set;}
    }
```

将实体TodoItem添加到数据库上下文中，代码如下。

```
    public class AppDbContext:IdentityDbContext<ApplicationUser>
    {
        //注意：将ApplicationUser作为泛型参数传递给IdentityDbContext类

        public AppDbContext(DbContextOptions<AppDbContext> options)
          :base(options)
        {
        }
//其他代码
        public DbSet<TodoItem> TodoItems{get;set;}
        //其他代码
    }
```

在程序包管理控制台（PMC）中生成迁移文件add-migration AddtodoItemEntity，执行Update-Database命令生成数据库。

创建TodoController.cs文件，代码如下。

```
    [AllowAnonymous]
    [ApiController]
    [Route("[controller]")]
    public class TodoController:ControllerBase
    {
        //注入仓储服务，TodoItem的主键Id为long类型，仓储服务参数也需要对应一致
        private readonly IRepository<TodoItem,long> _todoItemRepository;

        public TodoController(IRepository<TodoItem,long> todoRepository)
        {
            this._todoItemRepository = todoRepository;
        }

        // GET:api/Todo
        [HttpGet]
        public async Task<ActionResult<List<TodoItem>>> GetTodo()
        {       //获取所有的待办事项列表
            var models = await _todoItemRepository.GetAllListAsync();
            return models;
        }
```

```
        #region根据Id获取待办事项

        // GET:api/Todo/5
        [HttpGet("{id}")]
        public async Task<ActionResult<TodoItem>> GetTodoItem(long id)
        {
            var todoItem = await _todoItemRepository.FirstOrDefaultAsync(a
=> a.Id == id);

            if(todoItem == null)
            {   //返回404状态码
                return NotFound();
            }

            return todoItem;
        }

        #endregion根据Id获取待办事项

        #region更新待办事项

        // PUT:api/Todo/5
        [HttpPut("{id}")]
        public async Task<IActionResult> PutTodoItem(long id,TodoItem
todoItem)
        {
            if(id!= todoItem.Id)
            {
                return BadRequest();
            }

            await _todoItemRepository.UpdateAsync(todoItem);

            //返回状态码204
            return NoContent();
        }

        #endregion更新待办事项

        #region添加待办事项

        // POST:api/Todo
        [HttpPost]
        public async Task<ActionResult<TodoItem>> PostTodoItem(TodoItem
todoItem)
        {
            await _todoItemRepository.InsertAsync(todoItem);
            //创建一个reatedAtActionResult对象，它生成一个状态码为Status201
            //Created的响应
            return CreatedAtAction(nameof(GetTodoItem),new{id = todoItem.
Id},todoItem);
```

```
        }

        #endregion添加待办事项

        #region删除指定Id的待办事项

        // DELETE:api/Todo/5
        [HttpDelete("{id}")]
        public async Task<ActionResult<TodoItem>> DeleteTodoItem(long id)
        {
             var todoItem = await _todoItemRepository.FirstOrDefaultAsync(a
=> a.Id == id);
            if(todoItem == null)
            {
                return NotFound();
            }
            await _todoItemRepository.DeleteAsync(todoItem);
            return todoItem;
        }

        #endregion删除指定Id的待办事项
    }
```

TodoController的代码如下。

```
    [AllowAnonymous]
    [ApiController]
    [Route("[controller]")]
public class TodoController:ControllerBase
```

- TodoController继承ControllerBase，而不是Controller，因为Controller同样是继承ControllerBase。而Controller已经添加了对视图的支持，Web API服务不需要处理视图，因此继承ControllerBase即可。如果某个服务既要满足视图，又要满足Web API，那么推荐继承Controller。
- 因为我们在Startup中添加了全局的授权验证，所以AllowAnonymous添加允许匿名访问的属性，便于我们了解控制器。
- ApiController属性应用在Controller类上，帮助我们开启属性路由。

当模型验证失败的时候会自动触发HTTP 400响应，因此无须使用ModelState.IsValid进行校验。ApiController还提供以下功能。

  - 完成绑定源参数的自动推理，即自动适配属性FromBody、FromForm、FromHeader、FromQuery、FromRoute和FromServices。
  - Multipart/form-data，即将所有数据通过表单提交，同时还可以满足文件上传的需求，它会将文件转换为二进制处理。
  - 将错误状态码返回的详细信息反馈到客户端中。

- Route("[controller]")指定类文件可按照控制器的形式进行URL访问，如/Todo，不需要输入完整的名称TodoController。

39.3 安装Postman并调试Web API服务

Postman是一款功能强大的网页调试与发送网页HTTP请求的Chrome插件。

- 用户在开发或者调试网络程序（或网页B/S模式的程序）的时候，需要采用一些方法来跟踪网页请求，用户可以使用一些网络的调试工具（如Firebug等）。这里介绍的网页调试工具不仅可以调试CSS、HTML和JavaScript脚本等简单的网页基本信息，还可以发送几乎所有类型的HTTP请求。Postman在发送网络HTTP请求方面可以说是Chrome插件类的代表产品之一。

访问Postman官网，在图39.1所示的页面进行下载。

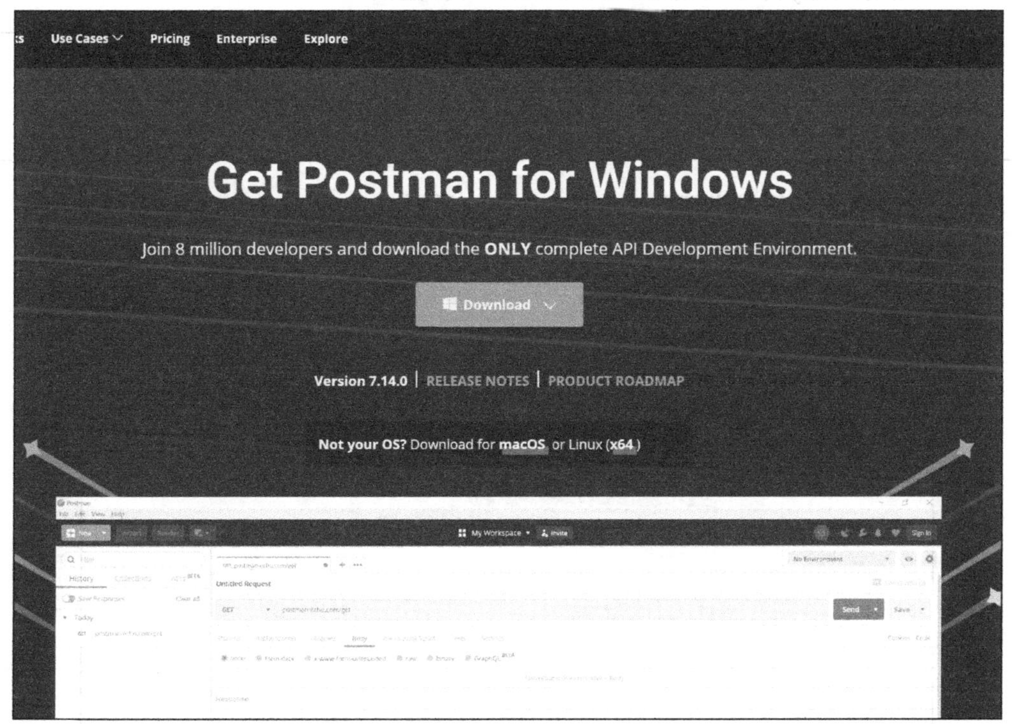

图39.1

39.3.1 测试POST请求

运行项目后，通过Postman测试添加的待办事项功能，代码如下。

```
            [HttpPost]
            public async Task<ActionResult<TodoItem>> PostTodoItem(TodoItem
todoItem)
        {
            await _todoItemRepository.InsertAsync(todoItem);

            //创建一个reatedAtActionResult对象，它生成一个状态码为Status201
            //Created的响应
```

```
                    return CreatedAtAction(nameof(GetTodoItem),new{id = todoItem.
    Id},todoItem);
            }
```

打开创建新请求，进行如下操作。

- 在地址栏中输入http://localhost:13380/Todo。
- 将HTTP请求设置为POST。
- 选择**Body**选项卡。
- 选择**raw**单选按钮。
- 将类型设置为JSON(application/json)。
- 在请求**Body**时输入TotoItem的JSON，代码如下。

```
{
  "name":"吃早饭",
  "isComplete":true
}
```

- 单击**Send**按钮发送请求，结果如图39.2所示。

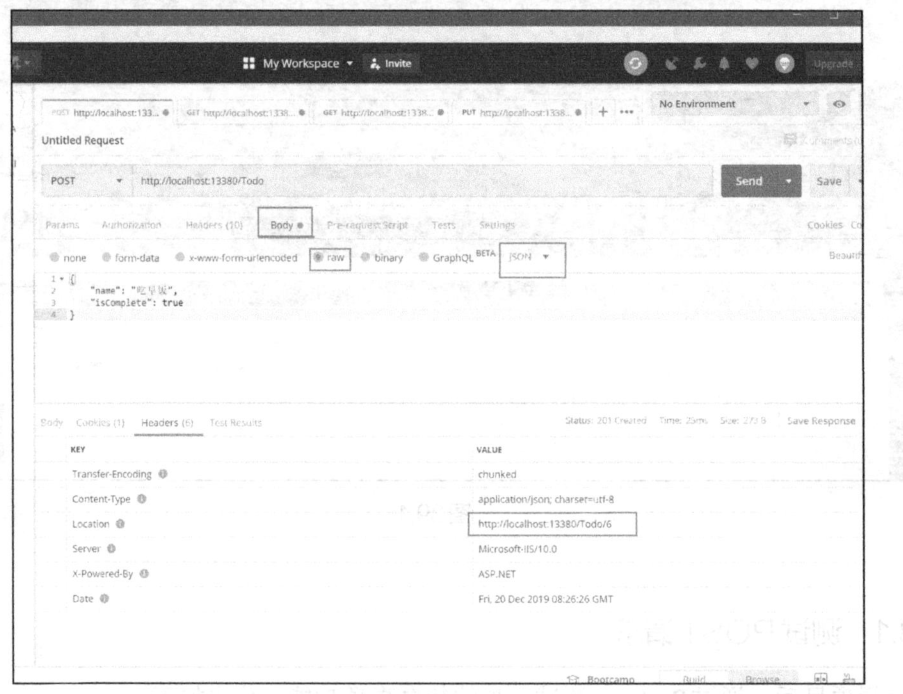

图39.2

在图39.2所示页面下方的Save Response窗格中，Status的值为201，Created代表添加信息成功。

39.3.2 测试GET请求

接下来我们测试GET请求下的两个方法，代码如下。

```
        // GET:api/Todo
        [HttpGet]
        public async Task<ActionResult<List<TodoItem>>> GetTodo()
        {       //获取所有的待办事项列表
            var models = await _todoItemRepository.GetAllListAsync();
            return models;
        }
        // GET:api/Todo/5
        [HttpGet("{id}")]
        public async Task<ActionResult<TodoItem>> GetTodoItem(long id)
        {
            var todoItem = await _todoItemRepository.FirstOrDefaultAsync(a
=> a.Id == id);

            if(todoItem == null)
            {   //返回404状态码
                return NotFound();
            }
            return todoItem;
        }
```

选择**Headers**选项卡，找到Location中的值http://localhost:13380/Todo/6，6代表待办事项的主键Id为6。

现在复制该值，然后新建一个选项卡，地址栏粘贴http://localhost:13380/Todo/6，将HTTP请求设置为GET。

单击**Send**按钮发送请求，结果如图39.3所示。

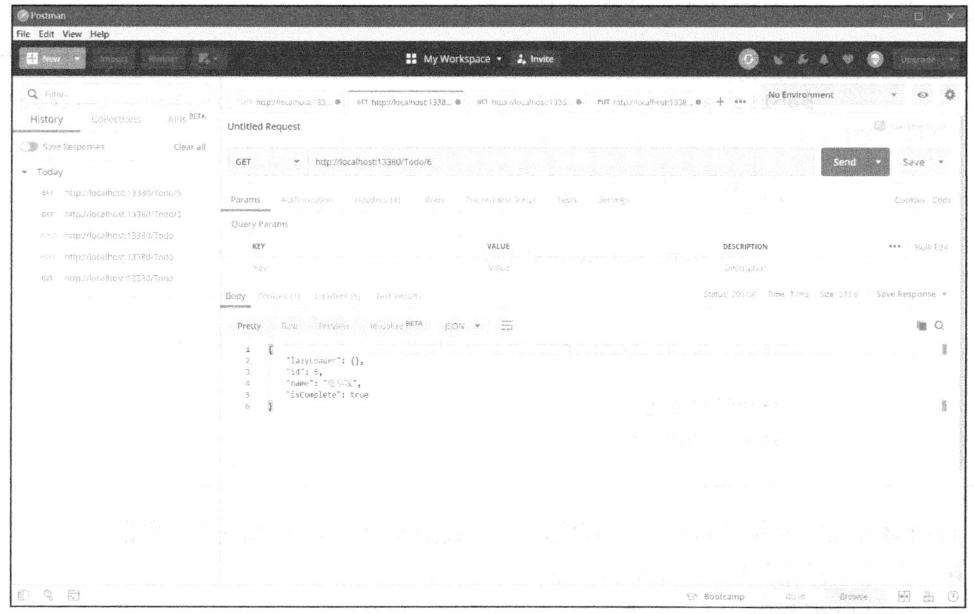

图39.3

可以得到主键Id为6的待办事项的信息。

将地址栏的URL修改为http://localhost:13380/Todo，然后单击**Send**按钮发送请求，结果如图39.4所示。

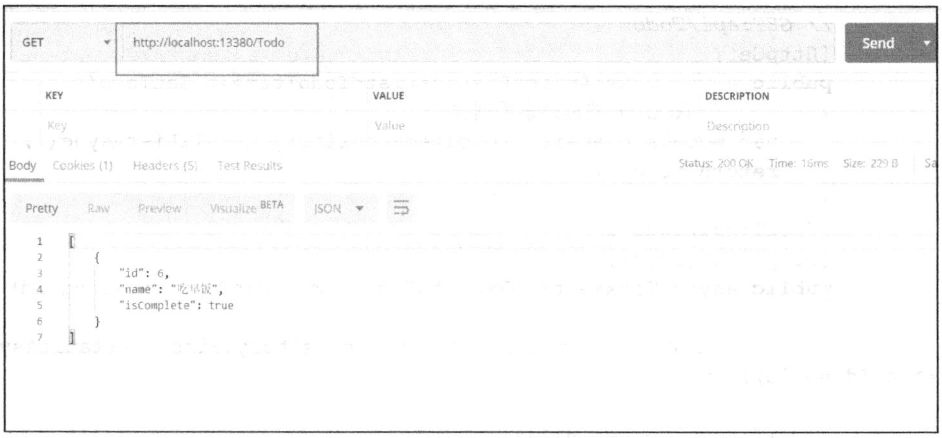

GET http://localhost:13380/Todo Send

KEY VALUE DESCRIPTION

Key Value Description

Body Cookies (1) Headers (5) Test Results Status: 200 OK Time: 16ms Size: 229 B

Pretty Raw Preview Visualize BETA JSON

```
[
    {
        "id": 6,
        "name": "吃早饭",
        "isComplete": true
    }
]
```

图39.4

通过以上测试可知以下两点。

- http://localhost:13380/Todo/6访问的是TodoController中的GetTodoItem(long Id)方法。
- http://localhost:13380/Todo访问的是TodoController中的GetTodo()方法。

39.3.3 测试PutTodoItem()方法

TodoController中的PutTodoItem()方法用于修改待办事项的功能，方法属性HttpPut("{id}")表示仅接受PUT请求，代码如下。

```
[HttpPut("{id}")]
        public async Task<IActionResult> PutTodoItem(long id,TodoItem todoItem)
        {
            if(id!= todoItem.Id)
            {
                return BadRequest();
            }

            await _todoItemRepository.UpdateAsync(todoItem);

            //返回状态码204
            return NoContent();
        }
```

调用该方法需要保证数据库中有值，目前数据库有一条刚刚添加的数据。

- 在地址栏输入http://localhost:13380/Todo/6。
- 将HTTP请求设置为PUT。
- 选择**Body**选项卡。
- 选择**raw**单选按钮。
- 将类型设置为JSON(application/json)。
- 在请求**Body**时，输入TotoItem的JSON，代码如下。

```
{
  "id":6,
  "name":"吃晚餐",
  "isComplete":true
}
```

● 单击**Send**按钮发送请求，结果如图39.5所示。

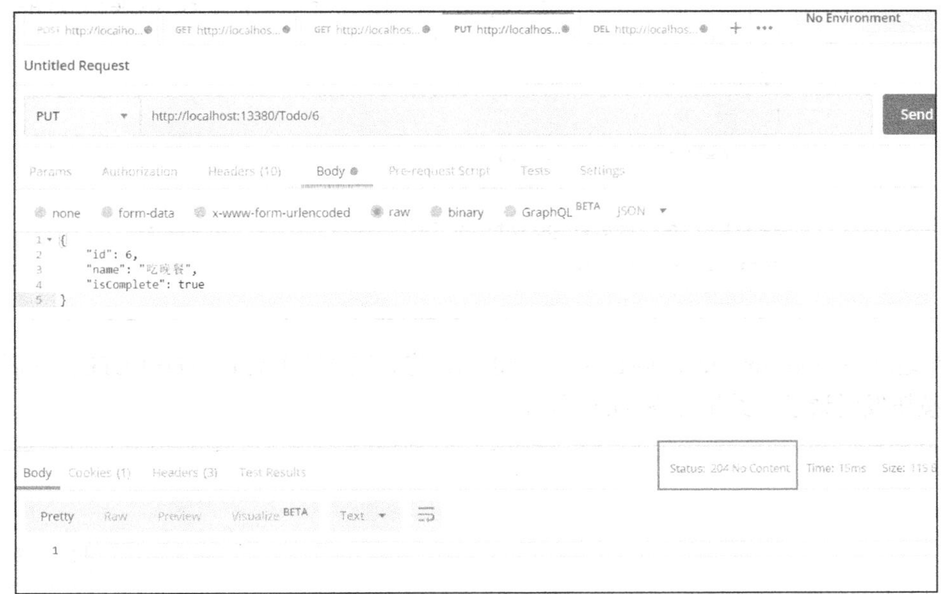

图39.5

返回值204 No Content是在PutTodoItem()方法中定义好的，表示已经执行成功。当然，读者也可以通过发送GET请求的http://localhost:13380/Todo确认结果，如图39.6所示。

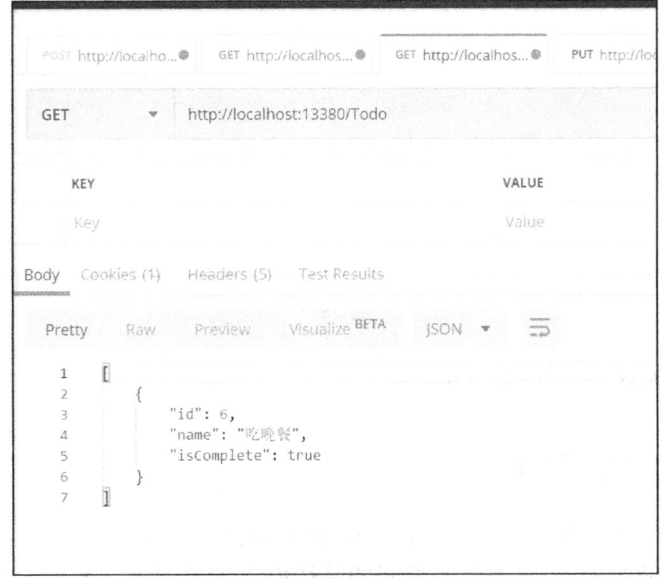

图39.6

39.3.4 测试DeleteTodoItem()方法

DeleteTodoItem()方法的代码如下。

```
        [HttpDelete("{id}")]
        public async Task<ActionResult<TodoItem>> DeleteTodoItem(long id)
        {
            var todoItem = await _todoItemRepository.FirstOrDefaultAsync(a
=> a.Id == id);
            if(todoItem == null)
            {
                return NotFound();
            }
            await _todoItemRepository.DeleteAsync(todoItem);
            return todoItem;
        }
```

在地址栏粘贴http://localhost:13380/Todo/6，将HTTP请求设置为DELETE。最后单击**Send**按钮发送请求，结果如图39.7所示。

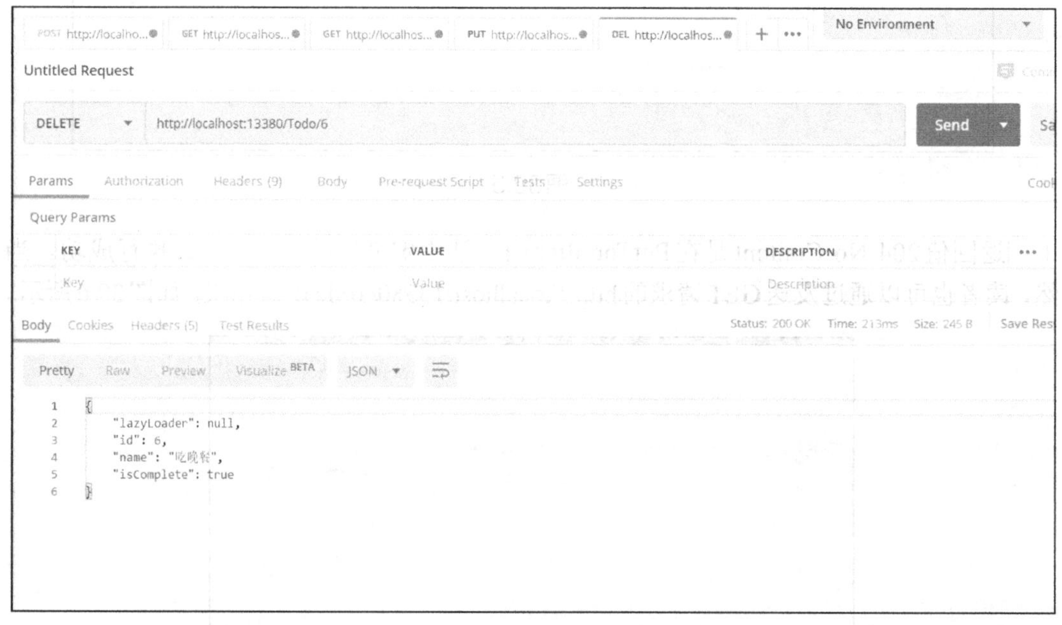

图39.7

返回值200OK表示已经执行成功。

39.3.5 404和400异常

在Postman工具中发送GET请求的http://localhost:13380/Todo，此时调用的是TodoController中的GetTodo()方法，返回的是待办事项的列表。而如果输入完整的URL，即http://localhost:13380/Todo/GetTodo请求，则返回400错误，如图39.8所示。

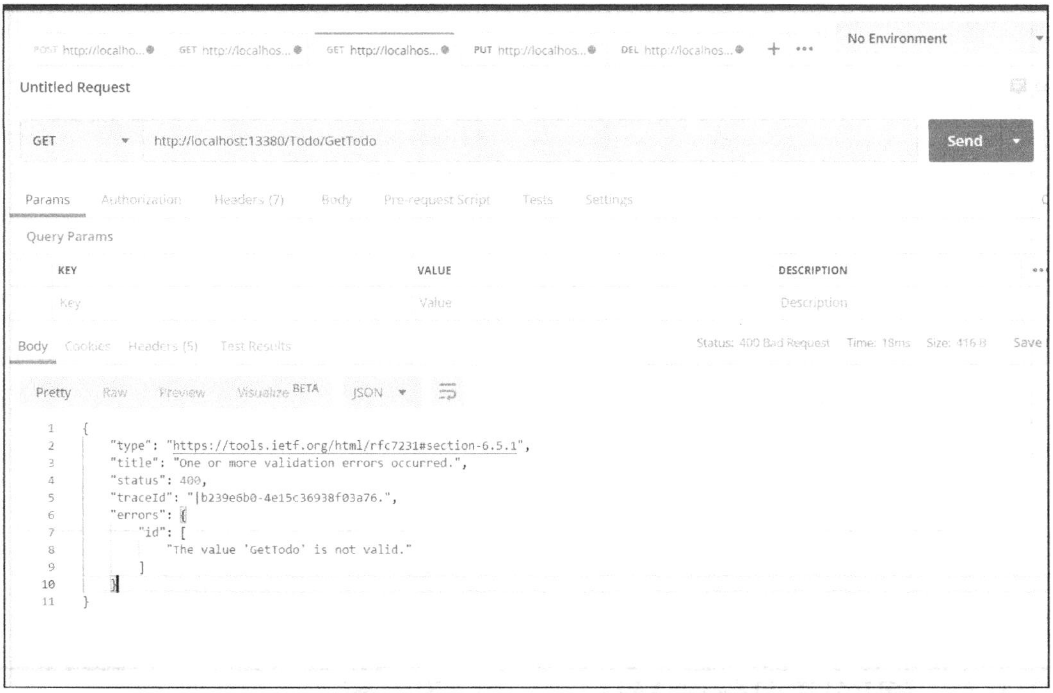

图39.8

错误信息如下。

```
{
  "type":"https://tools.ietf.org/html/rfc7231#section-6.5.1",
  "title":"One or more validation errors occurred.",
  "status":400,
  "traceId":"|b239e6b0-4e15c36938f03a76.",
  "errors":{
    "id":["The value ‘GetTodo’ is not valid."]
  }
}
```

从以上信息得知请求接口发出的GetTodo被作为参数而不是方法名称处理，这是因为我们定义的属性路由值Route("[controller]")仅接收控制器名称，而不接受方法名称，仅通过不同的HTTP请求谓词来调用方法返回不同的结果。

同样，当我们在Postman工具中发送GET类型请求的http://localhost:13380/Todo/6时，单击**Send**按钮发送请求，得到的返回值为404，结果如图39.9所示。

虽然得到的结果返回值是404，表示当前数据已不存在，但是这里数据验证是通过了的，证明接口是正常的。

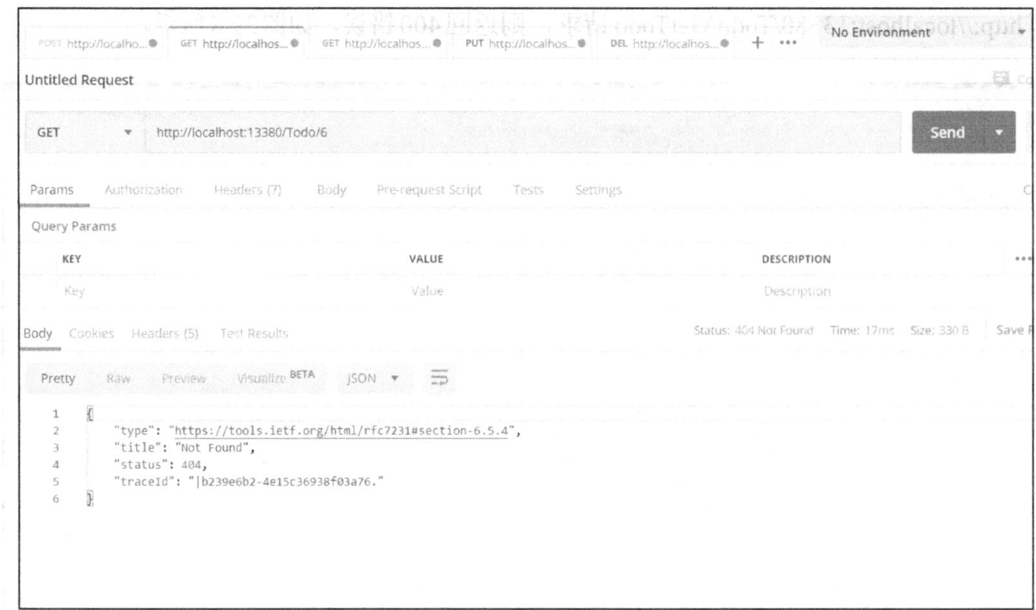

图39.9

39.4 图形可视化的Web API帮助页

读者可能会产生一个疑问，当前TodoController中的Web API只有4个，但是如果添加的API方法多达50个，那么这些API怎么维护？如果手动记录，那将是一场“灾难”，接下来我们要解决这个问题。

39.4.1 Swagger/OpenAPI

Swagger是一个与语言无关的规范，用于描述RESTful API。Swagger项目已捐赠给OpenAPI计划，现在它被称为OpenAPI。接下来在我们的系统中将集成Swagger。Swagger也称为OpenAPI，它是一个强大的开源工具，我们通过Swagger会生成Web API的交付式的文档，还可以对接口进行调试。

在ASP.NET Core中不需要自己动手编写代码去解析OpenAPI的规范和协议，这是因为已经有开源社区的贡献者实现了这些功能，将这些API转换显示到对应的图形可视化界面上。

Swashbuckle.AspNetCore便是这样一个开源项目，可以帮助我们生成ASP.NET Core Web API的Swagger交付式文档。

我们只需要去调用它即可。接下来我们会在系统中引入Swashbuckle.AspNetCore包。

39.4.2 Swashbuckle.AspNetCore入门

Swashbuckle.AspNetCore有如下3个主要组件。

- Swashbuckle.AspNetCore.Swagger：将Swagger对象模型和中间件转换为

SwaggerDocument对象，然后作为公开JSON。

- Swashbuckle.AspNetCore.SwaggerGen：是一个Swagger生成器，可以将SwaggerDocument从路由、控制器和模型中直接生成对象。它通常与Swagger中间件结合，以生成自动公开的Swagger JSON。
- Swashbuckle.AspNetCore.SwaggerUI：它是一个嵌入式的多版本Swagger UI工具。它可以解析Swagger JSON来构建丰富的、可定制的界面，以呈现Web API功能。它还包含一些内置的公共方法测试工具。

Swashbuckle.AspNetCore在GitHub上完整开源，读者可以导航到项目中查看ReadMe文件，如图39.10所示。

Compatibility

Swashbuckle Version	ASP.NET Core	Swagger / OpenAPI Spec.	swagger-ui	ReDoc UI
master	>= 2.0.0	2.0, 3.0	3.24.0	2.0.0-rc.14
5.0.0-rc5	>= 2.0.0	2.0, 3.0	3.24.0	2.0.0-rc.14
4.0.0	>= 2.0.0, < 3.0.0	2.0	3.19.5	1.22.2
3.0.0	>= 1.0.4, < 3.0.0	2.0	3.17.1	1.20.0
2.5.0	>= 1.0.4, < 3.0.0	2.0	3.16.0	1.20.0

图39.10

从图39.10中可以得知，Swashbuckle.AspNetCore 4.0的版本仅支持ASP.NET Core 2.0到3.0的版本，而从Swashbuckle.AspNetCore 5.0的版本开始支持ASP.NET Core 2.0及以上的版本，因此我们安装5.0版本到项目中。

安装方式如下。

- 打开**MockSchoolManagement**解决方案。
- 右击**管理NuGet程序包**对话框。
- 将**包源**设置为NuGet .org。
- 确保启用**包括预发行版**选项。
- 在搜索文本框中输入Swashbuckle.AspNetCore。
- 从**浏览**选项卡中选择最新的Swashbuckle.AspNetCore包，然后单击**安装**。

39.4.3 添加并配置Swagger中间件

将SwaggerGen()中间件添加到Startup文件中的ConfigureServices()方法，代码如下。

```
public void ConfigureServices(IServiceCollection services)
{
    //其他代码

    // 注册Swagger生成器，定义一个或多个Swagger文件
          services.AddSwaggerGen(c =>
               {
```

```
                         c.SwaggerDoc("v1",new OpenApiInfo{Title =
"MockSchoolManagement API",Version = "v1" });
            });
    }
```

在Configure()方法中启用中间件，为生成的JSON文件和Swagger UI提供服务，代码如下。

```
    public void Configure(IApplicationBuilder app)
    {



            // 启用中间件Swagger()
            app.UseSwagger();

            //启用中间件Swagger()的UI服务，它需要与Swagger()配置在一起
            app.UseSwaggerUI(c =>
            {
                         c.SwaggerEndpoint("/swagger/v1/swagger.json",
"MockSchoolManagement API V1");
            });
            //添加身份验证中间件
            app.UseAuthentication();
            app.UseRouting();
            //添加授权中间件
            app.UseAuthorization();
            app.UseEndpoints(endpoints =>
            {
                endpoints.MapControllerRoute(
                    name:"default",
                    pattern:"{controller=Home}/{action=Index}/{id?}");
            });
    }
```

注意，因为Swagger UI中使用了HTML、JavaScript和CSS等静态文件，所以需要将其放在中间件UseStaticFiles()之后，请注意加载顺序。

39.4.4　获取swagger.json失败

运行项目，导航到http://localhost:13380/swagger/index.html，如图39.11所示，提示获取swagger.json失败。

通过路径直接拼接URL，访问http://localhost:13380/swagger/v1/swagger.json，如图39.12所示。

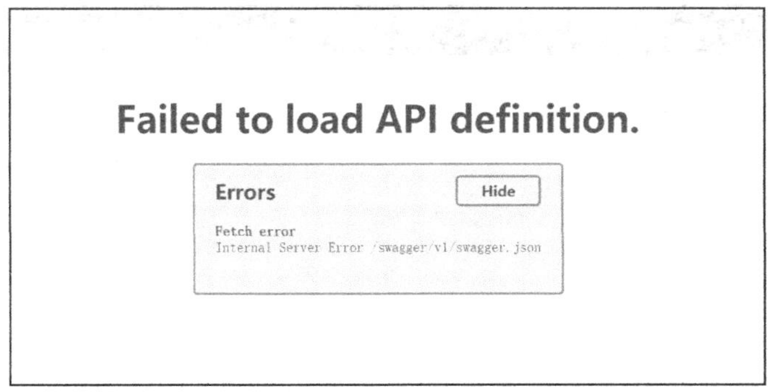

图39.11

An unhandled exception occurred while processing the request.

NotSupportedException: Ambiguous HTTP method for action - MockSchoolManagement.Controllers.ErrorController.HttpStatusCodeHandler (MockSchoolManagement). Actions requir an explicit HttpMethod binding for Swagger/OpenAPI 3.0

Swashbuckle.AspNetCore.SwaggerGen.SwaggerGenerator.GenerateOperations(IEnumerable<ApiDescription> apiDescriptions, SchemaRepository schemaRepository

Stack Query Cookies Headers Routing

NotSupportedException: Ambiguous HTTP method for action - MockSchoolManagement.Controllers.ErrorController.HttpStatusCodeHandler (MockSchoolManagement). Actions require an explicit HttpMethod binding for Swagger/OpenAPI 3.0

Swashbuckle.AspNetCore.SwaggerGen.SwaggerGenerator.GenerateOperations(IEnumerable<ApiDescription> apiDescriptions, SchemaRepository schemaRepository)

Swashbuckle.AspNetCore.SwaggerGen.SwaggerGenerator.GeneratePaths(IEnumerable<ApiDescription> apiDescriptions, SchemaRepository schemaRepository)

Swashbuckle.AspNetCore.SwaggerGen.SwaggerGenerator.GetSwagger(string documentName, string host, string basePath)

Swashbuckle.AspNetCore.Swagger.SwaggerMiddleware.Invoke(HttpContext httpContext, ISwaggerProvider swaggerProvider)

Microsoft.AspNetCore.Diagnostics.DeveloperExceptionPageMiddleware.Invoke(HttpContext context)

图39.12

错误提示ErrorController中的HttpStatusCodeHandler()方法异常，需要显式指定HTTP请求方式，即指定它是处理GET请求还是POST请求的。

要解决这个异常，打开ErrorController中的HttpStatusCodeHandler()方法，删除使用的属性Route("Error/{statusCode}")即可。

重新编译并运行项目，导航到http://localhost:13380/swagger，可以看见Swagger UI的交付式文档已经正常运行了，如图39.13所示。

虽然Swagger UI页面能正常加载与运行了，但是读者可能会产生一个疑问，为什么刚刚会触发如图39.12的异常。这是因为Swashbuckle.AspNetCore会扫描标记有Route属性的类和控制器，将这些控制器都转换为API，如果我们不想删除HttpStatusCodeHandler()方法上的属性，则可以在属性Route下指定它为HttpGet的属性，代码如下。

```
[Route("Error/{statusCode}")]
[HttpGet]
 public IActionResult HttpStatusCodeHandler(int statusCode)
        {
            //其他代码
        }
```

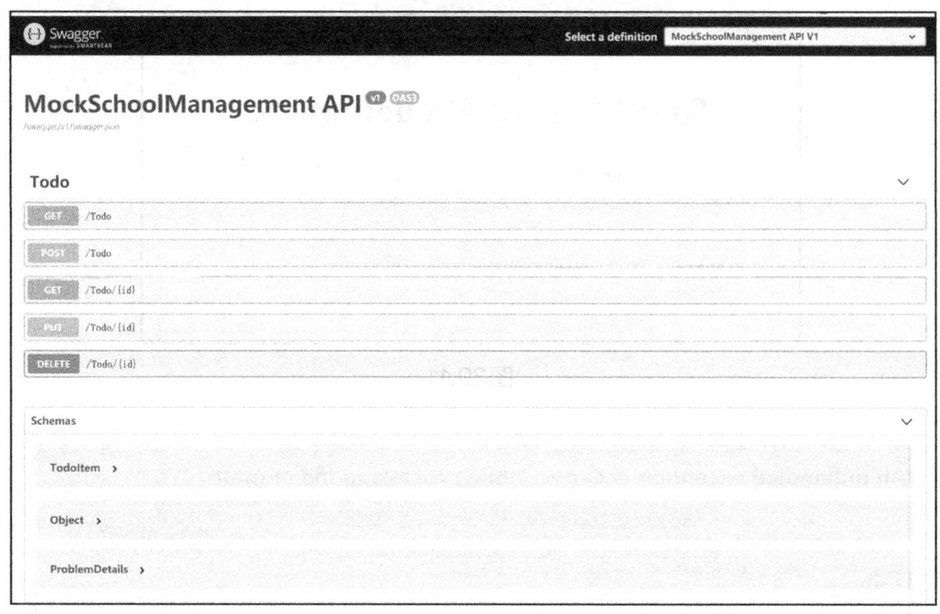

图39.13

重新运行项目后，如图39.14所示，HttpStatusCodeHandler()方法会被作为Web API处理显示到页面上。

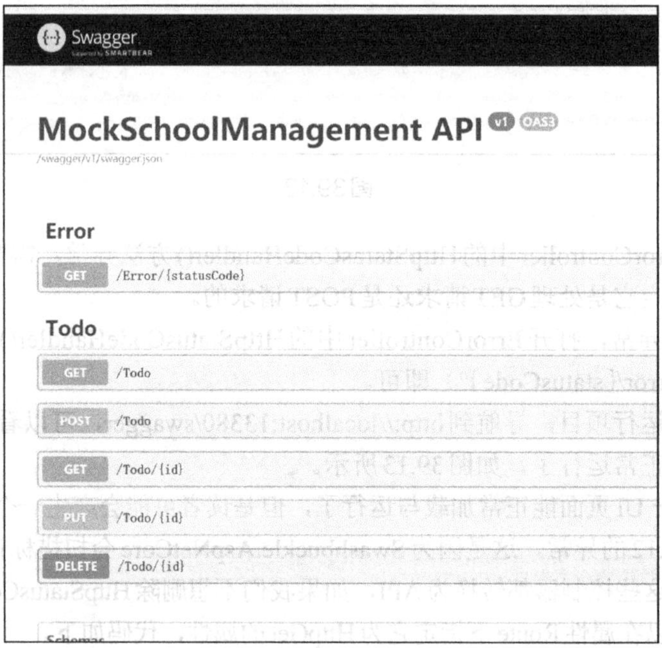

图39.14

39.4.5 调试Swagger UI

Swagger UI提供了基于Web的界面，它是根据Swagger规范swagger.json生成的，通过界面提供有关服务的信息。

修改TodoController类文件中的Route属性，代码如下。

```
    [AllowAnonymous]
    [Route("api/[controller]/[action]")]
    [ApiController]
    public class TodoController:ControllerBase{}
```

通过地址栏访问http://localhost:13380/swagger/index.html，可以直接通过Swagger UI进行页面内容的调试，如图39.15所示。

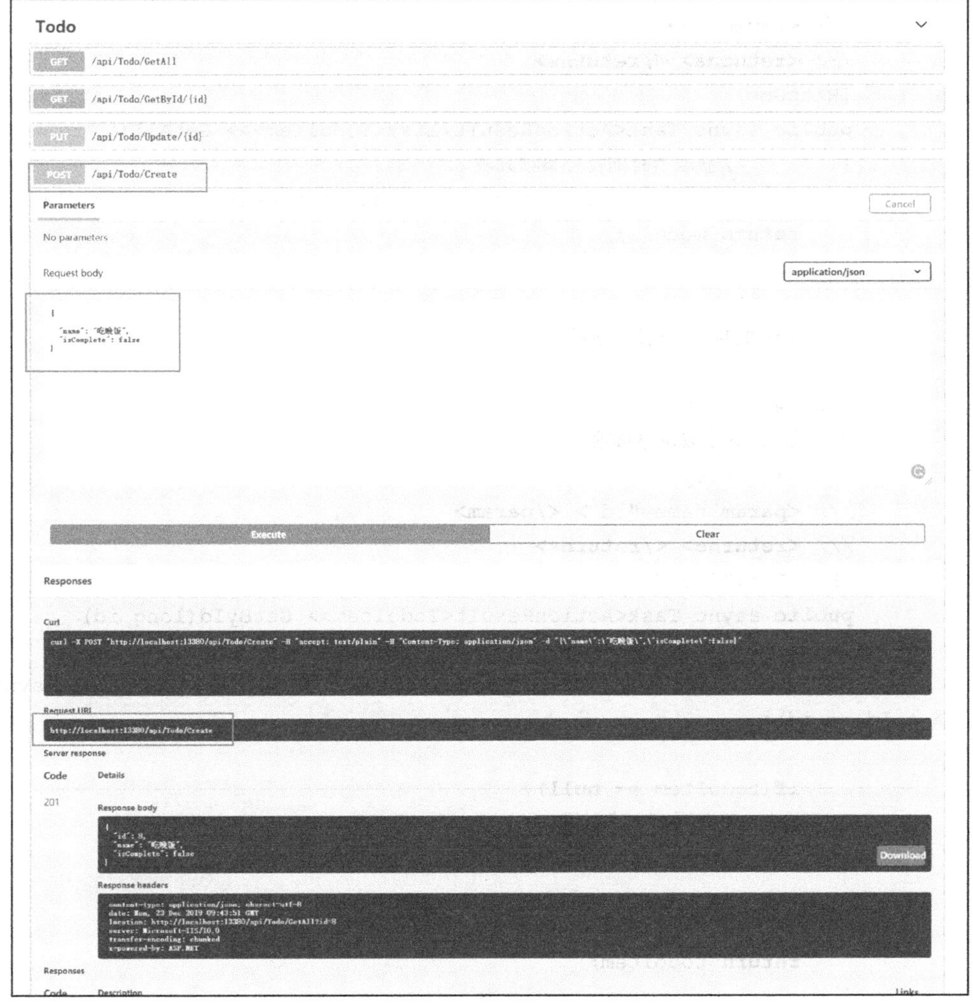

图39.15

同时，对TodoController中的方法也进行了规范性的调整，代码如下。

```
  [AllowAnonymous]
    [Route("api/[controller]/[action]")]
    [ApiController]
    public class TodoController:ControllerBase
```

```
    {
        //注入仓储服务，因TodoItem的主键Id为long类型，仓储服务参数也需要对应一致
        private readonly IRepository<TodoItem,long> _todoItemRepository;

        public TodoController(IRepository<TodoItem,long> todoRepository)
        {
            this._todoItemRepository = todoRepository;
        }

        /// <summary>
        /// 获取所有待办事项
        /// </summary>
        /// <returns> </returns>
        [HttpGet]
        public async Task<ActionResult<List<TodoItem>>> GetAll()
        {       //获取所有的待办事项列表
            var models = await _todoItemRepository.GetAllListAsync();
            return models;
        }

        #region 根据Id获取待办事项

        /// <summary>
        /// 通过Id获取待办事项
        /// </summary>
        /// <param name="id"> </param>
        /// <returns> </returns>
        [HttpGet("{id}")]
        public async Task<ActionResult<TodoItem>> GetById(long id)
        {
             var todoItem = await _todoItemRepository.FirstOrDefaultAsync(a
=> a.Id == id);

            if(todoItem == null)
            {   //返回404状态码
                return NotFound();
            }

            return todoItem;
        }

        #endregion 根据Id获取待办事项

        #region 更新待办事项

        /// <summary>
        /// 更新待办事项
```

```
        /// </summary>
        /// <param name="id"> </param>
        /// <param name="todoItem"> </param>
        /// <returns> </returns>
        [HttpPut("{id}")]
        public async Task<IActionResult> Update(long id,TodoItem todoItem)
        {
            if(id!= todoItem.Id)
            {
                return BadRequest();
            }

            await _todoItemRepository.UpdateAsync(todoItem);

            //返回状态码204
            return NoContent();
        }

        #endregion更新待办事项

        #region添加待办事项

        /// <summary>
        /// 添加待办事项
        /// </summary>
        /// <param name="todoItem"> </param>
        /// <returns> </returns>
        [HttpPost]
        [ProducesResponseType(StatusCodes.Status201Created)]
        [ProducesResponseType(StatusCodes.Status400BadRequest)]
        public async Task<ActionResult<TodoItem>> Create(TodoItem todoItem)
        {
            await _todoItemRepository.InsertAsync(todoItem);

            //创建一个reatedAtActionResult对象，它生成一个状态码为Status201
            //Created的响应
              return CreatedAtAction(nameof(GetAll),new{id = todoItem.Id},
    todoItem);
        }

        #endregion添加待办事项

        #region删除指定Id的待办事项

        /// <summary>
        /// 删除指定Id的待办事项
        /// </summary>
```

```
        /// <param name="id"> </param>
        /// <returns> </returns>
        [HttpDelete("{id}")]
        public async Task<ActionResult<TodoItem>> Delete(long id)
        {
             var todoItem = await _todoItemRepository.FirstOrDefaultAsync(a
    => a.Id == id);
            if(todoItem == null)
            {
                return NotFound();
            }
            await _todoItemRepository.DeleteAsync(todoItem);
            return todoItem;
        }

        #endregion删除指定Id的待办事项
    }
```

请求规则也调整为**API/控制器名称/方法名**，这种更加具有辨识度的方式便于维护和调试。这样，我们就可以脱离Postman工具，直接在Swagger UI上进行接口的测试。

39.4.6 调用SwaggerGen API

找到Startup文件中的ConfigureServices()方法，修改services.AddSwaggerGen()，代码如下。

```
    services.AddSwaggerGen(c =>
            {
                c.SwaggerDoc("v1",new OpenApiInfo
                {
                    Title = "MockSchoolManagement API",
                     Description = "为MockSchoolManagement系统，添加一个简单的
ASP.NET Core Web API示例，由52ABP出品。",
                    Version = "v1",
                    TermsOfService = new Uri("https://sc.52abp.com"),
                    Contact = new OpenApiContact
                    {
                        Name = "梁桐铭",
                        Email = "ltm@ddxc.org",
                        Url = new Uri("https://github.com/ltm0203/"),
                    },
                    License = new OpenApiLicense
                    {
                        Name = "Apache License 2.0",
                            Url = new Uri("https://github.com/yoyomooc/asp.
net-core--for-beginner/blob/master/LICENSE"),
                    }
                });
            });
```

运行项目，从图39.16中可以看到，通过SwaggerGen提供的API，我们将MockSchool Management API的信息显示功能增强，可以通过它进行维护。

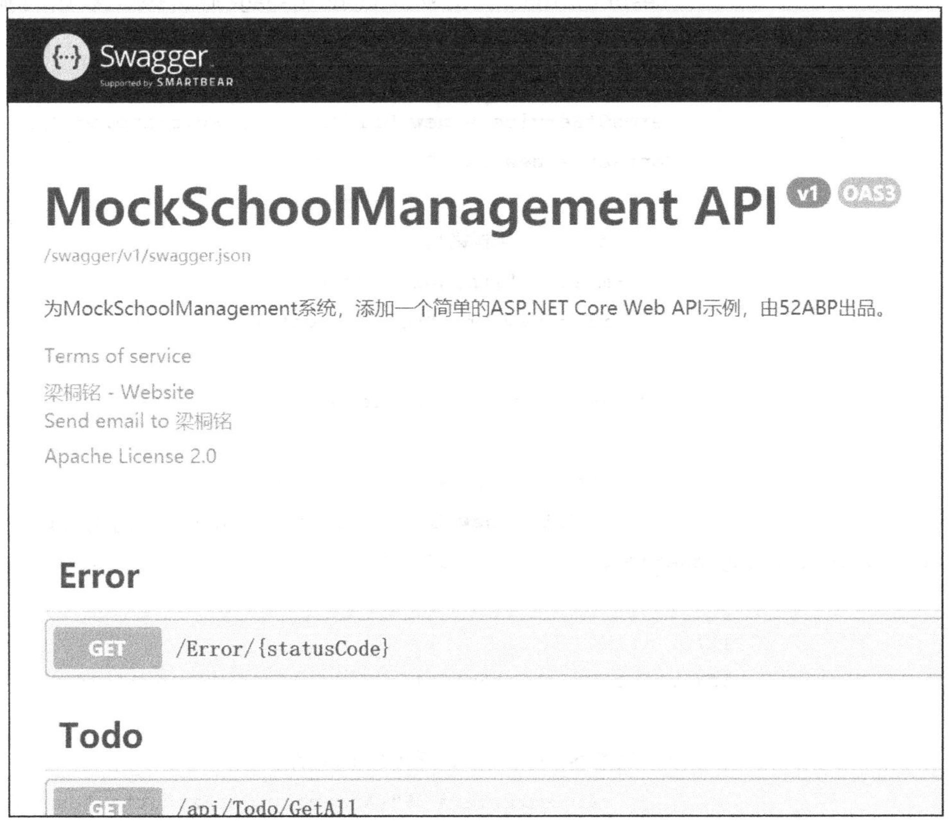

图39.16

代码中已经为每个接口都添加了注释，现在我们希望将它们呈现到Swagger UI接口中，这样在进行调试维护的时候会更加方便快捷。

在项目中启用XML注释，在**解决方案资源管理器**中右击该项目，然后选择**项目文件**，在.csproj文件中添加如下代码。

```
<PropertyGroup>
  <GenerateDocumentationFile>true</GenerateDocumentationFile>
  <NoWarn>$(NoWarn);1591</NoWarn>
</PropertyGroup>
```

以上代码可以启用XML注释，同时为未记录的公共类型和成员提供调试信息。警告消息指示未记录的公共类型和成员。

在AddSwaggerGen()方法中添加如下代码。

```
    // 注册Swagger生成器，定义一个或多个Swagger文件
            services.AddSwaggerGen(c =>
            {
                c.SwaggerDoc("v1",new OpenApiInfo
```

```
            {
                Title = "MockSchoolManagement API",
                 Description = "为MockSchoolManagement系统，添加一个简单的
ASP.NET Core Web API示例，由52ABP出品。",
                Version = "v1",
                TermsOfService = new Uri("https://sc.52abp.com"),
                Contact = new OpenApiContact
                {
                    Name = "梁桐铭",
                    Email = "ltm@ddxc.org",
                    Url = new Uri("https://github.com/ltm0203/"),
                },
                License = new OpenApiLicense
                {
                    Name = "Apache License 2.0",
                        Url = new Uri("https://github.com/yoyomooc/asp.
net-core--for-beginner/blob/master/LICENSE"),
                }
            });
            if(_env.IsDevelopment())
            {
                // 设置Swagger JSON和UI的注释路径
                     var xmlFile = $"{Assembly.GetExecutingAssembly().
GetName().Name}.xml";
                  var xmlPath = Path.Combine(AppContext.BaseDirectory,
xmlFile);
                c.IncludeXmlComments(xmlPath);
            }
        });
```

在上述代码中，映射用于生成与Web API项目相匹配的XML文件名。AppContext.BaseDirectory属性用于生成XML文件的路径。

请注意，注释的XML文件只会在Debug模式下生成，因此需要通过环境判断，否则发布到生产环境的时候会触发异常。

运行项目，导航到http://localhost:13380/swagger/index.html，页面如图39.17所示。

Swashbuckle.AspNetCore组件还提供了很多强大的功能，主要包括以下几种。

- 自定义皮肤。
- 多版本切换。
- 如何集成授权验证。

而这些功能大多数通过配置即可完成，如果读者有兴趣，可以访问它的官方开源库自行配置。

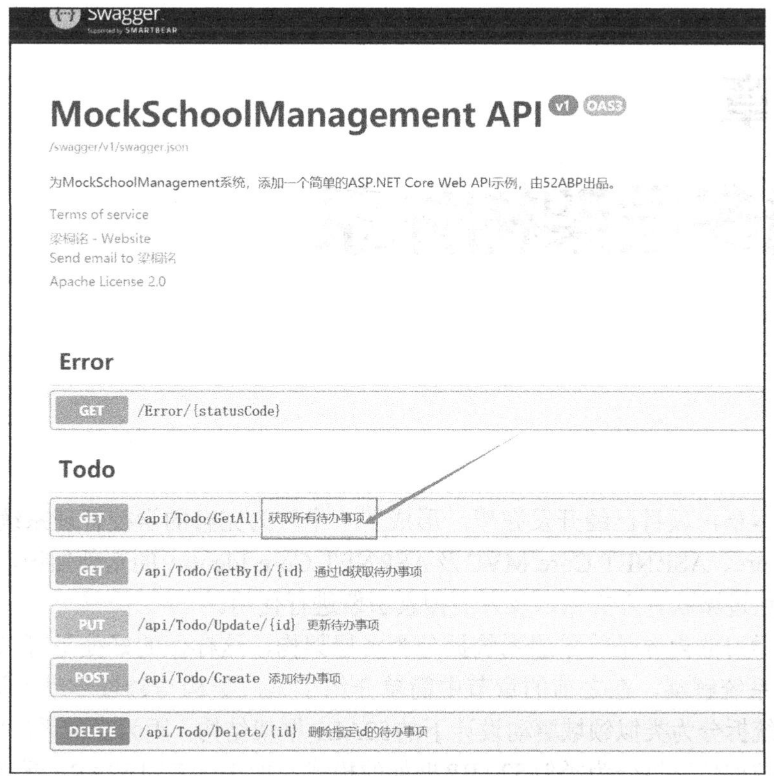

图39.17

39.5 小结

本章主要带领读者对Web API进行初步的了解，介绍了REST架构并搭建了一个Swagger UI交付的文档，提供给开发者便于测试和协同沟通。如果读者有兴趣，还可以自己尝试对学校管理系统中的服务和方法API进行完善，这样便可以提供给开发App和小程序的程序员制作移动端的呈现效果了。

第40章 实践多层架构体系

截止到本章，项目已经开发完毕，形成了一个较为完整的学校管理系统。我们已经掌握了EF Core、ASP.NET Core MVC及ASP.NET Core Identity的基础知识。要继续深入了解，可以通过微软官方文档以及各类搜索引擎进行使用。

本章要学习的内容是将单层系统拆分为多层架构，这样做的好处是可以对代码进行职责分离使系统解耦，在之前的章节中简单介绍了三层架构与领域驱动设计架构体系。这里会将系统拆分为类似领域驱动设计下的52ABP框架结构，因为当前系统的功能很少，所以只是将结构体系拆分为类似52ABP框架的模式。如果读者对52ABP框架有兴趣，可以前往52ABP官方网站下载已经封装好的框架。

本章主要向读者介绍如下内容。

- 利用领域驱动设计思想来迁移各个类库。

40.1 领域驱动设计的分层结构

在之前的章节中已经提到了领域驱动设计，本章的目的只是降低学习门槛，让读者在遇到类似结构项目的时候可以快速上手，我们简单回顾领域驱动设计下的基本准则。

领域驱动设计中有如下4个基本层。

- 展现层（Presentation）：向用户提供一个接口（UI），通过应用层与用户（UI）进行交互，也就是当前项目的Web单层。
- 应用层（Application）：应用层是展现层和领域层实现交互的中间层，协调业务对象执行特定的应用任务，可以理解为复杂业务逻辑关系的功能拼接。
- 领域层（Domain）：包括业务对象和业务规则，这是应用程序的核心层，用于存放领域实体及重要逻辑的实现。
- 基础设施层（Infrastructure）：提供通用技术来支持更高的层。比如基础设施层的仓储可通过ORM来实现数据库交互，或者提供发送邮件的支持，即当前DataRepositories文件夹中的仓储服务。关于仓储服务，我们在后面为读者讲解。

接下来将对MockSchoolManagement解决方案进行拆分。

40.2 重构MockSchoolManagement项目

关闭Visual Studio，打开MockSchoolManagement文件夹，将MockSchoolManagement.sln的文件移动到MockSchoolManagement/src/MockSchoolManagement.Mvc的文件夹中，如图40.1所示。

名称	修改日期	类型	大小
Application	2019/12/9 10:34	文件夹	
bin	2019/12/23 15:04	文件夹	
Controllers	2019/12/23 17:52	文件夹	
CustomerMiddlewares	2019/11/25 11:13	文件夹	
DataRepositories	2019/11/17 19:01	文件夹	
Domain	2019/11/22 10:58	文件夹	
Extensions	2019/11/25 18:20	文件夹	
Infrastructure	2019/12/23 13:46	文件夹	
Migrations	2019/12/20 14:20	文件夹	
Models	2019/12/20 13:33	文件夹	
obj	2019/12/23 15:04	文件夹	
Properties	2019/12/23 13:30	文件夹	
Security	2019/11/14 15:09	文件夹	
ViewModels	2019/12/9 13:46	文件夹	
Views	2019/12/9 10:33	文件夹	
wwwroot	2019/11/9 17:01	文件夹	
appsettings.Development.json	2019/11/9 17:01	JSON 源文件	
appsettings.json	2019/12/19 15:06	JSON 源文件	
libman.json	2019/11/17 19:01	JSON 源文件	
MockSchoolManagement.csproj	2019/12/23 18:02	C# Project 源文件	
MockSchoolManagement.csproj.user	2019/12/23 14:18	Per-User Project O...	
nlog.config	2019/11/9 17:01	XML Configuration ...	
Program.cs	2019/12/23 15:12	C# 源文件	
Startup.cs	2019/12/23 18:05	C# 源文件	

图40.1

重新打开MockSchoolManagement.sln解决方案，这时Visual Studio会报错。单击确定后，右击MockSchoolManagement项目，选择**移除**，移除当前失效的MockSchoolManagement项目，如图40.2所示。

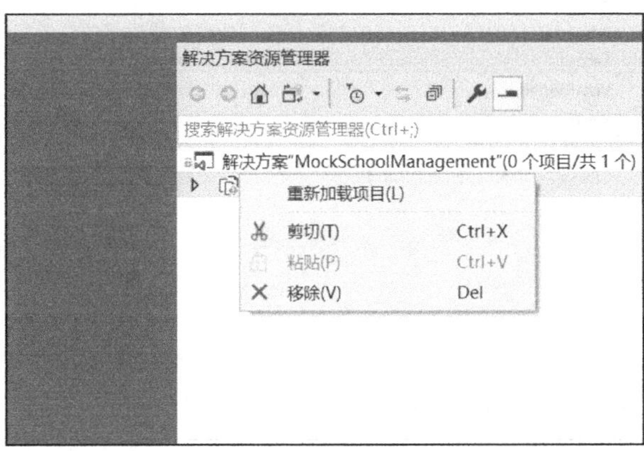

图40.2

右击解决方案MockSchoolManagemen，选择**添加→现有项目**，如图40.3所示。

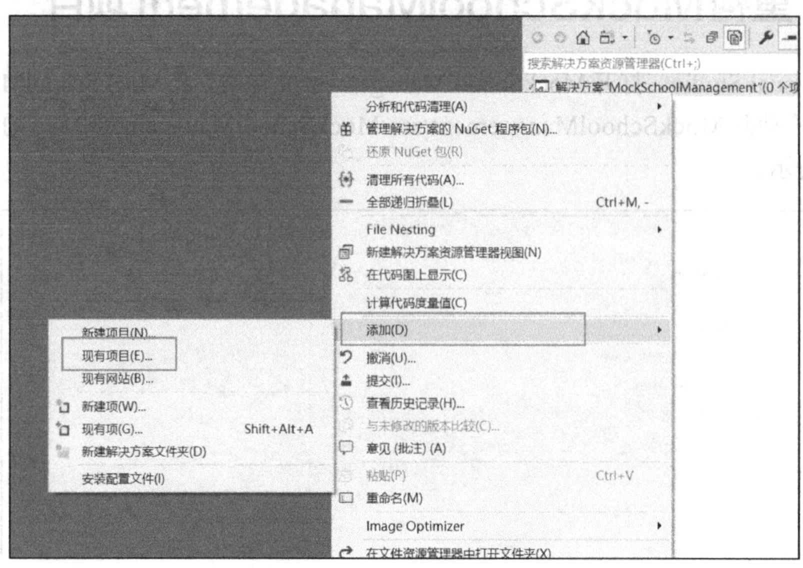

图40.3

弹出对话框，选择MockSchoolManagement/src/MockSchoolManagement.Mvc下的MockSchoolManagement.csproj项目文件，将它添加到解决方案中，如图40.4所示。

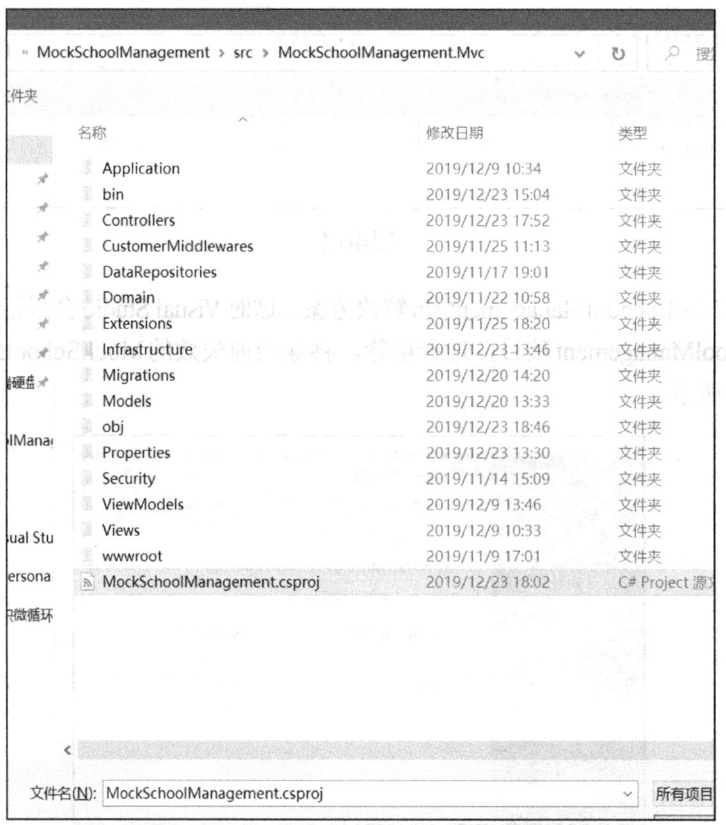

图40.4

右击MockSchoolManagement类库，选择**重命名**，将它命名为MockSchoolManagement.Mvc，如图40.5所示。

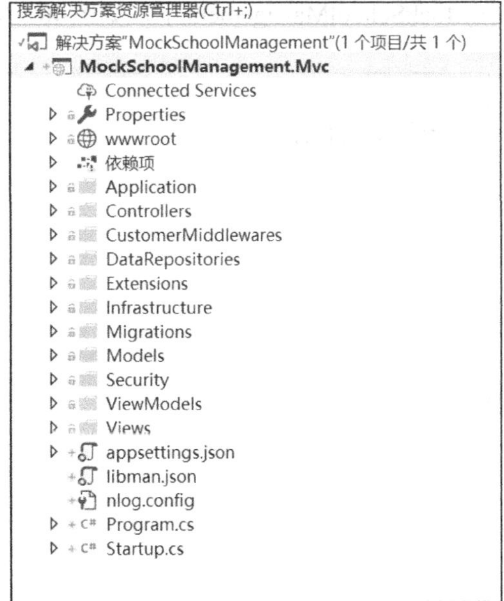

图40.5

40.2.1 添加所需类库

按照领域驱动设计的基本理念，现在我们需要添加多个类库，分别对应领域驱动设计中的展现层、应用层、领域层、基础设施层，结构说明如下。

- MockSchoolManagement.Mvc即领域驱动中的展现层。
- MockSchoolManagement.Application即领域驱动中的应用层。
- MockSchoolManagement.Core即领域驱动中的领域层。
- MockSchoolManagement.EntityFrameworkCore即领域驱动中的基础设施层。

当然，现在我们不急于改造这个项目，读者只需了解即可，如果前往52ABP创建一个项目会发现结构与这个类似。

目前展现层已经修改完毕了。接下来我们右击解决方案，选择**添加→新建项目**，选择类库（.NET Core），如图40.6所示。

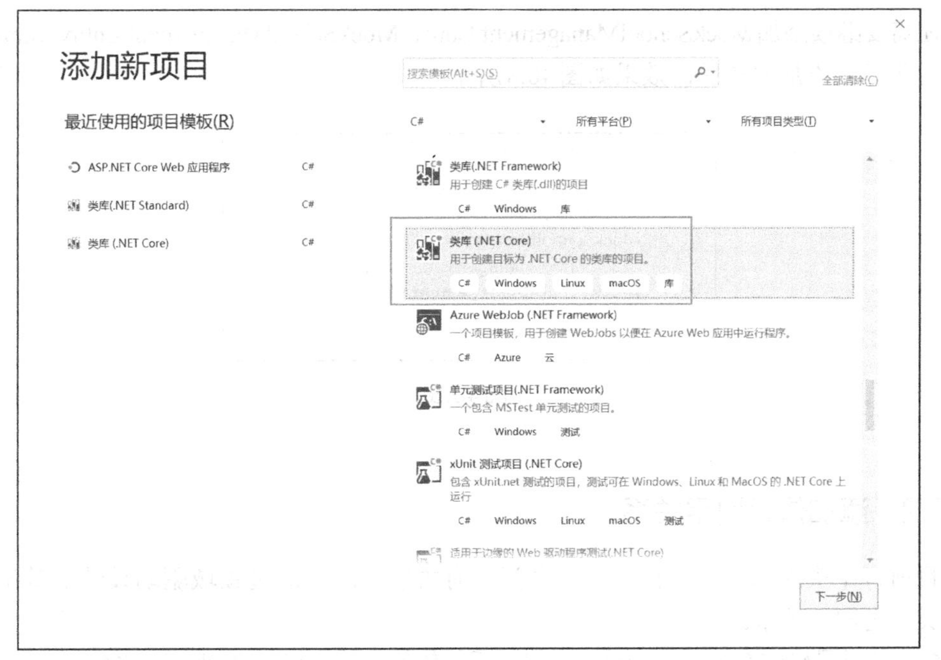

图40.6

单击**下一步**，将项目名称命名为MockSchoolManagement.Application，类库路径存放在MockSchoolManagement下，如图40.7所示。

配置新项目

类库 (.NET Core) C# Windows Linux macOS 库

项目名称(N)

MockSchoolManagement.Application

位置(L)

C:\Users\werlt\source\repos\github\ltm0203\book-ef-core-for-asp.net-core\Source\MockS

上一步(B) 创建(C)

图40.7

还需要继续添加MockSchoolManagement.Core、MockSchoolManagement.EntityFramework Core等类库。添加完毕后，效果如图40.8所示。

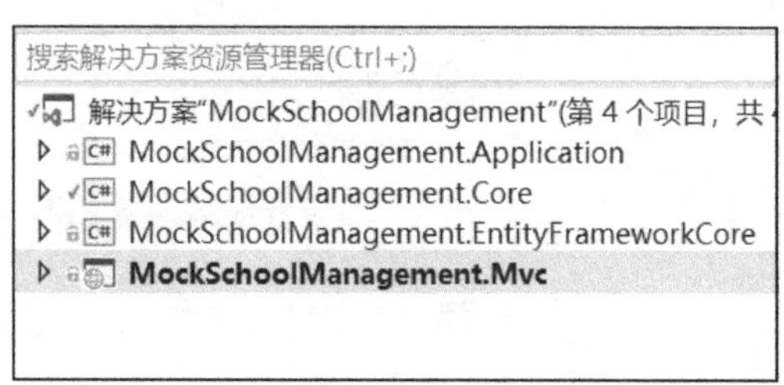

图40.8

40.2.2 添加依赖引用关系

目前每个类库都独立存在，相互之间没有关联，现在通过领域驱动设计的基础理念引用类库之间的关系。

- 展现层MockSchoolManagement.Mvc添加依赖关系，右击MockSchoolManagement.Mvc下的依赖项，右击**添加引用**，如图40.9所示，选择依赖于MockSchoolManagement.Application与MockSchoolManagement.EntityFrameworkCore。

图40.9

基础设施层MockSchoolManagement.EntityFrameworkCore依赖于MockSchool Management.Core，如图40.10所示。

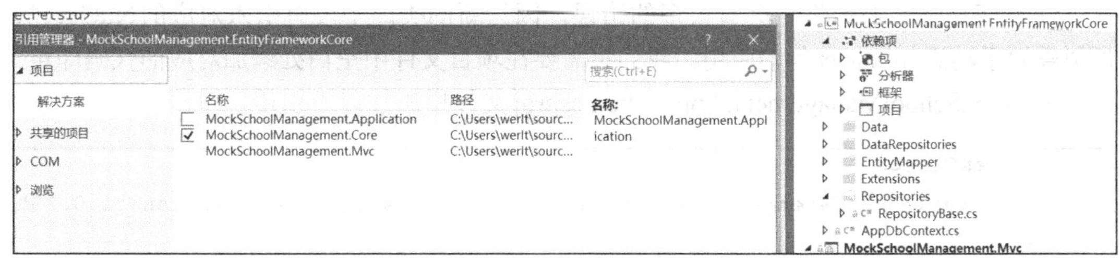

图40.10

应用层MockSchoolManagement.Application同样依赖于MockSchoolManagement.Core。

领域层MockSchoolManagement.Core为项目的核心，原则上无须依赖其他项目。当然，在实际开发中肯定会引入各种类库，这取决于读者的项目需求。

40.3 迁移各类库

接下来将耦合在展现层MVC中的代码都拆分到各个类库，并需要删除各个类库下冗余自带的Class1.cs文件。

我们先通过简单的EnumExtension.cs类文件来演示较为规范的迁移规则。EnumExtension.cs文件是一个封装了枚举的扩展方法的类，可理解为工具类，我们将它移动到类库MockSchoolManagement.Core的Extensions文件夹中。因为除了负责领域层的服务，Core层还是所有项目的核心库，其他项目均依赖于它，所以它还承担着公共库的作用。

然后移动MockSchoolManagement.Mvc类库下Application文件夹中所有的类文件，将它们移动到MockSchoolManagement.Application类库中，很明显它一直负责业务的逻辑关系的拼接。

接下来删除MockSchoolManagement.Mvc类库下的Migrations文件夹，然后将Infrastructure文件夹中的文件移动到MockSchoolManagement.EntityFrameworkCore类库中。请注意，是Infrastructure文件夹中的文件，而不包含它本身。

然后将Data文件夹名称修改为Seed，表示用于存放种子数据。DataRepositories是早期建立的仓储模式文件夹，如果不需要使用的话，删除即可。这里为了查漏补缺，我们继续保留它，将它移动到MockSchoolManagement.EntityFrameworkCore类库中。

Repositories文件夹中有IRepository与RepositoryBase两个文件，我们将IRepository.cs文件移动到Core类库下，存放路径是在Core层类库下建立同名的Repositories文件夹。这是因为Application只是依赖于Core层而没有依赖EntityFrameworkCore层，同时因为我们采用了泛型接口的定义和实现，所以可以将定义接口的IRepository.cs放在Core层，而这些接口的具体实现在EF Core层。而保证功能正常运行是通过ASP.NET Core的依赖注入实现的，这是依赖注入解耦性的体现。

接下来将Models文件夹中所有的内容移动到MockSchoolManagement.Core类库中。

40.3.1 各个项目文件中的引用

现在编译项目的话肯定会有很多的错误，因为新的类库中没有引入对应的NuGet包，所以需要手动添加NuGet包的引用。我们只需要在项目文件中空白处添加对应的代码即可。

在MockSchoolManagement.Application.csproj文件中添加以下引用。

```
<ItemGroup>
    <PackageReference Include="System.Linq.Dynamic.Core" Version="1.0.19"
/>
</ItemGroup>
<ItemGroup>
```

修改MockSchoolManagement.Core.csproj文件，添加以下引用。

```
<ItemGroup>
    <PackageReference Include="Microsoft.AspNetCore.Authorization"
Version="3.1.0" />
    <PackageReference Include="Microsoft.Extensions.Identity.Core"
Version="3.1.0" />
    <PackageReference Include="Microsoft.Extensions.Identity.Stores"
Version="3.1.0" />
</ItemGroup>
```

修改MockSchoolManagement.EntityFrameworkCore.csproj文件，添加以下引用。

```
<ItemGroup>
    <PackageReference Include="Microsoft.AspNetCore.Http.Abstractions"
Version="2.2.0" />
    <PackageReference Include="Microsoft.AspNetCore.Identity.
EntityFrameworkCore" Version="3.1.0" />
    <PackageReference Include="Microsoft.EntityFrameworkCore"
Version="3.1.0" />
    <PackageReference Include="Microsoft.EntityFrameworkCore.SqlServer"
Version="3.1.0" />
    <PackageReference Include="Microsoft.EntityFrameworkCore.Proxies"
Version="3.1.0" />
```

```
        <PackageReference Include="Microsoft.EntityFrameworkCore.Tools" 
Version="3.1.0">
          <PrivateAssets>all</PrivateAssets>
          <IncludeAssets>runtime;build;native;contentfiles;analyzers;buildtrans
itive</IncludeAssets>
        </PackageReference>
        <PackageReference Include="Microsoft.VisualStudio.Web.CodeGeneration.
Design" Version="3.1.0" />
        <PackageReference Include="Microsoft.Extensions.Identity.Core" 
Version="3.1.0" />
        <PackageReference Include="Microsoft.Extensions.Options" 
Version="3.1.0" />

        <PackageReference Include="Microsoft.AspNetCore.DataProtection.
Abstractions" Version="3.1.0" />
    </ItemGroup>
```

精简MockSchoolManagement.Mvc.csproj文件，引入如下代码。

```
  <ItemGroup>
        <PackageReference Include="Microsoft.AspNetCore.Authentication.
MicrosoftAccount" Version="3.1.0" />
        <PackageReference Include="AspNet.Security.OAuth.GitHub" 
Version="3.0.0" />
        <PackageReference Include="AspNet.Security.OAuth.LinkedIn" 
Version="3.0.0" />
        <PackageReference Include="Microsoft.AspNetCore.Mvc.Razor.
RuntimeCompilation" Version="3.1.0" />
        <PackageReference Include="Microsoft.EntityFrameworkCore.Tools" 
Version="3.1.0">
          <PrivateAssets>all</PrivateAssets>
          <IncludeAssets>runtime;build;native;contentfiles;analyzers;buildtrans
itive</IncludeAssets>
        </PackageReference>
        <PackageReference Include="Microsoft.VisualStudio.Web.CodeGeneration.
Design" Version="3.1.0" />
        <PackageReference Include="Microsoft.Extensions.Logging.Debug" 
Version="3.1.0" />
      <PackageReference Include="NLog.Web.AspNetCore" Version="4.9.0" />
      <PackageReference Include="Swashbuckle.AspNetCore" Version="5.0.0-rc5" 
/>
      <PackageReference Include="NetCore.AutoRegisterDi" Version="1.1.0" />
    </ItemGroup>
```

40.3.2 类库效果图

我们来看一看每个类库的文件结构截图。

MockSchoolManagement.Application类库如图40.11所示。

MockSchoolManagement.Core类库如图40.12所示。

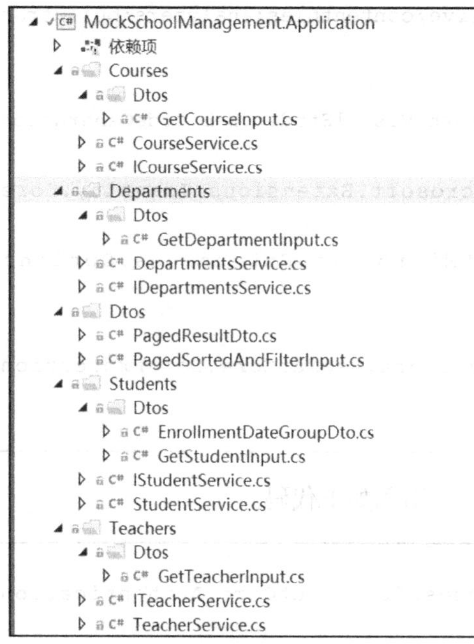

图40.11

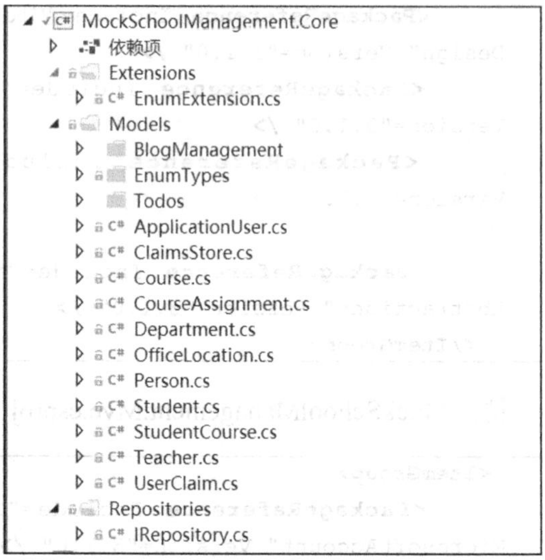

图40.12

MockSchoolManagement.EntityFrameworkCore类库如图40.13所示。

MockSchoolManagement.Mvc类库如图40.14所示。

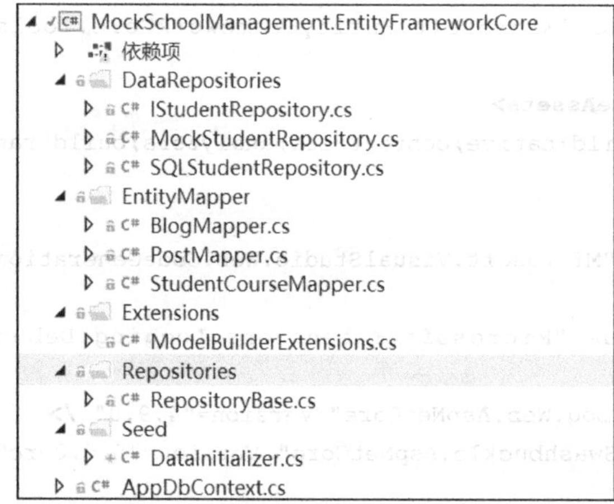

图40.13

图40.14

读者可以将以上截图和重构后的项目进行对比，看一看是否有遗漏。

如果项目编译没有错误的话，就可以尝试启动项目，运行后的登录页面如图40.15所示。

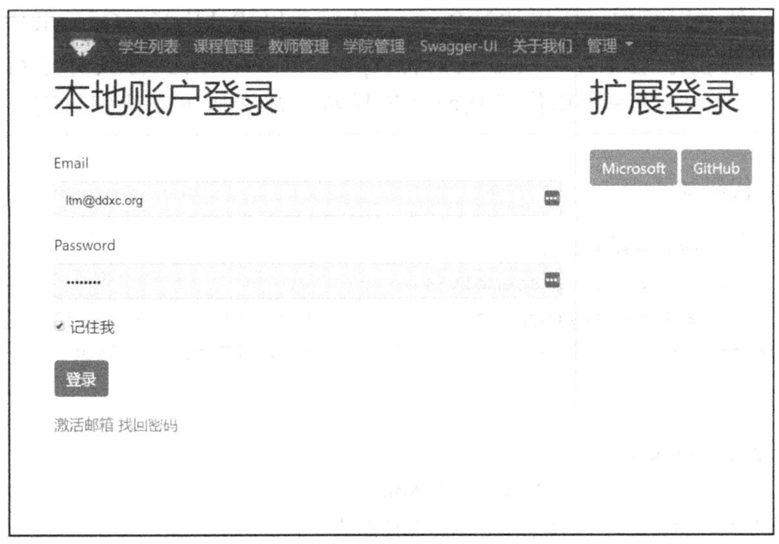

图40.15

40.3.3 多程序集的依赖注入

单击**登录**按钮后会触发异常，如图40.16所示。

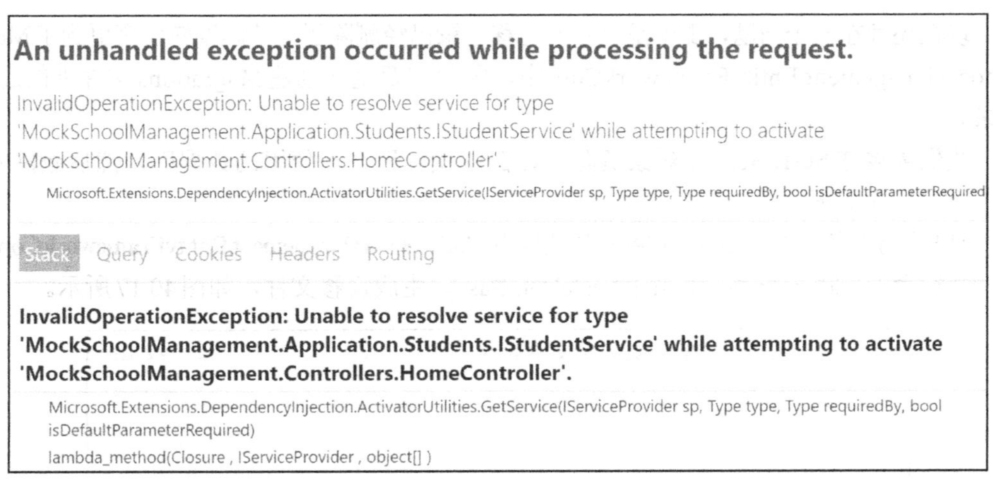

图40.16

这是由于无法在HomeController中解析IStudentService服务导致的，说明依赖注入失效了。

我们通过引入依赖注入组件NetCore.AutoRegisterDi库自动完成依赖注入。Startup中的ConfigureServices()方法代码如下。

```
    services.RegisterAssemblyPublicNonGenericClasses()
                .Where(c => c.Name.EndsWith("Service"))
               .AsPublicImplementedInterfaces(ServiceLifetime.Scoped);
```

因为之前是单层架构，所以通过RegisterAssemblyPublicNonGenericClasses()方法只需要获取当前程序集即可，现在我们将Application中的文件夹拆分到了多个类库中，因此找不到对应的程序集信息从而产生异常。那么接下来我们只需要注入对应的程序集即可。

修改后的代码如下。

```
          var assembliesToScan = new[]    {
  Assembly.GetExecutingAssembly(),
  Assembly.GetAssembly(typeof(PagedResultDto<>)),//因为PagedResultDto<>在
  //MockSchoolManagement.Application类库中，所以通过PagedResultDto<>获取程序集信息
          };

 //自动注入服务到依赖注入容器
  services.RegisterAssemblyPublicNonGenericClasses(assembliesToScan)//将获
  //取到的程序集信息注册到我们的依赖注入容器中
  .Where(c => c.Name.EndsWith("Service"))
  .AsPublicImplementedInterfaces(ServiceLifetime.Scoped);
```

重新运行项目，系统即可恢复正常。

40.3.4 重新生成迁移记录及生成SQL脚本

现在还存在一个问题，那就是所有的迁移记录已经删除了，基础设施层变更到了MockSchoolManagement.EntityFrameworkCore中，因此需要重新创建Magrations文件夹的迁移记录。

我们需要在**SQL Server对象资源管理器**中找到现在正使用的数据库，然后删除它，接下来的操作如下。

打开程序包管理器控制台，选择默认项目为**MockSchoolManagement.EntityFrameworkCore**。

执行命令add-migration InitialCreateDataBase，生成迁移文件，如图40.17所示。

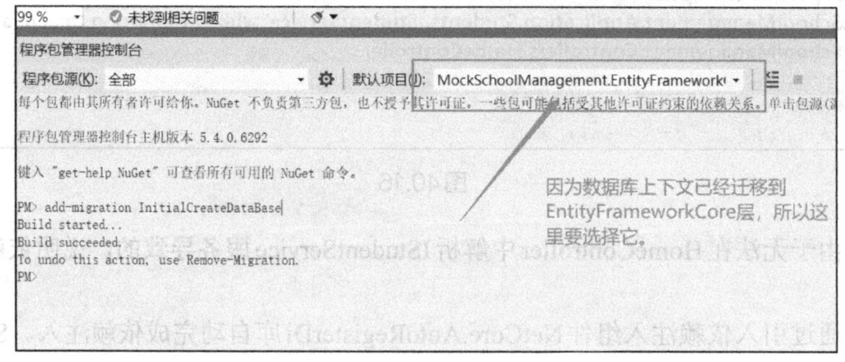

图40.17

生成迁移文件后，执行Update-Database命令即可生成数据库。

接下来创建一个SQL脚本，这有助于我们进行调试迁移文件或直接在生产环境下生成数据库。同时还可以对脚本进行修改，确保能满足生产环境中的一些特殊要求。

EF Core提供了一个很简单的命令，执行命令Script-Migration后会生成一个SQL文件，如图40.18所示。

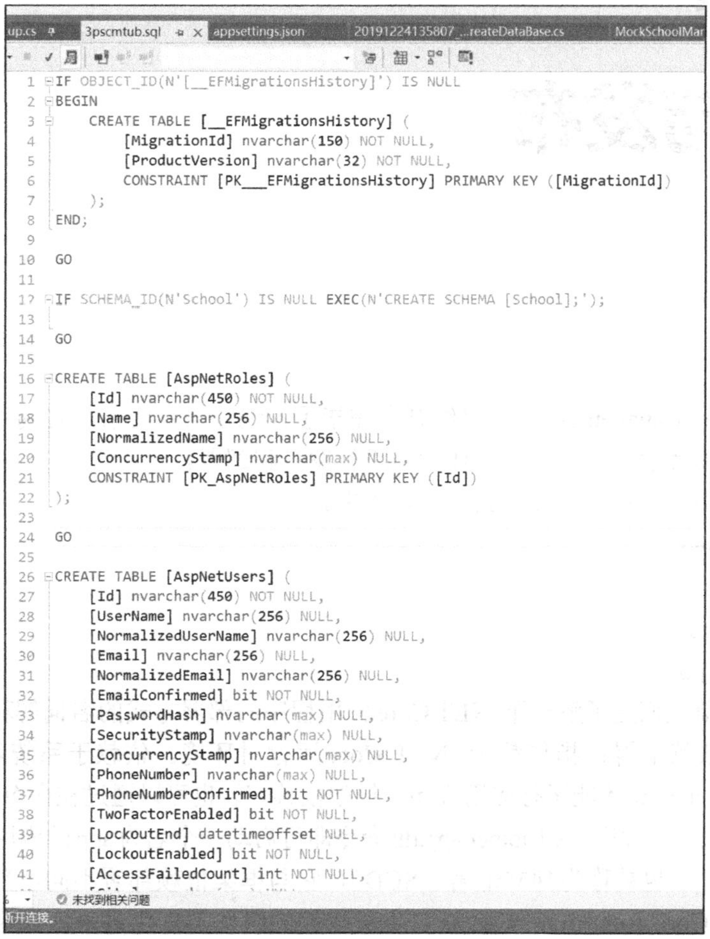

```
IF OBJECT_ID(N'[__EFMigrationsHistory]') IS NULL
BEGIN
    CREATE TABLE [__EFMigrationsHistory] (
        [MigrationId] nvarchar(150) NOT NULL,
        [ProductVersion] nvarchar(32) NOT NULL,
        CONSTRAINT [PK___EFMigrationsHistory] PRIMARY KEY ([MigrationId])
    );
END;

GO

IF SCHEMA_ID(N'School') IS NULL EXEC(N'CREATE SCHEMA [School];');

GO

CREATE TABLE [AspNetRoles] (
    [Id] nvarchar(450) NOT NULL,
    [Name] nvarchar(256) NULL,
    [NormalizedName] nvarchar(256) NULL,
    [ConcurrencyStamp] nvarchar(max) NULL,
    CONSTRAINT [PK_AspNetRoles] PRIMARY KEY ([Id])
);

GO

CREATE TABLE [AspNetUsers] (
    [Id] nvarchar(450) NOT NULL,
    [UserName] nvarchar(256) NULL,
    [NormalizedUserName] nvarchar(256) NULL,
    [Email] nvarchar(256) NULL,
    [NormalizedEmail] nvarchar(256) NULL,
    [EmailConfirmed] bit NOT NULL,
    [PasswordHash] nvarchar(max) NULL,
    [SecurityStamp] nvarchar(max) NULL,
    [ConcurrencyStamp] nvarchar(max) NULL,
    [PhoneNumber] nvarchar(max) NULL,
    [PhoneNumberConfirmed] bit NOT NULL,
    [TwoFactorEnabled] bit NOT NULL,
    [LockoutEnd] datetimeoffset NULL,
    [LockoutEnabled] bit NOT NULL,
    [AccessFailedCount] int NOT NULL,
```

图40.18

我们只需要在数据库中运行脚本即可生成数据库。

40.4 小结

系统变得越来越庞大，仅在单个类库中通过文件来进行拆分是一个维护项目的方法，但系统会越来越“臃肿”，这种方法无法更好地维护。而通过类库之间的拆分，再集成一些领域驱动设计的思想来管理多个类库的协同，就便于我们实现了。当然，我们的项目很小而且内容也不多，现在还看不出它的优势，但是随着工作经验的增长，读者或许会理解领域驱动设计思想下模块的意义。

如果读者在编译的时候遇到问题，可以下载对应的代码进行调试。现在读者可以前往52ABP官方网站，在创建项目页面下创建一个ASP.NET Core MVC & jQuery来尝试查看一个复杂项目的结构。

第41章

部署与发布

MockSchoolManagement项目已经开发完毕了，现在需要将它部署到生产环境中，本章将逐步带领读者学习如何在生产环境中进行发布和部署。

我们将分别学习将项目部署到以下环境中。

- Windows。
- Linux。
- Docker。
- Web App。

在部署之前我们先了解一下.NET Core应用程序的部署方式的名词解释。

- 框架依赖部署：指依赖于 .NET Core运行时环境。依赖于系统环境中的 .NET Core Runtime才能运行应用程序。框架依赖部署也可以通过在命令行中使用dotnet命令来运行程序，如dotnet app.dll命令即可启动一个名为app的应用程序。
- 自包含：也被称为独立部署（SCD），它与框架依赖部署不同，独立部署不依赖 .NET Core Runtime，它会将自身所依赖的组件都打包进来。通常以这种方式发布的文件都较大，并且对于每个目标系统都需要单独编译发布。

41.1 部署至IIS

ASP.NET Core支持以下操作系统。

- Windows 7或更高版本。
- Windows Server 2008 R2或更高版本。

我们需要将项目托管到互联网信息服务（Internet Information Service，IIS）中运行。

41.1.1 IIS的安装和配置

本章以Windows Server 2016为例，介绍如何启用IIS。

- 打开**服务器管理器**，选择左侧菜单栏，找到**添加角色和功能**。

- 选择**基于角色或基于功能的安装**，单击**下一步**。
- 选择**从服务器池中选择服务器**，单击**下一步**。
- 在选择服务器角色中选中**Web服务器（IIS）**，在弹出的对话框中单击**添加功能**即可，如图41.1所示。

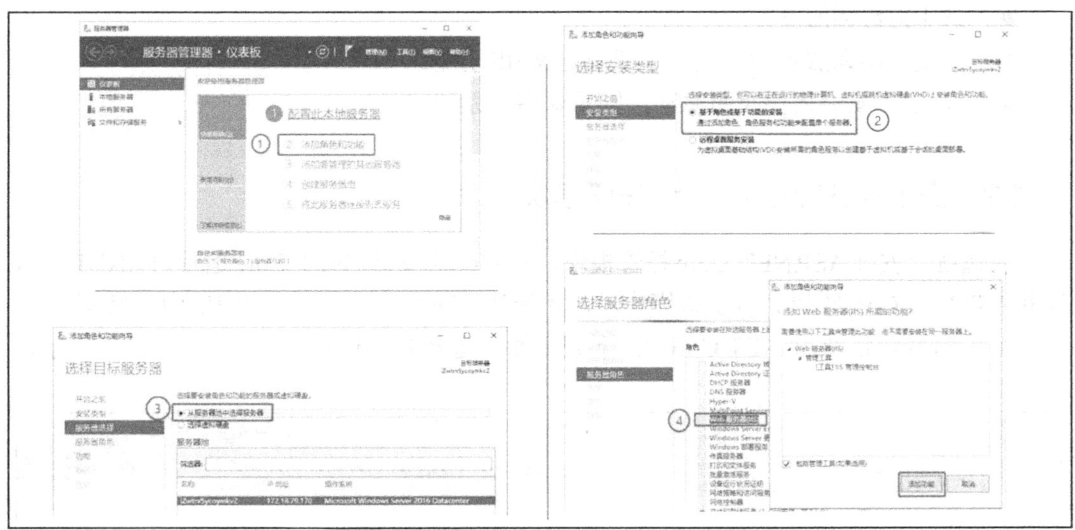

图41.1

选中.NET Framework 3.5、.NET Framework 4.6中的所有组件，单击**下一步**。在角色服务中，建议选中**安全性**和**常见 HTTP 功能**中的所有功能，单击**下一步**。另外，建议选中**应用程序开发→管理工具→管理服务**，管理服务会在IIS发布中使用，其他保持默认即可，如图41.2所示。最后，**确认→安装**。

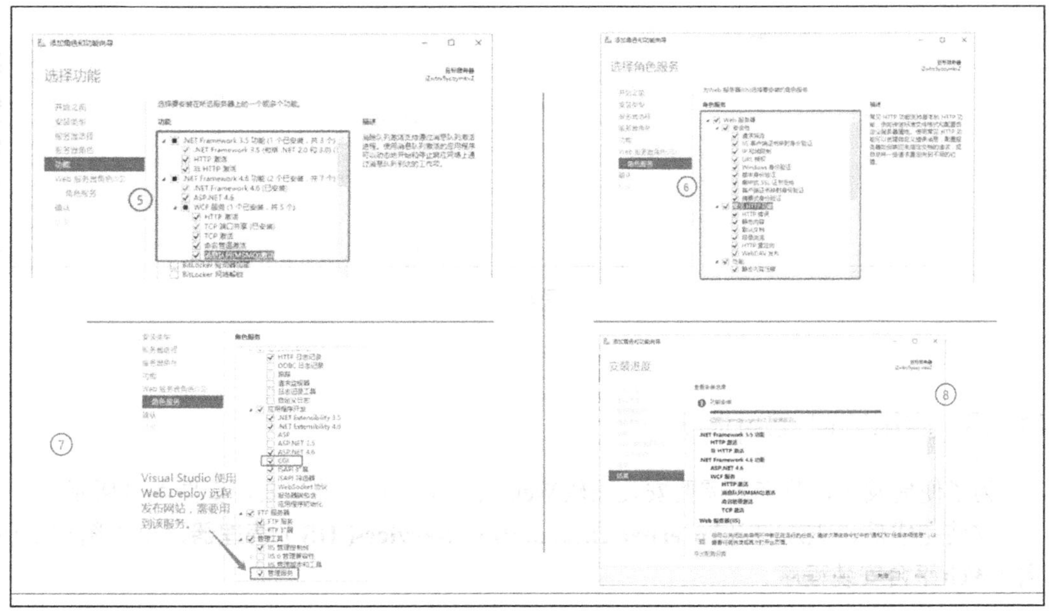

图41.2

成功安装Web服务器（IIS）后，无须重启服务器。

而在Windows 10操作系统中，启用步骤如下。

- 依次选择**控制面板→程序→程序和功能→打开或关闭Windows功能**。
- 打开**Internet Information Services**节点和**Web管理工具**节点。
- 选中**IIS管理控制台**。
- 选中**万维网服务**。
- 接受**万维网服务**的默认功能或自定义IIS功能。
- 如果IIS安装需要重新启动，则重新启动系统。

41.1.2　安装ASP.NET Core托管模块

在系统上安装ASP.NET Core托管模块，托管包会安装 .NET Core运行时、.NET Core库和ASP.NET Core模块。有了该模块后，才能让ASP.NET Core应用在IIS中正常运行。

可访问微软官网的.NET Core 3.1下载页面，选择Hosting Bundle，如图41.3所示。

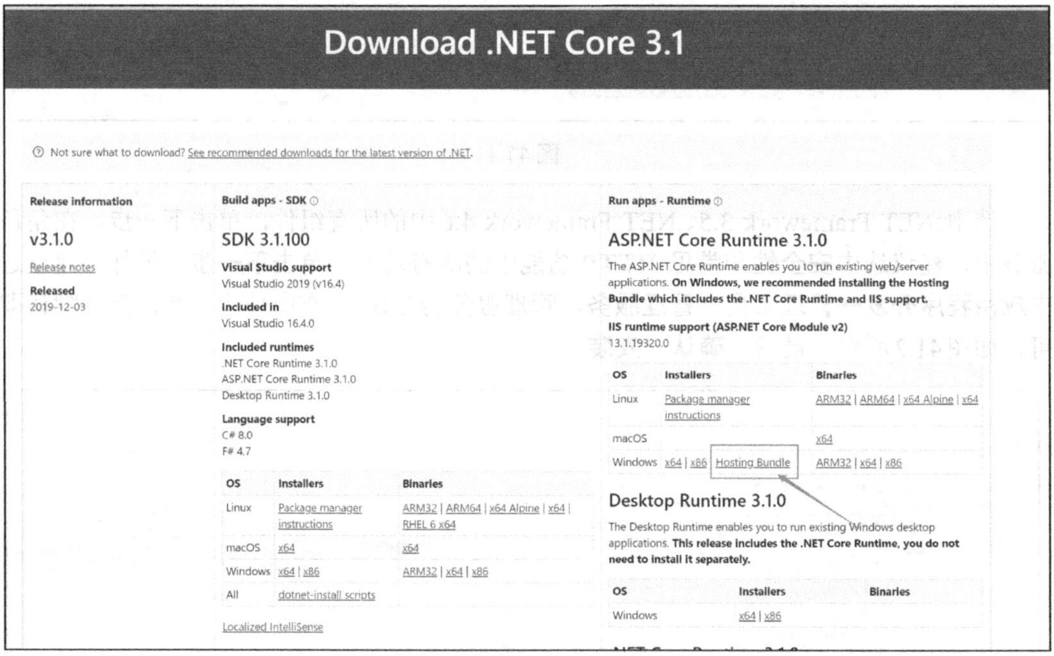

图41.3

41.1.3　启用Web Deploy

为了便捷发布，我们还需要安装微软Web服务器配置安装工具，如图41.4所示。

安装完成后，重新打开**Internet Information Services（IIS）管理器**，单击图41.5所示的**Web平台安装程序**。

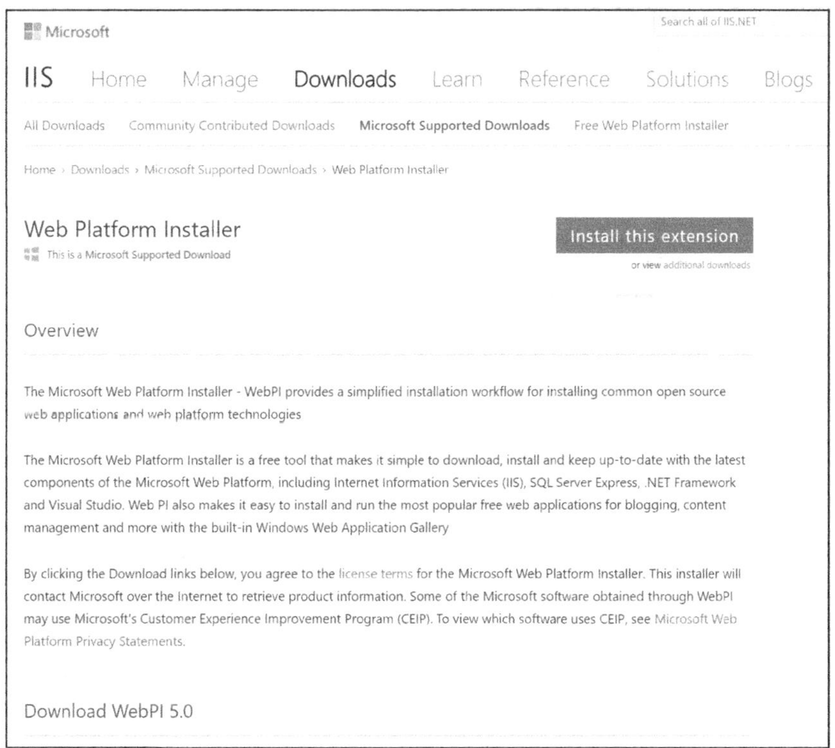

图41.4

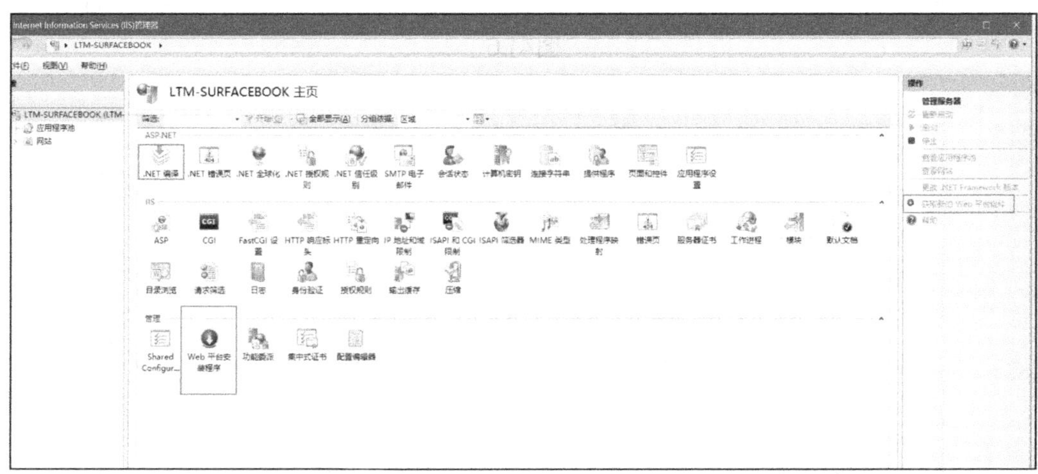

图41.5

打开**Web平台安装程序**，输入Web Deploy，添加我们所需的3.6版本，然后进行安装，在弹出的对话框中单击**我接受**，如图41.6所示。

Web Deploy即Web部署（msdeploy），它简化了将Web应用程序和网站部署到IIS服务器的过程。读者可以使用Web Deploy服务同步系统到IIS服务器中，安装成功后在IIS中单击**管理服务**查看，如图41.7所示。

图41.6

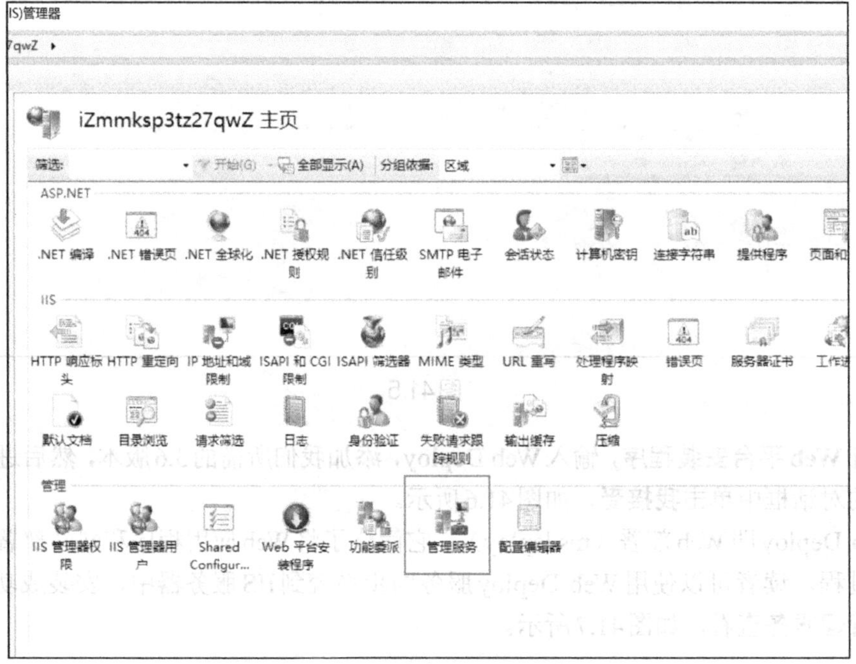

图41.7

如图41.8所示，进入管理服务后单击右上角的**启动**按钮。请注意，这里的端口是8172。我们需要开启读者云服务的安全组，允许通过8172端口访问。

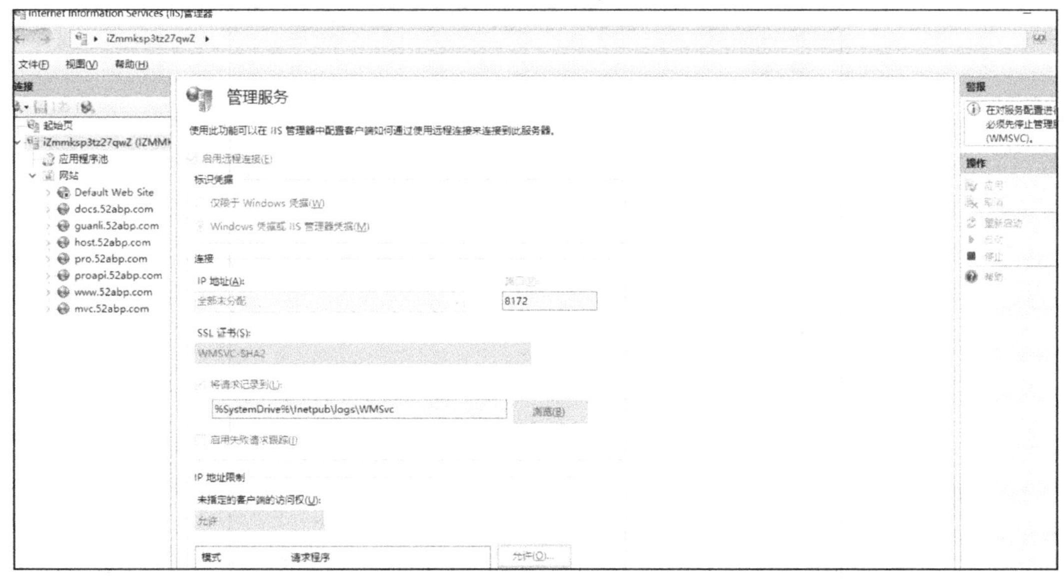

图41.8

41.1.4 创建IIS站点

打开IIS，选择**应用程序池**，添加应用程序池。然后创建名称为.NET CORE，选择.NET CLR版本为**无托管代码**。单击**确定**按钮，图41.9所示。

图41.9

选择网站节点添加网站。输入网站名称，并将物理路径设置为应用的部署文件夹。绑定配置我们的域名，单击**确定**后，即可创建网站，如图41.10所示。

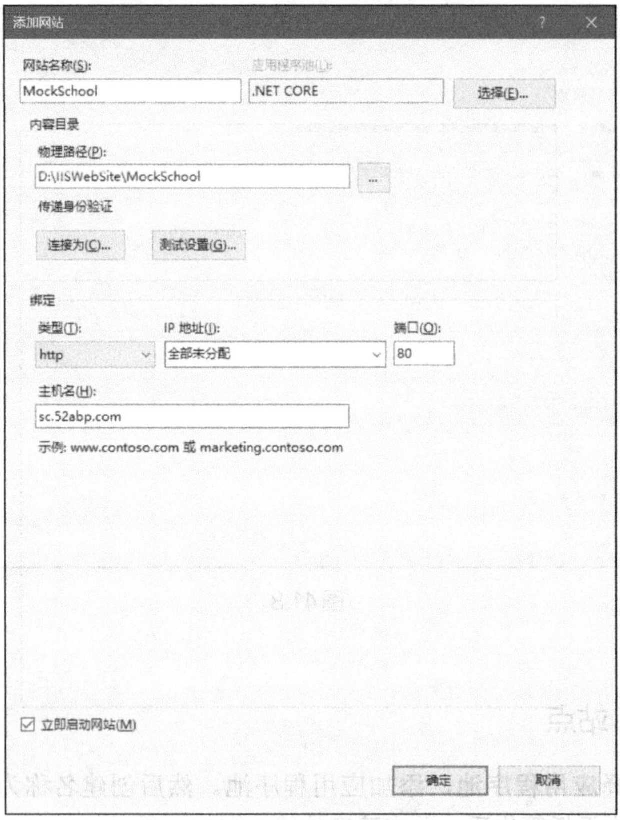

图41.10

41.1.5　使用Visual Studio将ASP.NET Core发布到IIS站点

打开项目，选择MockSchoolManagement.Mvc类库后发布，在对话框中单击**启动**。

- 在弹出的对话框中选择IIS、FTP等。
- 发布方法处选择Web部署。
- 服务器处填写服务器的IP地址。
- 站点名称处填写IIS中网站的名称，此处名称需要与IIS中的名称对应。
- 用户名处填写Windows服务器的远程登录账号。
- 密码处填写Windows服务器的远程登录密码。
- 目标URL处填写网站的URL，比如http://sc.52abp.com，如图41.11所示。

单击**验证连接**按钮，通过后会提示证书错误，如图41.12所示，单击**接受**即可。

单击发布对话框中的**下一页**，如图41.13所示。

- 配置：Release，表示为发布状态。
- 目标框架：.netcoreapp 3.1。
- 部署模式：框架依赖。

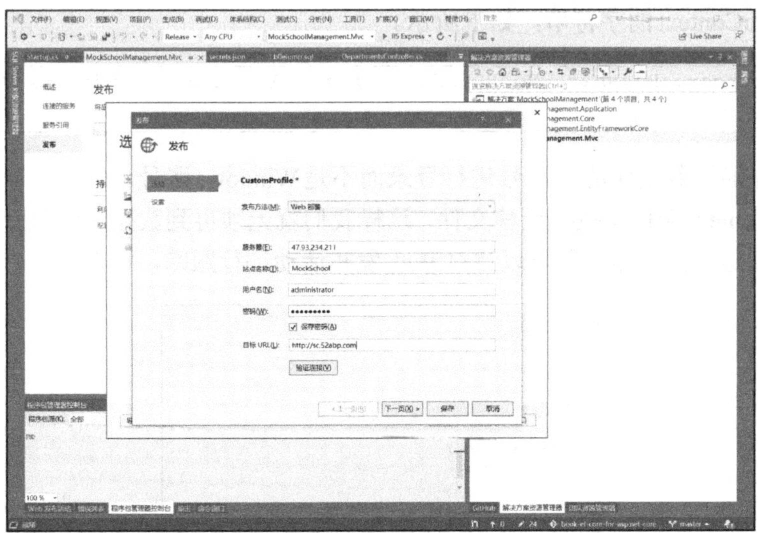

图41.11

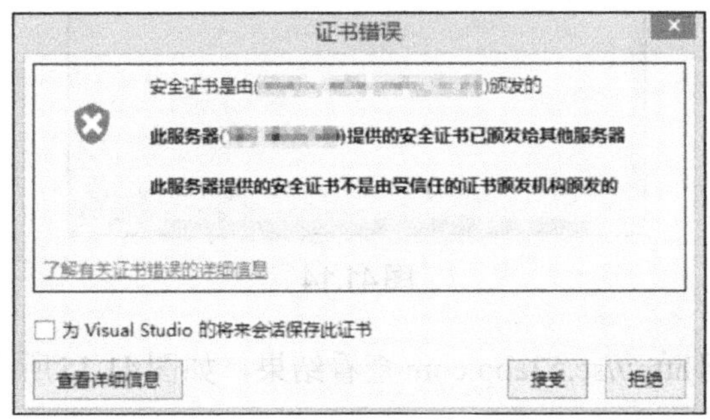

图41.12

发布

发布

连接

设置

配置(C): Release

目标框架(F): netcoreapp3.1

部署模式(M): 框架依赖

了解有关部署模式的信息

目标运行时(U): 可移植

文件发布选项

数据库

MockStudentDBConnection

在运行时使用此连接字符串

Source=.; Database=MockStudentDB; User ID

Entity Framework 迁移

AppDbContext

在发布时应用此迁移

ource=.; Database=MockStudentDB;

< 上一页(R) 下一页(X) > 保存 取消

图41.13

因为服务器上安装了.NET Core托管模块，所以不需要将整个运行时环境安装到项目中。我们需要修改数据库MockStudentDBConnection中的连接字符串，以及EF Core迁移文件中AppDbContext的字符串，如下所示。

```
Data Source=.;Database=MockStudentDB;User ID=sa;Password=xxxx;MultipleActi
veResultSets=True
```

它表示是通过数据库的sa账号进行登录而不是Windows账号。

AppDbContext会自动执行迁移文件，这样我们就无须再到数据库中执行脚本语句了。

最终编译通过，发布过程可以通过**Web发布活动**进行跟踪，如图41.14所示。

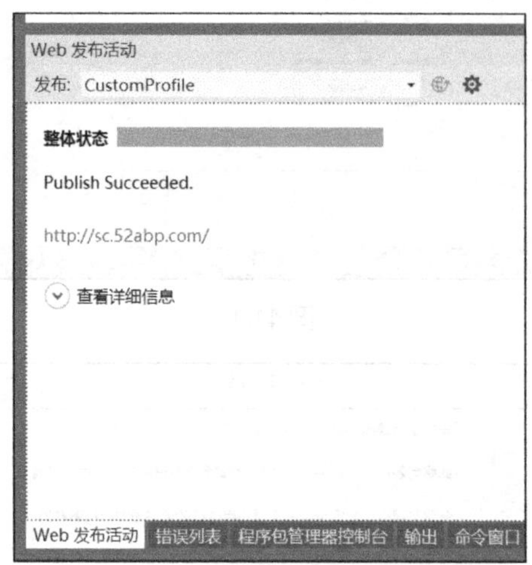

图41.14

发布成功后可访问http://sc.52abp.com查看结果，如图41.15所示。

图41.15

请注意，此处演示提供了公网IP地址以及域名解析，如果是自己的本地环境，建议修改端口号，令主机名为空，进行测试。

41.2 部署至Ubuntu

如果没有集成CI和CD，那么将.NET Core发布到Linux系统中并没有发布到Windows中便利。

我们选择使用Ubuntu 18.04 x64 Server系统作为演示服务器，工具推荐Xshell、PuTTY。

41.2.1 Ubuntu中安装.NET Core

通过Xshell工具登录到系统，在安装 .NET Core之前需要注册Microsoft密钥，注册产品存储库并安装必需的依赖项，每台计算机只需要注册一次，如果读者已经注册过了，则可以跳过本操作，命令如下。

```
wget -q https://packages.microsoft.com/config/ubuntu/18.04/packages-
microsoft-prod.deb -O packages-microsoft-prod.deb
sudo dpkg -i packages-microsoft-prod.deb
```

执行后，安装ASP.NET Core运行时环境，在终端运行以下命令。

```
sudo add-apt-repository universe ## 更新产品库
sudo apt-get update ## 更新产品库
sudo apt-get install apt-transport-https  ## 安装apt-transport-https
sudo apt-get install aspnetcore-runtime-3.1 ## 安装ASP.NET Core运行时环境3.1
```

当安装完成后，可通过.NET Core CLI命令dotnet --info来验证是否安装成功，如图41.16所示。

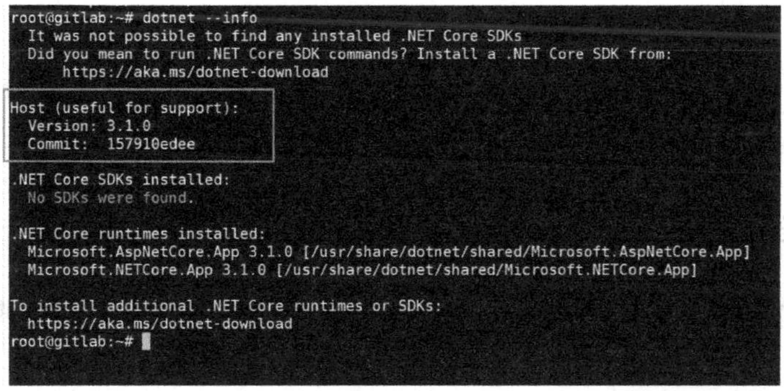

```
root@gitlab:~# dotnet --info
  It was not possible to find any installed .NET Core SDKs
  Did you mean to run .NET Core SDK commands? Install a .NET Core SDK from:
      https://aka.ms/dotnet-download

Host (useful for support):
  Version: 3.1.0
  Commit:  157910edee

.NET Core SDKs installed:
  No SDKs were found.

.NET Core runtimes installed:
  Microsoft.AspNetCore.App 3.1.0 [/usr/share/dotnet/shared/Microsoft.AspNetCore.App]
  Microsoft.NETCore.App 3.1.0 [/usr/share/dotnet/shared/Microsoft.NETCore.App]

To install additional .NET Core runtimes or SDKs:
  https://aka.ms/dotnet-download
root@gitlab:~#
```

图41.16

当前运行时环境3.1已经安装，因为不需要进行开发，所以没有安装.NET SDK，因而提示“No SDKs were found.”。

```
.NET Core runtimes installed:
   Microsoft.AspNetCore.App 3.1.0[/usr/share/dotnet/shared/Microsoft.
AspNetCore.App]
   Microsoft.NETCore.App 3.1.0[/usr/share/dotnet/shared/Microsoft.NETCore.
App]
```

以上代码显示我们安装的.NET运行时环境版本以及它所在的路径地址。

41.2.2 安装Nginx

Nginx是一个高性能的HTTP服务器和反向代理Web服务器，本章中我们会使用它绑定域名。

首先查看Linux操作系统，命令为cat /proc/version。

得到的结果如下。

```
Linux version 5.0.0-1025-azure(buildd@lgw01-amd64-016) (gcc version 7.4.0
(Ubuntu 7.4.0-1ubuntu1～18.04.1)) #27～18.04.1-Ubuntu SMP Mon Nov 11
15:19:19 UTC 2019
```

这表示它是Azure提供的Ubuntu操作系统。

安装Nginx，命令如下。

```
sudo apt-get install nginx
```

安装完成后，可访问公网IP地址，如图41.17所示，则表示Nginx安装成功。

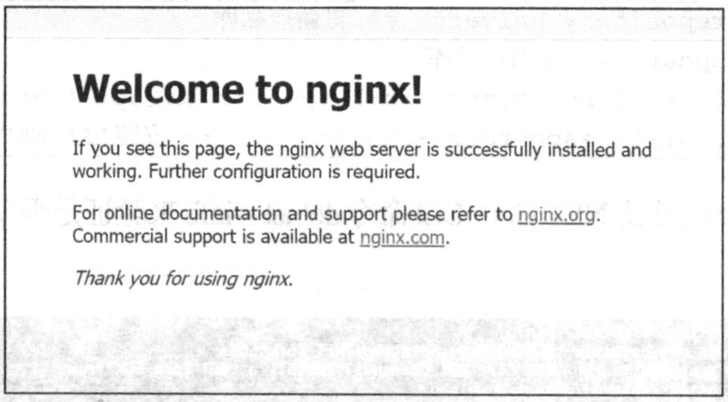

Welcome to nginx!

If you see this page, the nginx web server is successfully installed and working. Further configuration is required.

For online documentation and support please refer to nginx.org.
Commercial support is available at nginx.com.

Thank you for using nginx.

图41.17

41.2.3 编译与发布

我们通过.NET Core CLI命令来编译项目，在MockSchoolManagement.Mvc文件夹中，使用如下命令。

```
dotnet publish --configuration Release -o publish
```

以上命令表示我们将代码构建为Release模式，-o表示将编译后的文件存放在MockSchoolManagement.Mvc/publish文件夹中，检查是否编译成功，如图41.18所示。

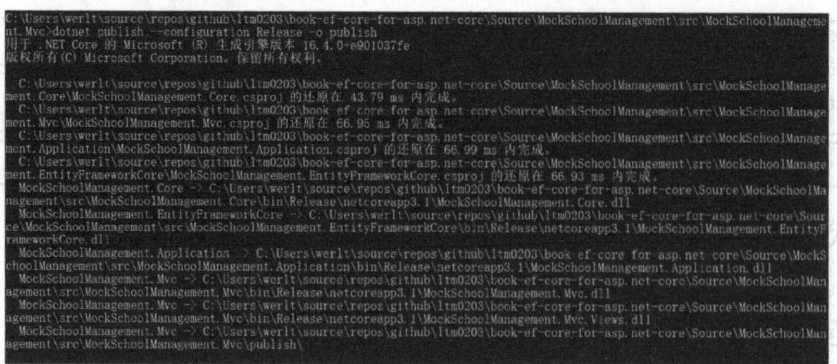

图41.18

请注意，我们采用了SQL Server数据库，记得修改连接字符串。目前我们没有在Ubuntu中安装SQL Server，这里采用了远程公网IP的数据库。

回到终端工具，在/var/www/中创建一个mockstudent文件夹，用于存放源代码，命令如下。

```
cd  /var/www/ ## 进入路径
mkdir mockstudent ## 创建文件夹
cd /var/www/mockstudent
```

利用FTP上传工具将编译好的代码上传到var/www/mockstudent文件夹中，执行如下命令。

```
dotnet  MockSchoolManagement.Mvc.dll
```

运行结果如图41.19所示，MockSchoolManagement已经运行成功，映射在服务器端的5000端口中。

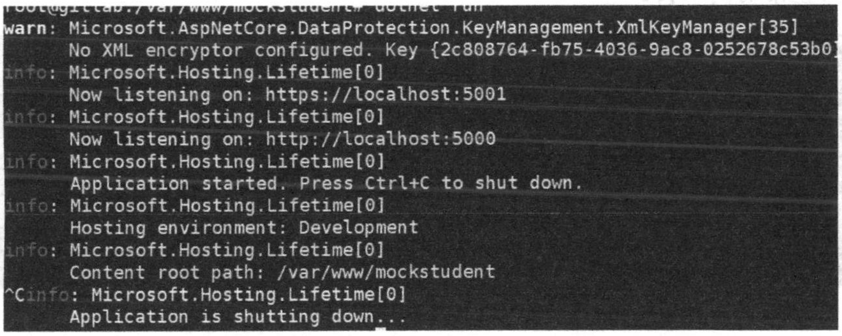

```
warn: Microsoft.AspNetCore.DataProtection.KeyManagement.XmlKeyManager[35]
      No XML encryptor configured. Key {2c808764-fb75-4036-9ac8-0252678c53b0}
info: Microsoft.Hosting.Lifetime[0]
      Now listening on: https://localhost:5001
info: Microsoft.Hosting.Lifetime[0]
      Now listening on: http://localhost:5000
info: Microsoft.Hosting.Lifetime[0]
      Application started. Press Ctrl+C to shut down.
info: Microsoft.Hosting.Lifetime[0]
      Hosting environment: Development
info: Microsoft.Hosting.Lifetime[0]
      Content root path: /var/www/mockstudent
^Cinfo: Microsoft.Hosting.Lifetime[0]
      Application is shutting down...
```

图41.19

回到终端工具，进入Nginx对应的目录，命令如下。

```
cd /etc/nginx/sites-enabled ## 进入目录

ls  -l   ## 查看已存在哪些文件
```

目前仅存在default文件，即公网IP的80端口，我们对它进行修改，命令如下。

```
vim default ## 进入default文件
```

调整文件配置，保存文件，具体如下。

```
server{
    listen          80;
    server_name     sc.52abp.com;
    location / {
        proxy_pass          http://localhost:5000;
        proxy_http_version 1.1;
        proxy_set_header    Upgrade $http_upgrade;
        proxy_set_header    Connection keep-alive;
```

```
                proxy_set_header  Host $host;
                proxy_cache_bypass $http_upgrade;
                proxy_set_header   X-Forwarded-For $proxy_add_x_forwarded_for;
                proxy_set_header   X-Forwarded-Proto $scheme;
            }
        }
```

配置文件表示监听80端口，将它的请求代理到http://localhost:5000中，然后配置外网访问域名 http://sc.52abp.com。

重启Nginx，命令如下。

```
systemctl restart nginx ## 重启Nginx

sudo systemctl status nginx ## 查看当前Nginx的状态
```

图41.20表示Nginx重启成功后运行正常，现在只需要配置解析正确的域名到指定IP地址，即可正常访问项目。

```
root@VM-0-8-ubuntu:/var/www/mockstudent# sudo systemctl status nginx
● nginx.service - A high performance web server and a reverse proxy server
   Loaded: loaded (/lib/systemd/system/nginx.service; enabled; vendor preset: enabled)
   Active: active (running) since Tue 2019-12-24 22:59:22 CST; 5 days ago
     Docs: man:nginx(8)
  Process: 16363 ExecStop=/sbin/start-stop-daemon --quiet --stop --retry QUIT/5 --pidfile /run/nginx.pid (code=
  Process: 16387 ExecStart=/usr/sbin/nginx -g daemon on; master_process on; (code=exited, status=0/SUCCESS)
  Process: 16364 ExecStartPre=/usr/sbin/nginx -t -q -g daemon on; master_process on; (code=exited, status=0/SUC
 Main PID: 16389 (nginx)
    Tasks: 3 (limit: 4915)
   CGroup: /system.slice/nginx.service
           ├─16389 nginx: master process /usr/sbin/nginx -g daemon on; master_process on;
           ├─16393 nginx: worker process
           └─16394 nginx: worker process
```

图41.20

41.3 在Docker中调试运行ASP.NET Core

Docker是一个开源的应用容器引擎，可以让开发者将应用以及依赖包打包到一个轻量级、可移植的容器中，然后发布到任何流行的Linux操作系统上，也可以实现虚拟化。容器完全使用沙箱机制，相互之间不会有任何接口（类似iPhone的App），更重要的是容器性能开销极低。

41.3.1 安装Docker

Docker的官方网站提供了一个英文版的简明教程，如图41.21所示，可下载Windows版的Docker运行环境。

安装过程中，Docker会推荐用户注册ID，安装成功后启动Docker，可以在页面右下角看到Docker的Logo。

当然，我们推荐使用命令来检查是否安装成功，在命令行工具中输入docker -v，返回如下信息表示Docker安装成功。

```
Docker version 19.03.5,build 633a0ea
```

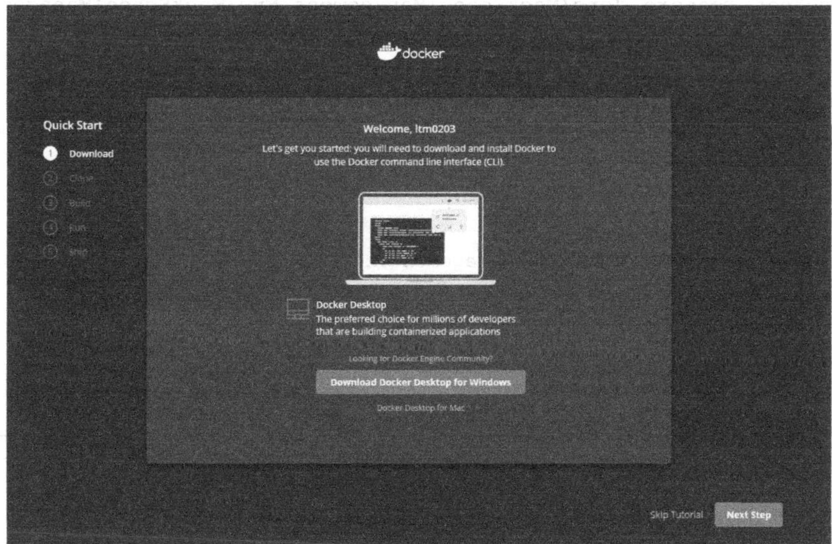

图41.21

41.3.2 添加Dockerfile文件

回到项目中，右击**MockSchoolManagement.Mvc**，选择**添加**中的**Docker支持**。

在弹出的对话框中选择Windows，单击确定后Visual Studio会自动生成Dockerfile文件，完整内容如下。

```
#See https://aka.ms/containerfastmode to understand how Visual Studio uses
this Dockerfile to build your images for faster debugging.

#Depending on the operating system of the host machines(s)that will build
or run the containers,the image specified in the FROM statement may need to
be changed.
#For more information,please see https://aka.ms/containercompat

FROM mcr.microsoft.com/dotnet/core/aspnet:3.1-nanoserver-1903 AS base
WORKDIR /app
EXPOSE 80

FROM mcr.microsoft.com/dotnet/core/sdk:3.1-nanoserver-1903 AS build
WORKDIR /src
COPY["src/MockSchoolManagement.Mvc/MockSchoolManagement.Mvc.csproj","src/
MockSchoolManagement.Mvc/"]
COPY["src/MockSchoolManagement.Application/MockSchoolManagement.
Application.csproj","src/MockSchoolManagement.Application/"]
COPY["src/MockSchoolManagement.EntityFrameworkCore/MockSchoolManagement.
EntityFrameworkCore.csproj","src/MockSchoolManagement.EntityFrameworkCore/"]
```

```
COPY["src/MockSchoolManagement.Core/MockSchoolManagement.Core.csproj",
"src/MockSchoolManagement.Core/"]
RUN dotnet restore "src/MockSchoolManagement.Mvc/MockSchoolManagement.Mvc.
csproj"
COPY . .
WORKDIR "/src/src/MockSchoolManagement.Mvc"
RUN dotnet build "MockSchoolManagement.Mvc.csproj" -c Release -o /app/
build

FROM build AS publish
RUN dotnet publish "MockSchoolManagement.Mvc.csproj" -c Release -o /app/publish

FROM base AS final
WORKDIR /app
COPY --from=publish /app/publish .
ENTRYPOINT["dotnet","MockSchoolManagement.Mvc.dll"]
```

Dockerfile的工作流程说明如下。

- 从微软的代码仓库中拉取.NET Core 3.1的SDK镜像。
- 将类库复制到对应的SRC文件夹中。
- 执行包还原。
- 在/app/build文件夹中构建项目。
- 构建完成后发布项目至/app/publish。
- 构建Docker镜像。

如图41.22所示，可以看到现在启动项中多了一个Docker选项。

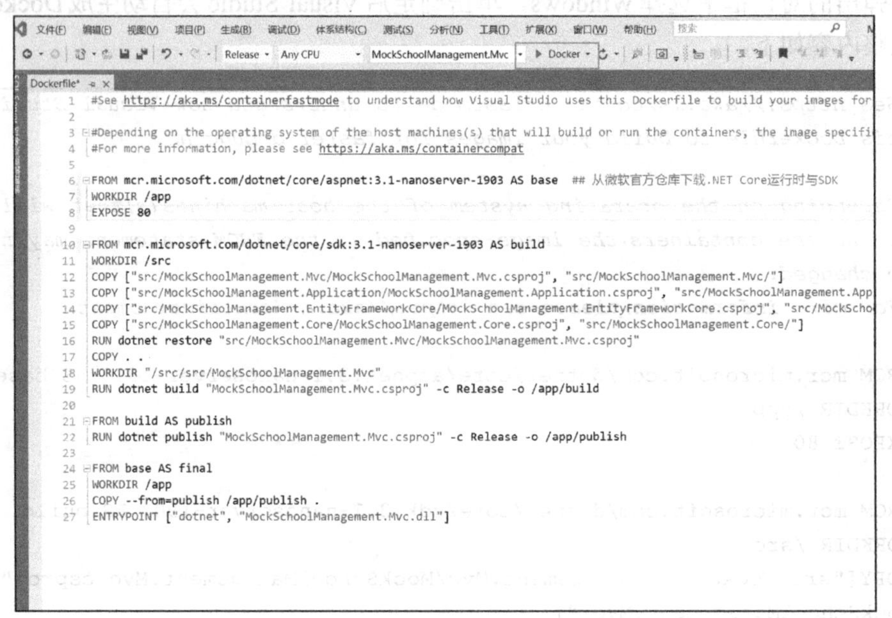

图41.22

开始执行代码，因为是首次运行，所以会拉取所需的.NET Core运行时和SDK镜像文件，如图41.23所示。

```
显示输出来源(S): 生成
1>
1>Step 1/21 : FROM mcr.microsoft.com/dotnet/core/aspnet:3.1-nanoserver-1903 AS base
1>3.1-nanoserver-1903: Pulling from dotnet/core/aspnet
1>aeef11c1b4a6: Pulling fs layer
1>cef0e76fc94d: Pulling fs layer
1>4a019d568324: Pulling fs layer
1>8f7f199d20b4: Pulling fs layer
1>673aa4150076: Pulling fs layer
1>92fde0eaba65: Pulling fs layer
1>77d547d90848: Pulling fs layer
1>92fde0eaba65: Waiting
1>4a019d568324: Waiting
1>673aa4150076: Waiting
1>cef0e76fc94d: Waiting
1>77d547d90848: Download complete
1>77d547d90848: Verifying Checksum
1>8f7f199d20b4: Verifying Checksum
1>8f7f199d20b4: Download complete
1>4a019d568324: Verifying Checksum
1>4a019d568324: Download complete
1>92fde0eaba65: Verifying Checksum
1>92fde0eaba65: Download complete
```

图41.23

编译通过后打开命令行工具，执行如下命令。

```
docker images
```

图41.24所示为当前Docker中包含的镜像。

```
C:\Users\werlt>docker images
REPOSITORY                            TAG                   IMAGE ID        CREATED            SIZE
mockschoolmanagementmvc               latest                6aa8f10de105    33 minutes ago     394MB
mcr.microsoft.com/dotnet/core/sdk     3.1-nanoserver-1903   f44594af688a    2 weeks ago        736MB
mcr.microsoft.com/dotnet/core/aspnet  3.1-nanoserver-1903   38db0eb8f648    2 weeks ago        346MB
```

图41.24

执行如下命令。

```
docker ps
```

图41.25表示当前镜像生成的容器，映射的端口是7342。

```
C:\Users\werlt>docker ps
CONTAINER ID    IMAGE                     COMMAND                    CREATED           STATUS          PORTS                   NAMES
b0016ae8c448    mockschoolmanagementmvc   "C:\\remote_debugger\\…"   32 seconds ago    Up 29 seconds   0.0.0.0:7342->80/tcp    MockSchoolManagement.Mvc_1

C:\Users\werlt>
```

图41.25

进入http://localhost:7342/，可以正常访问系统。

41.4 云原生Azure Web App

云原生是Matt Stine提出的概念，它是一个思想的集合，包括DevOps、持续交付（Continuous Delivery）、微服务（MicroService）、敏捷基础设施（Agile Infrastructure）和康威定律（Conways Law）等。

Azure Web App是微软Azure推出的云原生服务，在这里只演示如何通过Visual Studio将云原生服务部署到Azure中。

因为Azure是一个付费服务，所以读者需要有一个微软账号和一个付费订阅。

在发布窗口中新建一个配置文件，单击**应用服务**，创建配置文件，如图41.26所示。

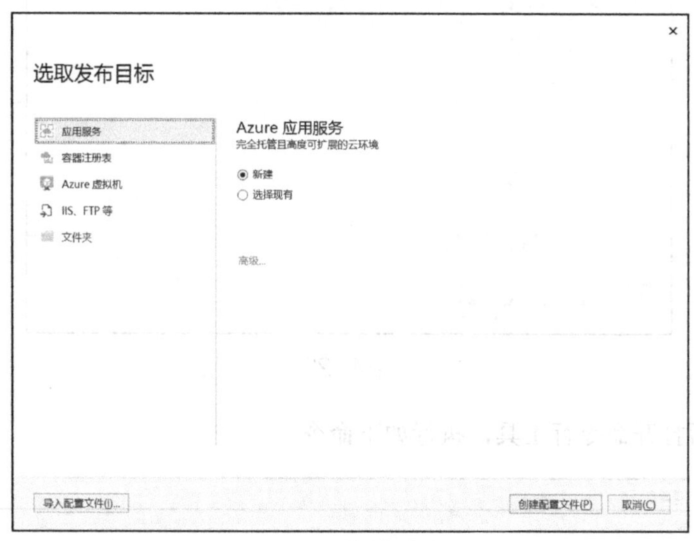

图41.26

如图41.27所示，需要登录微软账户，说明如下。

- 名称：为网站创建一个应用名称MockSchoolManagementMvc。
- 订阅：表示付费的账户。
- 资源组：因为一个项目会包含数据库、Blob静态文件等内容，所以统一划分到一个资源组中。
- 托管计划：用于管理、关联订阅和资源组中的资源信息。
- Application Insights：应用程序探测器，它是一个很强大的运维工具，可以监测应用的请求率、响应时间和失败率、依赖项速率、响应时间和失败率、页面查看次数和负载性能、Ajax调用等内容。

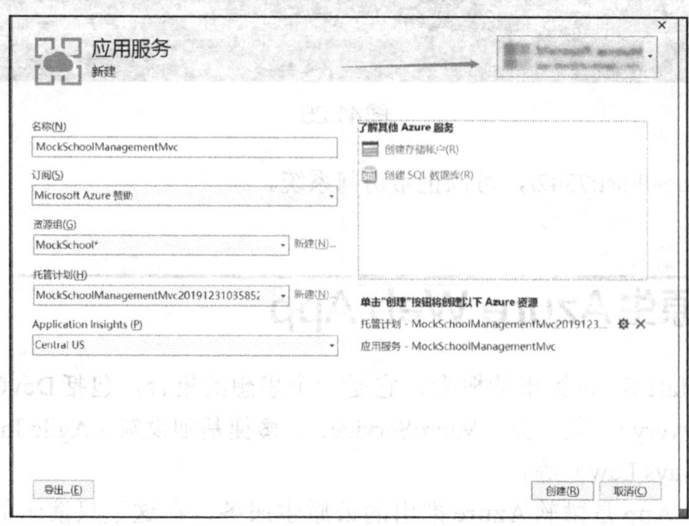

图41.27

Azure提供了在线的云SQL Server数据库，我们也无须再像之前那样采用自建SQL Server服务器，如图41.28所示。

图41.28

准备好数据库与应用服务后，单击**确定**按钮即可。因为是首次启动服务，所以Azure会部署3min～5min的时间，读者耐心等待即可，配置完成后如图41.29所示，需要修改对应的连接字符串，否则应用找不到对应的数据库，则会报错。

图41.29

配置完成后发布，如图41.30所示。

```
显示输出来源(S):  生成
MockSchoolManagement.Mvc -> C:\Users\werlt\source\repos\github\ltm0203\book-ef-core-for-asp.net-core\Source
MockSchoolManagement.Mvc -> C:\Users\werlt\source\repos\github\ltm0203\book-ef-core-for-asp.net-core\Source
MockSchoolManagement.Mvc -> C:\Users\werlt\source\repos\github\ltm0203\book-ef-core-for-asp.net-core\Source
Generating Entity framework SQL Scripts...
Executing command: dotnet ef migrations script --idempotent --output "C:\Users\werlt\source\repos\github\lt
  \MockSchoolManagement.EntityFrameworkCore.AppDbContext.sql" --context MockSchoolManagement.EntityFramewor
Generating Entity framework SQL Scripts completed successfully
正在添加数据库(data source=tcp:mockschoolmanagementmvcdbserver.database.windows.net,1433;initial catalog=Mo
正在添加文件(MockSchoolManagementMvc\appsettings.production.json)。
正在更新文件(MockSchoolManagementMvc\MockSchoolManagement.Mvc.deps.json)。
正在更新文件(MockSchoolManagementMvc\MockSchoolManagement.Mvc.dll)。
正在更新文件(MockSchoolManagementMvc\MockSchoolManagement.Mvc.exe)。
正在更新文件(MockSchoolManagementMvc\MockSchoolManagement.Mvc.pdb)。
正在更新文件(MockSchoolManagementMvc\MockSchoolManagement.Mvc.Views.dll)。
正在更新文件(MockSchoolManagementMvc\MockSchoolManagement.Mvc.Views.pdb)。
正在更新文件(MockSchoolManagementMvc\MockSchoolManagement.Mvc.xml)。
正在更新文件(MockSchoolManagementMvc\web.config)。
正在添加数据库(data source=tcp:mockschoolmanagementmvcdbserver.database.windows.net,1433;initial catalog=Mo
正在添加数据库(sitemanifest/dbFullSql[@path='data source=tcp:mockschoolmanagementmvcdbserver.database.windo
Publish Succeeded.
Web 应用已成功发布 https://mockschoolmanagementmvc.azurewebsites.net/
========== 生成: 成功 1 个，失败 0 个，最新 3 个，跳过 0 个 ==========
========== 发布: 成功 1 个，失败 0 个，跳过 0 个 ==========
正在安装 Web 应用扩展 Microsoft.AspNetCore.AzureAppServices.SiteExtension
已成功安装 Web 应用扩展 Microsoft.AspNetCore.AzureAppServices.SiteExtension
Restarting the Web App...
Successfully restarted Web App.
```

图41.30

同时Azure还给予了一个默认的二级域名，利用它可以进行环境的测试。

当前我们只是利用了Azure应用服务功能的冰山一角而已，Azure应用服务的管理后台中还有更多的功能等待读者去探索，如图41.31所示。

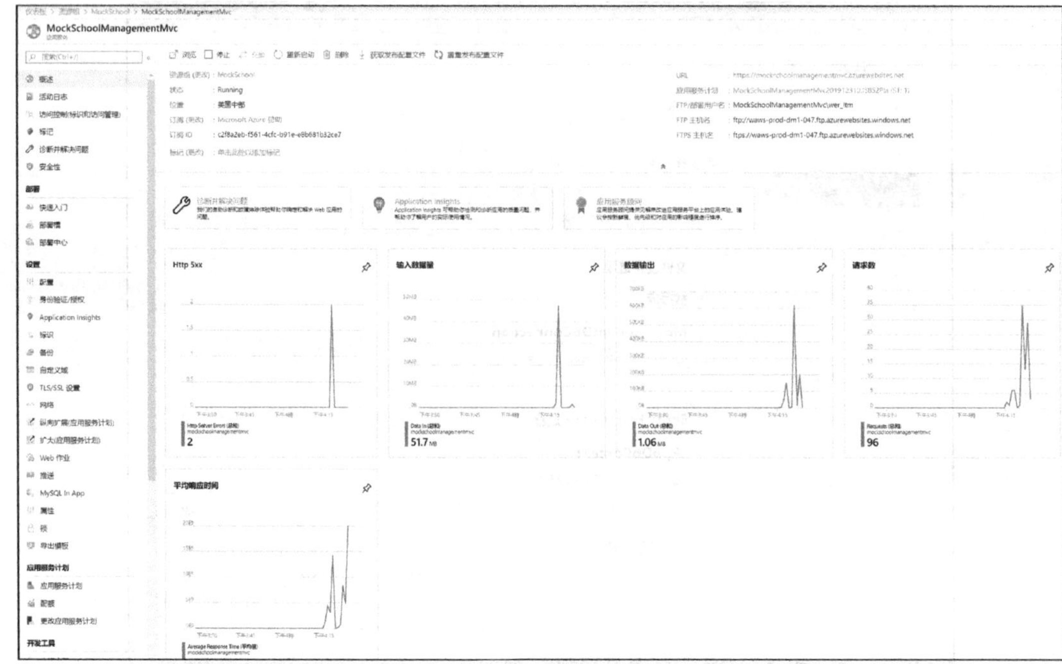

图41.31

41.5 小结

本章讲解了将ASP.NET Core服务部署到不同环境中的流程。从体验上来说，Azure的部署无疑是最好的，通过各种图形可视化的界面即可完成，但是相对的，它的成本也较为高昂。从经济的角度上来说，个人还是推荐在Windows服务器上安装IIS，启用Web Deploy的方式也能达到差异化部署发布的效果，当然，功能与Azure应用服务相比差距较大。

至于Linux和Docker发布，如果没有持续服务相关基础设施的支撑，发布过程依然是较为烦琐的。上传编译代码需要单独安装FTP工具、手动配置Nginx以及建立守护进程等操作。近年推荐采用Linux和Docker的解决方案，大多是因为大规模集群配合Devops体系工具将它们的部署变得更加灵活。不考虑成本的话，Azure应用服务是不错的选择。

第42章 ASP.NET Core 2.2到ASP.NET Core 3.1的迁移指南

本章主要向读者介绍如下内容。

- 通过一个练习来演示如何将ASP.NET Core 2.2的项目迁移到ASP.NET Core 3.1中。

我们已经提前准备了一个项目，请访问异步社区网站下载本章所需的源代码包。

42.1 升级至ASP.NET Core 3.1

如图42.1所示，将ASP.NET Core 2.2调整为3.1版本。将TargetFramework目标的值netcoreapp2.2调整为netcoreapp3.1，当前项目文件中的AspNetCoreHostingModel值OutOfProcess调整为InProcess。

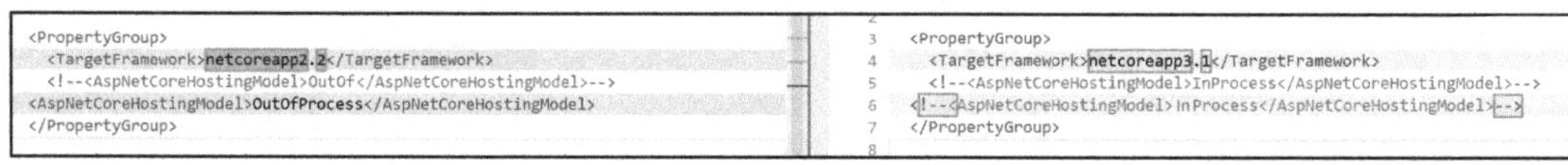

图42.1

请注意，在ASP.NET Core 2.x中，项目默认为OutOfProcess。而在ASP.NET Core 3.x中，默认的进程为InProcess。因此图42.1无须显式声明AspNetCoreHostingModel的值为InProcess。

接下来移除项目文件中的两个NuGet包，代码如下。

```
<PackageReference Include="Microsoft.AspNetCore.App" />
<PackageReference Include="Microsoft.AspNetCore.Razor.Design"
Version="2.2.0" PrivateAssets="All" />
```

Microsoft.AspNetCore.App：此NuGet包称为metapackage。metapackage本身没有任何内容，它只是包含了其他包的依赖项信息。读者可以在解决方案资源管理器的NuGet包中找到此综合元数据包，而NuGet又位于**依赖项**下。如图42.2所示，展开NuGet包时，读者可以找到所有依赖项。

图42.2

如果是Visual Studio 2019，则无法展开图42.2所示的查看明细，而Visual Studio 2017则可以做到。请注意，Visual Studio 2017不支持ASP.NET Core 3.0，但支持ASP.NET Core 2.0。

我们可以看到，很多常用的组件都被引入了，但是更多的组件是项目中不经常使用的，因此从ASP.NET Core 3.0开始，就取消了Microsoft.AspNetCore.App包。同时因为缺少Microsoft.AspNetCore.App包会造成很多错误，所以我们要添加NuGet包，完整的包引用代码如下。

```
    <PackageReference Include="Microsoft.AspNetCore.Identity.
EntityFrameworkCore" Version="3.1.0" />
    <PackageReference Include="Microsoft.EntityFrameworkCore"
Version="3.1.0" />
    <PackageReference Include="Microsoft.EntityFrameworkCore.SqlServer"
Version="3.1.0" />
```

```
        <PackageReference Include="Microsoft.EntityFrameworkCore.Tools"
Version="3.1.0">
          <PrivateAssets>all</PrivateAssets>
          <IncludeAssets>runtime;build;native;contentfiles;analyzers;buildtrans
itive</IncludeAssets>
        </PackageReference>
        <PackageReference Include="Microsoft.VisualStudio.Web.CodeGeneration.
Design" Version="3.1.0" />
      <PackageReference Include="NLog.Web.AspNetCore" Version="4.9.0" />
```

添加完毕后，编译依然还有部分错误，这就要调整对应文件的代码了。

42.1.1 修改项目启动

打开Program.cs类文件，调整代码如下。

```
    public class Program
    {
        public static void Main(string[]args)
        {
            CreateHostBuilder(args).Build().Run();
        }

        public static IHostBuilder CreateHostBuilder(string[]args) =>
                    Host.CreateDefaultBuilder(args)
                     .ConfigureLogging((hostingContext,logging) =>
                     {
                                logging.AddConfiguration(hostingContext.
Configuration.GetSection("Logging"));
                        logging.AddConsole();
                        logging.AddDebug();
                        logging.AddEventSourceLogger();
                        //启动NLog作为记录日志的程序之一
                        logging.AddNLog();
                     }).ConfigureWebHostDefaults(webBuilder =>
                     {
                        webBuilder.UseStartup<Startup>();
                     });
    }
```

如图42.3所示，对比代码后可以发现，ASP.NET Core 2.2中的IWebHostBuilder接口被调整为IHostBuilder，而调用Startup.cs中的配置时使用的依然是Configure-WebHostDefaults()方法，这说明了在ASP.NET Core 3.0中，开发团队在WebHost的基础上又添加了一层Host作为基础服务。

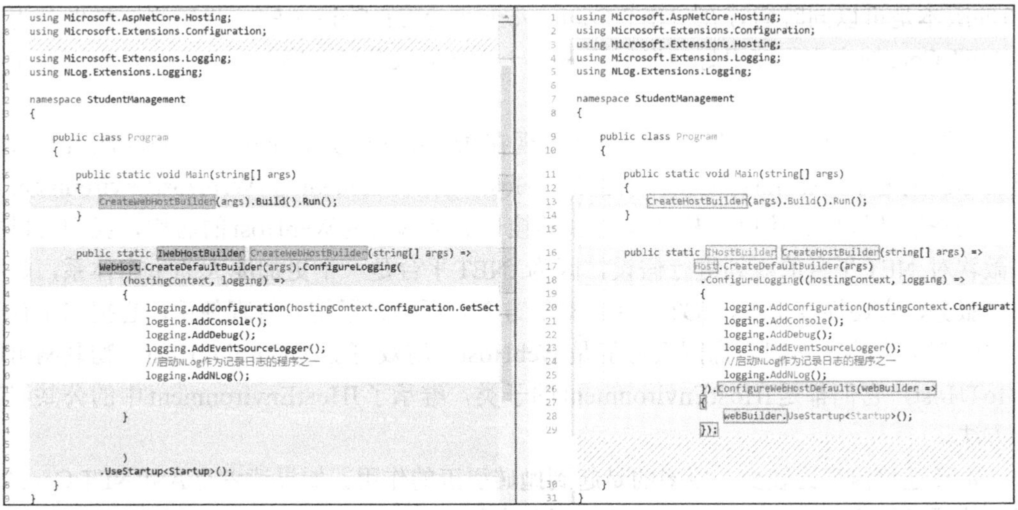

```
using Microsoft.AspNetCore.Hosting;
using Microsoft.Extensions.Configuration;

using Microsoft.Extensions.Logging;
using NLog.Extensions.Logging;

namespace StudentManagement
{

    public class Program
    {

        public static void Main(string[] args)
        {
            CreateWebHostBuilder(args).Build().Run();
        }


        public static IWebHostBuilder CreateWebHostBuilder(string[] args) =>
            WebHost.CreateDefaultBuilder(args).ConfigureLogging(
                (hostingContext, logging) =>
                {
                    logging.AddConfiguration(hostingContext.Configuration.GetSect
                    logging.AddConsole();
                    logging.AddDebug();
                    logging.AddEventSourceLogger();
                    //启动NLog作为记录日志的程序之一
                    logging.AddNLog();


                }


                )
            .UseStartup<Startup>();
    }
}
```

```
using Microsoft.AspNetCore.Hosting;
using Microsoft.Extensions.Configuration;
using Microsoft.Extensions.Hosting;
using Microsoft.Extensions.Logging;
using NLog.Extensions.Logging;

namespace StudentManagement
{

    public class Program
    {

        public static void Main(string[] args)
        {
            CreateHostBuilder(args).Build().Run();
        }


        public static IHostBuilder CreateHostBuilder(string[] args) =>
                    Host.CreateDefaultBuilder(args)
                     .ConfigureLogging((hostingContext, logging) =>
                     {
                         logging.AddConfiguration(hostingContext.Configurat
                         logging.AddConsole();
                         logging.AddDebug();
                         logging.AddEventSourceLogger();
                         //启动NLog作为记录日志的程序之一
                         logging.AddNLog();
                     }).ConfigureWebHostDefaults(webBuilder =>
                     {
                         webBuilder.UseStartup<Startup>();
                     });
    }
}
```

图42.3

42.1.2 修改Startup

在Startup中，我们先调整命名空间，因为ASP.NET Core 3.0有比较多的命名空间发生了改变。找到Configure()方法中的app.UseMvc()，将它删除后修改为如下代码。

```
    app.UseRouting();
     app.UseEndpoints(endpoints =>
             {
                 endpoints.MapControllerRoute(
                     name:"default",
                     pattern:"{controller=Home}/{action=Index}/{id?}");
             });
```

使用UseRouting()可以启用路由，配合Endpoints()中间件替代UseMvc()，当然还有更多的使用方法，可以参考本书之前的章节了解更多详情。

修改Configure()中的参数IHostingEnvironment为IWebHostEnvironment，代码如下。

```
public void Configure(IApplicationBuilder app,IWebHostEnvironment env){
  //  其他代码
}
```

同样，在HomeController中也会遇到同一个报错，即IHostingEnvironment中的hostingEnvironment.WebRootPath获取路径失败，需要将HomeController中的构造函数IHostingEnvironment修改为IWebHostEnvironment。

42.2 迁移升级后的看法

请注意，从ASP.NET Core 3.0开始，它将会只支持 .NET Core。低于ASP.NET Core

3.0的版本是可以同时运行在 .NET Framework和 .NET Core中的，我猜测这样做是为了让.NET Core的应用程序更好地发展而做了一个破坏式升级，毕竟同时支持两个平台将会带来更多的限制。

在这个建议升级项目中，读者可能发现在Program和Startup中有多处以Host开头的类名称调整为了WebHost类文件。比如，IHostingEnvironment与IWebHostEnvironment新接口均获取环境信息接口，从Host开头的接口名称调整为WebHost的名称，我们可以按照微软对.NET平台的规划进行假设，因为 .NET平台是一个更加庞大的生态体系，除了网页服务，它还涉及游戏、IOT、客服端等方向，所以为了统一管理使用，它提取了Host这样的基类来管理它们。像网页可能是WebHost，游戏可能是GamingHost，物联网可能是IoTHost，它们都是IHostEnvironment的子类，继承了IHostEnvironment中的公共属性和方法。

本章迁移内容比较少，更多的是起到抛砖引玉的作用。如果读者有ASP.NET Core 2.x版本的项目需要迁移，可以访问官方的迁移文档以作参考。

42.3 Visual Studio 2019插件推荐

本章介绍我在工作时使用Visual Studio 2019实际开发过程中常用的一些插件，读者可以根据自己项目的需要进行灵活调整。

我的Visual Studio 2019版本号为16.4.2，所有的工具&插件都支持这个版本号。

- Encoding normalize tool：在开发中经常遇到编码不一致的文件，而如果这些文件包含需要显示的字符串，就会导致乱码。因此需要一个工具自动检测工程、文件夹内所有文件的编码，并可以规范所有文件编码。工具要求可以设置规定的编码，如果文件的编码不是规定的编码，用户可以选择把文件的编码转换为规定的编码。
- GitHub Extension for Visual Studio：在Visual Studio中连接GitHub的插件，直接在插件上管理GitHub上的大部分功能。
- CodeMaid：可快速整理代码文件，清理不必要的代码和杂乱的格式，并在开发时实时提供代码复杂度的报告，以便帮助开发人员降低代码复杂度、提升代码质量。
- ImageOptimizer：它是一个图片的优化工具，优化任何JPEG、PNG、GIF格式的图片文件，基本可以做到无损优化，1MB的图片优化后只有300kB左右。
- ImageSprites：这是一个“雪碧图”插件，帮助我们把所有的图片都整合在一张图片上，以减少对服务器的请求数量和节约我们的流量。
- Web Compiler：帮助我们对LESS、Sass、JSX、ES6和CoffeeScript这些文件做解析，转换为CSS或ES5的JavaScript代码。
- Bundler & Minifier：将多个JavaScript或者CSS文件合并为一个文件。道理和“雪碧图”一样，但是如果读者用了前后端分离，估计这个插件就要退出舞台了。
- File Icons：为解决方案资源管理器无法识别的文件添加图标。简单来说根据后缀名修改文件图标。

- File Nesting：帮助读者将两个文件嵌套在一起，也可以把嵌套在一起的文件拆开。如bootstrap.js可以和bootstrap.min.js合成一个文件。
- Open Command Extension：支持所有类型的控制台，如cmd、PowerShell和Bash等。读者可以通过在选项中设置路径和参数来轻松配置使用哪一个。
- ZenCoding：使用仿CSS选择器的语法来快速开发HTML和CSS，可以快速提升读者写HTML页面代码的速度。当然它现在改名为Emmet了，但是在Visual Studio中依然叫作ZenCoding。
- Markdown Editor：一个在Visual Studio中的markdown工具，虽然在Visual Studio中用markdown工具有点大材小用，但是阅读体验好而且确实比较实用。
- CSS AutoPrefixer：这个工具可以检测CSS，也支持变量、混合宏、未来的CSS特性和内联图像等。内置PostCSS让开发者尽量避免写过多前缀代码。
- HTML Snippet Pack：帮助读者快速编写HTML页面提供的代码段，作用和ZenCoding类似。
- JavaScript Snippet Pack：JavaScript的代码段快速工具，同时支持ES6以上的新语言。
- Add New File：一个轻量级的快速简单地在Visual Studio中创建文件的插件。
- Productivity Power Tools 2017/2019：从Visual Studio 2015开始就存在的一个组件，从Visual Studio 2017开始将一个扩展组件自身的功能扩展为了多个，我们上面提到的不少组件就是它的组件之一，它类似我们ASP.NET Core中综合包管理的作用，推荐安装，安装后很多常用的插件会自动安装到Visual Studio 2019中。

安装方式1：访问Visual Studio插件官方网站，通过搜索工具名称下载安装包的方式进行安装，如图42.4所示。

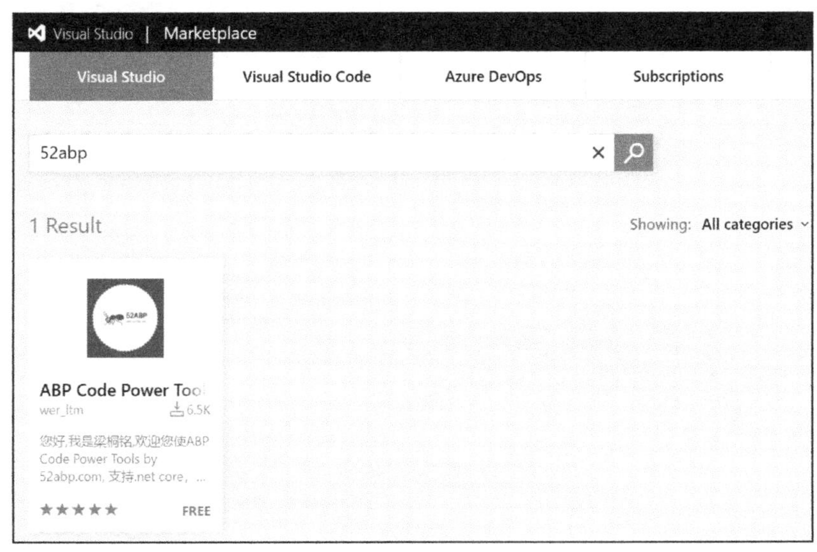

图42.4

安装方式2：打开Visual Studio 2019，在菜单栏中**扩展选项下**选择**扩展和更新**，通过搜索工具名称进行在线安装，如图42.5所示。

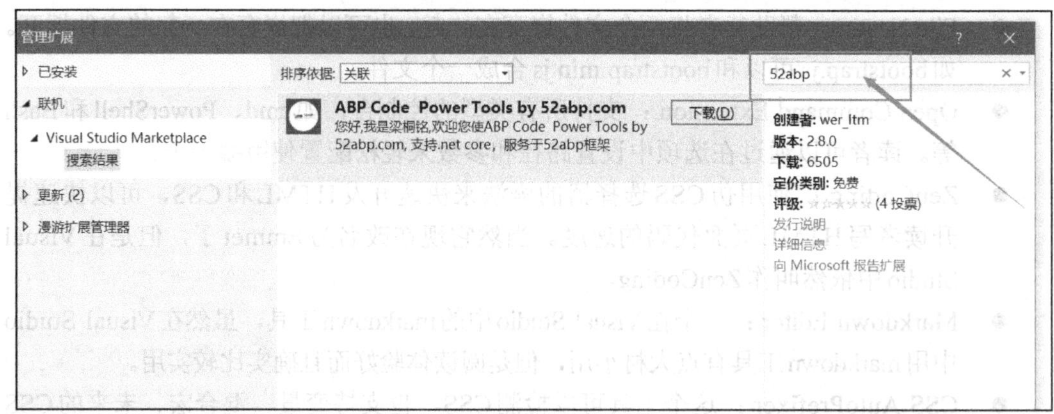

图42.5

请注意，扩展组件下载以后均需要关闭Visual Studio 2019才会自动执行安装，重启后才会生效。

42.4 小结

至此本书所有的内容均已完成。作为一本系统性的入门图书，它涵盖了ASP.NET Core、Entity Framework Core、ASP.NET Core Identity及Web API的知识点。在本书实操过程中可能会因为各种情况导致项目无法按预期运行，请不要担心。如果读者有问题需要讨论，可以在Github上发起Issue，将所有的讨论留存下来，方便遇到相同问题的小伙伴们参考。